机械行业特有职业 国家职业技能培训鉴定教材

数控机床装调维修工

（基础知识）

编审委员会

主　任　李　玲
副主任　史仲光　祝　敏　杨　岚　王昌国　曹玉乾
　　　　陶松锐
委　员　马伟民　朱良才　王廷康　刘双江　徐红霞
　　　　吴荣炳　孙　颐　唐梦明　张益文

编审人员

主　编　齐　津
编　者　徐红霞
主　审　王廷康

中国劳动社会保障出版社

图书在版编目(CIP)数据

数控机床装调维修工：基础知识/机械工业职业技能鉴定指导中心，人力资源和社会保障部教材办公室组织编写. —北京：中国劳动社会保障出版社，2011

机械行业特有职业　国家职业技能培训鉴定教材

ISBN 978-7-5045-9337-5

Ⅰ.①数…　Ⅱ.①机…②人…　Ⅲ.①数控机床-安装-职业技能-鉴定-教材②数控机床-调试-职业技能-鉴定-教材③数控机床-维修-职业技能-鉴定-教材　Ⅳ.①TG659

中国版本图书馆CIP数据核字(2011)第223394号

中国劳动社会保障出版社出版发行

(北京市惠新东街1号　邮政编码:100029)

出 版 人:张梦欣

*

北京市白帆印务有限公司印刷装订　新华书店经销

787毫米×1092毫米　16开本　33.25印张　579千字

2011年11月第1版　2020年1月第2次印刷

定价: 59.00元

读者服务部电话:(010)64929211/84209101/64921644

营销中心电话:(010)64962347

出版社网址: http://www.class.com.cn

前 言

为了大力推进《中华人民共和国就业促进法》中规定的“国家依法发展职业教育，鼓励开展职业培训，促进劳动者提高职业技能，增强就业能力和创业能力”的实施，充分满足机械行业、企业开展职业培训与鉴定工作的需要，机械工业职业技能鉴定指导中心联合人力资源和社会保障部教材办公室，根据机械行业、企业实际组织编写了这套机械行业特有职业国家职业技能培训鉴定教材，共涉及数控机床装调维修工、汽车生产线操作调整工、轴承装配工、电切削工等31个机械行业特有职业（工种）。

该套教材是在完成机械行业特有职业国家职业标准制定工作基础上进行的。教材编审人员主要包括国家职业标准编写和审定专家，机械行业各级鉴定培训机构、职业院校职业培训教学专家和鉴定考核命题及管理专家，以及全国机械行业各大型企业生产一线工程技术主管、技师和高级技师等，从而有效保证了教材内容对国家职业标准要求的正确诠释，以及对机械行业特有职业培训与鉴定的适用性。

该套教材主要具有以下特点：

在编写原则上，突出以职业能力为核心。教材编写贯穿“以职业标准为依据、以企业需求为导向、以职业能力为核心”的理念，在国家职业标准要求基础上，结合企业实际对国家职业标准进行了提升，突出新知识、新技术、新工艺、新方法，注重培训对象职业能力培养。

在使用功能上，注重服务于培训和鉴定。根据职业发展的实际情况和培训需求，教材充分体现职业培训规律，反映职业技能鉴定考核基本要求，满足培训对象参加各级各类鉴定考核的需要。

在编写模式上，采用分级别模块化方式编写。教材内容按照国家职业标准职业等级划分，各等级之间知识与技能合理衔接、依次递进，为机械行业、企业职业培训搭建了科学的阶梯型培训架构。教材内容按照国家职业标准职业功能模块展开，突出实用性，贴近生产实际，贴近培训对象需要，贴近鉴定考核需求。

数控机床装调维修工国家职业技能培训鉴定教材共包括《数控机床装调维修工（基础知识）》《数控机床机械装调工（中级　高级）》《数控机床机械维修工（中级　高级）》《数

控机床机械装调维修工（技师　高级技师）》《数控机床电气装调工（中级　高级）》《数控机床电气维修工（中级　高级）》和《数控机床电气装调维修工（技师　高级技师）》7 本。其中，《数控机床装调维修工（基础知识）》内容涵盖国家职业标准的基本要求，是各级别数控机床装调维修工均需要掌握的基础知识；其他教材内容涵盖国家职业标准的各级别工作要求。本教材是数控机床装调维修工国家职业技能培训鉴定教材中的一本，适用于对数控机床装调维修工的职业技能培训与鉴定考核。

本教材在编写过程中得到浙江大学、大连机床集团公司、齐重数控装备股份有限公司、齐二机床集团有限公司、紫琅职业技术学院、浙江凯达机床股份有限公司、浙江联强数控机床股份有限公司、江苏大学机电培训学院、青海一机数控机床有限责任公司、浙江省余姚市职业技术学校等单位的全力支持，在此一并表示感谢。

由于时间仓促，不足之处在所难免，欢迎读者提出宝贵意见和建议。

机械工业职业技能鉴定指导中心

目　录

CONTENTS　机械行业特有职业 国家职业技能培训鉴定教材

第一章　概述 ……………………………………………………… (1)

第一节　数控机床的发展历史 ………………………………… (1)
第二节　数控机床的分类 ……………………………………… (3)
第三节　数控机床的结构 ……………………………………… (6)
第四节　数控机床装配、调试和维修工职业基本知识 ……… (9)
第五节　数控机床的发展趋势 ………………………………… (10)

第二章　机械识图知识 ………………………………………… (17)

第一节　机械制图的基础知识 ………………………………… (17)
第二节　视图 …………………………………………………… (27)
第三节　剖视图、断面图及局部放大图 ……………………… (30)
第四节　零件图 ………………………………………………… (32)
第五节　装配图 ………………………………………………… (35)
第六节　国外机械图样的识读 ………………………………… (39)

第三章　公差与配合 …………………………………………… (47)

第一节　公差与配合的基本概念 ……………………………… (47)
第二节　螺纹的公差标注 ……………………………………… (52)
第三节　键连接的公差和配合 ………………………………… (53)

第四节　滚动轴承的公差和配合 …………………………………………（56）
第五节　形位公差 …………………………………………………………（56）
第六节　表面粗糙度 ………………………………………………………（61）

第四章　常用量具、仪器与机床精度的检验 ……………………………（65）

第一节　常用量具的分类 …………………………………………………（65）
第二节　常用量具和测量仪器 ……………………………………………（66）
第三节　常用量具的维护和保养 …………………………………………（80）
第四节　机床精度的检验方法 ……………………………………………（82）

第五章　工程材料与热处理 ………………………………………………（90）

第一节　材料的分类 ………………………………………………………（90）
第二节　金属材料基础知识 ………………………………………………（91）
第三节　金属材料的力学性能 ……………………………………………（96）
第四节　金属材料的热处理 ………………………………………………（99）
第五节　非金属材料的品种及特点 ………………………………………（106）

第六章　金属切削原理与刀具 ……………………………………………（111）

第一节　金属切削过程概述 ………………………………………………（111）
第二节　金属切削刀具 ……………………………………………………（114）
第三节　切削力 ……………………………………………………………（118）
第四节　切削热和切削温度 ………………………………………………（121）
第五节　刀具的磨损与耐用度 ……………………………………………（124）
第六节　切削用量的选择 …………………………………………………（127）
第七节　刀具材料 …………………………………………………………（129）
第八节　常用的金属切削刀具 ……………………………………………（135）

第七章　机械传动 …………………………………………………………（147）

第一节　带传动和链传动 …………………………………………………（147）

第二节　丝杠螺母传动 ………………………………………………………（149）
第三节　蜗轮蜗杆传动 ………………………………………………………（155）
第四节　齿轮传动 ……………………………………………………………（157）
第五节　轴承 …………………………………………………………………（166）
第六节　分度与定位机构………………………………………………………（173）
第七节　联轴器 ………………………………………………………………（176）

第八章　液压与气压传动系统 ……………………………………………（179）

第一节　液压传动系统 ………………………………………………………（179）
第二节　常用的液压传动元件 ………………………………………………（181）
第三节　液压传动的基本回路 ………………………………………………（193）
第四节　气压传动 ……………………………………………………………（196）

第九章　机械加工工艺与夹具 ……………………………………………（202）

第一节　机械加工的基本知识 ………………………………………………（202）
第二节　基准 …………………………………………………………………（204）
第三节　机械加工工艺路线的拟定 …………………………………………（206）
第四节　加工余量 ……………………………………………………………（209）
第五节　工艺尺寸链 …………………………………………………………（210）
第六节　机械加工质量…………………………………………………………（214）
第七节　影响机械加工精度的因素 …………………………………………（217）
第八节　生产率和经济性………………………………………………………（222）
第九节　夹具 …………………………………………………………………（223）

第十章　钳工和装配工艺基础 ……………………………………………（236）

第一节　钳工概述 ……………………………………………………………（236）
第二节　工作台 ………………………………………………………………（237）
第三节　划线 …………………………………………………………………（240）

第四节　锯削 …………………………………………………………（243）
第五节　錾削 …………………………………………………………（246）
第六节　锉削 …………………………………………………………（252）
第七节　钻孔（扩孔、锪孔、铰孔）与加工螺纹 ……………………（255）
第八节　刮削 …………………………………………………………（266）
第九节　研磨 …………………………………………………………（273）
第十节　钳工操作安全知识 …………………………………………（275）
第十一节　装配工艺概述……………………………………………（276）
第十二节　装配方法 …………………………………………………（279）
第十三节　装配尺寸链 ………………………………………………（282）
第十四节　装配工艺规程的制定 ……………………………………（285）

第十一章　电工学基础知识……………………………………………（287）

第一节　电路基本概念 ………………………………………………（287）
第二节　变压器 ………………………………………………………（294）
第三节　电动机 ………………………………………………………（297）
第四节　电工维修与安全用电知识 …………………………………（305）
第五节　机床电气控制系统常用元器件 ……………………………（310）
第六节　集成电路基本知识 …………………………………………（317）
第七节　机床电气控制线路图的识读 ………………………………（321）

第十二章　计算机基础与应用 ………………………………………（330）

第一节　概述 …………………………………………………………（330）
第二节　计算机工作原理……………………………………………（337）
第三节　计算机组成结构……………………………………………（339）
第四节　计算机主要功能和基本操作 ………………………………（348）
第五节　文字处理软件………………………………………………（353）
第六节　计算机辅助设计与加工软件 ………………………………（360）

第十三章　数控机床编程与操作基础 ………………………………… (364)

第一节　数控机床的功能 ………………………………… (364)

第二节　数控加工中的插补 ………………………………… (369)

第三节　数控机床的坐标系 ………………………………… (373)

第四节　数控机床编程与常用代码 ………………………………… (377)

第五节　FANUC 数控系统 ………………………………… (390)

第六节　SIEMENS 数控系统 ………………………………… (392)

第十四章　数控机床的机械和电气装置 ………………………………… (398)

第一节　数控机床的主传动系统 ………………………………… (398)

第二节　数控机床的伺服进给系统 ………………………………… (414)

第三节　数控机床的导轨 ………………………………… (419)

第四节　自动换刀系统 ………………………………… (426)

第五节　位置检测装置 ………………………………… (436)

第六节　可编程控制器（PLC） ………………………………… (443)

第七节　变频器 ………………………………… (454)

第十五章　数控机床的调试验收和保养维修 ………………………………… (457)

第一节　概述 ………………………………… (457)

第二节　数控机床的日常保养 ………………………………… (458)

第三节　数控机床维修前的准备工作 ………………………………… (461)

第四节　数控机床故障的分类和特点 ………………………………… (468)

第五节　数控机床的故障诊断 ………………………………… (470)

第六节　数控机床的故障分析 ………………………………… (476)

第七节　数控机床的调试和验收 ………………………………… (480)

第十六章　法律知识 ………………………………… (486)

第一节　常用名词与概念解释 ………………………………… (486)

第二节　安全生产 …………………………………………………………… (490)
第三节　环境保护 …………………………………………………………… (499)
第四节　产品质量与管理……………………………………………………… (502)
第五节　劳动合同法 ………………………………………………………… (506)

附录　数控专业常用英语词汇 ……………………………………………… (511)

第一章 概述

第一节 数控机床的发展历史

数控机床集机、电、气、液以及计算机和控制技术于一体，是现代机械制造业普遍使用的关键设备，也是现代先进制造业最重要的基础装备。

数控机床与传统的普通机床相比，柔性好、适应性强，特别能适应现在多品种、小批量生产的需求。数控机床可以完成普通机床无法完成的复杂曲面工件的加工。数控机床特别适合于对加工表面较多、尺寸和工序繁杂的零件进行加工。

数控机床是在普通机床的基础上发展起来的。军事工业、高技术产业的需求是数控机床发展的原始动力，军事工业的发展不断促进数控机床升级，而民用工业对高精度、高效率、柔性化及批量生产的要求，以及市场竞争的加剧，使得数控机床的产业化要求更加迫切。纵观世界数控机床的发展史，大致可以分为四个阶段。

一、起步阶段（1953—1979 年）

1948 年，美国帕森斯公司在麻省理工学院的协助下开始从事数控机床的研制。1952 年，美国麻省理工学院和吉丁斯 · 路易斯公司联合研制出世界上第一台电子管线路的三坐标联动数控升降台铣床，开创了数控机床产业发展的历史。随后，德国、日本、苏联等国于 1956 年分别研制出本国的第一台数控机床。1959 年后，数控装置的电气元器件由电子管过渡到晶体管和印制电路板，称为第二代数控。20 世纪 60 年代初，美国、日本、德国、英国等国的数控机床相继进入商品化试生产，由于当时数控系统处于电子管、晶体管和集成电路的初期，设备的体积大、线路复杂、价格昂贵、可靠性差，数控机床也只是局限在控制比较简单的数控钻床方面，数控技术没有普及，数控机床技术的发展整体上比较缓慢。

20 世纪 60 年代以后，数控技术不仅在金属切削机床上得到了实际应用，而且逐步推广到冲压机、绕线机、电焊机、火焰切割机、包装机和坐标测量机等。在程序编制方面，也由手工编程发展到采用计算机自动编程，以后又出现了各种专用的程序语言。1965 年出现了商品化集成电路的数控装置，标志着数控装置已进入第三代。

到了 20 世纪 70 年代，大规模集成电路和小型计算机问世，特别是微处理器的研制成功，使数控系统进一步小型化，运算速度和可靠性提高，价格下降。数控系统的总体性能、质量有了很大提高，可编程逻辑控制器（PLC）或各种计算机逐步代替硬接线逻辑电路，形成了计算机数控（CNC），称为第四代数控，如图 1—1 所示。与此同时还发展出由计算机直接控制多台机床的系统，称为直接数控（DNC）或群控系统。

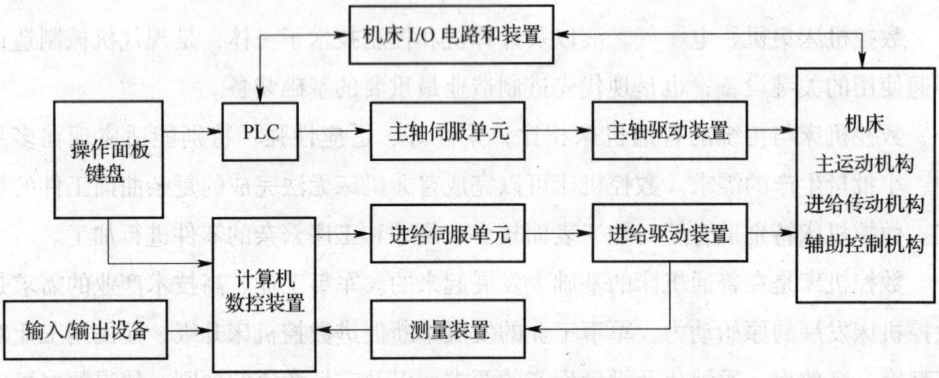

图 1—1 计算机数控机床的组成

20 世纪 70 年代中期，出现了价格低廉的微型机数控装置（MPCNC），即第五代数控。它与小型计算机数控和普通数控相比，不仅成本低、可靠性高，而且体积小、质量轻，更易于实现机电一体化。

二、发展应用阶段（1980—1989 年）

20 世纪 80 年代以来，数控系统微处理器的运算速度快速提高，功能不断完善，可靠性进一步提高，数控机床的监控、检测、换刀和外围设备迅速发展，数控机床的品种也迅速增加，发达国家的数控机床产业进入了快速发展应用阶段。

三、产业化成熟阶段（1990—1999 年）

到了 20 世纪 90 年代，数控机床得到了普遍应用，数控机床技术有了进一步发展，柔性单元、柔性系统、自动化工厂开始出现，标志着数控机床产业化进入成熟阶段。

四、向更高水平发展阶段（2000 年以后）

进入 21 世纪，军事、空间技术和民用工业的发展对数控机床的要求越来越高，现代设计技术、测量技术、工序集约化、新一代功能部件以及软件技术的应用，使数控机床的加工范围、动态性能、加工精度和可靠性有了极大的提高。科学技术特别是信息技术的发展迅速，高速高精度控制技术、多通道开放式体系结构、多轴控制技术、智能控制技术、网络化技术、CAD/CAM 与 CNC 的综合集成，使数控机床技术进入了智能化、网络化、敏捷制造、虚拟制造的更高阶段。

第二节　数控机床的分类

数控机床的种类很多，结构和性能各不相同，使用的场合和要求也多种多样。因此，可以从不同的角度去分类。

一、按工艺用途分类

按工艺范围的不同，可以将数控机床分为如下 16 类。

（1）数控车床（包括有铣削功能的车削中心）。

（2）数控铣床（包括铣削中心）。

（3）数控镗床。

（4）以铣镗削为主的加工中心。

（5）数控磨床（包括磨削中心）。

（6）数控钻床（包括钻削中心）。

（7）数控拉床。

（8）数控刨床。

（9）数控切断机床。

（10）数控齿轮加工机床。

（11）数控激光加工机床。

（12）数控电火花线切割机床。

（13）数控电火花成形机床（包括电加工中心）。

（14）数控板材成形加工机床。

（15）数控管料成形加工机床。

（16）其他数控机床。

其中，加工中心就是一种带有刀库及自动换刀装置的数控机床，它可以在一台机床上实现工件一次装夹完成多种加工，既节省了辅助工时，又提高了加工精度。车削加工中心可以完成各种回转体工件的加工，镗铣类加工中心特别适用于箱体、壳体类工件的加工。

二、按控制方式分类

按控制方式不同，可以将数控机床分为如下 3 类。

1. 开环控制数控机床

开环控制系统的特征是系统中没有检测工作台（或刀具）运动位置（或位移量）的反馈装置，也没有半闭环中使用的转角检测元件，控制指令、信息传送出去以后，不再反馈回到输入端，故称开环控制。显然，采用开环控制的数控机床结构比较简单，机床的成本也比较低，适用于精度要求不是很高的点位控制中。

2. 全闭环控制数控机床

全闭环控制系统的特点是，利用安装在各个工作台上（即各条运动链的末端）的检测元件，将工作台实际位移量反馈到数控系统的计算机中，与所要求的位置指令进行比较，用比较后的差值进行再控制，直到差值消除为止。

全闭环控制系统可以消除机械传动部件的各种误差和工件加工过程中产生的干扰的影响，从而使加工精度大大提高。此外，为了稳定机床主轴的转速，采用速度检测元件将伺服电动机的实际转速变换成电信号，并回送到速度控制电路中，进行反馈校正，使得电动机转速保持恒定不变。常用的速度检测元件是测速发电机。

全闭环控制的特点是加工精度高，工作台的移动速度快。这类数控机床采用直流伺服电动机或交流伺服电动机作为驱动元件，电动机的控制电路比较复杂，检测元件的价格昂贵，因而调试和维修比较复杂，成本高。

3. 半闭环控制数控机床

半闭环控制数控机床不是直接检测工作台的位移量，而是采用转角检测元件

（如旋转编码器）测出工作台（运动链末端）之前的伺服电动机或丝杠的转角，间接推算出工作台的实际位移量，再反馈到计算机中进行位置比较，用比较的差值进行控制。由于反馈环节内并不是直接包含工作台的位移情况，故称为半闭环控制。

半闭环控制系统的精度要比闭环控制低，但稳定性好，成本较低，调试及维修也比较容易，兼顾了开环控制和闭环控制两者的优点，因此，应用比较普遍。

三、按联动的坐标轴分类

所谓数控机床的多轴联动是指多个轴可以一起做直线、曲线或空间曲面的插补运动。可分为如下 4 类。

1. 两轴联动

数控机床能同时控制两个坐标轴联动，适于数控车床加工旋转曲面或数控铣床铣削平面轮廓。

2. 两轴半联动

在两轴联动的基础上增加了 Z 轴的移动，当机床坐标系的 X、Y 轴固定时，Z 轴可以做周期性进给，称为两轴半联动。两轴半联动加工可以实现分层加工。

3. 三轴联动

数控机床能同时控制三个坐标轴的联动，用于一般曲面的加工。一般的模具型腔均可以用三轴联动完成加工。

4. 多坐标联动

数控机床能同时控制四个以上坐标轴的联动。多坐标数控机床的结构复杂、精度要求高、程序编制复杂，适用于加工形状复杂的零件，如叶轮、叶片类零件。

通常，三轴机床可以实现两轴、两轴半、三轴加工；五轴机床也可以只用到三轴联动加工，而其他两轴不联动。

四、按进给运动方式分类

按进给运动方式不同，可将数控机床分为如下 3 类。

1. 点位控制系统

点位控制系统是指数控系统只控制刀具或机床工作台从一点准确地移动到另一点，而点与点之间的运动轨迹不需要严格控制的系统。为了减少移动部件的运动与定位时间，一般先以快速移动到终点附近位置，然后以低速准确移动到终点定位位置，以保证良好的定位精度。移动过程中刀具不进行切削。应用这类控制系统的机床主要有数控坐标镗床、数控钻床、数控冲床等。

2. 点位直线控制系统

点位直线控制系统是指数控系统不仅控制刀具或工作台从一个点准确地移动到下一个点，而且保证在两点之间的运动轨迹是一条直线的控制系统。刀具移动过程中可以进行切削。应用这类控制系统的有数控车床、数控钻床和数控铣床等。

3. 轮廓控制系统

轮廓控制系统也称连续切削控制系统，是指数控系统能够对两个或两个以上的坐标轴同时进行连续控制的系统。它不仅能控制移动部件从一个点准确地移动到另一个点，而且还能控制整个加工过程每一点的速度与位移量，将零件加工成一定的轮廓形状。应用这类控制系统的有数控铣床、数控车床、数控齿轮加工机床和加工中心等。

五、按机床性能和水平高低分类

按机床性能和水平高低可将数控机床分为 3 类。

（1）低档型数控机床（经济型或普及型）。

（2）中档型数控机床。

（3）高档型数控机床（各类加工中心、多轴联动的数控机床）。

第三节　数控机床的结构

数控机床与普通机床相比，不仅在机械结构、性能方面发生了“形”和“质”的变化，而且在外观造型、整体布局等方面也形成了自己的特点。

数控机床也有普通机床所具有的床身和立柱、导轨、工作台、刀架等部件，为了与控制系统的高精度、高速度控制相匹配，数控机床的关键部件在结构设计中也有了重大变化。机床主机结构设计与普通机床相比，更突出高精度、高刚度、低惯量、低摩擦、无间隙、高谐振频率、适当的阻尼比等要求。

一、基础部件

数控机床的基础部件主要包括床身、立柱、工作台等支撑件。它们的基本功能是支撑在它们上面的其他各个工作部件，承载它们的质量、切削力和夹紧力，并且保持各工作部件的相对位置精度。

数控机床集粗、精加工于一体，既要能够承受粗加工时大背吃刀量、大进给量时的切削力，又要能够保证精加工时的高精度。因此，对基础部件的结构设计，在强度、刚度、抗振性、热变形和内应力等方面都提出了很高的要求。现在生产的数控机床采取的主要措施有：铸件采用全封闭截面，合理布置内部隔板和肋条；含砂造型或填充混凝土等材料；导轨面加宽；车床采用倾斜的床身和导轨以利于排屑；床身、立柱采用钢质焊接结构，可以明显提高其刚度；根据热对称原则，改进机床的布局，以增加散热和隔热的效果。

二、主传动系统

主传动系统的功能是提供刀具和工件所需要的运动和切削功率，且在尽可能大的转速范围内保证机床能恒功率输出。同时为使数控机床获得最佳的切削速度，主传动系统必须在较宽的范围内实现无级变速。现在的数控机床大都采用高性能的直流无级调速或交流变频调速的主轴电动机，传动链较普通机床的机械分级变速传动链大为简化。

主轴组件的精度、刚度、抗振性和热变形性能对加工精度有直接的影响，为此在主轴组件的结构设计中，选用高精度专用轴承，并合理地安排轴承的组合。为了提高生产率和自动化程度，主轴应有刀具或工件的自动夹紧、放松，切屑清理及主轴准停机构。

国外开发研制了新型的内装式电主轴，采用高硬度的陶瓷轴承，质量轻、热膨胀率低。这种主轴用在加工中心上，使机床可以适应更高的转速，具有更高的刚度和回转精度。

三、进给系统

数控机床的进给系统基本上都采用伺服电动机驱动，通过滚珠丝杠带动移动部件（刀具或工件）完成各坐标方向的进给运动。为确保进给系统的传动精度和工作稳定性，在设计其机械结构时，以“无间隙、低摩擦、低惯量、高刚度”为原则。具体措施有：

（1）采用低摩擦、高效率的滚珠丝杠、静压丝杠传动。

（2）采用塑料减摩导轨、直线滚动导轨或静压导轨，以提高运动的平稳性并使其低速运动时不出现爬行现象。

（3）采用大扭矩、宽调速的伺服电动机直接与丝杠相连接，缩短和简化进给传动链。

（4）对滚动导轨和丝杠预加载荷，预拉伸。通过消隙装置消除齿轮、丝杠、联轴器的传动间隙。

（5）位置检测器采用长光栅、长感应同步器或长磁栅。

四、数控回转工作台和自动交换工作台

在数控镗床、数控铣床和加工中心上，采用具有数控进给驱动机构的回转工作台，实现圆周任意角度的分度和进给运动，进一步增强了机床的机动性。对于多工序的数控机床，还可以配置自动交换的工作台，以进一步缩短辅助加工时间。

五、刀架系统

数控机床通常采用回转刀架、更换主轴换刀和带刀库的自动换刀系统，以及多刀架、多主轴布局，对提高生产效率和自动化水平发挥了重要作用。为使刀具在机床上迅速定位、夹紧，普遍采用标准刀具系统和机械夹固式刀具。

六、数控附件

机床附件的作用是配合机床实现自动化加工。数控机床的专用附件有：

（1）对刀仪。

（2）自动编程机。

（3）自动排屑器。

（4）物料储运及上下料装置。

（5）自动冷却、润滑及各种新型配套件，如导轨防护罩等。

七、数控机床的外观

数控机床的外观和布局与过去的普通机床有很大的不同。数控机床大都采用线条简洁的板块式外形，配有全封闭安全防护罩，基本上看不见以前普通机床的各种操作手柄、手轮以及复杂零散的表面形态。安全防护罩可以防止高压、大流量切削液及铁屑飞溅，减少粉尘侵入，隔声降噪，有利于机床的精度保持和环境保护，真正体现了机、电、液一体化的特点。

桌面式或悬挂式的数控操作面板具有现代特征，并集操作、显示、控制于一体，是机床与操作者联系和信息交流的主要界面。面板上的指示灯、按钮、按键等排列有序，象形符号鲜明，色彩亮丽柔和。CRT（或液晶）屏幕的设计操作方便，视觉良好。

第四节 数控机床装配、调试和维修工职业基本知识

一、数控机床装配、调试和维修工的岗位说明

1. 职业概况

数控机床的拥有量和技术水平的高低是一个国家现代制造业实力的重要标志。数控技术是集机、电、光、液、计算机、自动控制技术于一体的高新技术，数控机床装调维修人员在机床生产过程中处于组装、调试、检测等关键环节，同时还承担着产品的售后服务工作，是企业与用户之间的纽带与桥梁。在数控机床的使用中，他们负责数控机床的调整和维修，参与数控加工工艺流程设计和实施等。

随着经济的快速发展，中国正逐步成为“世界制造中心”，数控化率已成为衡量一个国家或企业制造技术水平和经济实力的重要指标之一。目前我国的数控化率仅为1.9%，而日本高达30%，美国超过了40%。在发达国家数控机床已经普遍大量使用，而我国数控技术应用推广同发达国家相比差距很大。我国数年内将增加40万~50万台数控机床，相应需要60万~80万名数控专业人才。

数控机床装调维修工具有工种的复合性、人员素质的综合性、技术含量的高科技性等特点，将本职业人员素质的管理纳入标准化、制度化、规范化的轨道，提高数控机床装调维修从业人员的知识和技能水平，将进一步促进我国数控机床行业的发展。

2. 数控机床装配、调试和维修工的工作内容

本工种从业人员是指从事数控机床的装配、调试、维修等工作的人员。这一工种的主要工作内容是：

（1）进行各类数控机床的装配及调整。

（2）编制试件加工程序并测量其加工精度。

（3）判断并排除机床的各类故障。

二、数控机床装配、调试和维修工的基本要求

数控机床装配、调试和维修是一个非常有前途的职业，也是一项具有挑战性的

工作。要做好这项工作，不但需要机、电、液等方面的基础知识，还需要计算机技术、控制技术、检测技术等专业知识，以及丰富的经验和熟练的实际操作技能。

（1）要树立职业的荣誉感和责任感，树立良好的职业道德，真正地热爱并献身这一职业。

（2）要努力学好数控加工基础理论知识，掌握本工种专业知识，并不断钻研业务。特别是操作技能的掌握和熟练，不是短时间内就可以完成的，需要刻苦的练习。要善于总结每一次实践操作的经验，平时还应该做好维修的各种预案。

（3）要努力培养踏实、认真、细致的工作作风。每一台数控机床的价格少则几万元，多则几十万、上百万元，它们都是企业里的重要设备。因此，装配和维修工作来不得半点马虎。

（4）数控系统种类繁多，故障多种多样，维修方法也不相同。此外，数控技术的发展日新月异，新产品、新结构层出不穷。因此，作为一名数控系统维修技术人员，就应该不断地学习新知识，掌握新技术，寻找新的诊断、维修的方法，为推动数控系统维修技术的发展作出应有的贡献。

第五节　数控机床的发展趋势

数控机床的发展日新月异。高速化、高精度化、高可靠性、功能复合化、控制智能化、开放性、驱动并联化、大型化和微型化、信息交互网络化、极端化、加工过程的低碳及绿色化等，已成为目前数控机床发展的趋势和方向。

一、高速化

追求高速、精密和自动化，永远是推动机床技术和机床工业发展的原动力。随着汽车、国防、航空、航天等工业的高速发展以及铝合金等新材料的应用，对数控机床加工的高速化要求越来越高。所谓的高速，包括机械传动和计算机数字控制系统两个方面：

1. 高的主轴转速

采用陶瓷滚珠轴承内装式的电主轴，取消了传动带、带轮和齿轮等环节，大大减小了主传动的转动惯量，提高了主轴动态响应速度和工作精度，并使主轴高速运转时传动的振动和噪声问题得到有效控制。采用电主轴结构，可使主轴转速在

10 000 r/min以上。国外最高的主轴转速已可达200 000 r/min。

2. 高的进给速度

采用直线电动机和带滚珠保持器的直线导轨副等机床功能部件，机床的快速移动速度可由目前的10～20 m/min提高到60～80 m/min，甚至高达120 m/min。在分辨率为0.01 μm时，最大进给量仍可达到240 m/min，且可精确加工复杂型面。

3. 高的CPU运算速度

微处理器的迅速发展，为数控系统向高速、高精度方向发展提供了保障。现在已经开发出32位及64位CPU的数控系统，工作频率可以达到几百兆赫，甚至上千兆赫。由于运算速度的极大提高，当进给速度达到24～240 m/min时，仍能获得0.1 μm，甚至0.01 μm的分辨率。

4. 高的换刀速度

目前，国外先进加工中心的刀具交换时间普遍在1 s左右，有些已达0.5 s。

二、高精度化

除了机床的静态精度问题以外，数控机床的运动精度、热变形的监测和补偿以及振动、噪声的控制等问题，越来越受到人们的重视。

1. 提高CNC系统控制精度

采用高速插补技术，以微小程序段实现连续进给，使CNC控制单位精细化。采用高分辨率的位置检测装置提高位置检测精度（日本已开发出装有100万个脉冲/r的内藏式位置检测器的交流伺服电动机，其位置检测精度可达0.01 μm/脉冲），在位置伺服系统中采用前馈控制与非线性控制等方法可提高位置控制的精度和稳定性。

2. 采用误差补偿技术

采用反向间隙补偿法、丝杠螺距误差补偿法和刀具误差补偿法等技术，对设备的热变形误差和空间误差进行综合补偿。研究结果表明，应用综合误差补偿技术后，可将加工误差减小60%～80%。

3. 采用网格解码器技术

采用网格解码器技术来检查、提高加工中心的运动轨迹精度，并通过仿真预测机床的加工精度，可以进一步保证机床的定位精度和重复定位精度，并使其性能长期稳定。

三、高可靠性

数控机床加工的零件型面较为复杂，加工周期长，机床的价格相当昂贵，因此，对其可靠性的要求也比一般机床要高。目前，国外整机的平均无故障工作时间为 800 ~ 1 000 h。其中，数控系统的平均无故障时间为 1 万小时，最高为 7 万 ~ 10 万小时。

数控系统将采用更高集成度的芯片，利用大规模或超大规模的专用及混合式集成电路，进一步减少元器件的数量，提高其可靠性。通过启动诊断、在线诊断、离线诊断等多种诊断程序，实现对系统内硬件、软件和各种外围设备进行故障诊断和报警。利用报警提示，及时排除故障。利用容错技术，对重要部件采用“冗余”设计，以实现故障自动恢复。

四、功能复合化

功能复合化是指在一台机床上实现多种加工，进一步提高机床的生产效率，使加工以外的辅助时间减至最少。通过功能的复合化，可以扩大机床的使用范围，提高效率，实现一机多用、一机多能。复合又可分为工艺复合和工序复合两种情况。

1. 工艺复合型机床

如镗、铣、钻复合的加工中心，车、铣复合的车削中心，铣、镗、钻、车复合的复合加工中心等。

2. 工序复合型机床

采用工序复合型机床进行加工，可以减少工件装卸次数、缩短更换和调整刀具的辅助时间，减小中间过程中产生的误差，提高零件加工精度，缩短产品制造周期，提高生产效率，相对于传统的工序分散的加工方法具有明显的优势。如多面多轴联动加工的复合机床和双主轴车削中心等。

加工过程的复合化也导致了机床向模块化、多轴化方向发展。如德国 Index 公司推出的车削加工中心就采用了模块化结构。该加工中心能够完成车削、铣削、钻削、滚齿、磨削、激光热处理等多种工序，可完成复杂零件的全部加工。

各种多轴的加工机床（包括双主轴、双刀架、多轴控制等），如可实现 4 ~ 5 轴联动的高速龙门式加工中心和高速铣削中心等。

五、控制智能化

随着人工智能技术的发展，为了满足制造业生产柔性化、自动化的发展需求，数控机床的智能化程度在不断提高。具体体现在以下几个方面：

1. 加工过程自适应控制技术

通过监测加工过程中的切削力、主轴和进给电动机的功率、电流、电压等信息，利用传统的或现代的算法进行识别，以辨识出刀具的受力、磨损、破损状态及机床加工的稳定性状态，并根据这些状态实时调整加工参数（主轴转速、进给速度）和加工指令，使设备处于最佳运行状态，以提高加工精度、降低加工表面粗糙度值并提高设备运行的安全性。

2. 加工参数的智能优化与选择

总结工艺专家或技师的经验、零件加工的一般与特殊规律，用现代智能的方法，构造基于专家系统或基于模型的“加工参数的智能优化与选择器”，利用它获得优化的加工参数，从而达到提高编程效率和加工工艺水平、缩短生产准备时间的目的。

3. 智能故障自诊断与自修复技术

根据已有的故障信息，应用现代智能方法实现故障的快速准确定位。

4. 智能故障回放和故障仿真技术

能够完整记录系统的各种信息，对数控机床发生的各种错误和事故进行回放和仿真，用以确定错误引起的原因，找出解决问题的办法，积累生产经验。

六、开放性

1. 向未来技术开放

通用软硬件接口遵循公认的标准协议，只需少量的重新设计和调整，新一代的通用软硬件资源就可能被现有系统所采纳、吸收和兼容，这就意味着系统的开发费用将大大降低，而系统性能与可靠性将不断改善。

2. 向用户的特殊要求开放

更新产品、扩充功能，提供软、硬件产品的各种组合，以满足用户的特殊应用要求。

3. 科学的系统标准

目前，国际上正在研究和制定一种新的系统标准 ISO 14649—（STEP－NC），以提供一种不依赖于具体系统的中性机制，能够描述产品整个生命周期内的统一数据模型，从而实现整个制造过程乃至各个工业领域产品信息的标准化。标准化的编程语言，既方便用户使用，又降低了与操作效率直接有关的劳动消耗。

七、驱动并联化

并联运动机床克服了传统机床串联机构移动部件质量大、系统刚度低、刀具只能沿固定导轨进给、作业自由度偏低、设备加工灵活性和机动性不够等固有缺陷，在机床主轴（一般为动平台）与机座（一般为静平台）之间采用多杆并联连接机构驱动，通过控制杆系中杆的长度，使被杆系支撑的平台获得相应自由度的运动，可以实现多坐标联动数控加工、装配和测量等多种功能，能满足复杂和特种零件的加工。

并联机床作为一种新型的加工设备，具有现代机器人的运动方式，模块化程度高、质量轻、速度快，已成为当前机床技术的一个重要研究方向，受到了国际机床行业的高度重视，被认为是“自发明数控技术以来在机床行业中最有意义的进步”和“21 世纪新一代数控加工设备”。

八、大型化和微型化

国防、航空、航天、能源、采矿和交通运输等事业的发展，需要大型的、性能更加良好的数控机床来保证。另一方面，超精密加工技术和微纳米技术的发展，则需要能适应微小尺寸和微纳米加工精度的新型制造工艺和装备。所以，微型机床包括微切削加工（车、铣、磨）机床、微电加工机床、微激光加工机床和微型压力机等的需求量正在逐渐增大。

九、信息交互网络化

对于面临激烈竞争的企业来说，使数控机床具有双向、高速的联网通信功能，以保证信息流在车间各个部门间畅通无阻是非常重要的。既可以实现网络资源共享，又能实现数控机床的远程监视、控制、培训、教学、管理，还可实现数控装备的数字化服务（数控机床故障的远程诊断、维护等）。例如，日本 Mazak 公司推出新一代的加工中心配备了一个称为信息塔（e－Tower）的外围设备，包括计算机、手机、机外和机内摄像头等，能够实现语音、图形、视像和文本的通信故障报警显示、在线帮助排除故障等功能，是一种独立的、自主管理的制造单元。

十、新型的功能部件

为了提高数控机床各方面的性能，具有高精度和高可靠性的新型功能部件的应用成为必然。具有代表性的新型功能部件包括：

1. 高频电主轴

高频电主轴是高频电动机与主轴部件的集成，具有体积小、转速高、可无级调速等一系列优点，在各种新型数控机床中已经获得广泛的应用。

2. 直线电动机

近年来，直线电动机的应用日益广泛，虽然其价格高于传统的伺服系统，但由于负载变化扰动、热变形补偿、隔磁和防护等关键技术的应用，机械传动结构得到简化，机床的动态性能有了提高。例如，西门子公司生产的1FN1系列三相交流永磁式同步直线电动机，已开始广泛应用于高速铣床、加工中心、磨床、并联机床以及动态性能和运动精度要求高的机床等；德国EX－CELL－O公司生产的XHC卧式加工中心，三向驱动均采用直线电动机。

3. 电滚珠丝杠

电滚珠丝杠是伺服电动机与滚珠丝杠的集成，可以大大简化数控机床的结构，具有传动环节少、结构紧凑等优点。

十一、加工过程的低碳及绿色

绿色制造是制造业发展的一大趋势。近年来，不用或少用切削液，实现干切削、半干切削、节能环保的机床不断出现，并在不断发展当中，以进一步保护环境和节约资源。

十二、多媒体技术的应用

多媒体技术集计算机、声像和通信技术于一体，使计算机具有综合处理声音、文字、图像和视频信息的能力。图形化、人性化的用户界面，使人们可以通过形象化的窗口和菜单进行各种操作，极大地方便了广大非专业用户的使用。把多媒体技术移植到数控机床上来，将会进一步提高数控机床的使用性能。

十三、附件的技术发展

数控机床的附件主要有数控分度头、数控转台和交换工作台、数控刀架、排屑装置等，它们也必须适应主机的发展。主要的趋势是高速化、可伺服控制和模块化设计。

1. 数控分度头

未来的数控分度头，采用伺服电动机驱动，液压或气压松开、夹紧，转位时间可调，最快换一把刀的时间为0.15 s。在规格上向两头延伸，既要开发小规格的分度头，也要开发大规格的分度头。在性能方面向进一步提高制动力矩、提高主轴转速及可靠性方面发展。

2. 数控转台

未来的数控转台转速可达到30 r/min。在规格上向两头延伸，既要开发小型转台，也要开发大型转台。在提高承载能力方面，将研制钢制的蜗轮，以大幅度提高转台的转速和承载能力。在结构形式上研制两轴和多轴并联的数控转台。

3. 数控刀架

随着数控车床的发展，数控刀架开始向快速换刀、电液组合驱动和伺服驱动方向发展。高档数控车床将采用动力型刀架，兼有液压刀架、伺服刀架、立式刀架等品种。复合化动力刀架采用模块化设计，动力刀具由伺服电动机驱动，如铣削动力刀具转速最高可达到3 000 r/min。

第二章 机械识图知识

第一节　机械制图的基础知识

机械制图是用图样确切表示机械的结构形状、尺寸大小、工作原理和技术要求的学科。图样由图形、符号、文字和数字等组成，是表达设计意图和制造要求以及交流经验的技术文件，常被称为工程界的语言。

为使人们对图样中涉及的格式、文字、图线、图形简化和符号含义有一致的理解，后来逐渐制定出统一的格式，并发展成为机械制图国家标准。各国一般都有自己的国家标准。例如：

GB——中华人民共和国国家标准；

ISO——国际标准化组织标准；

DIN——德国国家标准；

JIS——日本工业标准；

BSI——英国标准协会标准；

ГОСТ——俄罗斯（前苏联）国家标准；

ANSI——美国国家标准协会标准。

中国的机械制图国家标准（GB）制定于1959年，在1974年和1984年修订过两次。后来，又陆续对其中的部分标准分别做了修订和更新。1998年又制定了计算机机械制图的国家标准GB/T 14665—1998。

图样中的图纸幅面及格式，图样所采用的比例、图线及其含义，以及图样中常用的数字、字母等，属于机械制图国家标准中的一般标准。

一、图纸幅面和格式

1. 图纸幅面

绘制技术图样时，应优先采用表 2—1 规定的基本幅面尺寸。必要时也允许加长幅面，但应按基本幅面的短边整数倍增加。各种加长幅面如图 2—1 所示，其中粗实线部分为基本幅面；细实线部分为首选的加长幅面；虚线为第二选择的加长幅面。加长后幅面代号记作：基本幅面代号 × 倍数。如“A3 × 3”，表示按 A3 图幅短边 297 mm 加长为原来的 3 倍，加长后图纸尺寸为 420 mm × 891 mm。

表 2—1　　　　基本幅面尺寸　　　　mm

幅面代号		A0	A1	A2	A3	A4
尺寸 $B \times L$		841 × 1 189	594 × 841	420 × 594	297 × 420	210 × 297
边框	a	25				
	c	10			5	
	e	20		10		

基本幅面图纸中，A0 幅面为 1 m^2，长边是短边的 $\sqrt{2}$ 倍，因此，A0 图纸长边 $L = 1\ 189$ mm，短边 $B = 841$ mm。A1 图纸的面积是 A0 的一半，A2 图纸的面积是 A1 的一半，其余如此类推，其关系如图 2—1 所示。

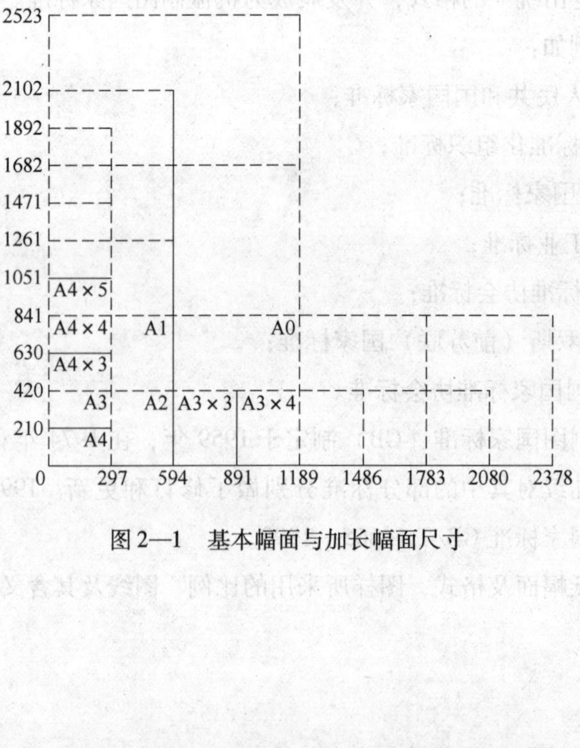

图 2—1　基本幅面与加长幅面尺寸

2. 图框格式和尺寸

在图纸上必须用粗实线画出图框。图框有两种格式：不留装订边和留有装订边。同一产品中所有图样均应采用同一种格式。两种格式如图 2—2 所示，尺寸按表 2—1 的规定画出。

二、标题栏

为使绘制的图样便于管理及查阅，每张图都必须有标题栏。通常标题栏应位于图框的右下角。若标题栏的长边置于水平方向并与图纸长边平行时，则构成 X 型图纸；若标题栏的长边垂直于图纸长边时，则构成 Y 型图纸，如图 2—2 所示。

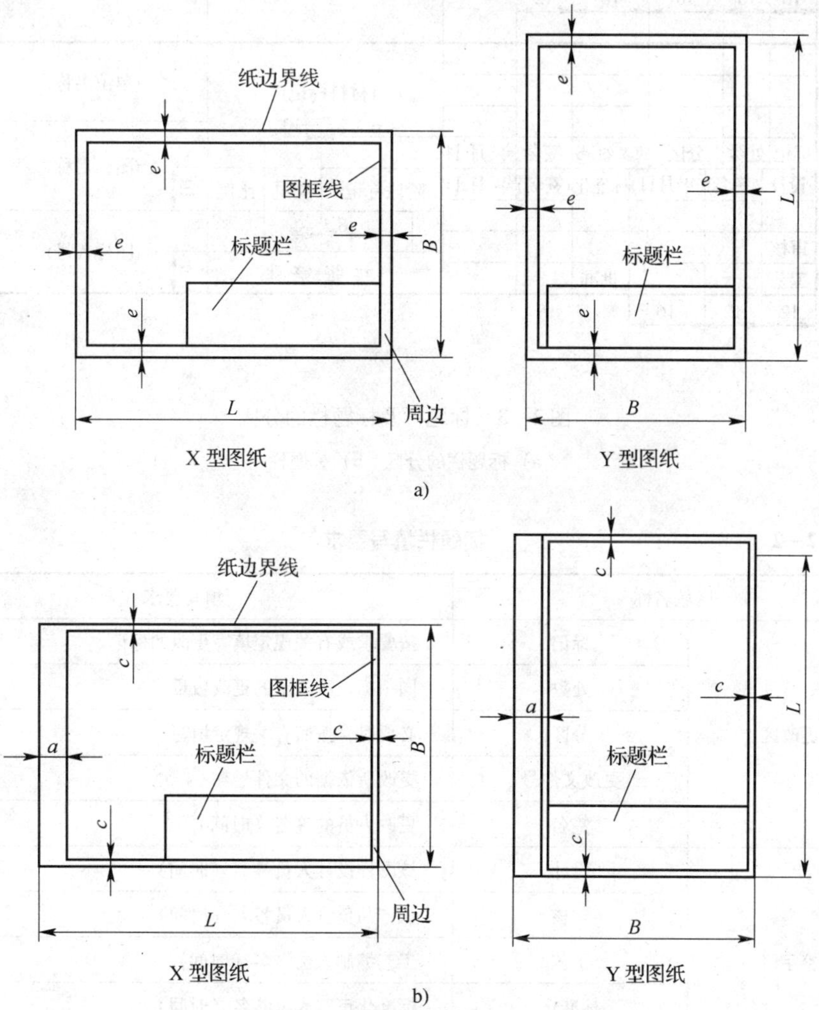

图 2—2　图框格式

a）不留装订边　b）留装订边

标题栏的格式、分栏及各部分尺寸如图 2—3 所示。标题栏各栏填写要求见表 2—2。

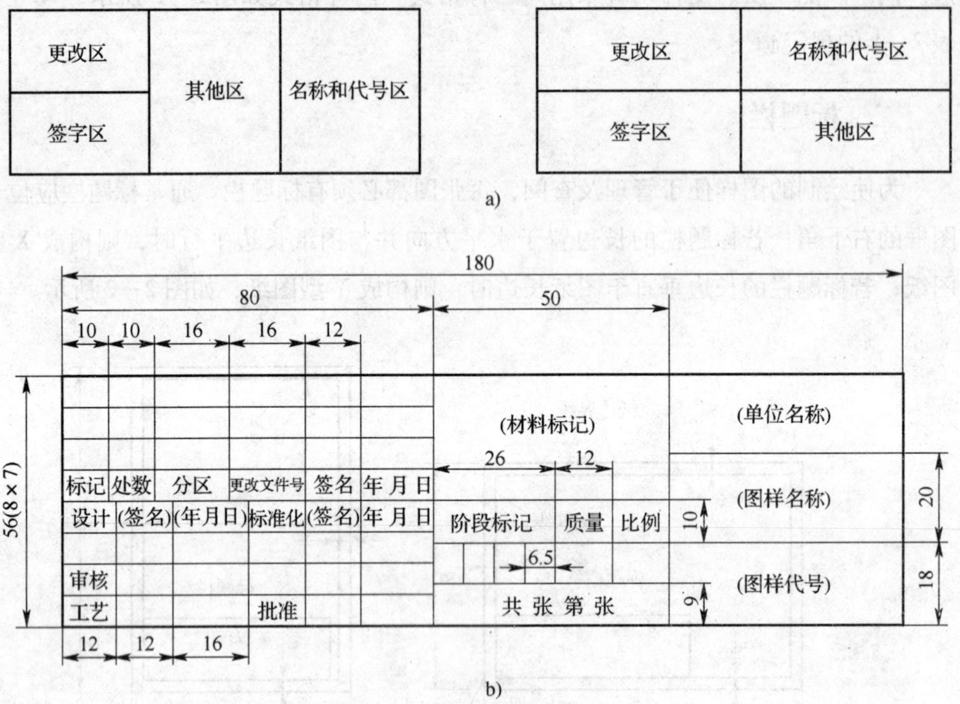

图 2—3　标题栏及标题栏的分区

a）标题栏的分区　b）标题栏

表 2—2　　　　　　　　标题栏填写要求

区域名称		填写要求
更改区	标记	按要求或有关规定填写更改的标记
	处数	同一标记所表示的更改数量
	分区	必要时，按照有关规定填写
	更改文件号	更改所依据的文件号
	签名	更改人员的签名（时间）
签字区	设计	该图样设计人员签名（时间）
	审核	该产品负责人员签名（时间）
	工艺	工艺编制人员签名（时间）
	标准化	标准化审定人员签名（时间）
	批准	企业（或部门）负责人签名（时间）

续表

区域名称		填写要求
其他区	材料标记	按相应标准或规定填写所使用的材料牌号
	阶段标记	按有关规定从左到右填写该产品的各生产阶段
	质量	图样所对应产品的计算质量（以千克为单位时可以不填写单位）
	比例	绘制图样时所采用的比例
	共×张第×张	同一图样中图样的总张数及该张所在的号码
名称与代号区	单位名称	绘制图样单位的名称或代号也可以不填写
	图样名称	绘制对象的名称
	图样代号	按有关标准或规定填写图样的代号

三、比例

比例是指图样中的图形与其实物相应要素的线性尺寸之比。比例分为原值(1:1)、缩小、放大三种。画图时，应尽量采用1:1的比例画图。缩小和放大时，所用比例应符合表2—3中的规定，并优先采用第一系列的比例。不论采用缩小或放大比例，在图样上标注的尺寸表示的是机件的实际尺寸，而与所用的比例没有关系。比例一般应标注在标题栏中。必要时，可在视图名称的下方或右侧标注比例。

表2—3　　比例系列

种类	比例（其中 n 为正整数）	
	第一系列	第二系列
原值比例	1:1	
缩小比例	1:2　1:5　$1:1\times10^n$ $1:2\times10^n$　$1:5\times10^n$	1:1.5　1:2.5　1:3　1:4　1:6 $1:1.5\times10^n$　$1:2.5\times10^n$　$1:3\times10^n$ $1:4\times10^n$　$1:6\times10^n$
放大比例	2:1　5:1　$1\times10^n:1$ $2\times10^n:1$　$5\times10^n:1$	2.5:1　4:1 $2.5\times10^n:1$　$4\times10^n:1$

四、字体

1. 汉字

图样上的汉字应采用长仿宋体字，字的大小应按字号规定。字体号数代表字体的高度。高度（h）尺寸为1.8、2.5、3.5、5、7、10、14和20 mm。

2. 字母和数字

图样中，字母和数字可写成斜体或直体，斜体字字头向右倾斜，与水平基准线成75°。在技术文件中，字母和数字一般写成斜体。字母和数字分A型和B型，B型的笔画宽度比A型宽。指数、分数、极限偏差、注脚及字母的字号一般应采用小一号的字体。

五、图线

1. 图线的线型及用途

图线按宽度可以分为粗线和细线，它们的宽度比为2∶1。在我国的机械制图中，各种图线的线型及用途见表2—4和图2—4。

表2—4　　　机械制图的图线线型及用途

图线名称	图线线型	图线宽度	主要用途
粗实线		d	可见轮廓线、可见过渡线
细实线		约 $d/2$	尺寸线、尺寸界线、剖面线、辅助线、重合断面的轮廓线、引出线、螺纹的牙底线及齿轮的齿根线
波浪线		约 $d/2$	断裂处的边界线、视图和剖视的分界线
双折线	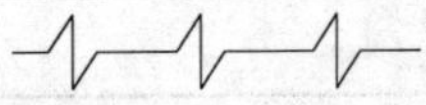	约 $d/2$	断裂处的边界线
细虚线	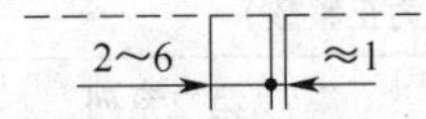	约 $d/2$	不可见的轮廓线、不可见的棱边线
细点画线	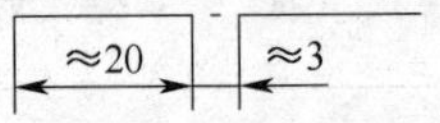	约 $d/2$	轴线、对称中心线、齿轮的分度圆及分度线
粗点画线		d	限定范围表示线
细双点画线		约 $d/2$	相邻辅助零件的轮廓线、中断线、极限位置的轮廓线

粗实线的宽度应根据图形的大小和复杂程度选取，一般取0.7 mm。

2. 绘图时的注意事项

（1）同一图样中，同类图线的宽度应基本一致。虚线、点画线及双点画线的线段长度和间隔应各自大致相同。

（2）两条平行线之间的距离应不小于粗实线的两倍宽度，其最小距离不得小

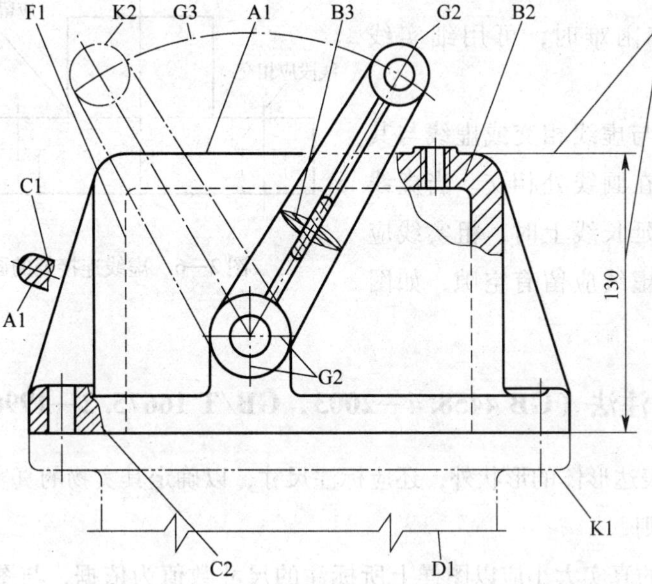

图 2—4　图线的应用实例

F1—不可见轮廓线（细虚线）　K2—运动机件极限位置的轮廓线（细双点画线）
G3—轨迹线（细点画线）　A1—可见轮廓线（粗实线）
B3—重合断面的轮廓线（细实线）　G2—零件的轴线或图形的对称中心线（细点画线）
B2—剖面线（细实线）　B1—尺寸线与尺寸界线（细实线）
K1—相邻辅助零件的轮廓线（细双点画线）　D1—断裂处的边界线（双折线）
G2—图的对称中心线（细点画线）　C1、C2—视图和剖视的分界线（波浪线）
A1—移出断面轮廓线（粗实线）

于 0.7 mm。

（3）绘制圆的对称中心线时，圆心应为画线的交点。点画线、双点画线的首末两端应是画线而不是点，且超出图形的轮廓线 1 ~ 5 mm，如图 2—5 所示。

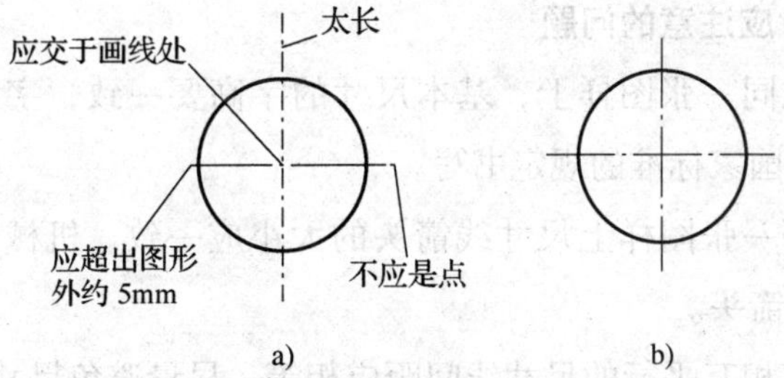

图 2—5　中心线的绘制

a）错误　b）正确

（4）在较小的图形上绘制点画线和双点画线有困难时，可用细实线代替。

（5）虚线与虚线相交或虚线与其他线相交，应在画线处相交。当虚线处在粗实线的延长线上时，粗实线应画到分界点而虚线应留有空隙，如图2—6所示。

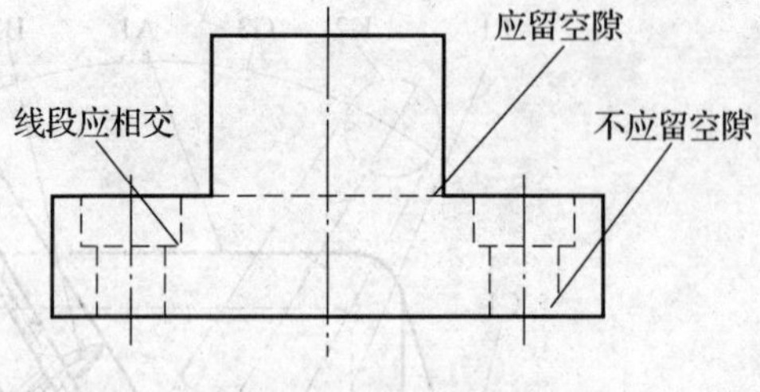

图2—6　虚线连接处的画法

六、尺寸注法（GB 4458.4—2003，GB/T 16675.2—1996）

图样除了表达形体的形状外，还应标注尺寸，以确定其实物的真实大小。

1. 基本规则

（1）机件的真实大小应以图样上所标注的尺寸数值为依据，与图形的大小及绘图的准确度无关。

（2）图样中（包括技术要求和其他说明）的尺寸以mm为单位时，不需标注计量单位的代号或名称。如果要采用其他单位时，则必须注明相应的计量单位的代号或名称。

（3）图样中所标注的尺寸为该图样所示机件的最后完工尺寸，否则应另加说明。

（4）机件的每一尺寸一般只标注一次，并应标注在反映该结构最清晰的图形上。

2. 尺寸的组成及其注法

一个完整的尺寸一般由尺寸界线、尺寸线、尺寸线终端和尺寸数字组成。尺寸标注的基本方法见表2—5。

3. 图形标注时应注意的问题

（1）数字。在同一张图样上，基本尺寸的字高要一致，字符间隔要均匀，字符格式应严格按照国家标准的规定书写。

（2）箭头。同一张图样上尺寸线箭头的大小应一致。机械图样中，尺寸线箭头应是闭合的实心箭头。

（3）尺寸线。相互平行的尺寸线间距应相等。尽量避免尺寸线相交。

表 2—5 尺寸标注的基本方法

尺寸要素	图例		说明
尺寸界线	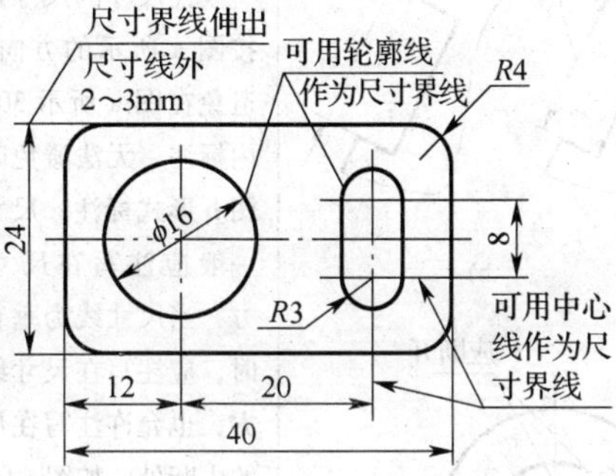 a)	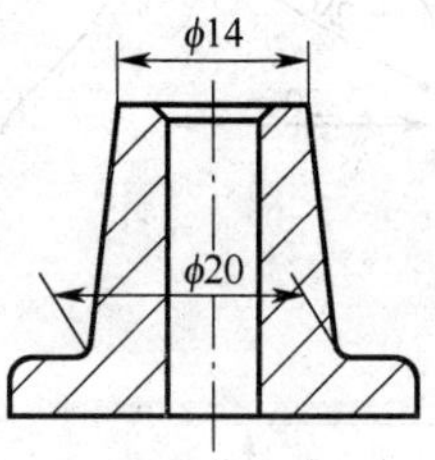 b)	尺寸界线用细实线绘制，并超出图形的轮廓线、轴线或对称中心线处引出。必要时也可用轮廓线、轴线或对称中心线作为尺寸界线，如图 a 所示 尺寸界线一般应与尺寸线垂直并超过尺寸线 2～3 mm。特别需要时，尺寸界线才允许倾斜，这种情况下，尺寸界线与尺寸线尽可能成 60° 夹角，如图 b 所示
尺寸线终端	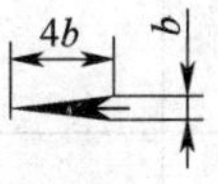 b为图中粗实线的宽度 a)	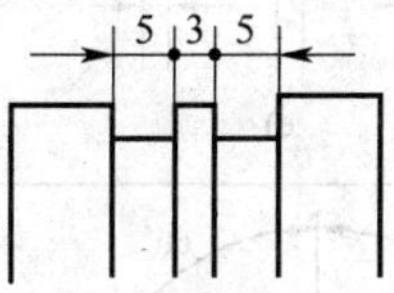 b)	尺寸线的终端有箭头和短斜线两种形式，在机械图样中一般采用箭头形式 当尺寸线太短而没有足够的位置画箭头时，允许将箭头画在尺寸线的外边；标注连续的小尺寸时，尺寸线的两端采用箭头，中间可以用小圆点代替箭头，如图 b 所示
尺寸线	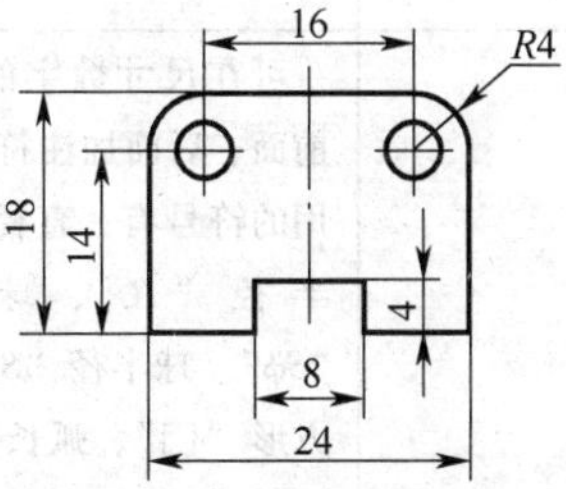 a) 正确	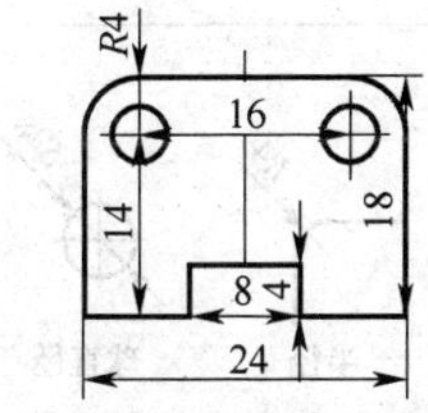 尺寸线不应与其他图线重合，也不应在其他图线的延长线上 b) 错误	尺寸线用细实线绘制。尺寸线不能用其他图线代替，一般也不得与其他图线重合或画在其他线的延长线上。标注线性尺寸时，尺寸线必须与所标注的线段平行 互相平行的尺寸线，小尺寸在里，大尺寸在外，依次排列整齐

续表

尺寸要素	图例	说明
尺寸数字	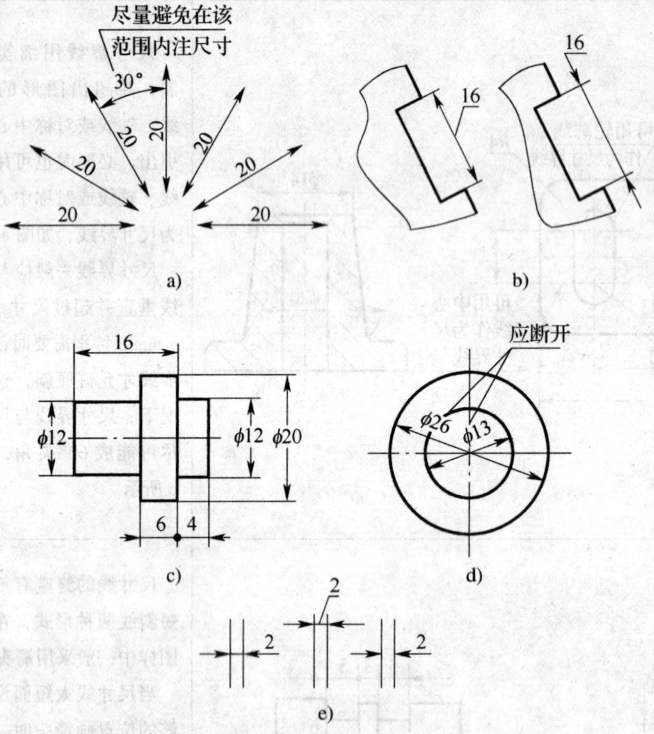	线性尺寸的尺寸数字应按图 a 所示的方向填写，避免在图 a 所示 30° 范围内标注，无法避免时应按图 b 形式标注。尺寸数字一般应注写在尺寸线上方，当尺寸线为垂直方向时，应注写在尺寸线的左方，也允许注写在尺寸线的中断处，如图 c 所示 尺寸数字不允许被任何图线所通过。当不可避免时，必须将图线断开，如图 d 所示 狭小部分的尺寸数字按图 e 所示方式注写
角度	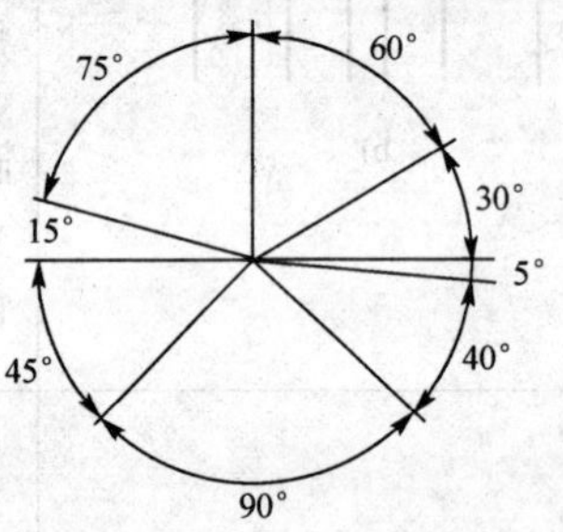	标注角度尺寸的尺寸界线应沿径向引出。尺寸线是以角度顶点为圆心的圆弧线。角度的数字应水平注写。角度较小时也可用指引线引出标注
标注尺寸的符号	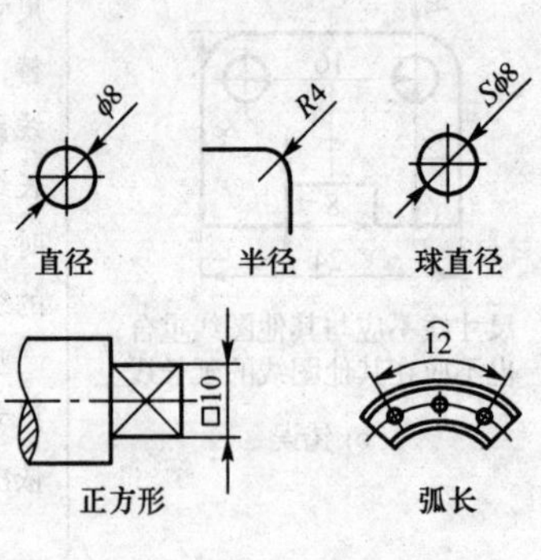	可在尺寸数字的上方、前面、后面加注符号。常用的符号有：直径“φ”、半径“R”、球直径“Sφ”、球半径“SR”、正方形“□”、弧长“⌒”、厚度“t”、45° 倒角“C”、均布“EQS”、理论正确尺寸“□”、参考尺寸“(　)”等

续表

尺寸要素	图例	说明
标注尺寸的符号	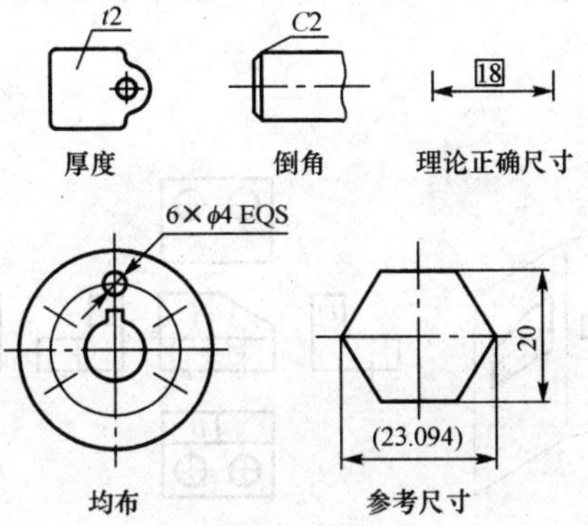	说明：整圆或大于半圆的圆弧一般标注直径尺寸；小于或等于半圆的圆弧一般标注半径尺寸，半径尺寸只能标注在圆弧图形上

七、机械图样的种类

机械图样主要有零件图和装配图，此外，还有布置图、示意图和轴测图等。零件图主要用来表达零件的形状、大小以及制造和检验的各种技术要求。装配图主要用来表达机械中各零件和部件间的装配关系以及工作原理等。布置图表达机械设备在厂房内的位置。示意图则用来表达机械的工作原理，例如，表达机械传动原理的机构运动简图，表达液体或气体输送线路的管道示意图等。示意图中的各机械构件均用符号表示。轴测图是一种立体图，直观性强，是常用的一种辅助图样。

第二节　视　　图

表达机械结构形状的图形，常用的有视图、剖视图和断面图等。为了完整地表示出机件的全部形貌，需要把机件各个方向的形状向某些平面投影，这与拍照片很相似。国家标准规定，一个正六面体的六个面就组成了这些投影平面，并把它们称为基本投影平面。

视图主要用于表达机件的外部形状。机械制图国家标准规定，视图可以有以下几种。

一、基本视图

基本视图是机件向前、后、左、右、上、下六个基本投影面投影而得到的图形，如图 2—7 所示。

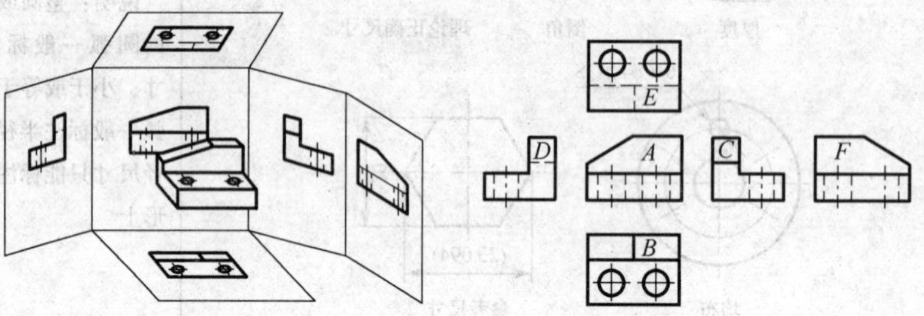

a)　　　　b)

图 2—7　六个基本视图及配置

a）视图的空间关系　b）视图的布置

A—主视图　*B*—俯视图　*C*—左视图　*D*—右视图　*E*—仰视图　*F*—后视图

按投影方向和投影面的不同，基本视图最多可以有主视图、后视图、俯视图、仰视图、左视图和右视图六个视图。图中看得见的轮廓线用粗实线画出，看不见的轮廓线用细虚线表示。将六个基本投影面按图中所示的方法展开到同一个平面，在同一张图纸内六个基本视图的配置按投影方向配置时，一律不标注视图名称。

机件向投影面投影时，观察者、机件与投影面三者之间有两种相对位置。机件位于投影面与观察者之间时称为第一角投影法，投影面位于机件与观察者之间时称为第三角投影法。两种投影法都能同样完善地表达机件的形状。国家标准规定采用第一角投影法。

二、斜视图、局部视图和向视图

机件上的某些结构在基本视图中还不能完全表达时，可以选用斜视图、局部视图、旋转视图或向视图来表达。

1. 斜视图

斜视图是机件向不平行于任何基本投影平面的斜投影面投影所得到的视图。斜视图的上方要标出该斜视图的名称“*X*”，并用箭头指明投影方向，如图 2—8 所示。

2. 局部视图

选中想表达的机件的某一部分，用波浪线将其他部分断开，然后投影得到的视图称为局部视图。实际上它是一种不完整的（局部的）基本视图。图的上方要标出该局部视图的名称“X”，并用箭头指明投影方向，如图 2—9 所示。

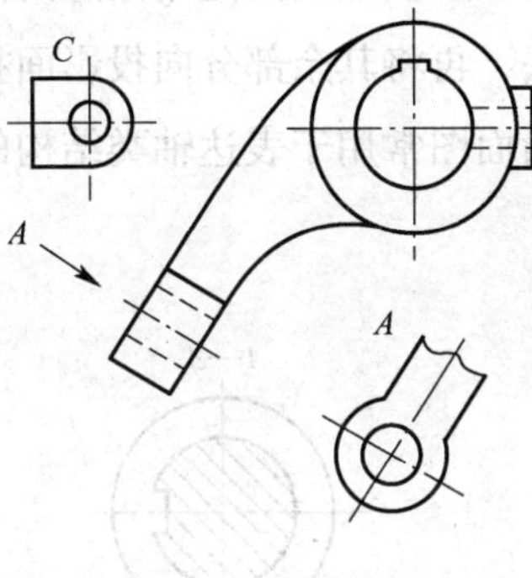

图 2—8　斜视图

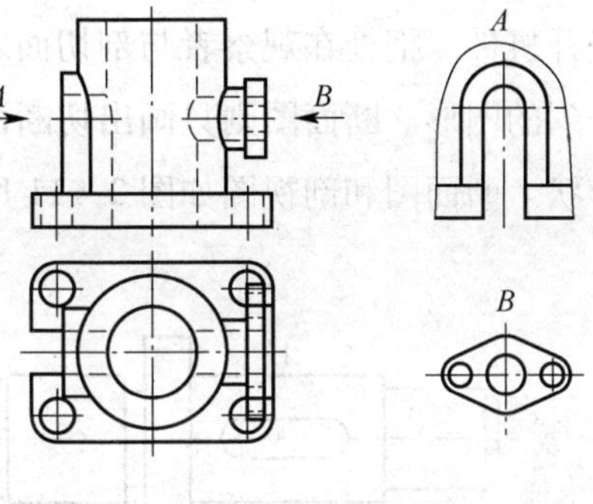

图 2—9　局部视图

3. 向视图

如果考虑合理利用图纸，可以将视图自由配置，成为向视图。绘制向视图需要标注投影方向和视图名称，如图 2—10 所示。

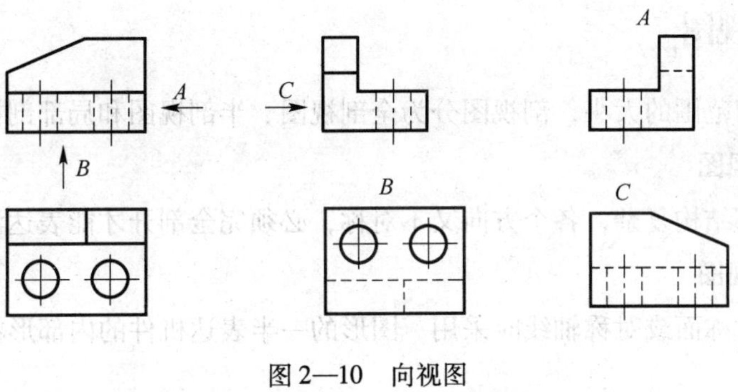

图 2—10　向视图

向视图的标注方式有以下两种：

（1）在向视图上方标注出“X”（X 为大写拉丁字母），在相应视图的附近用箭头指明投影方向，并注上相同的字母。

（2）在向视图的上方标注视图名称。标注图名的各视图位置，应根据需要和可能，按相应的规则布置。

第三节 剖视图、断面图及局部放大图

剖视图和断面图都是用来表达机件的内部结构的图形。剖视图是用假想的剖切面剖开机件，把处在观察者与剖切面之间的部分移去，再将其余部分向投影面投影而得到的图形。断面图则只画出切断面上的图形。断面图常用于表达轴类结构的断面形状。断面图和剖视图如图 2—11 所示。

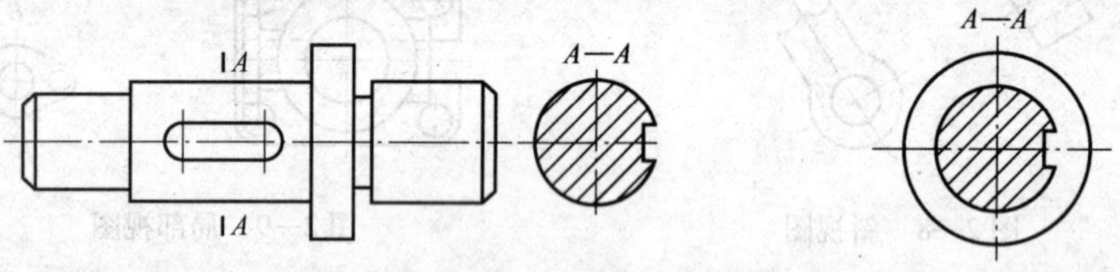

a)　　b)

图 2—11　断面图和剖视图
a）断面图　b）剖视图

一、剖视图

根据剖切范围的大小，剖视图分为全剖视图、半剖视图和局部剖视图三种。

1. 全剖视图

机件内部结构复杂，各个方向又不对称，必须完全剖开才能表达清楚时采用。

2. 半剖视图

机件有对称面或对称轴线时采用。图形的一半表达机件的内部形状，另一半表达外形。

3. 局部剖视图

将机件内需要表达的局部剖开，用波浪线表示剖切的范围，称为局部剖视图。这是一种比较灵活的表达方法。

二、剖面符号

在剖视图和断面图中，机件上被剖开的截面应按国家标准（详见 GB/T 4457. 4—2002《机械制图　图样画法　图线》）规定的剖面符号绘制。部分剖面符号见表 2—6。

表 2—6 **部分剖面符号**

材料名称	剖面符号	材料名称	剖面符号
金属材料（已有规定者除外）	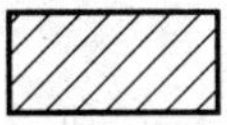	砖	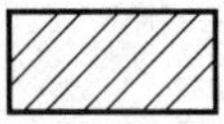
线圈绕组元件	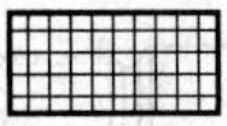	液体	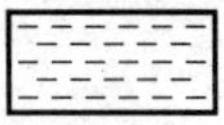
转子、电枢、变压器等的叠钢片		混凝土	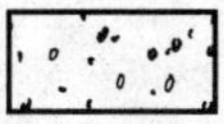
非金属材料		钢筋混凝土	
型砂、粉末冶金、砂轮、陶瓷刀片、硬质合金刀片	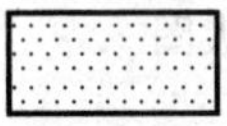	格网（筛网）	
玻璃及观察用的其他透明材料	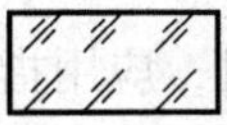	木材（纵剖）	

三、断面图

假想用某个剖切面将机件切开，而只画断面图形，称为断面图，如图 2—12 所示。如果仅仅只需要表达机件某处的断面形状，就适合采用断面图。断面图又可分为移出断面图和重合断面图。

（1）移出断面图一般用剖切符号表示剖切的位置，断面图画在旁边，用箭头表示方向，并标注大写拉丁字母。

（2）配置在剖切符号延长线上的不对称移出断面图，可省略字母。配置在剖切符号上的不对称重合断面图，不必标注字母。

（3）不配置在剖切符号延长线上的对称移出断面图，以及按投影关系配置的不对称移出断面图，可省略箭头。

（4）对称的重合断面图和配置在剖切平面的延长线上或视图中不断出现的对称移出断面图，均不必标注。

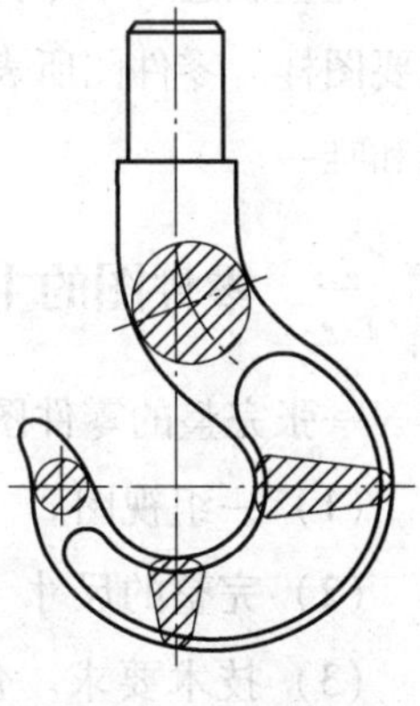

图 2—12 断面图

四、局部放大图

将机件的部分结构以大于原图的比例绘制，称为局部放大图，如图 2—13 所示。

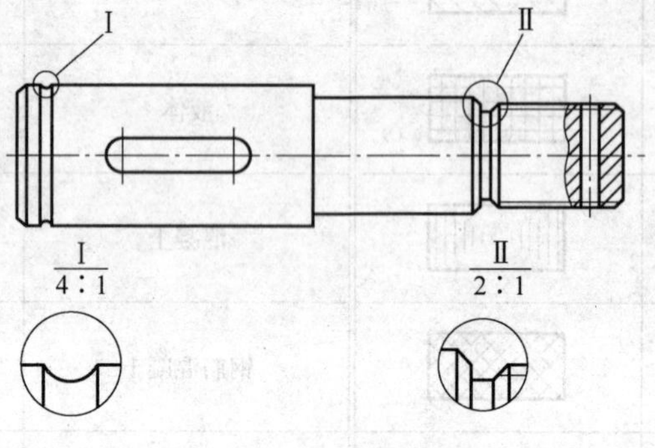

图 2—13　局部放大图

局部放大图的表达方式与原图无关。局部放大图一般都要标注。用细实线圈出被放大部位，当同一机件上有几个被放大部位时，应用指引线引出并依次标上罗马数字，并在局部放大图的上方标注出相应的罗马数字和所采用的比例。

第四节　零　件　图

完整表达一个零件的图样称为零件图。零件图是生产中指导制造和检验零件的主要图样。零件图所表达的各种图形、数据和技术要求等信息应该正确、完整、清晰和唯一。

一、零件图的主要内容

一张完整的零件图应包括以下内容：

（1）一组视图。

（2）完整的尺寸。

（3）技术要求。包括尺寸公差、形状及位置公差、配合要求、表面粗糙度、热处理要求、检验要求等。

（4）标题栏。包括公司或单位的名称、产品的名称或代号、零件的编号、零件的名称、图样的比例、零件数量、材料的名称或代号等。

（5）设计者和审核人员的签名。

二、零件图的视图选择和尺寸标注

1. 零件图的视图选择

视图选择就是选用适当的表达方法较好地表达零件的结构特征。为此，首先应选择主视图，再选配其他视图。选择主视图时应重点考虑：

（1）投影方向。主视图应较好地反映零件的形状特征。

（2）摆放位置。主视图尽量体现零件的加工位置或工作位置。

当主视图选定之后，考虑再补充哪些视图、剖视图或断面图，使表达完整。

2. 零件图的尺寸标注

国家标准对图样中尺寸标注的基本方法做了一系列的规定，必须严格遵守。零件图上尺寸的标注还应该做到正确、完整、唯一、清晰和合理。所谓合理，就是说既要考虑零件设计方面的要求，还应该考虑到制造、测量、检验和装配的方便。要达到这一点，就要了解零件在机器中的位置和作用，以及加工、制造的方法。据此，统筹考虑、合理选择各个尺寸标注时的基准。尺寸基准通常分为设计基准和工艺基准。

设计基准是在机器或部件中确定零件位置的点、线或面。

工艺基准就是在加工、测量或检验时，确定该零件与机床、夹具或量具相对位置的点、线或面。标注尺寸时，最好能把设计基准和工艺基准统一起来。如果两者不能统一，原则上可以从设计基准出发标注。

三、典型结构的尺寸标注方法

1. 线性尺寸的标注

（1）尺寸线必须与所标注的线段平行。

（2）两平行的尺寸线之间应留有足够的空隙，以便填写尺寸数字。

（3）标注两平行的尺寸应遵循“小尺寸在里，大尺寸在外”的原则。

2. 圆与圆弧尺寸的标注

（1）标注整圆或大半圆的非整圆时，尺寸线要通过圆心，以圆周轮廓线为尺寸界线，尺寸数字前加注直径符号“ϕ”。

（2）标注小于或等于半圆的非整圆时，应在尺寸数字前加注半径符号“R”。

（3）当圆弧的半径过大或在图样范围内无法标注其圆心位置时，可采用折线形式；若圆心位置不需注明，则尺寸线可只画靠近箭头的一段。

3. 角度尺寸的标注

角度的数字一律写成水平方向，并注在尺寸线中断处，必要时可注写在尺寸线上方或外侧，也可以引出标注。

4. 球面尺寸的标注

（1）标注球面的直径尺寸或半径尺寸时，应在符号“ϕ”或符号“R”前加注符号“S”。

（2）对于螺钉、铆钉的头部，轴和手柄的端部等，在不致引起误解的情况下，可省略符号“S”。

5. 小尺寸的标注

小尺寸是指没有足够位置画箭头或注写尺寸数字的尺寸。

（1）在没有足够位置画箭头或注写尺寸数字时，可将箭头或数字布置在外面，也可将箭头和数字都布置在外面。

（2）几个小尺寸连续标注时，中间的箭头可用斜线或圆点代替。

6. 对称图形尺寸的标注

对称零件的图形如只画出一半或大于一半时，尺寸线应略超过对称中心线或断裂处的边界线，此时仅在尺寸线的一端画出箭头。如图 2—14 所示，上下两处的双短线“ = ”为图形对称符号。

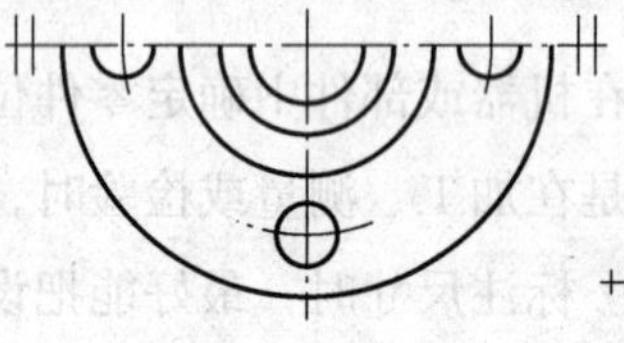

图 2—14　对称零件的尺寸标注

7. 方头尺寸的标注

方头的断面为正方形，方头的外平面在视图中可用交叉的细实线表示，其尺寸标注可以用“$a \times a$”表示，或在正方形边长尺寸数字前加注“□”符号。

8. 孔尺寸的标注

（1）在同一图形中，如有几种尺寸数值相近而又重复出现的孔时，可采用涂色标记或用标注字母的方法来区别。

（2）相同直径的圆孔可采用以下的标注方法，如“$3 \times \phi 9$”，表示三个孔的直径均为 9 mm。

9. 厚度尺寸的标注

标注板状零件的厚度时，可用指引线的方式引出标注，并在尺寸数字前加注厚度符号“t”。

加工或制造机件时，必须按图样中标注的尺寸的数字进行加工，而不允许直接从图样中量取图形的尺寸。要求在机械制造中必须达到的技术条件，如公差与配合、形位公差、表面粗糙度、材料及热处理要求等，均应按机械制图标准在图样中用符号、文字和数字予以标明。

第五节　装　配　图

表达机器或部件的图样称为装配图。在产品设计中，一般先画出装配图草图，然后再根据该装配图设计零件，并画出零件图，最后再根据零件图绘制正式的装配图。在产品制造中，装配图是制定装配工艺规程，进行装配和检验的技术依据。在使用或维修机械设备时，也需要通过装配图来了解设备的构造和性能。因此，装配图是生产中的重要技术文件。

一、装配图的主要内容

（1）一组视图（包括剖视图、断面图等）。用以表达部件的工作原理、零件之间的装配关系和主要零件的结构形状。

（2）必要的尺寸。装配图中应标注部件的规格、性能、装配、安装和总体等有关的尺寸等。

（3）技术要求。用文字和规定的符号、代号，说明在装配、调试检测或使用时应达到的技术要求等。

（4）零件的编号、明细栏和标题栏。装配图中应对每一种零件编写序号，填写标题栏和明细栏。通过零件序号和明细栏，使装配图与相应零件有机结合起来，便于查找和管理。

部件装配图和零件图的表达方法基本相同，都是通过各种视图、剖视图和断面图等来表达的。但是装配图的表达要求与零件图是不同的。装配图要表达出部件的工作原理，各组成零件之间的相对位置、装配关系和主要零件的结构形状。因此，除了前面介绍的表达方法之外，还有一些特殊的画法和规定。

二、装配图的画法要求

在装配图中，为了便于区分零件，正确地理解零件之间的装配关系，国家标准中对画法方面有以下规定：

（1）相邻零件的接触表面和配合表面只画一条线；不接触表面和非配合表面，即使间隙很小也应画成两条线。

（2）同一零件在各视图中的剖面线的方向和间隔必须一致。

（3）两个相邻零件的剖面线倾斜方向应相反，或方向一致但间隔不同。

（4）当剖切平面通过螺栓、螺柱、螺钉、螺母、垫圈等标准件，以及轴、手柄、连杆、键、销、球等的基本轴线时按不剖绘制。当其上的孔、槽需要表达时，可采用局部剖视。当剖切平面垂直这些零件的轴线时，则应画剖面线。

三、装配图的几种特殊画法

为了能简单而清楚地表达部件的结构特点，在装配图中规定了一些特殊画法。

1. 拆卸或沿零件接合面的剖切画法

在装配图中，为了表示部件内部零件间的装配情况，可假想沿某些零件接合面剖切，或将某些零件拆卸掉以后绘出其图形。在接合面上不画剖面符号，但被剖切到的其他连接零件如泵轴、螺栓、销等，应画出剖面符号。

2. 假想画法

在装配图中，为了表示与本部件有装配关系，但又不属于本部件的其他相邻零件时，可用细双点画线画出。对于运动的零件，当需要表明其运动极限位置时，也可用细双点画线来表示。

3. 简化画法

（1）对于装配图中的螺栓、螺钉连接等若干相同的零件组，可仅详细地画出一处或几处，其余只需用点画线表示其中心位置。

（2）装配图中的滚动轴承可以用简化画法。

（3）在装配图中，零件的工艺结构如圆角、倒角、退刀槽等可省略不画。

（4）在装配图中，当剖切平面通过某些标准产品的组合件时，可以只画出其外形图。

4. 夸大画法

在装配图中，对薄垫片、小间隙等，如按其实际尺寸画出表示不明显时，可把它们的厚度、间隙适当放大画出。

5. 展开画法

像机床主轴箱这一类比较复杂的机械结构，按传动的顺序展开表达就比较方便、直观。

四、装配图的视图选择

绘制部件的装配图，要从有利于生产、便于读图出发，恰当地选择视图。一般对部件装配图视图的表达要求是：正确、清晰地表达出部件的工作原理，各零件间的相对位置及其装配关系，以及零件的主要结构形状。在确定部件视图表达方案时，首先要定好主视图，然后配合主视图选择其他视图。

1. 主视图的选择

主视图的选择应符合下列要求：

（1）应符合部件的工作位置。

（2）能清晰地表达部件的工作原理和主要零件间的装配关系，一般画成剖视图。

2. 确定其他视图

主视图选定之后，部件的主要装配关系和工作原理一般能表达清楚。但只有一个主视图往往不能把所有部件的装配关系和工作原理全部表达出来，应根据需要选择其他视图来表达。

五、装配图的尺寸标注、零件编号和明细栏

1. 尺寸标注

装配图的尺寸标注与零件图的要求完全不同。零件图是用来制造零件的，所以应标注出制造所需的全部尺寸；而装配图只需标注出与部件性能、装配、安装、运输有关的几类尺寸即可。

（1）性能、规格尺寸。表示部件性能或规格的尺寸，它是设计或选用部件的主要依据。

（2）装配尺寸

1）配合尺寸。表示零件间配合性质的尺寸。

2）相对位置尺寸。表示装配时零件间需要保证的相对位置尺寸，常见的有重要的轴距、中心距和间隙等。

（3）安装尺寸。表示部件安装到其他零部件或基座上所需的尺寸。

（4）外形尺寸。表示部件的总长、总宽和总高的尺寸。它表示部件所占空间的大小，以供产品包装、运输和安装时参考。

（5）其他重要尺寸。装配图中除上述尺寸之外，有时还应注出运动零件的活动范围，或主要零件的重要尺寸。

应该指出，以上几类尺寸，并非所有装配图都必须全部具备，而应根据实际需要来标注。

2. 零件编号

为了便于看图和图样管理，在装配图中需要对每个零件进行编号，如图 2—15 所示。

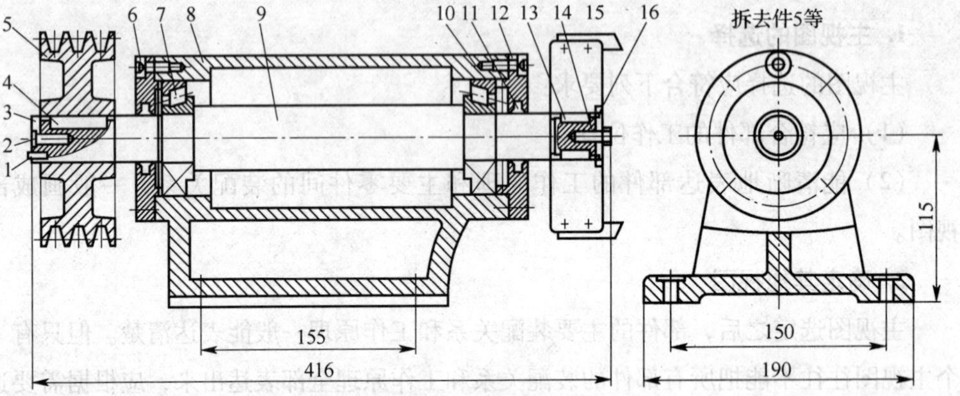

图 2—15　零件的编号形式示例

零件编号应遵循下列几项规定：

（1）在所需标注的零件上打一黑点，然后引出指引线（细实线），在指引线顶端画短横线或小圆圈（均用细实线），编号数字写在短横线上或圆圈内。序号数字比装配图上的尺寸数字大一号或两号。

（2）装配图中相同的零件只编一个号，不能重复。

（3）对于标准化组件，如滚动轴承、油杯等可看做一个整体，只编一个号。

（4）一组连接件及装配关系清楚的零件组，可以采用公共指引线编号。

（5）指引线不能相交。当通过有剖面线的区域时，指引线尽量不与剖面线平行。

（6）编号应沿水平或垂直方向排列整齐，并按顺时针或逆时针方向顺序编号。

3. 明细栏和标题栏

明细栏的格式及内容，一般由单位具体规定。标题栏应布置在图样的右下角，明细栏放在标题栏上面。对装配图中的每一个序号，均应将零件的编号、名称、材料、数量等填写在表格内，并在明细栏中按由下向上的顺序编写、填入。各标准件应按规定方式标记，材料应注明牌号，外购件一般应在备注栏内写明。

当标题栏上方位置不够时，可移至标题栏左边继续填写。另外，在装配图的右下方空白处，写出部件在装配、安装、检验及使用过程中的技术要求。

编制明细栏也是最后确定材料及标准件的过程，应尽量减少材料和标准件的品种和规格。

除了图样上的明细栏，整套图样还应该有分类的明细表格，如零件明细栏、标准件明细栏、外购件明细栏等。编写这些表格时，同类材料的零件应该尽量排列在一起，同类的标准件也应该尽量按规格由小到大排列整齐。这些数据将是企业组织生产活动时的重要依据。

4. 技术要求说明

技术要求一般填写在装配图上明细栏的上方或左方。技术要求就是用文字来说明在视图上难以标出的有关装配、调整、检验、润滑、维护等方面的内容，具体则与设计要求有关。在装配图上，通常写出的技术要求有以下几个方面：

（1）装配前的零件表面要求。

（2）安装和调整要求。

（3）润滑要求。

（4）密封要求。

（5）试验要求。

（6）包装和运输要求等。

第六节　国外机械图样的识读

不论是哪个国家的机械图样，它所要表达的内容应该都是一致的，不外乎机件的形状、尺寸、相互关系、材质和加工要求等几个方面。近年来，国际上很多国家的标准逐步与国际标准（ISO 标准）接轨，各个国家之间的标准越来越相似、越来越接近。因此，要看懂国外的各种机械图样，首先要熟悉和掌握我国机械制图国家标准的各种基本规定。作为国际的通用性标准，国际标准化组织（ISO）对机械制图的标准制定了一种比较宽松的规定，各个国家根据自己的国情和习惯，再制定自己的机械制图国家标准。

一、各国机械图样的主要差别

各国的机械图样大同小异，它们之间的主要差别表现在以下几个方面。

1. 投影角的不同

三个互相垂直的（投影）平面可以将空间分为八个区域（投影角），分别称为第Ⅰ（一）角、第Ⅱ（二）角、第Ⅲ（三）角……，如图2—16所示。

机械制图中的视图就是按正投影法，将机件放在某个投影角中，然后向投影面投影得到的图形，如前视图（又称主视图）、左视图、右视图等。把机件放在第一投影角中投影就成为第一角投影法，放在第三投影角中就成为第三角投影法。

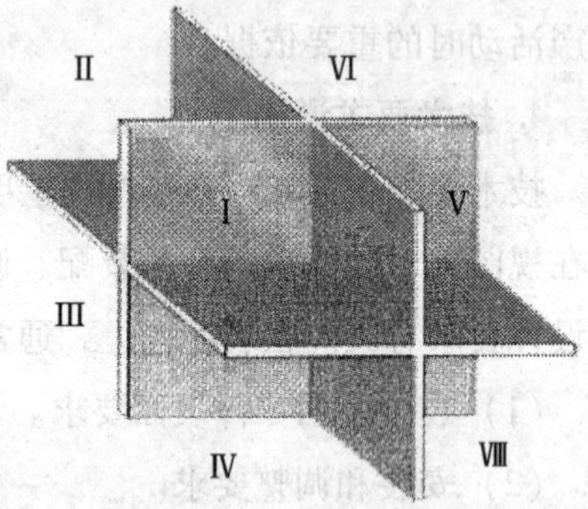

图2—16　投影角

采用第一角投影法的有中国、俄罗斯、德国以及捷克等部分东欧国家。采用第三角投影法的有美国、英国、法国、加拿大、瑞士、澳大利亚和日本等国家。

第一角投影法与第三角投影法的主要区别有以下三点：

（1）视图名称的不同（见表2—7）。

表2—7　视图名称的不同

投影法	视图名称					
第一角投影法	主视图	俯视图	仰视图	左视图	右视图	后视图
第三角投影法	前视图	顶视图	底视图	左视图	右视图	后视图

（2）观察者、机件、投影面三者之间的位置关系不同。由于所处的投影角不同，机件向投影面投影时，观察者、机件与投影面三者之间有两种相对位置。在第一角投影法中，机件位于投影面与观察者之间；而第三角投影法则是投影面位于机件与观察者之间。两种投影法都能同样准确地表达机件的形状。

（3）视图的布置位置不同。第一角投影法和第三角投影法的视图布置是有所不同的，如图2—17、图2—18所示。

2. 线型的不同

各国机械制图的线型见表2—8。

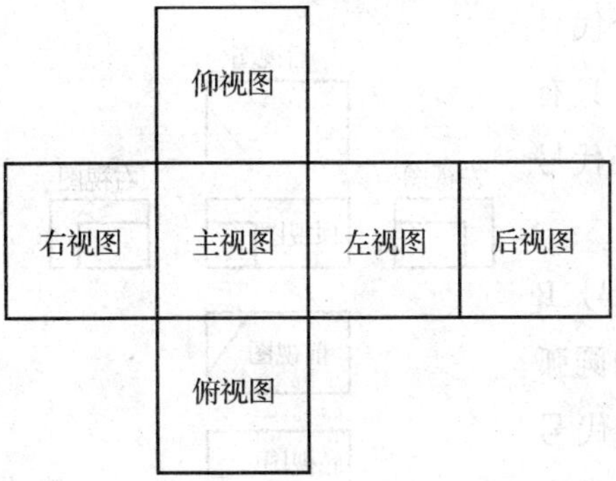

图 2—17　第一角投影法的视图位置

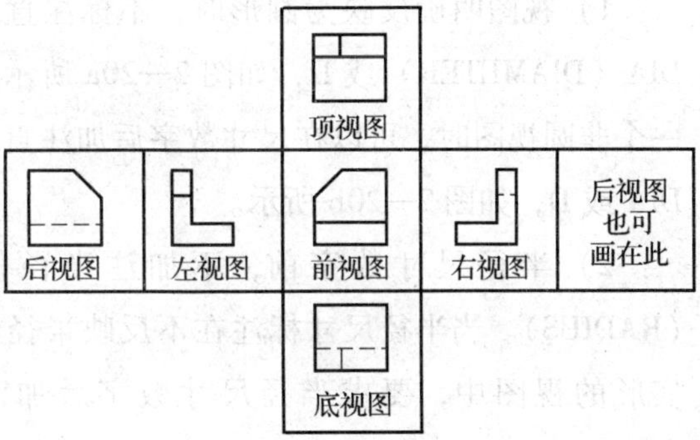

图 2—18　第三角投影法的视图位置（1）

表 2—8　　**各国机械制图的线型**

线型	国家			
	中国（mm）	美国（in）	英国（in）	日本（mm）
粗实线 *b*	0.5～2	0.02～0.08	0.028	0.4～0.8
细实线 *b*/3	0.17～0.67	0.016	0.012	<0.3

3. 尺寸计量单位的不同

采用第一角投影法的国家主要使用米制（毫米，mm）单位，而采用第三角投影法的国家大多使用英制（in）单位。

4. 尺寸标注方式的不同

5. 材质及其名称的不同

6. 尺寸公差和形位公差的表达方式不同

二、几个国家机械图样标准的区别点

1. 美国标准（ANSI）

美国标准规定只采用第三角投影画法（偶尔在建筑图及结构图上也用第一角投影，但必须指明）。视图布置形式有两种：第一种与 ISO 国际标准相同，如图 2—18 所示；第二种如图 2—19 所示。

（1）尺寸标注方法。在美国的标准中，尺寸计量单位一般采用 in。原来采用分数形式表示多少 in，如 9/16 in 等，1966 年以后改为十进制，写成小数形式，数值小于 1 时小数点前不写 0。数字推荐水平书写。公差尺寸的上、下偏差要与基本尺寸保持相同的小数位数。

（2）直径、半径、球形代号的标注

1）视图明确反映为圆形时，不标注直径代号 DIA（DIAMETER）或 D，如图 2—20a 所示；只有一个非圆视图时，可以在尺寸数字后加注直径代号 DIA 或 D，如图 2—20b 所示。

2）半径尺寸数字前，不加注半径代号 R（RADIUS）。当半径尺寸标注在不反映半径和圆弧实形的视图中，要求半径尺寸数字后加注代号 TRUE R（TRUE RADIUS，真实的 R）。球形代号在尺寸数字后加注代号 SPHER DIA（球直径）或 SPHER R（SPHER RADIUS，球半径）。

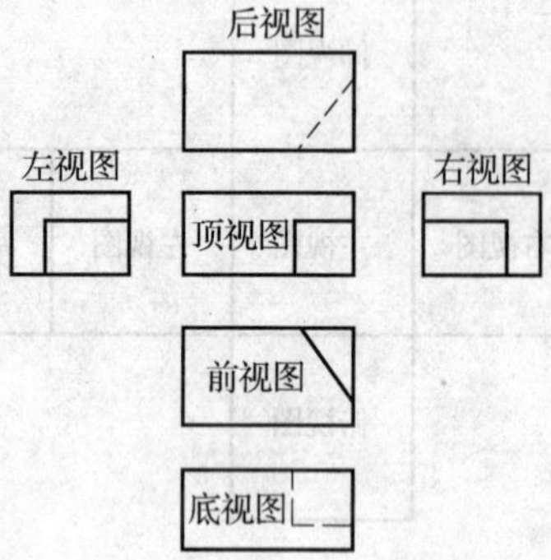

图 2—19　第三角投影法的视图位置（2）

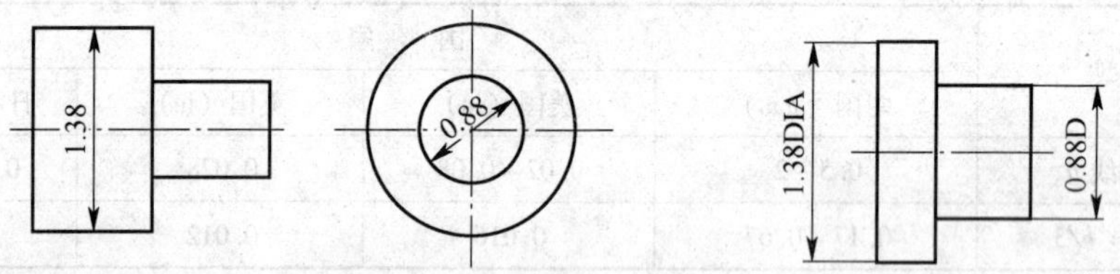

a)　　b)

图 2—20　直径和半径的标注（美国标准）

a）表示法 1　b）表示法 2

（3）弦长（CHORD）、弧长（ARC）的标注如图 2—21 所示。弦长的尺寸线是直线，弧长的尺寸线是弧线。

（4）倒角 CHAM（CHAMBER）的标注如图 2—22 所示。

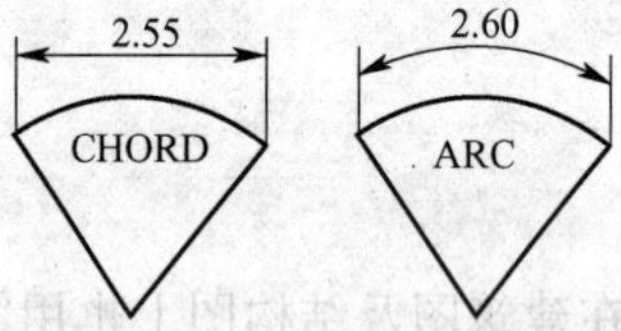

图 2—21　弦长和弧长的标注（美国标准）

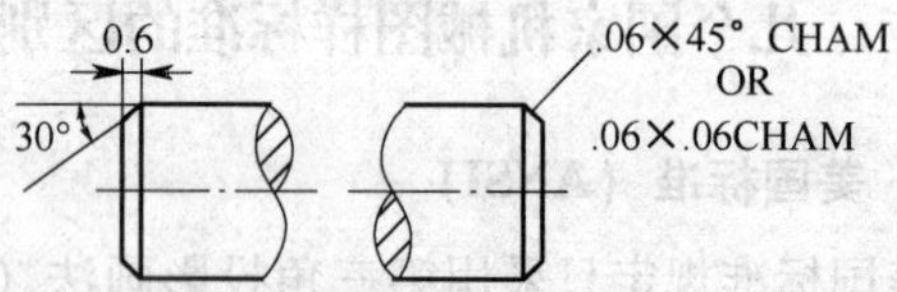

图 2—22　倒角的标注（美国标准）

（5）沉孔的标注如图 2—23 所示。

（6）键槽的标注如图 2—24 所示。

（7）螺纹的标注如图 2—25 所示。

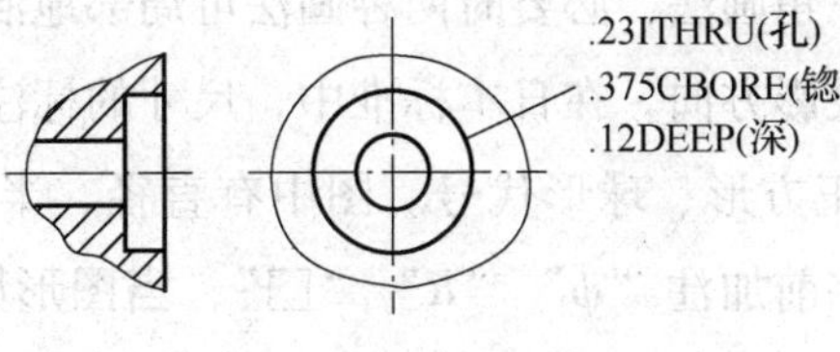

图 2—23　沉孔的标注（美国标准）

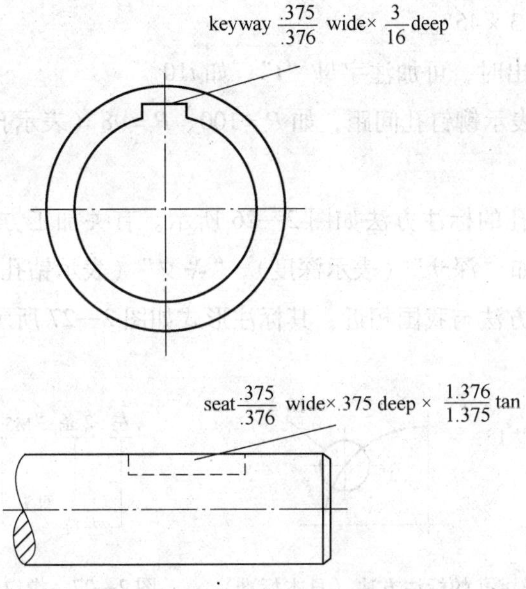

图 2—24　键槽的标注（美国标准）

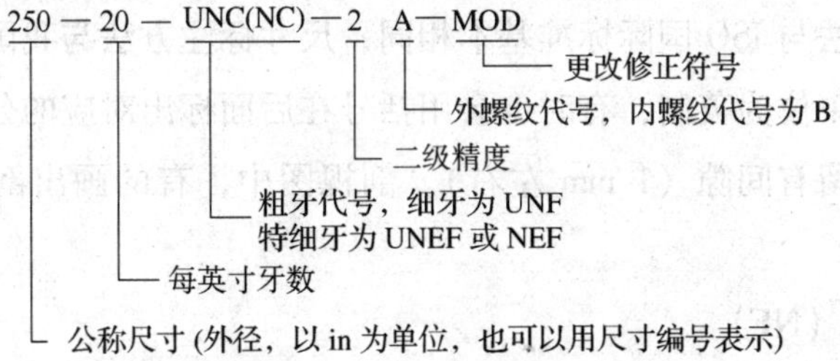

图 2—25　螺纹的标注（美国标准）

（8）美国的图样上是用光洁度表示表面粗糙度的。与我国标准的对比关系是美国的数据除以 40 就是我国标准的 R_a 了，例如，美国标准的 16 就相当于我国标准 R_a 0.4 μm，32 就相当于 R_a 0.8 μm。

2. 日本标准（JIS）

日本的图样表示方法与美国接近，一般使用第三角投影画法，原则上同一张图样不得混用第一角、第三角画法，必要时两种画法可局部地混合使用，但必须用箭头标示出另一种画法的投影方向。在日本标准中，尺寸的标注方法如下：

（1）直径、半径、正方形、球形代号。图中有直径、半径、正方形或球面直径、半径时，在尺寸数字前加注“ϕ”“R”“□”，当图形明确时，可省去“ϕ”“R”“□”。

（2）倒角。一般与我国相同。对45°倒角，可用字母“C”表示。$C2$ 相当于 2×45°，$C3$ 相当于 3×45°。

（3）板厚未画出时，可加注字母“t”，如 $t10$。

（4）用“P”表示铆钉孔间距，如 $P=100$、$P=98$（表示孔间距为 100 mm 或 98 mm）。

（5）盲孔或沉孔的标注方法如图 2—26 所示。有关加工方法的说明通常标注在尺寸数字之后，如“深サ”（表示深度）、“キソ”（表示钻孔）等。

（6）螺纹标注方法与我国相近，其标注形式如图 2—27 所示。

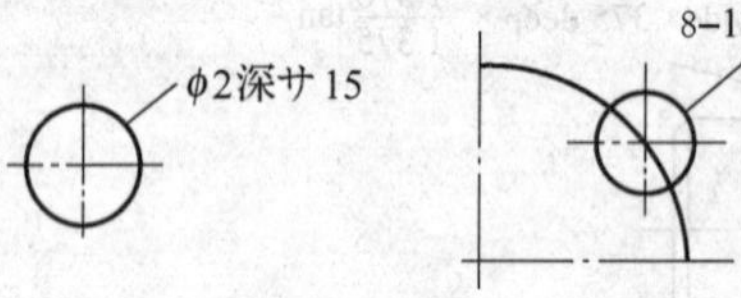

图 2—26　盲孔或沉孔的标注方法（日本标准）

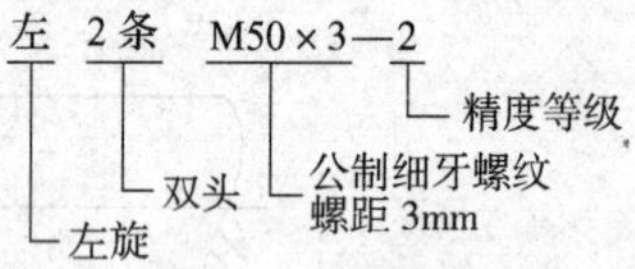

图 2—27　螺纹的标注（日本标准）

3. 英国标准（BS）

视图表达方法与 ISO 国际标准基本相同，尺寸标注方法与我国国家标准（GB）基本相同，尺寸单位为英制，有时也会用括号在后面标出对应的公制尺寸，在尺寸引出线与轮廓间留有间隙（1 mm 左右）。剖视图中，有的画出剖面线，有的不画剖面线。

4. 法国标准（NF）

视图表达方法与 ISO 国际标准基本相同，尺寸标注与我国国家标准基本相同。

5. 德国（主要指原联邦德国）标准（DIN）

视图表示方法与 ISO 国际标准基本相同，投影为圆的视图中，尺寸线只有一个箭头，尺寸后加注“ϕ”，有两个箭头时不注“ϕ”。

在德国的图样上也是采用光洁度（倒立的三角形▽）表示表面粗糙度。从具体的数据来看，与我国以前旧的表面光洁度标准相当。表面光洁度与表面粗糙度 R_a、R_z 数值换算关系见表 2—9。

表 2—9　　表面光洁度与表面粗糙度 R_a、R_z 数值换算关系

表面光洁度	▽1	▽2	▽3	▽4	▽5	▽6	▽7
表面粗糙度 R_a/μm	50	25	12.5	6.3	3.2	1.6	0.8
表面光洁度	▽8	▽9	▽10	▽11	▽12	▽13	▽14
表面粗糙度 R_z/μm	200	100	50	25	12.5	6.3	3.2

6. 俄罗斯标准（ГОСТ）

视图表达、尺寸标注与我国国家标准基本相同。

现在广泛使用的 AUTOCAD 软件是由美国的 Autodesk 公司研制和开发的，这个软件中的许多规定和表达方式代表了国际上大家普遍理解和接受的一种标准。所以要想能识读国外的机械图样，应该很好地熟悉 AUTOCAD 软件。

三、螺纹代号和标注方法的区别

1. 英寸制统一螺纹

英寸制统一螺纹在英寸制国家广泛采用，该类螺纹分三个系列：粗牙系列 UNC、细牙系列 UNF、特细牙系列 UNFF。外加一个定螺距系列 UN。

标注方法：螺纹直径—每英寸牙数 系列代号—精度等级

示例：粗牙系列 3/8—16 UNC—2B

细牙系列 3/8—24 UNF—2A

特细牙系列 3/8—32 UNFF—2A

定螺距系列 3/8—20 UN—2A

第一位数字 3/8 表示螺纹外径，单位为 in，转换为米制单位 mm 要乘以 25.4，即 3/8 in × 25.4 = 9.525 mm；第二、三位数字 16、24、32、20 为每英寸牙数（在 25.4 mm 长度上的牙数）；第三位以后的文字代号 UNC、UNF、UNFF、UN 为系列代号；最后两位为精度等级（其中 1 为滑配合，2 为中配合，3 为紧配合；A 为外螺纹，B 为内螺纹）。

英寸制统一螺纹的牙型角为 60°。

2. 55°圆柱管螺纹

55°圆柱管螺纹来源于英寸制系列，但米制和英寸制国家均广泛采用，用于输送液体、气体和安装电线的管接头与管子的连接。

各国的 55°圆柱管螺纹代号是不同的，见表 2—10。

表 2—10　　各国 55°圆柱管螺纹的代号

国家	中国	日本	英国	法国	德国	俄罗斯	ISO
代号	G	G、RF	BSP、 BSPP	G	R（内螺纹）、 K（外螺纹）	G、TPYB	RP

3. 55°圆锥管螺纹

55°圆锥管螺纹的牙型角为 55°，螺纹锥度为 1∶16。该系列螺纹在世界上应用广泛。它的代号，各国规定不同：中国为 ZG、R（外螺纹）；日本为 PT、R；英国 BSPT、R（外螺纹）、Rc（内螺纹）；法国为 G、R；德国为 R；ISO 为 R（外螺纹）、Rc（内螺纹）。

4. 60°圆锥管螺纹

60°圆锥管螺纹的牙型角为 60°，螺纹锥度为 1∶16。此系列螺纹在我国机床行业和美国、俄罗斯应用。我国过去规定其代号为 K，后来规定为 Z，现在改为 NPT。螺纹代号对照如下：中国为 Z（旧）、NPT（新），美国为 NRT，前苏联为 B。

第三章 公差与配合

第一节 公差与配合的基本概念

在现代机械和制造业中，同一批零部件间需要有一致性和互换性。遵循互换性原则，不仅能显著提高劳动生产率，而且能有效保证产品质量和降低成本，也大大方便了用户的使用和维修。

互换性是指在同一规格的一批零件或部件中，任取其一，不需任何挑选或附加修配（如钳工修理）就能装在机器上，并达到规定的性能要求。

机械和制造业中的互换性，通常包括几何参数（如尺寸）和力学性能（如硬度、强度）的互换。所谓几何参数，一般包括尺寸大小、几何形状（宏观、微观）以及相互位置关系等。为了满足互换性的要求，应将同规格的零部件的实际参数值限制在一定的范围内，以保证零部件充分近似，也就是说应按公差来制造。公差即为允许实际参数值的最大变动量。

零部件在几何参数方面的互换性体现为公差标准。公差标准是机械和仪器制造业中的基础标准，它为机器的标准化、系列化、通用化提供了理论依据。

一、基本术语

1. 关于“尺寸”的术语

（1）尺寸。用特定单位表示长度（或角度）值的数字。

（2）基本尺寸。指设计给定的尺寸。

（3）实际尺寸。指通过测量获得的尺寸。

（4）极限尺寸。指允许尺寸变化的两个极限值。

（5）最大实体状态（简称 MMC）和最大实体尺寸。最大实体状态是指孔或轴在尺寸公差范围内，具有材料量最多时的状态。在此状态下的尺寸，称为最大实体尺寸。对于孔而言就是它的最小极限尺寸，对于轴来说则是它的最大极限尺寸。

（6）最小实体状态（简称 LMC）和最小实体尺寸。最小实体状态系指孔或轴在尺寸公差范围内，具有材料最少时的状态。在此状态下的尺寸，称为最小实体尺寸。对于孔而言就是它的最大极限尺寸，对于轴来说则是它的最小极限尺寸。

（7）作用尺寸。在配合面的全长上，与实际孔内接的最大理想轴的尺寸，称为孔的作用尺寸；与实际轴外接的最小理想孔的尺寸，称为轴的作用尺寸。

2. 关于“公差与偏差”的术语

（1）尺寸偏差。指某一个尺寸减去其基本尺寸所得的代数差。

（2）零线。在公差与配合图解（简称公差带图）中，确定偏差的一条基准直线，即零偏差线。

（3）尺寸公差。指允许尺寸的变动量，简称公差。公差的值只是一个量，不存在正负。公差值越大，意味着加工越容易，反之加工就越困难。

（4）公差带。在公差带图中，由上、下偏差两条线所限定的一个区域，表示尺寸允许变动的范围。公差带是由标准公差和基本偏差两个基本要素确定的，标准公差确定了公差带的大小；基本偏差确定了公差带相对于零线的位置。公差与配合示意图如图 3—1 所示。

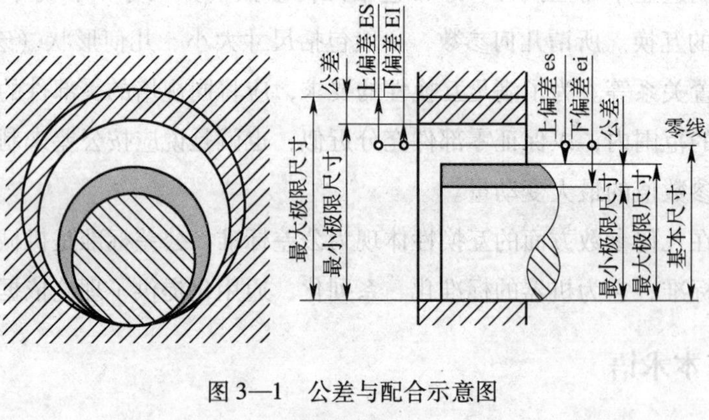

图 3—1　公差与配合示意图

3. 关于“配合”的术语

（1）配合。指基本尺寸相同、互相结合的孔和轴公差带之间的关系。它决定了结合的松紧程度。

（2）配合公差。配合中间隙或过盈的允许变动量称为配合公差，表示配合松紧的允许变动范围。它等于相互配合的孔、轴公差之和。配合的松紧程度可以用间隙或过盈量的大小表示。孔的尺寸减去相配合轴的尺寸，所得的代数差为正时，称为间隙配合；为负时，称为过盈配合。按公差带的相对位置关系，孔、轴的配合可以出现三种情况。

1）间隙配合。孔的公差带完全在轴的公差带之上，具有间隙（包括最小间隙等于零）的配合。间隙的作用是储存润滑油、补偿各种误差等，其大小影响孔、轴的相对运动。间隙配合主要用于孔、轴间的活动联系，如滑动轴承与轴的连接。

2）过盈配合。孔的公差带完全在轴的公差带之下，具有过盈（包括最小过盈等于零）的配合。过盈配合中，由于轴的尺寸比孔的尺寸大，故需采用加压或热胀冷缩等办法进行装配。过盈配合主要用于孔轴间不允许有相对运动的紧固连接，如大型齿轮的齿圈与轮毂的连接。

3）过渡配合。孔和轴的公差带互相交叠，可能具有间隙，也可能具有过盈的配合（其间隙和过盈一般都较小）。过渡配合主要用于要求孔、轴间有较好的对中性和同轴度，且易于拆卸、装配的定位连接，如滚动轴承内圈与轴的连接。

二、基本规定

国家标准《极限与配合　基础　第1部分：词汇》（GB/T 1800.1—1997）对公差与配合作出了很多规定，包括基准制、标准公差和基本偏差。

1. 基准制

（1）基孔制。孔是配合的基准件称为基准孔，如图3—2所示。孔的公差带和基本偏差为一定的，依靠轴的不同的公差带和基本偏差形成各种配合。标注的代号为“H”。

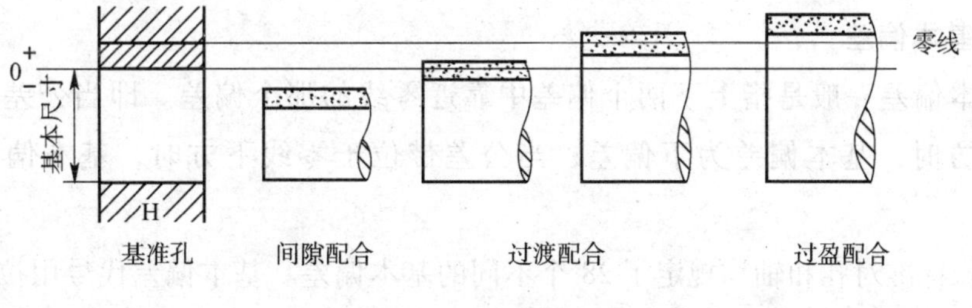

图3—2　基孔制的配合

（2）基轴制。轴是配合的基准件称为基准轴，如图 3—3 所示。轴的公差带和基本偏差为一定的，依靠孔的不同的公差带和基本偏差形成各种配合。标注的代号为“h”。

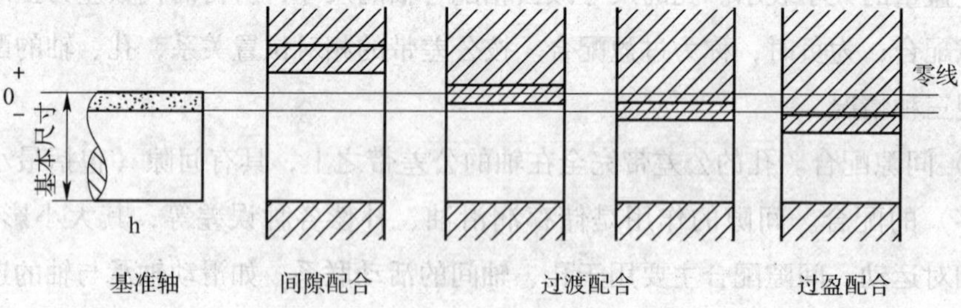

图 3—3　基轴制的配合

在不同的机械结构中采用何种基准制，应该从结构、工艺和经济性等方面来分析确定。一般情况下，应优先采用基孔制，这样可以减少定尺寸孔加工刀具（如钻头、扩孔钻、铰刀或拉刀等）的规格数量。

2. 标准公差（IT）

标准公差 IT（International Tolerance）的数值由基本尺寸的大小和公差等级两个要素来决定。它是用来确定各个尺寸段公差带大小的基本数据。

标准公差分为 20 级，即 IT01、IT0、IT1、…、IT18。其尺寸精确程度从 IT01 到 IT18 依次降低。标准公差已由国家标准规定，并制定成表格，具体数值可查表得到。在国家标准中，将 500 mm 以下的尺寸分成 13 个尺寸段，再将公差高低划分为 20 个等级，按一定的规律给定它们的具体数据。

公差等级确定了尺寸的精确程度。当基本尺寸一定时，公差等级越高，标准公差值越小，尺寸的精确程度就越高。其中 IT01 的等级最高，IT18 的等级最低。基本尺寸和公差等级相同的孔与轴，它们的标准公差是相等的。常见公差等级与应用情况见表 3—1。

3. 基本偏差

基本偏差一般是指上下两个偏差中靠近零线的那个偏差。即当公差带位于零线上方时，基本偏差为下偏差；当公差带位于零线下方时，基本偏差为上偏差。

国家标准对孔和轴均规定了 28 个不同的基本偏差。基本偏差代号用拉丁字母表示，大写字母表示孔，小写字母表示轴，如图 3—4 所示。

表 3—1　　常见公差等级与应用情况

应用场合		公差等级（IT）																			
		01	0	1	2	3	4	5	6	7	8	9	10	11	12	13	14	15	16	17	18
量块		—	—	—																	
量规				—	—	—	—	—	—	—											
配合情况	特精密				—	—	—	—													
	精密							—	—	—	—										
	一般										—	—	—	—	—	—					
未注公差尺寸													—	—	—	—	—	—	—	—	—
原（型材）材料										—	—	—	—	—	—						

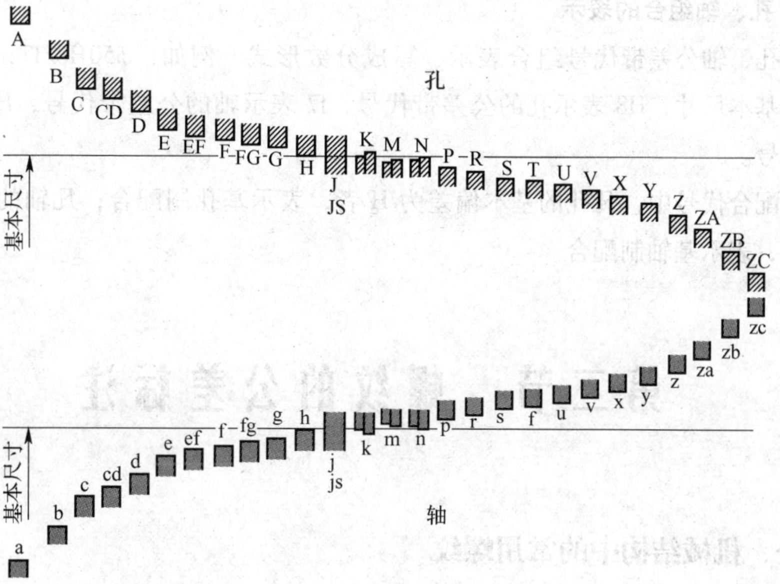

图 3—4　基本偏差系列

从基本偏差系列图可知，轴的基本偏差从 a 到 h 为上偏差（es），且是负值，其绝对值依次减小；从 j 到 zc 为下偏差（ei），且是正值，其绝对值依次增大。

孔的基本偏差从 A 到 H 为下偏差（EI），且是正值，其绝对值依次减小；从 J 到 ZC 为上偏差（ES），且是负值，其绝对值依次增大。

其中 H 和 h 的基本偏差为零。JS 和 js 对称于零线，没有基本偏差，其上下偏差分别为 + IT/2 和 − IT/2。

三、表示方法

1. 孔的公差带代号表示

孔的公差符号用大写字母表示：

ϕ50F8：基本尺寸直径 ϕ50 mm，F8 表示孔的公差带代号。

ϕ50H8：基本尺寸直径 ϕ50 mm，H8 表示孔的公差带代号。

也允许用其他形式表示，例如，$\phi 50F8(^{+0.064}_{+0.025})$或 $\phi 50^{+0.064}_{+0.025}$。

2. 轴的公差带代号表示

轴的公差符号用小写字母表示：

ϕ50f7：ϕ50 表示基本尺寸为 ϕ50 mm，f7 表示轴的公差带代号。

也允许用其他形式表示，例如，$\phi 50f7(^{-0.025}_{-0.050})$或 $\phi 50^{-0.025}_{-0.050}$。

3. 孔、轴组合的表示

用孔、轴公差带代号组合表示，写成分数形式。例如，ϕ50H8/f7，ϕ50 表示孔、轴基本尺寸，H8 表示孔的公差带代号，f7 表示轴的公差带代号，H8/f7 表示配合代号。

在配合代号中，凡孔的基本偏差为 H 者，表示基孔制配合；凡轴的基本偏差为 h 者，表示基轴制配合。

第二节　螺纹的公差标注

一、机械结构中的常用螺纹

1. 普通螺纹

主要用于零件的连接。其基本牙型是三角形，按螺距分为粗牙和细牙两种。

2. 矩形螺纹

牙型是正方形。主要用于传动，传动的效率比其他螺纹高。矩形螺纹制造比较困难，磨损以后径向和轴向的间隙会变大。

3. 梯形螺纹

牙型呈等腰梯形。除传动效率低于矩形螺纹外，其他方面都要优于矩形螺纹。

4. 锯齿螺纹

牙型呈锯齿状，左、右齿面不对称，工作面的牙型斜角为 3°，非工作面为

30°。它兼有梯形螺纹强度比较高和矩形螺纹传动效率比较高的优点。

5. 管螺纹

牙型角有55°或60°两种。主要用于管件的连接。

二、普通螺纹的公差标注

普通螺纹标注时，从左到右依次为：

牙型代号—螺纹大径×螺距—螺纹公差带代号—旋合长度代号—旋向

示例：

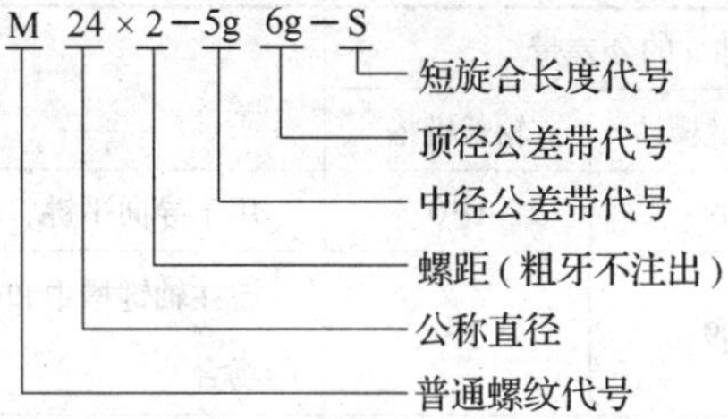

一对内、外螺纹配合的标注：

M20×2—6 H/5g6g—S

三、梯形螺纹的公差标注

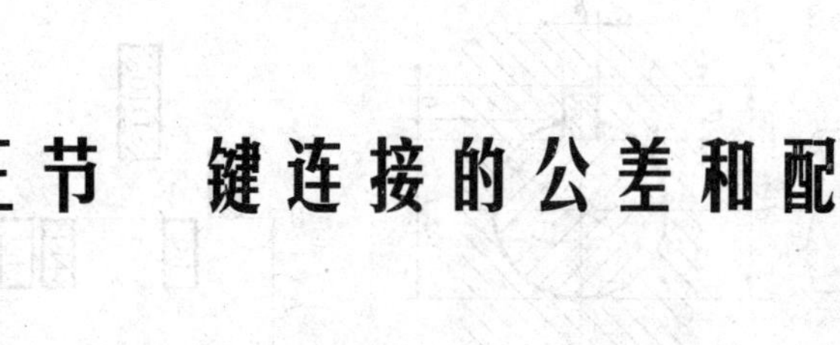

第三节 键连接的公差和配合

键连接广泛用于轴和轴上传动件之间的可拆连接。常用的形式有两种：单键连接和花键连接。单键可分为平键、半圆键、切向键和楔形键等几种，其中平键又分为普通平键和导向平键两种。花键分矩形花键、渐开线花键和三角形花键等几种。

键和花键连接用以传动扭矩，有时也可用做轴上传动件（如齿轮、带轮、链轮、联轴器等）的导向。

一、平键连接的尺寸公差与配合

平键连接是依靠键的侧面来传递扭矩的，键的宽度 b 和轴键槽、轮毂键槽相互配合，有较严格的公差要求。平键是标准件，键与键槽宽度的配合采用基轴制（键的公差带为 h9）。平键连接的三组配合及其应用见表 3—2。

表 3—2　　平键连接的三组配合及其应用

配合种类	尺寸 b 的公差带			应　用
	键	轴键槽	轮毂键槽	
较松连接	h9	H9	D10	用于导向平键、轮毂在轴上移动
一般连接		N9	JS9	键在轴键槽中和轮毂中均牢固，用于载荷不大的场合
较紧连接		P9	P9	键在轴键槽中和轮毂槽中均牢固地固定，用于载荷较大、有冲击和双向转矩的场合

键高 h 和键长 L、轴键槽深度 t 和长度 L、轮毂键槽的深度都是非配合尺寸，公差要求较松。

二、平键和键槽的形位公差和表面粗糙度要求

键槽中心平面对轴线的对称度要求，按 GB/T 1184—1996《形状和位置公差》中的对称度 7 ~9 级选取，采用独立原则或最大实体要求。

表面粗糙度：配合表面 R_a 的上限为 1. 6 ~6. 3 μm，非配合表面的 R_a 的上限为 12. 5 μm。平键的公差和配合如图 3—5 所示。

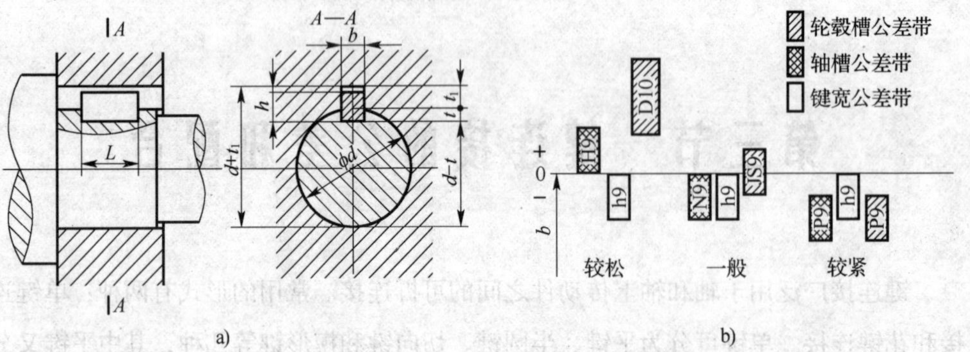

图 3—5　平键的公差和配合

三、矩形花键

1. 矩形花键的主要尺寸

矩形花键的主要尺寸有小径 d、大径 D、键宽和键槽宽 B，如图 3—6 所示。键数规定为6、8、10 三种。按承载能力，对基本尺寸规定了轻、中两个系列。同一小径的轻系列和中系列的键数相同，键宽（键槽宽）相同，仅大径不同。

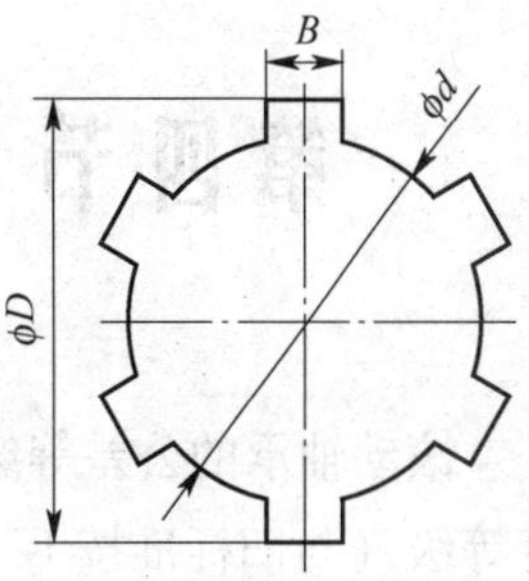

图 3—6 花键的主要尺寸

2. 矩形花键连接的定心方式

矩形花键连接中，欲使 d、D 和 B 三个尺寸都加工得很精确，是相当困难的，也无此必要。因此，只选其中一个尺寸为主，来确定内、外花键的配合性质。确定配合性质的那个结合面称为定心表面。

如图 3—7 所示，矩形花键连接有三种定心方式：小径 d 定心、大径 D 定心和键侧（键槽侧）B 定心，前两种定心方式的定心精度比最后一种高。国家标准规定采用小径定心。

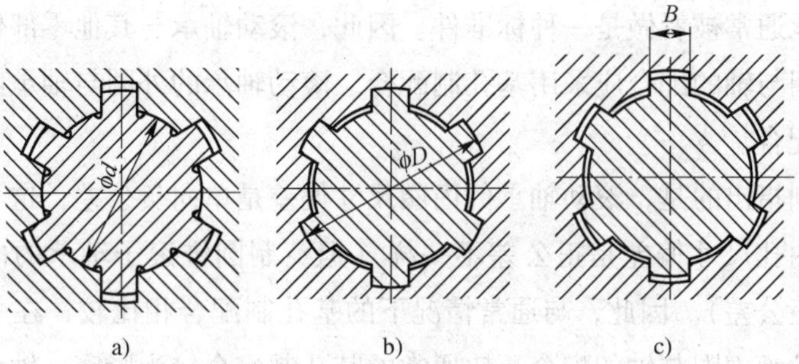

图 3—7 花键的三种定心情况

a）小径定心 b）大径定心 c）键宽定心

采用小径定心，主要是考虑内花键孔的小径制造精度要比大径容易保证。特别是花键表面硬度在 40HRC 以上时，需用磨削来修正热处理变形，磨削小径则比较方便。

矩形花键采用基孔制，目的是为了减少拉刀数目。

矩形花键配合，按使用可分为一般用途和精密传动用途。每种用途又可分为滑动、紧滑动和固定三种配合情况。

3. 矩形花键的标注方法

矩形花键在图样上的标注主要包括规格、配合代号和尺寸公差代号，并按一定

的顺序表示：键数 N—小径 $d \times$ 大径 $D \times$ 键宽（键槽宽）B。例如，

$$6—23\,\frac{H7}{f7}\times 26\,\frac{H10}{a11}\times 6\,\frac{H11}{d10}$$

其中，分子表示花键孔的公差值，分母表示花键轴的公差值。

第四节 滚动轴承的公差和配合

滚动轴承的公差等级，在最新标准中分为 0（普通）、6X、6、5、4、2 六个精度等级（与旧标准按 G、Ex、E、D、C、B 分级有点类似）。等级由 0（普通）级至 2 级依次提高。其中 6X 级是针对圆锥滚子轴承所采用的介于 0（普通）级与 6 级之间的一个公差等级。

一般情况下的轴承采用的是 0（普通）级的公差等级。公差等级标注时，以 P0、P6X、P6、P5、P4、P2 等形式在轴承代号中表示，P0（普通）级在代号中可不标注。

滚动轴承通常被看做是一种标准件。因此，滚动轴承与其他零部件配合时，滚动轴承的内圈与轴的配合应采用基孔制配合，滚动轴承的外圈与轴承座孔的配合应采用基轴制配合。

需要特别指出的是，滚动轴承的内圈尺寸偏差是单向负公差，这与一般情况下的基孔制的内孔尺寸偏差是正公差不一样（但英制圆锥滚子轴承的内、外径尺寸偏差为单向正公差）。因此，与通常情况下的基孔制配合相比较，在采用相同配合的条件下，轴承内圈与轴的配合要比通常的基孔制配合较为紧密。轴承外圈的公差带与基轴制中轴的公差带虽然同处于零线以下，但其取值与一般公差制度也不相同。

滚动轴承内圈与回转轴的配合通常采用 n6、m6、k5、k6、j5、js6 等。滚动轴承的外圈与轴承座孔的配合通常采用 J6、J7、H7、G7 等。

第五节 形位公差

零件在加工过程中，由于机床—夹具—刀具系统存在几何误差，以及加工中出

现受力变形、热变形、振动和磨损等影响，使被加工零件的几何要素不可避免地产生误差。这些误差包括尺寸偏差、形状误差（包括宏观几何误差、波度和表面粗糙度）及位置误差。

形状误差是指加工后零件实际表面形状对理想表面形状的误差。位置误差是指零件的各表面之间、轴线之间或表面与轴线之间的实际相对位置对理想相对位置的误差。

形状误差和位置误差都会影响零件的使用性能。因此，对一些零件的重要工作面和轴线，常要规定其形状和位置误差的最大允许值，即形状和位置公差（简称形位公差）。形位公差是形状公差和位置公差的总称。

我国国家标准《形状和位置公差　通则、定义和图样表示法》（GB 1182—1996）规定，形位公差总共有 14 个项目，形位公差的符号见表 3—3。

表 3—3　　形位公差的符号

分类	项目	符号	分类		项目	符号
形状公差	直线度	—	位置公差	定向	平行度	//
	平面度	▱			垂直度	⊥
	圆度	○			倾斜度	∠
	圆柱度	⌭		定位	同轴度	◎
	线轮廓度	⌒			对称度	⌯
	面轮廓度	⌓			位置度	⌖
				跳动	圆跳动	↗
					全跳动	⌰

一、形状公差

属于形状公差的项目有六个。它们是直线度、平面度、圆度、圆柱度、线轮廓度和面轮廓度。这六个项目所考查的误差，都是属于一个被测量对象自身的误差。

1. 直线度

直线度是表示零件上的直线要素的实际形状，保持理想直线的状况，即通常所说的平直程度。公差带是距离为公差值 t 的两平行直线（或两平行平面，或直径为 t 的圆柱面）内的区域。

直线度公差是实际线对理想直线所允许的最大变动量，也就是在图样上所给定的，用以限制实际线加工误差所允许的变动范围。直线度通常采用刀口法检验。

2. 平面度

平面度是表示零件的平面要素的实际形状，保持理想平面的状况，即通常所说的平整程度。公差带是距离为公差值 t 的两平行平面之间的区域。

平面度公差是实际表面对理想平面所允许的最大变动量，也就是在图样上给定的，用以限制实际表面加工误差所允许的变动范围。根据被检测平面的尺寸大小和精度要求，平面度可以采用平晶、刀口尺、平板 + 百分表、水平仪或自准直仪等检验。

3. 圆度

圆度是表示零件上圆的要素实际形状，与其中心保持等距的状况，即通常所说的圆整程度。公差带是在同一正截面上，半径差为公差值 t 的两同心圆之间的区域。

圆度公差是在同一截面上，实际圆对理想圆所允许的最大变动量，也就是图样上给定的，用以限制实际圆的加工误差所允许的变动范围。圆度通常采用圆度仪进行检测。

4. 圆柱度

圆柱度是表示零件上圆柱面外形轮廓上的各点，对其轴线保持等距的状况。公差带是半径差为公差值 t 的两同轴圆柱面之间的区域。

圆柱度公差是实际圆柱面对理想圆柱面所允许的最大变动量，也就是图样上给定的，用以限制实际圆柱面加工误差所允许的变动范围。圆柱度通常采用全跳动法检验。

5. 线轮廓度

线轮廓度是表示在零件的给定平面上，任意形状的曲线保持其理想形状的状况。公差带是包络一系列直径为公差值 t 的圆的两包络线之间的区域，而每一个圆的圆心位于理论正确几何形状的线上。

线轮廓度公差是指非圆曲线的实际轮廓线的允许变动量，也就是图样上给定的，用以限制实际曲线加工误差所允许的变动范围。线轮廓度通常采用轮廓样板检验。

6. 面轮廓度

面轮廓度是表示零件上的任意形状的曲面，保持其理想形状的状况。公差带是包络一系列直径为公差值 t 的圆的两包络面之间的区域，而每一个圆的圆心位于理论正确几何形状的面上。

面轮廓度公差是指非圆曲面的实际轮廓线对理想轮廓面的允许变动量，也就是图样上给定的，用以限制实际曲面加工误差的变动范围。面轮廓度通常采用三坐标测量机进行检测。

二、位置公差

属于位置公差的项目有八个，它们讨论的是两个对象之间的相互位置情况，可以进一步分为三小类：定向类（平行度、垂直度和倾斜度）、定位类（同轴度、对称度和位置度）和跳动类（圆跳动和全跳动）。

1. 平行度

平行度是表示零件上被测实际要素相对于基准要素保持等距离的状况，即通常所说的保持平行的程度。

平行度可以具体分为线对线的平行度、线对面的平行度、面对线的平行度和面对面的平行度四种情况。

平行度公差是指被测要素的实际方向与基准要素相平行的理想方向之间所允许的最大变动量。也就是图样上所给出的，用以限制被测实际要素偏离平行方向所允许的变动范围。

2. 垂直度

垂直度是表示零件上被测要素相对于基准要素保持正确的90°夹角的状况，即通常所说的两要素之间保持正交的程度。

垂直度可以具体分为线对线的垂直度、线对面的垂直度、面对线的垂直度和面对面的垂直度四种情况。

垂直度公差是指被测要素的实际方向对于基准要素相垂直的理想方向之间所允许的最大变动量。也就是图样上给出的，用以限制被测实际要素偏离垂直方向所允许的最大变动范围。

3. 倾斜度

倾斜度是表示零件上两要素相对方向保持任意给定角度的正确状况。

倾斜度可以具体分为线对线的倾斜度、线对面的倾斜度、面对线的倾斜度和面对面的倾斜度四种情况。

倾斜度公差是指被测要素的实际方向对于基准成任意给定角度的理想方向之间所允许的最大变动量。

4. 对称度

对称度是表示零件上两对称中心要素保持在同一中心平面内的状态。

对称度公差是指实际要素的对称中心面（或中心线、轴线）对理想对称平面所允许的变动量。该理想对称平面是指与基准对称平面（或中心线、轴线）共同的理想平面。

5. 同轴度

同轴度是表示零件上被测轴线相对于基准轴线保持在同一直线上的状况，即通常所说的共轴程度。

同轴度可以具体分为点的同轴度、轴线的同轴度。

同轴度公差是指被测实际轴线相对于基准轴线所允许的变动量，也就是图样上给出的，用以限制被测实际轴线偏离由基准轴线所确定的理想位置所允许的变动范围。

6. 位置度

位置度是表示零件上的点、线、面等要素相对其理想位置的准确状况。

位置度可以具体分为点的位置度、线的位置度、平面或中心平面的位置度三种情况。

位置度公差是指被测要素的实际位置相对于理想位置所允许的最大变动量。

7. 圆跳动

圆跳动是表示零件上的回转表面在限定的测量面内相对于基准轴线保持固定位置的状况。

圆跳动公差是指被测实际要素绕基准轴线无轴向移动地旋转一整圈时，在限定的测量范围内所允许的最大变动量。

8. 全跳动

全跳动是指零件绕基准轴线连续旋转时，沿整个被测表面上的跳动量。

全跳动公差是指被测实际要素绕基准轴线连续旋转，同时指示器沿其理想轮廓相对移动时，所允许的最大跳动量。

三、形位公差的标注

形状公差标注时比较简单，只要对被测量对象直接进行标注就可以了。形位公差标注时，要给出基准和被测要素两个方面的要求和具体数据。

1. 基准的标注

基准是确定被测要素位置或方向的依据，也是位置公差实际测量时的出发点。图样上标注的任何一个基准都被当做是一个理想的要素来看待。

基准按照其几何特征可以分为基准点、基准线和基准平面三种。基准的代号和标注如图 3—8 所示。

2. 被测要素的标注

形状公差用两个相连的方格标注。右边的方格表示形状公差的项目（如圆度、圆柱度），后面方格中的数字表示公差的允许值，方格的左端用箭头指向被测量的表面。

位置公差用三个方格标注，前两个方格的标注与形状公差类似，第三个方格标注基准的代号。形位公差的标注如图 3—9 所示。

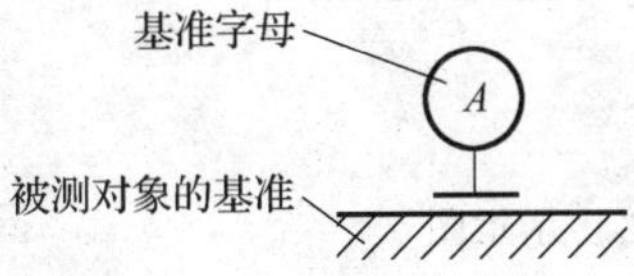

图 3—8　基准的代号及标注

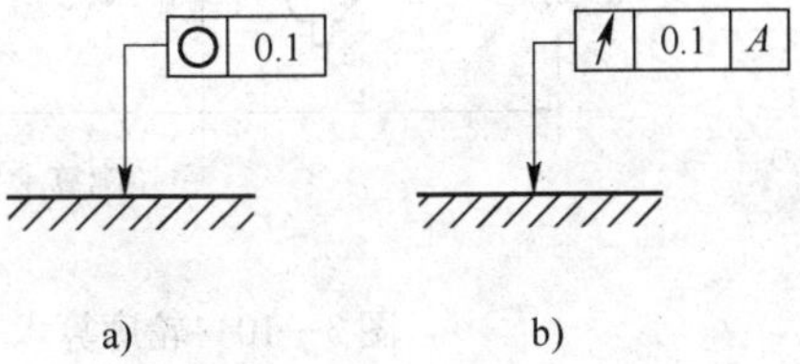

图 3—9　形位公差的标注

a）形状公差的标注　b）位置公差的标注

第六节　表面粗糙度

表面粗糙度是反映零件表面微观几何形状误差的一个重要指标，它是比表面形状误差在尺寸层次上更小的误差，其波长与波高比值一般小于 50。表面粗糙度值的大小关系到机械零件的配合性能、耐磨性、抗疲劳性和耐蚀性等，并影响到机器的工作可靠性以及使用寿命。

从加工误差的角度来看，一个加工后的零件的表面形貌是比较复杂的。机床、刀具和夹具的各种误差，都会影响被加工表面的形貌。在表面轮廓误差的测量信号中，通常会包含多种频率（即不同的波距）的波形成分。一般来说，将波距大于等于 1 mm 的成分认为是表面形状误差中的粗糙度误差；将波距大于等于 10 mm 的成分认为是表面误差中的形状误差；将波距为 1 ~ 10 mm 的频率成分认为是表面形状误差中的波度。波度是介于宏观与微观几何形状误差之间的周期性几何形状误差。

一、表面粗糙度的评定参数

表面粗糙度的国家标准中，有两种评定参数可供选择，它们是轮廓算术平均偏差（R_a）和轮廓最大高度（R_z）。

1. 轮廓算术平均偏差（R_a）

轮廓算术平均偏差（R_a）如图 3—10 所示。它是指在取样长度 L 内，被测轮廓上各点到轮廓中线距离绝对值的算术平均值。

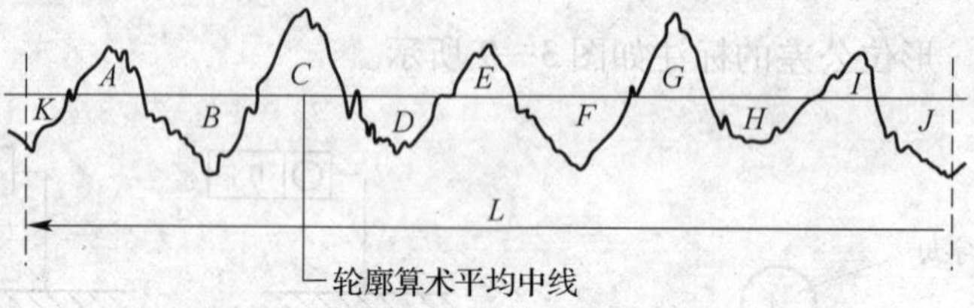

图 3—10　轮廓算术平均偏差（R_a）示意图

R_a 参数能充分反映被测表面的微观形状以及沿高度方向的几何特性，测量的方法也比较简单，在三种评定参数中应优先选用。通常采用轮廓仪进行测量，测得的 R_a 值越大，就表示表面越粗糙。

2. 轮廓最大高度（R_z）

轮廓最大高度（R_z）是指在取样长度 L 内轮廓峰顶线和轮廓谷底线之间的距离。

R_z 参数反映的仅仅是被测表面采样范围内某两个点上的数据，因此，它不如 R_a 参数那么准确和充分。

如果没有明确规定应该用 R_a/R_z 中的一种表面粗糙度评定参数，则应首先选用 R_a。

二、表面粗糙度的标注

表面粗糙度的符号及意义见表 3—4。表面粗糙度的标注如图 3—11 所示。

表 3—4　　**表面粗糙度的符号及意义**

符　号	意义与说明
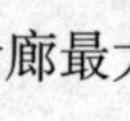	基本符号，表示表面可以用任何方法获得
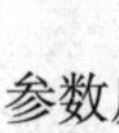	表示表面是用去除材料的方法获得，例如车、磨、电火花、抛光、腐蚀等
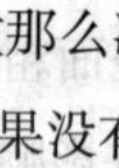	表示表面是用不去除材料的方法获得，例如铸、锻、轧、粉末冶金等

续表

符　号	意义与说明
	横线上、下用于标注一些附加加工信息、参数和说明
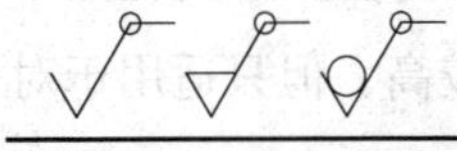	表示该零件上所有表面具有相同的表面粗糙度

图 3—11 中各位置参数的含义如下：

a 处——表面粗糙度的最大高度，μm；

b_1 处——加工方法；

b_2 处——取样长度，mm；

c 处——加工余量，mm；

d 处——加工纹理方向符号。

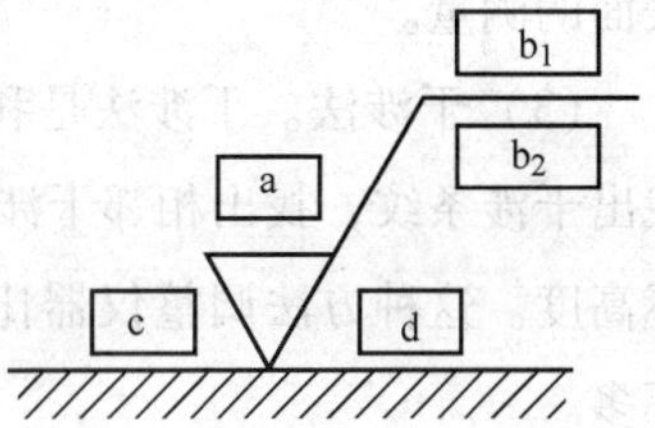

图 3—11　表面粗糙度的标注

1. 标注原则

（1）同一图样上，每个表面一般只标注一次。表面粗糙度的符号和代号应标注在可见轮廓线、尺寸界线、引出线或它们的延长线上。

（2）符号的尖端必须从材料的外部指向零件表面。

（3）在图样上，表面粗糙度代号中数字的大小和方向必须与图中尺寸数字的大小和方向一致。

2. 典型机床零件表面粗糙度值选用示例（R_a 值）

（1）主轴。锥孔、轴承配合表面、端部定位表面（普通机床 0.4 μm，精密机床 0.2 ~ 0.4 μm）。

（2）导轨。滑动导轨：小型机床 0.4 μm，中等尺寸机床 0.8 ~ 1.6 μm。滚动导轨：小型机床 0.2 μm，中等尺寸机床 0.4 ~ 0.8 μm。

（3）轴承。滑动轴承 0.8 ~ 1.6 μm。

（4）齿轮。高精度齿轮 0.4 ~ 0.8 μm，中等精度齿轮 0.8 ~ 1.6 μm，一般精度齿轮大于 1.6 μm。

（5）丝杠。高精度丝杠 0.4 ~ 0.8 μm，中等精度丝杠 0.8 ~ 1.6 μm，一般精度丝杠大于 1.6 μm。

（6）箱体。安装基准面：0.4 ~ 1.6 μm（小型箱体）、0.8 ~ 3.2 μm（中小型箱体）、1.6 ~ 3.2 μm（大中型箱体）。

3. 表面粗糙度的测量方法

（1）比较法。比较法是在工厂里常用的方法。它是用眼睛、放大镜或比较显微镜，对被测表面与表面粗糙度标准样板进行比较。也可用手摸、指甲划动的感觉来判断被加工表面的粗糙度。此方法一般用于对表面粗糙度参数较大的表面进行近似评定。

（2）光切法。光切法是利用“光切原理”来测量表面粗糙度值。在实验室中用光切显微镜或双管显微镜就可以实现测量。它的测量准确度较高，但只适用于对 R_z 参数以及较为规则的表面测量，不适用于对表面粗糙度值较大的表面及不规则表面的测量。

（3）干涉法。干涉法是利用光波干涉原理来测量表面粗糙度值。这种方法靠找出干涉条纹，找出相邻干涉带的距离和干涉带的弯曲高度，测出微观不平度的实际高度。这种方法调整仪器比较麻烦，操作不太方便，其准确度和光切显微镜差不多。

（4）针描法。针描法是利用仪器的测针与被测表面相接触，并使测针沿其表面轻轻滑过，从而测出表面粗糙度 R_a 值。采用这种方法，应用最广泛的仪器是电动轮廓仪。它的特点是：显示数值直观，可测量许多形状的被测表面，如轴类、孔类、锥体、球类、沟槽类工件，测量时间短，方便快捷。电动轮廓仪可以分为便携式和台式电动两种。便携式仪器可在现场进行测量，携带方便。带记录仪的电动轮廓仪，可绘制出表面的轮廓曲线。带微机的轮廓仪可显示轮廓的形状，并由打印机打印出数据和表面的轮廓线，便于分析和比较。它的测量范围较大，R_a 值一般为 0.02～50 μm。

第四章
常用量具、仪器与机床精度的检验

第一节 常用量具的分类

量具和测量仪器在机械制造中是保证零件加工精度、确保机器装配质量的重要工具。量具的种类繁多，用途各异。

一、按测量用途分类

(1) 标准计量用量具。标准量具用来校对和调整其他量具，一般存放在专业的计量部门。

(2) 通用测量用量具。通用量具的测量对象是不固定的。它的种类很多，不同的应用领域有不同的通用量具。在机械制造中比较常用的长度量具有钢直尺、内外卡钳、游标卡尺、百分表、千分表等。

(3) 专用测量用量具。专用测量用量具主要有卡规和塞规、齿轮公法线千分尺、成形样板等。

二、按测量性质分类

按测量性质分类，主要分为长度测量用量具、角度测量用量具、厚度测量用量具、深度和高度测量用量具、小尺寸测量用量具、大尺寸测量用量具等。

三、按测量方式分类

按测量方式分类，主要分为绝对量测量量具（钢直尺、游标卡尺等）和相对量测量量具（百分表、千分表等）。

四、按结构原理分类

主要分为：

（1）游标类量具。

（2）螺旋副类量具（测微量具）。

（3）机械式量具。

（4）光学式量具。

（5）气动式量具。

（6）电动式量具。

（7）光电式量具。

第二节　常用量具和测量仪器

一、游标卡尺

游标类量具按用途可分为游标卡尺、游标深度尺、游标角度尺和游标高度尺等。其中游标高度尺除了用于测量之外，换上硬质合金划爪，还可以作为划线工具使用。游标卡尺和游标高度尺如图 4—1 所示。

游标卡尺是一种比较精密的长度量具。它是利用游标原理进行测量的，使用是否合理，不但影响游标卡尺本身的精度和使用寿命，而且对测量结果的准确性也有直接影响。

按照尺寸的显示方式，游标卡尺还可以分为游标式、指针表式和数显式三种。

二、量块

量块有一对相互平行的光滑的测量面，它的长度尺寸非常精确。量块按制造精度的高低，分为 00、0、1、2、3 和 K 共 6 级（00 级精度最高）。量块按一定的尺

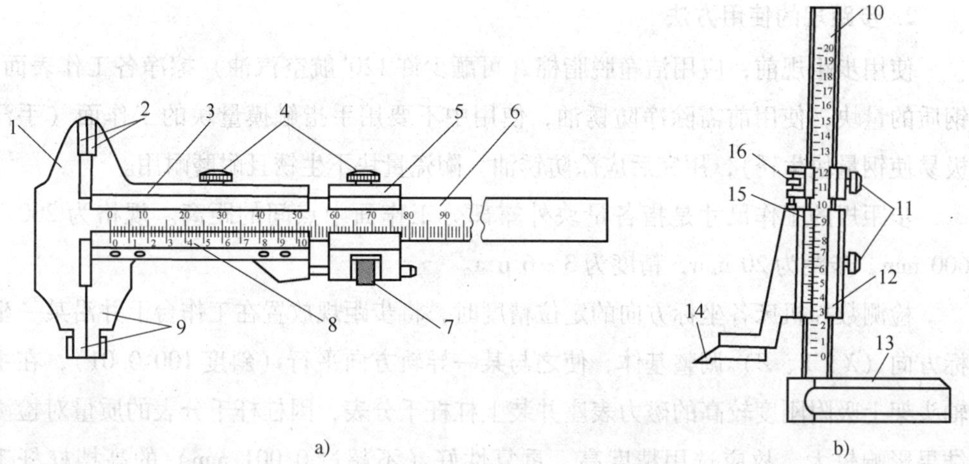

图 4—1 游标卡尺和游标高度尺

a）游标卡尺 b）游标高度尺

1—主尺 2—量爪刀口 3、12—副尺 4、11—紧固螺钉 5—固紧装置 6、10—尺身

7、16—微调螺母 8、15—游标 9—内测量爪 13—尺座 14—测量爪

寸系列组成成套的量块组，形状有矩形、圆形，材料有钢、石英、玛瑙。

量块用于相对测量长度量时，可以和别的量具配合使用，并以量块作为标准长度，检定其他量具的示值误差。也可直接用于精密测量、精密划线和精密机床的调整。使用时可以单块使用，也可以多块组合使用。

三、步距规

步距规也叫节距规、阶梯规，如图 4—2 所示。步距规是一种高精度量具，它由精密的量块直线排列，永久固定于一个坚固的框架中，框架表面进行喷塑或镀层保护处理。使用步距规不仅可以检验数控机床的定位精度，还可以检验三坐标测量机的位移精度。

图 4—2 步距规

1. 步距规的种类

目前，步距规有以下几种：

（1）用于水平测量的卧式步距规。

（2）用于垂直测量的立式步距规。

（3）用于水平和垂直测量的立卧两用步距规。

2. 步距规的使用方法

使用步距规前，应用洁净脱脂棉（可蘸少许120#航空汽油）擦净各工作表面。钢质的量块，使用前需除净防锈油，使用中不要用手指触摸量块的工作面（手汗极易使钢量块生锈），用完后应涂防锈油。陶瓷量块不生锈且耐磨耐用。

步距规的工作尺寸是指各量块外露部分工作面中点间的距离。规格为 200 ~ 600 mm，步距为 20 mm，精度为 3 ~ 6 μm。

检测数控机床各坐标方向的定位精度时，将步距规放置在工作台上并沿某一坐标方向（X、Y、Z）调整基体，使之与某一导轨方向平行（斜度 100:0.01），在主轴头架上吸附刚度较高的磁力表座并装上杠杆千分表，因杠杆千分表的质量对检测结果影响较大，故应选用精度高、重复性好（不超过 0.001 mm）的高档杠杆千分表。

测量时，杠杆千分表的测头应处于各量块工作面中心区域。测量 Z 轴方向（垂直方向）的定位精度时，应将步距规直立放置进行检验。

在步距规的出厂检验报告中，已标出了步距规各工作尺寸偏差值，处理测量结果时应将测得的值加上工作尺寸的偏差值（带正负号），修正后的测量结果即为各坐标方向的定位误差。记录某坐标方向各点的定位误差并绘成坐标曲线，利用记录和曲线图，借助有关软件进行误差修正。

陶瓷工作量块的热膨胀率为 $(9.5 \pm 1.0) \times 10^{-6}\ \mathrm{K}^{-1}$，中间垫块与钢质量块的热膨胀率为 $(11.5 \pm 1.0) \times 10^{-6}\ \mathrm{K}^{-1}$。当环境温度偏离 20℃时，还应考虑温度变化可能引起的测量误差。

四、千分尺

千分尺是比游标卡尺更精密的长度量具，如图 4—3 所示。千分尺的分度值为 0.01 mm，也有 0.001 mm 的（称为微米千分尺）。千分尺是根据螺旋运动的原理工作的。它的主要结构是一根螺距很精密的测微螺杆，并由固定的尺架、测砧、固定套管、微分筒、测力装置和锁紧装置等组成。千分尺有外径千分尺、内径千分尺、深度千分尺和螺纹千分尺等多种产品。

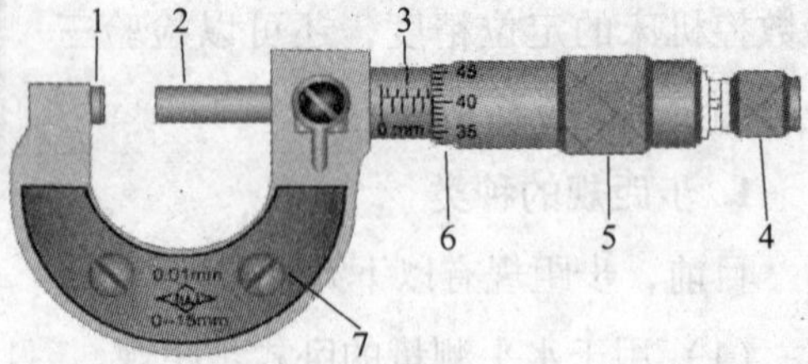

图 4—3　千分尺

1—测砧　2—测微螺杆　3—固定刻度　4—微调旋钮　5—旋钮　6—可动刻度　7—框架

根据螺旋运动原理，当微分筒

（又称可动刻度筒，沿圆周50等分刻线）旋转一周时，测微螺杆前进或后退一个螺距（0.5 mm）。这样，当微分筒旋转一个分度后，它转过了1/50周，这时螺杆沿轴线移动了（1/50）×0.5 mm = 0.01 mm，因此，使用千分尺可以准确读出0.01 mm的数值。

千分尺的操作要求：

（1）千分尺是一种精密的量具，使用时应小心谨慎，动作轻缓，不要让它受到打击和碰撞。

（2）转动旋钮和测力装置时都不能过分用力。

（3）转动旋钮使测微螺杆靠近待测物时，一定要改旋后端的测力装置，不能直接转动旋钮使螺杆压在待测物上。

（4）当测微螺杆与测砧已将待测物卡住或旋紧锁紧装置的情况下，绝不能强行转动旋钮。

（5）有些千分尺为了防止手温使尺架膨胀而引起微小的误差，在尺架上装有隔热装置。使用时应手握隔热装置，而尽量少接触尺架的金属部分。

（6）使用千分尺测量同一长度时，一般应反复测量几次，取其平均值作为测量结果。

（7）千分尺用完后，应用纱布擦干净，在测砧与测微螺杆之间留出一点儿空隙，放入盒中。如长期不用可抹上黄油或机油，放置在干燥的地方。注意不要让它接触腐蚀性的气体。

五、百（千）分表

百（千）分表是一种精度较高的比较量具，它只能测出相对数值，不能测出绝对数值。百（千）分表是利用齿轮齿条传动，将测杆的直线位移变为指针的角位移的计量器具，主要用于测量形状和位置误差，如零件的圆度、圆跳动、平面度、平行度和直线度等形位误差，也可用于机床上安装工件时的精密找正，或作为某些测量装置的测量元件。百分表的读数准确度为0.01 mm。百（千）分表按其用途分为直杆式和杠杆式，如图4—4所示。

百（千）分表的操作要求：

（1）测量前，要用干净的棉丝把测杆、测头及被测工件擦净。装夹表头时，夹紧力不宜过大，以免套筒变形使测杆移动不灵活。

（2）测量时，应把百（千）分表装夹在表架上，锁紧要牢固、可靠，否则会影响测量精度。

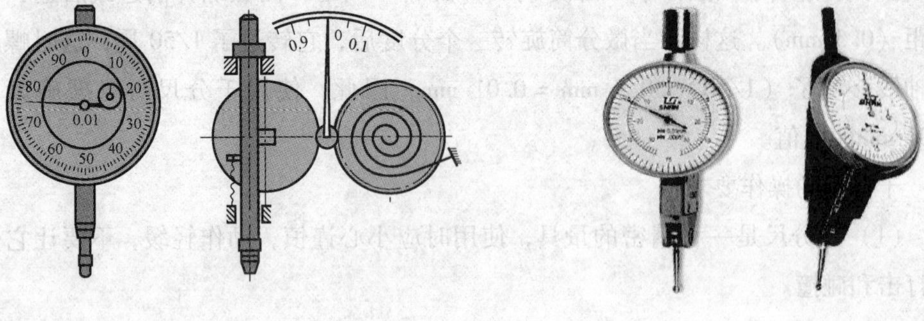

a)　　　　b)

图 4—4　百（千）分表

a）百分表及其传动原理　b）杠杆千分表

（3）使用百（千）分表对工件进行比较测量时，要选用量块或其他标准量具调整百（千）分表的指针。测量时，先用手轻轻提起测杆的上端，然后把工件移至测头下。不准从侧面把工件强行推入测头下，更不准用工件撞击测头，以免影响测量精度和撞坏百（千）分表。

（4）测量平面时，测杆要与被测平面垂直。测量圆柱面时，测杆轴线要通过被测表面的轴线，并与水平面垂直。同时根据被测工件的形状、表面粗糙度来选用测量头。

（5）为了保证测量力一定，应使测头在工件上至少压缩 20 ~ 25 个分度。在将零位与指针对准时，轻轻将测头提起 1 ~ 2 mm，放手使其自行复原，要多次提拉表的测杆，并放下测杆与工件接触，观察其重复指示值是否相同。若指针停在其他位置上，要重新调整零位。

（6）读数时，视线要与指针垂直，若有偏斜则会造成误差。

（7）为了保证百（千）分表的灵敏度，测量杆上不要加油，以免油污进入表内。

杠杆百（千）分表体积较小，比较适合于零件上孔的轴线与底平面的平行度的检验。

内径百分表是测量孔径的常用量仪。它是用百分表作为读数机构，配备杠杆传动系统组合而成。测量时，根据被测件孔径尺寸的大小选用合适的可换测头，安装后，以精度较高的量仪（如外径千分尺）为基准，用相对测量法测量孔径尺寸和圆度误差。

扭簧比较仪（见图 4—5）是一种比百（千）分表更灵敏、精度更高的比较量具。它是以微小的位移量去拉伸扭簧片，转换成为簧片的大的扭转，而在扭簧上连着一根很细的指针，用来显示测量的读数。它不像百分表那样中间有一套齿轮齿条传动机构，它的中间传动没有任何间隙存在，运动部分的质量很轻，因此十分灵敏，而且没有返程误差。

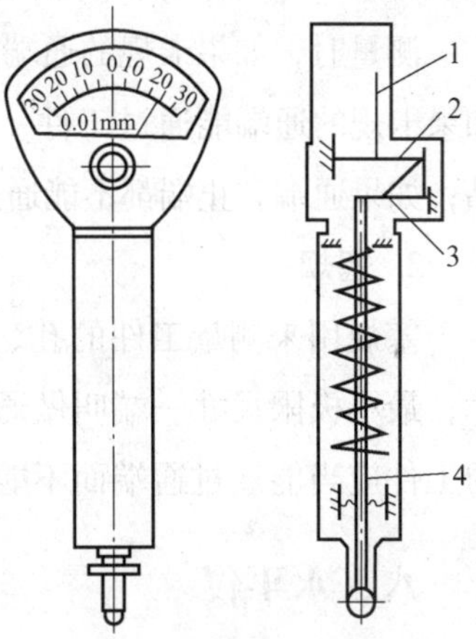

图 4—5　扭簧比较仪

1—指针　2—扭簧片

3—弹性杠杆　4—测杆

六、塞尺

塞尺又称厚薄规或间隙片，主要用来检验两个结合面之间的间隙大小。塞尺由许多厚度不同的薄钢片组成，每片都印有厚度标记，以供组合使用。测量时，根据结合面间隙的大小，用一片或数片重叠在一起塞进间隙内，以确定间隙的大小。例如，用0.03 mm 的一片能插入间隙，而0.04 mm 的一片不能插入间隙，说明间隙为 0.03 ~ 0.04 mm。所以，塞尺也是一种界限量规。塞尺的测量精度一般为 0.01 mm。

七、卡（塞）规

在成批和大量生产中，常用具有固定尺寸的量具来检验工件，这种量具叫做量规。量规通常制成两个极限尺寸，即最大极限尺寸和最小极限尺寸。测量光滑的孔或轴用的量规叫做光滑量规。光滑量规根据用于测量内外尺寸的不同，分为卡规（测量外尺寸，见图 4—6a）和塞规（测量内尺寸，见图 4—6b）两种。

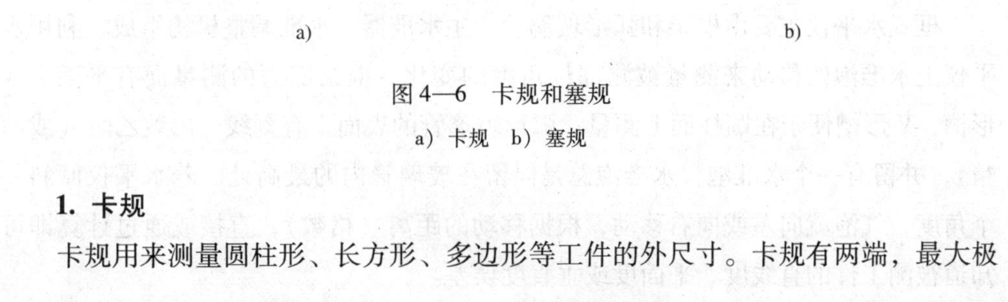

图 4—6　卡规和塞规

a）卡规　b）塞规

1. 卡规

卡规用来测量圆柱形、长方形、多边形等工件的外尺寸。卡规有两端，最大极限尺寸的一端叫做通端，最小极限尺寸的一端叫做止端。

测量时，如果卡规的通端能通过工件，而止端不能通过工件，则表示工件合格；如果卡规的通端能通过工件，而止端也能通过工件，则表示工件尺寸太小，已成废品；如果通端和止端都不能通过工件，则表示工件尺寸太大，不合格，必须返工。

2. 塞规

塞规用来测量工件的孔、槽等内尺寸。它也做成最大极限尺寸和最小极限尺寸，最小极限尺寸一端叫做通端，最大极限尺寸一端叫做止端。检查工件时，合格的工件应当能通过通端而不能通过止端。

八、水平仪

水平仪（见图 4—7）是测量水平度和角度变化的一种常用量具，主要用于测量机件的水平位置和设备安装时的平面度、直线度和垂直度等，也可用于测量零件的微小倾角。常用的水平仪有条式水平仪、框式水平仪和光学合像水平仪等。在机器、机床的装配和安装中，水平仪是经常使用的一种测量工具。它是对大地水准面的一种绝对量测量量具。

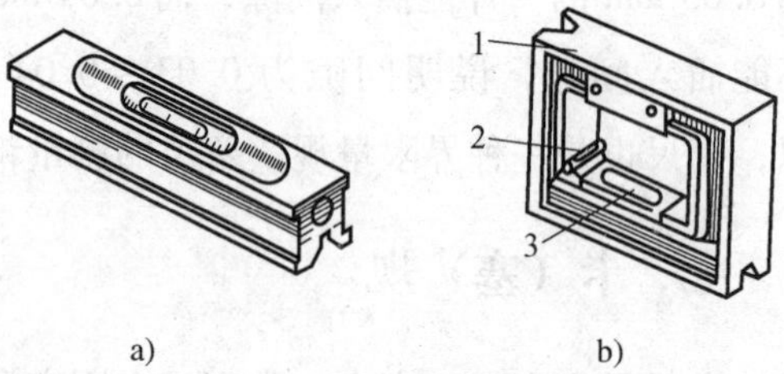

图 4—7　水平仪

a）条式水平仪　b）框式水平仪

1—框架　2—主水准器　3—调整水准器

1. 条式水平仪

测量时，把水平仪的底平面放在被测量的表面上，如果这段表面不水平，也就是水平仪底平面两端有高低差时，水准器内的气泡由于地心引力的作用，总是往水准器高的一侧移动，这就是水平仪的使用原理。两端高低相差不多时，气泡移动不多；两端高低相差较大时，气泡移动也较大。在水准器的刻度上就可以读出两端高低的差值。

2. 框式水平仪

框式水平仪主要由框架和弧形玻璃管、主水准器、水准调整机构组成，利用水平仪上水准泡的移动来测量被测部位角度的变化。框架底面的测量面有平面和 V 形槽，V 形槽便于在圆柱面上测量。弧形玻璃管的表面上有刻线，内装乙醚（或酒精），并留有一个水准泡，水准泡总是停留在玻璃管内的最高处。若水平仪倾斜一个角度，气泡就向左或向右移动，根据移动的距离（格数），直接或通过计算即可知道被测工件的直线度、平面度或垂直度误差。

水平仪的读数方法有直接读数法和平均读数法两种。

（1）直接读数法。以气泡两端的长刻线作为零线，气泡相对零线移动格数作为读数，这种读数方法最为常用。

（2）平均读数法。由于环境温度变化较大，使气泡变长或缩短，引起读数误差而影响测量的正确性，可采用平均读数法，以消除读数误差。平均读数法读数是分别从两条长刻线起，向气泡移动方向读至气泡端点止，然后取这两个读数的平均值作为这次测量的读数值。

3. 光学合像水平仪

与普通水平仪相比，光学合像水平仪具有测量读数范围大、读数精度高、价格便宜、携带方便等优点。当被测工件的平面度误差较大或因放置的倾斜度较大而又很难调整时，若使用框式水平仪就会因其水准泡已偏移到极限位置而无法测量。而使用合像水平仪时，因水平位置可以重新调整，所以能比较方便地进行测量，而且精度较高。光学合像水平仪由测微螺杆、杠杆系统、水准器、光学合像棱镜和具有V形工作面的底座等组成。水准器内的气泡圆弧，分别用三个不同方向位置的棱镜反射至观察窗，分成两个半像，利用光学原理把气泡像复合放大（放大5倍），提高读数精度，再通过杠杆机构提高读数的灵敏度，增大测量范围。

若被测表面不直或安放位置不理想（即与大地水准面有一微小倾斜角）会导致气泡移动，此时两个半边像错开。若被测表面无直线度误差，此时水准器上的气泡处于两棱镜的中间位置，气泡两端的半边像合在一起。将合像水平仪置于1 m长的被测表面上，若该段表面有一微小倾角，水准器的气泡向右偏移，则从窗口内看到的两半边合像右半边长些，左半边短些，此时将读数装置朝“十”的方向旋转，带动螺杆向下移动，经杠杆作用，水准器处于水平位置。在这一过程中，可以看到左半边像逐渐增长，右半边像逐渐缩短，直到两半边像逐渐重合。转动读数装置带动刻度盘（圆周等分100刻度）转过的格数，即是合像水平仪在1 m长度上倾斜的高度差，它的灵敏度比一般的水平仪高。

由于被测表面存在直线度误差，测量器具置于不同的被测部位上时，其倾斜角将发生变化，若节距（相邻两点的距离）一经确定，这个微小倾角与被测两点的高度差就有明确的函数关系，通过逐个测量节距，得出每一变化的倾斜度，经过作图或计算，即可求出被测表面的直线度误差值。

九、气动量仪

气动量仪（见图4—8）的特点是测量精度高，灵敏度高，可以实现在线的、非接触的自动测量。它的类型有薄膜式、浮标式、波纹管式和水柱式。测量时，要根据被测量工件的情况配置测量头，利用测量头与被测量表面之间间隙的变化，转换成为气体压力或流量的变化，并显示为尺寸数据。此外，还有流速式的气动量仪和真空式的气动量仪。

气动量仪是一种进行相对测量的量具。实际使用时，可以装在比较仪座上进行长度测量，也可以装上各种测量头直接测量孔、轴的直径，还可以装在机床上进行主动测量和自动测量。

气动量仪与机械式量具、量仪相比，具有下列优点：

（1）特别适用于某些通用机械量具和量仪难以解决的测量，例如测深孔内径、小孔内径、窄槽宽度等，用气动量仪测量比较容易实现。

（2）量仪的放大倍数较高，人为误差较小，不会影响测量精度。工作时无机械摩擦，同时没有回程误差。

（3）操作方法简单，读数容易，能够进行连续测量。在同时测量多个尺寸时，可以一目了然地看出各尺寸是否合格。

（4）实现测量头与被测表面不直接接触，减小测量力对测量结果的影响，避免划伤被测件表面，对薄壁零件和软金属零件的测量尤为适用。由于采用非接触测量，测量头可以减少磨损，延长使用期限。

（5）气动量仪主体和测量头之间采用软管连接，可实现远距离测量。

（6）结构简单，工作可靠，调整、使用和维修都十分方便。

十、投影仪

测量时，把被测量的工件放置在工作台上，用光学放大系统将被测工件的轮廓放大，并投影到观察屏幕上。屏幕上有许多分划的刻线。工作台可以纵、横向移动，使投影屏上的十字（或米字）刻线分别对准被测轮廓的两端边缘，并从读数手轮上得到尺寸数据。投影仪适用于小型扁平工件的测量，一般放置在检测部门使用。光学投影仪如图4—9所示。

十一、自准直仪

自准直光学量仪是根据光学的自准直原理制造的测量仪器，有自准直光学平直仪、测微准直望远镜及经纬仪等多种。

图 4—8　气动量仪

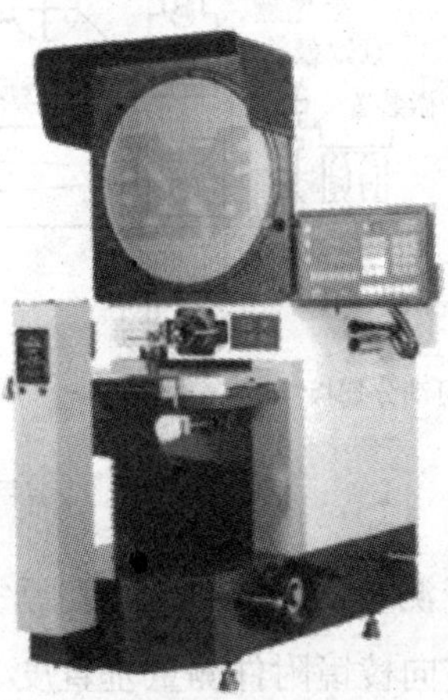

图 4—9　光学投影仪

自准直仪是一种利用光学自准直原理测量微小角度变化的测量工具。光学自准直仪由本体和反射镜两部分组成。它的工作原理（见图 4—10、图 4—11）是：光线通过位于物镜焦平面的分划板后，形成一个带刻线的图像，然后以平行光束（准直光）的形式投射到反射镜上，该反射镜将这一光束反射回自准直仪本体，通过物镜后，在焦平面上形成分划板标线像与标线重合，这就是自准直图像。测量时，自准直仪的本体固定不动，反射镜放在被测表面上（或桥板上）。当反射镜倾斜一个微小角度 α 角时，反射回来的光束就会倾斜 2α 角，使反射回来的十字标线图像偏离分划板 2 上的零位。利用测微装置和可动分划板，可分别从分划板 2 和读数鼓轮上读出 α 角的分值和秒值。

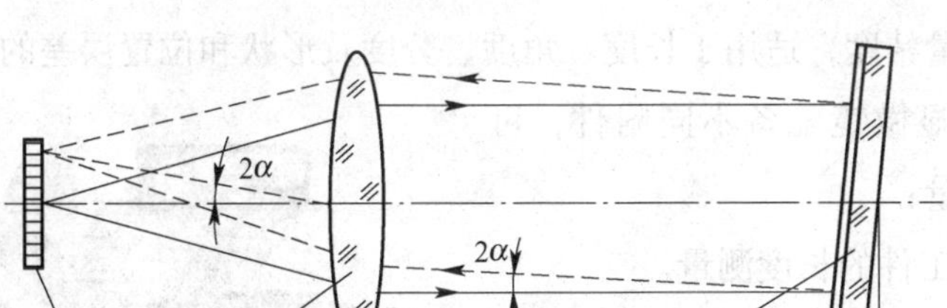

图 4—10　光学自准直仪的工作原理

自准直仪的分度值有 0. 1″、0. 2″和 1″三种。当以斜率（如 1/200）表示分度值时，通常称这种自准直仪为平面度测量仪；当以光电瞄准对线代替人工瞄准对线时，称为光电自准直仪。其光电瞄准（对线）原理与振子式光电显微镜相似。自

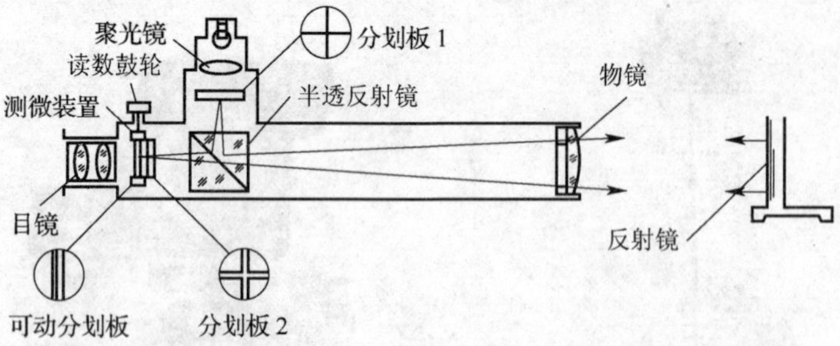

图 4—11　光学自准直仪的原理与基本结构

准直仪常用于测量导轨的直线度、平板的平面度（这时称为平面度测量仪）等，也可借助于转向棱镜附件测量垂直度、平行度等。20 世纪 80 年代初出现带有电子计算机的自准直仪，它能自动地对测量所得数据进行处理，通过外围设备描绘出被测表面的轮廓图形，以数字显示或打印出误差值。

双向精密自准直仪，采用光学自准直原理和二维测量结构，能对机床、仪器的精密导轨的运动直线度，同时做水平、垂直二维方向的角度、线性值精密测量，工作效率优于同类仪器。

量仪的主体与平面反射镜联合使用，可测量工件的直线度、平板的平面度。如果与光学直角器、带磁反射镜联合使用，可测量垂直导轨的直线度和垂直度；与多面棱体联合使用，可测量度盘的圆分度误差。

十二、万能工具显微镜

万能工具显微镜（见图 4—12）是一种使用十分广泛的光学精密测量仪器。它具有较高的测量精度，适用于长度、角度、分度及形状和位置误差的精密测量。

万能工具显微镜配备不同附件，可以实现以下测量：

（1）扁平工件的长度测量。

（2）光滑圆柱直径的测量。

（3）圆锥体锥度的测量。

（4）样板、刀具和工件的角度测量。

（5）冲模和凸轮的形状测量。

（6）螺纹的中径、螺距、牙型角的测量。

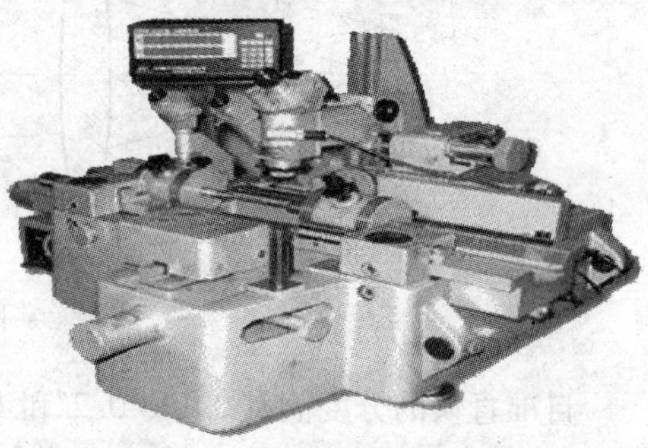

图 4—12　万能工具显微镜

(7) 圆弧半径测量。

(8) 孔间距测量。

万能工具显微镜是在一般的显微镜基础上改进、发展而来的。它以光学显微镜放大工件的形状，并在目镜的分划板上增加了各种刻线，可以配合对准被测工件的轮廓。在它的底座上有纵、横移动的工作台。测量时，瞄准测量部位的不同边缘，读出工作台移动的坐标值，就可以得到被测工件的尺寸。

根据被测件的形状、大小及被测部位的不同，一般可以用影像法、轴切法或接触法，按直角坐标或极坐标，对机械工具和零件的长度、角度及形状进行测量。主要的测量对象有刀具、量具、模具、样板、螺纹和齿轮类工件等。

万能工具显微镜有多种附件，利用这些附件可以扩大其使用范围。最常用的附件有螺纹目镜、双像目镜、灵敏杠杆、测量刀、光学分度台、光学分度头及调焦棒等。

十三、圆度仪

圆度的测量有回转轴法、三点法、两点法、投影法和坐标法等多种方法。按回转轴法设计的圆度测量工具称为圆度仪。圆度仪是测量轴、孔类零件圆度的一种精密仪器。目前，圆度仪是测量圆度误差的最有效的测量工具。圆度仪的关键部件是精密回转轴系和高精度测量传感器。

1. 圆度仪的工作原理及种类

圆度仪的工作原理是通过旋转被测量的工件，或使测量头绕被测工件的轴线转动，从而测出半径的变化量。按照结构的不同，圆度仪分为两种：主轴旋转式和工作台旋转式，圆度仪的工作原理如图 4—13 所示。

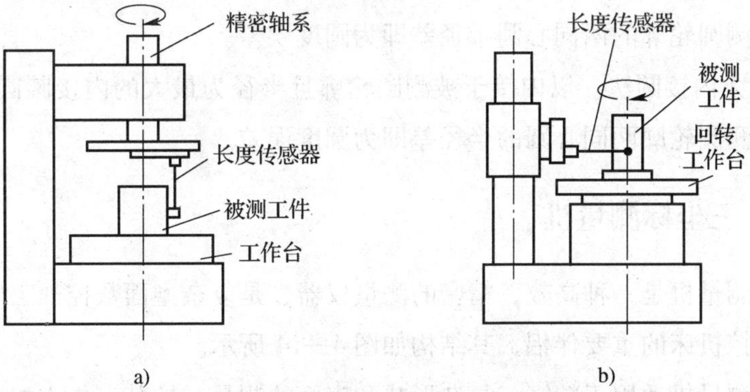

图 4—13 圆度仪的工作原理

a) 传感器回转 b) 安放工件的工作台回转

（1）主轴旋转式。被测零件放置在工作台上固定不动，仪器的主轴带着传感器和测头一起回转。由于测量时被测零件固定不动，可用于较大零件的测量，测量精度比较高。

（2）工作台旋转式。传感器和测头固定不动，被测零件放置在仪器的回转工作台上，随工作台一起回转。这种仪器常制成紧凑的台式仪器，比较适合于小型工件的圆度误差测量。

2. 圆度仪的使用及圆度误差评定方法

圆度仪把精密轴系回转一周所形成的圆轨迹（理想圆）作为基准，与被测的圆做比较，得到两圆半径上的差值，并由电感式测微仪转换成为信号，经电路处理和电子计算机计算后，由显示仪表指示出圆度误差，或由记录器记录出被测圆的轮廓图形。

测量时，首先要把工件的中心和电动心轴的中心对准，测量部分由电动心轴驱动，绕垂直基准轴旋转，当仪器测头与实际被测圆轮廓接触时，实际被测圆轮廓的半径变化量就可以通过测头反映出来，此变化量由传感器接收，并转换成电信号输送到电气系统，经放大器、滤波器、运算器输送到微机系统，实现数据的自动处理、打印及显示结果。

圆度误差评定有四种方法：

（1）最小区域法。以包容被测圆轮廓的半径差为最小的两同心圆的半径差作为圆度误差。

（2）最小二乘圆法。以被测圆轮廓上相应各点至圆周距离的平方和为最小的圆的圆心为圆心，所作包容被测圆轮廓的两同心圆的半径差即为圆度误差。

（3）最小外接圆法。以包容被测圆轮廓且半径为最小的外接圆圆心为圆心，所作包容被测圆轮廓的两同心圆半径差即为圆度误差。

（4）最大内接圆法。以内接于被测圆轮廓且半径为最大的内接圆圆心为圆心，所作包容被测圆轮廓两同心圆的半径差即为圆度误差。

十四、三坐标测量机

三坐标测量机是一种高效、精密的测量仪器，是复杂型面数控加工中的重要帮手，也是数控机床的重要伴侣，其结构如图 4—14 所示。

三坐标测量机适用于精密、复杂形状和表面的测量。按其工作方式，可以分为点位测量方式、连续扫描测量方式两种；按其精度，分为精密型（计量室用，分辨率 0.002 ~ 0.5 μm）、生产型（生产车间用，分辨率 5 ~ 10 μm）两种；按结构布

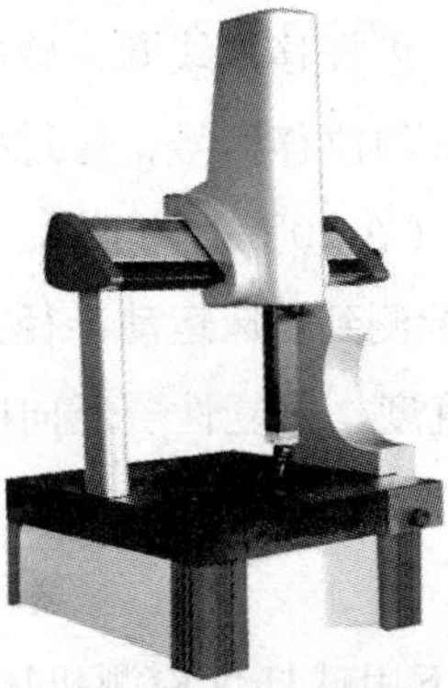

a)

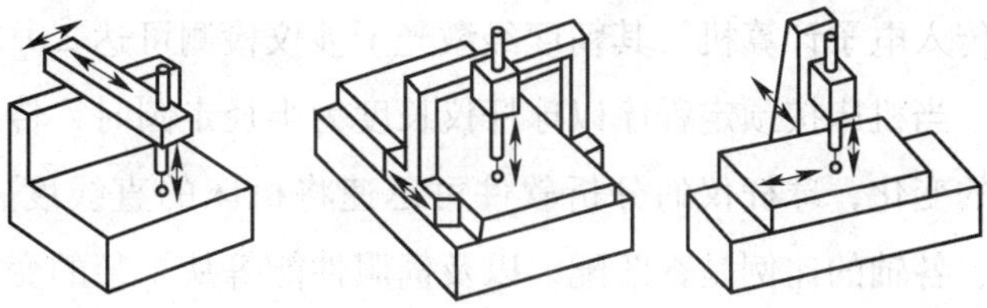

b)

图 4—14　三坐标测量机

局，分为悬臂式、桥式、龙门式、立柱式、坐标镗床式。

三坐标测量机实际上可以看做是一台数控机床，只不过不是用来切削加工，而是用来进行测量的机电一体化设备。三坐标测量机由主机机械系统（X、Y、Z 三轴和其他辅助部分）、测头系统、电气控制硬件系统、数据处理软件系统（测量软件）组成。通常三坐标测量机有一个能够放置工件的工作台，并在三个相互垂直的方向上都装有精密导轨、测量元件（光栅尺或磁尺）和数显装置，测头可以移动到被测工件的表面点上，再由读数设备和数显装置把被测点的坐标值显示出来。

目前，三坐标测量机有接触式测量和非接触式测量两种测量方式。接触式测头主要分为开关式（有触发式和动态发讯式两种）与扫描式（有比例式和静态发讯式两种）两类。非接触测头主要有激光扫描测头和视频测头两类。

十五、球杆仪

球杆仪（见图 4—15）是一种快速、方便、经济地检测数控机床两轴联动性能的仪器，可在 10 ~ 15 min 内完成检验工作，也可用于部分取代工作精度的 NAS 试件切削。球杆仪也是数控机床进行故障诊断的好帮手。

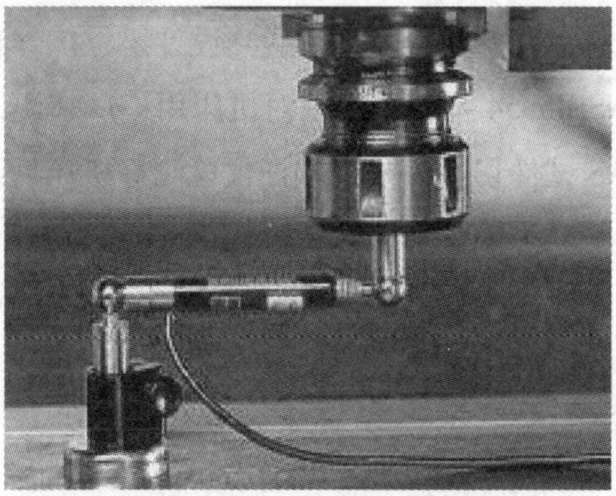

图 4—15　球杆仪

1. 球杆仪的工作原理

球杆仪由一安装在可伸缩的纤维杆

内的高精度位移传感器构成，该传感器包括两个线圈和一个可移动的内杆，其工作原理类似于使用 LVDT 技术的位移传感器。当其长度变化时，内杆移入线圈，感应系数发生变化，检测电路将电感信号转变成分辨率为 0.1 μm 的位移信号，通过接口传入电子计算机。其精度经激光干涉仪检测可达 ±0.5 μm（在 20℃条件下）。

当机床按预定程序以球杆仪长度为半径走圆时，传感器检测到机床运动半径方向的变化，球杆仪的分析软件可迅速将机床的直线度、垂直度、重复性、反向间隙、各轴的比例是否匹配，以及伺服性能等从半径的变化中分离出来。

2. 球杆仪的主要功能

（1）机床精度等级的快速标定。通过在不同进给速度下用球杆仪检测机床，使操作者可选用满足加工工件精度要求的进给速度进行加工，从而避免了废品的产生。

（2）机床故障及问题的快速诊断与分析。球杆仪可以快速找出机床故障并分析机床问题所在，主要可检查反向误差、丝杠背隙差、伺服增益不匹配、垂直度误差、丝杠周期误差等性能。当机床发生撞车事故后，可用球杆仪检测并快速告诉操作者机床精度状况及是否可以继续使用。ISO 标准中已规定了用球杆仪检测机床精度的方法。

（3）方便机床的保养与维护。球杆仪可以告诉用户机床精度变化的情况，这样可提醒维修工程师注意机床的问题，进行预防性维护，不致酿成严重的故障。

（4）缩短新机床开发研制周期。用球杆仪检测可分析出机床润滑系统、伺服系统、轴承等的选用对机床精度及性能的影响，这样可以根据测试情况更改原设计，从而缩短新机床的研制周期。

（5）方便机床验收试验。对机床制造厂来说，可用球杆仪快速进行机床出厂检验，检查其精度是否达到设计要求。球杆仪现已被国际机床检验标准如 ISO230、ANSIB5.54 推荐采用。对机床用户厂来说，可用球杆仪进行机床验收试验，以取代 NAS 试件切削，或用球杆仪检测好机床后再切削试件即可。

第三节　常用量具的维护和保养

正确地使用精密量具是保证产品质量的重要条件之一。为保持量具的精度和它工作的可靠性，延长量具的使用寿命，除了在使用中要按照规定的使用方法进行操作以外，还必须做好量具的维护和保养工作。

(1) 在机床上测量加工零件时，要等工件完全停稳后进行。否则，会使量具的测量面过早磨损而失去精度，而且可能会造成事故。尤其是车工粗加工时使用外卡钳，要注意铸件内常有气孔和缩孔，一旦钳脚落入气孔内，可能会造成严重事故。

(2) 测量前应把量具的测量面和零件的被测量表面都揩拭干净，以免因有脏物存在而影响测量精度。不应该用精密量具如游标卡尺、百分尺和百分表等测量锻铸件毛坯或带有研磨剂（如金刚砂等）的工件表面，这样易使测量面很快磨损而失去精度。

(3) 量具在使用过程中，不要和工具等物品混杂堆放在一起，以免碰伤量具。也不要随便放在机床上，避免因机床振动而使量具掉下来损坏。尤其是游标卡尺等，应平放在专用盒子里，以免使尺身变形。

(4) 使用量具时应该集中注意力。量具要轻拿轻放，动作要稳妥、准确。精密量具一定要防止失手跌落，或与其他物件碰撞。

(5) 量具是测量工具，绝对不能作为其他工具的代用品。例如拿游标卡尺划线，拿千分尺当小榔头，拿钢直尺当旋具旋螺钉，以及用钢直尺清理切屑等都是错误的。

(6) 温度对量具的精度和测量结果影响很大。对于特别精密的零件，一定要使零件和量具都在20℃的温度下进行测量。一般零件可在室温下进行测量，但必须使工件与量具的温度一致，否则，由于金属材料热胀冷缩的特性，会使测量结果不准确。

(7) 不要把精密量具放在磁场附近，例如磨床的磁性工作台上，以免使量具磁化。

(8) 发现精密量具有不正常现象，如量具表面不平、有毛刺、有锈斑以及刻度不准、尺身弯曲变形、活动不灵活等情况时，使用者不应自行拆修，更不允许自行用榔头敲、锉刀锉、砂布打光等办法修理，以免增大量具误差。发现上述情况后，使用者应当主动将损坏的量具送计量站检修，并经检定量具精度后再继续使用。

(9) 量具使用后，应及时揩干净，除不锈钢量具或有保护镀层者外，金属表面应涂上一层防锈油，放在专用的盒子里，保存在干燥的地方，以免生锈。

(10) 精密量具应定期检定和保养。长期使用的精密量具，要定期送计量站进行保养和检定精度，以免因量具的示值误差超差而造成产品质量事故。

第四节 机床精度的检验方法

一、机床精度的概念

机床精度是机床最主要的性能指标之一，也是机床区别于其他机械的一个重要特征。数控机床与普通机床相比，对精度的要求更为严格。机床的精度包括几何精度、定位精度以及加工（工作）精度等。

1. 几何精度

机床的几何精度主要是指机床的某些基础零件工作表面的几何精度，是机床在不运动（如主轴不转、工作台不移动）或运动速度较低时的精度。它主要取决于这些基础零件自身的制造精度。例如，床身导轨的直线度，工作台面的平面度，主轴的回转精度，刀架溜板移动方向与导轨、主轴轴线的平行度等。

在机床上加工的工件表面形状是由刀具和工件之间的相对运动轨迹决定的，而刀具和工件是由机床的执行件直接带动的，所以机床的几何精度是保证加工精度最基本的条件。

2. 定位精度

机床的定位精度是指机床的主要部件从某一位置移动到另一预期位置时，实际到达的位置与预期位置之间的误差，并称为定位误差。对于主要通过试切和测量工件尺寸来确定运动部件定位位置的机床，如卧式车床、万能升降台铣床等普通机床，对定位精度的要求并不太高。但对于依靠机床本身的测量装置、定位装置或自动控制系统实现定位的机床，如各种自动化机床、数控机床、坐标测量机等，就必须对定位精度有很高的要求。

3. 加工（工作）精度

机床的加工精度是衡量机床性能的一项重要指标。影响机床加工精度的因素很多，有机床本身（静态）精度的影响，还有因机床及工艺系统变形、加工中产生振动、机床的磨损以及刀具磨损等因素的影响。在上述各因素中，机床本身精度是一个重要的因素。例如在车床上车削圆柱面，其圆柱度主要取决于工件在该机床上旋转轴线的稳定性、车刀刀尖移动轨迹的直线度，以及刀尖运动轨迹与工件旋转轴线之间的平行度，即主要取决于车床主轴与刀架的运动精度以及刀架运动轨迹相对于主轴的位置精度。

静态精度只能在一定程度上反映机床的加工精度，因为在实际工作状态下，还有一系列因素会影响加工精度。例如，由于切削力、夹紧力的作用，机床的零部件会产生弹性变形，在机床内部热源（如电动机、液压传动装置的发热，轴承、齿轮等零件的摩擦发热等）以及环境温度变化的影响下，机床零部件将产生热变形，由于切削力和运动速度的影响，机床会产生振动，机床运动部件以工作速度运动时，由于相对滑动面之间的油膜以及其他因素的影响，其运动精度也与低速下测得的精度不同，所有这些都将引起机床静态精度的变化，从而影响工件的加工精度。

机床在外载荷、温升及振动等工作状态作用下的精度，称为机床的动态精度。动态精度除与静态精度有密切关系外，还在很大程度上决定于机床的刚度、抗振性和热稳定性等。目前，生产中一般是通过切削加工出的工件精度来考核机床的综合动态精度，称为机床的工作精度。工作精度是各种因素对加工精度影响的综合反映。

二、机床精度检验前的安装和调整

数控机床安装完成或就位后，在进行几何精度检验前，通常要在基础上先用水平仪进行安装水平的调整。机床的安装水平调整的目的是为了取得机床的静态稳定性，是机床的几何精度检验和加工精度检验的前提条件，但不作为交工验收的正式项目。即几何精度和工作精度检验合格，安装水平是否在允许范围可以不必进行交验。

机床的安装水平和调平按以下操作要求进行：

（1）调平机床时应使机床处于自由状态，不应采用紧固地脚螺栓、局部加压等方法强制机床变形，使之达到精度要求。

（2）机床调平时应以床身导轨作为安装水平的检验基础，并用水平仪、桥板或专用检具在床身导轨两端、接缝和立柱连接处，按导轨的纵向和横向进行测量。

（3）将水平仪按床身的纵向和横向，放在工作台上或溜板上，并移动工作台或溜板，在规定的位置进行测量。

（4）水平仪在床身导轨纵向等距离移动测量，并将水平仪读数依次排列在坐标纸上，画出垂直平面内直线度偏差曲线。其安装水平应以偏差曲线两端点连线的斜率作为该机床的纵向安装水平，横向应以横向水平仪的读数值计算。

三、机床精度的检验内容

1. 几何精度的检验

机床的几何精度综合反映了机床的各关键零部件及其组装后的几何形状误差。

（1）常用的检验工具。精密水平仪、精密方箱、90°角尺、平尺、平行光管、千分表、测微仪、高精度主轴检验心棒。

（2）检验内容（以加工中心为例）

1）工作台面的平面度。

2）各坐标方向移动的相互垂直度。

3）*X*、*Y*坐标方向上移动时工作台的平行度。

4）*X*坐标方向上移动时工作台T形槽侧面的平行度。

5）主轴的轴向窜动。

6）主轴孔的径向跳动。

7）主轴沿*Z*坐标方向移动时主轴轴心的平行度。

8）主轴回转轴心线对工作台面的垂直度。

9）主轴箱在*Z*轴方向移动的直线度。

2. 定位精度的检验

机床的定位精度是指机床各坐标轴在数控装置的控制下运动所能达到的位置精度。

（1）检测工具。双频激光干涉仪、测微仪和成组量块、标准刻度尺、光学读数显微镜。

（2）检验内容

1）直线轴的定位精度及重复定位精度。

2）直线轴的参考点返回精度。

3）直线轴的反向误差。

4）回转运动的定位精度及重复定位精度。

5）回转运动轴的参考点返回精度。

6）回转运动的反向误差。

3. 加工（工作）精度的检验

机床加工精度是在切削条件下对机床几何精度和定位精度的一项综合精度检查，不仅反映机床的几何精度和定位精度，同时还包括了试件的材料、环境温度、刀具性能以及切削条件等各种因素造成的误差和计量误差。要保证机床的切削精度达到要求，必须要求机床的几何精度和定位精度的实际误差要比允差小。

机床加工精度检验一般分为单项加工精度检查和综合性试件加工两种。不同种类的机床，检查的项目会有所不同。例如，卧式加工中心的主要检查项目有：

（1）镗孔尺寸精度及表面粗糙度。

（2）镗孔的形状精度及孔距精度。

（3）端铣刀铣削平面的精度。

（4）侧面铣刀铣削侧面的直线精度。

（5）旋转轴转过90°后，侧面铣刀铣削表面对水平表面的垂直度精度。

（6）两轴联动时的加工精度。

四、几何精度的检验方法

1. 平面度的检验

机床工作台台面是安装工件或夹具的基准面。其平面度的检验如图 4—16 所示。

（1）检测工具。百分表、平尺、可调量块、等高块、精密水平仪。

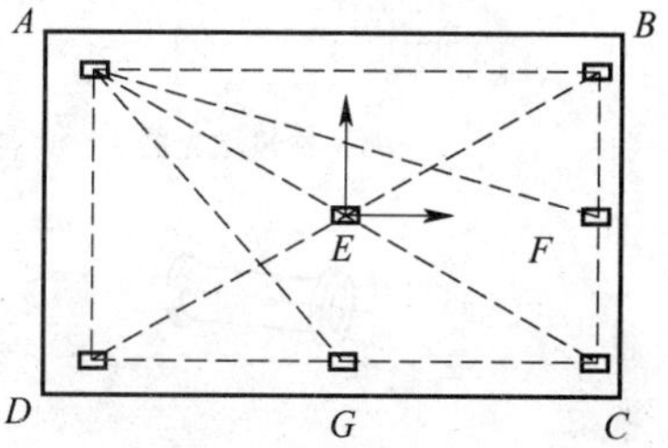

图 4—16　工作台平面度的检验

（2）检验方法。用平尺检测工作台面的平面度误差时，首先在检验面上选 A、B、C 三点作为零位标记，将三个等高块放在这三点上，这三个量块的上表面就确定了与被检平面做比较的基准面。将平尺置于点 A 和点 C 上，并在被检验平面的点 E 处放一可调量块，使其与平尺的表面接触。此时，量块的 $ABCE$ 上表面均处在同一表面上。再将平尺放在点 B 和点 E 上，即可找到点 D 的偏差。在 D 点放一可调量块，并将其上表面调到由已经就位的量块上表面所确定的平面上。将平尺分别放在点 A、点 D 以及点 B 和点 C 上，即可找到被检面上点 A 和点 D 及点 B 和点 C 之间的各点偏差。至于其余各点之间的偏差，可用同样的方法找到。

2. 直线度的检验

导轨表面是机床运动部件运动的基准，通常对它的直线度是有严格要求的。床身导轨的直线度有垂直面内的直线度和水平面内的直线度。根据不同情况可以有几种检验方法。

（1）用精密水平仪检验。把水平仪沿 Z 轴方向放在溜板或专用的检验桥板上，沿导轨全长等距离地在各位置上检验，记录水平仪的读数，并用作图法计算出床身导轨在垂直平面内的直线度误差。

（2）用钢丝绳和读数显微镜检验。在平行于导轨的方向上拉紧一根钢丝绳，再在溜板（或专用的检具）上固定读数显微镜。先在钢丝绳的两端观察读数显微镜，调整钢丝绳使两端的读数一致，然后就可以在导轨的全长上移动读数显微镜进行测量，如图4—17所示。

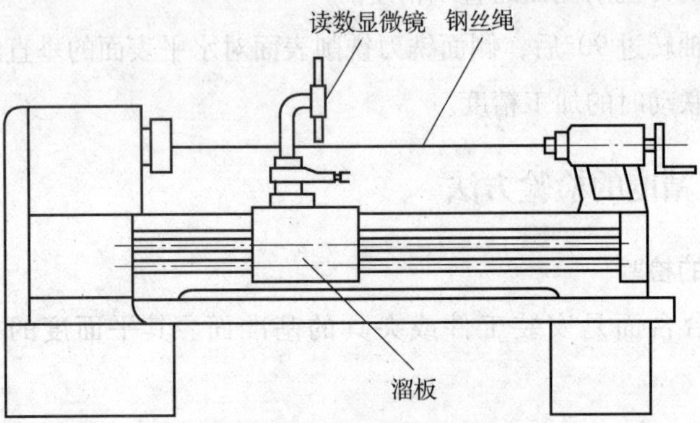

用钢丝绳测量车床导轨直线度

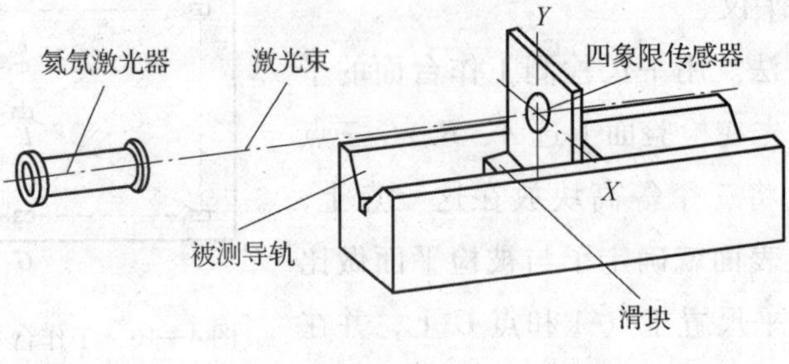

图4—17　直线度的测量（一）

（3）用平尺和千分表检验。原理和测量方法与钢丝绳法类似，只是改用一根标准平尺代替钢丝绳，读数显微镜改成千分表。

也可以用标准的检验棒顶在主轴和尾架之间，把表头触到检验棒的侧母线上，移动百分表或千分表进行测量，如图4—18所示。

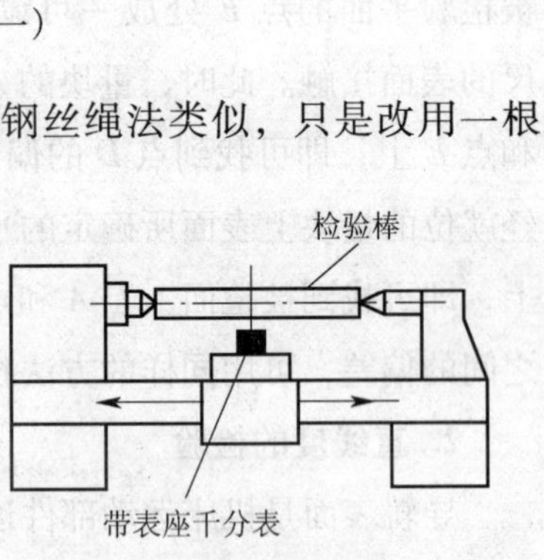

图4—18　直线度的测量（二）

（4）用自准直仪或激光准直仪检验。如图4—19所示，在导轨上放置一个专用的检具，再把反光镜固定在上面。沿导轨的全长等间隔移动反光镜，记录自准直仪的读数。以读数的最大代数差作为测量值。使用激光准直仪

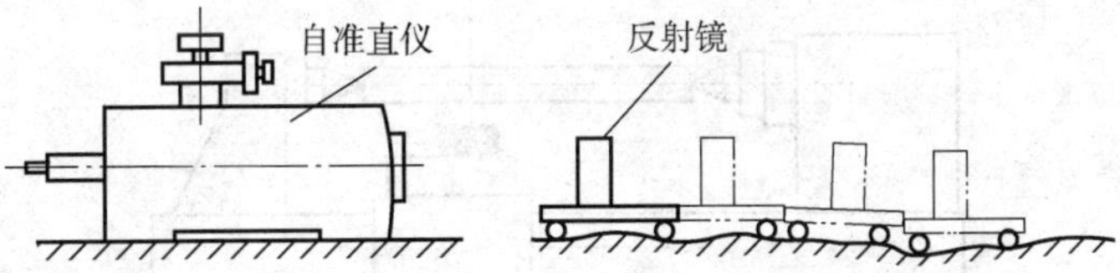

图 4—19　自准直仪测量导轨的直线度

的情况与此类似。

3. 平行度的检验

平行度可以有几种情况：平面与平面的平行度、直线与平面的平行度和运动方向与某平面（或直线）的平行度。一般情况下，使用百分表、等高块、平尺和 90°角尺进行测量。

（1）平面与平面的平行度（以两条导轨之间的平行度检验为例）。做一个与两条导轨配合的专用的测量检具，上面再放置水平仪。沿导轨全长移动检具，水平仪上出现的读数经过换算，就可以得到两条导轨之间的平行度误差，如图 4—20 所示。

（2）直线与平面的平行度（以主轴轴线与工作台台面之间的平行度检验为例）。将固定在主轴上的千分表顶住放置在工作台上的平尺上，沿 *X* 轴（*Y* 轴）移动工作台，千分表读数的最大差值即为测量值。

工作台 *X* 向运动与主梯形槽间的平行度检验如图 4—21 所示，将固定在主轴上的千分表顶住工作台上的 T 形槽的一侧面上，沿 *X* 轴移动工作台，千分表读数的最大差值即为测量值。

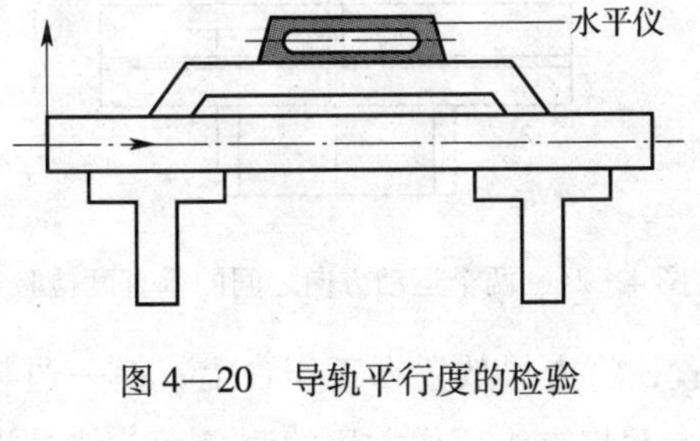

图 4—20　导轨平行度的检验

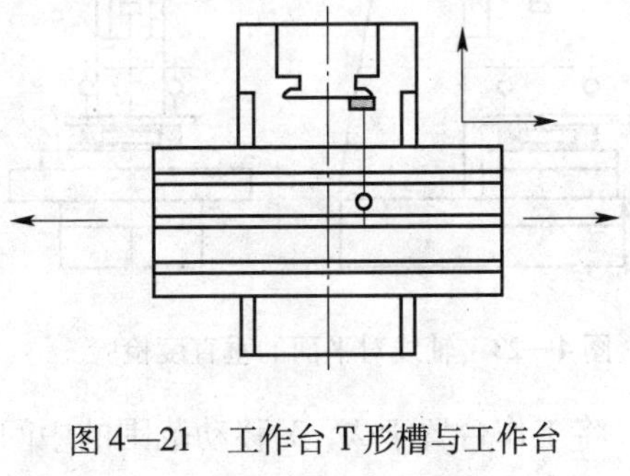

图 4—21　工作台 T 形槽与工作台的平行度的检验

（3）运动方向与某平面（或直线）的平行度。例如，机床溜板移动与主轴轴线之间的平行度的检验（见图 4—22）。

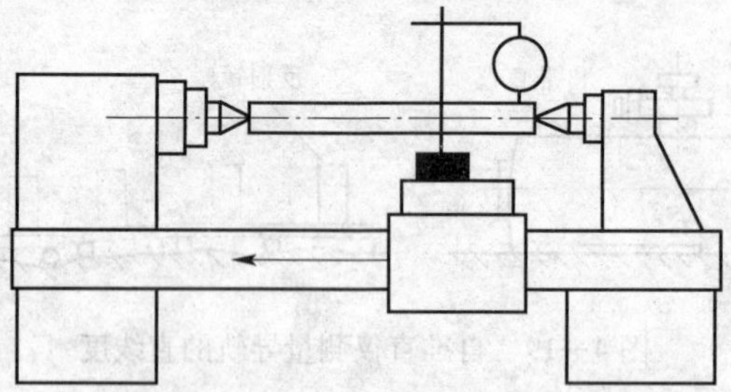

图 4—22 机床溜板移动与主轴轴线之间的平行度检验

4. 垂直度的检验

机床部件之间的垂直度可以分为以下几类：

（1）轴线对平面的垂直度（以主轴中心与工作台的垂直度检验为例，见图 4—23）。将工作台置于 X、Y 两个方向的中间，将千分表夹持在主轴上，表头顶住工作台，旋转主轴（调整表头使其相对于主轴的旋转半径为 300 mm），分别读取前后、左右的读数，读数的最大差值分别为两个方向的垂直度误差测量值。

（2）平面对平面的垂直度。

（3）运动方向对运动方向的垂直度（以各轴之间相互运动的垂直度检验为例，见图 4—24）。将工作台置于 X 移动范围的中间位置，将方尺放置在工作台上，使一边与 X 轴运动方向平行。将千分表固定在主轴上，并将表头顶住方尺的测量面，使其沿 Y 轴运动方向运动，其读数的最大差值为测量值。

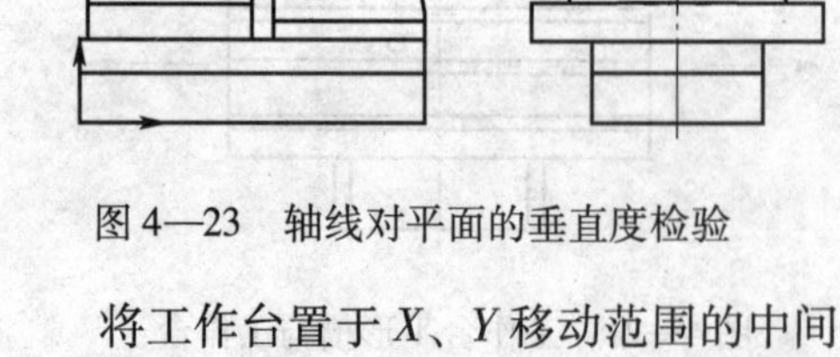

图 4—23 轴线对平面的垂直度检验

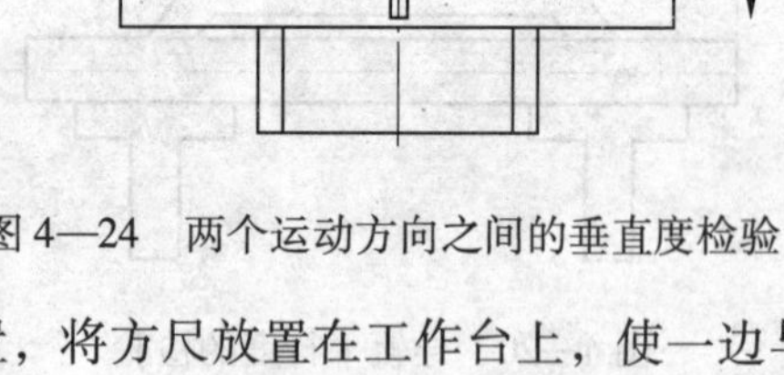

图 4—24 两个运动方向之间的垂直度检验

将工作台置于 X、Y 移动范围的中间位置，将方尺放置在工作台上，使一边与 X 轴运动方向平行。将千分表固定在主轴上，并将表头顶住方尺的测量面，使其沿 Z 轴运动方向上下运动，其读数的最大差值为测量值。

5. 跳动度的检验

跳动度检验主要是针对机床主轴的。例如，主轴的轴颈、头部的锥度定位表面和端面、内孔的莫氏锥面的径向跳动或轴向窜动。

对于有回转工作台的机床，工作台端面的跳动也是需要检验的项目。一般都是用千分表或百分表，或者再做一个检验的心棒就可以进行测量了。

（1）主轴端面跳动。将千分表固定在工作台上，表头顶在主轴下端面上，旋转主轴，其读数的最大差值为测量值。

（2）主轴（轴线、锥孔或轴颈）径向跳动。如图 4—25 所示，将千分表固定在工作台上，表头顶在主轴或心轴外圆面上，旋转主轴，其读数的最大差值为测量值。

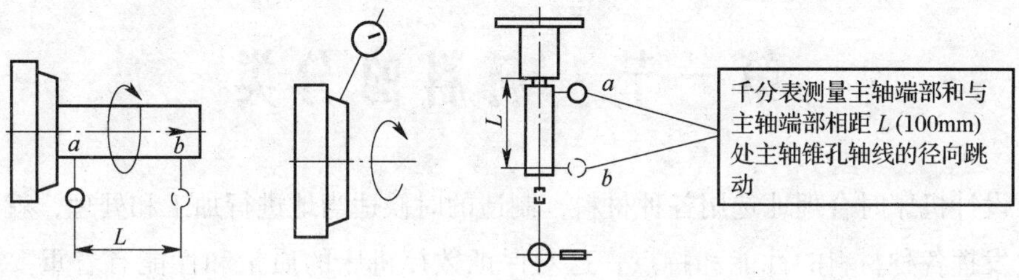

图 4—25　主轴径向跳动的检验

五、定位精度的检验方法

数控机床对定位精度、重复定位精度和反向差值有特别严格的要求。

检验工具：激光干涉仪或步距规。

六、加工（工作）精度的检验方法

数控机床加工（工作）精度的检验，是数控机床各方面性能的一种比较综合性的检验。加工精度检验用的试件如图 4—26 所示。

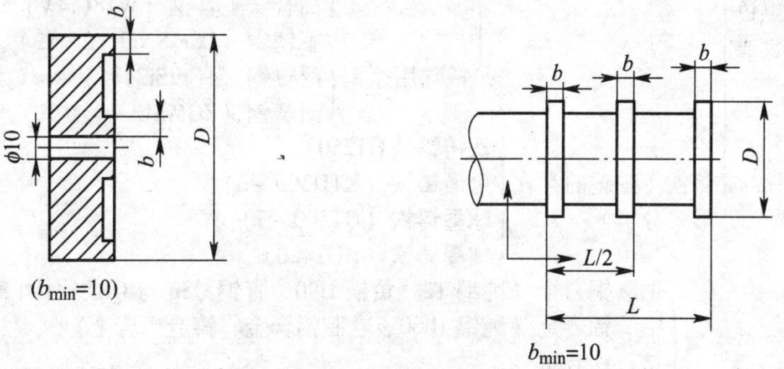

图 4—26　加工精度检验用的试件

第五章 工程材料与热处理

第一节 材料的分类

设计机床时合理地选用各种材料，制造的时候适当地进行加工和处理，就可以充分发挥各种材料的性能和特点，这对保证数控机床的质量和性能有着重要的意义。另外，在数控机床上加工的工件材料也是各种各样的，了解各种材料的特性，对于合理选择切削用量、安排加工工序也都是十分重要的。

机械工程材料可以分为金属材料和非金属材料两大类。金属材料又可以分为黑色金属（钢、铸铁）和有色金属两类。它们的分类和牌号示例如下：

- 机械工程材料
  - 金属材料
    - 黑色金属
      - 钢（按化学成分分类）
        - 碳素钢（低、中、高碳钢）
          - 普通碳素结构钢（Q235、A3、B1）
          - 优质碳素结构钢（45、65Mn）
          - 碳素工具钢（T10）
          - 铸钢（ZG230－450）
        - 合金钢
          - 合金结构钢
            - 普通低合金结构钢（09MnV）
            - 机械制造结构钢
              - 合金调质钢（40Cr）
              - 合金渗碳钢（20CrMnTi）
              - 合金弹簧钢（60Si2Mn）
          - 合金工具钢
            - 低合金工具钢（CrWMn）
            - 高合金工具钢（W18Cr4V）
          - 特殊用途钢
            - 不锈钢（1Cr18Ni9、2Cr13）
            - 耐热钢（4Cr9Si2）
            - 耐磨钢（ZGMn13）
      - 铸铁（按碳的存在形式分类）
        - 灰铸铁（HT250）
        - 可锻铸铁（KTH300－6）
        - 球墨铸铁（QT500－7）
        - 蠕墨铸铁（RUT420）
    - 有色金属
      - 铜、铜合金（纯铜T2、黄铜H90、青铜QSn与QA、白铜B16）
      - 铝、铝合金（纯铝1060、轧制铝合金、铸造铝合金）
      - 钛、钛合金
      - 轴承合金（锡基、铅基、铝基）
  - 非金属材料
    - 无机非金属材料：玻璃、陶瓷
    - 有机非金属材料：橡胶、塑料、毛毡

第二节　金属材料基础知识

一般来说，纯金属大都具有优良的塑性、导电性和导热性等。但是，它们的取制困难，价格较贵，种类有限，特别是某些力学性能不理想（强度、硬度较低，耐磨性较差），难以满足工程实际使用的要求。因此，工程上使用的许多金属材料都是根据性能需要，将不同成分的多种金属或非金属元素混合而制成的合金，如碳钢、合金钢、铸铁、铝合金及铜合金等。

一、合金

1. 合金的概念

合金是指由两种或两种以上的金属元素或金属与非金属元素组成的，具有金属特性的物质。例如，黄铜是铜和锌组成的合金，碳钢是铁元素和碳元素组成的合金，硬铝是铝、铜、镁组成的合金等。合金不仅具有纯金属的基本特性，同时还具备了比纯金属更好的力学性能和特殊的物理、化学性能。另外，由于组成合金的各元素比例可以在很大范围内调节，从而使合金的性能也随之发生一系列变化，这就满足了工业生产中各类机械零件的不同性能要求。

2. 组元

组成合金的基本的物质称为组元。组元大多数是元素，如铁—碳合金中的铁元素和碳元素是组元；铜—锌合金中的铜元素和锌元素也是组元。有时稳定的化合物也可作为组元，如渗碳体（Fe_3C）等。

3. 合金系

给定的组元按不同比例可以配制一系列不同成分的合金，构成一个合金系。由两个组元构成的称为二元系，由三个组元构成的称为三元系等。另外，也可以由构成的元素来命名，如铁碳合金。

4. 相

相是指在金属组织中化学成分、晶体结构和物理性能相同的组分。其中包括固溶体、金属化合物及纯物质（如石墨）。

在固态铁碳合金中，铁和碳的相互作用有两种：一是碳原子溶解到铁的晶格中形成固溶体，如铁素体与奥氏体；二是铁和碳按一定的比例相互作用形成金属化合物，如渗碳体。铁素体、奥氏体、渗碳体均是铁碳合金的基本相。

5. 组织

组织泛指用金相观察方法看到的由形态、尺寸不同和分布方式不同的一种或多种相构成的总体。金属材料的组织不同，其性能也就不同。

二、黑色金属

黑色金属指铸铁和钢（碳钢），它们是机械制造中使用得最多的材料，区别只是在于含碳量的不同。如图 5—1 所示，碳钢的含碳量低于 2.11%，铸铁的含碳量高于 2.11%，一般为 2.5% ~4.0%。而且，碳元素在这两种材料组织中存在的形式也是不一样的。在钢材料中，碳是以珠光体或渗碳体的形式存在的。而在铸铁材料的组织中，碳是以石墨（析出）的形式出现的。铸铁的强度等力学性能虽然比钢要低一点，但是抗压性和减振性，以及切削加工性能都要比钢好。铸铁由于含碳量比较高，加热熔化后流动性和铸造工艺性都比较好，因此，可以用铸造的方法制造出形状比较复杂的零件。例如，机床的床身、立柱、工作台和箱体等。

图 5—1 黑色金属与含碳量的关系

钢的强度和韧性等性能要比铸铁好，可以承受比较大的外力和载荷，而且容易加工成为板材或棒材。机床中许多受力的零件都是用钢材来制造的。例如，主轴、丝杠、齿轮、连杆以及螺钉、螺母等。

1. 钢

普通碳钢一般不添加大量的合金元素，只含有少量硅、锰、硫、磷等杂质，有时也称为碳钢或碳素钢。一般来说，碳钢中含碳量越高，钢的硬度就越高，强度也越高，但塑性就要降低。碳钢的含碳量一般为 0.05% ~1.35%。

合金钢是指钢中除含硅和锰元素外，还添加了其他合金元素（如铬、镍、钼、钒、钛、铜、钨、铝、钴、铌、锆等），或某些非金属元素（如硼、氮等）的钢。添加不同品种的合金元素并控制添加的含量，可以明显地改变合金钢的性能，以适应各种不同的需要。根据钢中合金元素含量的多少，又可分为低合金钢（合金元素含量低于 3%）、中合金钢（合金元素含量为 3% ~10%）和高合金钢（合金元素含量高于 10%）。也可以按用途的不同，分为合金结构钢、合金工具钢和特殊合金钢。

除铁、碳元素外，钢中含有的硅、锰、硫、磷、氮、氢、氧等其他元素，对钢的性能也会有特定的影响。

（1）硅、锰。它们能够在钢中溶于铁素体中，形成固溶强化效果。另外，锰还能消除硫的有害作用，属于有益的元素。

（2）硫。硫在钢中能形成低熔点共晶体，造成热脆，加锰可防止硫的有害影响。此外，硫还能造成其他缺陷，所以其在钢中的含量必须严格限制。硫属于有害的元素。

（3）磷。磷在钢中会造成冷脆和偏析，其含量也必须严格限制。磷属于有害的元素。

（4）氮、氢、氧。氮对钢的性能影响有两面性，正面的影响是能提高钢中奥氏体的稳定性，负面的影响是会降低钢的焊接性。氢能造成氢脆，氧能形成氧化物夹杂，属于有害的元素，它们在钢中的含量也必须加以限制。

结构钢主要用于制造工程结构（如桥梁、船舶、容器等），一般做成板材、棒材或型材直接使用，很少再进行热处理。有一部分机械零件也可以采用结构钢（如传动轴、齿轮和机体等），但是大多数还需要进行热处理（渗碳或调质）。

2. 铸铁

铸铁是含碳量大于 2.11% 的铁碳合金，同时它还含有比碳钢更多的硅、锰、硫、磷等杂质。工业上常用的铸铁的含碳量为 2.5%～4.0%。

根据铸铁中碳的存在形式不同，铸铁可分为白口铸铁和灰口铸铁两大类。

（1）白口铸铁。白口铸铁中的碳几乎全部以 Fe_3C 的形式存在，断口呈银白色，性能硬而脆，很难进行切削加工，工业上极少用来制造机械零件。主要作为炼钢原料，或用于可锻铸铁的毛坯。

（2）灰口铸铁。灰口铸铁中的碳大部分或全部以自由状态的石墨形式存在，断口呈暗灰色。根据灰口铸铁中石墨存在形式的不同，它又可分为普通灰铸铁、可锻铸铁、球墨铸铁和蠕墨铸铁。

1）普通灰铸铁。简称灰铸铁，其石墨形态呈片状。由于片状石墨的存在，割裂了金属基体组织，减少了承载的有效面积，因此其综合力学性能较差，但其减振性、耐磨性、铸造性以及切削加工性较好，主要用于制造承受压力的床身、箱体、机座、导轨等零件。

2）可锻铸铁。可锻铸铁是由白口铸铁经石墨化退火后得到的，其石墨形态呈团絮状。由于石墨呈团絮状，对金属基体的割裂作用减小，故其抗拉强度、塑性、韧性都比灰铸铁高，主要用于制造一些形状比较复杂而在工作中承受一定冲击载荷的薄壁小型零件，如管接头、农具等。

3）球墨铸铁。球墨铸铁中石墨形态呈球状。由于球状石墨对金属基体的割裂作用更小，因此，它具有较高的强度、塑性和韧度，所以应用较广，在某些情况下可替代中碳钢使用。主要用于制造受力较复杂、负荷较大的机械零件，如曲轴、连杆、齿轮、凸轮轴等。

4）蠕墨铸铁。这种铸铁中的石墨大部分呈蠕虫形状。其抗拉强度、耐冲击性、耐压性等要比灰铸铁有明显提高。

三、有色金属

铜、铝合金是机床工业上最常用的有色合金，因具有某些特殊的使用性能，已成为现代工业技术中不可缺少的材料。

1. 铜合金

工业纯铜的含铜量为99.5%～99.95%，质地呈玫瑰红色，表面形成氧化铜膜后呈紫色，故又称紫铜。紫铜具有较高的导电、导热性能和良好的耐腐蚀性，但力学性能差。主要用于制造电线、电缆、铜管、化工用蒸发器及配制铜合金等。

在纯铜中加入某些合金元素（如锌、锡、铝、铍、锰、硅、镍、磷等）就形成了铜合金。铜合金具有较好的导电性、导热性和耐腐蚀性，同时具有较高的强度和耐磨性。根据成分不同，铜合金分为黄铜和青铜等。

(1) 黄铜。黄铜是以锌为主要合金元素的铜合金。按照化学成分不同，黄铜分为普通黄铜和特殊黄铜两种。

1）普通黄铜。普通黄铜是铜锌二元合金。由于塑性好，适于制造板材、棒材、线材、管材及深冲零件，如冷凝管、散热管及机械、电器零件等。铜的平均含量为62%和59%的黄铜也可进行铸造，称为铸造黄铜。

2）特殊黄铜。为了获得更高的强度、耐腐蚀性和良好的铸造性能，在铜锌合金中加入铝、硅、锰、铅、锡等元素，就形成了特殊黄铜，如铅黄铜、锡黄铜、铝黄铜、硅黄铜、锰黄铜等。

铅黄铜的切削性能优良，耐磨性好，广泛用于制造钟表零件，经铸造可制作轴瓦和衬套。

锡黄铜的耐腐蚀性能好，广泛用于制造海船零件。

铝黄铜中的铝能提高黄铜的强度和硬度，并能提高在大气中的耐腐蚀性。铝黄铜用于制造耐腐蚀零件。

硅黄铜中的硅能提高铜的力学性能、耐磨性和耐腐蚀性。硅黄铜主要用于制造海船零件及化工机械零件。

（2）青铜。青铜原指铜锡合金，但工业上习惯将含铝、硅、铅、铍、锰等的铜合金也称为青铜，所以青铜实际上包括锡青铜、铝青铜、铍青铜、硅青铜、铅青铜等。青铜分为压力加工青铜和铸造青铜两类。

1）锡青铜。以锡为主要合金元素的铜基合金称为锡青铜。工业中使用的锡青铜，锡含量大多为3%～14%。锡含量小于5%的锡青铜适于冷加工使用；锡含量为5%～7%的锡青铜适于热加工使用；锡含量大于10%的锡青铜适于铸造。锡青铜在造船、化工、机械、仪表等工业中广泛应用，主要用来制造轴承、轴套等耐磨零件、弹簧等弹性元件以及抗蚀、抗磁零件等。

2）铝青铜。以铝为主要合金元素的铜基合金称为铝青铜。铝青铜的力学性能比黄铜和锡青铜高。实际应用的铝青铜的铝含量为5%～12%。含铝为5%～7%的铝青铜塑性最好，适于冷加工使用；铝含量大于8%后，强度增加，但塑性急剧下降，因此多在铸态或经热加工后使用。铝青铜的耐磨性以及在大气、海水、海水碳酸和大多数有机酸中的耐腐蚀性，均比黄铜和锡青铜高。铝青铜可制造齿轮、轴套、蜗轮等高强度耐磨零件以及高耐腐蚀性弹性元件。

3）铍青铜。以铍为基本元素的铜合金称为铍青铜。铍青铜的含铍量为1.7%～2.5%。铍青铜的弹性极限、疲劳极限都很高，耐磨性和耐腐蚀性优异，具有良好的导电性和导热性，还具有无磁性、受冲击时不产生火花等优点。铍青铜主要用于制作精密仪器的重要弹簧、钟表齿轮、高速高压下工作的轴承、衬套以及电焊机电极、防爆工具、航海罗盘等重要机件。

2. 铝合金

铝中加入合金元素就形成了铝合金。铝合金具有较高的强度和良好的加工性能。根据成分及加工特点，铝合金可以分为形变铝合金和铸造铝合金。

（1）形变铝合金。形变铝合金包括防锈铝合金、硬铝合金、超硬铝合金等。因其塑性好，故常利用压力加工方法制造冲压件、锻件等，如铆钉、焊接油箱、管道、容器、发动机叶片、飞机大梁及起落架、内燃机活塞等。

（2）铸造铝合金。铸造铝合金是用于制造铝合金铸件的材料，按主要合金元素的不同，铸造铝合金分为铝硅合金、铝铜合金、铝镁合金和铝锌合金。

1）铝硅铸造铝合金。铝硅合金是应用最广的铸造铝合金，通常称为硅铝明。其铸造性能好，密度小，并有相当好的耐腐蚀性和耐热性，适于制造形状复杂的零件，如泵体、电动机壳体、发动机的气缸头、活塞以及汽车、飞机、仪器上的零件，也用于可制造日用品。

2）铝铜铸造铝合金。铝铜合金的强度较高，耐热性较好，铸造性能较差，常用于铸造内燃机气缸头、活塞等零件，也可作为结构材料，铸造承受中等载荷、形状较简单的零件。

3）铝镁铸造铝合金。铝镁合金强度高、密度小，有良好的耐腐蚀性，但铸造性能不好，多用于制造承受冲击载荷、在腐蚀性介质中工作且外形简单的零件，如舰船配件。

4）铝锌铸造铝合金。铝锌合金价格便宜、铸造性能优良、强度较高，但耐腐蚀性差、热裂倾向大，常用于制造汽车、拖拉机发动机零件以及形状复杂的仪器元件，也可用于制造日用品。

第三节　金属材料的力学性能

金属材料的力学性能包括弹性、强度、硬度、塑性和韧性等。它们从各个方面反映了材料承受外界载荷的能力。可以用一些指标来衡量这些性能，如图5—2所示。

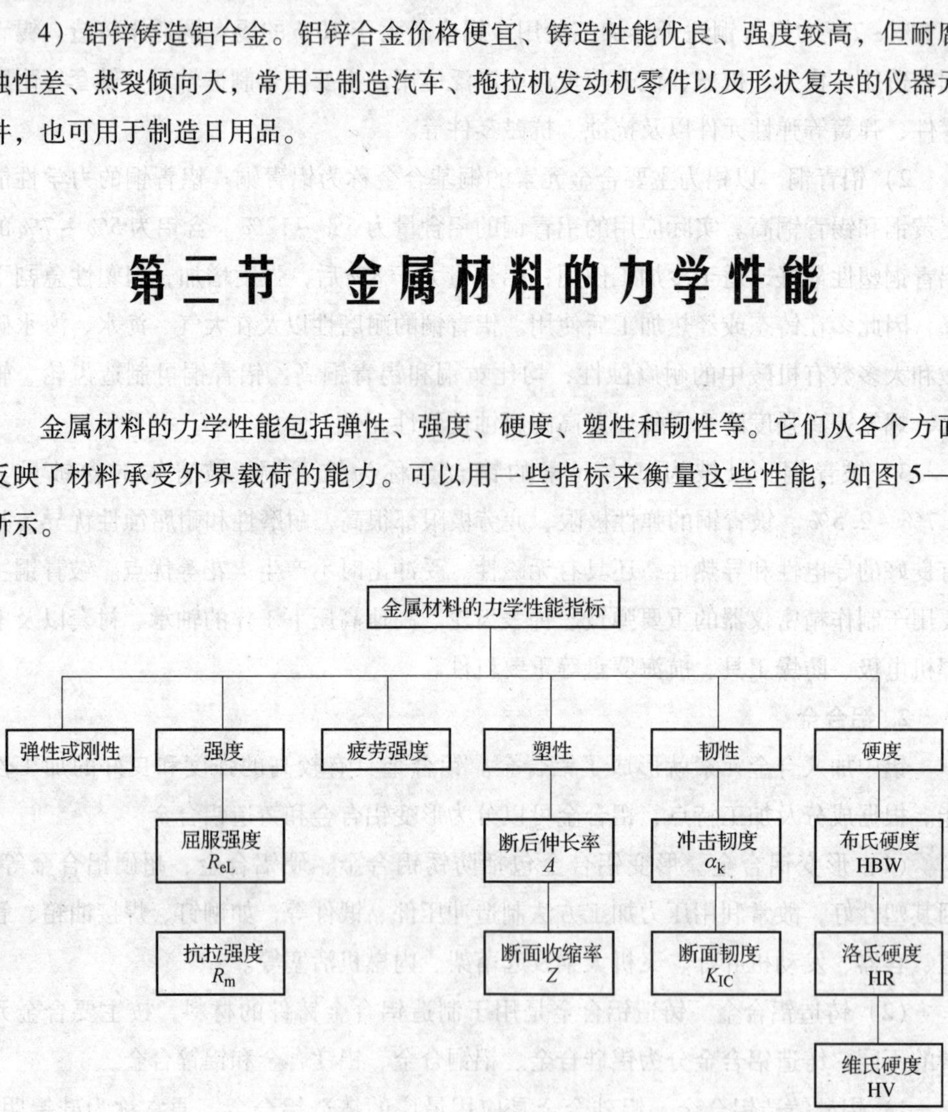

图5—2　金属材料的力学性能

一、强度

强度是指金属材料在静载荷作用下抵抗变形和断裂的能力。工程中常用的强度指标有两种：屈服强度和抗拉强度。强度指标可以用应力来表示。应力是指材料在单位截面积上所承受的力（或载荷）的大小。

屈服强度是指金属材料在外力作用下产生屈服（即开始出现塑性变形）现象时的应力，用 R_{eL} 表示。

抗拉强度是指金属材料在拉力的作用下，被拉断前所能承受的最大应力值，用 R_m 表示。

对于大多数机械零件，工作时不允许产生塑性变形，所以屈服强度是零件强度设计的依据；对于因断裂而失效的零件，可以用抗拉强度作为其强度设计的依据。如果零件承受的主要载荷不是拉伸载荷，而是压缩、弯曲或剪切载荷，那么对应的就是它的抗压强度、弯曲强度和剪切强度。

含碳量对钢的强度的影响以 0.9% 为分界线：0.9% 以下，强度随含碳量增加而不断上升；0.9% 以上，强度则随含碳量的增加而下降，这主要是因为受过共析钢中网状二次渗碳体的影响。

二、塑性

塑性是指金属材料在外力作用下产生塑性变形而不断裂的能力。工程中常用的塑性指标有断后伸长率和断面收缩率两种。

断后伸长率指试样拉断后的伸长量与原来长度之比的百分率，用符号 A 表示。断面收缩率指试样拉断后，断面面积比原先缩小的量与原来截面积之比，用 Z 表示。

断后伸长率和断面收缩率越大，材料的塑性越好；反之，塑性越差。良好的塑性是金属材料进行压力加工的必要条件，也是保证机械零件工作安全、不发生突然脆断的必要条件。

含碳量低的钢，其塑性和韧性都比较好。随着含碳量的增加，钢的塑性和韧性不断下降。

三、硬度

硬度是指材料局部表面抵抗比它更硬的物体压入的能力。金属硬度（Hardness）的代号为 H。按硬度试验方法的不同，常规表示有布氏（HBW）硬度、洛氏（HR）硬度、维氏（HV）硬度、里氏（HL）硬度等，生产中常用的方法有布氏硬度试验法和洛氏硬度试验法两种。

随钢中含碳量增加，组织中 Fe_3C 的含量增加，钢的硬度相应升高。

1. 布氏硬度试验法

布氏硬度试验法是用一个直径为 D 的淬火钢球（或硬质合金球）作为压头，在载荷 P 的作用下压入被测试金属表面，保持一定时间后卸载，测量金属表面形成的压痕直径 d，以压痕的单位面积所承受的平均压力作为被测金属的布氏硬度值（MPa），用符号 HBW 表示。

布氏硬度测试法，因压痕较大，故不宜测试成品件或薄片金属的硬度。

2. 洛氏硬度试验法

洛氏硬度试验法是用一锥顶角为 120° 的金刚石圆锥体或直径为 1.558 mm（1/16 in）的淬火钢球为压头，以一定的载荷压入被测试金属材料表面，根据压痕深度可直接在洛氏硬度计的指示盘上读出硬度值。常用的洛氏硬度指标有 HRA、HRB 和 HRC 三种。洛氏硬度的测量操作迅速、简便，且压痕小，不损伤工件表面，故适用于成品检验。在一定条件下，HBW 与 HRC 可以查表互换。

硬度是材料的重要力学性能指标。一般材料的硬度越高，其耐磨性越好。材料的强度越高，塑性变形抗力越大，硬度值也越高。

四、冲击韧度

金属材料抵抗冲击载荷的能力称为冲击韧度，用 α_k 表示，单位为 J/cm^2。

冲击韧度常用一次摆锤冲击弯曲试验来测定，即把被测材料做成标准冲击试样，用摆锤一次冲断，测出冲断试样所消耗的冲击功 A_k，然后计算试样缺口处单位截面积上所消耗的冲击功 α_k。α_k 值越大，则材料的冲击韧性就越好。很多零件，如齿轮、连杆等，工作时受到很大的冲击载荷，因此要用 α_k 值高的材料制造。铸铁的 α_k 值很低，灰口铸铁的 α_k 值近于零，所以不能用来制造承受冲击载荷的零件。

五、加工工艺性

材料的加工工艺性包括铸造性、可锻性、可焊性和切削加工性。材料的元素组成会影响它的加工工艺性能。例如，黑色金属的含碳量就会影响金属材料的加工工艺性能。

其中，材料的切削加工性能是指对这种材料进行切削加工的难易程度。切削加工性的概念具有相对性。所谓某种材料切削加工性好坏，是相对于另一种材料而言的。一般在讨论钢料的切削加工性时，习惯地以 45 钢为基准。如称高强度钢比较难加工，就是相对于 45 钢而言的。

第四节　金属材料的热处理

热处理就是通过对固态金属工件的加热、保温和冷却，来改变金属的显微组织及其形态，从而提高或改善金属的力学性能的一种方法。热处理的方法很多，常用的有退火、正火、淬火、回火和表面热处理等。

任何一种热处理的工艺过程都包括下列三个步骤：

（1）以一定速度把零件加热到规定的温度。这个温度范围根据不同的金属材料、不同的热处理要求而定。

（2）在此温度下保温，使工件全部或局部热透。

（3）以某种速度使工件冷却下来。

通过控制加热温度和冷却速度，可以在很大范围内改变金属材料的性能。

一、铁—碳合金平衡图及特性线

铁—碳合金缓慢加热或缓慢冷却的平衡情况可以用铁—碳合金平衡图（见图5—3）来分析。如果是快速冷却，就会呈现过冷现象。

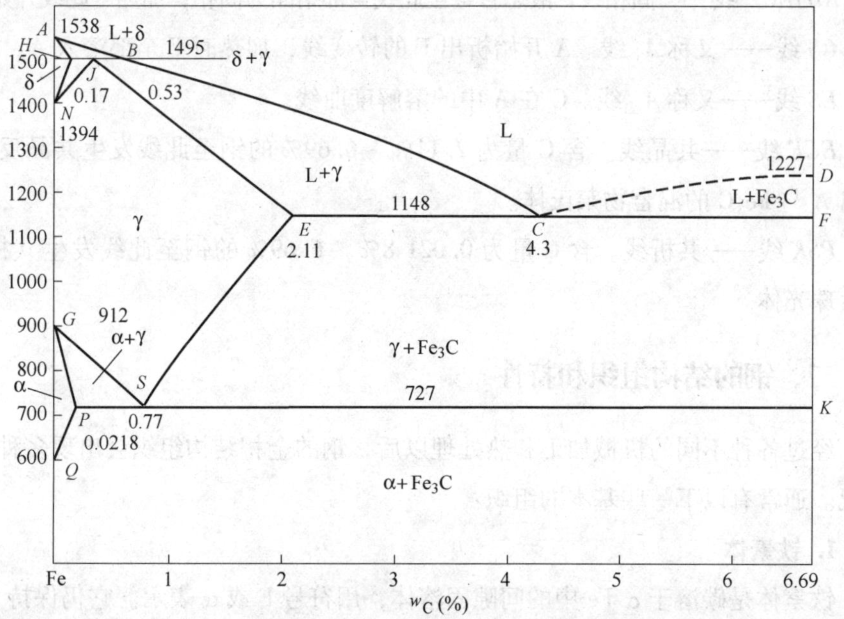

图5—3　铁—碳合金平衡图

在铁—碳合金（即钢或铸铁）中，铁和碳有四种结合方式：液态时，无限（比例）互溶；固态时，碳可溶于铁，形成固溶体；含碳量超出固溶体溶解度时，出现化合物 Fe_3C；可形成固溶体和化合物组成的混合物。

1. 平衡图中的主要特征点

平衡图中的主要特征点见表 5—1。

表 5—1　平衡图中的主要特征点

特征点	温度（℃）	含　义
A	1 538	纯铁熔点
C	1 148	共晶点
D	1 227	渗碳体熔点
E	1 148	C 在 γ-Fe 中最大溶解度
G	912	纯铁的同素异构转变点
P	727	C 在 α-Fe 中最大溶解度
S	727	共析点
Q	室温	室温时 C 在 α-Fe 中最大溶解度

2. 平衡图中的主要特性线

ABCD 线——液相线，液相冷却至此线开始析出，加热至此线全部熔化。

AHJECF 线——固相线，液态合金至此线全部结晶为固相，加热至此线开始转化。

GS 线——又称 A_3 线。A 开始析出 F 的转变线，加热时 F 全部溶入 A。

ES 线——又称 A_{cm} 线。C 在 A 中的溶解度曲线。

ECF 线——共晶线。含 C 量为 2.11% ~6.69% 的钢至此线发生共晶反应，结晶出 A 与 Fe_3C 的混合物莱氏体。

PSK 线——共析线。含 C 量为 0.021 8% ~6.69% 的钢至此线发生共析反应，产生珠光体。

二、钢的结构组织和特性

经过各种不同的机械加工和热处理以后，钢的金相结构组织会出现多种多样的情况。通常有以下一些基本的组织：

1. 铁素体

铁素体是碳溶于 α-Fe 中的间隙固溶体，用符号 F 或 α 表示。它仍保持 α-Fe 的体心立方晶格。由于体心立方晶格原子间的空隙很小，因而溶碳能力极差，因此强度和硬度都比较低，但是塑性和韧性很好。含铁素体多的钢材可以作为冲压用的板材、硅钢片等。

2. 奥氏体

奥氏体是碳溶于 γ-Fe 中的间隙固溶体，用符号 A 或 γ 表示。它仍保持 γ-Fe 的面心立方晶格。由于面心立方晶格原子间的空隙比体心立方晶格大，因此 γ-Fe 中的溶碳能力比 α-Fe 要大些。碳的最大溶量可达到 2. 06%。

奥氏体的力学性能与它的溶碳量及晶粒大小有关。一般奥氏体的强度、硬度不是很高，但具有良好的塑性和韧性（$A=40\% \sim 50\%$），无磁性。因为奥氏体的硬度较低而塑性较高，易于锻压成型。

3. 渗碳体

渗碳体是具有复杂晶格的间隙化合物，分子式为 Fe_3C，其含碳量为 6. 69%，是钢和铸铁中常见的固相。渗碳体熔点约为 1 227℃，硬度很高（950 ~ 1 050HV），而塑性与冲击韧度几乎为零，脆性很大。渗碳体不能单独使用，在钢中总是和铁素体混在一起，是碳钢中的主要强化相。渗碳体在钢和铸铁中的存在形式有片状、球状、网状、板状，它的数量、形状、大小和分布状况对钢的性能影响很大。渗碳体是一种亚稳定相，在一定条件下会发生分解，形成石墨状的自由碳。

4. 珠光体

珠光体是铁素体片与渗碳体片交替排列的一种机械混合物，并呈现层状的组织。它是由过冷奥氏体进行共析反应的直接产物。它的硬度比铁素体和奥氏体高、比渗碳体低，而塑性比铁素体和奥氏体低，比渗碳体高。

5. 莱氏体

莱氏体是奥氏体与渗碳体的共晶混合物。当铁—碳合金溶液含碳量在 2. 06% 以上，缓慢冷却到 1 130℃时，便凝固出莱氏体。当温度到达共析温度，莱氏体中的奥氏转变为珠光体。因此，在 723℃以下时，莱氏体是珠光体与渗碳体的机械混合物（共晶混合）。莱氏体硬而脆（大于 700HBW），是一种较粗的组织，不能进行压力加工（如白口铸铁）。在铸态含有莱氏体组织的钢包括高速钢和 Cr12 高合金工具钢等，这类钢一般有较好的耐磨性。

6. 马氏体

钢在高温时所形成的奥氏体，过冷到 727℃以下时变成不稳定的过冷奥氏体。如以极大的冷却速度过冷到 230℃以下，这时奥氏体中的碳原子已无扩散的可能，奥氏体将直接转变成一种含碳过饱和的 α 固溶体，称为马氏体。由于含碳量过饱和，引起马氏体强度和硬度提高，塑性降低，脆性增大。

7. 索氏体

索氏体是钢经正火或等温转变所得到的铁素体与渗碳体的机械混合物。索氏体组织属于珠光体类型的组织，但其组织比珠光体组织细。索氏体具有良好的综合力学性能。将淬火钢在450～600℃进行回火，所得到的索氏体称为回火索氏体。回火索氏体中的碳化物分散度很大、呈球状，故回火索氏体比索氏体具有更好的力学性能。这就是为什么多数结构零件要进行调质处理（淬火＋高温回火）的原因。

8. 屈氏体

屈氏体是通过奥氏体等温转变所得到的由铁素体与渗碳体组成的极弥散的混合物，是一种最细的珠光体类型组织，其组织比索氏体组织还细。钢经淬火后，在300～450℃进行回火所得到的屈氏体称为回火屈氏体。

9. 下贝氏体

下贝氏体的显微组织呈黑色针状形态，其中的铁素体呈针状，而碳化物呈极细小的质点，以弥散状态分布在针状铁素体内。它是过冷奥氏体在400～240℃等温转变后的产物，具有较高的硬度、良好的塑性和很高的冲击韧度，综合力学性能比索氏体更好。

三、钢的热处理

钢在机械制造中的应用最为普遍，品种也最多。因此，它的热处理方法最多。各种热处理方法的共同点是：都要经历加热—保温—冷却这三个过程，而区别则在于加热的温度、保温时间的长短和冷却的速度不一样。

各种热处理方法的基本操作和目的见表5—2。

四、铸铁的热处理

铸铁的热处理和钢的热处理有相同之处，也有不同之处。铸铁的热处理一般不能改善原始组织中石墨的形态和分布状况。

对于灰铸铁来说，由于铸铁中的片状石墨会引起应力集中效应，对铸铁的力学性能有着重要的影响，因此对灰铸铁施以热处理的强化效果远不如钢和球墨铸铁那样显著。所以，灰铸铁的热处理工艺主要为退火、正火等。

对于球墨铸铁来说，由于石墨呈球状，对基体的割裂作用大大减轻，通过热处理可使基体组织充分发挥作用，从而可以显著改善球墨铸铁的力学性能。因而，球墨铸铁可以像钢一样，进行退火、正火、调质、等温淬火、感应加热淬火和表面化学热处理等热处理工艺。

表 5—2　　钢的热处理

名称	加热介质	操作	目的
退火	空气、液体	加热到临界温度以上的退火温度，保温，熄火后缓慢冷却	(1) 降低工件的硬度，改善加工性能 (2) 增加零件的塑性和韧度 (3) 消除零件的内应力 (4) 改善工件的金相组织，为淬火做准备
正火	空气、液体	加热到临界温度以上的正火温度，保温，熄火后在空气中自然冷却	(1) 细化零件的金相组织 (2) 改善工件的加工性能 (3) 增加零件的塑性和韧度 (4) 减小零件的内应力
淬火	空气、液体	加热到临界温度以上的淬火温度，保温，然后在冷却剂中快速冷却	(1) 提高零件的硬度和强度 (2) 提高零件的耐磨性 (3) 改善零件的其他力学性能
回火	空气、液体	加热到临界温度以下的回火温度，保温，然后按一定的速度冷却	(1) 消除淬火时产生的内应力和脆性 (2) 增加零件的塑性和韧度 (3) 改善零件的其他力学性能
调质	空气、液体	淬火以后再进行高温回火	使零件具有比较高的强度和韧度，以及良好的综合力学性能
表面淬火	空气	加热到临界温度以上的淬火温度，保温，然后在表面上喷淋冷却剂，使表面快速冷却	使零件表面具有比较高的硬度和耐磨性，而内部则保持原有的强度和韧度
时效处理	露天场所 空气	(1) 长时间放在空气中，天然时效 (2) 加热到低于 200℃，保温十几个小时	消除工件的内应力，稳定零件的几何形状和尺寸

1. 消除应力退火

由于铸件壁厚不均匀，在加热、冷却及相变过程中，会产生内应力。大型零件在机加工之后，内部也会产生残余应力。消除应力退火通常的加热温度为 500 ~ 550℃，保温时间为 2 ~ 8 h，然后随炉冷却（灰铸铁），或在空气中冷却（球墨铸铁）。采用这种工艺可消除铸件内应力的 90% ~95%，而铸铁组织并不发生变化。

若温度超过 550℃，或保温时间过长，反而会引起石墨化，使铸件强度和硬度降低。

2. 消除铸件白口的高温石墨化退火

铸件冷却时，表层及薄截面处冷却速度快，因此往往会产生白口。白口组织硬而脆、加工性能差、易剥落，因此必须采用退火（或正火）的方法消除白口组织。退火工艺为：加热到 550 ~ 950℃ 保温 2 ~ 5 h，随后炉冷到 500 ~ 550℃，再出炉空冷。在高温保温期间，游离渗碳体和共晶渗碳体分解为石墨和奥氏体，在随后炉冷过程中二次渗碳体和共析渗碳体也分解，发生石墨化过程。由于渗碳体的分解，导致硬度下降，从而提高了切削加工性。

3. 球墨铸铁的正火

球墨铸铁正火的目的是为了获得珠光体基体组织，并细化晶粒，均匀组织，以提高铸件的力学性能。有时正火也是为球墨铸铁表面淬火在组织上做准备。正火分高温正火和低温正火。高温正火温度一般不超过 950 ~ 980℃，低温正火一般加热到共析温度区间 820 ~ 860℃。正火之后一般还需进行回火处理，以消除正火时产生的内应力。

4. 球墨铸铁的淬火及回火

为了提高球墨铸铁的力学性能，一般铸件加热到 A_{fc1} 以上 30 ~ 50℃（A_{fc1} 代表加热时 A 形成的终了温度），保温后淬入油中，得到马氏体组织。为了适当降低淬火后的残余应力，一般淬火后应进行回火，低温回火组织为回火马氏体加残留贝氏体再加球状石墨。这种组织耐磨性好，用于要求高耐磨性、高强度的零件。中温回火温度为 350 ~ 500℃，回火后组织为回火屈氏体加球状石墨，适用于要求耐磨性好、具有一定的稳定性和弹性的工件。高温回火温度为 500 ~ 600℃，回火后组织为回火索氏体加球状石墨，具有韧性和强度结合良好的综合性能，因此在生产中广泛应用。

5. 球墨铸铁的等温淬火

球墨铸铁经等温淬火后可以获得高强度，同时兼有较好的塑性和韧性。等温淬火加热温度的选择主要考虑使原始组织全部奥氏体化、不残留铁素体，同时也避免奥氏体晶粒长大。加热温度一般采用 A_{fc1} 以上 30 ~ 50℃，等温处理温度为 0 ~ 350℃，以保证获得具有综合力学性能的下贝氏体组织。等温淬火后应再加一道回火的工序。

6. 铸铁的表面淬火

为了提高某些铸件的表面硬度、耐磨性及疲劳强度，可采用表面淬火。灰铸铁及球墨铸铁铸件均可进行表面淬火。一般采用高（中）频感应加热表面淬火和电接触表面淬火。

7. 铸铁的化学热处理

对于要求表面耐磨或抗氧化、耐腐蚀的铸件，可以采用类似于钢的化学热处理工艺，如气体软氮化、氰化、渗硼、渗硫等处理。

五、金属材料的表面热处理

有些零件如齿轮、销轴等，使用时希望它的心部保持一定的韧性，又要求表面层具有高的耐磨性、耐腐蚀性、抗疲劳性，这些性能可以通过表面热处理来得到。表面热处理按处理的工艺特点，可分为表面淬火和表面化学热处理两大类。

1. 表面淬火

钢的表面淬火是通过快速加热，将钢件表面层迅速加热到淬火温度，然后快速冷却下来的热处理工艺。通常钢件在表面淬火前均应进行正火或调质处理，表面淬火后应进行低温回火。这样不仅可以保证其表面的高硬度和高耐磨性，而且可以保证心部的强度和韧性。

按照加热方法不同，表面淬火分为火焰表面淬火和高频感应加热表面淬火（简称高频淬火）。火焰表面淬火简单易行，但难以保证质量，这种方法现在使用不多。而高频淬火质量好，生产率高，可以使全部淬火过程机械化、自动化，适于成批及大量生产，因此被广泛使用。

2. 表面化学热处理

表面化学热处理就是将钢件在含有活性元素的介质中加热一定时间，使某些元素（碳、氮、铝、铬等）渗透零件表层，改变零件表层的化学成分和组织，以提高零件表面的硬度、耐磨性、耐热性和耐腐蚀性等。按照渗入元素的种类不同，常用的化学热处理有渗碳、渗氮、氰化（碳氮共渗）以及渗入金属元素四种方法。

（1）渗碳。渗碳是应用得比较广泛的一种化学热处理方法。渗碳是使碳原子渗入到钢表面层的过程，主要用于低碳钢工件，使工件具有高碳的表面层。渗碳后工件再经过淬火和低温回火，使表面层具有高硬度和耐磨性，表面层的硬度可以达到 58 ~ 64HRC，而工件的心部仍然保持着低碳钢的韧性和塑性。渗碳法按渗碳剂的不同分气体、液体和固体法等，而其中的气体渗碳法比较常用。

（2）渗氮。又称氮化，是向钢的表面层渗入氮原子的过程，目的是提高表面层的硬度与耐磨性以及提高疲劳强度、耐腐蚀性等。目前生产中多采用气体渗氮法。渗氮的操作温度比渗碳低，工件变形小。渗氮后不必再淬火，表面层的硬度比渗碳法高，可达到69～72HRC。

（3）氰化。又称碳氮共渗，是指在钢中同时渗入碳原子和氮原子的过程。它使钢表面同时具有渗碳与渗氮的特性。

（4）渗金属。渗金属是以金属原子渗入钢的表面层的过程。它是使钢的表面层合金化，以使工件表面具有某些合金钢、特殊钢的特性，如耐热性、耐磨性、抗氧化性和耐腐蚀性等。生产中常用的有渗铝、渗铬、渗硼、渗硅等。

常用的钢的表面化学热处理方法见表5—3。

表5—3　钢的表面化学热处理方法

名称	分类	操作	目的与用途
渗碳	（1）固体渗碳 （2）液体渗碳 （3）气体渗碳	使零件表面含碳量增加	提高零件表面的硬度和耐磨性 主要用于低碳和中碳结构钢零件
氰化	（1）固体氰化 （2）液体氰化 （3）气体氰化	使零件表面的含碳量和含氮量增加	提高零件表面的硬度和耐磨性 主要用于中、小或薄片零件，或切削刀具等
渗氮	（1）固体渗氮 （2）液体渗氮 （3）气体渗氮	使零件表面含氮量增加	提高零件表面的硬度和耐磨性 主要用于结构钢和铸铁等相对运动的零件

3. 表面防腐处理

（1）钢件的发蓝（发黑）处理。把被处理的机件放入烧碱（NaOH）和氧化剂（$NaNO_2$）的溶液中，加热到140～150℃，保温1～2 h，在钢的表面生成一层以Fe_3O_4为主的多孔氧化膜，再经浸油处理，形成一层蓝色（黑色）的保护膜。

（2）镀锌。在钢件的表面镀上一层锌，这层锌氧化后成为耐腐蚀性良好的保护层。

第五节　非金属材料的品种及特点

在现代数控机床上，有许多零部件除了使用金属材料制造以外，还采用了各种性能优异的非金属材料。与传统的金属材料相比，非金属材料具有许多金属材料无法比拟的优异性能，如绝缘性、导电性、抗振性和工艺性等。

非金属材料品种繁多，可以分为无机的和有机的、天然的和人工合成的材料等。在一般机床和数控机床上，常用的有橡胶（天然的、人造的）、玻璃（无机的、有机的）、陶瓷、石材（天然花岗岩、人造大理石）、纤维制品（石棉板带、毛毡）和各种工程塑料。

一、橡胶

橡胶是一种高弹性的高分子化合物（分子量一般在几万以上），具有其他材料所没有的高弹性。橡胶有天然（代号 NR）的和人工合成的两种。天然橡胶的优点是弹性很好、机械强度高、耐磨性好、成型的工艺性好；缺点是耐老化和耐热性比较差。

橡胶广泛用于制造轮胎、胶管、胶带、电缆及其他各种橡胶制品。橡胶按性能又可分为通用型橡胶和特种橡胶。通用型橡胶是指综合性能较好，应用面广的品种，包括天然橡胶和一部分人工合成橡胶，如异戊橡胶、丁苯橡胶、顺丁橡胶等。特种橡胶是指具有某些特殊性能的橡胶，包括氯丁橡胶、丁基橡胶、硅橡胶、氟橡胶、聚氨酯橡胶、聚硫橡胶、氯醇橡胶、丙烯酸酯橡胶等。

合成橡胶主要有丁苯橡胶、丁腈橡胶、丁基橡胶、氯丁橡胶和硅橡胶等几种。合成橡胶的耐热性、耐磨性、耐油性等要优于天然橡胶，但是其力学性能、工艺性和耐寒性方面目前还不如天然橡胶。

1. 通用型合成橡胶

（1）丁苯橡胶（SBR）：丁二烯 + 苯乙烯。丁苯橡胶是最早合成出来的橡胶。弹性比 NR 稍差，耐磨性和耐老化性能比天然橡胶要好。主要用于制造鞋底及轮胎等。

（2）异戊橡胶（R）：异戊二烯。因其化学结构与 NR 相同，所以也称为人造天然橡胶。它的性质与 NR 类似。

（3）顺丁橡胶（BR）：丁二烯。其弹性和耐低温性是通用型橡胶中最好的，用于制造轮胎、跳跳球等。

2. 特种合成橡胶

（1）三元乙丙胶（EPDM）：乙烯/丙烯 + 第三单体。综合性能优良，用途广泛。

（2）硅橡胶（SR 或 Q）：使用温度范围最广（－120～250℃），毒性最低。

（3）氟橡胶（FKM 或 FPM）：防火、耐油、耐溶剂性能是所有橡胶中最好的。

（4）聚氨酯橡胶（PU）：它的耐磨性特别好。

数控机床上使用橡胶制品的部位有油管、气管、密封圈、密封条和防振垫等。

二、玻璃

玻璃有石英玻璃（钢化玻璃）和有机玻璃两种，通常有机玻璃使用得比较多。有机玻璃学名聚甲基丙烯酸甲酯（PMMA），又称为亚克力。有极好的透光性能，可透过92%以上的太阳光，透过的紫外线达73.5%。机械强度较高，有一定的耐热、耐寒性，耐腐蚀，绝缘性能良好，尺寸稳定，易于成型；但质地较脆，易溶于有机溶剂，表面硬度不够，容易擦毛。可用于制作要求有一定强度的透明结构件，如油杯、车灯、仪表零件、光学镜片、装饰礼品等。在里面加入一些添加剂可以对其性能有所提高，如耐热、耐摩擦等。在数控机床上主要用来制作防护罩、操作面板和油标的镜片等零件。

三、石材

通常有天然花岗岩和人造大理石两种。石材的优点是稳定性好、温度系数小、耐磨性好。主要用来制作小型精密机床或精密测量仪器的床身、底座或导轨等。

四、塑料

塑料在现代社会生活中得到广泛的应用。现代的工程塑料的品种繁多，在机床上主要用来制作一些小型的尼龙齿轮、滑动轴承和导轨等，其他更多的是作为机床的附件和配件，如塑料拖链、手柄套、油标、数控箱的面板、冷却液管和一些塑料（电镀）装饰件。

1. 按性能分类

（1）热塑性塑料。热塑性塑料是在特定温度范围内能反复加热软化和冷却硬化的塑料，如聚乙烯塑料、聚氯乙烯塑料。大部分的塑料都属于热塑性塑料。

（2）热固性塑料。热固性塑料是因受热或其他条件能固化成不溶性物料的塑料，属于热固性的塑料比较少，如酚醛塑料 PE 和环氧塑料 EP。

2. 按用途分类

（1）通用塑料。通用塑料一般指产量大、用途广、成形性好、价格低廉的塑料，如聚乙烯、聚丙烯、聚氯乙烯等。

（2）工程塑料。工程塑料一般指能承受一定的外力作用，并有良好的力学性能和尺寸稳定性，在高、低温下仍能保持其优良性能，能够代替金属制造各种机械设备或零件，可以作为工程结构件的塑料。其中，包括通用性的工程塑料和特种工程塑料。

1）通用性的工程塑料有聚碳酸酯、聚酰胺（尼龙）、超高分子量聚乙烯、ABS（丙烯腈＋丁二烯＋苯乙烯）等。

2）特种工程塑料。特种工程塑料一般是指具有某种特殊功能的塑料，如导电塑料、压电塑料、导磁塑料、光导纤维、液晶、耐热塑料、自润滑塑料等，主要应用于具有特殊要求的场合。常见的有聚砜、聚四氟乙烯、聚酰亚胺、聚苯硫醚等。

3. 塑料的特点

（1）质轻、比强度高。塑料质地轻，一般塑料的密度为 0.9～2.3 g/cm^3，只有钢铁的 1/8～1/4、铝的 1/2 左右，而各种泡沫塑料的密度更低，为 0.01～0.5 g/cm^3。按单位质量计算的强度称为比强度，有些增强塑料的比强度接近甚至超过钢材。例如合金钢，其单位质量的拉伸强度为 160 MPa，而用玻璃纤维增强的塑料可达 170～400 MPa。

（2）良好的电绝缘性能。几乎所有的塑料都具有良好的电绝缘性能，如极小的介电损耗和优良的耐电弧特性，这些性能可与陶瓷媲美。

（3）稳定的化学性能。一般塑料对酸碱等化学药品均有良好的耐腐蚀能力，特别是聚四氟乙烯的耐化学腐蚀性能比黄金还要好，甚至能耐“王水”等强腐蚀性电解质的腐蚀，被称为“塑料王”。

（4）耐磨性能好。大多数塑料具有优良的减摩、耐磨和自润滑特性。许多工程塑料制造的耐摩擦零件就是利用塑料的这些特性。在耐磨塑料中加入某些固体润滑剂和填料时，可降低其摩擦因数或进一步提高其耐磨性能。

（5）较好的透光及防护性能。多数塑料都可以作为透明或半透明制品，其中聚苯乙烯和丙烯酸酯类塑料像玻璃一样透明。有机玻璃化学名称为聚甲基丙烯酸甲酯，可作为航空玻璃材料。聚氯乙烯、聚乙烯、聚丙烯等塑料薄膜具有良好的透光和保温性能，大量作为农用薄膜。塑料具有多种防护性能，因此，常用于制作防护包装用品，如塑料薄膜、箱、桶、瓶等。

（6）优良的减振、消音性能。某些塑料柔韧而富于弹性，当它受到外界频繁的机械冲击和振动时，内部产生黏性内耗，将机械能转变成热能，因此，工程上常作为减振、消音材料。例如，用工程塑料制作的轴承和齿轮可减小噪声，各种泡沫塑料更是广泛使用的优良减振、消音材料。

塑料也存在不足之处。例如，耐热性比金属等材料差，一般塑料仅能在100℃以下温度使用，少数能在200℃左右使用；塑料的热膨胀系数要比金属大3～10倍，容易受温度变化而影响尺寸的稳定性；在载荷作用下，塑料会缓慢地产生黏性流动或变形，即蠕变现象；此外，塑料在大气、阳光、长期的压力或某些介质作用下会发生老化，使性能变坏等。

第六章

金属切削原理与刀具

第一节　金属切削过程概述

金属切削过程是通过切削运动，用刀具从工件上切下多余的金属层，形成切屑和已加工表面的过程。它是刀具与工件相互运动、相互作用的过程。

从相互运动的角度来说，刀具与工件的相对运动可以分解为两个运动，一个是主运动，另一个是进给运动。使工件与刀具产生相对运动而进行切削的最主要的运动称为主运动。刀刃上选定点相对于工件的主运动速度称为切削速度。主运动的特点是运动速度最高，消耗功率最大。主运动一般只有一个。

保证金属的切削能连续进行的运动称为进给运动。工件或刀具每转或每一行程时，工件和刀具在进给运动方向的相对位移量，称为进给量。进给运动的特点是运动速度比较低，消耗功率比较小。进给运动可以有几个，可以是连续运动，也可以是间歇运动。

从相互作用的角度来说，在切削过程中会产生一系列的现象，如形成切屑和切削表面，产生切削力、切削热、振动与噪声，以及刀具出现磨损等。

一、切削运动

切削加工时，按工件与刀具相对运动所起的作用来分，切削运动可分为主运动和进给运动两种运动。

1. 主运动

主运动是刀具与工件之间最主要的相对运动，消耗功率最多，速度也最高。不管是哪种加工方法，使用哪种刀具，主运动是必须要有的，但是只能有一个。主运动可以是旋转运动（如车削、镗削中主轴的运动），也可以是直线运动（如刨削、拉削中的工件或刀具的运动）。

2. 进给运动

进给运动是除了主运动以外，刀具与工件之间附加的相对运动，它配合主运动，不断将多余的金属投入切削，以保持切削连续进行或反复进行。一般而言，进给运动速度比较低，消耗功率较少。进给运动可由刀具完成（如车削、钻削），也可由工件完成（如铣削）；进给运动不限于一个（如滚齿），个别情况下也可以没有进给运动（如拉削）。

3. 工件上的表面

切削时，工件上会形成三个不断变化着的表面（见图 6—1）。

（1）已加工表面。

（2）待加工表面。

（3）过渡表面。

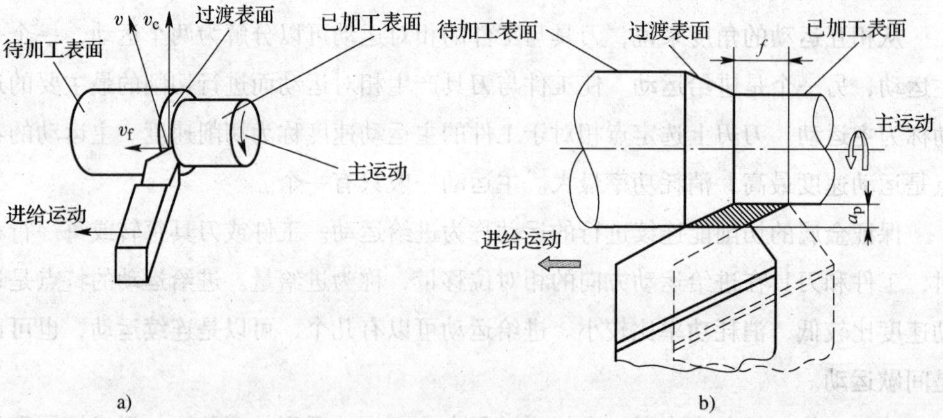

图 6—1 切削运动和加工表面

二、切削用量

切削用量是切削加工过程中，切削速度、进给量和背吃刀量（切削深度）的总称。制定机床的加工过程，编制数控加工的程序，计算切削力、切削功率，核算工序成本等都要用到这些参数。

1. 切削速度 v_c（m/min）

刀刃上选定点相对于工件的主运动速度称为切削速度。

2. 进给量 f

工件或刀具每转或每一行程时，工件和刀具在进给运动方向的相对位移量，称为进给量。单位可以为 mm/r 或 mm/s、mm/min。

3. 背吃刀量 a_p（mm）

工件上已加工表面和待加工表面之间的垂直距离称为背吃刀量。

三、切削层参数

在切削过程中，刀具的切削刃在一次走刀中，从工件待加工表面切下的金属层，称为切削层。切削层的截面尺寸称为切削层参数，它们分别是切削层横截面积 A_D、切削层厚度 h_D 和切削层宽度 b_D，如图 6—2 所示。

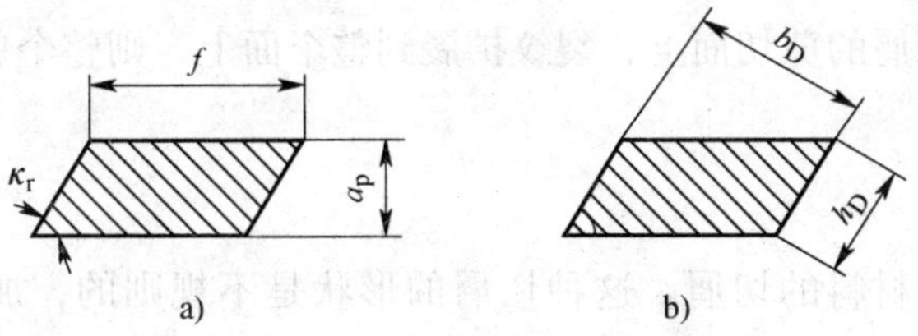

图 6—2　切削层的形状和参数

若车刀刀尖为主、副切削刃的实际交点，且 $\lambda_s=0°$，$\kappa_r=0°$，则切削层公称横截面为平行四边形。切削层各有关参数间的关系为：

$$b_D = f \cdot \sin\kappa_r$$

$$h_D = a_p / \sin\kappa_r$$

$$A_D = h_D \cdot b_D = a_p \cdot f$$

四、切屑类型

由于工件材料不同，切削过程中被切除材料的变形程度也就不同，因而产生的切屑种类也就多种多样。图 6—3a ~ c 所示为切削塑性材料的切屑，图 6—3d 所示为切削脆性材料的切屑。

1. 带状切屑

它的内表面光滑，外表面毛茸。加工塑性金属材料，当切削厚度较小、切削速度较高、刀具前角较大时，一般常得到这类切屑。形成带状切屑的切削过程平稳，

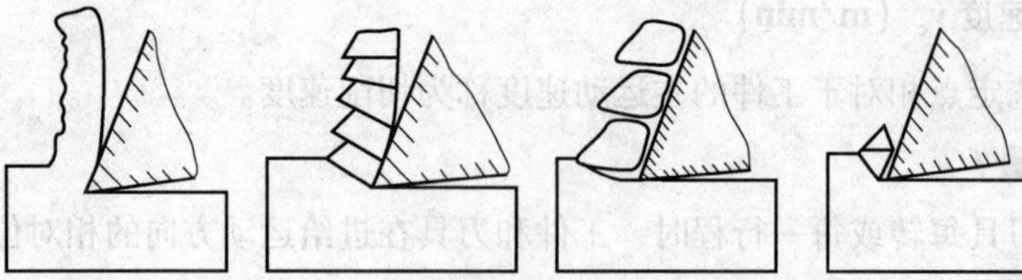

图 6—3　切屑的类型

a）带状切屑　b）节状切屑　c）粒状切屑　d）崩碎切屑

切削力波动较小，已加工表面粗糙度值较小。

2. 节状切屑

这种切屑与带状切屑的不同之处在于外表面呈锯齿形，内表面有时有裂纹。它们大多在加工塑性材料时，切削速度较低、切削厚度较大、刀具前角较小时产生。

3. 粒状切屑

如果在挤裂切屑的剪切面上，裂纹扩展到整个面上，则整个单元被切离，成为梯形的粒状切屑。

4. 崩碎切屑

这是属于脆性材料的切屑。这种切屑的形状是不规则的，加工表面是凸凹不平的。

以上四种是典型的切屑形状，在实际加工现场情况要复杂得多，出现的切屑形状是多种多样的。数控机床在加工过程中会产生大量的切屑，如果不加以控制，严重时就会影响切削过程的正常进行。

在实际加工中，应用最广泛的切屑控制方法就是在前刀面上磨制出断屑槽或使用压块式断屑器。

第二节　金属切削刀具

金属切削刀具的种类很多，结构、性能各不相同，但就其单个刀齿而言，可以看成是由外圆车刀的切削部分演变而来的。所以，一般都以外圆车刀为例，介绍刀具切削部分的基本定义。

一、刀具切削部分（刀头）的组成

刀具的切削部分由刀面和切削刃构成。一把典型的外圆车刀有三个刀面、两条切削刃和一个刀尖，如图 6—4 所示。

（1）前面（前刀面）A_γ。刀具上切屑流过的表面。

（2）主后面（后刀面）A_α。与工件上过渡表面相对的表面。

（3）副后面（副后刀面）A'_α。与已加工表面相对的表面。

（4）主切削刃 S。前面与主后面的交线。它承担主要的切削任务。

（5）副切削刃 S'。前面与副后面的交线。它承担部分的切削任务。

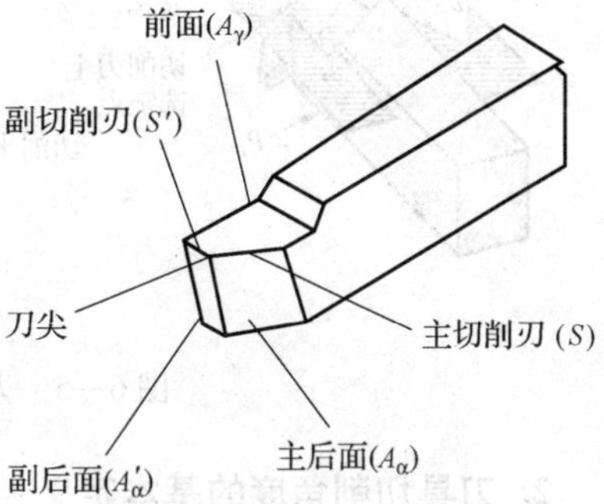

图 6—4　刀具的切削部分

（6）刀尖。主、副切削刃的实际交点。为了加强刀尖，一般都在刀尖处磨成一小段折线或圆弧，形成过渡刃口。刀尖虽然很小，但是切削时的工作条件最严酷，对刀具的磨损和耐用度影响最大。

二、刀具的标注角度

刀具的几何角度有两种计算方法：标注角度和工作角度。标注角度就是在刀具图样上标注出来的角度。工作角度是指刀具在切削加工时真正起作用的角度。

要确定刀具的标注角度，必须有一个参考的坐标系（参考系）。这个坐标系通常由三个互相垂直的平面组成，它们是基面、切削平面和正交平面，如图 6—5 所示。在该参考系中定义的角度称为刀具的标注角度。

1. 刀具几何角度的参考坐标系

（1）基面 P_r。过切削刃上选定点，垂直于该点切削速度方向的平面。当车刀水平安装时，基面可以理解为平行刀具底面的平面。

（2）切削平面 P_s。过切削刃上选定点，与切削刃相切并垂直于基面的平面。

（3）正交平面 P_o。过切削刃上选定点，同时垂直于切削平面与基面的平面。

基面 P_r、切削平面 P_s 和正交平面 P_o 两两相互垂直，组成一个正交的直角平面参考系。

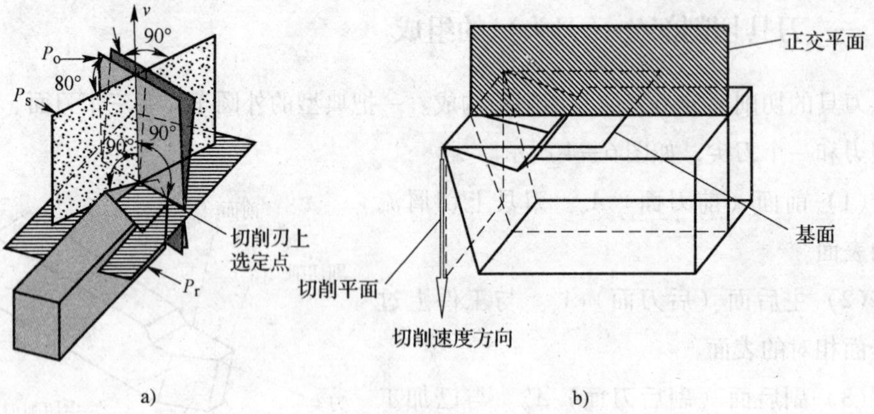

图 6—5　刀具几何角度的参考坐标系

2. 刀具切削角度的基本定义

（1）前角 γ_o。指在正交平面中测量的前面与基面间的夹角。

（2）后角 α_o。指在正交平面中测量的后面与切削平面间的夹角。

（3）主偏角 κ_r。指在基面中测量的主切削平面与假定工作平面间的夹角。

（4）副偏角 κ_r'。指在基面中测量的副切削平面与假定工作平面间的夹角。

（5）刃倾角 λ_s。指在切削平面中测量的切削刃与基面间的夹角。

假定工作平面是过切削速度方向和进给运动方向的平面。和主切削刃上定义的几何角度相类似，副切削刃上也可以定义出副前角 γ_o'、副后角 α_o'和副刃倾角 λ_s'。

刀具几何角度的标注如图 6—6 所示。

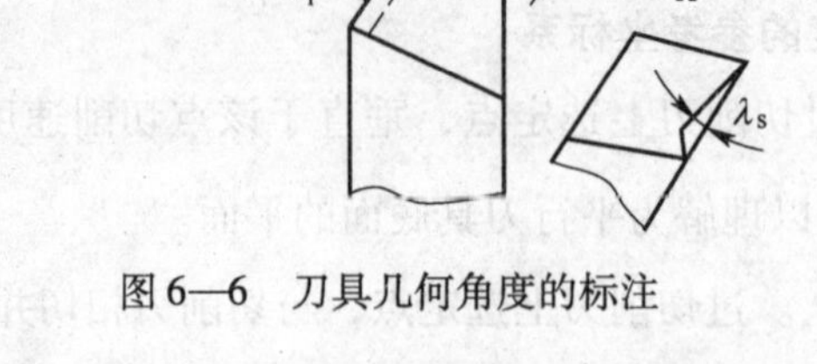

图 6—6　刀具几何角度的标注

3. 刀具角度正负的规定

前面低于基面时，前角为正值；高于基面时，前角为负值。后面与基面间夹角小于 90°时，后角为正值；大于 90°时，后角为负值（一般正常切削的时候，刀具的后角不可能也不应该是负值)。如图 6—7 所示，切削刃与基面（车刀底平面）平行时，刃倾角为零；刀尖相对车刀底平面处于最高点时，刃倾角为正值；刀尖处于最低点时，刃倾角为负值。主偏角、副偏角只有正值。

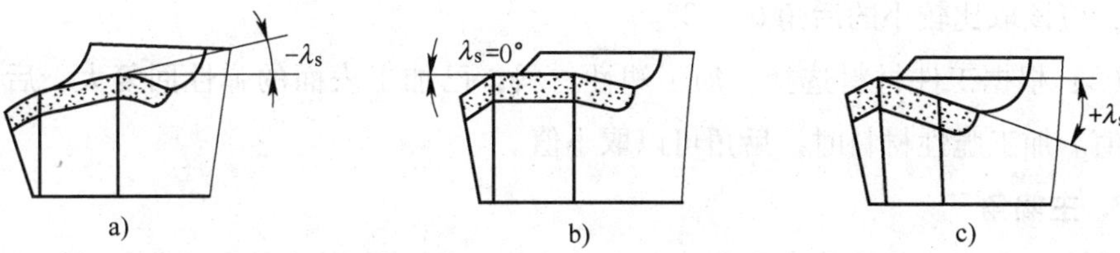

图 6—7 刃倾角的正负规定

a）刃倾角为负值 b）刃倾角为零 c）刃倾角为正值

三、刀具几何角度的作用与选择

1. 前角

前角是刀具几何角度中最重要的一个角度。它的大小对刀具的锐利程度、刀头强度以及切屑的变形过程的影响最明显。增大前角可以减少切屑的变形，减小切削力，降低切削功率，减少切削时产生的热量，刀具使用寿命得以提高，还可以抑制积屑瘤的产生，改善已加工表面质量；但同时也降低了刀头部分的强度，使刀头容易产生崩刃。加大前角还使刀头部分的散热条件变差。因此，前角过大，刀具使用寿命也会下降。

选择前角的原则是：在保证加工质量和有足够的刀具耐用度的前提下，应尽量选取大的前角。具体选择时要考虑的因素有：

（1）根据工件材料选择。加工塑性金属材料时前角较大，加工脆性材料时前角较小。材料的强度、硬度越高，前角越小。材料的塑性越大，前角越大。

（2）根据刀具材料选择。高速钢刀具抗弯强度高，冲击韧度高，可选较大前角。硬质合金刀具的抗弯强度较高速钢低，故前角较小。陶瓷刀具的前角应更小。

（3）根据加工要求选择。粗加工时选择较小的前角，精加工时前角应大些。加工成形表面的成形刀具，前角应小些，以减小刀具的刃形误差。

总之，选择前角时应综合考虑工件的材料、刀具的材料和粗精加工的不同情况，根据主要矛盾选择一个比较合理的数值。

2. 后角

后角的作用是减少刀具后面与过渡表面之间的摩擦。它与前角配合，形成刀头部分的锐利程度和强固程度。增大后角，可减少后面与过渡表面间的摩擦，减小切削刃钝圆半径，提高工件表面质量；但同时使刀具强度降低，散热条件变差。选择后角的原则是：在不产生较大摩擦的条件下应适当减小后角。

（1）根据加工精度选择。精加工时，为了减少刀具与工件之间的摩擦，保证加工表面的质量，应该选用较大的后角8°～12°。粗加工时，为了提高刀头部分的强度，应该取比较小的后角6°～8°。

（2）根据工件材料选择。加工塑性材料，已加工表面的弹性回复大，后角应取大值。加工脆性材料时，后角可以取小值。

3. 主偏角

主偏角会影响进给分力和背向分力的大小，同时还影响刀头部分的强度和散热条件。减小主、副偏角，使刀头强度增高，散热条件好，加工表面粗糙度值小，但背向力增大，易使工件或刀杆发生变形，引起工艺系统振动。减小主偏角会使切削厚度和切屑厚度减小，从而导致断屑效果变差。

选择主偏角时首先要看工件的形状，如果工件上有台阶或不通的盲孔，就应该选用90°或大于90°的主偏角。其次，要看工件的刚度，如果是加工细长的轴类零件，主偏角就应该取得大一点。另外，工件材料的强度比较高时，为了增加刀头部分的强度和改善散热条件，可以取比较小的主偏角。

4. 副偏角

副偏角可以减少副切削刃与已加工表面之间的摩擦，并影响已加工表面的表面粗糙度，还影响刀头部分的强度和散热程度。选择的原则是：在不影响摩擦和振动的条件下应选择较小的副偏角。

5. 刃倾角

刃倾角的正负关系到切入工件时，切削刃上哪一部分先接触到工件，从而影响刀尖部分的强度。刃倾角还可以控制切屑的流出方向：刃倾角为正，切屑流向待加工表面；刃倾角为负，切屑流向已加工表面。刃倾角增大，可增加实际工作前角和刃口锋利程度，影响到切削分力的大小，从而可以提高加工质量。

一般情况下，精加工钢、铸铁时，刃倾角选择0°～+5°，粗加工时选择0°～-5°。加工高硬度、高强度金属，加工断续表面或有冲击载荷时，取负刃倾角-5°～-15°。

第三节 切削力

金属切削时，刀具切入工件，使被加工材料发生变形，把多余的材料从工件上切下来，变成为切屑，所需要的力称为切削力。工件抵抗变形而反过来施加于刀具上的力称为切削抗力。

一、切削力的来源

刀具切削工件时，切削力来自两方面：一是在切屑形成过程中，工件材料弹性变形及塑性变形产生的抵抗力；二是刀具前面与切屑、刀具后面与过渡表面（以及已加工表面）之间的摩擦阻力。切削力会引起刀具、机床、夹具和工件的变形和振动。切削力的大小和方向将随着加工工况的不同而变化。

二、切削力的分解

根据力学中力的合成与分解原理，切削力也可以按需要进行合成和分解。其实对某几个力进行“合成”，更确切的含义就是把这几个力向需要的方向进行投影，然后再相加。对一个力进行“分解”，也就是把这个力向需要的某些方向进行投影。为了便于测量、计算及研究，常将切削合力 F 分解成三个分力。通常的做法就是把切削力按切削运动的方向进行分解（主运动方向、进给运动方向和切削深度方向，它们正好是三个互相垂直的坐标方向），如图 6—8 所示。

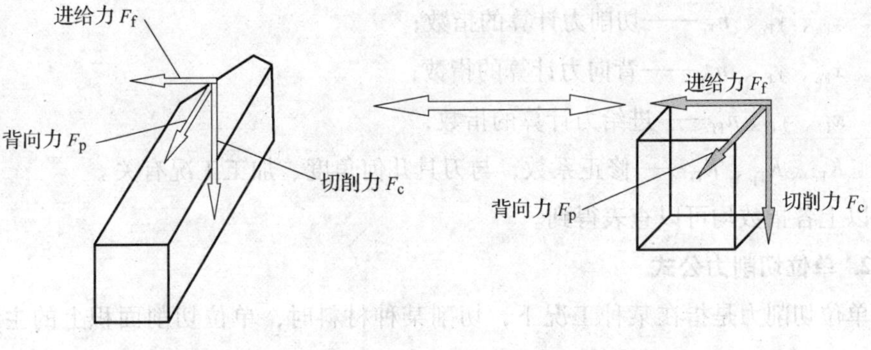

图 6—8　切削力 F 的分解与分力 F_c、F_p、F_f

1. 主切削力（F_c）

主切削力也称为切削力或切向分力，以前用 F_z 表示。它切于加工表面，并与基面垂直。F_c 用于计算刀具强度，设计机床零件，确定机床功率等。

2. 背向力（F_p）

背向力也称为切深分力或径向分力，以前用 F_y 表示。它处于基面内并垂直于进给方向。F_p 用于计算与加工精度有关的工件挠度和刀具、机床零件的强度等，也是使工件在切削过程中产生振动的主要作用力。

3. 进给力（F_f）

进给力也称为轴向分力或走刀分力，以前用 F_x 表示。它处于基面内，与进给方向相同。F_f 用于计算进给功率和设计机床进给机构等。

切削合力 F 与分力 F_c、F_p、F_f 的关系为：

$$F = \sqrt{F_c^2 + F_p^2 + F_f^2}$$

三、切削力的计算

在机床和工、夹具结构设计时，往往要对切削力进行估算。通常使用的是经验公式，它有两种形式的公式：一种是指数公式，另一种是单位切削力公式。以车削加工为例：

1. 指数公式

切削力（N）　$F_c = C_{Fc} \cdot \alpha_F^{x_{Fc}} \cdot f^{y_{Fc}} \cdot v_c^{n_{Fc}} \cdot K_{Fc}$

背向力（N）　$F_p = C_{Fp} \cdot \alpha_f^{x_{Fp}} \cdot f^{y_{Fp}} \cdot v_c^{n_{Fp}} \cdot K_{Fp}$

进给力（N）　$F_f = C_{Ff} \cdot \alpha_f^{x_{Ff}} \cdot f^{y_{Ff}} \cdot v_c^{n_{Ff}} \cdot K_{Ff}$

式中　C_{Fc}、C_{Fp}、C_{Ff}——系数，与加工的种类、工件材料和刀具材料有关；

x_{Fc}、y_{Fc}、n_{Fc}——切削力计算的指数；

x_{Fp}、y_{Fp}、n_{Fp}——背向力计算的指数；

x_{Ff}、y_{Ff}、n_{Ff}——进给力计算的指数；

K_{Fc}、K_{Fp}、K_{Ff}——修正系数，与刀具几何角度、加工工况有关。

以上各指数均可以查表得到。

2. 单位切削力公式

单位切削力是指在某种工况下，切削某种材料时，单位切削面积上的主切削力，用 K_c 表示。可以表示为：

$$K_c = F_c/A_D = F_c/(a_p \cdot f) = F_c/(h_D \cdot b_D)$$

式中　A_D——切削面积，mm^2；

a_p——背吃刀量（切削深度），mm；

f——进给量，mm/r；

h_D——切削厚度，mm；

b_D——切削宽度，mm。

知道单位切削力 K_c 以后（可以查切削加工手册得到），再乘以实际的切削面积，就可以算出主切削力 F_c。

四、影响切削力的主要因素

1. 工件材料

工件材料的硬度和强度越高，产生的切削力越大；工件材料强度相同时，塑性和韧性越好，切削变形越大，切屑与刀具间摩擦增大，切削力也越大。切削铸铁时变形小，摩擦小，故产生的切削力较小。

2. 切削用量

进给量、背吃刀量增大，都会使切削力增大，其中背吃刀量对切削力的影响要比进给量大。其主要原因在于，背吃刀量 a_p 增大一倍时，切削厚度 h_D 不变，而切削宽度 b_D 则增大一倍，切削刃上的切削负荷也随之增大一倍，即变形力和摩擦成倍增大，最终导致了切削力成倍增大；进给量 f 增大一倍时，切削宽度 b_D 不变，只是切削厚度 h_D 增大一倍，平均变形减小，故切削力增加不到一倍。

3. 切削速度

切削塑性金属时，当 $v_c = 40$ m/min 时，由于积屑瘤的产生与消失，使刀具前角增大或减小，引起变形系数的变化，导致了切削力的变化；当 $v_c > 40$ m/min，切削温度升高，使平均摩擦因数下降，切削力也随之下降。切削灰铸铁等脆性材料时，塑性变形很小，且刀具与切屑之间的摩擦也很小，因此，v_c 对切削力的影响不大。

4. 刀具几何参数

前角对切削力 F_c 影响较大。前角增大，切削变形减小，故切削力减小。主偏角 κ_r 对进给力 F_f 和背向力 F_p 影响较大，当 κ_r 增大时，F_f 增大而 F_p 则减小。刃倾角对背向力 F_p 影响较大，因为 λ_s 由正值向负值变化时，会使顶向工件轴线的背向力增大。此外，刀尖圆弧半径、刀具磨损程度等因素对切削力也有一定的影响。

第四节　切削热和切削温度

一、切削热的产生和传导

工件上被切削的金属在刀具的作用下发生弹性和塑性变形而消耗功率，这是切削热的一个重要来源。此外，切屑与前面、工件与后面之间的摩擦也要消耗功率，也会产生出大量的热量。因此，切削时共有三个发热区域，即剪切面、切屑与前面接触区、后面与过渡表面的接触区，如图6—9所示。在三个变形区中，因变形和摩擦所做的功，绝大部分都转化成为热能。切削区域产生的热能通过切屑、工件、刀具和周围介质传出。切削热传出时，由于切削方式不同、工件和刀具材料热传导系数不同等，通过各传导媒体传出的比例是不同的，因此它们的温度也是各不相同的。

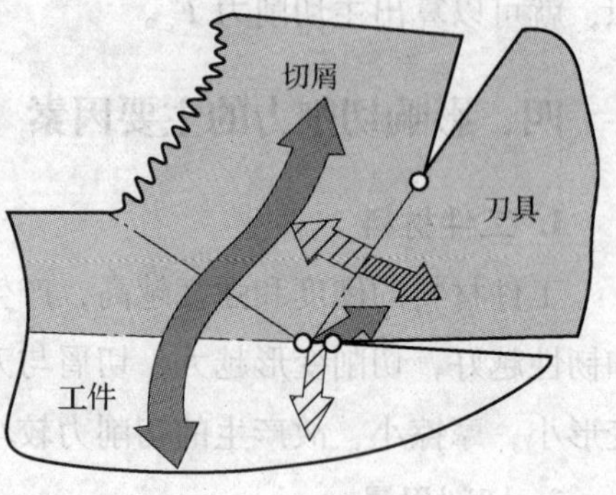

图6—9　切削热的形成

二、切削温度

切削温度是切削过程中的又一基本物理现象。切削温度的变化能改变工件材料的性能，影响积屑瘤的产生和消失，并且影响已加工表面的加工质量。

切削温度一般指前面与切屑接触区域的平均温度。切削温度的高低不但与切削热的产生有关，还与散热（冷却）环境和热传导情况有关。

切削温度在刀头上的分布是不均匀的，这要根据具体的切削工况和刀具的实际情况而定。切削温度的分布是指切削区域各点温度的分布（即温度场）。

（1）前面上和后面上的最高温度不在切削刃上，而是在离切削刃有一定距离的地方。

（2）工件材料塑性越大，则切屑与刀具前面的接触长度越长，切削温度的分布也就较均匀些；反之，工件材料的脆性越大，温度分布就不均匀，温度梯度大，最高温度所在的点离切削刃也越近。

（3）工件材料的导热系数越低，则刀具的前、后面的温度越高。

三、影响切削温度的主要因素

1. 工件材料的影响

工件材料的强度、硬度高，热导率低，高温下的强度、硬度高，都会使切屑的变形功增加，使切削温度升高。切削脆性材料，因变形小，摩擦小，故其切削温度较低。

2. 切削用量的影响

（1）背吃刀量 a_p 对切削温度的影响很小。背吃刀量 a_p 增加，例如背吃刀量 a_p

增大一倍，产生的热量按比例增加，但是切削宽度 b_D 也增加一倍，刀具的传热面积也增大一倍，改善了刀头的散热条件，因此，切削温度只是略有提高。

(2) 进给量 f 对切削温度的影响比背吃刀量 a_p 大。进给量 f 增加，产生的热量增加。虽然 f 增加使切削厚度 h_D 增加，切屑的热容量增大，切屑能带走较多的热量，但由于切削宽度 b_D 不变，刀具散热面积未按比例增加，刀具的散热条件未得到改善，所以切削温度会升高。由以上分析可知，为降低切削温度，以采用宽而薄的切削层剖面形状比较有利。

(3) 切削速度 v_c 对切削温度的影响最大。切削速度增加，变形功与摩擦转变的热量急剧增多，虽然切屑带走的热量也相应增多，然而刀具传热的能力没什么变化，切削温度显著提高。因此，切削用量三要素中，控制切削速度 v_c 是控制切削温度最有效的措施。

3. 刀具几何参数的影响

(1) 前角 γ_o 增大，切削刃锋利，切屑变形小，前面摩擦减小，产生的热量减少，所以切削温度随 γ_o 增大而降低。但前角过大时，由于刀具楔角变小，刀具散热体积减小，切削温度反而会提高。

(2) 主偏角 κ_r 减小，在背吃刀量 a_p 不变的条件下主切削刃工作长度增加，散热面积增加，因此，切削温度下降。

(3) 刀尖圆弧半径 r_ε 增大，平均主偏角减小，切削宽度 b_D 增加，散热面积增加，切削温度降低。

4. 其他因素的影响

选择合适的切削液能带走大量的切削热，从而降低切削温度，延长刀具寿命，改善已加工表面质量和加工精度。从导热性能来看，水溶液的冷却性能最好，油性切削液的效果比较差。此外，切削液本身的温度越低，降低切削温度的效果就越明显。

四、切削温度经验公式

$$\theta = C \cdot v_c^Z \cdot f^Y \cdot a_p^X$$

式中 θ——用自然热电偶法测出的前刀面接触区的平均温度，℃；

C——与工件材料、刀具材料和其他切削参数有关的切削温度系数；

Z、Y、X——v_c、f、a_p 的指数。

由表 6—1 可知：

(1) 切削速度 v_c 对切削温度 θ 的影响最大，其指数在 0.3～0.5 之间。但随着

进给量 f 的增大，切削速度 v_c 对切削温度的影响程度减小。

（2）进给量 f 对切削温度 θ 的影响比切削速度 v_c 小，其指数在 0.15～0.3 之间。

（3）背吃刀量 a_p 对切削温度 θ 的影响很小，其指数在 0.05～0.1 之间。

表 6—1　　切削温度计算公式中的系数和指数

<table>
<tr><th>刀具材料</th><th>加工方法</th><th>C</th><th colspan="3">Z</th><th>Y</th><th>X</th></tr>
<tr><td rowspan="3">高速钢</td><td>车削</td><td>140～170</td><td colspan="3" rowspan="3">0.35～0.45</td><td rowspan="3">0.2～0.3</td><td rowspan="3">0.08～0.10</td></tr>
<tr><td>铣削</td><td>80</td></tr>
<tr><td>钻削</td><td>150</td></tr>
<tr><td rowspan="3">硬质合金</td><td rowspan="3">车削</td><td rowspan="3">320</td><td rowspan="3">f
（mm/r）</td><td>0.1</td><td>0.41</td><td rowspan="3">0.15</td><td rowspan="3">0.05</td></tr>
<tr><td>0.2</td><td>0.31</td></tr>
<tr><td>0.3</td><td>0.26</td></tr>
</table>

第五节　刀具的磨损与耐用度

切削过程中，刀具在高温和高压条件下，受到工件、切屑的剧烈摩擦，刀具在前、后面接触区域内产生磨损，这种现象称为刀具磨损。随切削时间增加，磨损逐渐扩大。切削刀具的主要磨损形式有前面磨损和后面磨损。

一、刀具磨损的原因

按照磨损产生的机理不同，刀具的磨损可以分为机械擦伤磨损、黏结磨损、相变磨损、扩散磨损、氧化磨损等几种。不同的刀具材料在不同的使用条件下，造成磨损的主要原因不同。

1. 机械擦伤磨损

机械擦伤磨损是指工件与刀具发生相对运动时，工件或切屑上的硬质点将刀具表面上的微粒擦掉而造成的磨损。例如，工件材料中的碳化物、切削过程中可能产生的附着在工件表面或切屑底面上的积屑瘤碎片、已加工表面的加工硬化层等都有较高的硬度，对于刀具表面具有一定的擦伤能力。擦伤作用越大，刀具就越容易磨损。

2. 黏结磨损

切削塑性金属时，在较大的正压力和适当的切削温度作用下，切屑与刀具前面、工件与刀具后面之间的吸附薄膜被挤破，形成新鲜表面而紧密接触，会发生黏结（冷焊）现象。黏结点的撕裂处不一定发生在黏结面上，大多数在较软的金属（工件材料）体内，少部分发生在较硬的金属（刀具材料）体内。所以，刀具质点逐渐被工件、切屑黏附而去，形成黏结磨损。黏结磨损主要发生在中等切削速度范围内。

3. 相变磨损

工具钢刀具均有一定的相变温度。当刀具上的温度超过相变温度时，刀具材料内部的金相组织发生变化，硬度显著下降，从而使刀具迅速磨损。

4. 扩散磨损

在高温下，硬质合金刀具中的钴（Co）、钛（Ti）、钨（W）、碳（C）等元素会渗透到切屑的底层中去，而切屑中的铁（Fe）元素也会渗透到刀具硬质合金的表层，这样就改变了硬质合金刀具表层的化学成分，使它变得脆弱，硬度和强度显著下降，从而加剧了刀具的磨损。

硬质合金刀具与钢产生显著扩散作用的温度是：K类合金为850～900℃；P类合金约为1 000℃。

5. 氧化磨损

在高温下（例如700～800℃或者更高），空气中的氧与硬质合金中的钴以及WC、TiC等发生氧化作用，产生一些疏松脆弱的氧化物（如Co_3O_4、CoO及WO_3、TiO_2等）。这些氧化物容易被切屑、工件擦伤带走，因此使得刀具磨损。

二、刀具磨损过程和刀具磨钝标准

1. 刀具磨损过程

刀具磨损过程可以分为三个阶段：初期磨损阶段、正常磨损阶段、急剧磨损阶段。刀具磨损的典型曲线如图6—10所示。

（1）初期磨损阶段。因为新刃磨的刀具后面存在粗糙不平及显微裂纹、氧化或脱碳等缺陷，而且切削刃锋利，后面与过渡表面接触面积较小，压应力较大。这一阶段，后面的凸出部分很快被磨平，刀具磨损速度较快。

（2）正常磨损阶段。经过初期磨损后，刀具粗糙表面已经磨平，缺陷减少，刀具进入比较缓慢的正常磨损阶段。后面的磨损量与切削时间近似地成比例增加。正常切削时，这个阶段时间比较长。

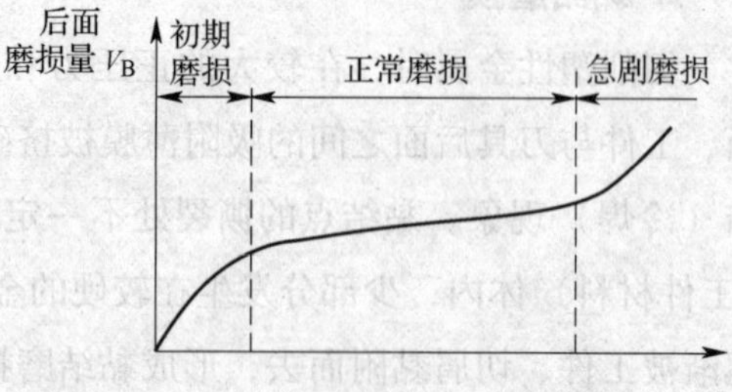

图 6—10　刀具磨损的典型曲线

（3）急剧磨损阶段。当刀具的磨损带增加到一定限度后，切削力与切削温度均迅速增高，磨损速度急剧增加。

生产中为了合理使用刀具、保证加工质量，应该在发生急剧磨损之前就及时更换或刃磨刀具。

2. 刀具磨钝标准

（1）直观判断法。在生产实际中，常常根据切削中发生的一些现象（如出现火花、振动、噪声，或加工表面粗糙度恶化等）来判断刀具是否已经磨钝。

（2）ISO 标准。ISO 标准统一规定以 1/2 背吃刀量处的后面上测定的磨损带宽度 V_B 作为刀具的磨钝标准。

（3）自动化作业标准。自动化生产中的精加工刀具，则常以沿工件径向的刀具磨损尺寸作为刀具的磨钝标准，称为径向磨损量 N_B。

三、刀具耐用度的定义

刀具耐用度是指一把新刃磨的刀具，从开始切削至磨损量达到磨钝标准所经过的总切削时间，用 T 来表示。刀具耐用度除了用切削时间表示外，有时也可用加工同样零件的数量或切削路程长度等来表示。刀具的耐用度高，说明刀具的切削性能好。

四、影响刀具耐用度的因素

1. 切削用量的影响

切削用量增加时，刀具磨损加剧，刀具耐用度降低。切削速度对刀具耐用度的影响最大，进给量次之，背吃刀量影响最小，这与三者对切削温度的影响规律是相同的。实质上切削用量对刀具磨损和刀具耐用度的影响都是通过切削温度起作用的。

2. 工件材料的影响

工件材料的强度、硬度、塑性等指标数值越高，热导率越低，则加工时切削温度越高，刀具耐用度就会越低。

3. 刀具材料的影响

刀具材料是影响刀具使用寿命的重要因素，合理选择刀具材料，采用涂层刀具材料和使用新型刀具材料，是提高刀具使用寿命的有效途径。

4. 刀具几何参数的影响

前角和主偏角对刀具耐用度影响较大。增大前角，切削温度降低，刀具耐用度提高；但前角太大时，刀体变弱使得散热情况变差，导致刀具耐用度降低。减小主偏角、副偏角和增大刀尖圆弧半径，可以改善刀体的散热条件，提高刀具强度和降低切削温度，从而提高刀具的耐用度。

五、刀具耐用度的确定

刀具耐用度对切削加工的生产率和成本都有直接的影响，不能定得太高或太低。如果定得太高，势必要选择较小的切削用量，从而增加切削加工的时间，导致生产率的下降；如果定得太低，虽然可以采取较大的切削用量，但会使换刀、磨刀或调整机床所用时间增加过多，生产率也会下降。

通常确定刀具耐用度的方法有两种。一种是最高生产率的耐用度，另一种是最低生产成本的耐用度。

（1）简单刀具的制造成本低，它的耐用度可以选得比复杂刀具的低。

（2）可转位刀具切削刃转位迅速，更换简单，刀具耐用度可选低一些。

（3）精加工刀具切削负荷小，耐用度可选高一些。

（4）自动加工、数控刀具可选较高耐用度。

显然，凡是影响刀具磨损的因素，也都同样地影响刀具耐用度。影响刀具磨损的主要因素是切削温度，而切削速度对切削温度影响最大，因此切削速度对刀具耐用度的影响最大。

第六节　切削用量的选择

一、切削用量对切削加工的影响

1. 对加工质量的影响

背吃刀量 a_p 和进给量 f 增大，都会使切削力增大，降低加工精度和增大表面粗糙度值。切削速度 v_c 增大时，切削力减小，并可减小或避免积屑瘤，有利于加工质量和表面质量的提高。

2. 对刀具耐用度和辅助时间的影响

切削速度 v_c 对刀具耐用度的影响最大，进给量 f 的影响次之，背吃刀量 a_p 的影响最小。提高 v_c 也是提高生产率的一个措施，但 v_c 与刀具耐用度的关系比较密切。随着 v_c 的增大，刀具耐用度急剧下降，故切削速度的选择主要取决于刀具耐用度。

二、切削用量的选择

选择切削用量的原则就是在保证加工质量、降低成本和提高生产效率的前提下，使 a_p、f、v_c 的乘积最大。当 a_p、f、v_c 的乘积最大时，工序的切削时间最短。

确定切削用量时，首先应尽可能选择较大的 a_p，然后按工艺装备与技术条件的允许，选择尽可能大的 f，最后再根据刀具使用寿命确定 v_c，这样可在保证一定刀具使用寿命的前提下，使 a_p、f、v_c 的乘积（等于被切削下来的切屑的体积）达到最大。

1. 背吃刀量 a_p 的选择

（1）根据加工余量确定。粗加工时，除留下精加工的余量外，应尽可能一次走刀切除全部粗加工的余量，这样不仅能在保证一定刀具使用寿命的前提下使 a_p、f、v_c 的乘积大，而且可以减少走刀次数。

（2）中等功率机床情况

1）粗车时背吃刀量最大可达 8 ~ 10 mm。

2）半精车（表面粗糙度 R_a 值一般为 10 ~ 5 μm）时，背吃刀量可取 0.5 ~ 2 mm。

3）精车（表面粗糙度 R_a 值一般为 2.5 ~ 1.25 μm）时，背吃刀量可取 0.1 ~ 0.4 mm。

（3）加工余量过大或工艺系统刚度不足等情况。在此情况下，可分几次走刀完成。如分两次走刀，应将第一次走刀的背吃刀量取大些，可占全部余量的 2/3 ~ 3/4，而使第二次走刀的背吃刀量小些，以使精加工工序获得较小的表面粗糙度值及较高的加工精度。

（4）切削特殊材料的情况。切削零件表层有硬皮的铸、锻件或不锈钢等冷硬较严重的材料时，应使背吃刀量超过硬皮或冷硬层，以避免使切削刃在硬皮或冷硬层上切削。

在机床、工件和刀具刚度允许的情况下，选择背吃刀量 a_p 等于加工余量，这是提高生产率的一个有效措施。为了保证零件的加工精度和表面粗糙度，一般应留一定的余量进行精加工。数控机床加工的精加工余量可略小于普通机床。

2. 进给量的选择

（1）一般原则。背吃刀量选定以后，接着就应该尽量选择较大的进给量f，其合理数值应当保证机床、刀具不致因切削力太大而损坏；切削力所造成的工件挠度不致超出工件精度允许的数值；表面粗糙度值也不致太大。

（2）对于粗加工的情况。根据经验主要考虑工艺系统的刚度、切削力的大小和刀具的尺寸等，但还需进行一些验算。

（3）对于半精加工和精加工的情况。应按照表面粗糙度要求，根据工件材料、刀尖圆弧半径、刀具副偏角、切削速度等选择进给量。

1）当刀尖圆弧半径增大、副偏角减小时，已加工表面粗糙度值较小，可选较大的进给量。

2）当切削速度较高时，切削力降低，可适当增大进给量。

3）当加工脆性材料时，得到崩碎切屑，已加工表面不平整，表面粗糙度值较大，就应选择比较小的进给量。

第七节　刀具材料

刀具材料是指刀头上直接参与切削的那部分的材料。刀具材料的合理选用，对加工质量、生产率和加工成本影响都很大。

一、刀具材料应具备的性能

1. 较高的硬度

刀具材料的硬度必须高于工件的硬度。常温硬度须在62HRC以上，并要求保持较高的高温硬度（红硬性）。

2. 良好的耐磨性

耐磨性表示刀具抵抗磨损的能力，它是刀具材料力学性能（力学性能）、组织结构和化学性能的综合反映。一般情况下，刀具材料硬度越高，耐磨性越好。

3. 良好的耐热性

耐热性指刀具材料在高温下仍能保持较高的硬度、强度、韧性和耐磨性，并具有良好的抗扩散、抗氧化的能力。

4. 足够的强度和韧性

为了承受切削力、冲击和振动，以防脆性断裂和崩刃，刀具材料应具有足够的强度和韧性。一般情况下，强度用抗弯强度表示，韧性用冲击韧度表示。刀具材料中强度高者，韧性也较好，但硬度和耐磨性常因此而下降，这两个方面的性能是互相矛盾的。一种好的刀具材料，应当根据它的使用要求，兼顾以上两方面的性能，并且有所侧重。

5. 良好的工艺性

指刀具本身在制造时的切削性能、磨削性能、焊接性能及热处理性能等。

6. 良好的热物理性和耐热冲击性

在其他条件相同的情况下，刀具材料的导热系数（热导率）越大，则由刀具传出的热量越多，就有利于降低切削温度和提高刀具使用寿命。线膨胀系数小，则可减小刀具的热变形。对于焊接刀具和涂层刀具，还应考虑刀片与刀杆材料、涂层与基体材料线膨胀系数的匹配，在刀具材料的内部不会因受到大的热冲击产生裂纹而导致刀片断裂。

二、常用的刀具材料

在切削加工中常用的刀具材料有工具钢（如碳素工具钢、合金工具钢、高速钢）、硬质合金（如普通硬质合金、细颗粒硬质合金、微颗粒硬质合金）、陶瓷（如氧化物陶瓷、氮化物陶瓷）和超硬材料（如立方氮化硼、人造金刚石）。

1. 工具钢

工具钢可分为碳素工具钢、合金工具钢和高速钢（高速工具钢）三种。

（1）碳素工具钢。淬火后具有较高的硬度，而且价格低廉。但这种材料的耐热性较差，并且淬火时容易产生变形和裂纹。常用于制造手工工具和一些形状较简单的低速刀具。常用的碳素工具钢有 T10A、T12A。

（2）合金工具钢。与碳素工具钢相比，其热处理变形有所减小，耐热性也有所提高。常用的合金工具钢有 9CrSi、CrWMn。碳素工具钢和合金工具钢现在只用于制造一些手工工具和低速刀具，如锉刀、板牙和丝锥等。

（3）高速钢（高速工具钢）。高速钢是加入了钨（W）、钼（Mo）、铬（Cr）、钒（V）等合金元素的高合金工具钢。它广泛用于制造中速的切削刀具及形状复杂的刀具，如麻花钻、铣刀、拉刀、各种齿轮加工工具。按基本化学成分，高速钢可分为钨系、钨钼系和钼钨系。按切削性能分类，则有普通高速钢和高性能高速钢。按制造方法分类，则有熔炼高速钢和粉末冶金高速钢。为了提高高速钢的硬度和耐磨性，常采用一些措施来提高其性能。如在高速钢中增添新的元素，或用粉末冶金法消除碳化物的偏析并细化晶粒。

普通高速钢的特点是工艺性好，切削性能可满足一般工程材料的常规加工，常用品种中的 W18Cr4V 属钨系高速钢，它的历史悠久，至今尚在普遍使用。其综合力学性能和可磨削性好，可用来制造包括复杂刀具在内的各类刀具。

粉末冶金高速钢与熔炼高速钢相比有很多优点：如韧性与硬度较高，可磨削性能显著改善（例如，含钒 5% 的粉末冶金高速钢的可磨削性相当于含钒 2% 的普通高速钢），材质均匀，热处理变形小，质量稳定可靠，故刀具使用寿命较长。粉末冶金高速钢可以切削各种难加工材料，特别适合于制造各种精密刀具和形状复杂的刀具。

高速钢刀具可以用盐浴软氮化、气体软氮化、辉光离子化及离子氮注入等方法进行表面处理，形成高硬、耐磨的薄层（0.02 ~ 0.1 mm）；也可以采用物理气相沉积（PVD）等方法，在高速钢刀具表面涂覆一层（约 10 μm）TiN 或 TiC 等材料。经过表面处理或涂层后，刀具的耐磨性和使用寿命可以得到显著提高。近年来，TiN 涂层高速钢刀具发展较快，应用较广。高速钢钻头、丝锥、铣刀及齿轮刀具，经涂层后，其耐用度常可提高 3 ~ 5 倍。

2. 硬质合金

硬质合金是高硬度、难熔的金属化合物，它的强度和韧度要低于高速钢，工艺性比较差，但耐热性好，适于制造高速切削刀具。硬质合金是当今最主要的刀具材料之一。绝大多数车刀、端铣刀和部分立铣刀、深孔钻、浅孔钻、铰刀等均已采用硬质合金制造。由于硬质合金的工艺性较差，故用于复杂刀具尚受到很大限制。

(1) 根据硬质合金刀片的化学成分，主要分为钨钴类（K 类，YG）、钨钴钛类（P 类，YT）、钨钴钛钽（铌）类（M 类，YW）。

1）K 类（YG）。即钨钴类，由碳化钨和钴组成。这类硬质合金韧性较好，但硬度和耐磨性较差，适用于加工铸铁、青铜等脆性材料。常用的牌号有 K01（YG3）、K10（YG6）、K20（YG8），它们制造的刀具依次适用于粗加工、半精加工和精加工。数字表示钴含量的百分数，YG6 即含钴量为 6%，含钴量越多，则韧性越好。

2）P 类（YT）。即钨钴钛类，由碳化钨、碳化钛和钴组成。这类硬质合金耐热性和耐磨性较好，但韧性较差，适用于加工钢料等塑性材料。常用的牌号有 P30（YT5）、P10（YT15）、P01（YT30）等，其中的数字表示碳化钛含量的百分数，碳化钛的含量越高，则耐磨性较好、韧性越差。这三种牌号的硬质合金制造的刀具分别适用于粗加工、半精加工和精加工。

3）M类（YW）。即钨钴钛钽（铌）类，由在钨钴钛类硬质合金中加入少量的稀有金属碳化物（TaC或NbC）组成。它具有前两类硬质合金的优点，用其制造的刀具既能加工脆性材料，又能加工塑性材料，还能加工高温合金、耐热合金及合金铸铁等难加工材料。常用牌号有M10（YW1）、M20（YW2）。

（2）硬质合金牌号的表示方法。切削工具所使用的硬质合金牌号，根据最新的国家标准（GB/T 18376.1—2008），其分类和表示规则与早年的国家标准有了比较大的改变：

1）根据不同的材质，切削工具用硬质合金分为HW、HF、HT、HC四类，见表6—2。

表6—2　切削工具用硬质合金分类

字母符号	材料组
HW	主要含碳化钨（WC）的未涂层的硬质合金，粒度≥1 μm
HF	主要含碳化钨（WC）的未涂层的硬质合金，粒度<1 μm
HT	主要含碳化钛（TiC）或氮化钛（TiN）或者两者都有的未涂层的硬质合金
HC	上述硬质合金进行了涂层

2）按使用领域的不同，分成P、M、K、N、S、H六类。

P——用于长切屑材料的加工，如钢、铸钢、可锻铸铁。

M——是通用型的，如不锈钢、铸钢、锰钢、可锻铸铁、合金钢和合金铸铁等。

K——用于短切屑材料的加工，如铸铁、冷硬铸铁、灰铸铁等。

N——用于有色金属和非金属材料的切削，如铝合金、镁合金、塑料和木材等。

S——用于耐热钢和优质合金钢的加工。

H——用于淬硬钢和冷硬材料的加工。

各个类别中，为了满足不同的使用要求，以及刀片材料的耐磨性和韧性的不同，可以分成若干个组，用01、10、20、30、40表示（各组还可以再细分，如05、15、25……）。

牌号表示示例：

P　20　1
- 1—细分号
- 20—分组号
- P—类别代号

考虑到新旧标准交替的过渡，在某些场合可能还会见到旧的国家标准，为此对旧标准也在这里作简单的介绍。

示例 1：YG6—X

Y　G6　X

Y 表示硬质合金
Y—“硬”的汉语拼音首字母

G6 表示硬质合金的成分及含量
G6—钨钴合金及钴含量
T14—钨钴钛合金及钛含量
W1—钨钴钛钽合金
N10—钨钴镍钼合金
N—加铌元素
A—加钽元素

X
附加字母分别表示：
X—细颗粒
C—粗颗粒

示例 2：YD—20

Y　D　20

Y—表示硬质合金
Y—“硬”的汉语拼音首字母

D—短切屑用硬质合金
C—长切屑用硬质合金

20—分组号

（3）切削刀片型号的表示方法：

A　1　25　A　Z

A—表示刀片类别：
A—内外圆车刀、镗刀
B—成型刀
C—螺纹刀、切断刀
D—铣刀、浮动镗刀
E—钻头、铰刀
F—耐磨件

1—表示同类别中的不同型式：
1—表示 1 型
2—表示 2 型

25—表示主要尺寸（L、B 或 D）
20—表示 20mm
06—表示 6 mm

A
附加字母

Z
左刀

（4）常用硬质合金刀片的应用示例：

YN05　适用于碳钢、铸钢、合金钢的高速连续切削精加工。

YN10　适用于碳钢、合金钢、不锈钢、淬硬钢等高速连续切削精加工。

YT15　适用于钢、铸钢的半精车加工。

YT14　适用于钢、铸钢的半精车加工。

YT5　适用于钢、铸钢的粗加工。

YM051　适用于铁基、镍基高温合金、高强度钢的精加工，耐热不锈钢、冷硬铸铁等材料的半精加工。

YM052　适用于特种耐热不锈钢的精加工、半精加工，高锰钢、淬火钢、冷硬铸铁的半精加工或精加工。

YM053　适用于加工各种铸铁，如高镍冷硬铸铁和球墨铸铁的粗、精加工。

YW1　适用于钢、低合金钢和铸铁的半精加工和精加工。

YM10　适用于加工不锈钢、碳钢、普通合金钢。

YW2　适用于钢、低合金钢和铸铁的半精加工。

YG3x　适用于铸铁、有色金属的精加工。

YD05　专用于各种镍基、铁基喷涂合金材料的车加工等。

YG6x　适用于冷硬合金铸铁及普通铸铁的半精加工和精加工。

YG6　适用于铸铁、有色金属的半精加工。

YD15　适用于铸铁、高 Ni-Cr 铸铁的半精加工和粗加工。

YG8　适用于铸铁、有色金属及其合金的粗加工。

（5）为了克服常用硬质合金强度和韧度低、脆性大、易崩刃的缺点，常采用以下措施改善其性能：

1）TiC 基硬质合金：TiC 的含量达到 50% ~60%，以镍或钒作为黏结剂。与目前常见的 WC 基硬质合金相比，它的硬度高、切削时与钢的摩擦因数小、耐磨性更好。牌号有 YN10、YN05。

高速钢基的硬质合金：以高速钢作为黏结剂的硬质合金，工艺性好，可以锻压，用于复杂刀具的制造。

2）细晶粒和超细晶粒硬质合金。通常的硬质合金平均晶粒尺寸为 2 ~3 μm；细晶粒合金（如 YG6x 等）的晶粒尺寸为 1 ~2 μm；超细晶粒合金的晶粒尺寸为 0.5 μm。细化晶粒可以有效地提高硬质合金的硬度与耐磨性。

3）涂层硬质合金。这种材料是在韧度、强度较高的硬质合金基体上或高速钢基体上，采用化学气相沉积法（CVD）或物理气相沉积法（PVD）涂覆一层极薄的硬质和耐磨性极高的难熔金属化合物而得到的刀具材料。通过这种方法，使刀具既具有基体材料的强度和韧度，又具有很高的耐磨性。

3. 新型刀具材料

（1）陶瓷材料。其主要成分是 Al_2O_3，刀片硬度可达 78HRC 以上，能耐 1 200 ~ 1 450℃的高温，故能承受较高的切削速度。但抗弯强度低，冲击韧性差，易崩刃。主要用于钢、铸铁、高硬度材料及高精度零件的精加工。

（2）立方氮化硼（CBN）。这是人工合成的超硬刀具材料，其硬度可达 7 300 ~ 9 000HV，仅次于金刚石的硬度。目前主要用于加工淬火钢、冷硬铸铁、高温合金和一些难加工材料。

（3）人造金刚石。具有很高的硬度和耐磨性，可达 10 000HV（硬质合金仅为 1 300 ~ 1 800HV）。其耐磨性是硬质合金的 80 ~ 120 倍。摩擦因数小，但热稳定性和韧性差，对铁族材料亲和力大。因此，一般不宜加工黑色金属，主要用于硬质合金，玻璃纤维塑料、硬橡胶、石墨、陶瓷、有色金属等材料的高速精加工。

刀具材料选用时，应对使用性能、工艺性能、价格等因素进行综合考虑，做到合理选用。例如，车削加工 45 钢自由锻齿轮毛坯时，由于工件表面不规则且有氧化皮，切削时冲击力大，选用韧性好的 K 类（钨钴类）硬质合金就比 P 类（钨钴钛类）硬质合金有利。又如车削较短钢料螺纹时，按理要用 P 类硬质合金，但由于车刀在工件切入处要受冲击，容易崩刃，所以一般采用 K 类硬质合金比较有利。虽然它的热硬性不如 P 类硬质合金，但由于工件短，散热容易，故切削温度的影响不大。

第八节　常用的金属切削刀具

一、金属切削刀具的分类

金属切削刀具品种繁多，可按下列方式分类。

1. 按刀具切削刃的形状分类

主要分为单刃刀具（车刀、刨刀和镗刀等）、多刃刀具（铣刀、铰刀）和成形刀具（成形车刀、成形铣刀、成形刨刀、拉刀、螺纹刀具和齿轮刀具等）。

2. 按结构形式分类

主要分为整体高速钢刀具、镶片硬质合金刀具、机械夹固式刀具和可转位刀具。

3. 按生产制造途径不同分类

主要分为：标准刀具，它是由专业的工具制造厂按照国家标准和部门、行业标准生产的刀具；非标准刀具，正规工具制造厂不批量生产，需要特别订货才生产的刀具（如成形车刀、成形铣刀、拉刀和蜗轮滚刀等）。

4. 按工件加工表面分类

主要分为加工各种外表面的刀具（包括车刀、刨刀、铣刀、外表面拉刀和锉刀等）、孔加工刀具（包括钻头、扩孔钻、镗刀、铰刀和内表面拉刀等）、螺纹加工刀具（包括丝锥、板牙、自动开合螺纹切头、螺纹车刀和螺纹铣刀等）、齿轮加工刀具（包括滚刀、插齿刀、剃齿刀、锥齿轮加工刀具等）、切断刀具（包括镶齿圆锯片、带锯片、弓锯片、切断车刀和锯片铣刀等）以及组合刀具。

5. 按切削运动方式和相应的刀刃形状分类

主要分为通用刀具（如车刀、刨刀、铣刀、镗刀、钻头、扩孔钻、铰刀和锯等）、成形刀具（这类刀具的刀刃具有与被加工工件断面相同或接近相同的形状，如成形车刀、成形刨刀、成形铣刀、拉刀、圆锥铰刀和各种螺纹加工刀具等）和展成刀具（用展成法加工齿轮的齿面或类似的工件，如滚刀、插齿刀、剃齿刀、锥齿轮刨刀和锥齿轮铣刀盘等）。

二、刀具的装夹和结构

各种刀具的结构都是由装夹部分和工作部分组成的。

1. 刀具的装夹部分

刀具的装夹部分有带孔和带柄两种结构。

带孔刀具依靠内孔套装在机床的主轴或心轴上，借助轴向键或端面键传递扭矩。例如，圆柱形铣刀、套式面铣刀等。

带柄的刀具通常有矩形柄、圆柱柄和圆锥柄三种。车刀、刨刀等一般为矩形柄；圆锥柄靠锥度（莫氏锥度、7:24 工具锥度）承受轴向推力，并借助摩擦力传递扭矩；圆柱柄一般适用于较小的麻花钻、立铣刀等刀具，切削时借助夹紧时所产生的摩擦力传递扭矩。很多带柄的刀具的柄部用低合金钢制成，而工作部分则用高速钢，两部分对焊而成。

2. 刀具的工作部分

刀具的工作部分就是产生和处理切屑的部分，包括切削刃、使切屑断碎或卷拢的结构、排屑或容储切屑的空间、切削液的通道等结构要素。有的刀具的工作部分就是切削部分，如车刀、刨刀、镗刀和铣刀等；有的刀具的工作部分则包括切削部分和校准部分，如钻头、扩孔钻、铰刀、内表面拉刀和丝锥等，切削部分的作用是用切削刃切除切屑，校准部分的作用是修光已切削的加工表面和引导刀具。

刀具工作部分的结构有整体式、焊接式和机械夹固式三种。整体结构是在刀体上做出切削刃；焊接结构是把刀片钎焊到碳钢的刀体上；机械夹固结构又有两种，一种是把刀片夹固在刀体上，另一种是把钎焊好的刀头夹固在刀体上。硬质合金刀具一般制成焊接结构或机械夹固结构，陶瓷刀具都采用机械夹固结构。

三、车刀

车刀是应用最广的一种单刃刀具，用于各种车床上加工外圆、内孔、端面、螺纹、车槽等。车刀按结构可分为整体车刀、焊接车刀、机械夹固车刀、可转位车刀和成形车刀。其中，可转位车刀的应用日益广泛，在车刀中所占比例逐渐增加。

1. 硬质合金焊接车刀

焊接车刀，就是在碳钢刀杆上按刀具几何角度的要求开出刀槽，用焊料将硬质合金刀片焊接在刀槽内，并按所选择的几何参数刃磨后使用的车刀。

2. 机械夹固车刀

机械夹固车刀采用普通刀片，再用机械夹固的方法将刀片夹持在刀杆上。它的特点是：

（1）刀片不经过高温焊接，避免了因焊接而引起的刀片硬度下降、产生裂纹等缺陷，提高了刀具的耐用度。

（2）由于刀具耐用度提高，使用时间较长，换刀时间缩短，提高了生产效率。

（3）刀杆可重复使用，既节省了钢材，又提高了刀片的利用率；刀片由制造厂家回收再制，提高了经济效益，降低了刀具成本。

（4）刀片重磨后，尺寸会逐渐变小，为了恢复刀片的工作位置，往往在车刀结构上设有刀片的调整机构，以增加刀片的重磨次数。

（5）压紧刀片所用的压板端部可以起断屑的作用。

3. 可转位车刀

可转位车刀是使用可转位刀片的机夹车刀。刀片的一条切削刃用钝后可迅速转位，换成相邻的新切削刃，即可继续工作，直到刀片上所有切削刃均已用钝，刀片才报废回收。更换新刀片后，车刀又可继续工作。可转位车刀与焊接车刀相比具有以下优点：

（1）定位精度高。刀片转位或更换新刀片后，刀尖位置不会改变。

（2）刀具寿命长。由于刀片避免了由焊接和刃磨的高温引起的缺陷，刀具几何参数完全由刀片和刀杆槽保证，切削性能稳定，从而提高了刀具寿命。

（3）生产效率高。由于机床操作人员不再磨刀，可大大减少停机换刀等辅助时间。

（4）有利于推广新技术、新工艺。可转位刀有利于推广使用涂层、陶瓷等新型刀具材料。

（5）有利于降低刀具成本。由于刀杆使用寿命长，大大减少了刀杆的消耗和库存量，简化了刀具的管理工作，降低了刀具成本。

4. 成形车刀

成形车刀是加工回转体成形表面的专用刀具，其刃形是根据工件廓形设计的，可用在各类车床上加工内外回转体的成形表面。

用成形车刀加工零件时可一次形成零件表面，操作简便、生产率高，加工后能达到公差等级 IT8 ~ IT10，表面粗糙度值为 R_a 5 ~ 10 μm，并能保证较高的互换性。但成形车刀制造较复杂、成本较高，切削刃工作长度较宽，故易引起振动。成形车刀主要用于加工批量较大的中、小尺寸带有成形表面的零件。

四、孔加工刀具

孔加工刀具按其用途可分为两大类：一类是钻头，它主要用于在实心材料上钻孔（有时也用于扩孔），根据构造及用途不同，又可分为麻花钻、扁钻、中心钻及深孔钻等；另一类是对已有孔进行再加工的刀具，如扩孔钻、铰刀及镗刀等。

1. 麻花钻

麻花钻是一种形状复杂的孔加工刀具，它的应用较为广泛，常用来钻削精度较低和表面较粗糙的孔。用高速钢麻花钻加工的孔精度可达 IT11 ~ IT13，表面粗糙度值可达 R_a 6.3 ~ 25 μm；用硬质合金麻花钻加工时则分别可达 IT10 ~ IT11 和 R_a 3.2 ~ 12.5 μm。

2. 中心钻

中心钻用于在轴端加工中心孔。有三种形式：不带护锥的中心钻、带护锥的中心钻及弧形中心钻。中心钻在结构上与麻花钻类似。为节约刀具材料，复合中心钻常制成双端的，钻沟一般制成直的。复合中心钻工作部分由钻孔部分和锪孔部分组成。钻孔部分与麻花钻相同，有倒锥度及钻尖几何参数。锪孔部分制成 60°锥度，保护锥制成 120°锥度。复合中心钻工作部分的外圆须经斜向铲磨，才能保证锪孔部分和锪孔部分与钻孔部分的过渡部分具有后角。

3. 扩孔钻

扩孔钻用于已有孔的扩大。一般加工精度可达 IT10 ~ IT11，表面粗糙度值可达 R_a 3. 2 ~ 12. 5 μm，通常作为孔的半精加工刀具。扩孔钻的类型主要有两种，即整体锥柄扩孔钻和套式扩孔钻。

4. 锪钻

锪钻用于加工各种沉头螺钉的沉头座、锥孔、凸台面等。

5. 镗刀

镗刀用来扩孔及用于孔的粗、精加工。镗刀能修正钻孔、扩孔等上一工序所造成的孔轴线歪曲、偏斜等缺陷，故特别适用于要求孔距很准的孔系加工。镗刀可加工不同直径的孔，镗孔可在车床、铣床、钻床、镗床上进行。根据结构特点及使用方式，镗刀可分为单刃镗刀、多刃镗刀和浮动镗刀等。

6. 铰刀

铰刀用于中小孔的半精加工和精加工，也常用于磨孔或研孔的预加工。铰刀的齿数多、导向性好、刚度好、加工余量小、工作平稳，一般加工精度可达 IT6 ~ IT8，表面粗糙度值可达 R_a 1. 6 ~ 0. 4 μm。根据使用方法不同，铰刀可分为手用铰刀和机用铰刀两类。手用铰刀有做成整体式，也有做成可调式的，在单件小批和修配工作中常使用尺寸可调的铰刀。机用铰刀直径小的做成带直柄或锥柄的结构，直径较大的常做成套式结构。

五、铣刀

铣刀是多刃刀具，它的每一个刀齿相当于一把车刀。铣削的基本规律与车削相似，但铣削是断续切削，切削厚度和切削面积随时在变化。

铣刀的类型很多，按铣刀齿背形状可分为尖齿铣刀和铲齿铣刀。常用的有圆柱铣刀、端铣刀、三面刃铣刀、立铣刀、键槽铣刀、半圆键槽铣刀、锯片铣刀、角度铣刀和球头铣刀等，如图 6—11 所示。

用圆柱铣刀和端铣刀铣削平面时，都存在逆铣和顺铣两种情况，如图 6—12 所示。

1. 逆铣

逆铣时，在切削区，铣刀刀齿的运动方向与工件的进给方向正好相反。它的切削层是由薄变厚的，要求切削刃必须锋利，否则一开始切入的时候，刀头就可能在工件的表面上打滑。由于工件的进给方向与切削力的方向正好相对，使得进给机构中的丝杠螺母始终单面接触。

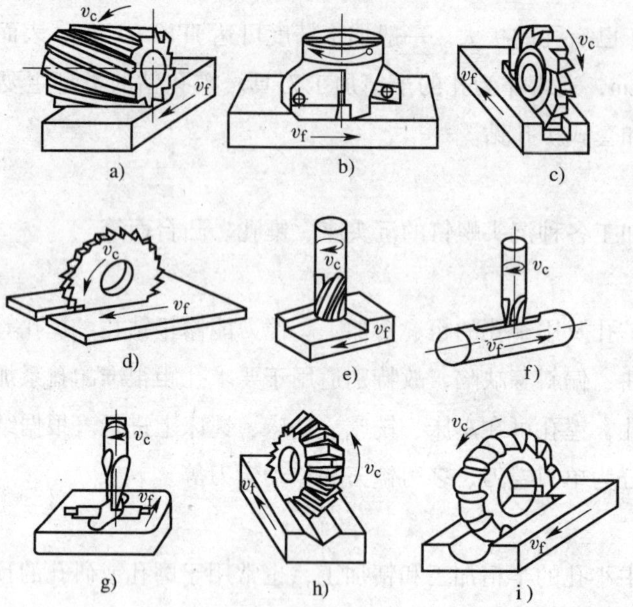

图 6—11　铣刀的类型

a）圆柱铣刀　b）端铣刀　c）三面刃铣刀　d）锯片铣刀　e）立铣刀
f）键槽铣刀　g）球头铣刀　h）角度铣刀　i）成形铣刀

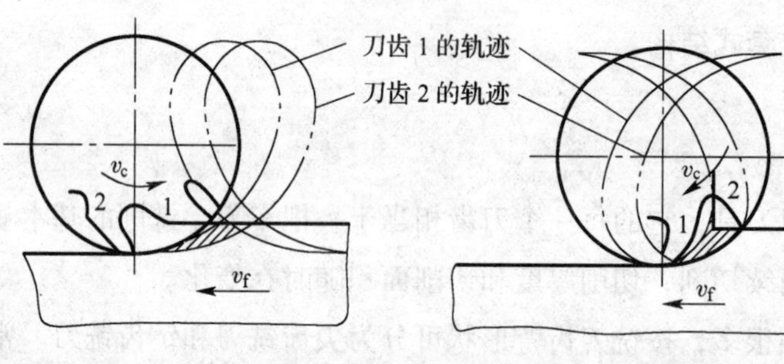

图 6—12　逆铣和顺铣

a）逆铣　b）顺铣

2. 顺铣

顺铣时，在切削区，铣刀刀齿的运动方向与工件的进给方向正好一致。顺铣时的切削层由厚变薄，因此刀具的耐用度要比逆铣方式的高。

由于工件的进给方向与切削力的方向正好相同，使得进给机构中的丝杠螺母不能始终单面接触，可能出现切削厚度的不稳定或强烈的振动。因此，普通的铣床要使用顺铣的切削方式，或对进给机构进行改装，加装间隙消除机构。

六、螺纹刀具

各种传动机构、紧固件和测量工具等，都广泛应用螺纹。根据螺纹的形状、表面粗糙度、公差等级和生产批量的不同，其加工方法及所采用的刀具也各不相同。

按加工螺纹的方法，螺纹刀具可分为以下几类：

1. 螺纹车刀

它的结构简单，通用性好，可以用来加工各种尺寸、形状的内、外螺纹。用螺纹车刀车削螺纹生产效率低，加工质量主要取决于工人的技术水平、机床精度和刀具本身的制造精度，适用于单件小批生产。

2. 螺纹梳刀

用这种刀具加工多头螺纹时，一次走刀便能成形，生产率高，但刀具制造较为困难。螺纹梳刀实质上是多齿的螺纹车刀，一般有 6 ~ 8 个齿，分为切削与校准两部分。

3. 丝锥和板牙

丝锥和板牙主要用于加工直径为 1 ~ 52 mm 的圆柱形及圆锥形内、外螺纹，可以手工操作或在车床或钻床上使用。丝锥用于加工内螺纹，板牙只能用来加工低精度的外螺纹。因结构简单、制造使用方便，故中小批生产中应用非常广泛。

4. 螺纹铣刀

用于加工圆柱形及圆锥形内、外螺纹，多用于螺纹的粗加工，生产率高，特别适合于加工直径较大的螺纹。常见的螺纹铣刀有盘形铣刀和梳形铣刀。

5. 螺纹砂轮

用砂轮磨削螺纹，公差等级可达 IT5 ~ IT6，表面粗糙度值可达 R_a 6.3 ~ 0.8 μm。

6. 螺纹滚压工具

螺纹滚压工具是利用金属塑性变形的方法来加工螺纹的。滚压螺纹的生产率极高，公差等级可达 IT5 ~ IT6，表面粗糙度值可达 R_a 1.6 ~ 0.25 μm。

七、齿轮刀具

齿轮刀具用于切削齿轮的齿形。此类刀具结构复杂，种类繁多。按其工作原理，可分为成形法刀具和展成法刀具两大类。

1. 成形法齿轮刀具

成形法齿轮刀具的切削刃的轮廓与被加工齿轮槽的廓形相同或相似，通常适用于加工直齿圆柱齿轮、斜齿齿条等。常用的成形齿轮刀具有盘形齿轮铣刀、指状齿轮铣刀等。这类铣刀结构简单，制造容易，可在普通铣床上使用；但加工精度和效率较低，主要用于单件、小批量生产和修配。

2. 展成法齿轮刀具

这类刀具是利用齿轮的啮合原理来加工齿轮的。加工时，刀具本身就相当于一个齿轮，它与被切齿轮无侧隙啮合，工件齿形由刀具切削刃在展成过程中逐渐切削包络而成。因此，刀具的齿形不同于被加工齿轮的齿槽形状。常用的展成法齿轮刀具有滚齿刀、插齿刀、剃齿刀等。

（1）插齿刀。插齿刀可以加工直齿轮、斜齿轮、内齿轮、塔形齿轮、人字齿轮和齿条等，是一种应用很广泛的齿轮刀具。

（2）滚齿刀。滚齿刀是利用螺旋齿轮啮合原理来加工齿轮的。在加工过程中，滚齿刀相当于一个螺旋角很大的斜齿圆柱齿轮，与被加工件作空间啮合，滚刀的刀齿就将齿轮齿形逐渐包络出来。

滚齿刀是加工直齿和螺旋圆柱齿轮常用的一种刀具。它的加工范围很广，模数为0.1~40 mm的齿轮均可使用滚齿刀加工。同一把滚齿刀可以加工模数、压力角相同而齿数不同的齿轮。

八、砂轮

磨削是目前半精加工和精加工的主要加工方法之一，砂轮则是磨削加工中的重要刀具。砂轮一般安装在平面磨床、外圆磨床和内圆磨床上使用，也可安装在砂轮机上刃磨刀具。

根据不同的用途、磨削方式和磨床类型，砂轮被制成各种形状和尺寸，常用的砂轮有平形砂轮、筒形砂轮、双斜边砂轮、杯形砂轮、碗形砂轮、碟形砂轮等。

1. 砂轮的特性参数

砂轮是用结合剂把磨料黏结起来，经压坯、干燥和焙烧的方法制成的。砂轮的特性由下列参数来确定：磨料、粒度、结合剂、硬度、组织。

（1）磨料。常用磨料有刚玉类、碳化物类及高硬磨料类。刚玉类磨料的主要成分是 Al_2O_3，由于它的纯度不同和加入金属元素不同而分为不同的品种。碳化物系磨料主要以碳化硅、碳化硼等为基体，也因材料的纯度不同而分为不同品种。高硬磨料系主要有人造金刚石和立方氮化硼。磨料的性能及适用范围见表6—3。

表 6—3　　　　常用磨料的性能及适用范围

类别	名称	代号	主要成分	显微硬度（HV）	颜色	特性	适用范围
刚玉类	棕刚玉	A	Al_2O_3 91%～96%	2 200～2 288	棕褐色	硬度高，韧性好，价格便宜	磨削碳钢、合金钢、可锻铸铁、硬青铜
	白刚玉	WA	Al_2O_3 97%～99%	2 200～2 300	白色	硬度高于棕刚玉，磨粒锋利，韧性差	磨削淬硬的碳钢、高速钢
碳化物类	黑碳化硅	C	SiC >95%	2 840～3 320	黑色带光泽	硬度高于刚玉，性脆而锋利，有良好的导热性和导电性	磨削铸铁、黄铜、铝、非金属
	绿碳化硅	GC	SiC >99%	3 280～3 400	绿色带光泽	硬度和脆性高于黑碳化硅，有良好的导电性和导热性	磨削硬质合金、宝石、陶瓷、光学玻璃、不锈钢
高硬磨料类	立方氮化硼	CBN	立方氮化硼	8 000～9 000	黑色	硬度仅次于金刚石，耐磨性和导电性好，发热量小	磨削硬质合金、不锈钢、高合金钢等难加工材料
	人造金刚石	MBD	碳结晶体	10 000	乳白色	硬度极高，韧性很差，价格昂贵	磨削硬质合金、宝石、陶瓷等高硬度材料

（2）粒度。粒度分为磨粒及微粉两类。磨粒用筛选法分级，如粒度号为 60 的磨粒，表示其大小正好能通过 1 in 长度上孔眼数为 60 的筛网。直径小于 40 μm 的磨粒称为微粉，微粉按实际尺寸大小表示，如尺寸为 28 μm 的微粉，其粒度号标为 W28。

常用磨料的粒度及应用范围见表 6—4。磨料的粒度直接影响磨削的表面质量和生产率。一般粗磨时磨削量较大，要求较高的磨削效率，宜选用粒度号小的砂轮；精磨时，为了获得小的表面粗糙度值及高的廓形精度，宜选用粒度号大的砂轮。当工件材料软、塑性大时，为避免砂轮堵塞，应选用粒度号小的砂轮。当磨削的面积大时，为避免过度发热而引起工件表面烧伤，也应选用粒度号小的砂轮。

（3）结合剂。结合剂的作用是将磨粒黏结在一起，使砂轮具有必要的形状和强度。常用的结合剂的性能及适用范围见表 6—5。

表 6—4　　常用磨料的粒度及应用范围

粒度号	颗粒尺寸范围（μm）	适用范围	粒度号	颗粒尺寸范围（μm）	适用范围
12～36	2 000～1 600 500～400	粗磨、荒磨、切断钢坯、打磨毛刺	W40～W20	40～28 20～14	精磨、超精磨、螺纹磨削、珩磨
46～80	400～315 200～160	粗磨、半精磨、精磨	W14～W10	14～10 10～7	精磨、精细磨、超精磨、镜面磨
100～280	165～125 50～40	精磨、成型磨、刀具刃磨、珩磨	W7～W3.5	7～5 3.5～2.5	超精磨、镜面磨、制作研磨剂等

表 6—5　　常用结合剂的性能及适用范围

结合剂	代号	性　能	适用范围
陶瓷	V	耐热，耐腐蚀，孔隙率大，容易保持廓形，弹性比较差	适用于大多数砂轮
树脂	B	强度比陶瓷高，弹性好，耐热性差	适用于高速磨削、切断、开槽
橡胶	R	强度比树脂高，弹性更好，孔隙率小，耐热性差	适用于切断、开槽、无心磨的导轮
青铜	M	强度最高，导电性好，磨耗少，自锐性差	适用于金刚石砂轮

（4）硬度。砂轮的硬度是指磨粒在外力作用下自砂轮表面上脱落的难易程度。砂轮硬，磨粒难脱落；砂轮软，磨粒易脱落。砂轮的软硬和磨粒的软硬是两个不同的概念。砂轮的硬度等级名称及代号见表 6—6。一般情况下，磨削软材料选用较硬的砂轮，磨削硬材料选用较软的砂轮。粗磨采用较软的砂轮，精磨采用较硬的砂轮。当工件材料太软（如有色金属、橡胶、树脂等）时，为避免砂轮堵塞，应选用较软的砂轮；当工件与砂轮接触面积大时，应选用较软的砂轮。

表 6—6　　砂轮的硬度等级名称及代号

硬度等级																	
大级	超软			软			中软		中		中硬			硬		超硬
小级	超软			软1	软2	软3	中软1	中软2	中1	中2	中硬1	中硬2	中硬3	硬1	硬2	超硬
代号	D	E	F	G	H	J	K	L	M	N	P	Q	R	S	T	Y

（5）组织。砂轮的组织是指磨粒、结合剂与气孔三者之间的体积比。根据磨粒在砂轮总体积中所占的比例，将砂轮组织分为紧密、中等、疏松三大级，再细分为 15 个号（见表 6—7）。组织号越小，磨粒所占比例越大，表明组织越紧密，气孔越少；反之，组织号越大，表明组织越疏松，气孔越多。

表 6—7　　　　磨具组织号与磨粒率对照表

组织号 N	0	1	2	3	4	5	6	7	8	9	10	11	12	13	14
磨粒率（%）	62	60	58	56	54	52	50	48	46	44	42	40	38	36	34

砂轮中的气孔可以容纳切屑，使砂轮不易堵塞，并把切削液带入磨削区，使磨削温度降低，避免烧伤和产生裂纹，减小工件的热变形。但气孔太多，磨粒含量少，容易磨钝和失去正确外形。7～9 级组织的砂轮最常用。一般砂轮若未标明组织号，即表示是中等组织。

在精密磨削及成形磨削时，应采用较紧密的砂轮；而在平面磨削、内圆磨削及磨削热敏性强的材料时，应选用较疏松的砂轮。

2. 砂轮的形状及砂轮标志

常用砂轮的形状、代号及用途见表 6—8。

表 6—8　　　　常用砂轮的形状、代号及用途

砂轮名称	新代号	旧代号	简　图	主 要 用 途
平形砂轮	1	P	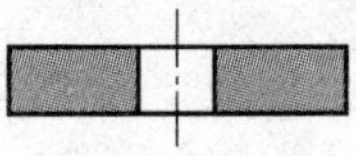	用于磨削外圆、内圆、平面、螺纹及无心磨等
双斜边形砂轮	4	PSX	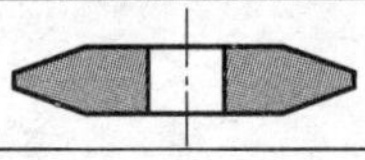	用于磨削齿轮和螺纹
薄片砂轮	41	PB	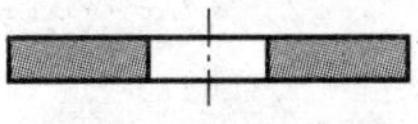	主要用于切断和开槽等
筒形砂轮	2	N	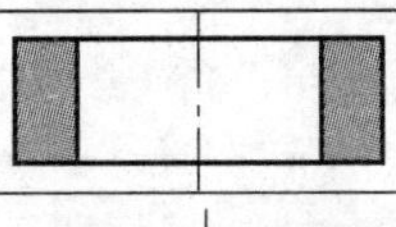	用于立轴端面磨削
杯形砂轮	6	B	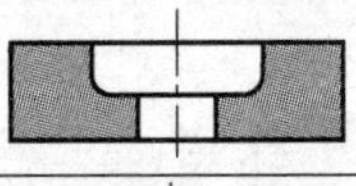	用于磨削平面、内圆及刃磨刀具
碗形砂轮	11	BW	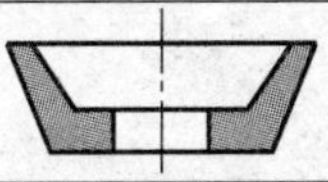	用于导轨磨削及刃磨刀具
碟形砂轮	—	D	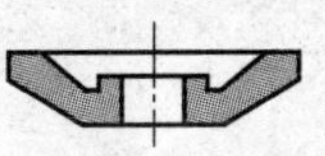	用于磨削铣刀、铰刀、拉刀等，大尺寸的用于磨削齿轮齿面

砂轮的名称及特性以标记的形式标注在砂轮上，为砂轮的正确使用和管理提供依据。例如，

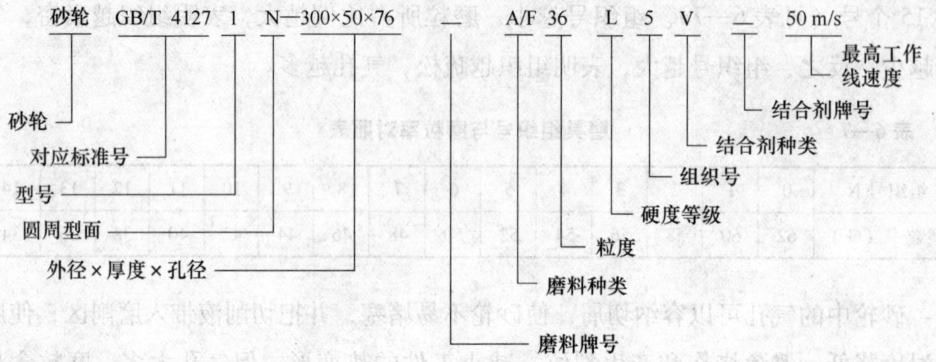

在使用砂轮前，一定要核准砂轮的特性指标。砂轮上的标记不得随意撕毁或破坏，否则可能会因为使用混乱而导致事故发生。

第七章

机械传动

第一节　带传动和链传动

一、带传动

带传动属于挠性传动，传动平稳，噪声小，可缓冲吸振。过载时，传动带会在带轮上打滑，起到保护其他传动件免受损坏的作用。带传动允许较大的中心距，结构简单，制造、安装和维护较方便，且成本低廉。但由于传动带与带轮之间存在滑动，传动比很难严格保持不变。带传动的传动效率较低，传动带的使用寿命一般较短，不宜在有油和易燃易爆场合下工作。

1. 平带传动

平带传动结构简单，有隔离和缓冲振动的作用，传动比较平稳，适宜在中心距较大的场合使用。传动中带与带轮之间会出现打滑，因此传动比不太准确，且传动的效率比较低，目前在机床上已经较少使用。例如，在内圆磨床上砂轮的驱动还常采用平带传动。

2. V 带传动

与平带传动相比，V 带传动结构比较紧凑、传动效率比较高。我国目前生产 O、A、B、C 四种型号的 V 带。O 型 V 带的截面积最小，传递的功率最小。选用时还要注意 V 带的长度规格。

3. 同步齿形带传动

同步齿形带是一种比较新型的、特殊的带传动机构。带的工作面做成齿形，带轮的轮缘表面也做成相应的齿形，利用齿形带上的齿形与带轮的轮齿依次啮合传递运动和动力，因而兼有带传动、齿轮传动及链传动的优点，如图 7—1 所示。它与 V 带传动相比具有传动比准确、无相对滑动、平均传动比较准确、传动精度高、传动平稳、噪声小、结构紧凑的优点。而且齿形带的强度高、厚度小、质量轻，可用于高速传动。齿形带无须特别张紧，故作用在轴和轴承上的载荷小，传动效率也高，现已在数控机床上广泛应用。但是，它对带轮安装的要求比较高，对传动中的冲击和超载比较敏感。

图 7—1　同步齿形带

同步齿形带一般采用细钢丝绳作为强力层，外面包覆聚氯酯或氯丁橡胶。齿形有梯形齿和圆弧齿两种。梯形齿同步带多用于转速不太高、小功率的场合，圆弧齿同步带多用在数控机床上，如图 7—2 所示。

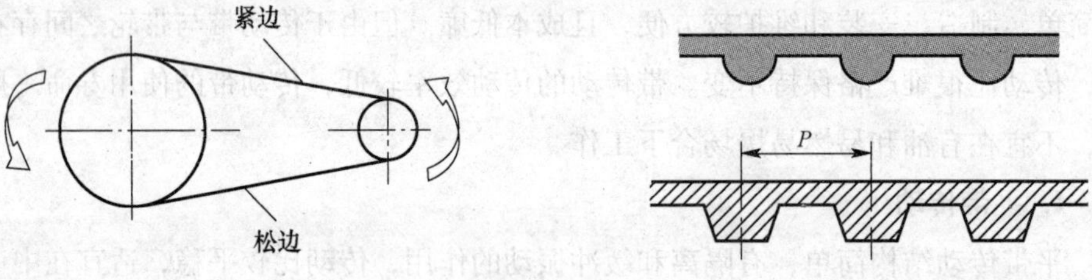

图 7—2　同步齿形带传动与齿形

与普通带传动相比，同步齿形带传动的特点是：

（1）钢丝绳制成的强力层受载后变形极小，齿形带的周节基本不变，带与带轮间无相对滑动，传动比恒定、准确。

（2）齿形带薄且轻，可用于速度较高的场合，传动时线速度可达 40 m/s，传动比可达 1:10，传动效率可达 98%。

（3）结构紧凑，耐磨性好。

（4）由于预拉力小，承载能力也较小。

（5）制造和安装精度要求甚高，要求有严格的中心距，故成本较高。

同步齿形带传动主要用于要求传动比准确的场合，如计算机中的外围设备、电影放映机、录像机和纺织机械等。

4. 多楔带

多楔带相当于多根 V 带并列在一起，如图 7—3 所示。多楔带传动的结构比一般的 V 带传动更紧凑，传动的功率也更大一点。

图 7—3 多楔带

二、链传动

在机床上常用的链传动主要是套筒滚子链和齿形链。链传动在机床上主要用于进给系统和辅助工作系统中。例如，油泵、切屑的输送装置，自动机床分配轴的驱动，主轴箱与平衡重块之间的连接等。与带传动相比，链传动的优点是：传动功率比较大，传动中心距可以比较大，结构比较紧凑，传动比可以达到 1:7～1:8，而且不怕油、不怕灰尘。

链传动的缺点是传动比不够准确，使用时间长了以后链条会伸长。链传动一般应该密封在罩壳内，并给予适当的润滑和定期的清洗。

第二节 丝杠螺母传动

丝杠螺母传动的结构有三类：滑动（梯形）丝杠螺母、滚珠丝杠螺母和液体静压丝杠螺母。丝杠螺母传动的特点是：传动比大，结构简单，传动平稳，精度高。在一般情况下，丝杠作为主动件，把丝杠的旋转运动变成螺母的直线运动，特别适合于垂直升降部件的传动，可以避免部件因为自身的质量而自动下滑。

一、滑动丝杠

作为传动用的丝杠，一般采用牙型角为 30°的梯形螺纹。丝杠和螺母的螺纹都各有两个工作面。整体结构的滑动丝杠螺母（梯形）传动时，它们之间只有一个面接触，另一个面之间会存在一定的间隙，在丝杠反向转动时，螺母会出现空程（螺母不会立即反向移动，要等丝杠转动到间隙完全没有了才开始反向移动），这就影响到传动的精度。在对运动精度要求比较高的场合，特别是需要经常进行正反向运动的机构来说，应避免这些误差。

消除滑动丝杠与螺母之间间隙的措施主要有：

（1）在螺母（或是与螺母连在一起的移动部件）上单向加一个拉力，可以用弹簧，也可以用滑轮重块或液压油缸来加载，使螺母一直单方向靠在丝杠上。这种方法结构简单，但是由于增加了传动的摩擦阻力，从而加速了螺纹表面的磨损。

（2）采用双螺母的方法，将一个螺母切开、分为两段，安装时中间留出一段间隙。通过这两个螺母微量的相对转动或者轴向移动，就可以达到消除间隙的目的。调整可以是人工定期的，调整好以后再予以锁紧，也可以采用弹簧、液压缸自动调整。

二、滚珠丝杠

滚珠丝杠螺母传动，是在丝杠和螺母之间放入一定数量的滚珠作为滚动体的螺旋传动元件。为此，要在丝杠和螺母的配合表面处开出半圆弧状的沟槽（滚道），如图 7—4 所示。

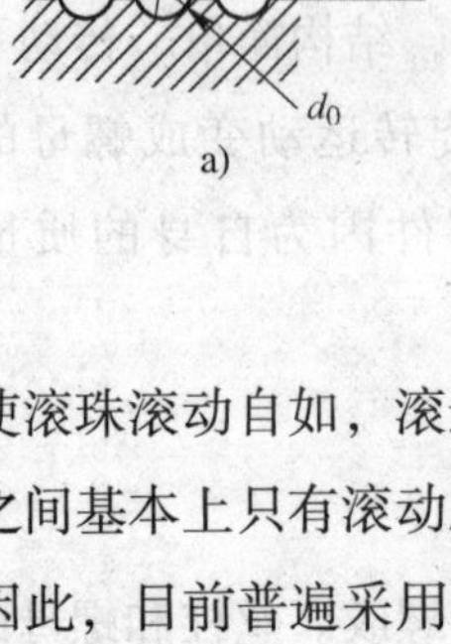

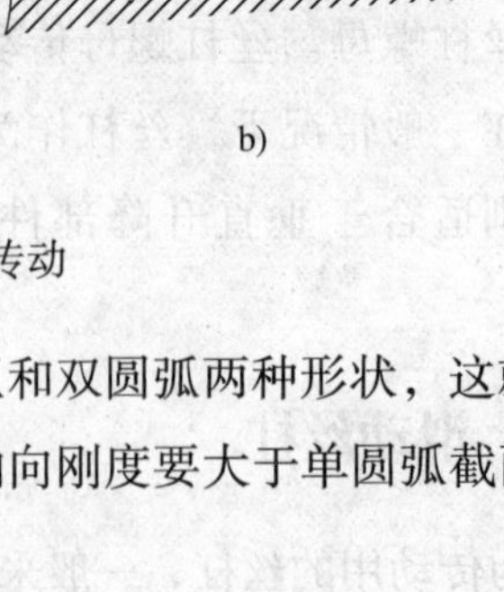

图 7—4　滚珠丝杠螺母传动

为使滚珠滚动自如，滚道的截面可以有单圆弧和双圆弧两种形状，这就使丝杠和螺母之间基本上只有滚动摩擦。双圆弧截面的轴向刚度要大于单圆弧截面的轴向刚度，因此，目前普遍采用双圆弧截面的丝杠。

1. 滚珠丝杠的基本尺寸和参数

（1）公称直径 D_o。公称直径越大，滚珠丝杠的承载能力和刚度就越高。

（2）基本导程 P_h。是指丝杠相对螺母转动一圈，螺母上基准点的轴向位移。

（3）接触角 β。是指在螺纹滚道法向剖面内，滚珠球心与滚道接触点的连线，与螺纹轴线的垂直线之间的夹角。理想的接触角应该是45°。

（4）滚珠直径 d_b。通常滚珠直径越大，承载的能力就越高。

（5）滚珠的工作圈数 i。一般情况下，第一圈滚珠承受总负载的50%左右，第二圈约为30%，第三圈约为20%，因此工作圈数没有必要大于4圈。

2. 滚珠丝杠螺母传动的特点

（1）转动轻便，摩擦损失小。传动效率高达95%～98%，是普通梯形滑动丝杠的3～4倍。

（2）可以采用多种方法消除丝杠螺母之间的间隙。给予适当的预紧以后，可以提高传动的精度和刚度。

（3）传动过程平稳，没有爬行现象，反应灵活。

（4）传动有可逆性。丝杠和螺母都可以作为主动件。既可以输入旋转运动输出直线运动，也可以输入直线运动输出旋转运动（这时的传动效率会低一些）。

（5）磨损小，使用寿命长。

（6）滚珠丝杠的不足之处是制造工艺复杂，元件的精度要求高，成本高。此外，由于传动存在可逆性，因此不能自锁。用在需要自锁的场合时，要附加制动装置。

3. 滚珠循环方式

滚珠丝杠工作时，里面的滚珠是要进进出出循环的，因此滚珠丝杠的螺母上要有回珠器。按回珠器结构的不同，滚珠的循环分为外循环和内循环两大类，如图7—5所示。

（1）外循环。滚珠在返回的过程中，与丝杠脱离接触，称为外循环。按返回的方式，分为插管式和螺旋槽式两种结构。插管式结构需要在螺母的外面加装返回的插管，虽然制造方便了，但是插管露在外面，容易损坏，还加大了外形尺寸。螺旋槽式结构是在螺母的壁上铣出螺旋槽，槽的两端与内部的滚道相连，形成返回通道，虽然制造复杂了，但是径向尺寸小，可靠性高。

（2）内循环。滚珠在返回的过程中，始终与丝杠保持接触，称为内循环。在螺母的外壁中装有2～4个凸键式的反向器，以实现滚珠的循环。内循环式的滚珠丝杠尺寸紧凑，刚度高，摩擦损失小，缺点是反向器的制造要求比较高。

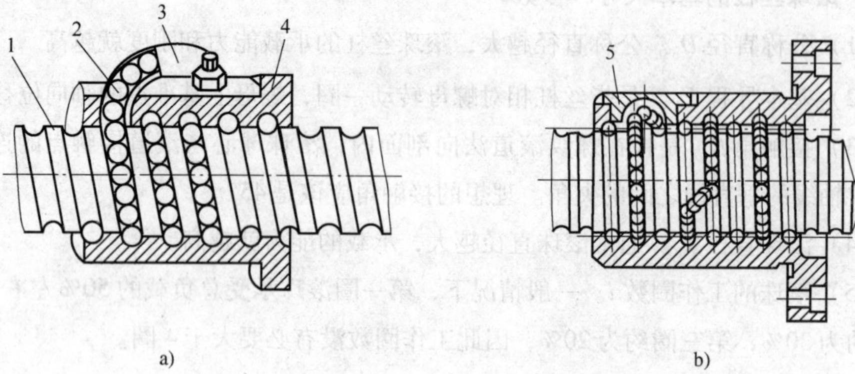

图 7—5　外循环和内循环滚珠丝杠

a）外循环结构　b）内循环结构

1—丝杠　2—滚珠　3—回珠管　4—螺母　5—反向器

4. 滚珠丝杠的轴向预紧

滚珠丝杠需要通过预加载荷的办法来消除丝杠与螺母之间的间隙。结构上分为单螺母形式和双螺母形式两种。

（1）单螺母形式。分为单螺母变位导程预紧、单螺母加大钢球径向预紧。

（2）双螺母形式。分为双螺母垫片预紧、双螺母差齿预紧、双螺母螺纹预紧等结构。数控机床上常用双螺母垫片预紧，其预紧力一般为轴向载荷的 1/3。

1）双螺母垫片预紧。如图 7—6 所示，改变调整垫片 4 的厚度，使两个螺母之间的轴向距离发生变化，达到消除间隙和预紧的目的。这种结构比较简单、刚度大，但是调整比较麻烦，而且调整好以后在使用中不能随时调整。

2）双螺母差齿预紧。如图 7—7 所示，将两个螺母的凸缘部分做成齿轮，齿

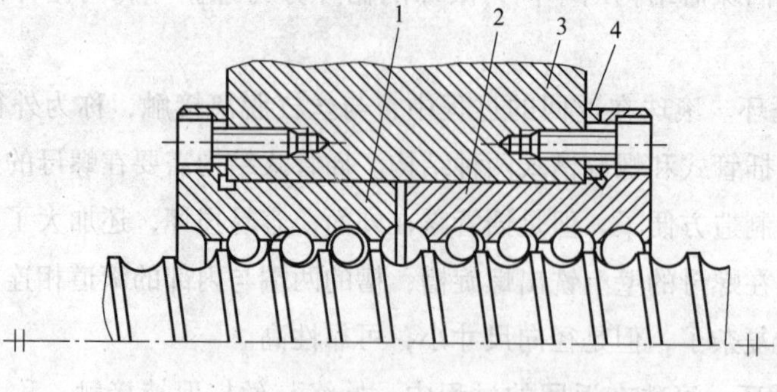

图 7—6　双螺母垫片调整和预紧方法

1—左螺母　2—右螺母　3—螺母座　4—调整垫片

数相差一齿，例如 $z_1=99$，$z_2=100$。两个齿轮都有一个同齿数的内齿轮（图7—7中3、4）相嵌住。调整时，把内齿轮移开，使两个螺母向同一个方向都转过一个齿，然后再将两个内齿轮按原来的位置嵌入并固定好。这种调整方法的结构比较复杂，但是调整准确可靠，调整的精度也比较容易控制，通常用在精度要求较高的场合。

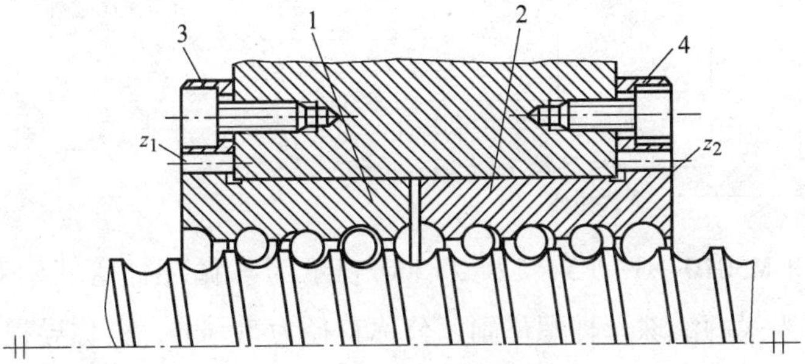

图7—7　双螺母差齿调整和预紧方法

1—左螺母　2—右螺母　3、4—内齿轮

3）双螺母螺纹预紧。如图7—8所示，滚珠丝杠的一个螺母上有两个调整用的圆螺母，其中圆螺母4是调整用的，圆螺母5是调整后锁紧用的。本方法是通过调整滚珠丝杠的两个螺母的相对轴向位置来实现预紧的。这种结构调整方便，且可在使用过程中随时调整，但预紧力大小不能准确控制。

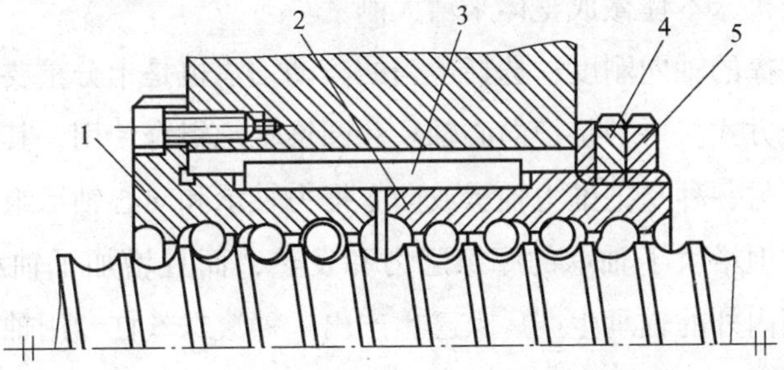

图7—8　双螺母螺纹调整和预紧方法

1—左螺母　2—右螺母　3—键　4、5—圆螺母

5. 滚珠丝杠的润滑和密封

滚珠丝杠螺母副工作时需要润滑和密封。润滑可以采用脂润滑或油润滑。润滑油一般为90～180号透平油或140号主轴油，润滑脂常用锂基润滑脂。滚珠丝杠和螺母的密封、防护对滚珠丝杠的正常工作、延长使用寿命十分重要。螺母的防尘可

以在两端装毛毡、橡胶或尼龙的密封圈，也可以加装迷宫式的密封。外露的丝杠一般采用伸缩式的套管或折叠式防护罩来防止切屑、灰尘的黏附。

滚珠丝杠螺母副的标注示例：

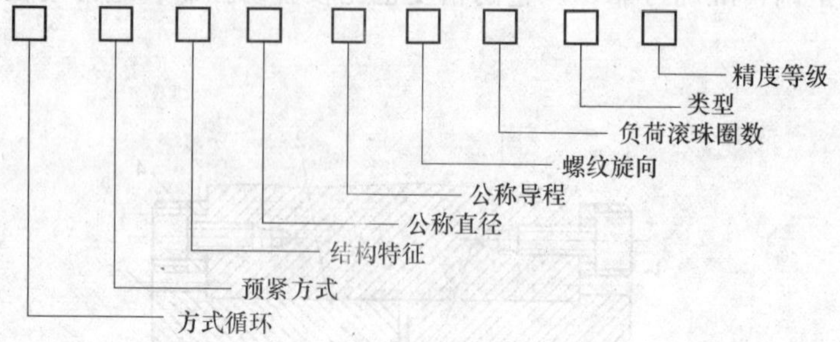

例如，FCDM5010—3—P3×1200/1500 表示为外循环插管式、双螺母垫片预紧、导珠管埋入式的滚珠丝杠螺母副，公称直径为 50 mm，公称导程为 10 mm，旋向为右旋，负荷滚珠圈数为 3 圈，定位滚珠丝杠副精度等级为 3 级，丝杠螺纹长度 1 200 mm，丝杠全长1 500 mm。

6. 滚珠丝杠的安装

数控机床的进给系统要获得较高的传动刚度，除了加强滚珠丝杠螺母本身的刚度之外，滚珠丝杠的正确安装及其支撑的结构刚度也是不可忽视的因素。螺母座及支撑座都应具有足够的刚度和精度。通常都是适当加大与机床结合部件的接触面积，以提高螺母座的局部刚度和接触强度，也有的机床在工艺条件允许时常常把螺母座或支撑座与机床本体做成整体来增大刚度。

为了提高支撑的轴向刚度，选择适当的滚动轴承也是十分重要的。国内目前主要采用两种组合方式。一种是把向心轴承和圆锥轴承组合使用，其结构虽简单，但轴向刚度不足。另一种是把推力轴承或向心推力轴承和向心轴承组合使用，其轴向刚度有了提高，但增大了轴承的摩擦阻力和发热，而且增加了轴承支架的结构尺寸。近年来，国内外的轴承生产厂家已生产出一种滚珠丝杠专用轴承，这是一种能够承受很大轴向力的特殊向心推力球轴承，与一般的向心推力球轴承相比，接触角增大到 60°，增加了滚珠的数目并相应减小了滚珠的直径。这种新结构的轴承比一般轴承的轴向刚度提高了两倍以上，而且使用极为方便，产品成对出售，而且在出厂时已经选配好内外环的厚度，装配时只要用螺母和端盖将内环和外环压紧，就能获得出厂时已经调整好的预紧力。

第三节 蜗轮蜗杆传动

机床上的蜗轮蜗杆传动（见图 7—9），主要用于传递两个互相垂直并交错的轴之间的回转运动，例如圆工作台、分度手轮、分度头等。蜗杆可以分为圆柱蜗杆、环面蜗杆和锥形蜗杆三种。其中，最常用的圆柱蜗杆又有三种类型：阿基米德圆柱蜗杆、渐开线圆柱蜗杆、圆弧齿圆柱蜗杆。

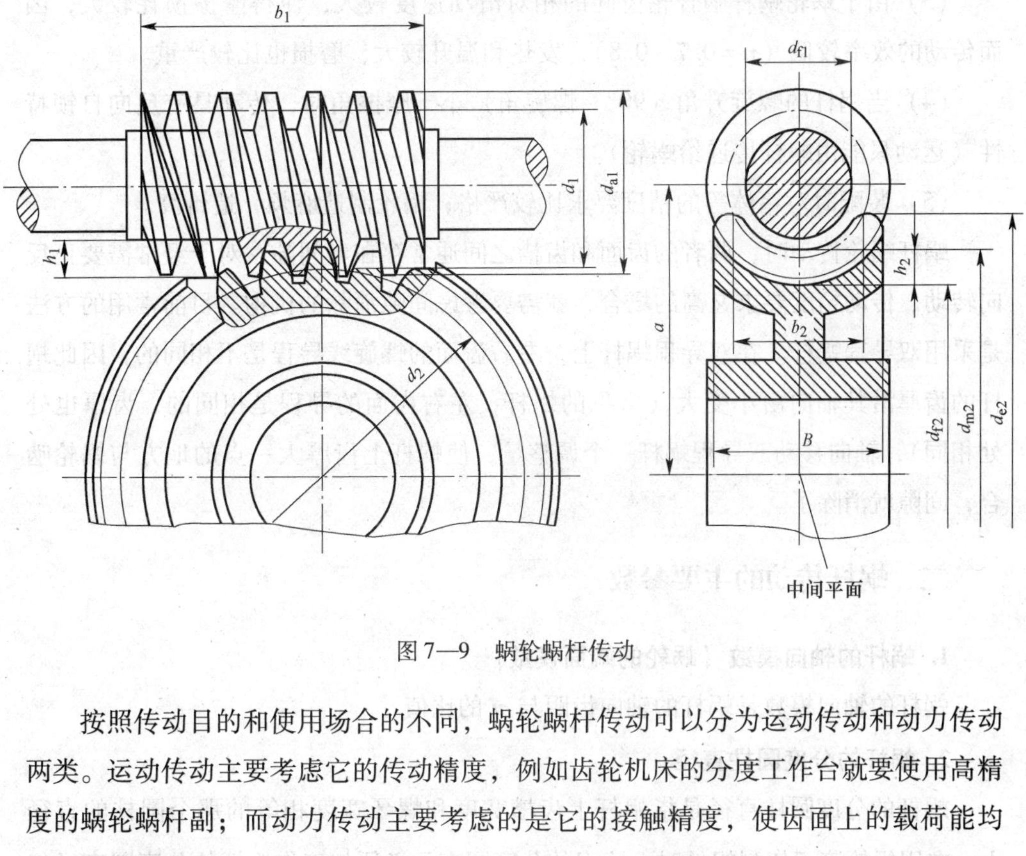

图 7—9　蜗轮蜗杆传动

按照传动目的和使用场合的不同，蜗轮蜗杆传动可以分为运动传动和动力传动两类。运动传动主要考虑它的传动精度，例如齿轮机床的分度工作台就要使用高精度的蜗轮蜗杆副；而动力传动主要考虑的是它的接触精度，使齿面上的载荷能均匀、合理地分布。

蜗杆有右旋和左旋两种旋向，可按右手规则来判别。

按啮合方式和装配的不同，蜗杆分为径向蜗杆和切向蜗杆两种。径向蜗杆装配时蜗杆可以从径向方向装入，切向蜗杆装配时必须从蜗杆的切线方向装入。

蜗杆传动的中间剖面是指通过蜗杆轴线并垂直于蜗轮轴线的平面。以蜗轮的中间剖面来观察，在理论上，蜗轮蜗杆仍然是一对渐开线的齿轮，而蜗杆从实质上来说也是一个渐开线齿轮，只是它的分度圆直径很小，齿数很少（只有一个或几个），而螺旋角很大，宽度（沿轴向）又很长。在垂直于蜗杆轴线的端剖面中，它的齿形是渐开线。因此，在别的剖面中就不再是渐开线了。

一、蜗轮蜗杆传动的主要特点

（1）蜗轮蜗杆传动平稳，振动、冲击和噪声均比较小。

（2）单级传动比大，结构紧凑。动力传动最大可达 1∶80。若只传递运动，则传动比最大可达 1∶1 000。

（3）由于蜗轮蜗杆啮合轮齿间的相对滑动速度较大，使得摩擦损耗较大，因而传动的效率较低（$\eta=0.7\sim0.8$），发热和温升较大，磨损也比较严重。

（4）当蜗杆的螺旋升角（90° - 螺旋角）小于摩擦角时，传动具有反向自锁特性（运动只能由蜗杆传递给蜗轮）。

（5）装配时对箱体等的精度要求比较严格；蜗轮制造麻烦，造价高。

蜗杆蜗轮传动时，两者的齿面和齿槽之间通常存在着间隙，对于经常需要正反向转动、传动精度要求又高的场合，就需要考虑间隙消除的机构。目前常用的方法是采用双导程蜗杆。在双导程蜗杆上，左右齿面的螺旋线导程是不相同的，因此蜗杆的齿厚沿其轴向由小变大（常见的蜗杆，左右齿面的导程是相同的，齿厚也处处相同），轴向移动双导程蜗杆一个调整量，使蜗杆上齿厚大一点的地方与蜗轮啮合，间隙就消除了。

二、蜗杆传动的主要参数

1. 蜗杆的轴向模数（蜗轮的端面模数）

蜗杆的轴向模数是蜗杆的轴向齿距与 π 的比值。

2. 蜗杆的分度圆柱直径

蜗杆的分度圆柱直径是指蜗杆上齿槽宽度和螺牙宽度相等的那个圆柱的直径 d_1。在用蜗轮滚刀切制蜗轮时，滚刀的分度圆直径必须与工作蜗杆的分度圆直径相同。为了限制蜗轮滚刀的数目，国家标准中规定将分度圆直径标准化，且与其模数相匹配。

3. 蜗杆的特性系数 q

$$q = d_1/m$$

4. 蜗杆的螺旋线导程

蜗杆的螺旋线导程是指蜗杆螺旋线旋转一圈时，沿轴向移动的距离。也可以是在分度圆上，两个相邻齿面（同一个螺旋面）的距离。

5. 蜗杆的轴向齿形角 α

标准值 $\alpha = 20°$，动力传动 $\alpha = 25°$，分度传动 $\alpha = 15°$或 $12°$。

6. 蜗杆的头数 z_1

7. 蜗轮的齿数 z_2

8. 传动中心距 A

$$A = \frac{m}{2}(z_2 + q)$$

9. 传动比 i

$$i = z_2/z_1$$

第四节　齿 轮 传 动

齿轮是在各种传动机械和机床上应用最为广泛的一种传动元件。在各种类型的普通机床上几乎都要用到齿轮传动装置。例如，在机床的主轴箱、进给箱、变速箱中就有大大小小、各种各样的齿轮。齿轮传动在机械设备中的作用是传递扭矩、传递运动、改变运动的方向和改变转速。

齿轮传动的特点是：传动比准确、可靠性高，这对齿轮和螺纹加工机床特别重要；传递动力大、传动效率高，可以达到98%以上，使用寿命长；中低速时传动平稳，噪声小；结构紧凑。

齿轮传动的传动质量主要取决于齿轮本身的制造精度以及齿轮副的安装精度。

齿轮的齿形通常有三种：渐开线齿形、摆线齿形和圆弧齿形。其中，渐开线齿形应用最为广泛；摆线齿形主要用在钟表和仪器中；圆弧齿形的承载能力比较高，适宜在动力、钢铁、工程机械等行业中使用。

一、渐开线齿轮传动的原理和特点

1. 渐开线的形成

如图7—10所示，当一条直线 BK 沿一圆周作纯滚动时，直线上任意点 K 的轨

迹 AK 就是该圆的渐开线，这个圆称为渐开线的基圆（半径为 r_b），直线 BK 称为渐开线的发生线，角 θ_k 称为渐开线 AK 段的展开角，角 α_k 称为渐开线在 K 点的压力角。

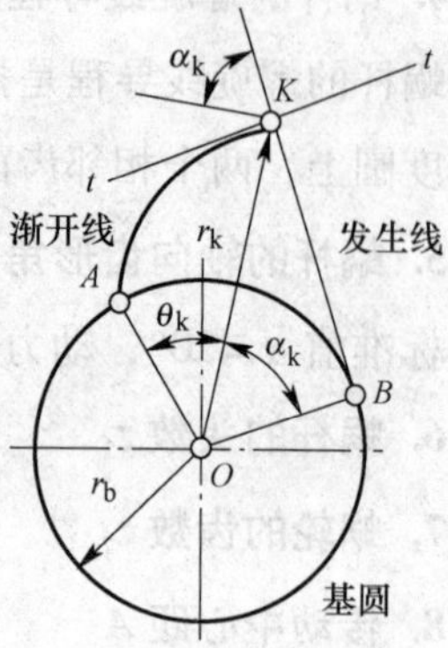

图 7—10　渐开线的形成原理

2. 渐开线的特性

（1）$\widehat{AB}=BK$，表示发生线滚过基圆的长度等于基圆上被滚过的弧长。

（2）渐开线上任意点的法线切于基圆（渐开线上任意点的法线即渐开线的发生线）。

（3）B 点为这条渐开线的曲率中心，BK 就是 K 点处的曲率半径。渐开线起始点 A（基圆）处的曲率半径为 0。由此可见，同一个基圆上的渐开线，基圆处的曲率（齿形的弯曲程度）最大，离开基圆越远的地方，齿形就越平直。

（4）渐开线形状只取决于基圆。基圆越大，渐开线越平缓，当 $r_b\to\infty$，渐开线变成直线，齿轮变为齿条。

（5）基圆内无渐开线。

（6）同一基圆上任意两条渐开线之间的公法线长度处处相等。

3. 单个渐开线齿轮的基本参数

（1）齿轮的模数 m。模数定义为分度圆的直径 d（mm）与齿轮的齿数 z 之比。若分度圆的大小不变，模数越大，则这个齿轮的齿数就越少，反之就越多。模数是齿轮最主要的参数之一。模数的大小反映了齿轮的承载能力的大小。模数越大，齿的形状和尺寸就越大，承载能力也就越大；模数越小，齿的形状和尺寸就越小，承载能力也就越小。

（2）分度圆。加工齿轮时，与刀具（滚刀或插齿刀）产生纯滚动的圆称为分度圆。对于标准齿轮来说，分度圆上的齿厚与齿槽宽度相等。分度圆的直径 $d=mz$。

（3）齿距。齿距是指任意直径 d_k 的圆周上，相邻两齿同侧齿廓之间的弧长，用 p_k 表示。若齿轮的齿数为 z，则直径为 d_k 的圆周长度为 $p_k\cdot z$，同时它又等于 $\pi\cdot d_k$。因此有：

$$\pi\cdot d_k = p_k\cdot z$$

（4）齿厚。齿厚是指任意直径 d_k 的圆周上，任一轮齿两侧齿廓之间的弧长，用 s_k 表示。

(5) 齿槽宽。齿槽是指齿轮上相邻两个齿之间的空间部分。齿槽宽是指任意直径 d_k 的圆周上，齿槽两侧齿廓之间的弧长，用 e_k 表示。显然有：$p_k = s_k + e_k$。

(6) 齿顶圆。齿顶圆是指轮齿齿顶所在的圆，其直径用 d_a（半径为 r_a）表示。

(7) 齿根圆。齿根圆是指齿槽底部所在的圆，其直径用 d_f（半径为 r_f）表示。

4. 一对渐开线齿轮啮合传动

(1) 啮合线。一对齿轮啮合传动时，齿廓接触（即啮合）点的轨迹称为啮合线。对于渐开线齿轮来说，在啮合点一定有这两个齿廓接触点的公法线，而渐开线的法线一定要切于它的基圆，因此啮合线也就是这两个基圆的内公切线。

(2) 压力角与啮合角

1) 压力角（α_k）。指单个渐开线齿形上，某点的法线（或压力方向线）与该点速度方向所夹的锐角，如图 7—10 所示。

$$\alpha_k = \angle BOK$$

$$r_b = r_k \cos\alpha_k$$

渐开线齿廓上各点压力角的大小是不相等的（齿条齿廓例外）。在基圆处（渐开线的起始点）$\alpha_k = 0°$，离基圆越远，渐开线上的压力角就越大。

2) 啮合角（α）。一对齿轮中心距给定以后，啮合时会有一对（相切的）纯滚动的圆，称为节圆，这个相切的点就称为节点。啮合角在数值上等于渐开线在节圆上的压力角，我国规定的标准值是 20°。相啮合的一对渐开线齿廓的节圆压力角必然相等。

应当指出，分度圆和压力角是单独一个齿轮所具有的几何参数，而节圆和啮合角是两个齿轮啮合时才出现的啮合参数。标准齿轮只有在正确安装时分度圆与节圆才重合，压力角与啮合角才相等；否则，分度圆与节圆是不重合的，压力角与啮合角也是不相等的。

标准齿轮传动只有在分度圆与节圆重合时，压力角和啮合角才刚好相等。

不同压力角和齿数的渐开线齿形的比较如图 7—11 所示。

5. 一对渐开线直齿圆柱齿轮正确啮合的条件

一对渐开线齿轮的正确啮合条件为：

(1) 两齿轮的模数必须相等。

$$m_1 = m_2 = m$$

(2) 两齿轮分度圆上的压力角必须相等。

$$\alpha_1 = \alpha_2 = \alpha$$

根据正确啮合条件，传动比可改写成：

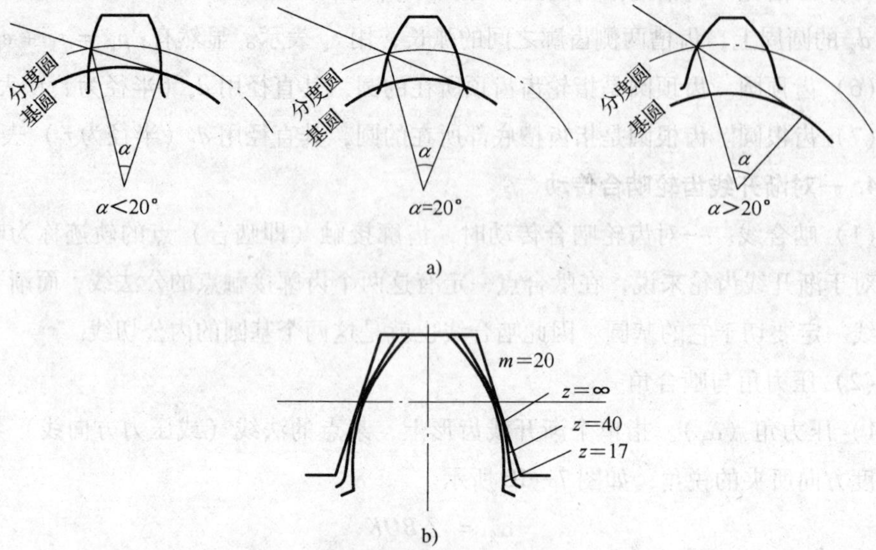

图 7—11　不同压力角和齿数时的齿形比较
a）不同压力角时的齿形　b）不同齿数时的齿形

$$i = \frac{\omega_1}{\omega_2} = \frac{r_{b2}}{r_{b1}} = \frac{r_2\cos\alpha}{r_1\cos\alpha}$$

$$= \frac{r_2}{r_1} = \frac{mz_2/2}{mz_1/2} = \frac{z_2}{z_1}$$

式中　ω_1、r_{b1}和 r_1——齿轮 1 的转速、基圆半径和分度圆半径；

ω_2、r_{b2}和 r_2——齿轮 2 的转速、基圆半径和分度圆半径。

渐开线齿轮的正确啮合条件是两轮的模数和压力角必须分别相等，这样一对渐开线齿廓才能保证以恒定的传动比传动。一对齿轮的传动比可写成：

$$\frac{\omega_1}{\omega_2} = \frac{d_2}{d_1} = \frac{z_2}{z_1}$$

安装时使节圆与分度圆相重合的一对标准齿轮，它们的中心距称为正确安装的中心距或标准中心距，用 a 表示。

$$a = \frac{m(z_1 + z_2)}{2}$$

（3）重合度（e）应大于等于 1.1。

一对渐开线齿轮连续传动的条件是：前一对轮齿即将分离以前，后一对轮齿必须进入啮合，否则传动就会中断。

在分度圆上，一对齿从开始啮合到终止啮合所经过的弧线距离称为啮合弧。如果啮合弧大于分度圆齿距，当前一对齿正要在终止啮合点分离时，后一对齿已经在啮合线上啮合，故能保证连续正确传动。如果啮合弧小于分度圆齿距，则当前一对齿在啮合线上终止啮合时，后一对齿还未进入啮合，这时传动就出现中断，并引起冲击。由此可知，为了保证渐开线齿轮连续以恒定传动比传动，啮合弧必须大于分度圆齿距。啮合弧与分度圆齿距之比称为重合度（或重叠系数），用 e 表示。

在一般机械制造中常使 $e \geqslant 1.1$。对于标准齿轮传动，一般都能满足这一条件。重合度越大，表示两对齿同时啮合的时间越长，传动越平稳。

一对渐开线齿轮在传动时，它们的齿廓啮合点都应位于其啮合线上。因此要使两齿轮能正确连续啮合，应使多对轮齿处于啮合线上并同时进入啮合，即应满足两齿轮的法向齿距（基节）相等的要求。

二、标准直齿圆柱齿轮的基本参数及几何尺寸

标准直齿圆柱齿轮的主要参数有模数、齿数、压力角、齿顶高系数等，如图 7—12 所示。

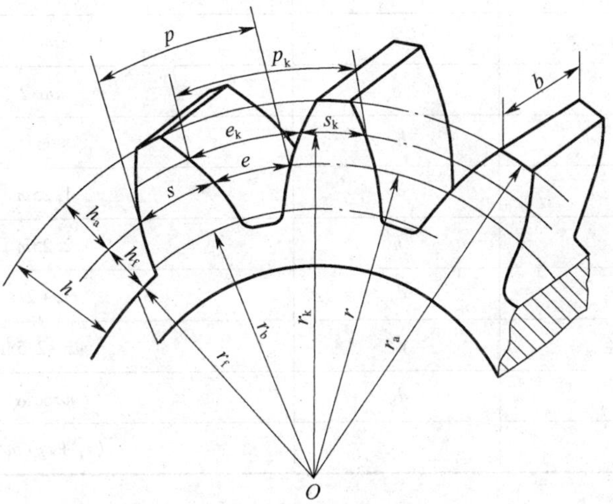

图 7—12 渐开线齿轮的齿形参数

标准直齿圆柱齿轮几何参数的计算见表 7—1。

三、渐开线齿轮的根切与变位

根切是指用齿轮滚刀加工小齿数（通常小于 17 齿）的齿轮时，轮齿根部的渐开线会与滚刀的齿顶干涉而被切去。根切会影响一对齿轮正常的啮合和连续的运

行。轮齿发生根切的原因是，刀具的齿顶线超过了啮合极限点 N，如图 7—13 虚线的刀齿所示。这时可以将刀具向远离轮坯中心的方向移动一个距离，刀具就不会切到轮齿的根部，从而不再发生根切现象。通过改变刀具和轮坯的相对位置来切制齿轮的方法称为变位修正法，这样切制的齿轮称为变位齿轮。刀具向远离轮坯方向移动，称为正变位；刀具向靠近轮坯方向移动，称为负变位。

表 7—1　　标准直齿圆柱齿轮几何参数的计算

名称	代号	计算公式或方法
齿数	z	根据该齿轮的工作要求确定
模数	m	通过轮齿强度计算和校核，并按国家标准取靠近的标准数值
压力角	α	20°
分度圆直径	d	mz
齿距	p	πm
基节	p_b	$\pi m\cos\alpha$
齿厚	s	$\pi m/2$
齿槽宽	e	$\pi m/2$
齿顶高	h_a	m
齿根高	h_f	$1.25m$
全齿高	h	$2.25m$
齿顶圆直径	d_a	$mz+2m$
齿根圆直径	d_f	$mz-2.5m$
基圆直径	d_b	$mz\cos\alpha$
中心距	a	$(z_1+z_2)m/2$

一对渐开线齿轮传动，即使两齿轮的实际中心距与设计中心距有偏差，也不会影响其传动比。这一特性称为渐开线齿轮传动的可分性。这也是齿轮变位后仍然可以保持渐开线传动特性的原因。

变位修正时刀具移动量为 $x\cdot m$，x 称为变位系数。正变位时，变位系数为正值；负变位时，变位系数为负值。

变位齿轮的分度圆齿厚不等于齿槽宽，齿顶高和齿根高也不再是标准值。

所谓标准齿轮，就是在加工这个齿轮的时候，滚刀的中线（滚刀齿形上齿厚

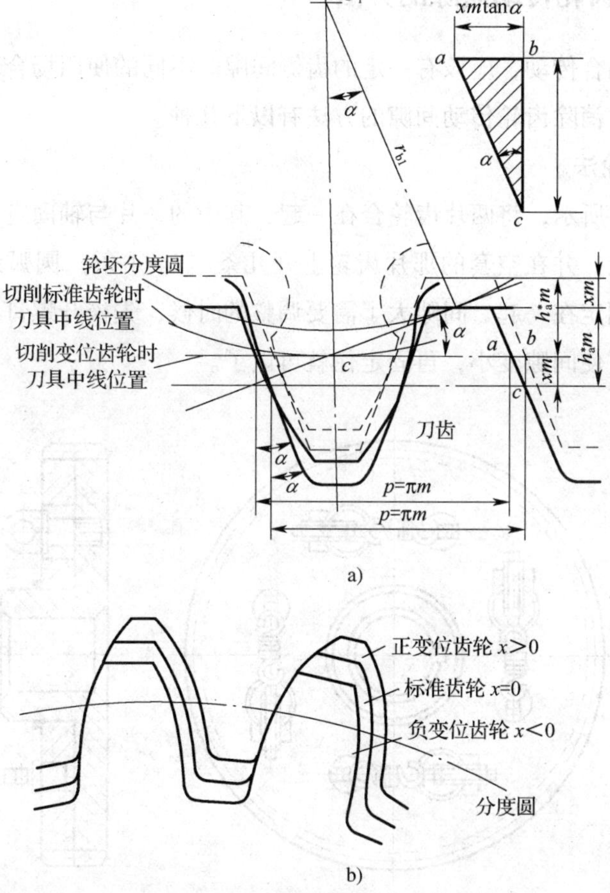

图 7—13 变位齿轮的加工和齿形

与齿槽宽相等的那条线）与被加工齿轮的分度圆正好相切，这时加工出来的齿轮就是标准齿轮。因而标准齿轮的分度圆齿厚与齿槽宽必然相等，而且其齿高也是标准值。

变位齿轮传动中，有一种零变位齿轮（变位系数 $x_1=0$），虽然它也具有标准值的基本参数，分度圆齿厚与齿槽宽也相等，但由于与该齿轮相啮合的是变位齿轮（$x_2 \neq 0$），则该齿轮的齿高为 $m-x\cdot m$，已不是标准值。

同一齿数的变位齿轮与标准齿轮相比，齿数、模数、压力角、分度圆、基圆、分度圆齿距、全齿高都没有变，只是齿顶圆、齿根圆、分度圆齿厚、齿槽宽发生了变化。

四、消除齿轮传动间隙的方法

一对齿轮啮合传动，应该有一定的齿侧间隙。不同的使用场合，对齿侧间隙的要求是不同的。消除齿轮传动间隙的方法有以下几种。

1. 双片齿轮法

如图 7—14 所示，将两片齿轮合在一起，其中的一片与轴固定，另一片空套在前一片的轴肩上，并在空套的那片齿轮上开几条（2 ~ 4 条）圆弧形的槽，再用螺钉把两片齿轮固定在一起。间隙大了需要调整的时候，先松开螺钉，然后把两片齿轮相对转动一下使间隙变小，再固定住就可以了。

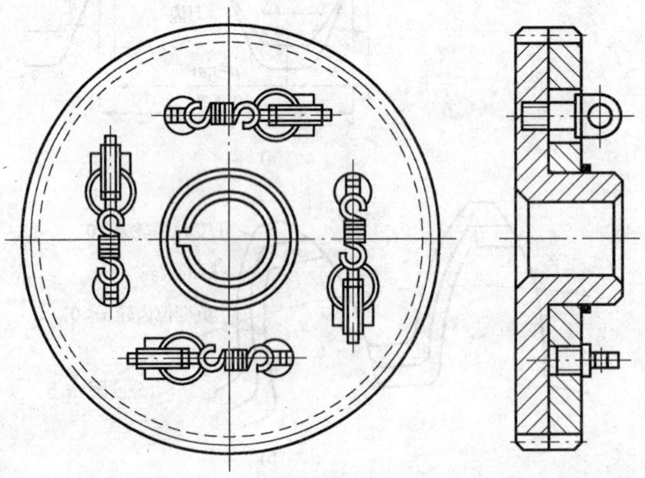

图 7—14　双片齿轮法

2. 小锥度齿轮法（见图 7—15a）

普通的齿轮外形是一圆柱体，而小锥度齿轮的外形是一圆锥体。两个同样锥度的小锥度齿轮，方向一正一反啮合。沿轴向相对移动两个齿轮，就可以增大或减小啮合的间隙。

3. 偏心套法（见图 7—15b）

一对啮合的齿轮，其中一个齿轮空套在一个偏心套上，两者之间的连接情况和双片齿轮法相同。调整的时候，使齿轮与偏心套之间相对转动一下，间隙就变化了。

4. 过渡齿轮法

两个本应啮合的齿轮，使它们的齿离开一段距离，旁边加一个过渡齿轮（其位置沿两个齿轮中心线的垂直方向是可调整的），并与前面的两个齿轮都保持无间隙啮合。移动过渡齿轮的位置可以调整间隙。

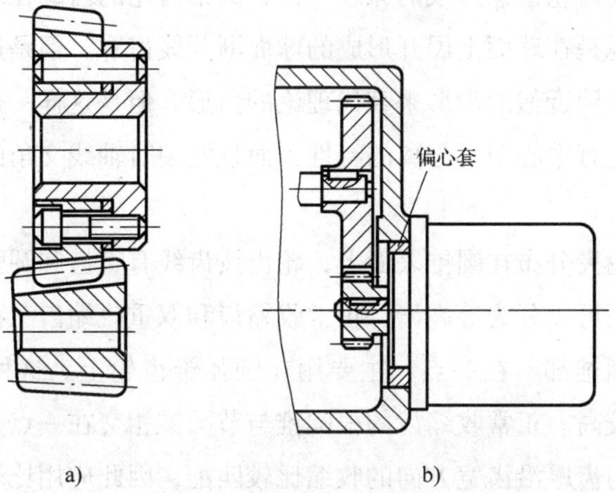

图 7—15 小锥度齿轮法和偏心套法

a）小锥度齿轮法 b）偏心套法

五、圆锥齿轮传动

圆锥齿轮传动用于传递两相交轴之间的运动和动力，两轴间的夹角可以是任意的。在机械传动中应用最多的是两轴交角 $\Sigma=90°$ 的直齿圆锥齿轮传动，如图 7—16 所示。

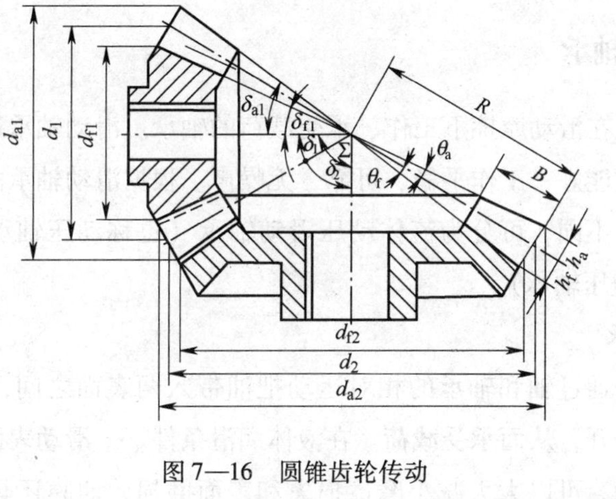

图 7—16 圆锥齿轮传动

圆锥齿轮的齿形由大端向小端逐渐收缩。为计算和测量方便，规定大端参数为标准值，包括模数 m、压力角 $\alpha=20°$、齿顶高系数 $h_a^*=1$、顶隙系数 $c^*=0.2$。

一对直齿圆锥齿轮传动的正确啮合条件是：两齿轮大端的模数和压力角对应相等。

与渐开线圆柱齿轮齿廓形成的原理一样，圆锥齿轮的齿廓在理论上也应该是渐开线表面，严格说是在球面上展开形成的球面渐开线齿廓。但是这种齿面几乎加工不出来，因此，采用近似的齿形来替代理论的齿形。但是这样一来，圆锥齿轮不再像圆柱齿轮那样具有中心距可分离的特性，而且安装时轴线交角的误差还会影响传动的速比。

圆锥齿轮的轮齿分布在圆锥表面上，轮齿按齿线有直齿和圆弧曲齿之分。直齿圆锥齿轮按齿高还可以分为等高齿、正常收缩齿和双重收缩齿三种。等高齿的顶圆锥、根圆锥和节圆锥都不在一点，主要用在圆弧锥齿轮上。这种齿形加工比较简单，传动精度比较高。正常收缩齿的根圆锥与节圆锥相交在一点，顶圆锥交在另外一点。它的齿高与齿厚沿齿宽方向的收缩比较匹配，因此应用比较广泛。

第五节　轴　　承

轴承在各种机械中主要作为传动轴的支撑，以保持轴的旋转精度，减少转轴与支撑之间的摩擦和磨损，因此使用十分广泛。有的时候也可以把轴承直接作为轮子使用。轴承分为滑动轴承和滚动轴承两大类。

一、滑动轴承

滑动轴承是在滑动摩擦下工作、承受载荷的轴承。滑动轴承最大的特点是在运转过程中阻尼性能好，工作平稳、可靠，无噪声。根据滑动轴承两个相对运动表面油膜形成原理的不同，可分为流体动压滑动轴承（也称动压轴承）和流体静压滑动轴承（也称静压轴承）。

1. 动压轴承

动压轴承是通过轴和轴承的相对运动把油带入两表面之间，形成足够的压力膜，将两表面隔开，从而承受载荷。在液体润滑条件下，滑动表面被润滑油分开而不发生直接接触，可以大大减小摩擦损失和表面磨损，油膜还具有一定的吸振能力；但启动摩擦阻力较大。轴承中只有一个压力油膜的称为单油楔动压轴承，这种轴承由于旋转精度低、运转不太稳定，几乎已经被淘汰。在机床中使用的是多油楔动压轴承，例如短三瓦滑动轴承、超短三瓦滑动轴承、五油楔整体式滑动轴承、阿基米德曲线多油楔滑动轴承和整体成形的多油楔滑动轴承等。

动压轴承的主要问题是，当转动速度低于某一定值的时候，压力油膜就建立不起来；如果旋转停止了，压力油膜就要消失。所以，当轴的转速比较低或是在启动和制动的过程中，轴颈就要与轴承接触，发生干摩擦。而且轴的转速变化后，压力油膜的厚度也会发生变化，就会影响轴的轴心位置以及旋转精度。

轴被轴承支撑的部分称为轴颈，与轴颈相配的零件称为轴瓦。为了改善轴瓦表面的摩擦性质，而在其内表面上浇铸的减摩材料层称为轴承衬。轴瓦和轴承衬的材料统称为滑动轴承材料。常用的滑动轴承材料有轴承合金（又叫巴氏合金或白合金）、耐磨铸铁、铜基和铝基合金、粉末冶金材料、塑料、橡胶、硬木和碳（石墨）、聚四氟乙烯（PTFE）、改性聚甲醛（POM）等。

2. 静压轴承

静压轴承是靠外部供给压力油、在轴承内建立静压从而形成可以承载的压力油膜，以实现液体润滑的滑动轴承。液体静压轴承从启动到停止始终在液体润滑下工作，摩擦力小，所以没有磨损，使用寿命长，启动功率小，在极低（甚至为零）的速度下也能应用。此外，这种轴承还具有旋转精度高、油膜刚度大、能抑制油膜振荡等优点，但需要专用油箱供给压力油，高速时功耗较大。

静压轴承的缺点是，制造难度比较高，需要外加一套供油装置，对所供油的过滤要求比较高。

液体静压轴承分径向轴承、推力轴承和径向推力轴承。它有供油压力恒定和供油流量恒定两种系统。其中，供油压力恒定系统较为常用。

静压轴承工作时，外部供给的压力油通过补偿元件后，从供油压力降至油腔压力，再通过封油面与轴颈间的间隙，从油腔压力降至环境压力。多数轴承在轴不受外力时，轴颈与轴承孔同心，各油腔的间隙、流量、压力均相等，这称为设计状态。当轴受到外力时，轴颈产生位移，各油腔的平均间隙、流量、压力随之发生变化，最后轴承上受到的外力与各油腔油膜力的向量和相平衡。补偿元件起自动调节油腔压力和补偿流量的作用，其补偿性能会影响轴承的承载能力、油膜刚度等。供油压力恒定系统中的补偿元件称为节流器，常见的有毛细管节流器、小孔节流器、滑阀节流器、薄膜节流器等多种。

二、滚动轴承

滚动轴承一般由内圈、外圈、滚动体和保持架组成。内圈装在轴颈上，外圈装在机座或零件的轴承孔内。大多数情况下，外圈不转动，内圈与轴一起转动。当内外圈之间相对旋转时，滚动体沿着滚道滚动。保持架使滚动体均匀分布在滚道上，并减少滚动体之间的碰撞和磨损。根据滚动体的形状，可以有球轴承、滚子轴承、圆锥轴承和滚针轴承几种，如图 7—17 所示。

图 7—17　滚动轴承滚子的类型

1. 滚动轴承的特点

（1）滚动轴承与滑动轴承相比，具有下列优点：

1）滚动轴承的摩擦因数比滑动轴承小，传动效率高。一般滑动轴承的摩擦因数为 0.08 ~ 0.12，而滚动轴承的摩擦因数仅为 0.001 ~ 0.005。

2）滚动轴承已实现标准化、系列化、通用化，适于大批量生产和供应，使用和维修十分方便。

3）滚动轴承用轴承钢制造，并经过热处理，因此，滚动轴承不仅具有较高的力学性能和较长的使用寿命，而且可以节省制造滑动轴承所用的价格较为昂贵的有色金属。

4）滚动轴承内部间隙很小，各零件的加工精度较高，因此，运转精度较高。同时，可以通过预加负荷的方法使轴承的刚度增加。这对于精密机械是非常重要的。

5）某些滚动轴承可同时承受径向载荷和轴向载荷，可以简化轴承支座的结构。

6）滚动轴承传动效率高，发热量少，因而可以减少润滑油的消耗，润滑维护也较为省事。

7）滚动轴承可以方便地应用于空间任何方位的轴上。

（2）滚动轴承的主要缺点：

1）滚动轴承承受载荷的能力比同样体积的滑动轴承要小得多，因此，滚动轴承的径向尺寸大。所以，在承受大载荷的场合和要求径向尺寸小、结构紧凑的场合（如内燃机曲轴轴承），还是多采用滑动轴承。

2）滚动轴承振动和噪声较大，特别是在使用后期尤为显著。因此，对精密度要求很高又不许有振动的场合，滚动轴承往往难以胜任，而滑动轴承的效果比较好。

3）滚动轴承对金属屑等异物特别敏感，轴承内一旦进入异物，就会产生较大的振动和噪声，并且会引起早期损坏。此外，滚动轴承因金属杂质等也易发生早期损坏。即使不发生早期损坏，滚动轴承的寿命也有一定的限度。总之，滚动轴承的寿命较滑动轴承要短。

滚动轴承与滑动轴承相比，各有优缺点，各有自己的适用场合，因此，两者不能完全互相取代，并且各有自己的发展方向。由于滚动轴承的优点突出，已成为机械的主要支撑形式，其应用越来越广泛。

2. 常用滚动轴承的类型

按照滚动轴承所能承受的主要载荷方向，可分为向心轴承（主要用于承受径向载荷）和推力轴承（主要用于承受轴向载荷）。

为了满足各种机械的多方面要求，滚动轴承有多种类型。按滚动体的形状，滚动轴承可分为球轴承和滚子轴承；按滚动体的列数，可以分为单列或双列等。

（1）深沟球轴承（GB/T 276）。如图 7—18a 所示，主要承受径向载荷，也可同时承受少量双向轴向载荷。摩擦阻力小，极限转速高，结构简单，价格便宜，应用最为广泛。

（2）调心球轴承（GB/T 281）。如图 7—18b 所示，主要承受径向载荷，也可同时承受少量的双向轴向载荷。外圈滚道为球面，具有自动调心性能，适用于弯曲刚度小的轴。

（3）角接触球轴承（GB/T 292）。如图 7—18c 所示，可以同时承受径向载荷和轴向载荷，接触角 α 有 15°、25°、40°三种。适用于转速较高，同时承受径向和轴向载荷的场合。

（4）双列深沟球轴承（4200/4300 型）。如图 7—18d 所示，主要承受径向载荷，也能承受一定的双向轴向载荷。它比深沟球轴承具有更大的承载能力。

（5）推力球轴承（GB/T 301）。单向（5100）型只能承受单向轴向载荷，适用于轴向力大而转速较低的场合。双向（5200）型（见图 7—18e）可承受双向轴向载荷，常用于轴向载荷大、转速不高的场合。

（6）调心滚子轴承（GB/T 288）。如图 7—18f 所示，用于承受径向载荷，其承载能力比调心球轴承大，也能承受少量的双向轴向载荷。具有调心性能，适用于弯曲刚度小的轴。

（7）圆柱滚子轴承（GB/T 283）。如图 7—18g 所示，圆柱滚子轴承只能承受径向载荷，不能承受轴向载荷。承受载荷能力比同尺寸的球轴承大，尤其是承受冲击载荷。

（8）推力圆柱滚子轴承（GB/T 4663）。如图 7—18h 所示，只能承受单向轴向载荷，承载能力比推力球轴承大得多，不允许轴线偏移。适用于轴向载荷大而不需调心的场合。

（9）圆锥滚子轴承（GB/T 297）。如图 7—18i 所示，能承受较大的径向载荷和轴向载荷。内外圈可分离，故轴承游隙可在安装时调整，通常成对使用，对称安装。

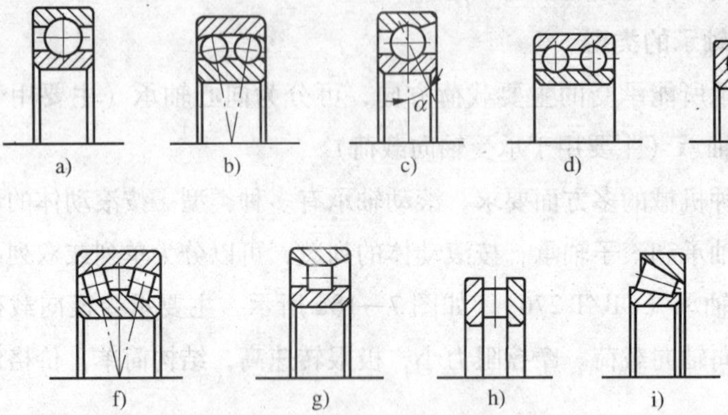

图 7—18　滚动轴承的种类

3. 滚动轴承的代号

滚动轴承的代号由三段字母或数字组成：前置代号—基本代号—后置代号，见表 7—2。

表 7—2　**滚动轴承的代号**

<table>
<tr><td>前置代号</td><td colspan="5">基本代号</td><td colspan="8">后置代号</td></tr>
<tr><td rowspan="3">轴承的分部件代号</td><td>五</td><td>四</td><td>三</td><td>二</td><td>一</td><td rowspan="3">内部结构代号</td><td rowspan="3">密封与防尘结构代号</td><td rowspan="3">保持架及材料代号</td><td rowspan="3">特殊轴承材料代号</td><td rowspan="3">公差等级代号</td><td rowspan="3">游隙等级代号</td><td rowspan="3">多轴承配置代号</td><td rowspan="3">其他</td></tr>
<tr><td rowspan="2">类型代号</td><td colspan="2">尺寸系列代号</td><td colspan="2" rowspan="2">内径代号</td></tr>
<tr><td>宽度系列代号</td><td>外径系列代号</td></tr>
</table>

前置、后置代号——前置、后置代号是轴承在结构形状、尺寸、公差、技术要求等有改变时，在轴承基本代号左右添加的补充代号。

前置代号用字母表示，如用 L 表示可分离轴承的可分离套圈，K 表示轴承的滚动体与保持架组件等，直接放在轴承基本代号之前，其余前置代号用小圆点与基本代号隔开。

后置代号用字母（或加数字）表示轴承的精度与材料等特征。

基本代号——表示轴承的基本类型、结构和尺寸等主要特征，是轴承代号的基础。除滚针轴承外，基本代号由轴承类型代号、尺寸代号及内径代号构成。滚动轴承类型代号新、旧标准对比见表7—3。

表7—3　　滚动轴承类型代号新、旧标准对比

轴承类型	新代号	原代号
双列角接触球轴承	0	
调心球轴承	1	
调心滚子轴承	2	
圆锥滚子轴承	3	7
双列深沟球轴承	4	
推力球轴承	5	8
深沟球轴承	6	0
角接触球轴承	7	6
推力圆柱滚子轴承	8	
圆柱滚子轴承	N	2

（1）轴承类型代号。共分为0、1、2、3、4、5、6、7、8、N十类。常用的轴承代号是3、5、6、7、N五类，对应的原代号为7、8、0、6、2。

（2）轴承尺寸系列代号。由轴承的宽度系列代号和直径系列代号组合而成。组合排列时，宽度系列在前，直径系列在后。

宽度系列代号：一般正常宽度为“0”，通常不标注。但对圆锥滚子轴承（7类）和调心滚子轴承（3类）等类型不能省略“0”。

外径系列代号：特轻（0或1）、轻（2）、中（3）、重（4）。

（3）内径代号。一般情况下，轴承内径用轴承内径代号（基本代号的后两位数）×5 = 内径（mm）表示。比如，轴承6204的内径是20 mm（04×5）。

三种特殊情况的内径表示方法如下：

1）轴承内径小于20 mm，其代号见表7—4。

表7—4　　滚动轴承内径代号（10～17 mm）

轴承内径尺寸（mm）	10	12	15	17
对应的内径代号	00	01	02	03

2）轴承内径小于 10 mm。直接用基本代号的最后一位表示轴承内径尺寸。例如轴承 608Z，用基本代号“608”的最后一位“8”作为内径尺寸，即轴承的内径为 8 mm。以此类推，627 的内径为 7 mm，634 的内径为 4 mm。

3）轴承的内径不是 5 的倍数或者大于等于 500 mm。内径代号用“/”隔开。另一种情况：有部分滚针轴承旧代号内径代号直接用“/”隔开。这几种情况“/”后边的几位数值为轴承内径尺寸。特殊尺寸滚动轴承内径代号见表 7—5。

表 7—5　　特殊尺寸滚动轴承内径代号

轴承型号	619/1.5	62/22	60/500	3519/1120	7943/25
内径尺寸（mm）	1.5	22	500	1 120	25

（4）轴承的后置代号。轴承后置代号的内容很多，下面介绍几个常用的代号：

1）内部结构代号是表示同一类型轴承的不同内部结构，用字母紧跟着基本代号表示。例如，接触角为 15°、25°和 40°的角接触球轴承，分别用 C、AC 和 B 表示内部结构的不同。

2）轴承的公差等级分为 2 级、4 级、5 级、6 级、6X 级和 0 级，共六个级别，依次由高级到低级，其代号分别为 P2、P4、P5、P6、P6X 和 P0。公差等级中，6X 级仅适用于圆锥滚子轴承；0 级为普通级，在轴承代号中可以不标出。

3）常用的轴承径向游隙系列分为 1 组、2 组、0 组、3 组、4 组和 5 组，共六个组别，径向游隙依次由小到大。0 组游隙是常用的游隙组别，在轴承代号中不标出，其余的游隙组别在轴承代号中分别用 C1、C2、C3、C4、C5 表示。

例如，6010 为轻薄系列，应用于轻载荷、高转速；6210 是轻系列，轻系列负荷转速最合理，是应用面最广的类型；6310 是中重系列；6410 是重系列，用于重载低速。中系列和中重系列应用最广，如各类机械传动部件、中小型电动机、流水线传送带、摩托车等，几乎都有用到这两种类型。

4. 滚动轴承的公差等级代号

深沟球轴承、角接触球轴承、圆锥滚子轴承和推力轴承的公差等级代号见表 7—6。

代号标注方法示例：

例 1：

6308：6—深沟球轴承，3—中系列，08—内径 $d=40$ mm，公差等级为“0”级、游隙组为“0”组都不标注。

例 2：

N105/P5：N—圆柱滚子轴承，1—特轻系列，05—内径 $d=20$ mm，P5—公差等级为5级，游隙组为“0”组不标注。

例3：

7214C/P4：7—角接触球轴承，2—轻系列，14—内径 $d=70$ mm，C—公称接触角 $\alpha=15°$，P4—公差等级为4级，游隙组为“0”组不标注。

例4：

30213：3—圆锥滚子轴承，0—正常宽度（0不可省略），2—轻系列，13—内径 $d=65$ mm，公差等级为“0”级、游隙组为“0”组都不标注。

表7—6　　滚动轴承的公差等级

精度	深沟球轴承、角接触球轴承		圆锥滚子轴承		推力轴承	
	新标准	旧标准	新标准	旧标准	新标准	旧标准
高↓低	P2	B	P4	C	P4	C
	P4	C	P5	D	P5	D
	P5	D	P6X	E	P6	E
	P6	E	P0	G（E）	P0	G
	P0	G				

第六节　分度与定位机构

分度与定位机构是在机床中经常用到的一种机构，它主要用于使回转部件实现圆周步进（转位）运动，分度结束以后，回转机构再由定位装置固定在确定的位置。分度机构与定位机构通常都是结合在一起使用的。一般情况下，分度机构本身都带有定位装置，如果自身带的定位装置定位精度不够，可以外加其他的定位装置。

分度运动一般由电动机（或液压马达）通过传动机构提供，它只是提供大致准确的转动量，分度运动结束以后要由定位机构进行进一步定位，才能确保定位的准确性。

一、槽轮分度机构

槽轮分度机构简称马氏机构，如图 7—19 所示。有三种基本类型：外啮合槽轮分度机构、内啮合槽轮分度机构和球面槽轮分度机构。槽轮分度机构由转臂（即主动曲柄）、槽轮、滚子和锁止盘组成。转臂转动一圈，槽轮转过一个分度角。槽轮的结构形状多种多样，转臂也可以采用各种结构形式。

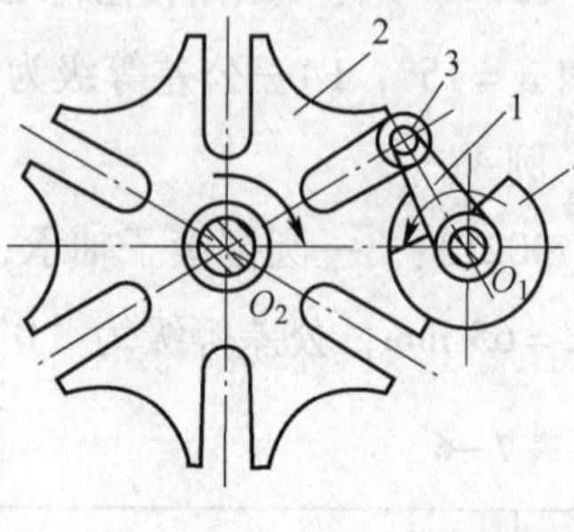

图 7—19 槽轮分度机构

1—主动曲柄 2—槽轮

3—滚子 4—锁止盘

二、凸轮分度机构

凸轮分度的原理类似于槽轮分度和蜗杆蜗轮传动，是一种适用于交叉轴之间的分度机构。凸轮做成蜗杆形状，滚子盘沿圆周分布有若干个滚子，其中有两个滚子始终与凸轮的齿侧紧密接触。

凸轮可以做成蜗杆或圆柱形状。滚子盘上的滚子可以是沿径向分布的，也可以是沿端面分布的，如图 7—20 所示。凸轮分度机构高速工作时的平稳性比较好，分度和定位的精度都比较高，在数控机床的回转刀架、回转工作台、换刀机械手、刀库等场合都能使用。

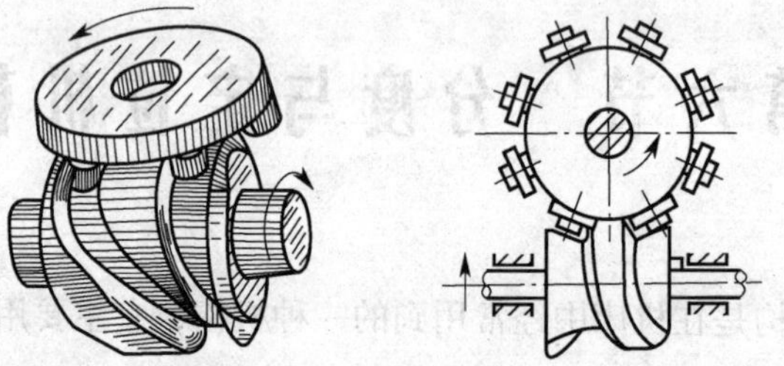

图 7—20 凸轮分度机构

a）滚子沿分度轮的端面安装 b）滚子沿分度轮的径向安装

三、不完全齿轮分度机构

不完全齿轮分度机构是把一对正常啮合齿轮中的一个齿轮只留下一部分齿，其他的齿都沿圆周切去，形成一个不完整的齿轮，并且把它作为主动轮，而完整的齿轮就作为从动的分度轮。不完整的齿轮转动时，只有当有齿的那部分转到与完整齿轮啮合区域的时候，才能带动分度轮转过一个角度。不完全齿轮的有齿部分转过啮合区域以后，分度齿轮应该停止转动。为此，在分度齿轮上加工出若干条锁止弧（与槽轮分度机构中槽轮上的锁止弧相类似）。

不完全齿轮分度机构工作时会有一定的冲击和振动，比较适合在轻载荷、低速的场合使用，如操纵机构。

四、多齿盘（鼠牙盘）分度定位机构

多齿盘分度定位机构由两个齿数和齿形相同的端面齿盘对合而成。其工作原理如图 7—21 所示。

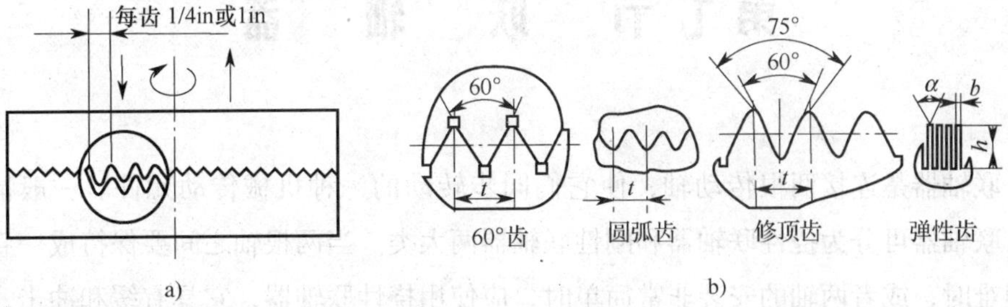

图 7—21　多齿盘分度原理

通常，一个端齿盘固定不动，另一个端齿盘与分度回转部件固定连接。分度转位时，动齿盘抬起，与固定齿盘脱开，然后转位。当动齿盘转过一个分度角以后，两个齿盘重新合并压紧。

多齿盘分度定位机构定位时，遵循了误差平均原理，因此能获得较高的分度精度和定心精度，大部分的齿都能紧密接触，这就抵消了个别齿的加工制造误差。

多齿盘分度定位机构的承载能力强，分度的灵活性比较好，所以在现在的数控机床分度机构中应用比较广泛。例如，数控机床上的回转刀架和回转工作台有许多就是采用多齿盘分度定位的。

多齿分度盘的齿形有多种，如三角形齿、圆弧形齿、多片状弹性齿等。

如果把不同齿数的两套多齿分度盘上下叠放在一起，就成为差动结构的多齿分度机构。使用差动多齿分度盘可以实现用一对多齿分度盘无法做到的角度细分。

五、钢球分度定位机构

钢球分度定位机构由一对钢球盘组成。每个钢球盘在其相同直径的圆周槽上排满了钢球，两个球盘的钢球数目相等。按钢球的直径，有等直径和不等直径两种结构。等直径的两个球盘完全相同，设计、制造比较方便；不等直径的球盘虽然制造麻烦了一些，但是它的啮合稳定性比较好。

分度时，两个球盘先互相分开一点，分度完成以后，两个球盘再靠拢，合在一起。它的分度与定位同时完成。钢球分度定位机构的定位精度高，可达到 ±1″，但是它的承载能力比较低。

第七节　联　轴　器

联轴器是连接两根传动轴，使它们同步转动的一种机械传动元件。一般情况下，联轴器可分为挠性联轴器和刚性联轴器两大类。当两根轴之间要保持成一直线有困难时，或者两轴的安装非常简单时，应使用挠性联轴器，它具有缓和冲击、吸收两轴间位置误差、改善系统传动动力特性的功能。刚性联轴器结构简单，但是对两轴之间的同轴度的要求非常高。

一、数控机床对联轴器的基本要求

（1）零间隙。联轴器整体在传动过程中不允许有间隙，包括正向间隙以及回程间隙。

（2）高的圆周方向刚度。即不允许出现传动的迟滞性，否则将严重影响步进电动机传动的精度。

（3）低惯量。在保证传动强度的基础之上，应尽可能降低步进电动机联轴器的质量。

（4）高柔性。精密的伺服联轴器，不仅要求刚度大，同时需要吸收安装过程中产生的轴与轴之间的偏差。

二、联轴器的结构形式

1. 电动机用联轴器

（1）弹簧式联轴器（见图 7—22）。以精密螺旋弹簧作为弹性体，两端连成一体化的结构，无任何传动间隙。轴、孔采用螺钉止动夹紧结构，以确保轴与孔之间无间隙。头部常用的材料有不锈钢和铝合金两种。

图 7—22　弹簧式联轴器

（2）梅花形联轴器（见图 7—23）。梅花形联轴器由两端连接套和中间的弹性体组成。弹性体与金属轴套之间具有很大的压紧力，确保两者间紧密相贴。因此，这种联轴器具有很高的圆周方向的刚度，同时在其他方向又有一定的柔性，而且根据要求可以选择不同硬度的弹性体。它特别适合于步进电动机与滚珠丝杠之间的连接。轴、孔采用缝式夹紧结构。

a)　　b)

图 7—23　梅花形联轴器

（3）膜片式联轴器（见图 7—24）。膜片式联轴器的左、右两端分别与中间的膜片连接。结构上又分为单膜片结构和双膜片结构，其中双膜片结构的柔性更大。这种联轴器的刚度特别大，两端之间具有较好的隔热性能。轴、孔有缝式夹紧和胀套式两种，其中胀套式可承受较大的转动惯量，一般用于数控机床的主轴系统中。

a)　　b)

图 7—24　膜片式联轴器

2. 编码器专用联轴器

编码器是一种精密测量元件，带动它转动几乎不需要什么动力。它的轴系上不能承受转动方向以外的力或力矩。因此，它在结构上特别强调联轴器的低质量和低惯量。它还要求联轴器有零间隙和高的柔性，以便吸收在安装过程中产生的轴与轴之间的偏差。为此，这种联轴器多用铝合金制造。结构有波纹管式、交叉缝式和螺旋缝式，如图 7—25 所示。

a)　　b)　　c)

图 7—25　编码器专用联轴器

a）波纹管式　b）交叉缝式　c）螺旋缝式

第八章

液压与气压传动系统

数控机床要实现整机的自动化控制，除了机、电传动部分外，许多部件还需要液压或气压传动的配合，才能完美地进行工作。例如，自动换刀机构，机床离合器和制动器的控制机构，工作台的自动交换、夹紧和松开，以及整台机床的润滑、冷却等，都需要用到液压和气动系统。液压与气压传动具有其他传动方式无法比拟的优点，因此在很多数控机床中得到应用。

第一节　液压传动系统

一、液压传动系统的工作原理

液压传动是以密封系统中的液体作为工作介质，通过电动机和液压泵把机械能转换为液压油的压力能，然后通过管道、控制装置、调节装置和执行装置（液压缸）等，将液体的压力能再转换为机械能，驱动负载，实现直线或回转运动。

一个完整的液压系统主要由以下五部分组成：

（1）能源供给装置（液压泵）。它供给液压系统压力油，推动整个液压系统工作，是把机械能转换为液压能的装置。

（2）执行装置。它把液压能转换成机械能，驱动工作机构运动。有作直线运动的液压缸，有作回转运动的液压马达。通常称为液压系统的执行元件。

（3）控制调节装置。指对系统中的压力、流量或流动方向进行控制或调节的装置，包括各种阀类，如溢流阀、节流阀、换向阀、开停阀等。

（4）辅助装置。指各种管接头、油管、油箱、滤油器、蓄能装置、冷却装置和压力表等。它们起着连接、过滤、传递和油压测量等辅助作用，以保证液压系统可靠、稳定、持久地工作。它们对保证系统的正常工作是必不可少的。

（5）工作介质。传递能量的流体，即液压油或水等。

二、液压传动的特点

1. 液压传动的优点

（1）可以在运行过程中实现大范围的无级调速，调速范围可达1∶2 000。

（2）在同等输出功率下，液压传动装置的体积小、质量轻、运动惯量小、动态性能好。

（3）传递运动均匀平稳，负载变化时速度较稳定。因此，在磨床的传动系统中现在几乎都采用液压传动。

（4）便于实现液压控制和电气控制结合，能很容易地实现复杂的自动工作循环，而且可以实现遥控和过载保护。

（5）液压元件工作时可以自润滑，使用寿命较长。

（6）液压元件都是标准化、系列化的产品，便于设计、制造和推广应用。

2. 液压传动的缺点

（1）液压系统中会出现各种形式的泄漏，并影响运动的平稳性和正确性，使得液压传动不能保证严格的传动比。泄漏到外界的油还会污染环境。

（2）液压传动对油温的变化比较敏感。温度变化时，液体黏性会发生变化，并引起运动特性的变化，使得工作的稳定性受到影响，所以不宜在温度变化很大的环境条件下工作。而且功率损耗比较大，效率比较低，发热也大。

（3）液压元件加工精度要求高，造价比较高。

（4）液压传动要求有单独的液压油箱，不像电源那样使用方便。

（5）液压系统发生故障时不易检查和排除。

三、流体与液压的基础知识

1. 压力

液压系统管路中的压力取决于负载。液体的压力是指液体在单位面积上所受到的垂直作用力。压强常用 P 表示。压强与压力概念相同，在物理学上称为压强，在液压与气动中则称为压力。

压力的法定计量单位为 Pa 或 MPa。Pa 是压力单位，是单位面积（单位为 m^2）上受到的力（单位为 N），即 1 Pa = 1 N/m^2。压力单位也可以是 kgf/cm^2。

注：单位 bar 适用于表压力。

$$1 \text{ 个大气压} = 1 \text{ bar}$$

$$1 \text{ bar} = 100\,000 \text{ Pa} = 100 \text{ kPa} = 0.1 \text{ MPa}$$

2. 流体与液压传动的基本定律（帕斯卡定律）

静止流体中，任一点的压强各向相等，即该点在通过它的所有平面上的压强 P 都相等。或者表达为：加在密闭容器内的液体（或气体）上的压强，能按照它原来的大小由液体（或气体）向各个方向传递。

3. 流量

流量是在单位时间内流体通过一定截面积的量。这个量用流体的体积来表示时称为体积流量，用流量的质量来表示时则称为质量流量。液压控制系统中的流量取决于工作部件的移动速度。

流量一般用 Q 表示，单位是 L/min。

4. 两个重要概念

（1）液压与气压传动中的工作压力取决于负载，与流入的流体多少无关。

（2）执行元件的运动速度取决于进入液压（气压）缸的流量，而与流体压力大小无关。

5. 液压系统输出功率

液压系统输出功率的计算公式：

$$N = PQ/6120$$

式中　P——压力，kgf/cm^2；

　　　Q——流量，L/min。

第二节　常用的液压传动元件

一、液压泵

液压泵按系统所要求的压力、流量大小，为液压传动系统提供连续、稳定的压力油。机床常用的液压泵有齿轮泵、叶片泵和柱塞泵。

1. 齿轮泵

齿轮泵（见图8—1）在泵壳中有一对啮合的齿轮，齿轮转动时，低压进油口的液压油进入齿轮的齿槽中，并且不断地被带到排油口，由于轮齿进入啮合，齿槽中的油被挤压出来，形成高压油液。两个齿轮的啮合区的啮合线可以把高、低压区分开。如果齿轮啮合的重叠系数 $e>1$，表示这时有两对轮齿同时在啮合，这两对轮齿之间的空隙还有一部分的油液被封闭在里面，在齿轮转动时，这部分空隙的体积还会发生变化。这样就产生了齿轮泵特有的“闭油现象”，形成冲击和噪声。齿轮泵有外啮合和内啮合两种结构。

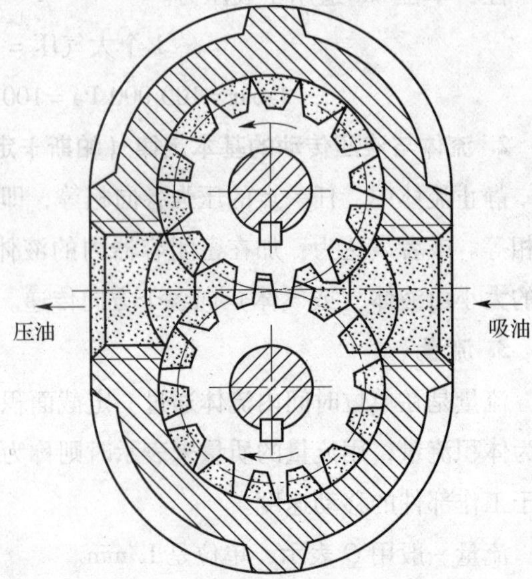

图8—1　齿轮泵

2. 叶片泵

叶片泵的转子与泵体内孔不同心，有一个偏心量 e。在转子的槽里镶嵌着可以自由滑动的叶片。这些叶片把转子与泵体之间的空隙分割成为大小变化的封闭空间。转子旋转时（见图8—2，顺时针转动），泵的右半部分的封闭空间不断地增大，成为吸油区；泵的左半部分的封闭空间不断地减小，形成排油区。因此，叶片泵是容积泵。

图8—2　双作用式叶片泵

叶片泵还可以分为单作用式叶片泵和双作用式叶片泵。单作用式叶片泵的转子转动一圈完成一次吸、排油过程，双作用式叶片泵转子转动一圈完成两次吸、排油过程。

双作用式叶片泵，由于高、低压腔相互对称，转子轴受力平衡，压力脉动比较小，一般作为定量泵使用；而单作用泵往往做成变量泵。

3. 柱塞泵

（1）柱塞泵的特点及应用。柱塞泵是靠柱塞在缸体中作往复运动，造成密封容积的变化，来实现吸油与压油的液压泵。与齿轮泵和叶片泵相比，这种泵有以下优点：

1）柱塞和缸孔加工方便，可得到较高的配合精度，密封性好，在高压工作仍有较高的容积效率。

2）只需改变柱塞的工作行程就能改变流量，易于实现变流量。

3）柱塞泵中的主要零件均受压应力作用，材料强度性能可得到充分利用。

由于柱塞泵的压力高、结构紧凑、效率高、流量调节方便，所以在需要高压、大流量、大功率的系统中以及流量需要调节的场合，如龙门刨床、矿山冶金机械、工程机械、拉床、液压机、船舶上得到广泛的应用。

（2）柱塞泵的分类。柱塞泵按柱塞的排列和运动方向不同，可分为径向柱塞泵和轴向柱塞泵两大类。

1）径向柱塞泵。柱塞沿着径向方向放置称为径向柱塞泵（见图 8—3）。它的结构类似于叶片泵，只是叶片变成了柱塞结构。由于转子中心和泵体孔中心之间有一个偏心，转子旋转的时候，柱塞就会进进出出。径向柱塞泵就是靠柱塞的进进出出来完成吸、排油工作的。

2）轴向柱塞泵。轴向柱塞泵（见图 8—4）是将多个柱塞沿轴向布置，这些柱塞配置在一个共同缸体的圆周上，柱塞的中心线和缸体的中心线平行。

轴向柱塞泵有两种形式，直轴式（斜盘式）和斜轴式（摆缸式）。直轴式轴向

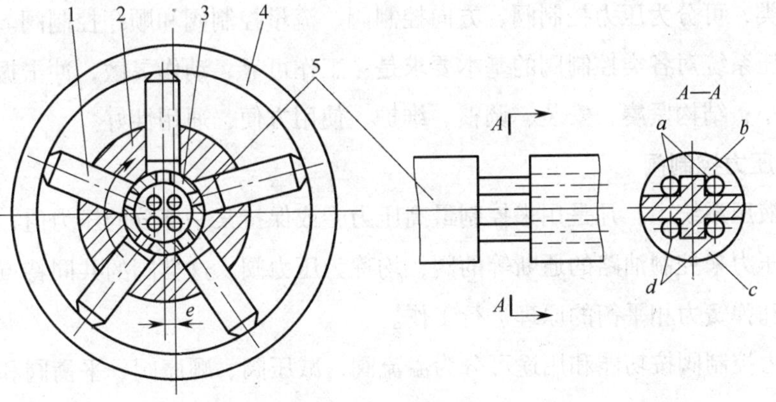

图 8—3　径向柱塞泵

1—柱塞　2—转子　3—衬套　4—定子　5—配流轴

柱塞泵的柱塞沿圆周均匀分布在缸体内。盘的轴线与缸体轴线倾斜成一个角度，柱塞靠机械装置或在低压油的作用下压紧在斜盘上。当电动机通过传动轴使缸体转动时，由于斜盘的作用，迫使柱塞在泵体内作往复运动，并通过配油盘的配油窗口进行吸油和压油。缸体每转一周，每个柱塞各完成吸油、压油一次。如果改变斜盘倾角，就能改变柱塞行程的长度，即改变液压泵的排量。如果改变斜盘倾角方向，就能改变吸油和压油的方向，成为双向变量泵。

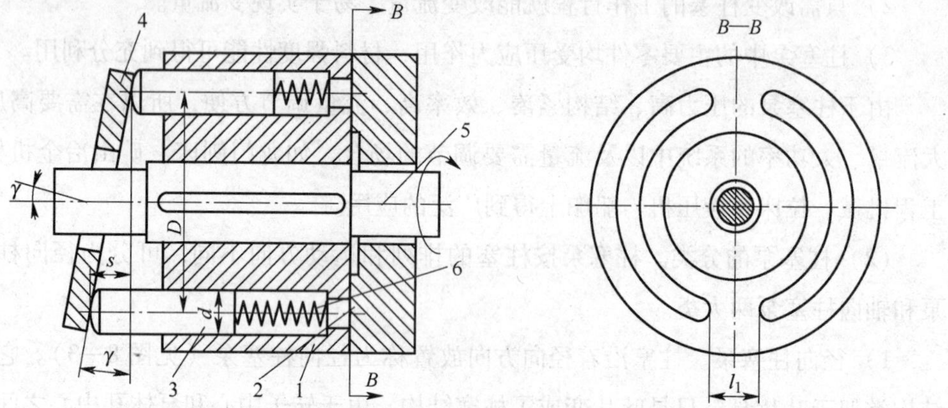

图 8—4　轴向柱塞泵

1—泵体　2—配油盘　3—柱塞　4—斜盘　5—泵轴　6—柱塞弹簧

二、液压控制阀（液压阀）

液压阀是液压系统中控制液流流动方向、压力高低、流量大小的控制元件。按用途分类，可分为压力控制阀、方向控制阀、流量控制阀和顺序控制阀。

液压系统对各类控制阀的基本要求是：工作可靠，动作灵敏，冲击振动小；压力损失小；结构紧凑，安装、调整、维护、使用方便，通用性好。

1. 压力控制阀

在液压系统中，凡是用来控制最高压力，或保持某一部分的压力值，以及利用油液的压力来控制油路的通断等的阀，均称为压力阀。这类阀的共同特点是利用油液压力和弹簧力相平衡的原理进行工作。

压力控制阀按功能和用途可分为溢流阀、减压阀、顺序阀、平衡阀和压力继电器等。

（1）溢流阀。溢流阀按结构形式分为直动型和先导型，如图 8—5 和图 8—6 所示。它旁接在液压泵的出口之前，保证系统压力恒定或限制其最高压力；有时也旁接在执行元件的进口处，对执行元件的安全起到保护作用。具体来说，溢流阀在液压系统中有两个作用：

1）定压溢流作用。在定量泵节流调节系统中，可以使定量泵始终维持恒定的流量。当系统压力增大时，流量需求减小，此时溢流阀开启，使多余的油溢回油箱，从而保证溢流阀进口（即泵出口）的压力恒定，即用于产生背压（串在回油路上）。

2）安全保护作用。系统正常工作时，阀门关闭。当负载超过规定的极限（系统压力超过调定压力）时开启溢流，进行过载保护，使系统压力不再增加（通常使溢流阀的调定压力比系统最高工作压力高10%～20%）。

在液压系统中，溢流阀通常作为卸荷阀使用，也可以作为远程调压阀或顺序阀使用。

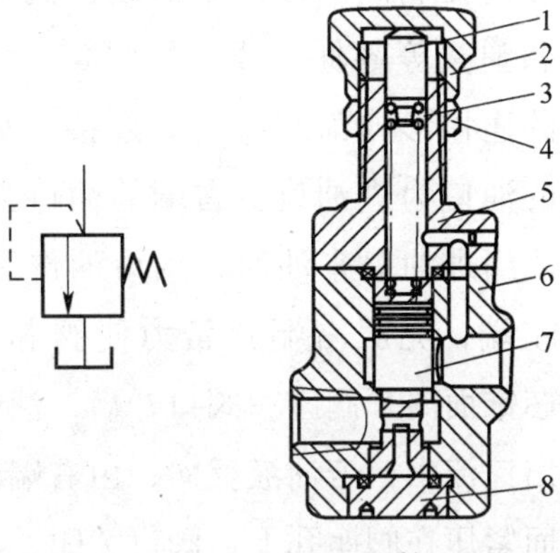

图8—5 直动型溢流阀

1—调节杆 2—调节螺母 3—调压弹簧 4—锁紧螺母 5—阀盖 6—阀体 7—阀芯 8—底盖

（2）减压阀。减压阀是一种利用液流流过缝隙产生压力损失，使其出口压力低于进口压力的压力控制阀。

减压阀可分为定压输出减压阀、定差减压阀和定比减压阀三种。定压输出减压阀有直动型和先导型两种结构形式。在先导型中又有出口压力控制式和进口压力控制式两种控制方式。

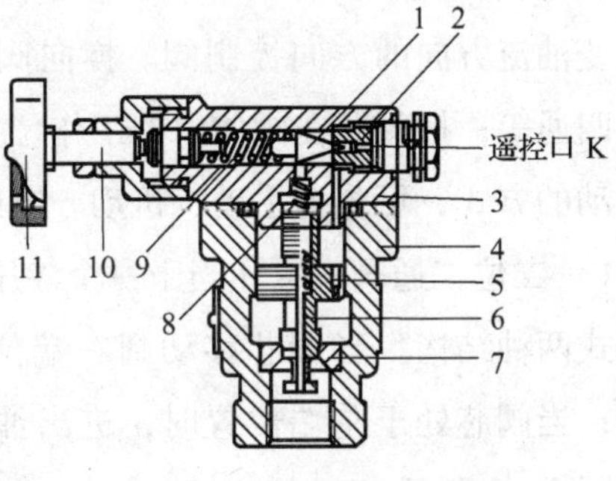

图8—6 先导型溢流阀

1—先导锥阀 2—先导阀座 3—阀盖 4—阀体 5—阻尼孔 6—主阀芯 7—主阀座 8—主阀弹簧 9—调压弹簧 10—调节螺钉 11—调节手轮

（3）顺序阀。顺序阀是一种利用系统中某点的压力达到规定值，来控制阀口通断的压力阀，可以使多个执行元件自动地按先后顺序动作。根据控制压力来源的不同，顺序阀有内控式和外控式之分；其结构也有直动型和先导型之分。顺序阀的工作原理与溢流阀相似，它的阀口常闭，由进口压力控制阀口的开启。

2. 方向控制阀

方向控制阀分为单向阀和换向阀两类。

（1）单向阀。单向阀是一种只允许液流沿一个方向通过，而反向液流截止的方向控制阀。普通单向阀由阀体、阀芯和弹簧等零件组成，如图 8—7 所示。阀的连接形式为螺纹管式连接。阀体左端的油口为进油口，右端的油口为出油口。当进油口来油时，压力油作用在阀芯左端，克服右端弹簧力使阀芯右移，阀芯锥面离开阀座，阀口开启，油液流经阀口、阀芯上的径向孔和轴向孔，从右端出口流出；若油液反向，由右端油口进入，则压力油与弹簧同向作用，将阀芯锥面紧压在阀座孔上，阀口关闭，油液不能通过。在这里，弹簧的力很小，仅起复位的作用。

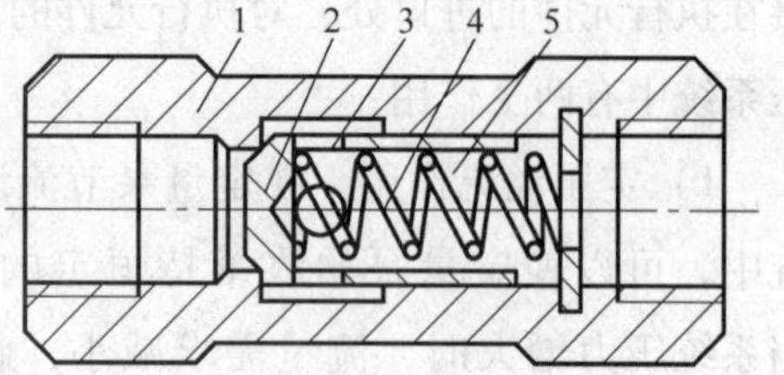

图 8—7　普通单向阀

1—阀体　2—阀芯　3—径向孔

4—弹簧　5—轴向孔

单向阀也可以用液压来辅助控制，称为液控单向阀。液控单向阀除进出油口外，还有一个控制油口。当控制油口不通压力油而通回油箱时，液控单向阀的作用与普通单向阀一样，油液只能从进油口向出油口流动。当控制油口通压力油时，就有一个适当的液压力作用在控制活塞的一端，推动控制活塞克服单向阀阀芯上的弹簧力，顶开单向阀阀芯使阀口开启，正、反向的液流均可自由通过。

（2）换向阀。换向阀是利用阀芯在阀体孔内作相对运动，使油路接通或切断而改变油流方向的方向控制阀。换向阀按阀体连接的主油路数，可分为二通、三通、四通等；按阀芯在阀体内的工作位置，可分为二位、三位、四位等；按操作阀芯运动的方式，可分为手动、机动、电磁动、液动、电液动等。

1）二位二通阀。它相当于一个液压开关，有常开式和常闭式两种结构。当阀芯移动到右端位置时，进、出油路接通；当阀芯处于左端位置时，进出油路断开。二位二通阀如图 8—8 所示。

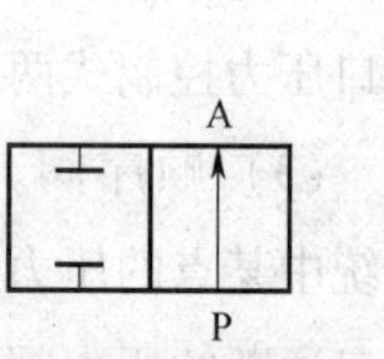

图 8—8　二位二通阀

2）三位四通阀。三位四通阀的阀芯在阀体内有三个位置，如图 8—9 所示。当阀芯处于中间位置时，油腔 P、A、B、O 均不相通；当阀芯处于左边位置时，进油腔 P 与油腔 B 相通，而油腔 A 与回油腔 O 相通；当阀芯处于右边位置时，进油腔 P 与油腔 A 相通，而油腔 B 通过环槽与回油腔 O 相通。

3）液动滑阀。液动滑阀是靠压力油来改变阀芯位置的换向阀。液控二位四通阀的结构如图 8—10 所示。当控制油路的压力油从左边油口进入滑阀左腔时，阀芯被推向右边，使 P 与 B 断开，A 与 O 断开；当左边油口不通压力油时，阀芯在右端弹簧作用下恢复到左侧位置，P 与 B 接通，A 与 O 也接通，即图中所示的状态。

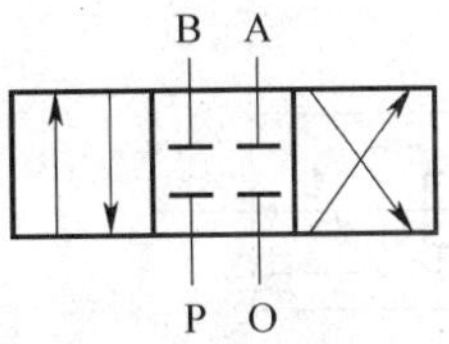

图 8—9　三位四通阀

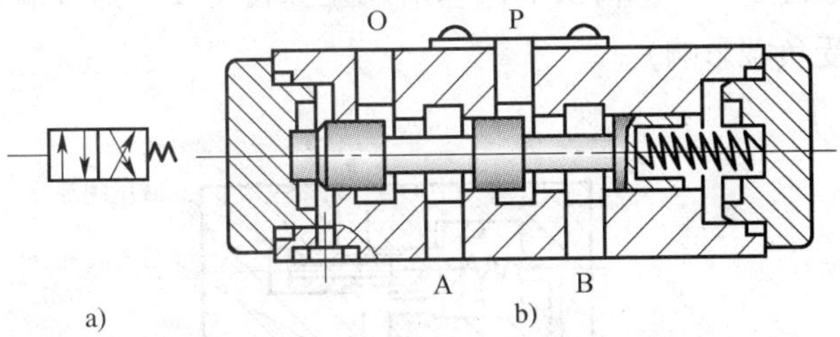

图 8—10　液控二位四通阀

3. 流量控制阀

流量控制阀是通过改变节流口通流面积或通流通道的长短来改变局部阻力的大小，从而实现对流量的控制。流量控制阀是节流调速系统中的基本调节元件。在定量泵供油的节流调速系统中，必须将流量控制阀与溢流阀配合使用，以便将多余的油液流回油箱。

流量控制阀包括节流阀、调速阀和分流集流阀等。

（1）节流阀。节流阀是一种最基本的流量控制阀。我们日常使用的水龙头，也可以算做是一种最简单的节流阀。它的工作原理是通过旋转使阀芯移动，以改变阀口的开口大小（过流面积）来改变流量。

节流阀的外形结构与截止阀并无区别，只是启闭件的形状有所不同。节流阀的启闭件大多为圆锥流线型，通过它改变通道截面积而达到调节流量的目的。节流阀用于在压力降极大的情况下降低介质压力。

节流阀有以下特点：

1）构造较简单，便于制造和维修，成本低。

2）调节精度不高。

3）密封面易冲蚀，不能用于切断介质。

4）密封性较差。

节流阀的流量不仅取决于节流口面积的大小，还与节流口前后的压力差有关。阀的刚度比较小，故只适用于执行元件负载变化很小和速度稳定性要求不高的场合。

（2）调速阀。调速阀是进行了压力补偿的节流阀。调速阀可以调节流量，并在调节后起稳定流量的作用。调速阀由一个定差式减压阀串联一个节流阀组成，如

图 8—11 所示。节流阀前、后的压力被分别引到减压阀阀芯右、左两端。当负载压力增大时，作用在减压阀芯一端的液压力增大，阀芯向另一端移动，减压口加大，压降减小，从而使节流阀的压差保持不变。这样就使调速阀的流量恒定不变（不受负载影响）。

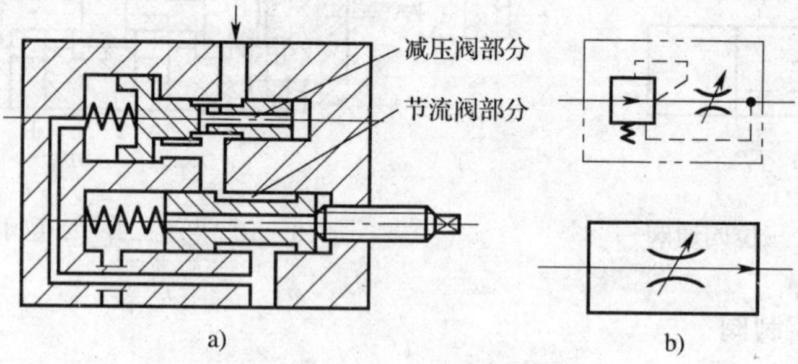

图 8—11　调速阀原理图

（3）分流集流阀。分流集流阀是分流阀、集流阀和分流集流阀的总称。分流阀的作用，是使液压系统中由同一个能源向两个执行元件供应相同的流量（等量分流），以实现两个执行元件的速度保持同步或定比关系。集流阀的作用，则是从两个执行元件收集等流量或按比例的回油量，以实现其间的速度同步或定比关系。分流集流阀则兼有分流阀和集流阀的功能。

三、液压缸

液压缸是将液压能转变为机械能的执行机构，主要是用来实现直线运动或摆动运动。用它来实现往复运动时，可免去减速装置，并且没有传动间隙，运动平稳，因此在各种机械的液压系统中得到广泛应用。

液压缸按其结构形式，可以分为活塞缸、柱塞缸和摆动缸三类。

1. 活塞式液压缸

活塞式液压缸分为双杆式和单杆式两种。双杆式活塞缸使用时还可以有活塞杆固定和油缸固定两种固定方式。

（1）双杆式活塞缸。同样的液压缸，采用液压缸固定的方式时，工作台的运动范围比较大，所以机床占地面积也大，一般适用于小型机床。而采用活塞杆固定的方式，则运动范围要小一些。

（2）单杆式活塞缸。单杆式活塞缸由于活塞两端有效面积不等，油液进入无杆腔时有效面积大，速度慢；进入有杆腔时有效面积小，速度快。如果向单杆活塞缸的左、右两腔同时通压力油，即所谓的差动连接（差动连接的单出杆液压缸称为差动液压缸）。差动连接时液压缸的推力比非差动连接时小，速度比非差动连接时大，正好利用这一点，可使在不加大油源流量的情况下得到较快的运动速度，这种连接方式被广泛应用于组合机床的液压动力滑台和其他机械设备的快速运动中。

2. 柱塞式液压缸

柱塞式液压缸是一种单作用液压缸，其工作原理如图 8—12 所示。柱塞与工作部件连接，缸筒固定在机体上。当压力油进入缸筒时，推动柱塞带动运动部件向右运动，但反向退回时必须靠其他外力或自重驱动。柱塞缸通常成对反向布置使用。

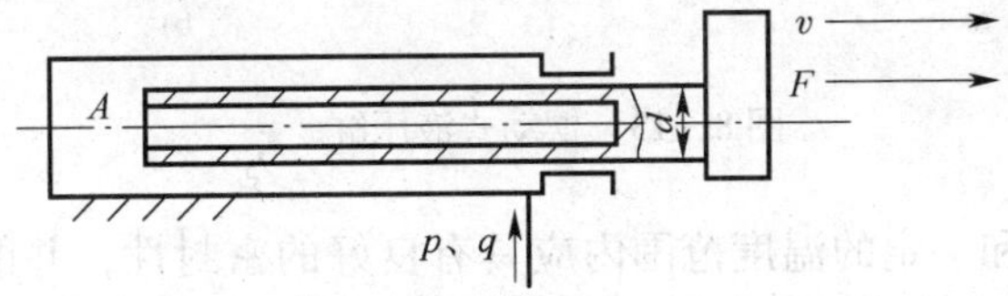

a)

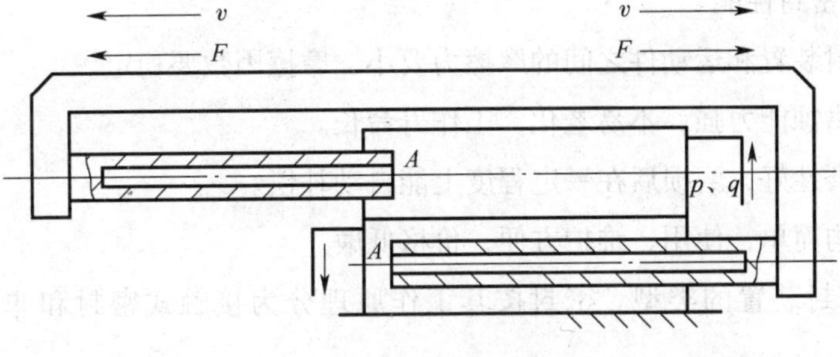

b)

图 8—12 柱塞式液压缸

柱塞式液压缸的主要特点是柱塞与缸筒无配合要求，缸筒内孔不需精加工，甚至可以不加工。运动时由缸盖上的导向套来导向，所以它特别适用于行程较长的场合。

3. 摆动式液压缸

摆动式液压缸也称摆动液压马达，如图 8—13 所示。当通入压力油时，它的主轴能输出小于 360°的摆动运动。摆动式液压缸常用于工夹具夹紧装置、送料装置、转位装置以及需要周期性进给的系统中。

四、液压系统的辅助元件

1. 密封装置

（1）对密封装置的要求

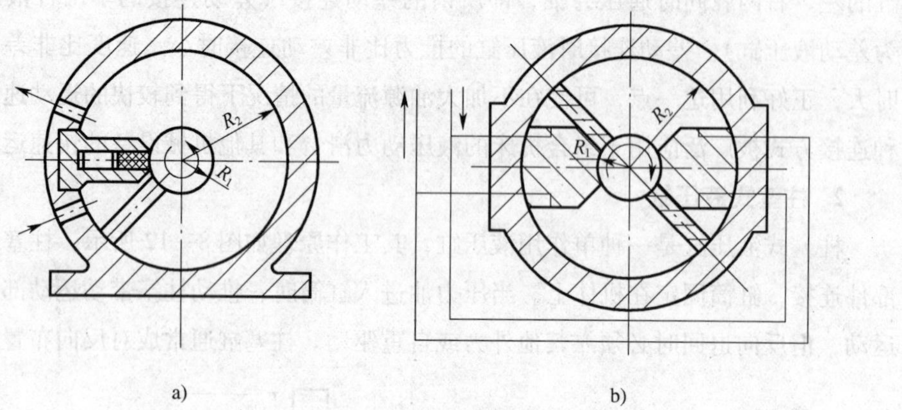

图 8—13　摆动式液压缸

1）在工作压力和一定的温度范围内应具有良好的密封性，并能随着压力的增加自动提高密封性能。

2）密封装置和运动件之间的摩擦力要小，摩擦因数要稳定。

3）抗腐蚀能力强，不易老化，工作寿命长。

4）耐磨性好，磨损后在一定程度上能自动补偿。

5）结构简单，使用、维护方便，价格低廉。

（2）密封装置的类型。密封按其工作原理分为接触式密封和非接触式密封两类。

接触式密封常用的密封件有 O 形密封圈、Y 形密封圈、V 形密封圈和毛毡密封等。O 形密封圈具有结构简单、密封性能好、摩擦力小、槽沟尺寸小、制造容易等优点，广泛用于各种固定的和可动的密封中。O 形密封圈用于固定密封时，工作压力可达 100 MPa；用于旋转密封时，压力不宜超过 15 MPa，圆周速度不应超过 2 m/s；用于往复直线运动密封时，工作压力可达 70 MPa。标记为 $D \times d$ 的 O 形密封圈，D 表示密封圈外径，d 表示橡胶带断面直径。

非接触式密封有甩油环式密封、缝隙式密封和迷宫式密封等。

2. 油管

液压系统中使用的油管有铜管（纯铜管、黄铜管）、钢管（焊接管、无缝钢管）、尼龙管、塑料管和橡胶软管等。

（1）纯铜管。纯铜管比较柔软，装配时便于弯曲，但强度较低，能承受的工作压力不超过 10 MPa，价格较贵，抵抗振动的能力较差，又易使油液氧化，所以尽量不用或用于流量不大的中、低压液压系统中。通常用在液压装置内配接不便处。

（2）黄铜管。黄铜管也比较柔软，装配时弯曲不如纯铜管方便，可承受较高的压力。因铜管直径小，适用于流量不大的中、低压液压系统中。由于铜是贵重材料，抗振性又差，所以一般尽量不用。

（3）钢管。钢管能承受高压，耐油、耐腐蚀性和刚度都较好，价格便宜，但不易弯曲，多用于高压、大功率、装配空间不受限制的情况下。中、高压系统用无缝钢管，低压系统用焊接钢管。

（4）橡胶软管。橡胶软管用于两个相对运动部件间的连接，能够吸收液压冲击和振动；但弹性变形较大，容易引起运动部件动作滞后和爬行，因此对于精密的液压系统应采用硬管连接。橡胶软管一般可用于回油管道。

（5）尼龙管。尼龙管加热后可以随意弯曲成形，冷却后又能固定成形，并能观察油管内油流的情况，目前大都在低压管道中使用（压力为2.5～8 MPa）。

（6）塑料管。塑料管价格便宜，装配方便，但承压能力低，只适用于回油路和泄油管等低压管路系统。由于塑料管容易老化变质，故应用较少。

3. 管接头

管接头是液压系统中使用数量很多的元件。虽然不起眼，但是很重要。液压系统的泄漏很多是因接头的质量或安装不佳造成的。

管接头是油管与油管、油管与液压元件之间的可拆式连接件，它应满足装拆方便、连接牢靠、密封可靠、外形尺寸小、通油能力大、压力损失小、加工工艺性好等要求。按油管与管接头的连接方式，管接头主要有焊接式、卡套式、扩口式、扣压式等形式，见表8—1。

每种形式的管接头中，接头的通路数量和方向有直通、直角、三通等类型，与机体的连接有螺纹连接、法兰连接等方式。此外，还有一些满足特殊用途的管接头。

管路旋入端用的连接螺纹采用国家标准米制锥螺纹和普通细牙螺纹。锥螺纹依靠自身的锥体旋紧和采用聚四氟乙烯等进行密封，广泛用于中、低压液压系统；细牙螺纹密封性好，常用于高压系统，但要采用组合垫圈或O形密封圈进行端面密封，有时也可用纯铜垫圈密封。

钢丝编织和钢丝缠绕胶管总成包括胶管和接头，有A、B、C、D、E、J…型，其中A、B、C为标准型。A型用于与焊接式管接头连接，B型用于与卡套式管接头连接，C型用于与扩口式管接头连接。

扣压式胶管接头主要由接头外套和接头芯组成。接头外套的内壁有环形切槽；

接头芯的外壁呈圆柱形，上有径向切槽。连接时剥去胶管的外胶层，将其套入接头芯，拧紧接头外套并在专用设备上扣压，以紧密连接。

表 8—1　　　　管接头的种类

名称	结构简图	特点和说明
焊接式管接头	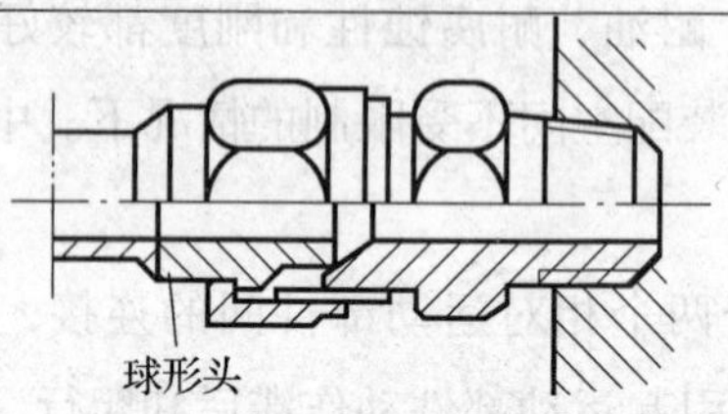	（1）连接牢固，利用球面进行密封，简单可靠 （2）焊接工艺必须保证质量，必须采用厚壁钢管，装拆不便
卡套式管接头	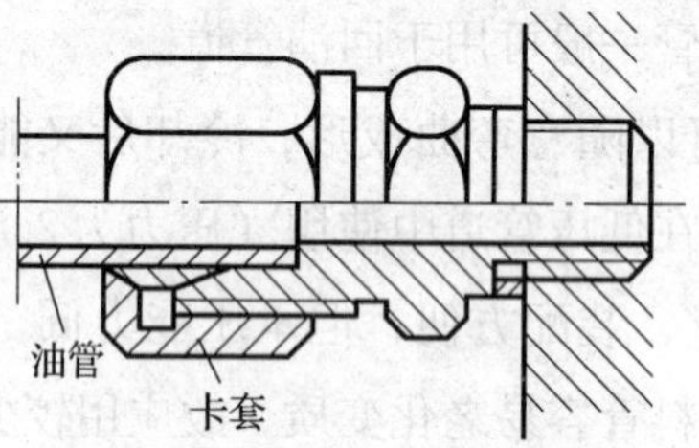	（1）用卡套卡住油管进行密封，轴向尺寸要求不严，装拆简便 （2）对油管径向尺寸精度要求较高，为此要采用冷拔无缝钢管
扩口式管接头	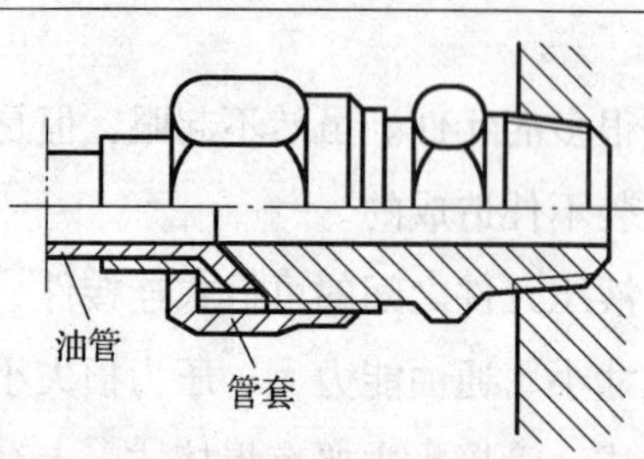	（1）用油管管端的扩口在管套的压紧下进行密封，结构简单 （2）适用于铜管、薄壁钢管、尼龙管和塑料管等低压管道的连接
扣压式管接头	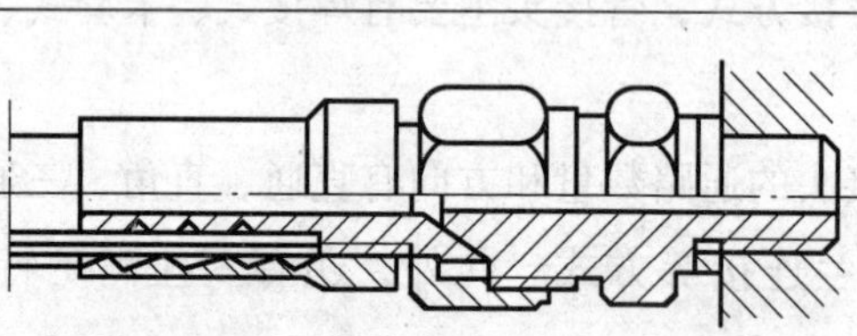	（1）用来连接高压软管 （2）在中、低压系统中应用
固定铰接式管接头	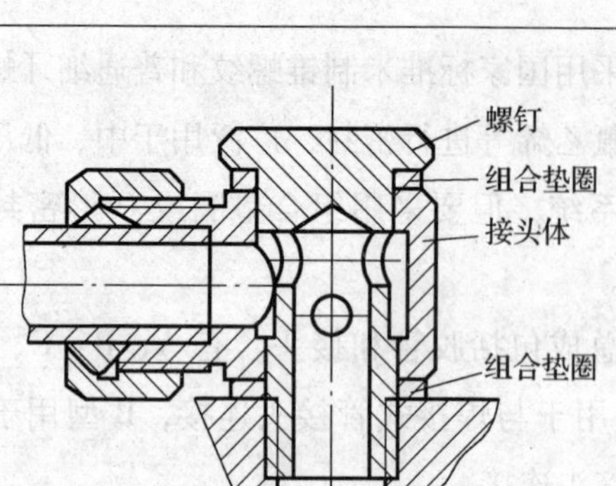	（1）为直角接头，优点是可以随意调整布管方向，安装方便，占用空间小 （2）接头与管子的连接方法，除左图卡套式外，还可采用焊接式 （3）中间有通油孔的固定螺钉，把两个组合垫圈压紧在接头体上进行密封

4. 压力继电器

压力继电器是利用液体的压力来启闭电气触点的液压电气转换元件。当系统压力达到压力继电器的调定值时，发出电信号，使电气元件（如电磁铁、时间继电器、电磁离合器等）动作，油路卸压、换向，执行元件实现顺序动作，或关闭电动机使系统停止工作，起安全保护作用等。

压力继电器有柱塞式、膜片式、弹簧管式和波纹管式四种结构形式。下面对柱塞式压力继电器（见图 8—14）的工作原理作简要介绍。

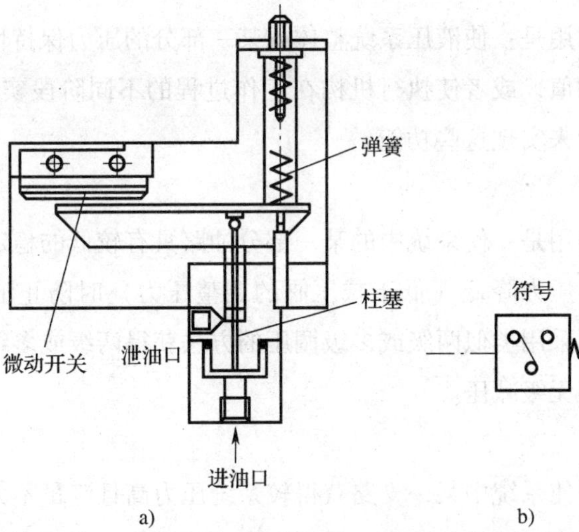

图 8—14 柱塞式压力继电器

当从继电器下端进油口进入的液体压力达到调定压力值时，推动柱塞上移，此位移通过杠杆放大后推动微动开关动作。改变弹簧的压缩量，可以调节继电器的动作压力。

压力继电器主要用于安全保护、控制执行元件的顺序动作，例如用于泵的启闭和卸荷。

压力继电器必须设置在压力有明显变化的位置才能输出电信号。若将压力继电器放在回油路上，由于回油路直接接回油箱，压力没有变化，所以压力继电器也不会工作。

第三节 液压传动的基本回路

任何一个液压系统，无论它所要完成的动作有多么复杂，总是由一些基本回路组成的。所谓基本回路，就是由一些液压元件组成的，用来完成特定功能的油路结构。

一、压力控制回路

压力控制回路是利用压力控制阀来控制系统整体或某一局部支路的压力，以满足液压执行元件对力或转矩要求的回路。其中包括调压、减压、增压、卸荷、卸压、保压和平衡等多种回路。

1. 调压回路

调压回路的功用是：使液压系统整体或某一部分的压力保持恒定，或最高工作压力不超过某个数值，或者使执行机构在工作过程的不同阶段实现多级压力变换。一般可以用溢流阀来实现这些功能。

2. 减压回路

减压回路的功用是：使系统中的某一部分油路具有较低的稳定压力。回路中的单向阀可在主油路压力降低（低于减压阀的调整压力）时防止油液倒流，起短时的保压作用；也可采用类似两级或多级调压的方法获得两级或多级调压；还可采用比例减压阀来实现无级减压。

3. 增压回路

增压回路用来使系统中某一支路获得较系统压力高且流量不大的油液供应，它能使局部压力远远高于油源的压力。采用增压回路比选用高压大流量液压泵要经济得多。

4. 卸荷回路

卸荷回路的功用是：当液压系统执行元件短时间不工作时，并不需要液压泵提供很大的压力和流量，但是又不希望频繁关闭、启动电动机，而是使液压泵在接近零压的情况下运转，这时就可以采用卸荷回路，以减少功率损耗和系统的发热量，从而延长液压泵和电动机的使用寿命。

卸荷的方式有两种：一种是液压缸卸荷，执行元件不需要保持压力；另一种是液压泵卸荷，但执行元件仍需保持压力。

5. 卸压回路

使执行元件高压腔中的压力缓慢地释放，以免卸压过快引起剧烈的冲击和振动。

6. 保压回路

执行元件在工作循环的某一阶段内，若需要保持规定的压力，就应采用保压回路。例如采用液压夹具夹紧工件时，就要始终保证夹紧力恒定。通常可以通过自动补油形成保压回路，其中有利用蓄能器保压的回路、用泵保压的回路和用液控单向阀保压的回路。

7. 平衡回路

为了防止立式液压缸及其所带的工作部件因自重而自行下落，或在下行运动中由于自重而造成失控、失速的不稳定运动，应该在立式液压缸下行时的回油路上设置适当的阻力，产生一定的背压，这种回路即为平衡回路。可以采用单向节流阀和液控单向阀组成平衡回路，也可以用单向顺序阀组成平衡回路。

二、速度控制回路

速度控制回路是调节和变换执行元件运动速度的回路，目的是要调节或控制液压缸和液压马达的工作速度。这可以通过改变进入执行元件的油液流量来实现。速度控制回路包括调速回路、快速运动回路等。

1. 调速回路

目前常用的调速回路主要有节流调速回路、容积调速回路和容积节流调速回路三种。

（1）节流调速回路。节流调速回路采用定量泵供油，通过改变流量控制阀阀口的通流面积，来控制流进或流出执行元件的流量。按调节流量的控制阀安装位置的不同，又可以分为进油节流调速回路、回油节流调速回路和旁路节流调速回路三种。

节流调速回路采用定量泵，通过改变进入执行元件的油液流量来调节执行元件的速度，因此效率低、发热量大，只适用于小功率场合。

（2）容积调速回路。容积调速回路是通过改变回路中变量泵或变量马达的排量来调节执行元件的运动速度。容积调速回路没有节流损失或溢流损失，效率高，发热量小，一般用于大功率场合。

（3）容积节流调速回路。容积节流调速回路（联合调速）采用压力反馈式变量泵供油，由流量控制元件改变流入或流出执行元件的油液流量来调节速度。同时，又使变量泵的输出流量与通过流量控制元件的流量相匹配。

2. 快速运动回路

快速运动回路的功用在于使执行元件获得尽可能大的工作速度，以提高劳动生产率，并使功率得到合理的利用。

实现快速运动可以采用以下几种回路：液压缸差动连接快速回路、双泵供油快速回路、增速缸快速回路和蓄能器供油快速回路。

三、方向控制回路

通过控制进入执行元件液流的通、断或变向，来实现执行元件的启动、停止或改变运动方向的回路，称为方向控制回路。常用的方向控制回路有换向回路和锁紧回路。采用二位四通换向阀、三位四通换向阀都可以使双作用执行元件换向；二位阀只能使执行元件正、反向运动；三位阀有中位，不同中位机能可使系统获得不同性能。

四、多缸动作回路

当用一个液压泵向几个执行元件供油时，各执行元件很可能因回路中压力、流量的相互影响而在动作上受到牵制。如果这些元件需要按一定顺序依次动作，就应该采用顺序回路。如果多个执行机构需要同步动作，就需要采用同步回路。如果多个执行机构同时工作，又希望各不影响，就需要采用互不干扰回路。

第四节　气 压 传 动

一、气压传动系统的工作原理

气压传动系统是利用压缩空气机，将电动机或其他原动机输出的机械能转变为空气的压力能，然后在控制元件的控制和辅助元件的配合下，通过执行元件将空气的压力能转变为机械能，从而完成直线或回转运动并对外做功。气压传动具有易实现高频率换向、可大范围调速、节省空间体积、简化机床结构等特点。

从控制方式来分，气动控制可以分为断续控制和连续控制两种。在断续控制系统中，通常使用压力、流量和方向阀就可以实现控制要求的动作；在连续控制系统中，除了使用通常的压力、流量和方向阀以外，还要采用伺服和比例等控制阀，实现比较精确的控制和调节。

在数控机床中，气动技术主要应用于以下装置：

（1）机床部件的移动。主要用于进给运动传动，如主轴、工作台的移动等。

（2）数控机床中的辅助装置中，如固定循环、自动换刀、工作台的夹紧松开、自动门的开合、吹气、工件夹紧、工件的自动上下料、搬送堆放等处，可以缩短加工辅助时间，减轻工人劳动强度，充分发挥数控设备的高效性能。

（3）自动吹屑：如工件、交换工作台、工具定位面等处。

（4）运动部件的平衡：如主轴箱的重力平衡，机械手、刀库的平衡装置等。

（5）检测功能：如工件位置的确认、刀具缺损的确认等。

二、气压传动系统的组成

典型的气压传动系统一般由以下四部分组成。

（1）发生装置。发生装置将原动机输出的机械能转变为空气的压力能。其主要设备是空气压缩机。

（2）控制元件。控制元件用来控制压缩空气的压力、流量和流动方向，以保证执行元件具有一定的输出力和速度，并按设计的程序正常工作，如压力阀、流量阀、方向阀和逻辑阀等。

（3）执行元件。执行元件是将空气的压力能转变成为机械能的能量转换装置，如气缸和气马达。

（4）辅助元件。指用于保证空气系统正常工作的一些辅助装置，如空气过滤器、干燥器、消声器和油雾器等。

气动控制系统的组成如图 8—15 所示。

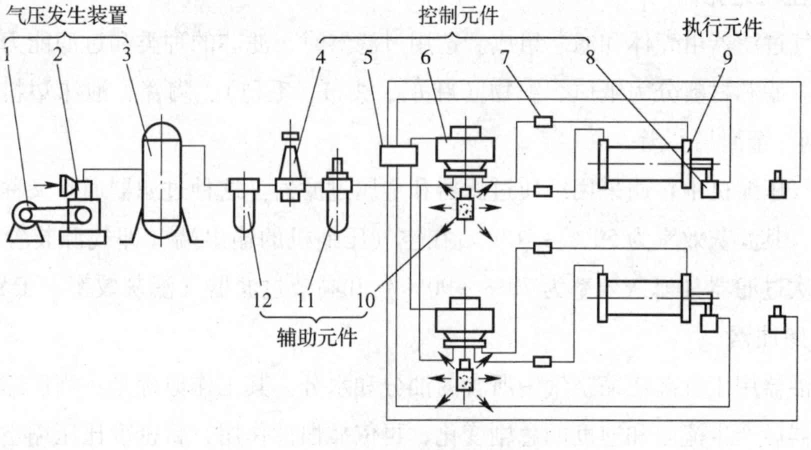

图 8—15　气动控制系统组成示意图

1—电动机　2—空气压缩机　3—储气罐　4—压力控制阀

5—逻辑元件　6—方向控制阀　7—流量控制阀　8—机控阀

9—气缸　10—消声器　11—油雾器　12—空气过滤器

三、气压传动的特点

1. 气压传动的优点

（1）由于以空气为工作介质，来源方便，用后排气处理简单，不污染环境。

（2）由于空气在流动过程中损失小，压缩空气可集中供气，远距离输送。

（3）与液压传动相比，启动动作迅速、反应快、维修简单、管路不易堵塞，而且不存在介质变质、补充和更换等问题。

（4）工作环境适应性好，可安全可靠地应用于易燃易爆场所。

（5）气动装置结构简单轻便、安装维护简单，压力等级低，使用安全。

（6）空气具有可压缩性，气动系统能够实现过载自动保护。

2. 气压传动的缺点

（1）由于空气具有可压缩性，所以气缸的动作速度易受负载变化的影响。

（2）工作压力较低（一般为 0.4 ~ 0.8 MPa），因而气动系统输出的功率和力比较小。

（3）气动系统有较大的排气噪声。

（4）工作介质空气本身没有润滑性，需另外附加装置进行给油润滑。

四、气源和辅助装置

1. 空气过滤器

空气过滤器由壳体和滤芯组成。选用过滤器时，滤芯的种类和过滤能力是主要的方面。滤芯材料分为纸质、织物（麻布、绒布、毛毡）、陶瓷、泡沫塑料和金属（金属网、金属屑）等。

空气压缩机中普遍采用纸质过滤器和金属过滤器。这种过滤器通常又称为一次过滤器，其滤灰效率为50% ~70%。在空气压缩机的输出端（即气源装置）使用的为二次过滤器（滤灰效率为70% ~90%）和高效过滤器（滤灰效率大于99%）。

2. 除油器

除油器用于分离压缩空气中所含的油分和水分。其工作原理是：当压缩空气进入除油器后产生流向和速度的急剧变化，再依靠惯性作用，将密度比压缩空气大的油滴和水滴分离出来。

3. 空气干燥器

空气干燥器用来吸收和排除压缩空气中的水分和部分油分与杂质，使空气进一步干燥。从压缩机输出的压缩空气经过冷却器、除油器和储气罐的初步净化处理后，已经能满足一般气动系统的使用要求。但对一些精密机械、仪表等装置还不能满足要求，为此需要进一步净化处理。为防止初步净化后的气体中的微量水分使精密机械、仪表产生锈蚀，还要进行再干燥和再精过滤。

4. 后冷却器

后冷却器用于将空气压缩机排出的气体冷却并除去水分。

5. 储气罐

储气罐的作用是消除供气系统压力的波动，保证输出气流的连续供应。储气罐一般采用圆筒状焊接结构，有立式和卧式两种，一般以立式居多。

6. 油雾器

油雾器以压缩空气为动力，将润滑油喷射成雾状并混合于压缩空气中，使该压缩空气具有润滑气动元件的能力。

目前，气动控制阀、气缸和气马达主要是靠这种带有油雾的压缩空气来实现润滑的，其优点是方便、干净、润滑质量高。

7. 消声器

气压传动装置的噪声一般都比较大，尤其是当压缩气体直接从气缸或阀口排向大气时，较高的压差使气体体积急剧膨胀，产生涡流，引起气体的振动，发出强烈的噪声。为消除这种噪声，一般应安装消声器。

消声器是能阻止声音传播而允许气流通过的一种气动元件。气动装置中的消声器主要有阻性消声器、抗性消声器及阻抗复合消声器三大类。

五、气缸的分类

气缸是主要的气动执行元件，它的作用是将压缩空气的压力能转变为机械能，它的驱动机构作直线往复、摆动或回转运动，其输出为力或转矩。气缸分类方式如下：

1. 按气缸的作用力分类

（1）单作用式气缸。只有向一个方向的运动是靠气压传动的，活塞向另外一个方向的复位要靠弹簧力、自重或其他外力完成。

（2）双作用式气缸。双作用式气缸的往返运动全都由压缩空气来完成。

2. 按气缸的结构特征分类

有活塞式气缸、薄膜式气缸和伸缩式气缸三种。

3. 按气缸的安装形式分类

（1）固定式气缸。气缸安装在机体上固定不动，有耳座式、凸缘式和法兰式。

（2）轴销式气缸。缸体围绕一个固定的轴可作一定角度的摆动。

（3）回转式气缸。缸体固定在机床主轴上，可随机床主轴作高速旋转运动。这种气缸常用于机床上的气动卡盘中，以实现工件的自动装卡。

（4）嵌入式气缸。气缸做在夹具本体内。

4. 按气缸的功能分类

（1）普通气缸。包括单作用式气缸和双作用式气缸。

（2）缓冲气缸。气缸的一端或两端带有缓冲装置，以防止和减轻活塞运动到端点时对气缸盖的撞击。

（3）气液阻尼气缸。气缸与液压缸串联，可控制气缸活塞的运动速度，并使其速度相对稳定。

（4）摆动气缸。用于要求气缸叶片轴在一定角度内绕轴线回转的场合，如夹具转位、阀门的启闭等。

（5）冲击气缸。它是一种以活塞杆高速运动形成冲击力的高能缸，可用于冲压、切断等。

（6）步进气缸。它是一种根据不同的控制信号，使活塞杆伸出到不同位置的气缸。

六、常见的气动控制元件

在气动控制系统中，气动控制元件是用来控制和调节系统中各个部位空气的压力、流量和方向或发送信号的重要元件，并利用它们组成各种控制回路。

控制元件按功能和用途，可以分为压力控制阀、流量控制阀和方向控制阀三类。

1. 压力控制阀

压力控制阀主要用来控制系统中气体的压力，以满足各种压力要求或用以节能。压力控制分为三类：一类是起降压、稳压作用的减压阀、定值器等；一类是起限压安全保护作用的安全阀等；一类是根据气路压力不同，进行某种控制的顺序阀、平衡阀等。

减压阀的主要作用是将气源的压力减压并稳定到一个定值，以便于调节阀能够获得稳定的气源动力。

2. 流量控制阀

在气压传动系统中，经常要求控制气动执行元件的运动速度，这要靠调节压缩空气的流量来实现。用来控制气体流量的阀称为流量控制阀。流量控制阀就是通过改变阀的通流截面积来实现流量控制的元件，它包括节流阀、单向节流阀、排气节流阀和柔性节流阀等。其中节流阀和单向节流阀的工作原理与液压阀中同类型阀相似。

3. 方向控制阀

按阀芯结构不同，可分为滑柱式（又称柱塞式，也称滑阀）、截止式（又称提动式）、平面式（又称滑块式）、旋塞式和膜片式；按控制方式不同，可分为电磁换向阀、气动换向阀、机动换向阀和手动换向阀；按作用特点，又可以分为单向型控制阀和换向型控制阀。

第九章 机械加工工艺与夹具

第一节 机械加工的基本知识

一、机械加工的常用术语

1. 生产过程

生产过程是指机械产品制造时，将原材料转变为成品的所有过程。它包括产品设计，工艺编制，毛坯准备，元器件、标准件、工具的购置，机械加工，热处理，机器装配，物流仓储等各个可能涉及的过程。

2. 工艺过程

工艺过程就是利用机械加工的方法，将毛坯转变成为成品（或半成品）的过程。工艺过程可分为铸造、锻造、冲压、焊接、机械加工、特种加工、热处理、表面处理、装配等过程。

3. 工序

工序是指一个或一组工人，在一个工作地点对同一个或同时对几个工件所连续完成的那一部分工艺过程。划分工序的主要依据是工作地点是否改变和加工是否连续。工序是组成工艺过程的基本单元，也是制订生产计划、进行经济核算的基本单元。

4. 安装

安装是指工件在机床或夹具上先定位后夹紧所完成的那一部分工序（过程）。

5. 工位

工位是指在一次装夹中，工件在机床上所占的每个位置上（指有多个加工位置，即多工位的情况）所完成的那一部分工序。

6. 工步

工步是指在加工表面（或装配时的连续表面）不变、加工工具不变和切削用量不变的条件下，所连续完成的那部分工序。工步是构成工序的基本单元。

7. 走刀

走刀是指刀具相对工件加工表面进行一次切削所完成的那部分工作。每个工步可包括一次走刀或几次走刀。

8. 生产类型

工厂一年中制造某一产品的数量（包括备品和废品的数量），称为该产品的生产纲领。根据生产纲领的大小和产品的大小，可以分为单件生产、批量生产、大量生产三种生产类型。

9. 生产率

机械加工的劳动生产率是指工人在单位时间内加工出合格零件的数目。工作时间包括基本时间、辅助时间、服务时间、休息和自然需要时间、准备结束时间等。

10. 工艺系统

在机械加工中，机床、刀具、夹具、工件相互联系，组成一个完整的系统，通常称为工艺系统。

二、工艺规程

把零部件制造工艺过程和操作方法等的各项内容用表格的形式固定下来，并用于指导和组织生产的工艺文件称为工艺规程。工艺规程是指导生产、组织生产、管理生产的主要工艺文件，是加工、检验验收、生产调度与安排的主要依据。

1. 工艺规程文件

（1）过程卡。过程卡列出了主要的加工步骤，一般不用于直接指导工人操作，多作为生产管理方面的文件使用。

（2）工艺卡。工艺卡是以工序为单位，比较详细地说明零件工艺过程的文件。工艺卡主要用于指导工人的现场操作。

（3）工序卡。工序卡是以工序为单位，用于具体指导生产的一种更详细的（包括详细的工步内容）工艺文件。

2. 编制工艺规程的原则和依据

编制工艺规程时应该遵循的原则是先进性、可行性、合理性、劳动条件的良好性。

编制工艺规程的主要依据有产品的装配图和零件图、生产纲领和类型等。

三、结构工艺性

结构工艺性是指在满足使用要求的前提下，制造、维修的可行性和经济性。零件可以采用不同的工艺方法来制造，每种工艺方法都具有该工艺方法特点所决定的评定零件结构工艺性的依据。可从以下几个方面来分析用机械加工工艺方法制作的零件的结构工艺性：

（1）零件应由一些简单或者有规律的表面，如平面、回转面、螺旋面、渐开线面等组成，避免奇异、无规律的表面，否则将会给加工带来困难。

（2）零件表面的有关尺寸应标准化和规格化。例如，孔、螺纹、轴等的尺寸标准化、规格化，可采用标准刀具加工，也便于与标准件配合和装配，并且方便用户的使用。

（3）零件有关表面形状应与加工刀具形状相适应，否则将增加加工难度。

（4）尽量减小加工面积。这样既减小了加工工作量，又保证零件表面接触良好。

（5）零件的结构应保证加工时刀具的引进和退出。

（6）零件的结构应能尽量减少加工时的装夹以及换刀次数。

（7）不需要加工的毛坯表面不要设计成加工面，要求不高的面不要设计成高精度、表面粗糙度值小的表面。

（8）工件结构应使定位准确，夹紧可靠，便于加工和测量。

第二节　基　　准

在机械设计、制造、装配和测量的各个过程中，都有关于基准的问题存在。正确选择基准对保证加工精度具有重要的意义。

一、基准的概念及分类

基准是指零件上用以确定其他点、线、面的位置所依据的那些点、线、面。通俗的说法就是，尺寸是从哪儿开始算起的，从哪儿开始量起的。根据其功用的不同，基准可分为设计基准和工艺基准两大类。

1. 设计基准

在零件图上用以确定其他点、线、面的基准称为设计基准。

2. 工艺基准

零件在加工、测量、装配等工艺过程中使用的基准统称工艺基准。工艺基准又可分为：

（1）装配基准。在零件或部件装配时，用以确定它在机器中相对位置的基准，称为装配基准。

（2）测量基准。用以测量工件已加工表面所依据的基准，称为测量基准。例如，以内孔定位用百（千）分表测量外圆表面的径向跳动，则内孔就是测量外圆表面径向跳动的测量基准。

（3）工序基准。在工序图中，用以确定被加工表面位置所依据的基准称为工序基准，这时所标注的加工面的位置尺寸称为工序尺寸。工序基准也可以看做是工序图中的设计基准。图 9—1 所示为铣槽工序的工序图，图 a、b 分别表示两种不同的工序基准和相应的工序尺寸。

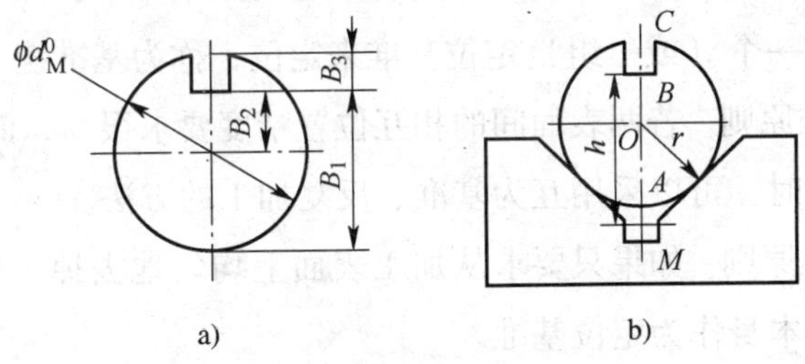

图 9—1　铣槽工序基准示例

（4）定位基准。用以确定工件在机床上或夹具中正确位置所依据的基准称为定位基准。如轴类零件的中心孔就是车、磨工序的定位基准。

二、基准的选择

根据定位基面的表面状态，定位基准又可分为粗基准和精基准。用零件上未加工过的表面作为定位基准的，称为粗基准。用已加工过的表面作为定位基准的，称为精基准。

1. 粗基准的选择

选择粗基准时，主要考虑如何保证加工表面与不加工表面之间的位置和尺寸要求，保证加工表面的加工余量均匀和足够，以及减少装夹次数等。具体原则有以下几方面：

（1）如果零件上有一个不需加工的表面，在该表面能够被利用的情况下，应尽量选择该表面作为粗基准。

（2）如果零件上有几个不需要加工的表面，应选择其中与加工表面有较高位置精度要求的不加工表面作为第一次装夹的粗基准。

（3）如果零件上所有表面都需机械加工，则应选择加工余量最小的毛坯表面作为粗基准。

（4）同一尺寸方向上，粗基准只能用一次。

（5）粗基准要选择平整、面积大的表面。

2. 精基准的选择

选择精基准时，主要应考虑如何保证加工表面之间的位置精度、尺寸精度和装夹方便，其主要原则是：

（1）基准重合原则。即选设计基准作为本道加工工序的定位基准，也就是说，应尽量使定位基准与设计基准相重合。这样可避免因基准不重合而引起的定位误差。

（2）基准统一原则。在零件加工的整个工艺过程中，或者有关的某几道工序中，尽可能采用同一个（或一组）定位基准来定位，称为基准统一原则。

（3）互为基准原则。若两表面间的相互位置精度要求很高，而表面自身的尺寸和形状精度又很高时，可以采用互为基准、反复加工的方法。

（4）自为基准原则。如果只要求从加工表面上均匀地去掉一层很薄的余量时，可以采用加工表面本身作为定位基准。

第三节　机械加工工艺路线的拟定

工艺路线是指从毛坯制造开始，经机械加工、热处理、表面处理，生产出产品、零件所经过的工艺流程。工艺路线是工艺规程的总体布局，它主要涉及零件表面加工方法的选择、加工阶段的划分、加工工序数目的确定和工序的安排。

一、表面加工方法的选择

在选择零件各表面的加工方法时，主要应从以下几个方面来考虑。

1. 零件的结构

包括组成零件各表面的性质、尺寸的大小以及结构的复杂程度。各种典型表面都有其相适应的加工方法。

2. 经济精度和表面粗糙度

任何一种加工方法能获得的加工精度和表面粗糙度值都有一个相当大的范围，而高精度的获得一般要以高成本为代价，不适当的高精度要求，会导致加工成本急剧上升。

3. 工件材料的性质

加工方法的选择常受工件材料性质的限制。例如，淬火钢淬火后应采用磨削加工；而有色金属磨削困难，常采用金刚镗或高速精密车削进行精加工。

4. 工件的结构形状和尺寸

以内圆表面加工为例，回转体零件上较大直径的孔可采用车削或磨削；箱体上IT7 级的孔常采用镗削或铰削，孔径较小时宜采用铰削，孔径较大或长度较短的孔宜选用镗削。

5. 生产率和经济性

选择加工方法一定要考虑生产类型，这样才能保证生产率和经济性的要求。

二、加工阶段的划分

1. 零件加工阶段的划分

零件的加工质量要求较高或结构较为复杂时，一般工艺路线较长，工序较多。从零件的整个机械加工工艺过程来看，可划分为五个加工阶段：

（1）粗加工阶段。粗加工阶段的主要任务是切除大部分加工余量，应使用高效率的加工方法和设备，以提高生产率。而对于精度要求很低的加工表面，在本阶段可直接加工完毕。

（2）半精加工阶段。半精加工阶段要切除粗加工后可能产生的变形和缺陷，并为主要表面的精加工做好准备，一般安排在热处理之前进行。对于次要表面的加工（如钻孔、攻螺纹、铣键槽等）则在本阶段加工完毕。

（3）精加工阶段。精加工阶段是要保证主要表面达到图样规定的质量要求，主要是靠精加工方法和工艺装备保证质量。

（4）光整加工阶段。光整加工阶段主要是为加工质量要求特别高（IT6 级以上标准公差，表面粗糙度值 $R_a0.2$ μm 以下）的表面设置的加工阶段。该阶段主要用光整加工方法和专门的工艺装备来降低表面粗糙度值，用以获得很光洁的表面。

（5）超精密加工阶段。超精密加工阶段，要求加工精度在 0.03 ~ 0.3 μm，表面粗糙度值在 $R_a0.05$ ~ 0.03 μm（或称亚微米级加工）。

2. 划分阶段的目的

（1）零件在加工中由于受切削力、切削热和内应力的作用，不可避免地要产生变形，影响加工质量。划分加工阶段并使各加工阶段有一定的时间间隔，便于残余应力得到释放，从而减小变形带来的影响；或者在加工阶段之间安排诸如热处理、校直、自然时效等工序来消除各种变形的影响，提高加工质量。

（2）由于各加工阶段的主要任务不同，加工方法、加工设备、不同等级的技术工人的配备也就不同。

（3）便于安排热处理工序。例如，粗加工后安排时效处理，消除粗加工时工件所产生的残余应力；精加工又安排在淬火工序之后，以利于提高加工精度和消除淬火产生的变形及氧化层。

（4）便于发现毛坯的缺陷，以便及时报废或修补，减少浪费。

（5）精加工阶段放在最后进行加工，可以避免零件在周转运输当中精加工表面的碰伤及划伤。

三、工序集中与工序分散

同一个零件加工工艺过程中工序多少的状况称为工序的集中和分散。安排零件的加工工艺过程时，需要解决工序集中和工序分散问题。

工序集中就是在每个工序中加工内容很多，尽可能在一次安装中加工许多表面，或尽量在同一台设备上连续完成较多的加工内容。这样，零件工艺过程中工序少，工艺路线短。

工序分散则相反，它把加工表面分得很细，每个工序加工内容少，表现为工序多，工艺路线长。

由于工序的集中和分散各有特点，究竟按何种原则确定工序数量，这要根据生产纲领、机床设备及零件本身的结构和技术要求等做全面的考虑。但从技术的发展方向来看，随着数控机床、加工中心的发展和应用，今后将更多地趋向于工序集中。

四、加工顺序的安排

要满足零件图样的全部技术要求及生产的高效率和低成本，不仅要正确选择定位基准和每个表面的加工方法，而且要合理地安排工序顺序。

1. 机械加工顺序的安排

(1) 基面先行。作为其他表面加工的精基准，一般安排在工艺过程一开始就进行加工。

(2) 先主后次。零件的主要工作表面（一般是指加工精度和表面质量要求高的表面）、装配基面应先加工，从而及早发现毛坯中可能出现的缺陷。

(3) 先粗后精。一个零件的切削加工过程，总是先进行粗加工，再进行半精加工，最后是精加工和光整加工。

(4) 先面后孔。箱体、支架等类型的零件上具有轮廓尺寸远比其他表面尺寸大的平面，用它作为定位基准面稳定可靠，故一般先加工这些平面以作为精基准，供加工孔和其他表面时使用。

2. 热处理工序的安排

热处理工序在工艺过程中的安排是否恰当，是影响零件加工质量和材料使用性能的重要因素。热处理的方法、次数和在工艺过程中的位置，应根据材料和热处理的目的而定。

3. 检验工序的安排

检验工序是辅助工序中最重要的工序，为了确保零件的加工质量，在工艺过程中合理地安排检验工序是非常必要的。一般在重要工序的前后、零件送往另一个车间之前、各加工阶段之间以及工艺过程的终了都应安排检验工序，以保证加工质量。零件的清洗工序一般安排在最终检验工序之前。

第四节　加　工　余　量

所谓加工余量，就是从工件的加工表面上切去的一层金属，使加工出来的零件符合图样的要求，这层金属就叫做加工余量。毛坯尺寸与零件图的设计尺寸之差称为表面的（总）加工余量，而相邻两工序尺寸之差称为工序余量，总余量是各个工序余量的总和。非对称的工件尺寸上取的是单边余量，旋转对称的工件尺寸上取的则应是双边余量。

合理确定加工余量和各道工序的加工余量，对保证零件的加工质量、提高加工效率有着重要的意义。

1. 影响加工余量的因素

（1）上道工序的加工尺寸误差。

（2）上道工序加工后出现的位置误差。

（3）本道工序的安装误差。

2. 确定加工余量的方法

（1）计算法。按公式计算最经济合理，但难以获得齐全可靠的数据资料。

（2）经验估计法。凭经验确定加工余量，仅用于单件小批生产。

（3）查表修正法。实际生产中常用的方法是将生产实践和试验研究积累的大量数据列成表格，以便使用时直接查找，同时还应根据实际情况加以修正。

第五节　工艺尺寸链

一、基本概念

在零件加工和机器装配的过程中，经常会遇到一些相互联系的尺寸组合，这些相互联系且按一定顺序排列的封闭尺寸组合称为尺寸链。在零件的加工过程中，由有关工序尺寸组成的尺寸链称为工艺尺寸链。

1. 工序尺寸的计算

工序尺寸是工件在加工过程中各工序应保证的加工尺寸。工序尺寸的公差应按各种加工方法的经济精度确定。制定工艺规程的重要内容之一，就是确定工序尺寸及其公差。在确定了工序余量和工序所能达到的经济精度以后，便可计算出工序尺寸及其公差。

2. 尺寸链的组成

如图 9—2 所示，在尺寸链中，每一个尺寸称为尺寸链的环。根据其作用不同，尺寸链中的环又可分为：

（1）封闭环。在尺寸链中最后形成的或间接保证的尺寸称为封闭环，用 A_0 表示。一个尺寸链中只能有一个封闭环。

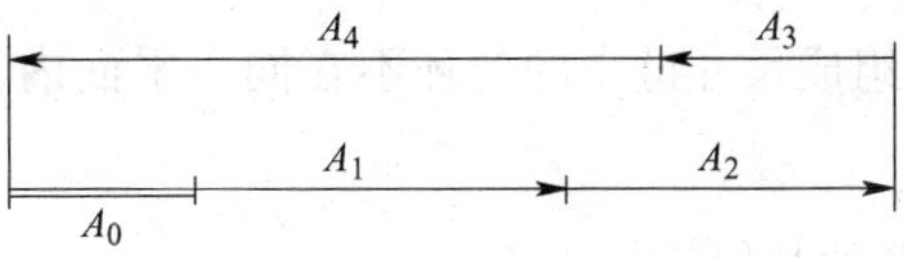

图 9—2　尺寸链

（2）组成环。尺寸链中，除去封闭环以外的尺寸统称为组成环。

根据组成环对封闭环的影响，组成环又分为：

1）增环。在尺寸链中，当其余组成环不变时，将某一环增大（或减小），封闭环也随之增大（或减小），该环称为增环，如图中尺寸 A_3、A_4。

2）减环。在尺寸链中，当其余组成环不变时，将某一环增大（或减小），封闭环反而随之减小（或增大），该环称为减环，如图中尺寸 A_1、A_2。

3. 尺寸链问题的分类

（1）按尺寸链的应用场合

1）装配尺寸链。在机器或部件的装配过程中，解决需要调整、修配环节的尺寸和公差的问题。

2）设计尺寸链。在机器的设计过程中，计算和分配各个相关零件的制造公差。

3）工艺尺寸链。零件上给定的设计尺寸（和公差），在加工过程中是要通过多道工序的加工才能得到的。其中每道工序所应该保证的尺寸叫做工序尺寸，它们是逐步地向设计尺寸接近的，直到最后的工序才会达到设计规定的尺寸（和公差）。编制工艺规程时，一项重要的工作就是要确定每道工序的工序尺寸和公差，这就需要采用尺寸链的方法来进行计算。

（2）按计算的目标

1）正向计算。根据已知的各组成环尺寸，计算封闭环的尺寸和公差值。这种计算的结果是唯一的。

2）反向计算。已知封闭环尺寸，求组成环的尺寸。计算的目的是将封闭环的公差值合理地分配给各个组成环。它的计算结果是不唯一的，但有最佳。

3）中间计算。已知封闭环和部分组成环尺寸，求其余未知尺寸环的各种尺寸。其结果存在合理分配公差值的多方案择优问题。

（3）按尺寸链在空间分布的位置关系

1）线性尺寸链。组成尺寸链中的各环位于同一平面内且彼此平行。

2）平面尺寸链。组成尺寸链中的各环位于同一平面或彼此平行的平面内，各环之间可以不平行。

3）空间尺寸链。组成尺寸链中的各环不在同一平面内，或不在彼此平行的平面内，是三维立体的。

（4）按尺寸链各环的几何特征

1）长度尺寸链。尺寸链中各环均为长度量。

2）角度尺寸链。尺寸链中各环均为角度量。

（5）按尺寸链之间的相互关系

1）独立尺寸链。尺寸链中所有的组成环和封闭环只从属于一个尺寸链。

2）并联尺寸链。两个或两个以上的尺寸链通过公共环联系起来（并联）形成的尺寸链。

二、尺寸链的建立与分析

用尺寸链来计算工艺尺寸时，正确地建立与分析尺寸链非常重要，如果建立与分析错误，那么就一切都错。因此，要特别注意以下几点：

（1）组成尺寸链的尺寸，一定是密切相关、相互制约的一组尺寸。不相关的尺寸不属于尺寸链的组成部分。

（2）正确地确定封闭环。在尺寸链中，封闭环是最后形成的或者是间接保证的尺寸，而且只有一个。封闭环一定要判断准确，否则计算出的结果将是错误的。

（3）工艺尺寸链中的封闭环也是在加工过程中才会形成的，是最后要保证的尺寸。在大多数情况下，封闭环多半就是该零件设计尺寸中的一个尺寸，或者就是加工余量的数值。封闭环还与该零件的加工方案有关，加工方案改变，则封闭环也很可能会变成另一个尺寸。

（4）准确判断增环、减环。根据增、减环对封闭环的影响，采用标箭头的方法来判断，特别是当尺寸链的环数较多时，这样判断既方便又不容易出错。其方法是：在封闭环上方任给一个方向标出箭头，然后沿箭头指定的方向，由封闭环的一端顺序地在各组成环上方标出箭头，直到与封闭环另一端封闭为止。凡是箭头方向与封闭环所标的箭头方向相同的组成环即为减环，相反则为增环。准确地确定增、减环也很重要，否则同样得到错误的结果。

（5）在画尺寸链图时，应先确定出封闭环，然后由其一端画起，顺序画下去，直到封闭环另一端封闭为止。

三、尺寸链的计算方法

实际生产中，解尺寸链的方法主要是极值法（尤其当尺寸链环数较少的情况下）。极值法又称极大值极小值解法，这种解法是从最不利的情况出发，即各增环皆为最大值而各减环皆为最小值，或者各增环都是最小值而各减环都是最大值的情况，来计算封闭环的。

1. 用极值法解尺寸链

（1）基本尺寸的计算。封闭环的基本尺寸等于各增环的基本尺寸之和减去各减环的基本尺寸之和。

（2）极限尺寸的计算。封闭环的最大极限尺寸等于所有增环最大极限尺寸之和减去所有减环最小极限尺寸之和；封闭环的最小极限尺寸等于所有增环的最小极限尺寸之和减去所有减环的最大极限尺寸之和。

（3）上、下偏差的计算。封闭环的上偏差等于所有增环的上偏差之和减去所有减环的下偏差之和，封闭环的下偏差等于所有增环的下偏差之和减去所有减环的上偏差之和。

（4）公差的计算。封闭环的公差等于所有组成环公差之和。

2. 解工艺尺寸链的方式

（1）正向计算。已知各个组成环的尺寸，求封闭环的尺寸，答案是唯一的。这种情况主要是用于验证工序图上所标注的工序尺寸和公差是否能满足设计尺寸的要求。

（2）反向计算。已知封闭环的公差，求各个组成环的公差。这种情况实际上就是要将封闭环的公差值合理地分配给各个组成环，因此，答案不可能是唯一的，但可以设法去寻找一个最佳的方案。这种情况主要用于产品设计时确定各个组成零件的公差，以及加工过程中的中间尺寸计算。

公差数值的分配方法：

1）等公差分配法。将封闭环的公差平均等分，分配给各个组成环。

2）等精度分配法。将组成环按同一个精度等级来处理，并分配封闭环的公差。也就是说，尺寸大的分配到的公差数值大，尺寸小的分配到的公差数值就小。

3）经济精度分配法。把封闭环的公差按照各个组成环的经济精度的公差值进行分配，然后加以适当的调整，使各个组成环公差之和等于或小于封闭环的公差，这种方法从工艺上考虑是比较合理的。

（3）中间计算。已知封闭环和部分组成环的尺寸和公差，求某一组成环的尺寸和公差。这种情况在工艺尺寸链的求解中应用最为广泛。例如，在加工中出现基准不重合时，要计算某工序尺寸。

第六节　机械加工质量

机械加工完成得如何，最终要用机械加工的质量来衡量。机械加工质量包括两个方面：加工精度和表面质量。

一、机械加工精度

1. 加工精度的概念

加工精度是指加工后的零件在形状、尺寸、表面相互位置等方面与理想零件的符合程度。它由尺寸精度、形状精度和位置精度组成。

（1）尺寸精度。指加工后，零件表面本身或表面之间的实际尺寸与理想尺寸之间的符合程度。

（2）形状精度。指加工后，零件表面本身的实际形状与理想零件表面形状之间的符合程度。

（3）位置精度。指加工后，零件各表面之间的实际位置与理想零件各表面之间的位置的符合程度。

2. 机械加工精度获得的方法

（1）尺寸精度的获得方法

1）试切法。指通过反复“试切工件→测量→比较→调整刀具”这一过程，获得要求尺寸的方法。

2）调整法。指按试切好的工件尺寸、标准件或对刀块等调整确定刀具相对工件定位基准的准确位置，并在保持此准确位置不变的条件下，对一批工件进行加工的方法。

3）定尺寸刀具法。指在加工过程中采用具有一定尺寸的刀具或组合刀具，以保证被加工零件尺寸精度的一种方法。

4）自动控制法。通过由测量装置、进给装置和切削机构以及控制系统组成的控制加工系统，把加工过程中的尺寸测量、刀具调整和切削加工等工作自动完成，从而获得所要求的尺寸精度的一种加工方法。

（2）形状精度的获得方法。机械加工中，获得一定形状表面的方法可以归纳为以下三种：

1）轨迹法。此方法利用刀具的运动轨迹形成要求的表面几何形状。刀尖的运动轨迹取决于刀具与工件的相对运动，即成形运动。用这种方法获得的形状精度取决于机床的成形运动精度。

2）成形法。此方法利用成形刀具代替普通刀具来获得要求的几何形状的表面。机床的某些成形运动被成形刀具的切削刃所取代，从而简化了机床结构，提高了生产效率。

3）展成法。零件表面的几何形状是在刀具与工件的啮合运动中，由切削刃的包络面形成的。因而切削刃必须是被加工表面的共扼曲面，成形运动间必须保持确定的速比关系。加工齿轮常用这种方法。

（3）位置精度的获得方法。在机械加工中，获得位置精度的方法主要有以下两种。

1）一次装夹法。工件上几个加工表面是在一次装夹中加工出来的。

2）多次装夹法。即零件有关表面间的位置精度是由刀具相对工件的成形运动与工件定位基准面（也是工件在前几次装夹时的加工面）之间的位置关系保证的。在多次装夹法中，又可划分为直接装夹法、找正装夹法和夹具装夹法。

二、机械加工的表面质量

1. 表面质量的概念

表面质量是指机械加工后零件表面层的几何结构，以及受加工影响的表面层金属与基体金属性质产生变化的情况。表面层厚度一般只有0.05～0.15 mm。

工件的表面质量的内容主要包括以下方面：

（1）表面的几何形状。主要包括表面粗糙度、表面波度。其中，表面波度是一种尺寸上介于表面粗糙度和形状误差之间的周期性几何形状误差。对于这种误差，目前还没有相应的国家标准，在零件图样上一般也不注明。但是它确实是一种加工误差，而且主要是由工艺系统的振动造成的。

（2）表面层物理和力学性能的变化。主要包括：

1）表面层的加工冷作硬化。

2）表面层中残余应力的大小、方向及分布情况。

3）表面层金相组织的改变。

4）表面层的其他物理、力学性能的变化。

2. 表面质量对零件使用性能的影响

机械产品之所以要维修、更换某些零件或整个报废，一般不是因为它的零件发生了整体破坏，而是零件之间有相互运动的表面产生过大的磨损，从而改变了机械的性能，使之不能使用。有时即使零件发生了整体断裂，究其原因也往往是首先在零件表面上形成了疲劳裂纹，裂纹不断扩展，从而造成了零件的整体破坏。因此，了解零件的表面质量对其使用性能的影响，正确地提出对零件表面质量的要求是非常重要的。

（1）表面粗糙度对耐磨性的影响。零件的耐磨性除与材料的性能、热处理状态和润滑条件有关外，零件自身的表面粗糙度起着十分重要的作用。

（2）冷作硬化对耐磨性的影响。冷作硬化可以显著地提高零件表面的耐磨性。

（3）表面层应力集中及残余应力对疲劳强度的影响。零件表面微观不平度会在它的“波谷”底部造成应力集中。

（4）表面质量对零件耐腐蚀性的影响。降低表面粗糙度值可以提高零件的耐腐蚀性。

（5）表面质量对配合性质的影响。对于间隙配合，如果零件表面粗糙度值过大，初期磨损就较严重，导致磨损量加大，从而使配合间隙增大，破坏了原设计要求的配合精度；对于过盈配合，表面粗糙度值过大，装配时在压入配合的表面上的部分微小波峰被挤平，使实际得到的过盈量比设计要求的小，降低了过盈表面的结合强度，从而影响零件连接的可靠性。

三、提高加工质量的措施

影响零件加工精度的因素很多，为了提高加工质量，保证机械加工精度，生产中采取的工艺措施很多，这里仅列举一部分，做简要说明。

1. 提高加工精度的工艺措施

（1）增强工艺系统的刚度。生产中常遇到一些零件刚度低，按传统加工方法很难达到加工精度。为此，需采取一些措施来提高工件或工艺系统的刚度。例如，车削时使用中心架或跟刀架；铣削时，也可以在工件上增加一些辅助支撑，可以提高工件的刚度，如图 9—3 所示。

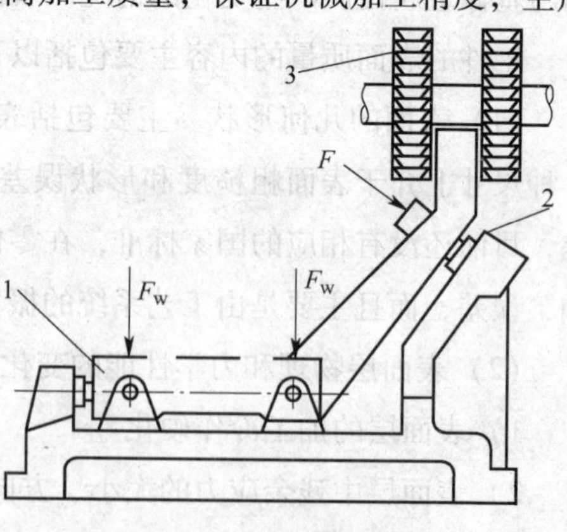

图 9—3　辅助支撑

1—工件　2—辅助支撑　3—铣刀

（2）误差补偿法。如果误差不能避免，可以采用校正装置来反向抵消这些误差。例如，加工丝杠时采用丝杠螺距校正装置，可以提高工件螺距的加工精度。

（3）误差避免法。例如，镗孔时使用镗模和浮动镗杆，可以避免机床主轴误差对工件加工精度的影响。

（4）控制加工区域或机床的温度，减少热变形对加工精度的影响。例如，采用恒温油淋浴，机床结构局部加热、冷却等。

（5）采用误差积极控制法。例如，通过工件加工中尺寸的自动测量、反馈，控制刀具或工件的位置。也可以实时测量配偶件的尺寸来实现反馈控制。

（6）采用减振、消振装置，可以在一定程度上提高工件的加工精度。

2. 保证表面质量的工艺途径

控制、降低工件加工表面粗糙度值的措施有：

（1）采用超精密、低表面粗糙度切削方法，如金刚石超精密切削、超精密磨削、珩磨、研磨、超精磨和抛光等。

（2）采用表面滚压、挤压等方法进行工件的最终加工。

第七节　影响机械加工精度的因素

一、基本概念

1. 加工精度和加工误差

机械加工精度是指零件加工后的实际几何参数（尺寸、形状和位置）与理想几何参数的符合程度。实际加工中，不可能做得与理想零件完全一致，总会有大小不同的偏差。零件加工后的实际几何参数对理想几何参数的偏离程度称为加工误差。加工精度和加工误差实际上是同一个问题，只是从两个不同的方面去考察，并用不同的量来表达。

2. 加工的经济精度

由于在加工过程中有很多因素影响加工精度，所以同一种加工方法在不同的工作条件下所能达到的精度是不同的。任何一种加工方法，只要精心操作，细心调整，并选用合适的切削参数进行加工，都能使加工精度得到较大的提高，但这样会降低生产率，增加加工成本。加工误差 δ 与加工成本 C 成反比关系。某种加工方法的加工经济精度不应理解为某一个确定值，而应理解为一个范围，在这个范围内都可以说是经济的。

3. 原始误差

机械加工工艺系统（简称工艺系统）中的误差是产生零件加工误差的根源，这些误差在各种不同的具体工作条件下，都会以各种不同的方式（或扩大，或缩小）反映为工件的加工误差。这些误差统称为原始误差。

工艺系统的原始误差主要有工艺系统的几何误差、定位误差、工艺系统受力变形引起的加工误差、工艺系统受热变形引起的加工误差、工件内应力重新分布引起的变形以及加工原理误差、调整误差、测量误差等。

二、加工原理误差

加工原理误差是指在加工中采用了近似的加工运动、近似的刀具轮廓和近似的加工方法而导致工件产生的加工误差。例如，加工蜗杆时，蜗杆的螺距为 $m \cdot \pi$，它是一个无理数。不管用何种交换齿轮，都不可能配出精确的螺距值，只能近似地组合出一个比较接近的值。又例如，加工齿轮的滚刀的基本蜗杆，在理论上应该是渐开线的，但是渐开线蜗杆的加工很困难，人们就用阿基米德基本蜗杆来近似替代，这两种蜗杆的廓形是有一定区别的，这也是原理误差。

三、制造误差和磨损引起的加工误差

1. 机床方面的误差

（1）主轴的回转误差。理论上讲，主轴工作时要求它的回转轴线是稳定不变的，而实际上的轴线存在着径向跳动、轴向窜动和角度摆动三种误差。引起这些误差的原因，主要是主轴轴颈（前、后轴承安装处）自身的圆度、同轴度误差，定位端面的垂直度误差，还有就是轴承的各种误差。

主轴在切削力和传动力的作用下产生的变形也会反映到工件的加工误差中去。

适当提高主轴及箱体的制造精度，选用高精度的轴承，提高主轴部件的装配精度，对高速主轴部件进行平衡，对滚动轴承进行预紧等，均可提高机床主轴的回转精度。

（2）机床导轨的误差。指机床导轨的直线度误差、两条导轨在水平面和垂直面中的平行度误差。例如，机床上有几组导轨，这几组导轨之间的相互位置精度和扭曲误差都会给机床的加工带来影响。其中，这些误差以沿着工件表面法线方向的分量对加工的影响最直接，而沿着工件表面切线方向的分量对加工的影响是不显著的。

除了导轨本身的制造误差外，导轨的不均匀磨损和安装质量也是造成其误差的重要因素。导轨磨损是机床精度下降的主要原因之一。

(3) 传动链的误差。对于有内联系传动链的机床，如齿轮加工机床、螺纹加工机床，其中的调整环节如果不能设置为理论上精确的数值，就会给齿轮的周节或螺纹的螺距带来误差。

2. 刀具方面的误差

刀具误差对加工精度的影响随刀具种类的不同而不同。采用定尺寸刀具、成形刀具、展成刀具加工时，刀具的制造误差会直接影响工件的加工精度。

任何刀具在切削过程中，都不可避免地要产生磨损，并由此引起工件尺寸和形状的改变。正确地选用刀具材料和选用新型耐磨的刀具材料，合理地选用刀具几何参数和切削用量，正确地刃磨刀具，合理地采用切削液等，均可有效地减少刀具的尺寸磨损。必要时还可采用补偿装置对刀具磨损进行自动补偿。

3. 夹具方面的误差

夹具的作用是使工件相对于刀具和机床具有正确的位置。因此，夹具的制造误差对工件的加工精度（特别是位置精度）有很大影响。

(1) 定位误差。定位误差是指一批工件采用调整法加工时，因定位不正确而引起的尺寸或位置的最大变动量。

在零件图上用来确定某一表面尺寸、位置所依据的基准称为设计基准。在工序图上用来确定本工序被加工表面加工后的尺寸、位置所依据的基准称为工序基准。一般情况下，工序基准应与设计基准重合。在机床上对工件进行加工时，须选择工件上若干几何要素作为加工时的定位基准（或测量基准），如果所选用的定位基准（或测量基准）与设计基准不重合，就会产生基准不重合误差。

定位基准与设计基准不重合时所产生的基准不重合误差，只有在采用调整法加工时才会产生，在试切法加工中不会产生。

(2) 定位副制造不准确引起的误差。工件在夹具中的正确位置是由夹具上的定位元件来确定的。夹具上的定位元件不可能按基本尺寸制造得绝对准确，它们的实际尺寸（或位置）允许在规定的公差范围内变动。同时，工件上的定位基准面也会有制造误差。工件定位面与夹具定位元件共同构成定位副，由于定位副制造得不准确和定位副间的配合间隙引起的工件最大位置变动量，称为定位副制造不准确误差。

基准不重合误差的方向和定位副制造不准确误差的方向可能不相同，定位误差取为基准不重合误差和定位副制造不准确误差的矢量和。

四、工艺系统受力变形引起的误差

机械加工工艺系统在切削力、夹紧力、惯性力、重力、传动力等的作用下，会产生相应的变形，从而改变了刀具与工件之间原先正确的相对位置，使工件的加工精度下降。

工艺系统受力以后产生变形的总位移是各个组成部分各自位移的总和，即：

$$y_{系统} = y_{机} + y_{夹} + y_{刀} + y_{工}$$

沿工件加工表面法向（加工误差敏感方向）的径向切削分力 F_y，与工艺系统在该方向上的变形 y 之间的比值，称为工艺系统的刚度系数 k，$k = F_y/y$。

通常机械加工工艺系统是一个空间三维的系统。三个方向上的力和变形是互相影响（即互相耦合）的。因此，式中的变形 y 不只是由径向切削分力 F_y 所引起，还应该包括垂直切削分力 F_z 与走刀方向切削分力 F_x 所引起的工艺系统在 y 方向产生的变形。

工艺系统的刚度在切削加工过程中发生变化，或者工件毛坯上切削余量不均匀引起切削力时大时小等，凡是加工过程中不稳定的现象，都会对工件的加工精度产生影响。

五、工艺系统热变形对加工精度的影响

工艺系统热变形对加工精度的影响不能忽视，特别是在精密加工和大件加工中，由热变形所引起的加工误差有时可占工件总误差的 40% ~ 70%。机床、刀具和工件受到各种热源的作用，温度会逐渐升高，同时它们也通过各种传热方式向周围的物质和空间散发热量。当单位时间传入的热量与其散出的热量相等时，工艺系统就达到了动态热平衡状态。

工件、机件受热不均匀，对热变形的影响也很大。一个对称的机件，如果单面受热，就会产生弯曲变形；如果是双面均匀受热，就基本上看不到有什么弯曲变形。

影响工艺系统的热源有内部热源和外部热源。减小工艺系统热变形的途径有：

（1）减少内、外部热源的发热。例如，降低切削用量、改变刀具的几何角度，使切削热减少。

（2）采取隔热措施，阻止外界热量的传入或在系统内部的流动。

（3）改善散热条件。采取的办法有加散热片、开孔、开窗等，进行强制排热

或散热。

（4）均衡温度场。在工艺系统内，人为地引出一部分热量到某处，使热变形均匀化。

（5）改进机床的结构，减小热变形，或使热变形均匀。

（6）加快温度场的平衡，加快热量的均匀化过程。

（7）控制环境温度。如精密机床应该放置在恒温的场所。

六、工件内应力重新分布引起的误差

零件经过冷、热机械加工以后，在没有外力作用状态下而存在于零件表面或内部的应力，称为内应力。工件中一旦存在有内应力，就会使工件金属处于一种不稳定状态，它本能地要向稳定的状态转化，内应力会重新分布，并伴随有变形发生，从而使工件丧失原有的加工精度。即使在常温下，零件也会不断地进行着这种变化，直到内应力大部分消失为止。

零件中的内应力分为表面层中的内应力和零件内部的内应力，可以是拉应力，也可以是压应力。表面层中如果是压应力，对提高零件的承载能力有益处；如果是拉应力，则会降低零件的承载能力。

（1）热加工中引起的内应力。在热加工工序中，由于工件壁厚不均匀、形状不对称、冷却不均匀、金相组织的转变等原因，会使工件产生内应力。

各种铸件都难免产生冷却不均匀而形成的内应力，铸件的外表面总比中心部分冷却得快。特别是有些铸件（如机床床身），为了提高导轨面的耐磨性，采用局部激冷的工艺使它冷却更快一些，以获得较高的硬度，这样在铸件内部形成的内应力也就更大些。若导轨表面经过粗加工切去一些金属，必将引起内应力的重新分布，并朝着建立新的应力平衡的方向产生弯曲变形。为了克服这种内应力重新分布而引起的变形，特别是对大型和精度要求高的零件，一般在铸件粗加工后安排进行时效处理，然后再进行精加工。

（2）冷校直产生的内应力。冷校直也会引起工件内的内应力。例如，丝杠一类的细长轴经过车削以后，棒料在轧制中产生的内应力要重新分布，产生弯曲。冷校直就是在原有变形的相反方向加力，使工件向反方向弯曲，产生一定的塑性变形，以达到校直的目的。冷校直后的工件虽然减少了弯曲，但是依然处于不稳定状态，因为塑性变形部分会对弹性变形部分的恢复产生牵制作用，所以还会产生新的弯曲变形。

七、数控机床产生误差的特殊性

数控机床与普通机床最主要的差别有两点：一是数控机床具有数控系统，二是数控机床具有执行运动的驱动伺服系统。在数控机床上所产生的加工误差，与在普通机床上产生的加工误差，其来源有许多共同之处，但也有独特之处。在数控加工中，除了要控制在普通机床上加工时常出现的各类误差源以外，还要有效地抑制数控加工时可能出现的误差源。这些误差源对加工精度的影响及抑制的途径主要有以下几个方面：

（1）机床重复定位精度的影响。数控机床的定位精度是指数控机床各坐标轴在数控系统的控制下运动的位置精度。引起定位误差的因素包括数控系统的误差和机械传动的误差，而数控系统的误差则与插补误差、跟踪误差等有关。机床重复定位精度是指重复定位时坐标轴的实际位置与理想位置的符合程度。

（2）检测装置的影响。检测反馈装置也称为反馈元件，通常安装在机床工作台或丝杠上，相当于普通机床的刻度盘和人的眼睛，检测反馈装置将工作台位移量转换成电信号，并且反馈给数控装置，如果与指令值比较有误差，则控制工作台向消除误差的方向移动。数控系统按有无检测装置可分为开环、闭环和半闭环系统。开环系统精度取决于步进电动机和丝杠精度，闭环系统精度取决于检测装置精度。检测装置是高性能数控机床的重要组成部分。

（3）刀具误差的影响。在加工中心上，由于采用的刀具具有自动交换功能，带来了刀具交换误差。用同一把刀具加工一批工件时，由于频繁重复换刀，会使刀柄相对于主轴锥孔产生重复定位误差，也会降低加工精度。

第八节　生产率和经济性

一、生产率

1. 生产率的概念

机械加工的劳动生产率，是指工人在单位时间内加工出合格零件的数目。工艺过程的基本组成单元是工序，因此评价机械加工劳动生产率，可以用各个工序加工的单件工时来表示，即该工序加工完成一个零件所需要的时间。包括基本时间、辅助时间、服务时间、休息和自然需要时间、准备结束时间。

2. 提高生产率的途径

缩短基本时间，缩短辅助时间，缩短服务时间，缩短准备结束时间。

二、工艺过程的经济性

1. 生产成本和工艺成本

制造一个产品或零件所必需的一切费用的总和，称为产品或零件的生产成本。生产成本由两大部分费用组成，即工艺成本和其他费用。

工艺成本是与工艺过程直接有关的费用，占生产成本的70%～75%，它又包含可变费用（V）和不变费用（C）。

可变费用（V）的组成：材料费、操作工人工资、机床维持费、通用机床折旧费、刀具维持费折旧费、夹具维持费折旧费。它们与年产量直接有关。

不变费用（C）的组成：调整工人工资、专用机床折旧费、专用刀具折旧费、专用夹具折旧费。它们与年产量无直接关系。因为专用机床、专用工装是专门为某种零件加工所用的，不能用于其他零件，所以它们的折旧费、维持费等是确定的，与年产量无直接关系。从而，一个零件的全年工艺成本 E（单位为元/年）为：

$$E = nV + C$$

式中　n——零件的年产量，件/年；

V——可变费用，元/件；

C——不变费用，元/年。

2. 不同工艺方案经济性比较

对不同的工艺方案进行经济性比较时，有下列两种情况：

（1）若两种工艺方案的基本投资相近或都采用现有设备时，则工艺成本作为衡量各方案经济性的重要依据。

（2）若两种工艺方案的基本投资相差较大时，必须考虑不同方案的基本投资差额的回收期限。

第九节　夹　　具

在机械加工过程中，夹具用来正确地将工件定位，并将它牢固地夹紧，保证工件的顺利加工或测量。

一、夹具的作用

（1）保证加工精度。

（2）提高劳动生产率。

（3）扩大机床的使用范围。

（4）改善劳动条件、保证生产安全。

二、夹具的分类

夹具主要分为通用夹具、通用可调整夹具、专用夹具、组合夹具和可拼拆夹具；按适用的机床又分为车床夹具、铣床夹具、钻床夹具、镗床夹具等；也可以按其夹紧的动力源分为手动夹具、气动夹具、液压夹具、电动夹具、磁力夹具、离心力夹具和真空夹具等。

三、夹具的组成

1. 定位装置

定位装置的作用是确定工件在夹具中的正确位置。定位元件主要有定位销、定位块、V 形块和心棒等。

2. 夹紧装置

夹紧装置的作用是将工件压紧夹牢，并保证工件在加工过程中始终保持正确的位置不变。

3. 对刀及导向装置

对刀及导向装置的作用是保证工件与刀具之间有确切的相对位置关系。

4. 其他装置或元件

有些夹具为了方便操作或提高效率，在夹具上设有分度装置、靠模装置或上下料装置。

5. 夹具体

夹具体是机床夹具的基础件，通过它将夹具的所有元件连接成一个整体。

四、工件安装

1. 工件的定位和夹紧

工件的安装包括两个方面：定位以及夹紧。

(1) 定位。工件在加工前，必须使工件在机床上或夹具中占有某一正确的加工位置。

(2) 夹紧。为了使定位好的工件在加工过程中始终保持正确的位置，不受切削和惯性力的作用而发生位移，还需要将工件压紧、夹牢。

2. 工件的安装方法

工件的装夹（或称安装）指的是定位和夹紧的整个过程。工件在机床上的安装方法一般有两种。

(1) 直接（划线）找正安装。是用划针或百分表逐个找正工件上的有关表面或钳工划好的划线，然后将工件夹紧。这种安装方法不需要专门的装置，简单可行。但是操作麻烦，安装的精度不高，多用于单件小批生产。

(2) 专用夹具安装。采用专用的夹具安装工件，操作方便，安装可靠。安装的精度基本上由夹具来保证。在中小批量的生产中得到广泛使用。

五、工件定位

1. 工件自由度

一个在空间处于自由状态的物体，对于直角坐标系来说，具有六个自由度。它们分别是沿三个坐标轴的移动自由度 $\vec{X}$、$\vec{Y}$、$\vec{Z}$，绕三个坐标轴的转动自由度 $\widehat{X}$、$\widehat{Y}$、$\widehat{Z}$。

2. 六点定位原理

工件的定位，从理论上说就是限制它的自由度。工件的六个自由度如果都被限制住了，工件在空间的位置就完全地被确定下来了。

分析工件定位的情况时，通常是一个支撑点可以限制工件的一个自由度，六个支撑点就可以限制工件的六个自由度，从而使工件在夹具中的位置完全确定下来。工件的六点定位原理如图 9—4 所示。

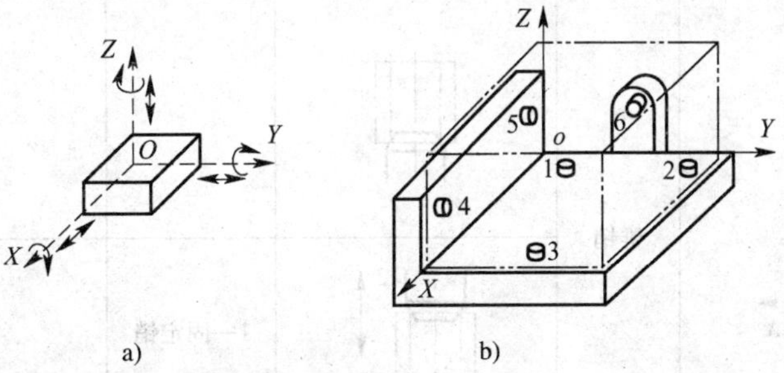

图 9—4　工件的六点定位原理

注意：工件定位时少于六点，但在夹具中夹紧后不能移动，与工件六点完全定位而不能移动是两种完全不同的概念。判别的方法是看夹紧前后工件可活动的情况是否有变化。

常用的定位元件与限制的自由度情况见表 9—1。

表 9—1　　常用定位元件限制工件自由度的情况

工件定位基面	定位元件	定位简图	定位元件特点	限制的自由度
平面 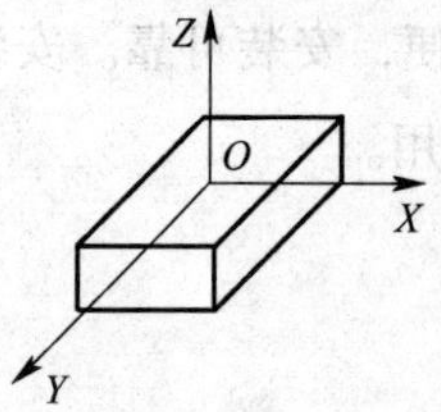	支撑钉	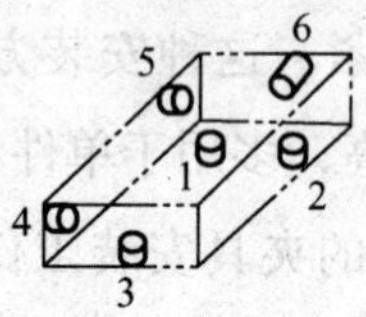		1、2、3—$\vec{Z}$、$\hat{X}$、$\hat{Y}$ 4、5—$\vec{X}$、$\hat{Z}$ 6—$\vec{Y}$
	支撑板	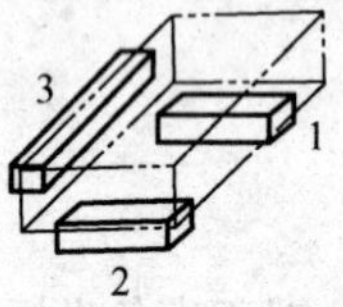		1、2—$\vec{Z}$、$\hat{X}$、$\hat{Y}$ 3—$\vec{X}$、$\hat{Z}$
圆孔 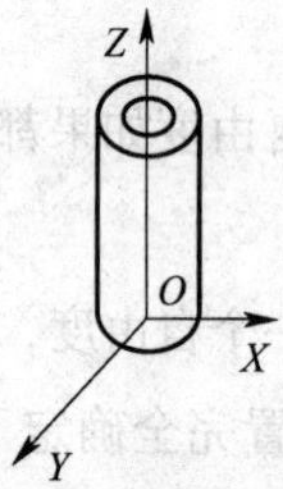	定位销（心轴）		短销（短心轴）	$\vec{X}$、$\vec{Y}$
			长销（长心轴）	$\vec{X}$、$\vec{Y}$ $\hat{X}$、$\hat{Y}$
圆孔 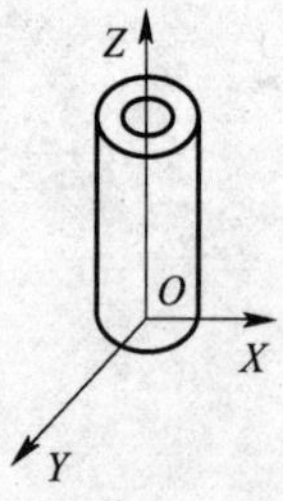	锥销	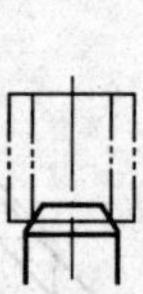		$\vec{X}$、$\vec{Y}$、$\vec{Z}$
		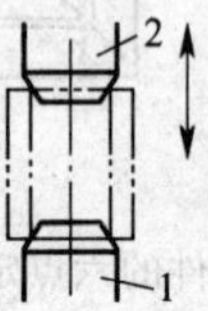	1—固定销 2—活动销	$\vec{X}$、$\vec{Y}$、$\vec{Z}$ $\hat{X}$、$\hat{Y}$

续表

工件定位基面	定位元件	定位简图	定位元件特点	限制的自由度
外圆柱面 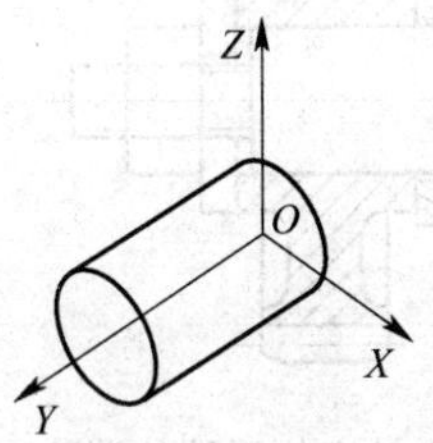	定位套	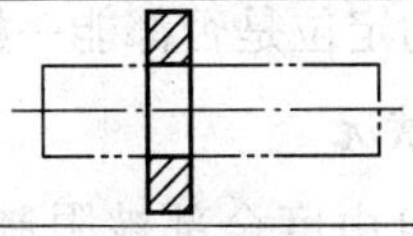	短套	$\vec{X}$、$\vec{Z}$
		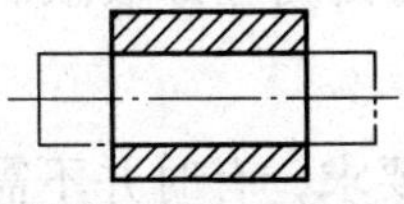	长套	$\vec{X}$、$\vec{Z}$ $\widehat{X}$、$\widehat{Z}$
	半圆套	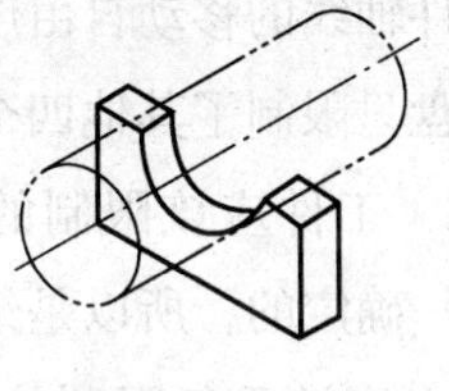	短半圆套	$\vec{X}$、$\vec{Z}$
			长半圆套	$\vec{X}$、$\vec{Z}$ $\widehat{X}$、$\widehat{Z}$
	锥套	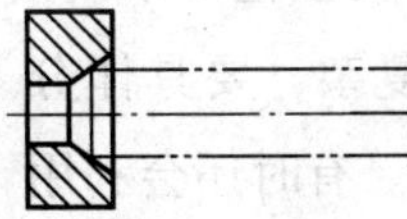		$\vec{X}$、$\vec{Y}$、$\vec{Z}$
		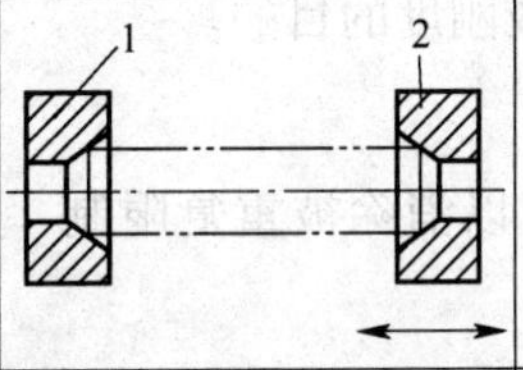	1—固定锥套 2—活动锥套	$\vec{X}$、$\vec{Y}$、$\vec{Z}$ $\widehat{X}$、$\widehat{Z}$
	支撑板或支撑钉	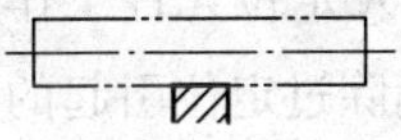	短支撑板或支撑钉	$\vec{Z}$
		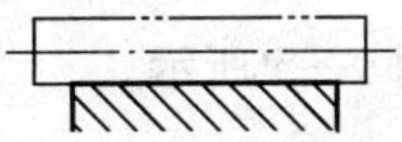	长支撑板或两个支撑钉	$\vec{Z}$、$\widehat{X}$
	V 形块	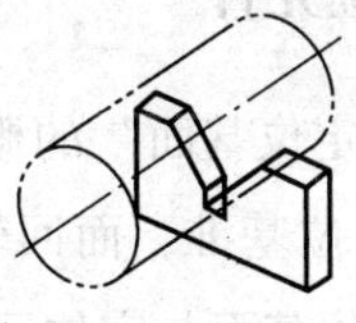	窄 V 形块	$\vec{X}$、$\vec{Z}$
		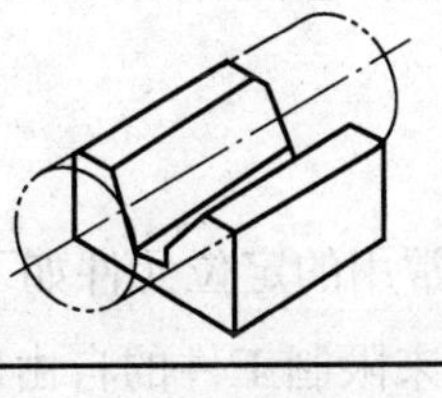	宽 V 形块	$\vec{X}$、$\vec{Z}$ $\widehat{X}$、$\widehat{Z}$

3. 定位方式与加工要求的关系

考虑工件的定位方式时，首先需要满足的要求是，需要限制的自由度都必须得到限制；其次要考虑这种定位方式的定位精度是否能够达到要求；最后，对于一批工件来说，还要考虑每一个工件的定位是否都能一样稳定地得到保证。

4. 工件定位时会出现的几种状况

（1）完全定位。工件的六个自由度全部被限制的定位。对于一般的加工情况来说，应该采用完全定位的方式。

（2）不完全定位。根据加工要求，有时并不需要限制全部自由度的定位。例如，在车床上车削外圆时，沿工件轴线的移动自由度和绕工件轴线的转动自由度并不需要被限制，用三爪自定心卡盘只限制了其他四个自由度。

（3）欠定位。根据加工要求，工件应该限制的自由度却没有被限制的定位。欠定位无法保证工件的位置是唯一确定的，所以是绝对不允许的。

（4）过定位。工件的同一自由度被重复限制的定位。过定位原则上同样是不允许的。但是过定位的情况比较复杂，要具体分析，看过定位会不会破坏加工精度。有时还会利用过定位来达到增强工件稳定性或刚度的目的。

消除过定位的两种途径：

1）改变定位元件的结构，以消除被重复限制的自由度。

2）提高工件定位基面之间以及定位元件工作表面之间的位置精度，以减小或消除过定位引起的干涉。

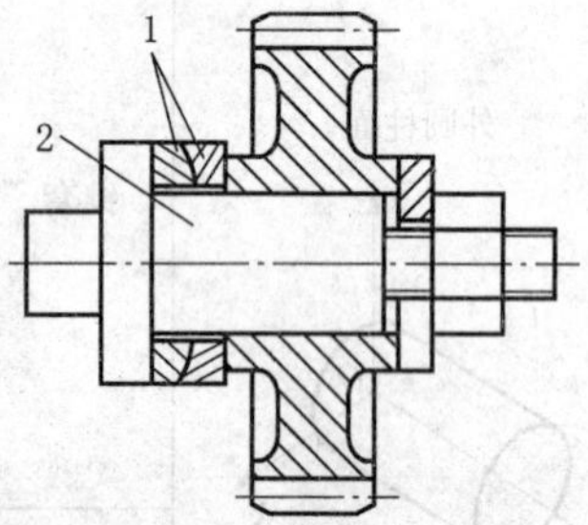

图 9—5　心轴定位干涉的消除

1—球面垫圈　2—心轴

心轴定位干涉的消除方法如图 9—5 所示。

六、常见的定位方式及定位元件

为了分析问题的方便，引入“定位基面”的概念。当工件以回转表面（如孔、外圆等）定位时，称它的轴线为定位基准，而回转表面本身则称为定位基面。工件在夹具上定位时，理论上讲，定位基面与定位元件上起主要定位作用的表面应该接触。

1. 工件以平面定位

工件以平面为定位基面时，常用的定位元件如下：

（1）主要支撑。主要支撑用来限制工件的自由度，它又分为：

1）固定支撑。固定支撑有支撑钉和支撑板两种形式。在使用过程中，它们都是固定不动的。在定位过程中，支撑钉一般只限制工件的一个自由度，而支撑板相当于两个支撑钉。

当工件以粗糙不平的毛坯面定位时，采用球头支撑钉。齿纹头支撑钉用在工件的侧面，它能增大摩擦因数，防止工件滑动。当工件以加工过的平面定位时，可采用平头支撑钉或支撑板。

工件以平面定位时，除采用上面介绍的标准支撑钉和支撑板之外，还可根据工件定位平面的具体形状设计相应的支撑板，工件批量不大时也可直接以夹具体作为限位平面。

2）可调支撑。在工件定位过程中，支撑钉的高度需要调整时，可采用可调支撑结构。

3）自位支撑（浮动支撑）。在工件定位过程中，能自动调整位置的支撑称为自位支撑，或称浮动支撑。

（2）辅助支撑。辅助支撑用来提高工件的装夹刚度和稳定性，不起定位作用。工件定位时，辅助支撑是浮动的（或可调的），待工件夹紧后再固定下来，以承受切削力。辅助支撑的形式有螺旋式辅助支撑、自位式辅助支撑和推引式辅助支撑。

2. 工件以圆柱孔定位

工件以圆柱孔为定位基面时，常用圆柱体和圆锥体作为定位元件。

（1）圆柱销（定位销）。短圆柱销可限制两个自由度，而长圆柱销可限制四个自由度。从结构上看，定位销一般可分为固定式和可换式两种。固定式定位销是直接用过盈配合装在夹具体上使用的。

（2）圆柱心轴。心轴可以作为一个单独的夹具，广泛应用于车、铣、磨床上加工套筒及盘类零件。心轴在定位过程中一般限制工件四个自由度。

（3）圆锥销。圆锥销一般只能限制工件的三个移动自由度。工件在单个圆锥销上容易倾斜，为此，圆锥销一般与其他定位元件组合使用。

（4）锥度心轴。这种定位方式的定心精度较高，可达0.01 ~0.02 mm，但工件的轴向位移较大，适用于工件定位孔精度不低于 IT7 的精车和磨削加工，但锥度心轴的加工较为困难。

3. 工件以外圆柱面定位

工件以外圆柱面作为定位基面时，最常用的定位元件有 V 形块、定位套和半圆套。V 形块的定位面夹角有 60°、90°、120°三种。

工件以外圆柱面在V形块上定位的突出优点是对中性好，即工件上定位用的外圆柱面轴线始终处在V形块两斜面的对称面上，且不受定位基准直径误差的影响。用于较短的精基准定位，一般限制工件两个自由度；用于较长的精基准定位，一般限制工件四个自由度。

V形块有固定式也有活动式。活动V形块限制工件一个转动自由度，其沿V形块对称面方向的移动可以补偿工件因毛坯尺寸变化而对定位的影响，同时兼有夹紧的作用。

工件以外圆柱面定位时，除V形块定位，还可以采用定位套的形式，此时大多与端面定位相结合。定位套的优点是简单方便，缺点是由于定位间隙的影响而使定心精度不够高。

4. 一面两销组合定位

在实际生产中，为了实现工件的完全定位，常常需要以两个或两个以上的表面组合定位。如常见的一面两销定位方式被广泛应用于中、大型零件的加工中。这种定位方式简单可靠，夹紧方便。有时工件上没有合适的小孔时，常把紧固螺钉孔的精度提高或专门做出两个工艺孔来，以备一面两销定位之用。为了避免两销定位时的过定位干涉，实际应用中将其中之一做成菱形销（削边销）。

常用的定位销结构如图9—6所示。

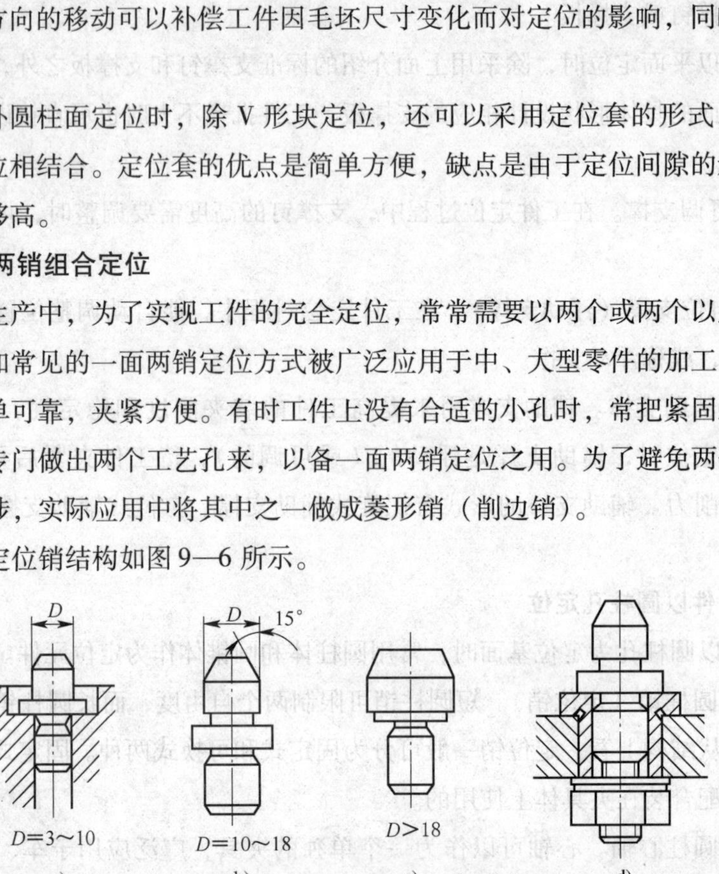

图9—6 定位销

七、夹紧装置

工件在加工过程中会受到切削力、离心力、惯性力等的作用，为了保证在这些外力作用下，工件仍能在夹具中保持定位时的位置，而不致发生偏移，夹具中应设置夹紧装置将工件可靠夹牢。

1. 夹紧装置的组成

夹紧装置的种类很多，但其结构均由两部分组成。

（1）动力装置。常用的动力装置有气动装置、液压装置、电动装置、电磁装置、气—液联动装置和真空装置等。由于手动夹具的夹紧力来自人力，所以它没有动力装置。

（2）夹紧部分。接受和传递原始作用力使之变为夹紧力并执行夹紧任务的部分，一般由下列机构组成：

1）接受原始作用力的机构。如手柄、螺母及用来连接气缸活塞杆的机构等。

2）中间递力机构。如铰链、杠杆等。

3）夹紧元件。如各种螺钉、压板等。

其中，中间递力机构在传递原始作用力至夹紧元件的过程中，可以起到诸如改变作用力的方向、改变作用力的大小以及自锁等作用。

2. 夹紧装置和夹紧力

在不破坏工件定位精度，并保证加工质量的前提下，应尽量使夹紧装置做到：

（1）在夹紧的过程中应该保持原先正确的定位状态。

（2）夹紧力的大小适当。既要保证工件在整个加工过程中位置稳定不变、振动小，又要使工件不产生过大的夹紧变形。

（3）工艺性好。夹紧装置的复杂程度应与生产纲领相适应，在保证生产效率的前提下，其结构应力求简单，便于制造和维修。

（4）使用可靠。夹紧装置的操作应当方便、安全、省力。

3. 夹紧力的三个要素

夹紧力有三个要素：大小、方向和作用点。

（1）夹紧力的方向

1）夹紧力的方向不应破坏工件定位。如图 9—7 所示，同样一个工件，a 图为不正确的夹紧方案，夹紧力有向上的分力，会使工件离开原来的正确定位位置；而

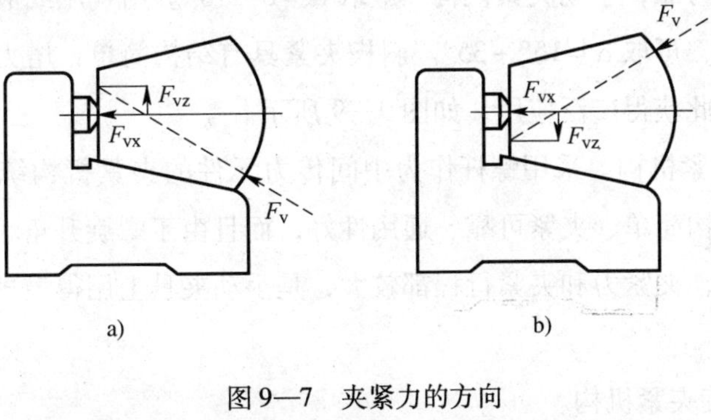

图 9—7　夹紧力的方向

a）不正确　b）正确

b 图为正确的夹紧方案。

2）夹紧力方向应指向主要定位表面。

（2）夹紧力作用点的确定

1）夹紧力的作用点应落在支撑范围内。如图 9—8 所示，夹紧力的作用点落到了定位元件的支撑范围之外，夹紧时将破坏已经确定好的位置，因而是不正确的。

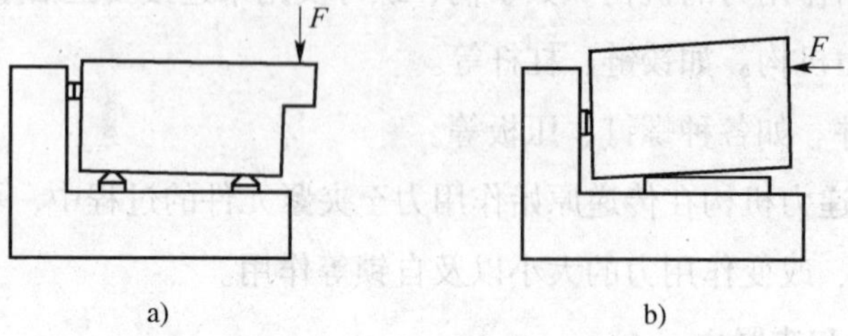

图 9—8　不正确的夹紧力作用点

2）夹紧力的作用点应落在工件刚度较好的部位。例如，薄壁套筒的轴向刚度比径向刚度大，用卡爪径向夹紧时工件变形大，若沿轴向施加夹紧力，变形就会小得多。夹紧薄壁箱体时，夹紧力不应作用在箱体的大平面处，而应作用在刚度较大的凸缘边上。

3）夹紧力的作用点应靠近工件的加工部位。如果夹紧力远离加工部位，应在加工部位加上辅助夹紧机构，以防止加工时发生振动，影响加工质量和安全。

4. 基本夹紧机构

夹紧机构有斜楔、螺旋、偏心以及由它们组合而成的夹紧机构。

（1）斜楔夹紧机构。直接采用斜楔夹紧时，斜楔的自锁条件是：斜楔的升角小于斜楔与工件、斜楔与夹具体之间的摩擦角之和。

为保证自锁可靠，手动夹紧机构一般取 $\alpha = 6° \sim 8°$。用气压或液压装置驱动的斜楔不需要自锁，可取 $\alpha = 15° \sim 35°$。斜楔夹紧具有结构简单，增力比大，自锁性能好等特点，因此获得广泛应用，如图 9—9 所示。

（2）螺旋夹紧机构。采用螺杆作为中间传力元件的夹紧机构统称为螺旋夹紧机构。由于它结构简单、夹紧可靠、通用性好，而且由于螺旋升角小，螺旋夹紧机构的自锁性能好，夹紧力和夹紧行程都较大，是手动夹具上用得最多的一种夹紧机构，主要分为：

1）简单螺旋夹紧机构。

2）螺旋压板夹紧机构（见图 9—10）。

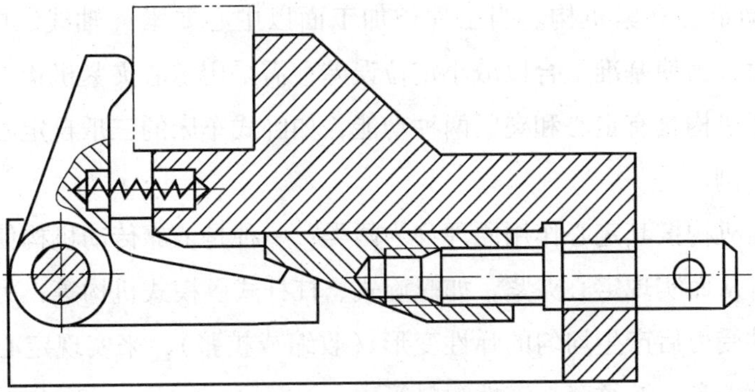

图 9—9　斜楔夹紧机构

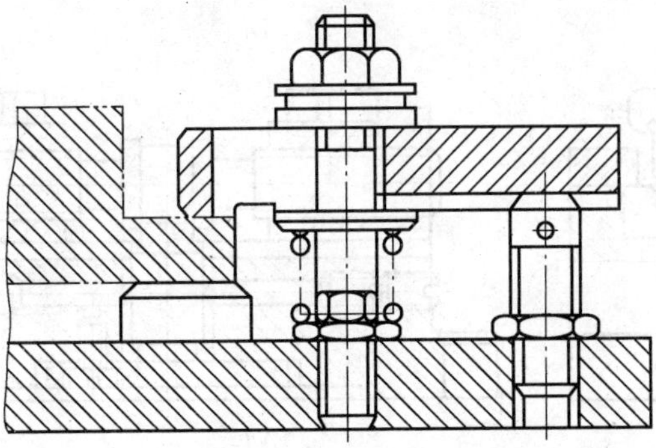

图 9—10　螺旋压板夹紧机构

（3）偏心夹紧机构。用偏心件直接或间接夹紧工件的机构称为偏心夹紧机构。偏心件有两种形式，即圆偏心和曲线偏心。其中圆偏心机构（凸轮）因结构简单、制造容易而得到广泛应用，其缺点是夹紧力和夹紧行程都小。偏心夹紧机构如图 9—11 所示。

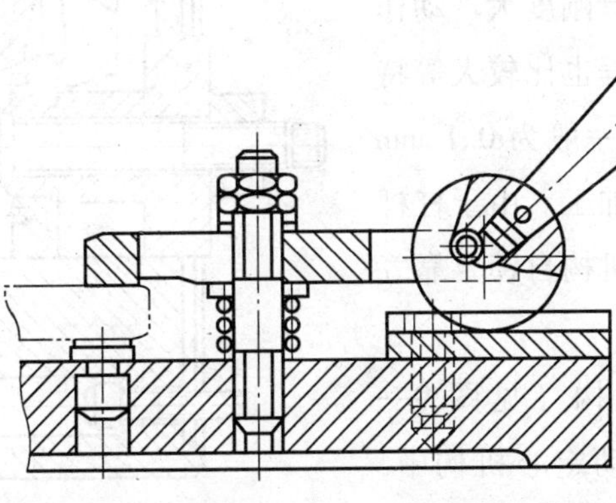

图 9—11　偏心夹紧机构

（4）自动定心夹紧机构。当工件被加工面以中心要素（轴线、中心平面等）为工序基准时，为使基准重合以减小定位误差，需采用定心夹紧机构。

定心夹紧机构具有定心和夹紧两种功能，如卧式车床的三爪自定心卡盘即为最常用的典型实例。

定心夹紧机构按其定心作用原理分为两类：一种是依靠传动机构使定心夹紧元件等速移动，从而实现定心夹紧，如螺旋式、杠杆式、楔式机构等；另一种是利用薄壁弹性元件受力后产生均匀的弹性变形（收缩或扩张），来实现定心夹紧，如弹簧筒夹、膜片卡盘、波纹套、液性塑料等。

1）螺旋式定心夹紧机构（见图9—12）。

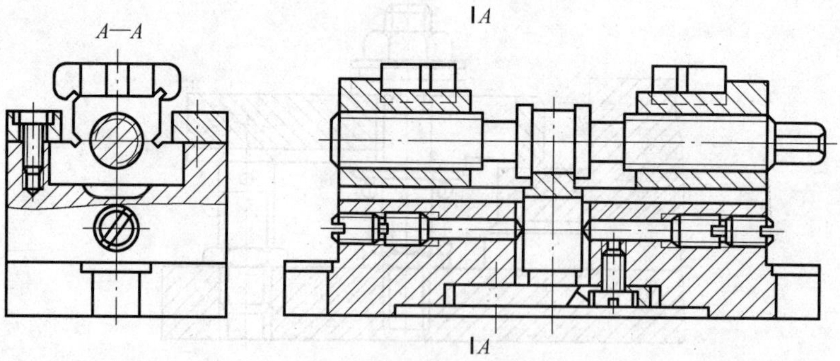

图9—12　螺旋式定心夹紧机构

2）杠杆式定心夹紧机构（见图9—13）。杠杆式三爪自定心卡盘中，滑套沿轴向移动时，圆周均布的三个钩形杠杆便绕轴转动，拨动三个滑块沿径向移动，从而带动卡爪将工件定心并夹紧（或松开）。

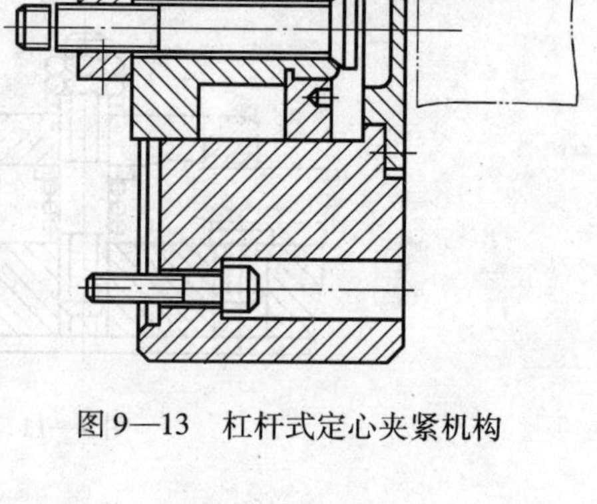

图9—13　杠杆式定心夹紧机构

这种定心夹紧机构具有刚度大、动作快、增力倍数大、工作行程也比较大等特点，但其定心精度较低，一般为0.1 mm左右，主要用于工件的粗加工。由于杠杆机构不能自锁，所以这种机构自锁要靠气压或其他机构。

3）楔式定心夹紧机构（见图9—14）。机动的楔式夹爪自动定心机构中，当工件以内孔及左端面在夹具上定位后，气缸通过拉杆使六个夹爪左移，由于本体上斜面的作用，夹爪左移的同时向外胀开，将工件定心夹紧；反之，夹爪右移时，在弹簧卡圈的作用下使夹爪收拢，将工件松开。这种定心夹紧机构的结构紧凑，定心精度一般可达 0.02 ~ 0.07 mm，比较适用于工件以内孔作为定位基面的半精加工工序。

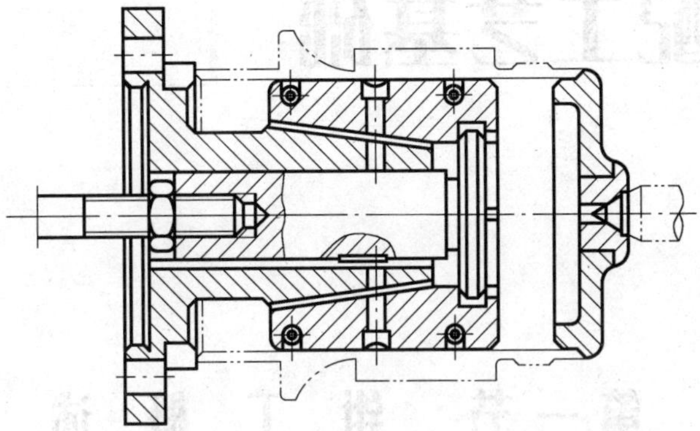

图 9—14　楔式定心夹紧机构

4）弹簧筒夹式定心夹紧机构（见图 9—15）。这种定心夹紧机构常用于安装轴套类工件。弹簧筒夹式定心夹紧机构的结构简单、体积小、操作方便迅速，因而应用十分广泛。其定心精度可稳定为 0.01 ~ 0.04 mm。

除上述介绍的定心夹紧机构外，常用的还有膜片卡盘机构、波纹套定心夹紧机构以及液性塑料夹紧机构等。

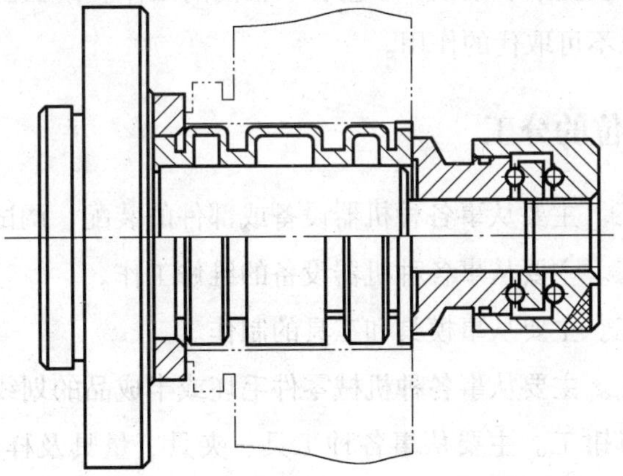

图 9—15　弹簧筒夹式定心夹紧机构

第十章

钳工和装配工艺基础

第一节　钳 工 概 述

钳工是一种使用手工工具（有时也使用钻床、车床或电动工具等），并主要依靠操作者的技能，对金属或机械零件进行加工的方法。

在目前的机械制造和零件加工中，有一些工作，如果使用常规的机床、设备去做，可能很难完成或者不太合适，如果由钳工来完成，就可能比较方便。

钳工是一种比较复杂、细微、工艺要求较高的工作。钳工在机械制造及机械维修中有着特殊的、不可取代的作用。

一、钳工岗位的分工

（1）装配钳工。主要从事各种机器设备或部件的装配、调试工作。

（2）修理钳工。主要从事各种机器设备的维修工作。

（3）模具钳工。主要从事模具和工具的制作。

（4）划线钳工。主要从事各种机械零件毛坯或半成品的划线和预处理工作。

（5）工、夹具钳工。主要从事各种工具、夹具、量具及样板的装配、调整和修理工作。

二、钳工操作的类别

钳工操作包括划线、锉削、錾削、锯削、钻孔、扩孔、锪孔、铰孔、攻螺纹、套螺纹、刮削、研磨、装配等。

三、钳工常用的量具

钳工常用的量具有钢直尺，刀口直尺，内、外卡钳，游标卡尺，千分尺，90°角尺，量角器，厚薄规（塞尺），螺纹规，百分表，量块等。

四、钳工工作的范围

（1）工件加工前的准备工作，如清理毛坯，在毛坯或在半成品工件上划线等。

（2）单件零件的修配性加工。

（3）零件装配时的钻孔、铰孔、攻螺纹和套螺纹等。

（4）加工精密零件，如刮削或研磨机器、量具和工具的配合面，夹具与模具的精加工等。

（5）零件装配时的配合修整。

（6）机器的组装、试车、调整和维修等。

五、钳工工作的特点

（1）能够加工形状复杂、质量有特殊要求的零件，加工灵活、方便。

（2）需要的工具简单，制造方便，成本低。

（3）对工人的技术水平、灵活性、仔细度和知识面的要求较高。

第二节　工　作　台

一、钳工工作台

钳工工作台（也称为钳台）是钳工操作的重要设备（见图10—1），有单人用的，也有多人用的。台面用硬木材料制成，厚度约60 mm，高度为800～900 mm，台案应坚实平稳。台案的后方装有防护网，以防切屑飞出伤人。钳工操作时所用量具、工具应分别整齐地放在钳台上，或者放置在钳台的抽屉内。钳台的照明电压应为36 V。

二、台虎钳

1. 台虎钳的结构

钳工常用的虎钳有台虎钳和手虎钳两种。台虎钳是一种装在工作台上供夹持工件用的夹具。台虎钳又分固定式和回转式两种。虎钳的规格大小以钳口的宽度表示。常用的有 100 mm、125 mm、150 mm 和 200 mm，其结构如图 10—2 所示。

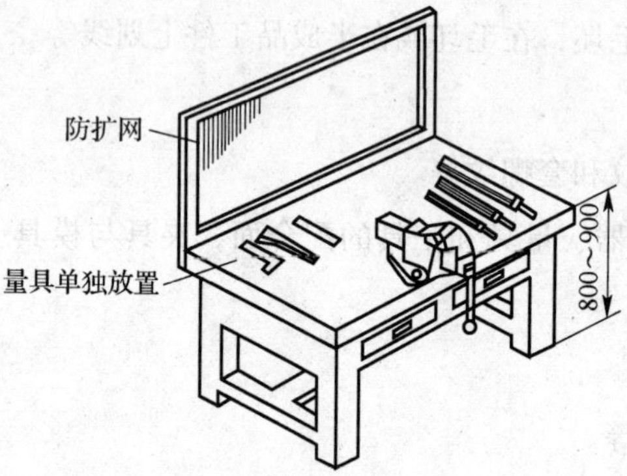

图 10—1　钳工工作台

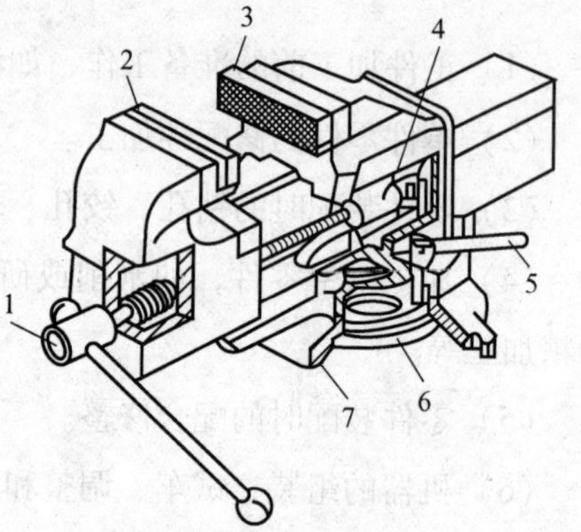

图 10—2　回转式台虎钳

1—丝杠　2—活动钳口　3—固定钳口　4—螺母
5—夹紧手柄　6—夹紧盘　7—转盘座

2. 台虎钳的使用方法

（1）钳工在使用台虎钳夹持工件的时候，应尽可能将工件夹在钳口的中部，以使钳口受力均匀且安装稳定可靠，如图 10—3 所示。

（2）夹紧工件时，只能用双手的力扳紧手柄，不能在手柄上加套管子或用锤子敲击，以免损坏台虎钳的螺杆或螺母上的螺纹，如图 10—4 所示。

（3）需要锉削的表面比较长的时候，只可锉被钳口夹紧的那部分。锉其余部

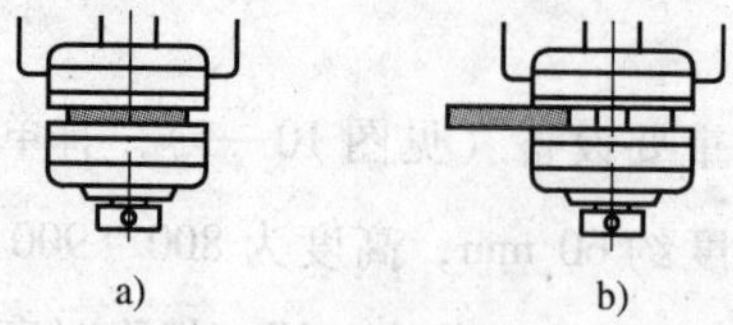

图 10—3　工件的夹持位置

a）正确　b）不正确

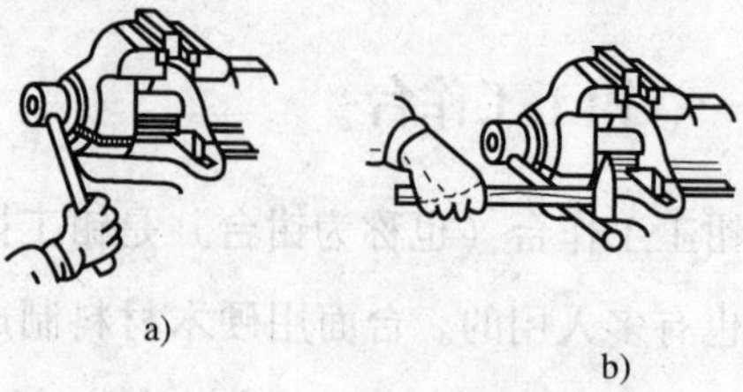

图 10—4　工件的夹紧

a）正确　b）不正确

分的时候，应该把需要锉的部分移动到钳口中，重新夹紧后再锉，如图 10—5 所示。

（4）锉削薄板类工件时，伸出钳口的部分要短。否则锉削时工件就会弹动，如图 10—6 所示。

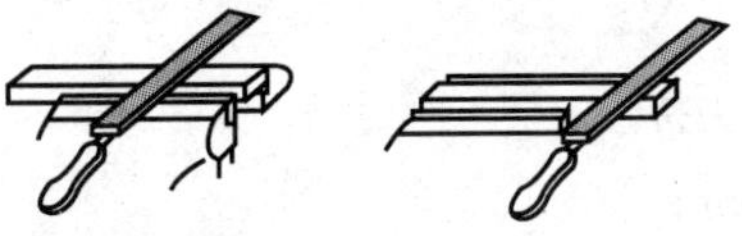

a)　　b)

图 10—5　锉削长工件

a）正确　b）不正确

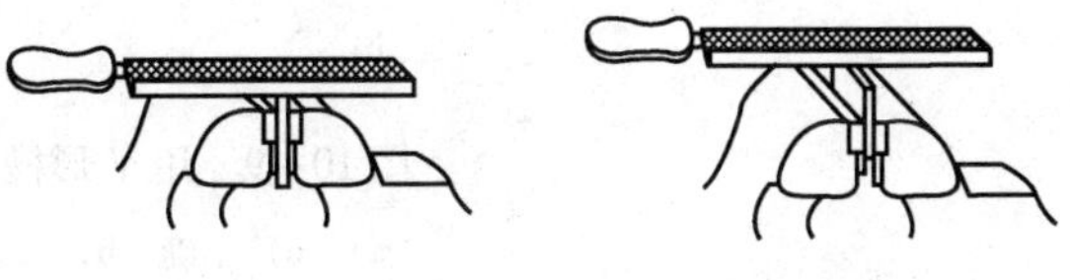

a)　　b)

图 10—6　锉削薄板类工件

a）正确　b）不正确

（5）夹持槽形工件时，要么夹在槽底处，要么用螺钉和螺母撑紧，以免工件变形，如图 10—7 所示。也可以用垫木等辅助件来夹持槽钢，以防工件发生变形，如图 10—8 所示。

（6）夹持圆棒料或薄壁铁管时，最好采用 V 形槽垫铁来夹持，如图 10—9 所示。

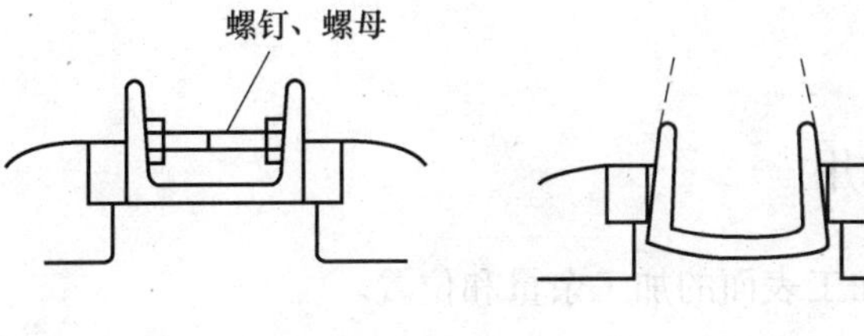

a)　　b)

图 10—7　用螺钉和螺母撑紧

a）正确　b）不正确

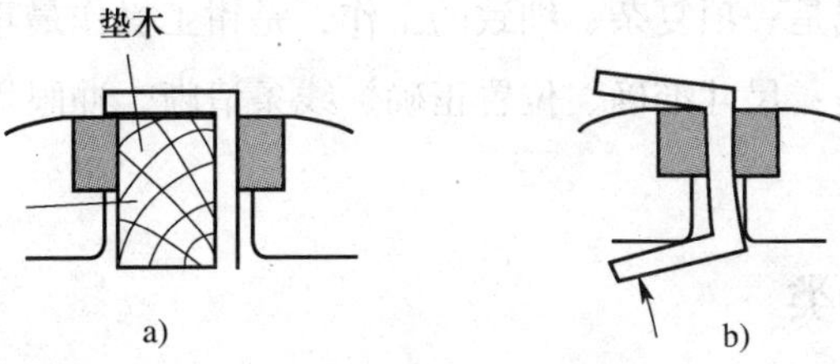

a)　　b)

图 10—8　用垫木夹持槽钢

a）正确　b）不正确

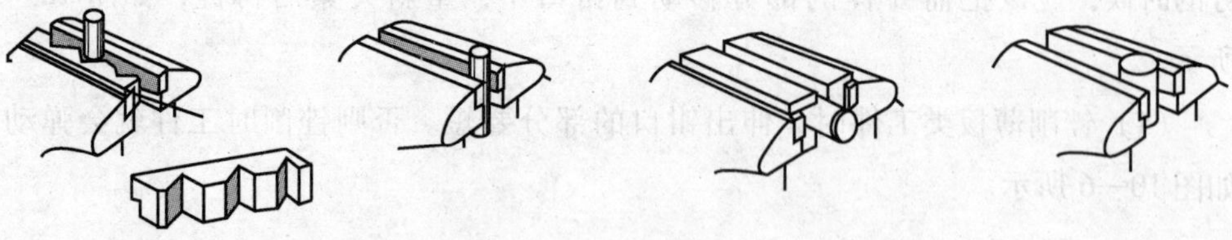

图 10—9　用 V 形槽垫铁夹持

a)、c）正确　b)、d）不正确

（7）当工件受夹表面为已加工表面时，应在钳口与被夹表面间垫上一层软金属片（如黄铜片、铝片），以免夹坏工件上已经加工好的表面。

（8）锤击比较小的工件时，可以放在砧面上进行，但锤击力不能太大，否则会损坏台虎钳。

（9）台虎钳内的螺杆、螺母及滑动面应经常清扫并加油润滑。

第三节　划　　线

一、划线的作用

（1）确定工件加工表面的加工余量和位置。

（2）检查毛坯的形状、尺寸是否合乎图样要求。

（3）合理分配各加工面的余量。

划线不仅能使加工有明确的界限，而且能及时发现和处理不合格的毛坯，避免造成损失，而在毛坯的余量比较紧张的时候，还可以通过借料的办法予以补救，使工件不致报废。划线是一项复杂、细致的工作，是钳工操作最重要的一个环节。

对划线的要求是：尺寸准确、位置正确、线条清晰、冲眼均匀。划线的精度一般为 0. 25 ~0. 5 mm。

二、划线的种类

（1）平面划线。指只在工件的某一个表面上划线。

（2）立体划线。指同时在工件的几个不同方向或不同位置的表面上划线。

三、划线工具

划线时使用的工具分为基准工具、测量工具、划线工具、夹持工具等。

1. 基准工具

基准工具有划线平板、划线方箱、平尺等。

（1）划线平板。在钳工的划线和工件的检验、测量中，平板常常作为基准平面使用。平板的材料为高强度铸铁 HT200 ~ HT250，经过两次处理（人工退火和自然时效），工作面硬度通常为 160 ~ 210HBW。

平板按国家标准计量检定规程，分别有 0、1、2、3 级四个精度级别。平板（或平台）的表面质量一般用涂色法检验，在 25 mm × 25 mm 范围内的接触斑点为：0 级和 1 级平板、平台不少于 25 点；2 级平板、平台不少于 20 点；3 级平板、平台不少于 12 点。

3 级精度以上的铸铁平板用于检验、划线、装配等，4 级精度以下的铸铁平板一般用于铆焊、钣金工等。

花岗石平板是用天然的石质材料制成的，表面硬度达到 70HS（肖氏硬度）以上，可作为精密基准测量工具使用。

（2）划线方箱。方箱是铸铁制成的空心立方体（见图 10—10），各相邻的两个面均互相垂直。方箱用于夹持、支撑尺寸较小而加工面较多的工件。通过翻转方箱，便可在工件的表面上划出互相垂直的线条。

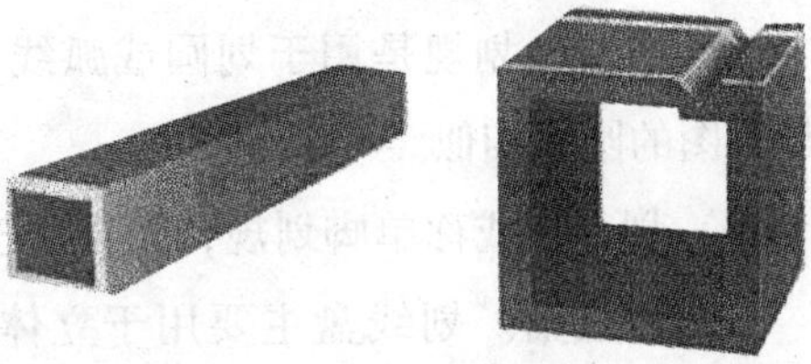

a)　　b)

图 10—10　钳工划线方箱

2. 测量工具

钳工划线时经常使用的测量工具有游标高度尺、钢直尺、90°角尺等。

（1）游标高度尺。游标高度尺除用来测量工件的高度尺寸外，还附有划针脚，可用于半成品零件的划线，但是不允许用于毛坯的划线。其读数精度一般为 0.02 mm。

（2）钢直尺。钢直尺是一种简单的尺寸量具，主要用来量取尺寸、测量工件以及作为划直线时的导向工具。在尺面上刻有尺寸刻线，最小刻线距为 0.5 mm，其长度规格有 150、300、1 000 mm 等多种。

3. 划线工具

划线时使用的划线工具有划针、划规、划卡、划线盘、90°角尺、样冲等，如图 10—11 所示。

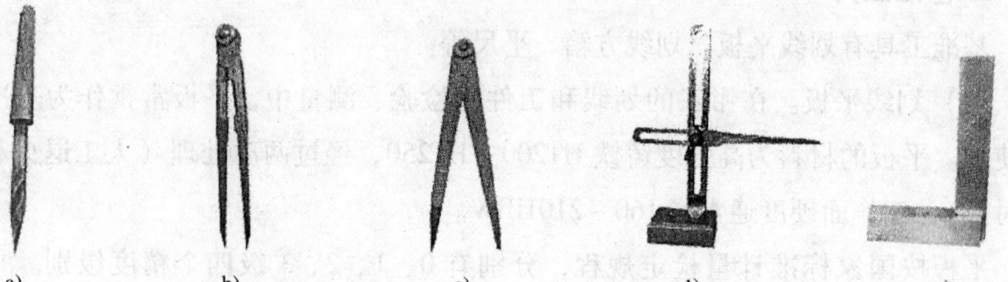

a）　b）　c）　d）　e）

图 10—11　划线工具

a）划针　b）划规　c）划卡　d）划线盘　e）90°角尺

（1）划针。划针是在工件表面划线用的工具。常用的划针用工具钢或弹簧钢制成（有的划针在其尖端部位焊有硬质合金），直径为 $\phi3\sim5$ mm，长度为 200 ~ 300 mm，尖端磨成 15° ~ 20°的尖角，并经热处理淬火使之硬化，这样就不容易磨损变钝。

（2）划规。划规是用于划圆或弧线、等分线段及量取尺寸等的工具。它的用法与制图的圆规相似。

（3）划卡。或称单脚划规，主要用于确定轴和孔的中心位置。

（4）划线盘。划线盘主要用于立体划线和校正工件的位置，由底座、立杆、划针和锁紧装置等组成。

（5）90°角尺。90°角尺有两个互相垂直的平面。通过 90°角尺对工件的垂直度进行找正。

4. 夹持工具

用于支撑和夹持工件的工具有 V 形铁、千斤顶（见图 10—12）、角铁、垫铁、C 形夹头等。

a）　b）

图 10—12　夹持工具

a）V 形铁　b）千斤顶

（1）V 形铁。V 形铁用于支撑圆柱形工件，使工件轴线与底板平行。

（2）千斤顶。千斤顶是在平板上支撑较大及不规则工件时使用，有锥顶式和带 V 形铁的。其高度可以调整。划线时通常用三个千斤顶来支撑工件。

（3）角铁。角铁一般常与压板或 C 形夹头配合使用，用来支持划线工件。角铁有两个互相垂直的平面，通过90°角尺对工件的垂直度进行找正后，再用划线盘划线，可使所划线条与原来找正的直线或平面保持垂直。

5. 划线涂料

铸件和锻件等毛坯用石灰水（加适量皮胶）或红丹粉作为划线的涂料，已加工表面一般使用蓝油（由2%～4%龙胆紫+3%～5%虫胶漆+90%～95%酒精配制而成）。

四、划线基准

在零件的许多点、线、面中，用少数点、线、面能确定其他点、线、面的相互位置，这些少数的点、线、面称为划线基准。

划线基准有三种类型：

（1）以两个相互垂直的平面（或线）为基准。

（2）以一个平面和一个对称平面为基准。

（3）以两个相互垂直的中心平面为基准。

五、划线步骤

（1）看懂图样，了解零件的作用，确定划线基准；详细了解需要划线的部位，以及这些部位的作用和需求；了解有关的加工工艺。

（2）初步检查毛坯的误差情况，去除不合格毛坯。

（3）在工件表面涂色（红丹粉或蓝油）。

（4）正确、稳妥安放好工件，选好划线工具。

（5）划线。工件支撑、调整好以后，应在一次支撑中把应该划出的线全部划全。如果再次重新调整支撑补划，必然会造成额外的误差。

（6）划线完成后，要详细检查划线的精度以及线条有无漏划，要反复核对尺寸。

（7）最后在线条上打样冲眼。

第四节　锯　　削

用手锯锯断金属材料或在工件上锯出沟槽的操作称为锯削。锯削主要用来分割各种材料或半成品，或是锯掉工件上的多余部分。

一、锯削工具

手锯是手工锯削的主要工具，由锯弓和锯条两部分组成。

（1）锯弓。有可调式和固定式两种，生产中常用可调式手锯（见图10—13）。

（2）锯条。锯条用碳素工具钢，经制齿、淬火和低温回火而制成。锯齿通常硬而脆。常用锯条的规格为长300 mm、宽12 mm、厚0.8 mm。锯齿的形状如图10—13b所示。锯齿的粗细是以锯条每25 mm长度内的齿数来表示的。锯条根据锯齿的牙距（牙距=25/齿数）的大小，有细齿（1.1 mm）、中齿（1.4 mm）和粗齿（1.8 mm）之分。

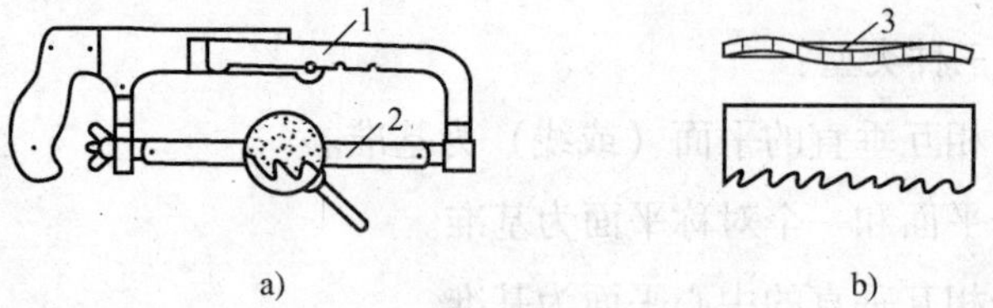

图10—13　手锯的结构

1—锯弓　2—锯条　3—波形的锯路

锯条上，锯齿一左一右错开，成为波浪交叉排列的形式，以便形成锯路。其作用是减少锯口两侧与锯条的摩擦，使排屑顺利，锯削省力，并防止锯条被卡住或折断，提高锯削效率。

（3）锯条的选用原则

1）根据被加工工件尺寸精度和表面粗糙度要求选用。尺寸精度和表面粗糙度要求比较高的工件，选细齿或中齿锯条为宜。

2）根据被加工工件的特点选用。锯削硬材料（如合金钢等）或薄板、薄管时，应选用细齿锯条。因为材料硬，锯齿不易切入，锯屑量少，不需要大的容屑空间；而锯削薄材料时，锯齿易被工件钩住而崩断，需要同时工作的齿数多，使锯齿承受的力量减少。

3）根据加工工件的材质选用。锯削比较软的材料（如铜、铝合金等）或厚材料时，应选用粗齿锯条，因为锯屑较多，要求较大的容屑空间。锯削中等硬度材料（如普通钢、铸铁等）的工件时，一般选用中齿锯条。

二、锯削操作

起锯时，锯弓往复行程应短、压力要轻，锯条应与工件表面对直，起锯角不要超过 15°。当工件上整条锯口形成时，锯弓应改为水平的直线往复运动。锯削动作如图10—14所示。

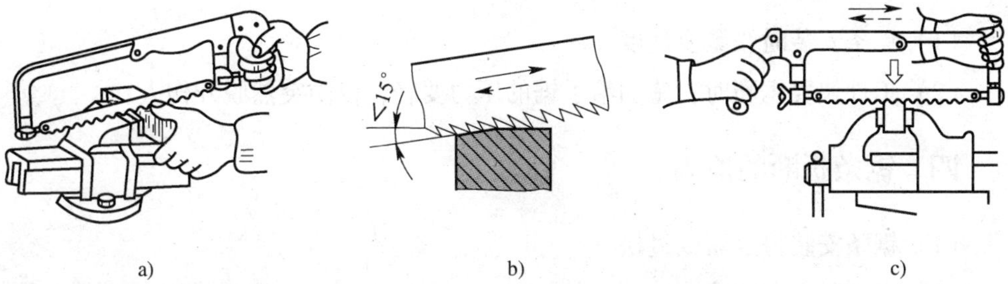

图 10—14　锯削动作

锯削平面工件，如锯削扁钢时应从宽面起锯，以避免锯条被卡住或折断，并能得到整齐的锯面。锯削型钢的方法与锯削扁钢基本相同，当一面锯穿后，应改变工件的夹持位置，始终保持从宽面起锯。锯削薄板工件时，应将薄板工件夹在两木块之间，以防振动和变形。

向前推锯时，要给锯弓适当的压力；向后拉锯时，则应取消所给的压力，以减少对锯齿的磨损。锯削硬材料时，因不容易切入，压力应大些，防止打滑；锯削软材料时，压力应小些，防止切入过深而产生咬住现象。锯削速度以 20 ~ 40 次/min 为宜，锯削软材料可快些，锯削硬材料要慢一些，锯削速度的选择见表 10—1。速度过快锯条容易磨损，过慢则效率不高。

表 10—1　　锯削速度的选择

材料种类	锯削速度（次/min）	锯齿粗细程度	每 25 mm 长度上的齿数
铜、铝等软材料	80 ~ 90	粗	14 ~ 16
抗拉强度 60 MPa 以下的材料	60	中	22
工具钢及薄壁工件	40	细	32
壁厚中等的管材和型钢	50	中	22
薄壁管材	40	细	32
塑料、合成纤维、合成橡胶等	40	粗	14 ~ 16
抗拉强度超过 60 MPa 的材料	20	细	32

锯削时最好用锯条的全长工作，或往复长度不小于锯条长度的三分之二，以免锯条的中间部分迅速磨钝，应使切削工作平均分配到大部分锯齿上，从而提高锯条的利用率。

锯削钢料时应加机油润滑。铸铁中因有石墨起润滑作用，可以不加润滑液。

三、锯削安全知识

（1）锯条安装时张紧要适度。

（2）工件快要锯断时，施加给手锯的压力要轻，以防突然脱开伤人。

四、锯条折断的原因

（1）锯条安装得过紧或过松。

（2）工件装夹不正确。

（3）锯缝歪斜过多，试图强行借正。

（4）压力太大，速度过快。

（5）新换的锯条在旧的锯缝中被卡住而造成折断。

五、锯条崩齿的原因

（1）起锯角度太大或用力太大。

（2）工件钩住锯齿（容易发生在锯削薄壁管子时）。

六、锯削时的废品分析

（1）被锯部分的尺寸出错。

（2）锯缝歪斜过多，超出要求范围。

（3）起锯时损伤了工件上其他部分的表面。

第五节　錾　　削

用锤子打击錾子，对金属进行切削加工的操作方法称为錾削。錾削的用途就是錾掉或錾断金属，使其达到要求的形状和尺寸。錾削主要用于不便于用机械加工的场合，如切断金属及清理铸、锻件上的凸缘、毛刺，分割薄板料，錾油槽等。

一、錾削工具

錾削工具主要有錾子和锤子（见图 10—15）。

1. 錾子

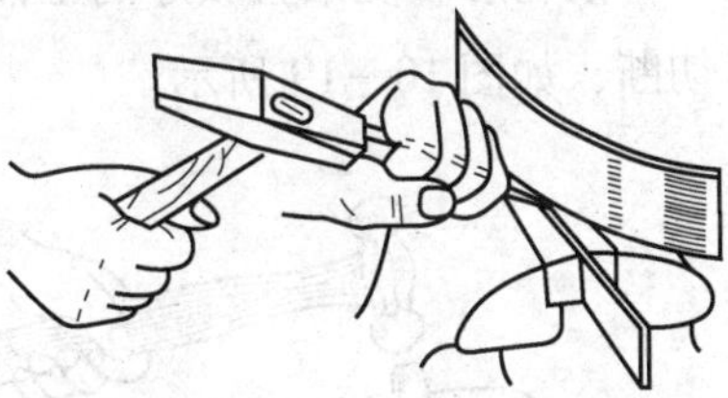

图 10—15　錾削示意图

錾子常用八棱形的碳素工具钢锻成，刃部经淬火和回火处理，最后刃磨而成。錾子由切削部分、斜面、柄部和头部四部分组成，其长度约为 170 mm，直径为 18 ~ 24 mm。錾子的切削部分包括两个表面（前面和后面）和一条切削刃（锋口）。切削部分要求较高硬度（大于工件材料的硬度），且前面和后面之间形成一定楔角 β。楔角大小应根据材料的硬度及切削量大小来选择。楔角大，切削部分强度大，但切削阻力大。在保证足够强度下，尽量取小的楔角，一般取楔角 $\beta = 60°$。

錾子分为平錾、槽錾和油槽錾三种，其用途如下：

（1）平錾。又称扁錾、阔錾，如图 10—16 所示，主要用于錾削平面，切断小尺寸的圆钢、扁钢及錾削薄钢板（见图 10—17）等。平錾的刃宽一般为 10 ~ 20 mm。

面积较大且较厚（4 mm 以上）板料的錾削，可在铁砧上从一端錾开，如图 10—18 所示。

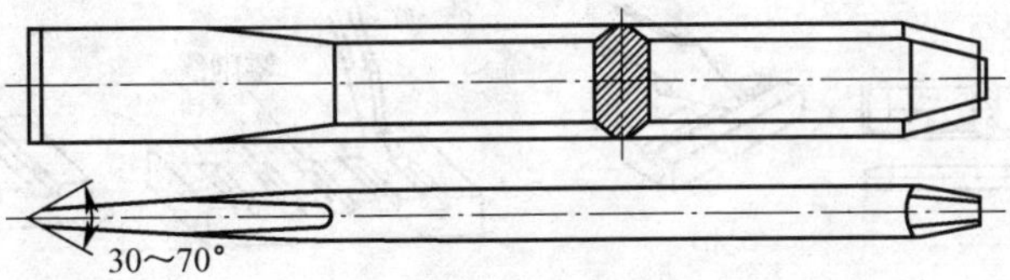

图 10—16　平錾

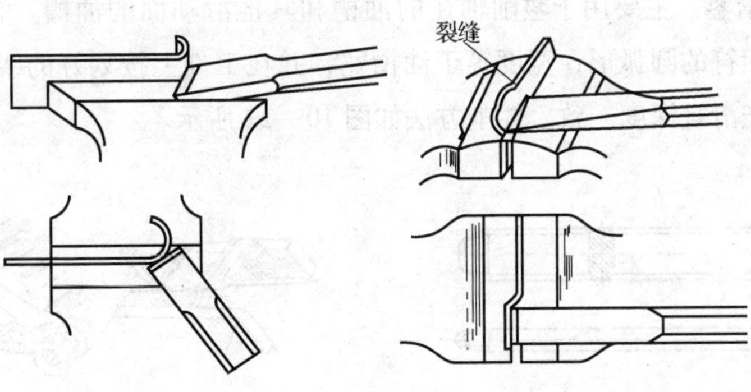

图 10—17　錾切薄板料

a）正确　b）不正确

錾削轮廓较复杂且较厚的工件，为避免变形，应在轮廓周围钻出密集的孔，然后切断，如图 10—19 所示。

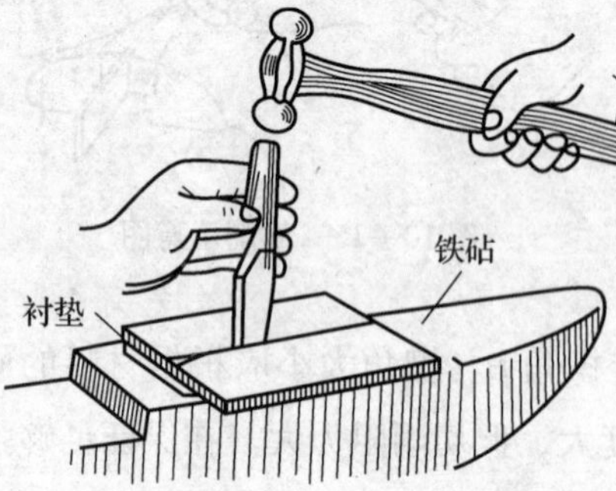

图 10—18　面积较大板料的錾削

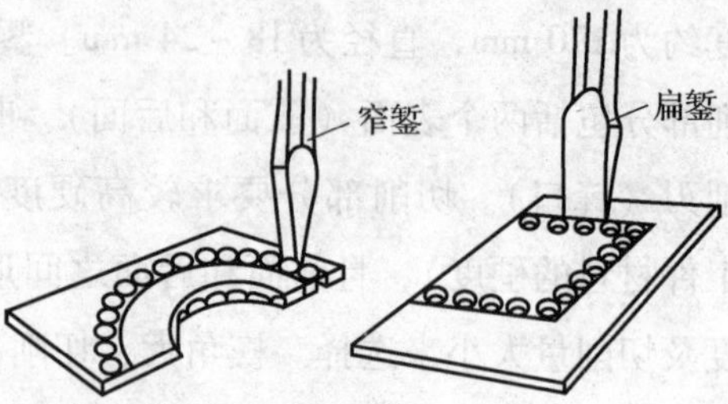

图 10—19　分割板料

（2）槽錾。又称尖錾、狭錾，主要用于錾削金属表面的沟槽、键槽和分割曲线型板料。槽錾的刃宽根据槽宽决定，一般约为 5 mm。錾削较窄平面时，錾子切削刃与錾削方向保持一定斜度，如图 10—20 所示。

錾削较大平面时，可先用槽錾开出多条窄槽，然后再用平錾錾去槽间余下的金属，如图 10—21 所示。

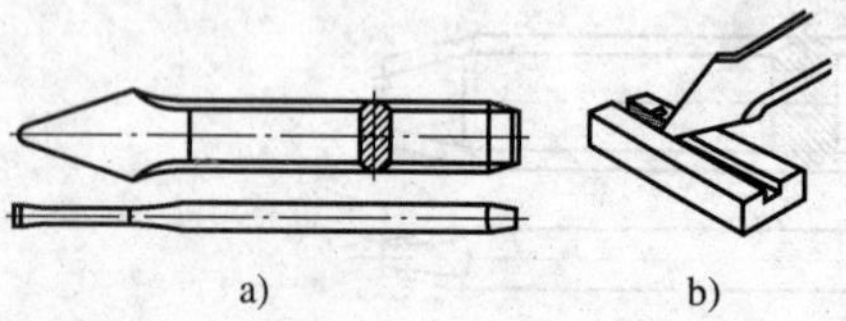

图 10—20　錾削沟槽、键槽

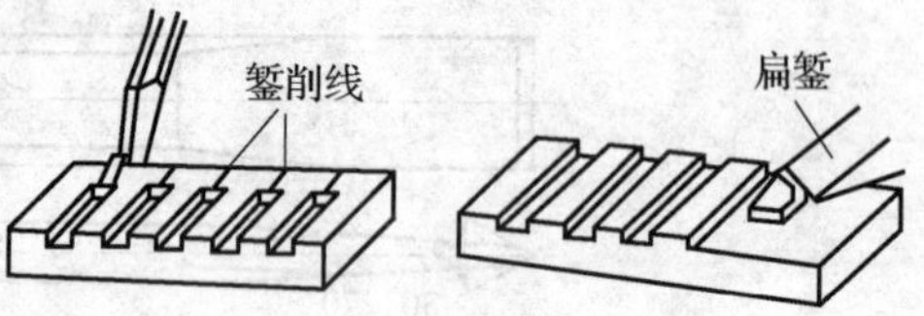

图 10—21　錾削较大平面

（3）油槽錾。主要用于錾削轴瓦的油槽和其他滑动面的油槽。它的錾刃磨成与油沟形状相符的圆弧形，宽度等于油槽宽，并在工件上按划好的线痕开錾油槽。油槽应錾得光滑且深度一致。錾削方法如图 10—22 所示。

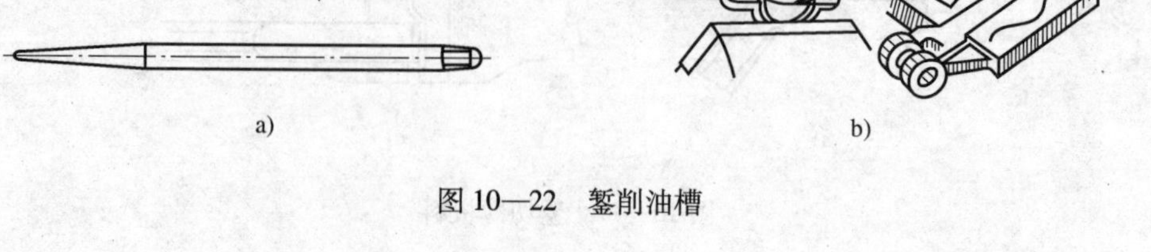

图 10—22　錾削油槽

2. 锤子

锤子由锤头和锤柄组成，是钳工常用的敲击工具。锤头有方头和圆头（见图10—23a），用碳素工具钢锻制，并经淬火和回火处理。锤子规格用锤头的质量来表示，一般有 0.5 kg、1 kg 等；锤柄长度一般为 350 mm。

为了防止锤头脱落，木柄装入锤孔中后，必须用带有倒棱的铁楔或木楔斜向打入，其深度为锤子孔深的三分之一，如图 10—23b 所示。

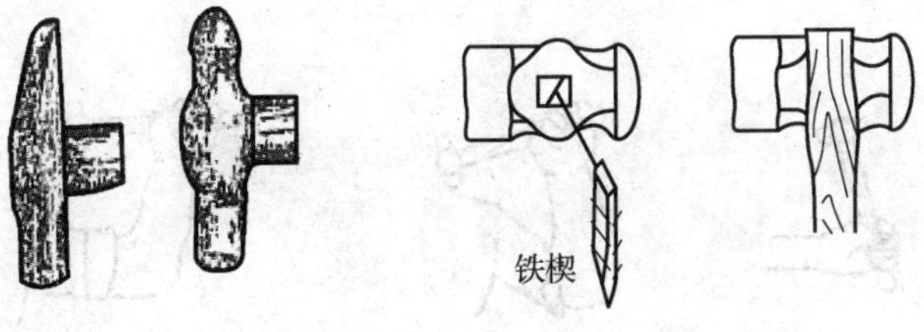

图 10—23 锤子

二、錾削的操作要点

1. 握錾子的方法

用中指、无名指、小指自然轻握錾子，大拇指与食指自然地接触。錾子头部伸出手背部分约为 20 mm。如果錾子握得太紧，不但操作不灵活，而且握錾的手较易疲劳。錾子头部伸出过长，锤子容易打在手上。握錾方法如图 10—24 所示。

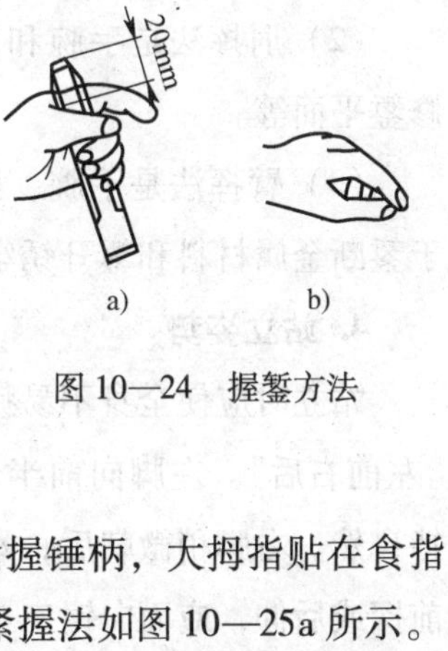

图 10—24 握錾方法

2. 握锤的方法

握锤的方法有紧握法和松握法两种。

（1）紧握法是右手的食指、中指、无名指和小指紧握锤柄，大拇指贴在食指上，柄尾露出 15 ~ 30 mm。在挥锤和锤击时握法不变。紧握法如图 10—25a 所示。

（2）松握法是只用大拇指和食指始终握紧锤柄。当锤子向后举起时（挥锤过程），逐渐放松小指、无名指和中指。锤击过程中，将放松的手指逐渐收紧，并加速锤子运动。此方法掌握熟练后，不但可以增加锤击力，而且能减轻疲劳度，所以松握法比紧握法好。松握法如图 10—25b 所示。

3. 挥锤的方法

挥锤的方法有手挥、肘挥和臂挥三种，如图 10—26 所示。

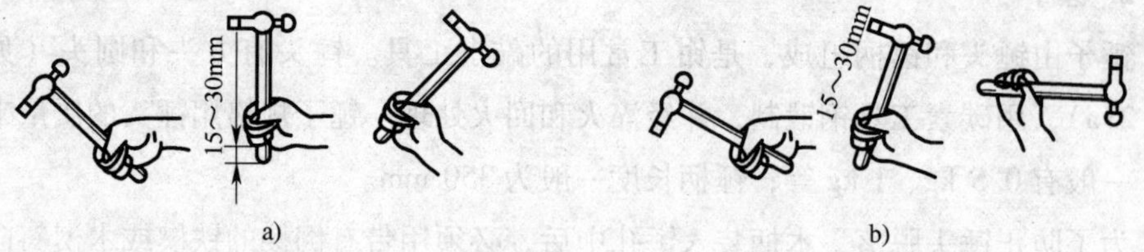

图 10—25 握锤方法

a）紧握法 b）松握法

图 10—26 挥锤方法

a）手挥法 b）肘挥法 c）臂挥法

（1）手挥法只有手腕的运动，锤击力小，一般用于錾削的初始阶段和结尾时的修整，以及錾削软金属或开油槽等。

（2）肘挥法是手腕和肘一起运动，锤击力较大，运用最广，用于开销子槽和修錾平面等。

（3）臂挥法是手腕、肘、全臂一起运动，锤击力很大，但应用较少。主要用于錾断金属材料和錾开锈牢的螺母等，以及需要大力錾削的场合。

4. 站立姿势

站立时应使全身不易疲劳，以便于用力。要稳定地站在台虎钳的近旁，通常是“左前右后”。左脚向前半步，约一锤柄长，腿不要过分用力，膝盖稍微弯曲，保持自然。右脚稍微朝后，站稳伸直，作为主要支点。两脚站成“V”形。头部不要前探或后仰，应面向钳工工作台，目视錾子刃口，如图 10—27 所示。

5. 錾削角度的选择

錾削的角度如图 10—28 所示。影响錾削质量和效率的主要因素是錾子的楔角和錾削时的后角。

（1）楔角 β 的选择。楔角小，錾子刃口锋利，但强度较差，容易崩裂；楔角大，刀具强度好，但錾削阻力大，不易切削。楔角大小应根据工件的软硬程度来选择，硬材料为 60°～75°；中性材料为 50°～60°；铜、铸铁为 30°～50°。

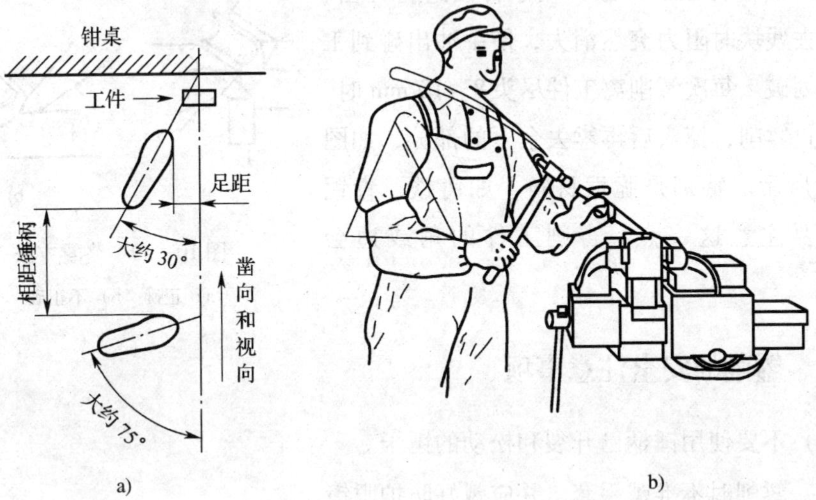

图 10—27　錾削操作

（2）后角 α_o 的选择。后角太大，会使錾子切入工件太深；后角太小，由于錾削方向太平，錾子容易从工件表面滑出，同样不能切削，如图 10—29 所示。一般后角以 5°～8°为宜。在錾削过程中，后角应保持不变，否则加工表面将不平整。

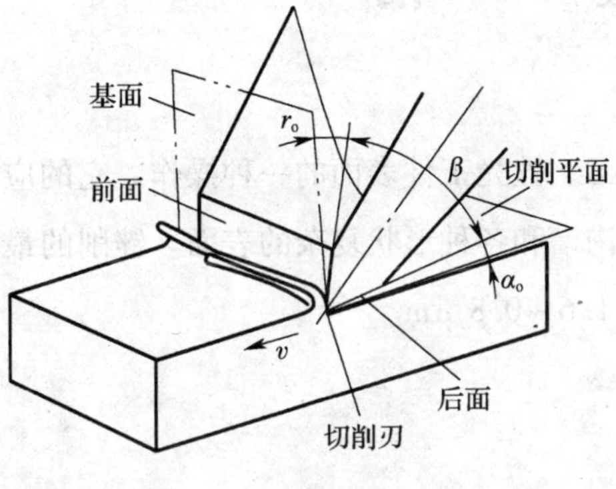

图 10—28　錾削的角度

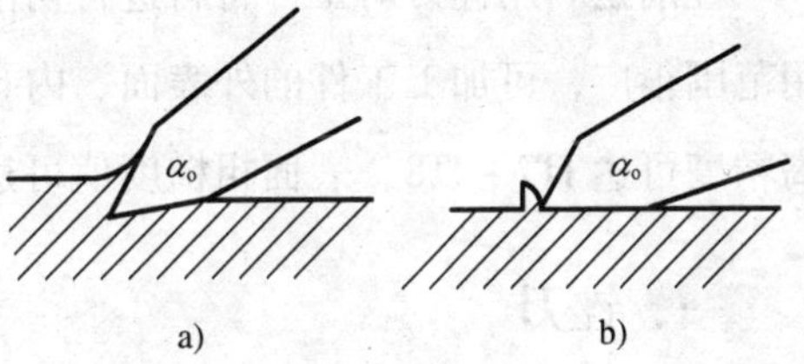

图 10—29　錾削角度的大小和工作的关系

a）后角大　b）后角小

（3）前角 γ_o 的作用。减小切削变形，降低切削阻力。

6. 起錾和终錾

（1）起錾方法。平面錾削时，錾子尽可能向右斜 45°，从工件尖角处轻轻地起錾；錾槽时，錾子刃口贴住工件，錾子头部向下约 30°，轻打錾子待得到一个小斜面后，再开始錾削。若起錾不正确，以錾子全宽进行錾削，不但阻力大，而且錾子容易产生弹跳或打滑，不易控制錾削量，甚至会滑出伤手。

（2）终錾方法。一般只用手挥法进行锤击，以免錾去残块时阻力突然消失，使手冲出碰到工件上被划破。每次錾削离工件尽头 8 ~ 10 mm 时，必须停止錾削，掉头后再錾去余下的部分，如图 10—30 所示。特别是脆性材料，如铸铁、青铜等，更要注意这一点，否则工件的角或边会崩裂。

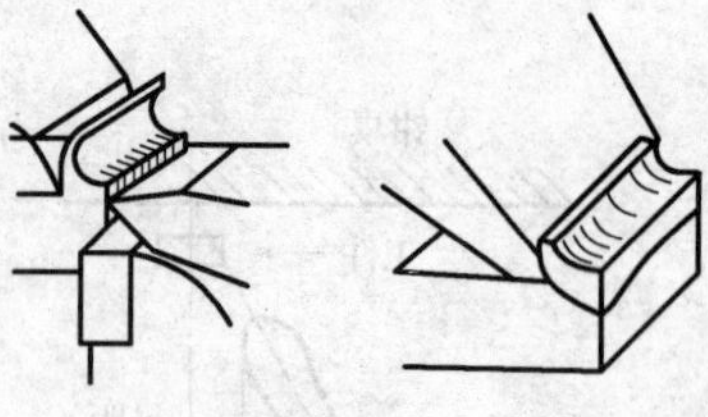

图 10—30　终錾方法

a）正确　b）不正确

三、錾削的安全注意事项

（1）不要使用锤柄已开裂和松动的锤子。

（2）錾削时不准戴手套，并应戴好防护眼镜。

（3）錾子头部发现有毛刺或缺口时应及时刃磨。

（4）不要正对着人进行錾削，以防錾屑飞出伤人。

第六节　锉　　削

锉削是利用锉刀对工件材料进行切削加工、锉光工件表面的一种操作。它的应用范围很广，可加工工件的外表面、内孔、沟槽和各种形状复杂的表面。锉削的最高精度可达 IT7 ~ IT8，表面粗糙度值可达 R_a1.6 ~ 0.8 μm。

一、锉刀

1. 锉刀的结构

锉刀各部分名称如图 10—31 所示，其规格一般用工作部分的长度表示，有 100、150、200…400 mm 七种。

锉刀的材料有高、中、低三档。低档的锉刀用 45 钢再经过表面渗碳制成；中档的锉刀常用碳素工具钢 T12A 或 T13A 制成，并经热处理淬硬到 62 ~ 67HRC；高档的锉刀用轴承钢制造。

锉齿是在制锉机上剁出后，再经热处理淬硬，其形状如图 10—32 所示。锉刀的锉纹常制成双纹，以便锉削时切屑易碎断不致堵塞锉面，达到省力的目的。

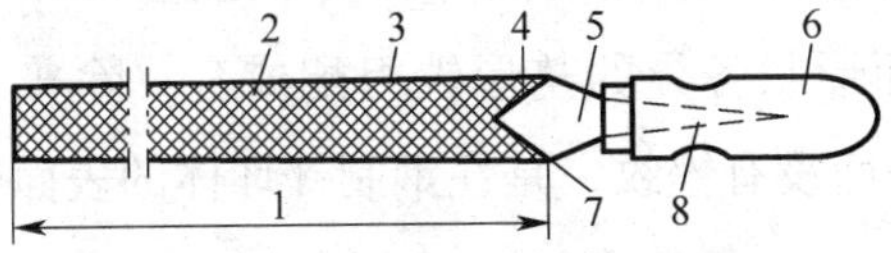

图 10—31　锉刀的组成

1—工作部分　2—锉刀面　3—锉刀边　4—底齿
5—锉刀尾　6—锉刀柄　7—面齿　8—舌部

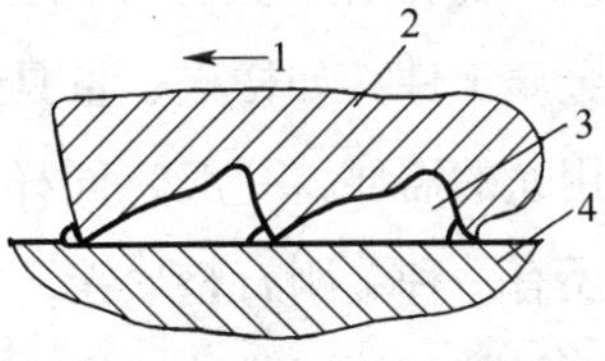

图 10—32　锉齿形状

1—切削方向　2—锉刀
3—容屑空隙　4—工件

锉刀按齿纹的粗细（以锉刀 10 mm 长锉面上的齿数多少来确定）分为粗齿、中齿、细齿和油光齿。

（1）粗齿锉刀（4 ~ 12 齿）。用于加工软材料（如铜、铅等）或粗加工。

（2）细齿锉刀（13 ~ 24 齿）。用于加工硬材料或精加工。

（3）油光齿锉刀（30 ~ 40 齿）。用于最后修光表面。

（4）金刚石锉刀。没有锉纹，只是在锉刀表面电镀一层金刚石粉，用以锉削淬硬金属。

锉刀按锉纹形式分单纹锉和双纹锉两种。单纹锉的刀齿对轴线倾斜成一个角度，适用于加工软质的有色金属。双纹锉刀的主、副锉纹交叉排列，适用于加工钢铁和有色金属。

2. 锉刀的种类

根据工作要求的不同，常用的锉刀有普通锉、整形锉、特种锉、钟表锉、软材料锉和异形锉等。

（1）普通锉。主要用于钳工装配修整时的手工锉削。一般规格较大，通用性也强。特别适于锉削或修整较大金属工件的平面以及孔槽表面。按断面形状不同，有扁锉、平锉、方锉、圆锉、半圆锉、三角锉、菱形锉、刀形锉等。生产中通常根据工件的形状来选择锉刀（见图 10—33）。

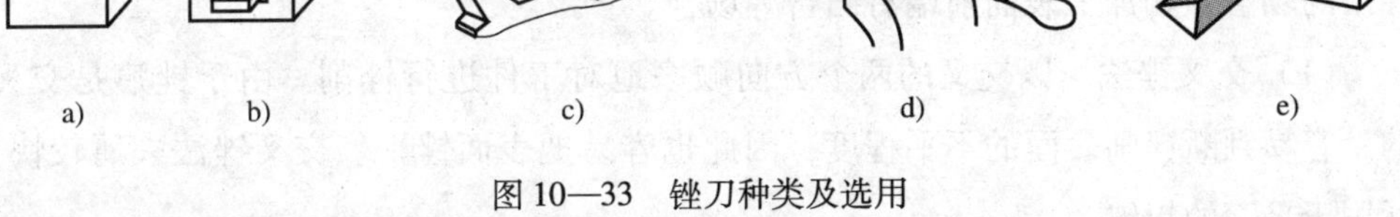

a)　b)　c)　d)　e)

图 10—33　锉刀种类及选用

a)、b）平锉　c）方锉　d）半圆锉　e）三角锉

（2）整形锉。又称什锦锉，用于修整工件上的细小部位。常用于锉削小而精密的金属工件，如样板、量具、模具等。整形锉的锉身长度不超过 100 mm。根据加工用途的需要，一般将同样长度而形状各异的整形锉组配成套。除普通整形锉外，还有一种金刚石整形锉，它的表面没有锉纹，是在钢制锉坯体的表面嵌有无数金刚石微粒，用以代替锉齿。

（3）特种锉。主要用于锉削修整表面形状极为复杂的模具型腔等。异形锉的工作部分比较奇特，截面形状比较复杂，有单头和双头两种，如棱形锉。

（4）钟表锉。专用于钟表一类小而精细零件的修配，它的锉齿较细密。

（5）软材料锉。用于锉削铅、锡、铝以及其他软金属制品的表面，也可锉削塑料、木材、橡胶等非金属。软材料锉的锉纹均为弧形单纹，齿纹很粗，锉刀向前的倾角很大，因而它的锉削量可以很大。这类锉还包括木工专用的木锉和鞋匠专用的橡胶锉等。

不同齿纹的锉刀的特点和适用范围见表 10—2。实际工作中，可以参照此表选择锉刀。

表 10—2　　锉刀刀齿粗细的划分、特点及应用

锉齿粗细	10 mm 长度齿数（个）	特点和应用	加工余量（mm）	表面粗糙度 R_a 值（μm）
粗齿	4 ~ 12	齿距大，不易堵塞，适宜粗加工或锉削铜、铝等有色金属	0.5 ~ 1	50 ~ 12.5
中齿	13 ~ 24	齿距中，适宜于粗锉后加工	0.2 ~ 0.5	6.3 ~ 3.2
细齿	30 ~ 40	锉光表面或锉削硬金属（钢、铸铁等）	0.05 ~ 0.23	1.6
油光齿	50 ~ 62	精加工时，修光表面	0.05 以下	0.8

二、锉削操作

生产中常用的锉削方法有交叉锉法、顺向锉法、推锉法和滚锉法，如图10—34所示。交叉锉法的效率高，常用于较大面积的粗锉。顺向锉法可得到光洁、平整的表面，主要用于工件的精锉。推锉法常用于较窄表面的精锉，以及不能用顺向锉法加工的场合，如加工表面前端有凸台等场合。

（1）交叉锉法。以交叉的两个方向顺序地对工件进行锉削。由于锉痕是交叉的，容易判断锉削表面的不平程度，因此也容易把表面锉平。交叉锉法去屑较快，适用于平面的粗锉。

（2）顺向锉法。锉刀沿着工件表面横向或纵向移动，锉削平面可得到正直的

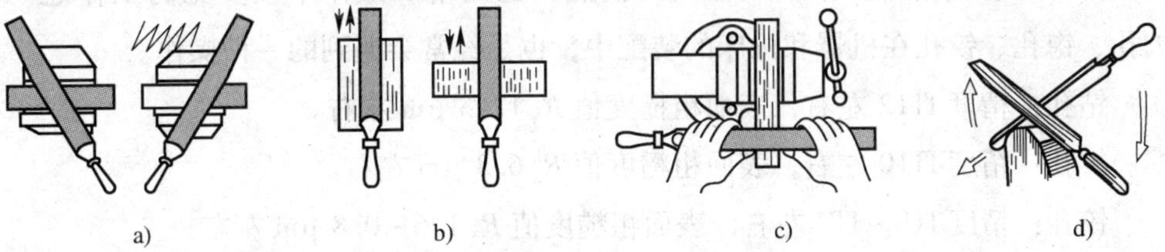

图 10—34 常用的锉削方法

a）交叉锉法 b）顺向锉法 c）推锉法 d）滚锉法

锉痕，比较美观。适用于工件锉光、锉平或锉顺锉纹。

（3）推锉法。两手对称地握着锉刀，用两大拇指推锉刀进行锉削。这种方式适用于较窄表面且已锉平、加工余量较小的情况，一般用来修正和减小表面粗糙度值。

（4）滚锉法。主要用于锉削内外圆弧面和倒角。

三、锉削质量检查

（1）尺寸检查。粗略测量可用钢直尺，精确检查时应选用游标卡尺。

（2）直线度检查。利用刀口尺或 90°角尺透光法检查。要多检查几个部位，必要时可进行对角线检查。

（3）垂直度检查。利用 90°角尺透光法检查，检查时角尺贴紧工件基准面，然后上下移动。

（4）线轮廓度检查。用特制的样板（凹或凸一副）透光法来检查。

（5）表面粗糙度检查。一般用眼睛观察，也可用表面粗糙度样板进行对照检查。

第七节 钻孔（扩孔、锪孔、铰孔）与加工螺纹

钻孔（扩孔、锪孔、铰孔）与加工螺纹，是钳工最基本、使用最多的操作。在金属材料上先钻出底孔，然后用丝锥加工出内螺纹（螺纹孔）称为攻螺纹；在杆件上用板牙加工外螺纹的方法称为套螺纹。手工（也可以适当用车床或钻床协

助）加工螺纹是钳工操作中最基本的技能，也是钳工工作中最多见的工作之一。扩孔、锪孔、铰孔在机器和机床的装配中，也是经常会遇到的一种操作。

钻孔：精度 IT12 左右，表面粗糙度值 R_a 12.5 μm 左右。

扩孔：精度 IT10 左右，表面粗糙度值 R_a 6.3 μm 左右。

铰孔：精度 IT8 ~ IT7 左右，表面粗糙度值 R_a 1.6 ~ 0.8 μm 左右。

一、钻孔

1. 钻床和附件

（1）台式钻床。钻孔直径一般为 ϕ12 mm 以下，特点是小巧灵活，主要用于加工小型零件上的小孔。

（2）立式钻床。主要由主轴、主轴变速箱、进给箱、立柱、工作台和底座组成，其规格用最大钻孔直径表示，如 25、35、40、50 mm 等。立式钻床可以完成钻孔、扩孔、铰孔、锪孔、攻螺纹等加工。

（3）摇臂钻床。它有一个能绕立柱旋转（360°）的摇臂，摇臂带着主轴箱可沿立柱垂直移动，同时主轴箱等还能在摇臂上横向移动。由于它能方便地调整刀具的位置，因此适用于加工大型笨重零件以及多孔零件上的孔。

（4）钻床附件

1）钻夹头。装夹直柄钻头用。

2）莫氏过渡套筒。装夹不同莫氏锥度的锥柄刀具时用。

3）手虎钳。适用于装夹小而薄的工件。

4）机用平口钳。适用于装夹比较大的工件。

5）压板。在钻床上装夹大型工件时用。

2. 麻花钻

（1）麻花钻的结构。麻花钻（钻头）是常用的孔加工刀具。麻花钻有直柄和锥柄两种，钻头直径小于 12 mm 时，直柄部为圆柱形；直径大于 12 mm 时，锥柄部一般为莫氏锥度。麻花钻由柄部、颈部和切削部分组成（见图 10—35），它有两个前面，两个后面，两个主切削刃，两个副切削刃，一个横刃，顶角为 116° ~ 118°。

柄部是钻头的夹持部分，用于装夹定心和传递扭矩。颈部是工作部分和柄部之间的连接部分，在钻头磨削时用于砂轮退刀，并用来刻印商标和规格号等。

工作部分包括切削部分和导向部分。起主要切削作用的是切削部分，它由前面、后面、横刃和两条主切削刃组成。

（2）麻花钻的安装。直柄刀具应使用钻夹头安装（见图 10—36a）。钻夹头装

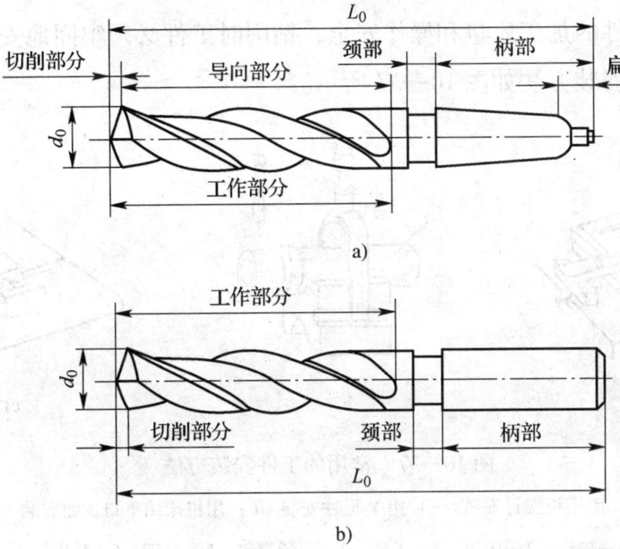

图 10—35　麻花钻

a）锥柄麻花钻　b）直柄麻花钻

入钻床主轴锥孔，主轴旋转带动钻夹头与刀具一同转动。这种方法安装简便，但夹紧力小，加工过程中刀具容易产生振动。

使用锥柄刀具时，若刀柄锥度与钻床主轴锥孔锥度相同，则可将刀具直接装入主轴锥孔中（见图 10—36b）；若两者锥度号不同，必须加钻套（又称过渡套），如图 10—36c 所示。采用锥面安装配合牢靠；同轴度高；刀具锥柄末端的扁尾用以增加传递的力量，避免刀柄打滑，便于卸下刀具。

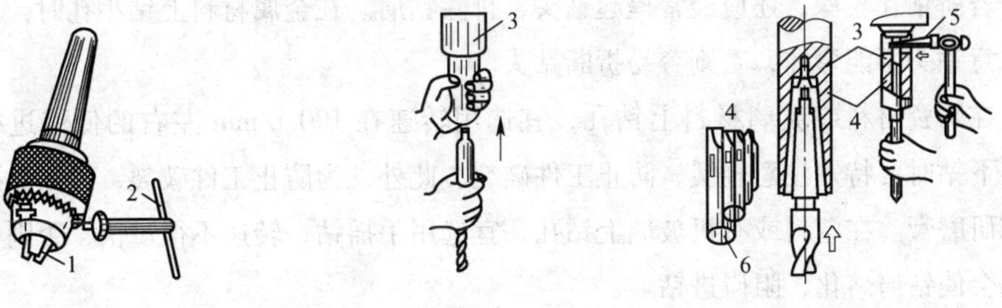

图 10—36　常用的带柄刀具安装方法

a）用钻夹头安装　b）直接安装　c）用过渡套安装

1—紧固扳手　2—自动定心夹爪　3—钻床主轴　4—过渡套筒　5—楔铁　6—锥孔

3. 工件安装

为了保证工件的加工质量和操作安全，钻削时工件必须牢固地安装在夹具或工作台上，常用的安装方法如图 10—37 所示。

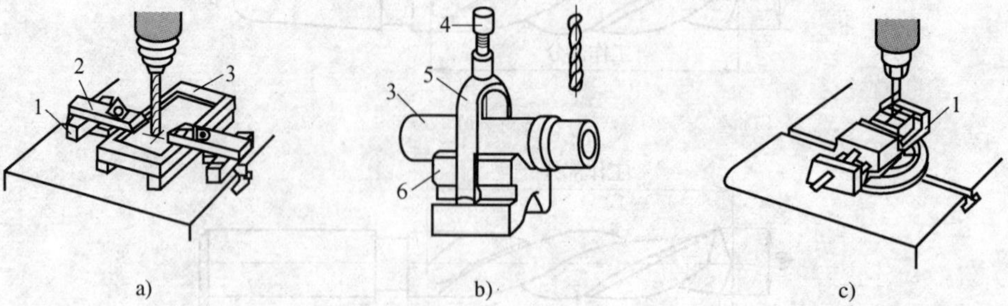

图 10—37　常用的工件安装方法

a）用压板螺钉安装　b）用 V 形铁安装　c）用机床用平口虎钳安装

1—垫铁　2—压板　3—工件　4—压紧螺钉　5—弓架　6—V 形铁

4. 钻孔方法

在一个工件上钻孔，第一步应划线、打样冲眼。第二步要试钻一个约为 1/4 孔径的浅坑，然后判断是否对中。如果偏得较多，就要纠正，纠正的方法是将钻头中心向应该钻掉的方向移动，确认真正对中后，方可开始钻孔。钻孔时进给力不要太大，要经常抬起钻头排屑，同时加冷却润滑液。孔将要钻透时要减少进给量，防止切屑突然增大，折断钻头。

在金属材料上钻孔，尤其是钻直径较大的孔时，应在钻孔处加冷却润滑液。钻削钢件时常用机油或乳化液，钻削铝件时常用乳化液或煤油，钻削铸铁时则用煤油。若所钻孔较深，还应经常提起钻头，排除钻屑。在金属材料上钻小孔时，应特别注意钻头不能弯曲，否则容易折断钻头。

在陶瓷材料或玻璃材料上钻孔，宜选用转速在 100 r/min 左右的低速进行钻孔，下钻时要特别注意轻缓，防止工件破裂。此外，为防止工件破裂，可在钻孔时涂抹研磨膏。在塑料或有机玻璃上钻孔，宜选用手摇钻，转速不得过快，否则摩擦生热会使钻屑熔化，阻碍进钻。

二、扩孔

扩孔就是用扩孔钻对工件上已经有的孔进行扩大的加工操作。扩孔加工的目的是为了进一步提高孔的尺寸精度、形位精度，减小表面粗糙度值，为孔的进一步精加工做准备。

扩孔与钻孔相比，其特点是背吃刀量小，切削阻力小，排屑容易，加工平稳，加工质量高，尺寸精度可达 IT10 ~ IT9，表面粗糙度 R_a 值可达 6.3 ~ 3.2 μm。扩孔的加工余量一般为 0.2 ~ 4 mm，常作为孔的半精加工及铰孔前的预加工。

扩孔钻基本上和钻头相同，不同的是，它有 3 ~ 4 个切削刃，无横刃，刚度、导向性好，切削平稳，所以加工孔的精度、表面粗糙度都要比用钻头钻孔好。

三、锪孔

锪孔的目的是为了保证孔口或孔口的端面与孔中心线的垂直度。

锪钻分锥形锪钻、柱形锪钻和端面锪钻三种。

1. 锥形锪钻

用来加工螺钉或铆钉的锥形沉孔。如图 10—38a 所示。圆锥形沉头孔锪钻具有 6 ~ 12 个刃齿，其顶角有 60°、75°、90°、120°四种。其中 90°的用得最多。

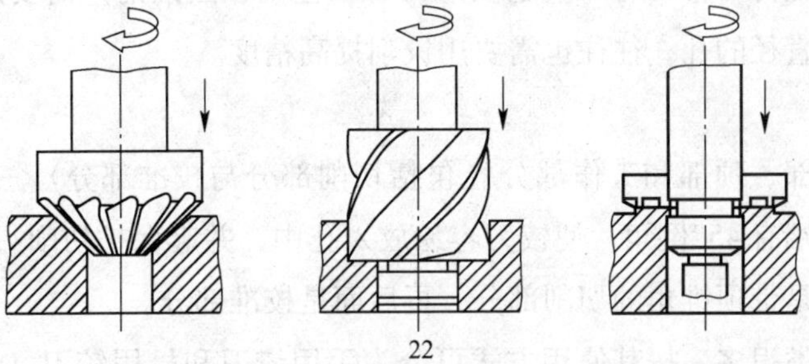

图 10—38　锪钻及其应用

a）锪锥形沉孔　b）锪圆柱形沉孔　c）锪凸台端面

2. 柱形锪钻

用于加工螺钉的柱形沉孔（见图 10—38b）。柱形锪钻起主要切削作用的是端面切削刃，螺旋槽的斜角就是它的前角。为了保证沉孔与原有的孔同轴，其切削部分的前端带有导柱，导柱部分与工件已有的螺钉孔为紧密的间隙配合，以保证锪出的沉孔与已有的螺钉孔有较好的同轴度。导柱和锪钻本身可以是一体的，也可以是分体的。

3. 端面锪钻

专门用来锪平孔口的端面。它仅在端面上具有切削刃，加工大的端面时，还可以将刀片镶在刀杆上。为了保证锪出的端面和孔轴线垂直，端面锪钻的前端也带有导柱，如图 10—38c 所示。

锪钻是标准刀具，可根据锪孔的种类选用，也可以用麻花钻改磨。

四、铰孔

在钻孔或扩孔之后，为了提高孔的尺寸精度和降低表面粗糙度值，可以用铰刀对已经粗加工的孔进行铰孔。铰孔是中小直径孔的半精加工和精加工方法之一。

1. 铰削加工的特点

（1）铰削的切削速度很低，切削力较小，切削热少，加工精度高。由于铰刀的切削刃数量多（6 ~ 12 个）、容屑槽很浅、刀芯的截面大，故刚性和导向性好。同时铰刀本身精度高，而且有校准部分，可以校准和修光孔壁。

（2）铰孔时切削余量很小（粗铰为 0.15 ~ 0.35 mm，精铰为 0.05 ~ 0.15 mm），切削变形也小，铰削近似刮削，所以铰削加工的尺寸精度也可以很高。机铰一般可达 IT8 ~ IT7，表面粗糙度 R_a 值为 1.6 ~ 0.8 μm；手铰可达 IT7 ~ IT6，表面粗糙度 R_a 值为 0.4 ~ 0.2 μm。

机器在装配时，常常有一些定位销孔（圆柱销、圆锥销）需要用铰刀来加工。零件上一些小直径的孔，往往也需要用铰削提高精度。

2. 铰刀

铰刀由柄部、颈部和工作部分（包括切削部分与校准部分）三部分组成。工作部分的最前端有 45°倒角，使铰刀容易放入孔中，并起保护切削刃的作用。而工作部分的前端是带顶锥角的切削部分，再后面是校准部分。

铰刀的种类很多，按其使用方式可分为手用铰刀和机用铰刀（见图 10—39）；按结构可分为固定式（整体式）铰刀和可调式铰刀；按所铰孔的形状可分为圆柱形铰刀和圆锥形铰刀；按铰刀容屑槽的方向可分为直槽铰刀和螺旋槽铰刀；按材质可分为高速钢铰刀、工具钢铰刀和硬质合金铰刀；按切削用量可分为粗铰刀、中铰刀、细铰刀。

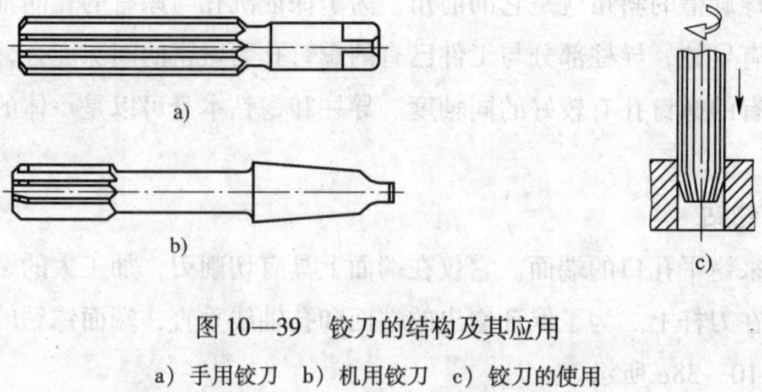

图 10—39 铰刀的结构及其应用

a）手用铰刀 b）机用铰刀 c）铰刀的使用

3. 铰削方法

（1）铰圆柱孔

1）手用铰刀。手用铰刀有整体式圆柱形手用铰刀和可调节手用铰刀两种。手用铰刀的结构都是由工作部分、颈部和柄部组成。工作部分又分修光部分和切削部分。

在切削部分的前端有45°倒角，便于铰刀放入孔中并保护切削刃。手用铰刀的刀刃都是偶数的，刀齿距在圆周上是不等距分布的，即非均匀分布，以保证切削均匀平稳，防止孔壁产生振颤或因工件材料硬度不均时产生重复让刀现象。修光部分较长，有较好的导向性，并起着保证使刀对中和修光及起备用的作用。手用铰刀的柄部为圆柱形，并有装铰杠操作的方头。固定式手铰刀在每次刃磨使用后，其减小的尺寸都无法弥补，因此使用寿命短。

2）机用铰刀。机用铰刀结构与手用铰刀类似。机用铰刀的柄部多为锥柄，常装在钻床或车床上进行铰孔，由机床导向，所以机用铰刀的工作部分比手用铰刀短。

（2）铰圆锥孔。铰削圆锥孔可以使用圆锥形铰刀（见图10—40）。圆锥形铰刀是由切削部分、颈部和柄部组成。其切削部分的锥度与圆锥销相符。尺寸较小的圆锥孔，可先按小头直径钻出圆柱孔，然后用圆锥铰刀铰削即可。对于尺寸和深度较大的孔，铰孔前首先钻出阶梯孔，然后再用铰刀铰削。

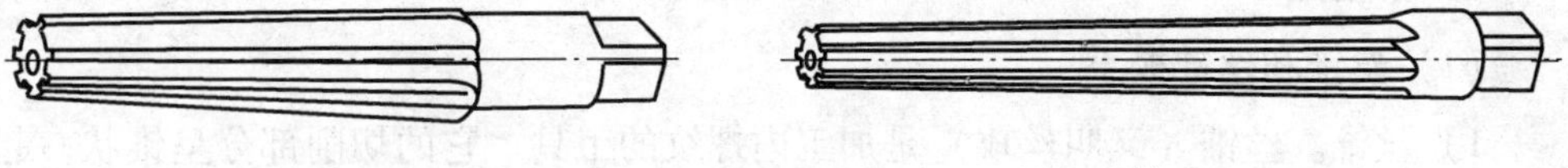

a）　　　　　　b）

图10—40　圆锥铰刀

a）莫氏锥铰刀　b）公制锥度销孔手用铰刀

当工件孔径小于25 mm时，钻孔后直接铰孔；工件孔径大于25 mm时，钻孔后需扩孔，然后再铰孔。

4. 铰孔质量

铰孔余量是否合适，对铰出的孔的表面粗糙度和精度影响很大。铰削余量是指上道工序（钻孔或扩孔）完成后留下的直径方向的加工余量。铰削余量不宜太大或太小。如余量太大，势必加大每个刀齿的切削负荷，破坏铰削的稳定性，增加切削热量，使铰刀直径扩大，孔径也随之扩大，同时切屑将呈撕裂状态，使表面粗糙度值增大，不但孔铰不光，而且铰刀容易磨损。铰孔余量太小，上道工序残留的变形和加工刀痕难以纠正和去除，也会使铰孔质量和表面粗糙度达不到要求。同时，由于余量小，铰刀处在啃刮的状态下切削，磨损严重，从而降低了铰刀的耐用度。

选择铰削余量时，应考虑到铰孔的精度、表面粗糙度、孔径大小、材料的软硬和铰刀的类型等各种因素的综合影响。此外，铰削余量的确定与上道工序的加工质量有直接关系。对铰削前预加工孔出现的弯曲、锥度、椭圆和不光洁等缺陷，均有一定限制。铰削精度较高的孔，必须经过扩孔或粗铰，才能保证最后的铰孔质量。

在一般情况下，IT9、IT8 级的孔可以一次铰出；IT7 级的孔，应分粗铰和精铰。对孔径大于 20 mm 的孔，可先钻孔，再扩孔，然后进行铰孔。

铰孔后孔径有时可能收缩，有时也可能扩张。例如，使用硬质合金铰刀、无刃铰刀或铰削硬材料时，挤压比较严重，铰孔后由于弹性复原而使孔径缩小。铰削铸铁孔时加煤油润滑，由于煤油的渗透性强，铰刀与工件之间油膜产生挤压作用，也会产生铰孔后孔径缩小现象。

使用铰刀铰孔时，必须注意铰刀不能反转，以免崩刃。

五、螺纹加工

螺纹分为内螺纹和外螺纹。螺纹孔要用丝锥进行加工，外螺纹一般采用板牙加工。螺纹的种类（按齿形）有三角形螺纹、梯形螺纹、方螺纹、圆螺纹、管螺纹等。螺纹的要素主要有牙型、大径、螺距、精度、旋向等。

1. 攻螺纹

（1）丝锥和丝锥扳手

1）丝锥。丝锥（又叫丝攻）是加工内螺纹的工具。它的切削部分呈锥状，起主要的切削作用。校准部分具有完整的螺纹齿形，起校准和修光作用（见图 10—41a）。丝锥有机用和手用两种。手用丝锥可分为两个一组或三个一组，分别称为头锥和二锥或三锥，其区别在于切削部分的锥度长短不同（见图 10—41b）。其中，M6 ~ M24 的丝锥为两只一套，小于 M6 和大于 M24 的丝锥为三只一套。头锥的切削部分斜度较长，一般有 5 ~ 7 个不完整牙型；二锥较短，有 1 ~ 2 个不完整牙型。攻螺纹时要合理地选用丝锥扳手，太小攻螺纹困难，太大丝锥易折断。机用丝锥一般为单独一只。

根据加工螺纹的种类，丝锥分为普通三角螺纹丝锥、圆柱管螺纹丝锥、圆锥管螺纹丝锥。

2）丝锥扳手。丝锥扳手（又称为铰杠，见图 10—42）是用来夹持并转动丝锥的工具，有普通扳手和丁字扳手两种。丁字扳手主要用在攻工件凸台旁的螺孔，或

图 10—41　丝锥

a）丝锥的组成　b）头锥和二锥

1—工作部分　2—切削部分　3—校准部分　4—槽　5—柄（方头）

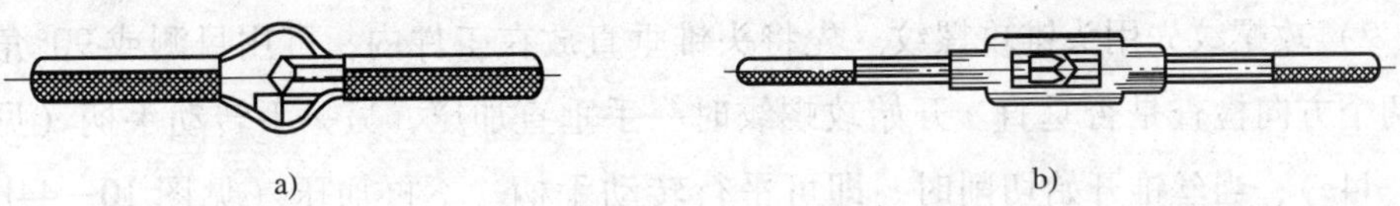

图 10—42　丝锥扳手

a）固定式　b）可调式

机体内部的螺孔（丁字扳手适用于在高凸台旁边或箱体内部攻螺纹）。

各类丝锥扳手又有固定式和可调式（活络式）两种。常用的是可调式，丝锥头部插入方孔，转动手柄可调节方孔大小，以便夹持不同规格的丝锥。固定式扳手常用于夹持 M5 以下丝锥。可调式丁字扳手用于夹持 M6 以下丝锥。

（2）攻螺纹的操作方法

1）钻螺纹底孔。攻螺纹前应先钻出螺纹底孔。底孔直径大小会影响攻出螺纹的质量。如图 10—43 所示，攻螺纹过程中，丝锥除了切削金属外，也在挤压金属，因而会产生金属凸起并向牙尖流动的现象，使螺纹的内径变小，这一现象对于韧性材料尤为显著。工件材料塑性越好，挤压变形越显著，从而使攻螺纹后螺纹孔小径小于原底孔直径，甚至无法与相同尺寸的外螺纹顺利旋合。

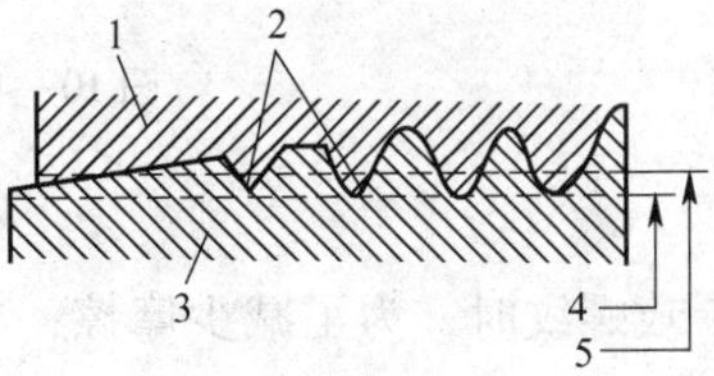

图 10—43　攻螺纹时的金属挤压

1—工件　2—被挤压后高起的金属

3—丝锥　4—丝锥小径　5—钻孔直径

攻不通孔时，可以在丝锥上做好深度标记。攻螺纹过程中要经常退出丝锥，清除留在孔内的切屑。

底孔直径的选择可查有关手册，也可用公式计算。

对于脆性材料（铸铁、青铜等）：

$$D = d - 1.1t$$

对于塑性材料（钢、纯铜等）：

$$D = d - t$$

式中 D——底孔的直径，mm；

d——外螺纹的大径，mm；

t——螺距，mm。

攻盲孔（不通孔）的螺纹时，因丝锥不能攻到孔底，所以孔的深度要大于螺纹长度。

$$孔的深度 = 要求螺纹长度 + 0.7d$$

2）攻螺纹先用头锥攻螺纹。先将头锥垂直放在工件内，可用目测或90°角尺从两个方向检查是否垂直。开始攻螺纹时一手垂直加压，另一手转动手柄（见图10—44a），当丝锥开始切削时，即可平行转动手柄，不再加压（见图10—44b）。这时每转动1~2圈，要反转1/4圈，以使切屑断落（见图10—45）。攻螺纹过程中要适时添加润滑液。头锥用完再用二锥。当攻通孔时，可用头锥一次攻透即可，二锥不再使用；如攻不通孔，则必须使用二锥。

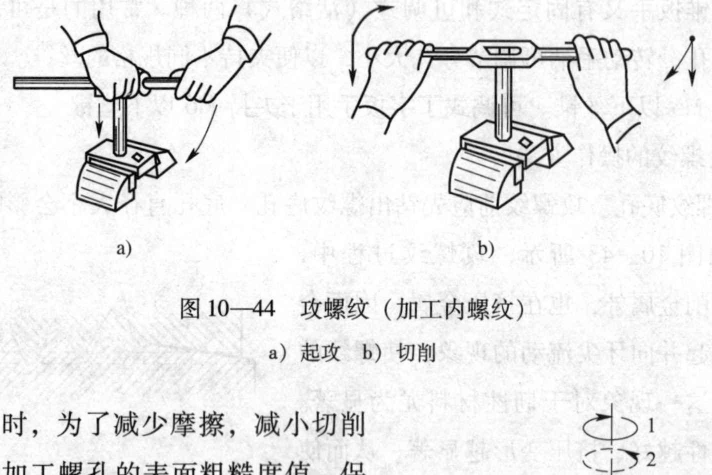

图10—44　攻螺纹（加工内螺纹）

a）起攻　b）切削

攻螺纹时，为了减少摩擦，减小切削阻力，减小加工螺孔的表面粗糙度值，保持丝锥的良好切削性能，延长丝锥的使用寿命，得到光洁的螺纹表面，应根据工件材料选用适当的冷却润滑液。攻钢件时用机油，螺纹质量要求高时可用工业植物油；攻铸铁件时可加煤油。

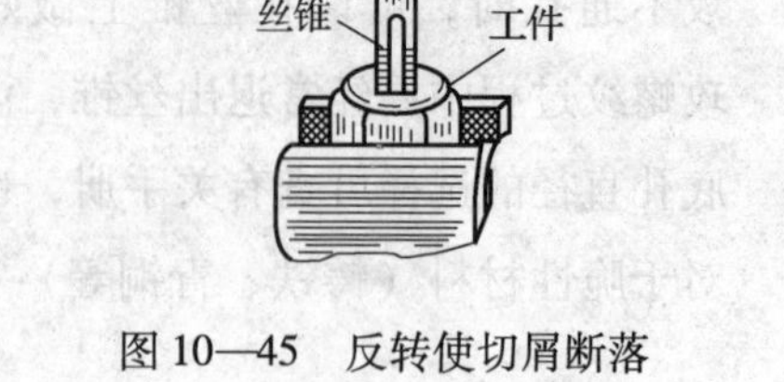

图10—45　反转使切屑断落

（3）丝锥折断后的处理方法。攻螺纹

时，如果底孔钻得过小或攻的时候用力过大，丝锥往往会折断在孔中，此时应先将内孔清理干净，用如图 10—46 所示方法取出折断的丝锥。

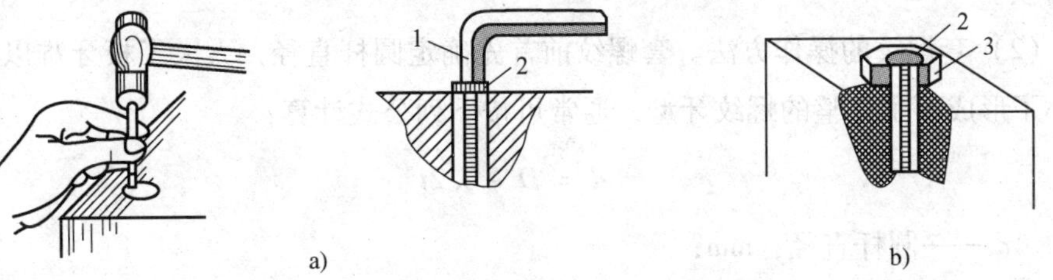

图 10—46　丝锥折断后的处理方法

a）敲击法　b）焊接法

1—弯杆　2—堆焊物　3—螺母

2. 套螺纹

（1）板牙和板牙架。板牙是加工外螺纹的工具，外形像一个圆螺母（见图 10—47a）。板牙架是用来夹持板牙、传递扭矩的工具（见图 10—47b）。

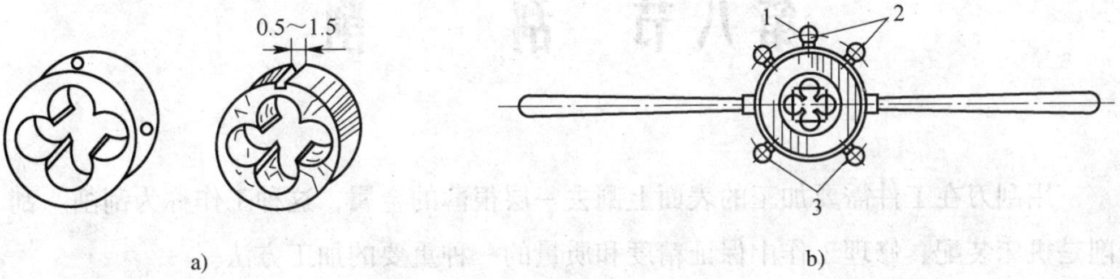

图 10—47　板牙和板牙架

a）板牙　b）板牙架

1—撑开板牙螺钉　2—调整板牙螺钉　3—紧固板牙螺钉

板牙有固定式的和开缝式的两种，常用的为固定式，不同规格的板牙配有相应的板牙架。

板牙由切削部分、校准部分和排屑孔组成。切削部分是板牙两端有切削锥角的部分。板牙的中间一段是校准部分，也是套螺纹时的导向部分。板牙的校准部分因磨损会使螺纹尺寸增大而超出公差范围。因此，为延长板牙的使用寿命，常用的圆板牙，在外圆上有四个锥坑和一条 V 形槽，起调节板牙尺寸的作用。其中的两个锥坑，其轴线与板牙直径方向一致，借助板牙架上的两个相应位置的紧固螺钉顶紧后，在套螺纹时传递扭矩。另外两个与板牙中心偏心的锥坑起调节作用。当板牙磨损，套出的螺纹尺寸变大，以致超出公差范围时，可用锯片砂轮沿板牙 V

形槽将板牙磨割出一条通槽，用板牙架上的另两个紧固螺钉，拧紧顶入板牙上面两个偏心的锥坑内，让板牙产生弹性变形，使板牙的螺纹中径变小，以补偿尺寸的磨损。

（2）套螺纹的操作方法。套螺纹前首先确定圆杆直径，太大了板牙难以套入，太小了形成不了完整的螺纹牙型，通常可按下列公式计算：

$$d = D - 0.2t$$

式中 d——圆杆直径，mm；

D——内螺纹大径，mm；

t——螺距，mm。

套螺纹时，板牙的端面应与圆杆垂直（圆杆头部要倒角15°~20°）。开始转动切入时要加压，切入后两手平行转动手柄即可，但是要时常反转一下（目的是断屑），并应加润滑液。

第八节　刮　　削

用刮刀在工件需要加工的表面上刮去一层很薄的金属，这种工作称为刮削。刮削是机床装配、修理工作中保证精度和质量的一种重要的加工方法。

一、刮削的特点

刮削用的工具简单，不受工件形状和位置以及设备条件的限制，具有切削量小、切削力小、产生热量少、装夹变形小等特点，能获得很高的尺寸精度、形位精度、接触精度、传动精度以及较低的表面粗糙度值。此外，还能形成比较均匀的微浅坑，创造良好的存油条件，减小滑动表面之间的摩擦阻力。另外，在精密机械、仪器和测量工具的外露表面进行刮花修饰，可以起到装饰和防锈的效果。

刮削的主要功能是改善工作表面自身的形状精度。刮削的尺寸公差等级可达IT6~IT5，表面粗糙度 R_a 值可达0.8~0.4 μm。刮削余量通常为0.05~0.4 mm。刮削的劳动强度大，操作技术要求高，生产率低。

二、刮削工具

1. 刮削标准用具

刮削标准用具也称研具，如图 10—48 所示，用于检验刮削质量、鉴定表面的接触精度。常用的标准用具有以下几种：

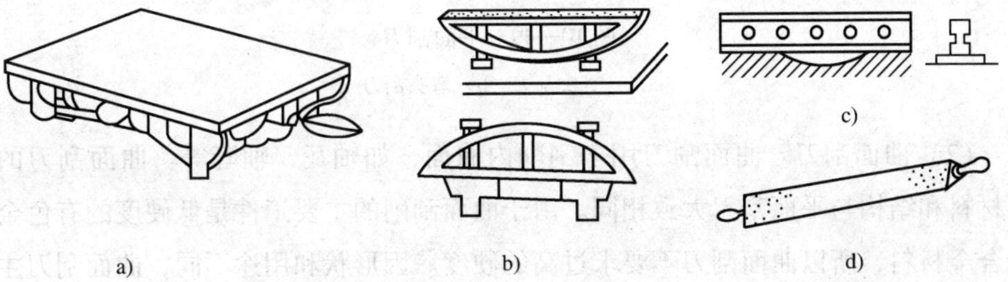

图 10—48　刮削标准用具

a）标准平板　b）、c）标准直尺　d）标准角度直尺

（1）标准平板。它具有较高的精度，用于检验较宽的刮削表面。检验时所选用的平板应大于刮削的表面。

（2）标准直尺。用于检验狭长平面的直线度，如检验平导轨直线度所用的桥式直尺等。

（3）标准角度直尺。用于检验工件角度，如检验燕尾槽的角度。

（4）检验棒。可用来检验圆孔的内表面，但一般多用与所刮孔相配合的轴替代。

2. 刮刀

刮刀是刮削工作中的重要工具。刀头部分常用 T10A、T12A 和 GCr15 钢制成。刀头部分具有足够的硬度，刃口经过刃磨和研磨后应该锋利，用钝后可在油石上仔细修磨。

刮刀可分为平面刮刀和曲面刮刀两种。平面刮刀用于刮削平面，可分为粗刮刀、细刮刀和精刮刀三种；曲面刮刀用来刮削曲面，可以有多种形状，常用的是三角刮刀。

（1）平面刮刀。平面刮刀用来刮削平面或刮出花纹状的切痕（即刮花）。平面刮刀按所刮表面的精度分为粗刮刀、细刮刀和精刮刀三种，按其形状又可分为直头刮刀和弯头刮刀两种（见图 10—49）。平面刮刀都由刀头、刀体和木柄组成。刀头为切削部分，刀体一般多用弹簧钢锻造成长 450 ~ 600 mm、截面为矩形（宽 20 ~

30 mm，厚 2 ~4 mm）的长条形。其尾部锻制成如同锉刀一样的舌尾状，以便安装木柄。刀头用气焊焊接在刀体端头。

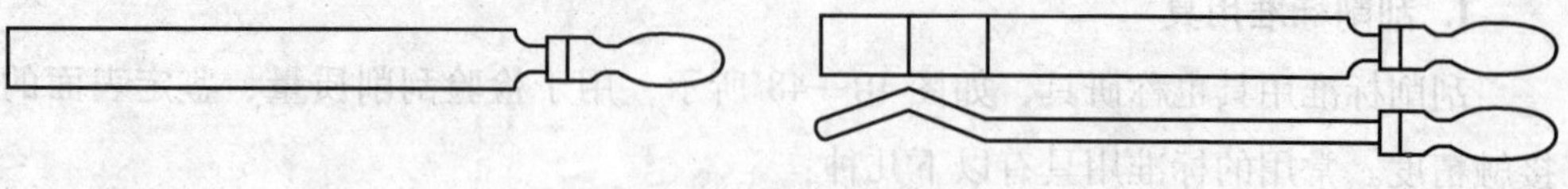

a)　　　　　　b)

图 10—49　平面刮刀

a）直头刮刀　b）弯头刮刀

（2）曲面刮刀。曲面刮刀用于刮削内曲面，如轴瓦、轴套等。曲面刮刀的制造材料和结构与平面刮刀大致相同。由于曲面刮削的主要工件是低硬度的有色金属及合金材料，所以曲面刮刀不要求过高的硬度。因形状和用途不同，曲面刮刀主要有三角刮刀和蛇头刮刀两种，如图 10—50 所示。

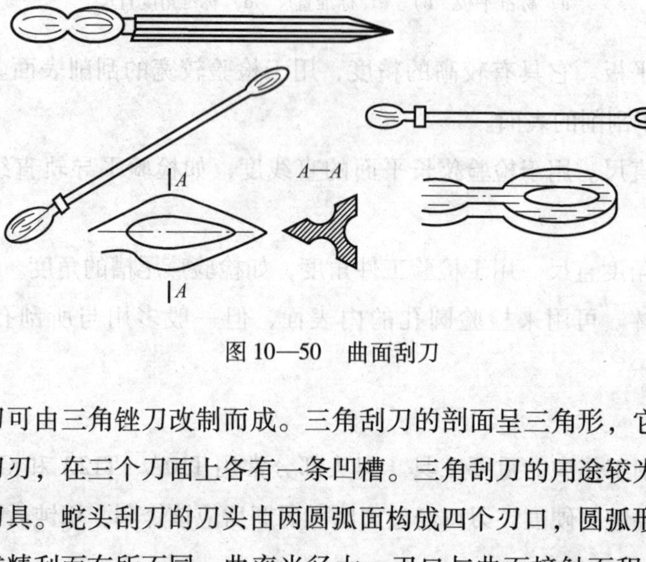

图 10—50　曲面刮刀

三角刮刀可由三角锉刀改制而成。三角刮刀的剖面呈三角形，它的三条尖棱就是三个弧形刀刃，在三个刀面上各有一条凹槽。三角刮刀的用途较为广泛，是刮削曲面的主要刀具。蛇头刮刀的刀头由两圆弧面构成四个刃口，圆弧形刃口的曲率半径可依粗刮或精刮而有所不同。曲率半径大，刃口与曲面接触面积大，生产率高，适用于粗刮；曲率半径小，易于准确地刮削高点，且刮削得深，凹坑便于存油，适用于精刮。

3. 显示剂

（1）常用的显示剂

1）红丹粉。红丹粉分为铁丹（紫红色）和铅丹（橘黄色）两种，用机油调和而成。它具有点子显示清晰、无反光、价格低廉的特点，多用于钢、铸铁类工件的刮研。

2）蓝油。由普鲁士蓝颜料与蓖麻油混合而成。它所显示的点子更明显，多用于精密件和有色金属的精刮。

（2）显示剂的涂抹方法

1）显示剂涂在研具上。这种方法在对研点子后，刮削面上的高点处变成黑红色；低处不着色，呈灰白色，有闪点，较炫目。铲刮时，切屑不易粘在刮刀的刃口上，且节约显示剂，多用于粗刮。

2）显示剂涂于工件表面上。研点子后，工件显示为黑红底，暗亮点，没有闪光，易于辨认。但铲刮时切屑易黏在刮刀的刃口上，且每次研点都得将残存的显示剂擦干净，重新涂抹。

无论哪种方法，涂抹显示剂时必须均匀，并随刮削精度的提高而逐渐减薄涂抹的厚度，并要注意保持显示剂和对研表面的清洁，不能混进砂粒、铁屑和其他污物，以免划伤工件表面。

三、刮削操作

1. 刮削方法及步骤

按被刮削表面形状，刮削分为平面刮削和曲面刮削。这两种刮削都又可以分为粗刮（见图10—51）、细刮、精刮和刮花。其中，刮花可以获得美观的表面和良好的润滑。有外观要求的表面，通常在精刮后再做刮花。常见的刮削花形如图10—52所示。

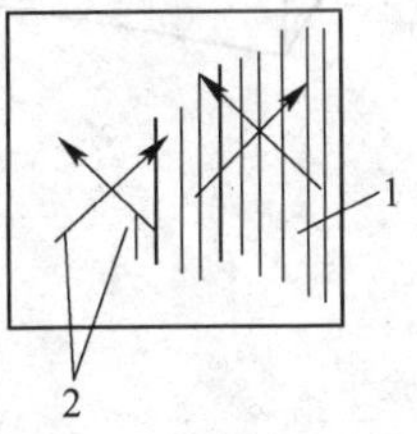

图10—51　粗刮

1—机械加工刀痕　2—刮削方向

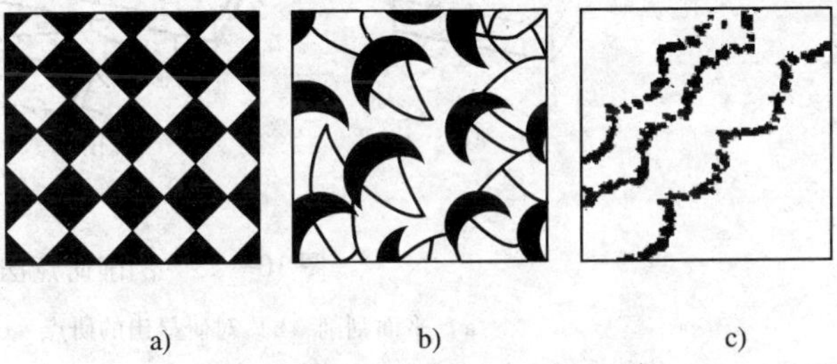

图10—52　常见的刮削花形

a）针纹花　b）鱼鳞花　c）半月花

刮削时，先将研具或需要刮削的表面擦干净，并均匀地涂抹上显示剂，然后将它们贴合在一起，加一定的压力相互对研，刮削面上的凸起处的显示剂就被部分磨去，被刮削表面上最凸起处被磨成亮点，次凸起和凹处显示的颜色也有所不同，这就为操作者指明了需要刮削的点和刮削的余量。这种方法叫着研点子（也称为显点），如图 10—52b 所示。

经过反复对研、显点和刮削，可使工件表面上显示点数增多，并逐渐均匀分布。此过程中工件表面的形状误差也逐渐减小，表面粗糙度 R_a 值逐渐降低。

刮削一般由钳工手持刮刀进行，有平面刮削（见图 10—53a）和曲面刮削两种方法。刮削步骤为：

（1）粗刮。用粗刮刀在刮削平面上均匀地铲去一层金属，以很快除去刀痕、锈斑和过多的余量。当工件表面研刮点为 25 mm×25 mm 内 4～6 点，并且留有一定细刮余量时停止。

（2）细刮。用细刮刀在经粗刮的表面上刮去稀疏的大块高研点，进一步改善不平现象。细刮时要朝一个方向刮，第二遍刮削时要用 45°或 65°的交叉刮网纹。当平均研刮点为 25 mm×25 mm 内 10～14 点时停止。

（3）精刮。用小刮刀或带圆弧的精刮刀进行刮削，使刮研点达 25 mm×25 mm 内 20～25 点。精刮时常用点刮法（刀痕长约 5 mm），且落刀要轻，起刀要快。

（4）刮花。刮花的目的主要是美观和积存润滑油。常见的花纹有针纹花、鱼鳞花和半月花等。

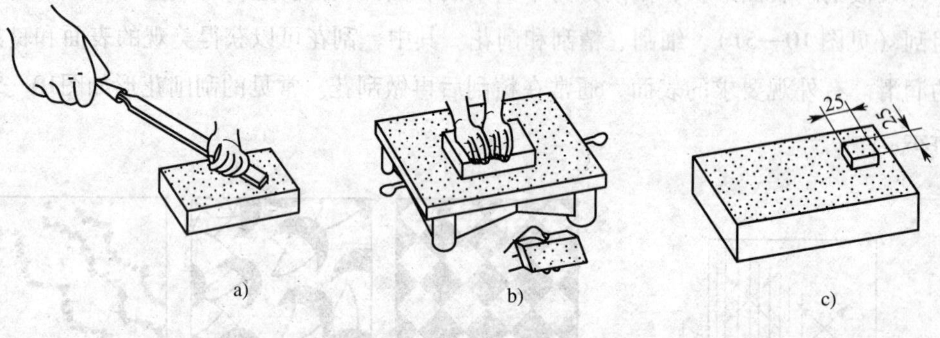

图 10—53　刮削研点法

a）平面刮削　b）对研显出的研点　c）质量检验

2. 平面刮削

目前采用的刮削姿势有手刮法和挺刮法两种。

（1）手刮法。右手握刀柄，左手四指向下握住近刮刀头部约 50 mm 处，刮刀与被刮削表面成 25°～30°角。同时，左脚前跨一步，上身随着往前倾斜，使刮刀向前推进，左手下压，落刀要轻。当推进到所需要位置时，左手迅速提起，完成一个手刮动作。

（2）挺刮法。将刮刀柄放在小腹右下侧，双手并拢握在刮刀前部距刀刃约

80 mm处，左手下压，利用腿部和臀部的力量使刮刀向前推进，在推动到位的瞬间，同时用双手将刮刀提起，完成一次刮点。

3. 曲面刮削

内曲面刮削时，以标准心轴或与曲面相配合的工件（轴）作为内曲面研点的标准工具。研点时，通常将显示剂涂在与内孔相对研的轴上，显点方法与平面刮削相同。

刮削曲面时，刮刀在内曲面作螺旋运动。刮削前，右手握住刮刀刀柄，左手掌心向下用四指横握刀体，拇指抵着刀体。刮削时右手作半圆转动，左手辅助右手使刮刀除作圆周运动外，还要使刀刃顺着曲面作轴向拉动或推动，这样刮刀在作螺旋运动时就能把点子刮掉（见图 10—54）。若刮刀的刀体较长，可将刀体搁在右手臂上，双手握住刀体。刮削用力不可太大，否则易产生振动。刀痕要交叉排列。第一遍可作推动刮削，第二遍应作拉动刮削，这样可防止产生波纹。

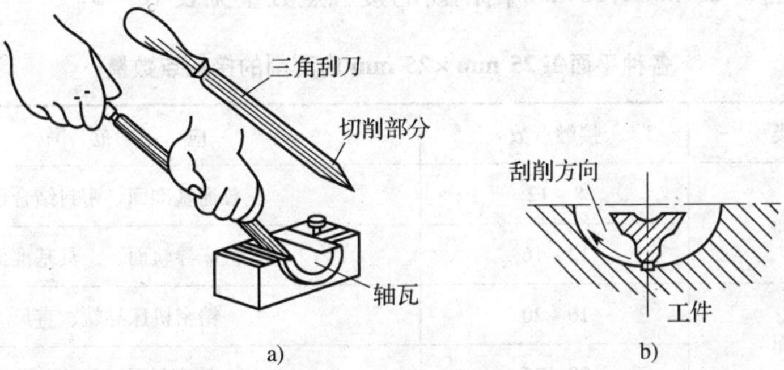

图 10—54 刮削曲面

当刮削件是剖开式轴瓦的内曲面时，先要测量轴瓦的侧隙和顶部间隙。测量轴瓦两侧隙时用塞尺，塞尺塞入深度为 10 ~ 15 mm。测量轴瓦顶部间隙时用压铅法，压铅法是将直径为 1. 5 ~ 2 mm、长 30 ~ 50 mm 的软铅丝顺着轴线放于轴颈上的三个不同位置，并在下轴瓦的结合面上也放入软铅丝，扣上轴瓦盖，并均匀地紧固螺栓。然后拆掉瓦盖，用千分尺测量软铅丝厚度，即可求出轴瓦间隙：

轴瓦顶部间隙 = 轴颈铅丝平均值 - 轴瓦结合面铅丝平均值

四、刮削表面的质量和精度检验

检验刮削表面的质量，通常用 25 mm × 25 mm 面积内均匀分布的显示点数来衡量，点数越多，说明精度越高。一般的连接面要求有 5 ~ 8 点；一般的导轨面要求有 8 ~ 16 点；平板、平尺等检具的表面和滑动配合的精密导轨面，要求有 16 ~ 25

点；某些高精度测量工具的表面要求有25~30点。在刮削后的外露表面上，有时再薄薄地刮一层整齐的鱼鳞状花纹或斜花纹以改善外观。在精刨、精铣或磨削后的精密滑动面上，刮一层月牙花纹或链状花纹，可以改善工作时的润滑条件，提高耐磨性。

五、刮削要求

刮削表面粗糙度要求为 R_a0. 8 μm 时，用涂色法检查每25 mm×25 mm 接触点数量应为16~25个。

刮削表面粗糙度要求为 R_a1. 6 μm 时，用涂色法检查每25 mm×25 mm 接触点数量应为10~16个。

刮削表面粗糙度要求为 R_a3. 2 μm 时，用涂色法检查每25 mm×25 mm 接触点数量应为8~10个。

各种平面每25 mm×25 mm 内刮研的接触点数量见表10—3。

表10—3　各种平面每25 mm×25 mm 内刮削的接触点数量

平面种类	接触点数	应用范围
普通平面	8~12	普通基准面、密封结合面
	12~16	机床导轨面、工具基准面
精密平面	16~20	精密机床导轨、直尺
	20~25	精密量具、1级平板
超精密平面	>25	0级平板、高精度机床导轨面

六、刮削安全注意事项

（1）刮削前要清除工件上的锐边锐角，以免伤人。刮削到工件的边缘时，不可用力过大，以免站立失稳，发生事故。

（2）不用无柄刮刀。刮刀每次用完后要放置平稳，防止掉下。三角刮刀要有刀套，妥善保管，不准挪作他用。

（3）挺刮时，工件要有合适的高度。若操作者需踏在垫板上刮削，必须将踏板和工件安放平稳，预防跌倒受伤或工件翻落伤人。刮下的切屑要用专门的用具清除。

第九节　研　　磨

研磨是一种常用的光整加工和精密加工的方法。研磨时用研具（其硬度应低于工件材料的硬度，最常用的材料为铸铁）和研磨剂，从已有良好预加工基础（精镗或精磨，表面粗糙度 R_a 值达 0.8 μm 以下）的工件表面上，磨去一层极薄（0.01 ~ 0.1 μm）的金属。工件经研磨后，表面粗糙度值可以达到 R_a0.4 ~ 0.05 μm。

研磨是通过介于工件与硬质研具间磨料或研磨液的流动，在工件和研磨剂之间产生机械摩擦或机械化学作用来去除微小加工余量的。研磨有手工操作和机械操作两种。

一、研磨加工的特点

（1）研磨加工不仅具有磨粒切削金属的机械加工作用，同时还有化学方面的作用。磨料混合液或研磨膏会使工件表面形成氧化层，使之易于被磨料切除，因而加速了研磨过程的进行。

（2）研磨时，研具和工件的相对运动是比较复杂的，每一磨粒不会在工件表面上重复自己的运动轨迹，这样就有可能均匀地切除工件表面上的微观不平。

（3）研磨表面的加工质量取决于所选磨料的种类与磨粒的尺寸大小，以及所采用的切削速度、进给量和运动轨迹。研磨过程中，工件与研具的接触位置的随机性，以及手工研磨时通过控制研磨位置和研磨时间，都能有效地提高加工质量。

二、研具

研具的形状应该与被研磨表面一样。如平面研磨，研具为一块平块；研磨内孔，则研具就是一根研磨心棒。研具的材料硬度一般都要比被研磨工件材料略微低一点，但也不能太低，否则磨料会全部嵌进研具的材料中，从而降低或失去研磨的作用。灰铸铁是常用的研具材料，铸铁研具适用于各种材料的工件的精研加工，能保证较好的研磨质量和较高的生产率，且研具制造容易，成本也较低。有时也可用低碳钢或铜、青铜、巴氏合金、塑料及硬木等制作研具。

软金属做的研具，比铸铁研具容易嵌入较大的磨料，因此它们适用于切除较大余量的粗研加工。

三、研磨剂

研磨剂（研磨膏）是由磨料和研磨液（油脂）及辅料配制调和而成的一种混合剂。

1. 磨料

磨料在研磨中起切削作用。磨料可以涂敷在研具上，也可以镶嵌在研具上。常用的磨料有以下几种：

（1）刚玉类磨料（Al_2O_3）。用于碳素工具钢、合金工具钢、高速钢和铸铁等工件的研磨。

（2）碳化硅磨料（SiC）。用于研磨硬质合金、陶瓷等高硬度工件，也可用于研磨钢件。

（3）金刚石磨料。金刚石粉及碳化硼（B_4C）的硬度高，研磨效果好，但价格比较贵。氧化铬（Cr_2O_3）和氧化铁（Fe_2O_3）主要用于表面粗糙度值要求小的表面研磨加工。

2. 研磨液

它在研磨中起的作用是调和磨料、冷却和润滑，而且在研磨过程中还起化学作用，以加速研磨过程。目前可以作为研磨液的油脂主要有煤油、工业用甘油、熟猪油、变压器油、凡士林油、锭子油、葵花子油等。

四、几种研磨方法

按被研磨表面的形状，研磨分为平面研磨（见图 10—55a）、外圆表面研磨（见图 10—55b、c）和内孔表面研磨（见图 10—55d）等。根据生产类型，单件和小批量的平面研磨通常用手工的方式进行。手工研磨时一般采用直线、螺旋形、8 字形等几种研磨运动。内、外回转表面的研磨通常在车床上以手工进行（见图 10—55b、c、d）。大批量生产及螺纹和齿轮齿形的研磨，应在研磨机或简单的专用设备上进行。生产中还常常采用工件相互对研的方法来获得高精度和低的表面粗糙度值，典型实例为高精度等级平板、平尺的对研。

五、研磨的检验工具

检验工具的用途是：一是用来与刮削表面磨合，检查接触点的多少和疏密程度，并显示研磨平面的平面度，提供研磨依据；二是用来检验研磨表面最终的精度与准确性。

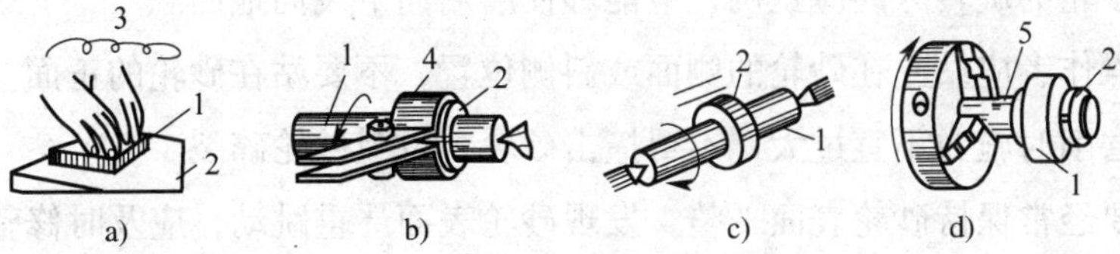

图 10—55　研磨方法

a）手工研磨平面　b）手工研磨外圆　c）车床研磨外圆　d）车床研磨内孔

1—工件　2—研具　3—运动轨迹　4—夹箍　5—锥形心轴

平面研磨的检验工具有校准平板、校正尺和角度直尺三种。通常是将研磨用的研具、检验工具作为一套工具同时制造出来的，并选出其中的一件作为研具使用，另一件就作为检验工具使用。

第十节　钳工操作安全知识

一、安全用电制度

为杜绝移动电器、手持式电动工具（手电钻、冲击钻、手动砂轮机、无齿锯、电焊机、手持电刨等）的违规使用和不当使用，安装人不按有关要求接线、安装临时电线，需要制定临时电线、电器、移动电器使用审批制度。

（1）移动电器设备应设专人保管，健全出借管理制度，并建立定期检修制度。

（2）移动电器设备一定要配备合格的漏电保护器，并进行漏电试验。金属外壳应有可靠的保护性接地或接零，绝缘软线应做到两端接线牢固。

（3）每次使用前必须经过外观和电器检查，保证绝缘强度始终保持在合格状态。

（4）使用手持电动工具必须穿绝缘鞋、戴绝缘手套。如在潮湿或金属板上操作，还应站在绝缘垫或干燥的木板上。

二、砂轮机的安全使用

（1）新砂轮安装时一定要做好平衡工作，装好后必须先试转 3 ~ 4 min，检查砂轮转动是否平稳，有无振动和其他不良现象。砂轮机启动后，应先观察运转情况，待转速正常后才可以进行磨削。磨削工件时，操作者要戴好防护眼镜。

（2）砂轮的旋转方向应正确，应能够使磨屑向下飞向地面。

（3）操作者应站立在砂轮的侧面或斜侧位置，不要站在砂轮的正面。

（4）磨削时施力不宜过大，不得撞击砂轮，以免砂轮碎裂。

（5）要经常保持砂轮表面平整，发现砂轮表面严重跳动，应及时修整。

（6）砂轮机的托架与砂轮间的距离一般应保持在 3 mm 以内，以免发生磨削的工件掉入而使砂轮破裂。

（7）应定期检查砂轮有无裂纹，两端螺母是否锁紧。

三、钻床的安全使用

（1）钻孔时工件一定要装夹牢固。一旦工件飞脱，不要用手去抓工件，必须先停车。

（2）严禁戴手套操作。女性操作者必须将长发放入工作帽内，以防卷绕而造成人身事故。

（3）钻床使用前必须先空转试车，待机床各机构都正常工作后才可操作。

（4）钻通孔时，要使钻头对准工作台面上的让刀孔，或在工件下面垫上垫铁，以免钻坏工作台面。

（5）必须在停车后进行变速、换挡，以防损坏变速箱中的齿轮。

（6）在使用过程中，要及时清理切屑，使工作台面保持清洁。下班时必须将机床外露滑动面及工作台面擦净，并对各滑动面及各注油孔加注润滑油。

四、起重设备的安全使用

（1）起重用的吊车、绳索和吊钩等，必须定期做安全检查，平时要有专人管理。

（2）起吊时，要认真检查吊装情况，不准超重、超速。运输时要认真观察周围的情况。

第十一节　装配工艺概述

从原材料进厂到机器在工厂制成为止，需要经过铸造、锻造毛坯，在金工车间将毛坯制成零件（用车、铣、刨、磨、钳等加工方法，改变毛坯的形状、尺寸）。

装配就是在装配车间，按照一定的精度、标准和技术要求，将若干已加工好的零件和配件，按一定的顺序、相互关系和技术要求连接到一起，成为一部完整的机器（或产品）。最后，再经过调整、试验合格，涂上防锈油、装箱，整个装配工作就算完成。

装配可以分为组件装配、部件装配和总装配。

（1）组件装配。将若干个零件安装在一个基础零件上。

（2）部件装配。将若干个零件、组件安装在另一个基础零件上。

（3）总装配。将若干个零件、组件、部件安装在另一个较大、较重的基础零件上构成产品。

机器的装配工作一般包括装配、调整、检验、试车等。它不仅是制造机器所必需的最后阶段，也是对机器的设计意图、零件的加工质量和机器的装配质量的总检验。

一、装配常用工具

除了钳工操作常用的一般工具之外，装配中常用的工具还有（见图 10—56）轴承拉出器、拔销器、压力机、铜棒、锤子（铁锤、铜锤）、旋具（一字、十字）、扳手（呆扳手、梅花扳手、套筒扳手、活扳手、测力扳手）、钢丝钳和塞尺等。

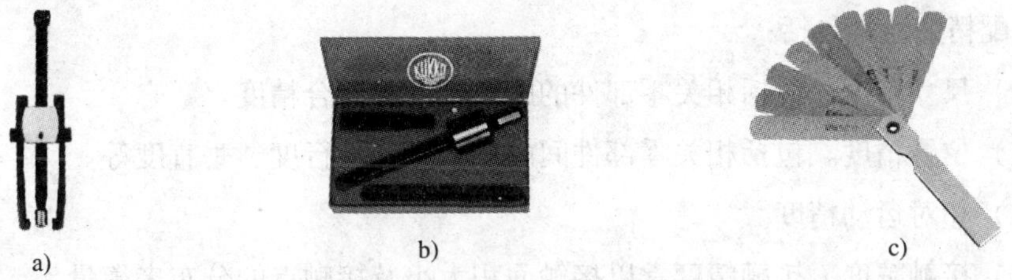

a) b) c)

图 10—56 装配用的部分工具

a）拉出器 b）拔销器 c）塞尺

二、机器装配的概念

为了保证有效地进行装配工作，通常将机器划分为若干能进行独立装配的部分，分别是零件、套件、组件和部件，统称为装配单元。零件是组成机器的最小单元，它是由整块金属或其他材料制成的。套件是在每一个基准零件上装上一个或若干个零件构成的，它是最小的装配单元。组件是在一个基准件上，装上若干零件和套件构成的，如图 10—57a 所示。部件是在一个基准零件上，装上若干组件、套件和零件构成的，如图 10—57b 所示。例如，机床主轴箱中的主轴，在基准零件轴上装上齿轮、套、垫片、键及轴承的组合件称为组件。部件在机器中能完成一定的、完整的功用。例如，车床的主轴箱装配就是部件装配。

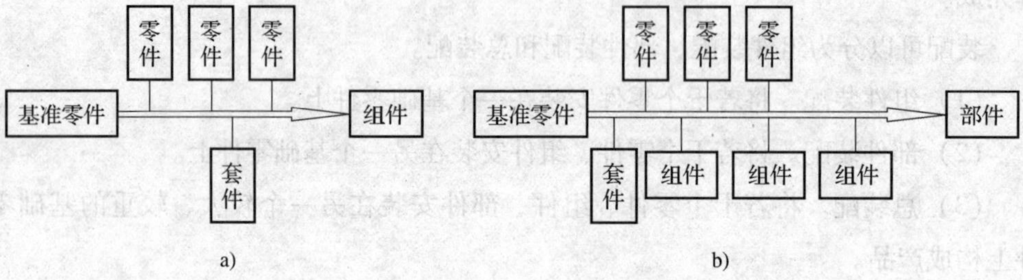

图 10—57　组件和部件的装配过程
a）组件的装配过程　b）部件的装配过程

在一个基准零件上，装上若干部件、组件、套件和零件就成为整个机器。把零件和部件装配成最终产品的过程，称为总装。例如，卧式车床就是以床身为基准零件，装上主轴箱、进给箱、溜板箱等部件及其他组件、套件、零件所组成。

三、装配精度

1. 装配精度的含义

装配精度通常包括：

（1）尺寸精度。包括相关零部件的距离精度和配合精度。

（2）位置精度。包括相关零部件间的同轴度、平行度、垂直度等。

（3）相对运动精度。

（4）接触精度。接触精度常以接触面积大小及接触点的分布来衡量。

2. 装配精度与零件精度的关系

各种机器或部件，都是许多零件有条件地装配在一起的。各个相关零件的误差累积起来，就反映到装配精度上。因此，机器的装配精度受零件特别是关键零件的加工精度影响很大。为了合理地确定零件的加工精度，必须对零件精度和装配精度的关系进行综合分析，而进行综合分析的有效手段就是建立和分析产品的装配尺寸链。

3. 不同生产类型的装配工艺

机器装配根据生产批量大致可分为三种类型：大批量生产、成批生产和单件小批生产。生产类型与装配工作的组织形式、装配工艺方法、工艺过程、工艺装备、手工操作要求等方面的联系见表10—4。

表10—4　　各种生产类型装配工作的特点

生产类型		大批量生产	成批生产	单件小批生产
基本特性		产品固定，生产活动长期重复，生产周期一般较短	产品在系列化范围内变动，分批交替投产或多品种同时投产，生产活动在一定时期内重复	产品经常变换，不定期重复生产，生产周期一般较长
装配工作特点	组织形式	多采用流水装配线：有连续移动、间歇移动及可变节奏等移动方式，还可采用自动装配机或自动装配线	笨重、批量不大的产品多采用固定流水装配，批量较大时采用流水装配，多品种平行投产时采用多品种可变节奏流水装配	多采用固定装配或固定式流水装配进行总装，同时对批量较大的部件也可采用流水装配
	装配工艺方法	按互换法装配，允许有少量简单的调整，精密偶件成对供应或分组供应装配，无任何修配工作	主要采用互换法，但灵活运用其他保证装配精度的装配工艺方法，如调整法、修配法及合并法，以节约加工费用	以修配法及调整法为主，互换件比例较少
	工艺过程	工艺过程划分很细，力求达到高度的均衡性	工艺过程的划分须适合于批量的大小，尽量使生产均衡	一般不制定详细的工艺文件，工序可适当调度，工艺也可灵活掌握
	工艺装备	专业化程度高，宜采用专用高效工艺装备，易于实现机械化、自动化	通用设备较多，但也采用一定数量的专用工、夹、量具，以保证装配质量和提高工效	一般为通用设备及通用工、夹、量具
	手工操作要求	手工操作比重小，熟练程度容易提高，便于培养新工人	手工操作比重较大，技术水平要求较高	手工操作比重大，要求工人有高的技术水平和多方面工艺知识
应用实例		汽车、拖拉机、内燃机、滚动轴承、手表、缝纫机、电气开关	机床、机车车辆、中小型锅炉、矿山采掘机械	重型机床、重型机器、汽轮机、大型内燃机、大型锅炉

第十二节　装配方法

装配方法直接影响装配尺寸链的解法、装配工作组织、零件加工精度、产品的成本。常用的装配方法有完全互换装配法、选择装配法、修配法和调节法。

一、完全互换法

完全互换法，就是在装配时对参加装配的零件直接按其加工所得的尺寸进行装配，不经过任何选择、修配或调节都能达到装配精度的要求。为此，就应按极值法解装配尺寸链来确定各组成环（或零件有关尺寸）的公差和上、下偏差。此外，当在大批量（或批量较大）的生产条件下，采用了概率法解装配尺寸链确定出各组成环（或零件有关尺寸）的公差和上、下偏差，此时假定加工出的各零件尺寸的分布符合正态分布，各环的尺寸分散中心与各自的公差带中点重合，各环的公差值又包容其尺寸分散范围，封闭环的平均尺寸等于增环的平均尺寸之和减去减环的平均尺寸之和，这样加工出的零件也能满足完全互换的要求。

在设计装配体时，常遇到有外购件或标准件，它们的尺寸和偏差都是已知的（例如，滚动轴承的外径、内径和宽度的尺寸及偏差都已由轴承厂决定了），因此，在装配尺寸链计算中，只要确定好它们是增环或减环，然后把它们已知的尺寸代入尺寸链中应有的位置进行计算即可。如果遇到并联尺寸链，它们的公共环在计算第一个尺寸链时是未知量，在计算第二个尺寸链时就应按已知量进行处理。

采用完全互换法进行装配，使装配过程简单，生产率高，易实现流水装配作业，便于组织协作生产，便于维修中更换零件；但当装配精度要求较高、装配体中组成环数较多时，就会使零件尺寸公差过小，造成加工困难。对于这种情况，就要考虑采用其他装配方法。

二、选择装配法

选择装配法是将尺寸链中组成环的公差放大到经济可行的程度，然后选择合适的零件进行装配，以保证规定的装配精度要求。实际生产中还可分成各种不同情况。

（1）直接选配。从配对的零件群中，选择两个符合规定要求的零件进行装配。这种方法劳动量大，与工人的技术水平和测量方法有关。

（2）分组互换。将装配的零件按实际尺寸预先进行分组，同一组号的零件便可按互换的原则装配。这是生产中常用的方法，分组越多，则所获得的装配质量越高。

（3）分组选配。分组后再成对选配零件，可比分组互换法获得更高的装配质量。

（4）分组选配后研配。对特别精密的装配（如圆柱面或圆锥面的配合要求密封性)，在进行分组选配后，往往还采用装配接触表面相互研磨的方法，以保证密合。

三、修配法

修配法是用钳工或机械加工的方法修整产品某个有关零件的尺寸，以获得规定装配精度的方法。这样产品中其他有关零件就可以按照经济加工精度进行制造。这种方法常用于产品结构比较复杂（或尺寸链环数较多)、产品精度要求高，以及单件和小批量生产等情况。

用修配法进行装配，装配工艺复杂，劳动量大。产品装配以后，先要检验产品的装配精度，如果不合格，就要拆开产品，对某一零件进行修整，然后重新装配，再进行检验，直到满足规定的精度为止。

修配法作为解尺寸链的一种方法，就是修配尺寸链中某一预定组成环的尺寸，使封闭环达到规定的精度。通常所选择的修配件，应是容易进行修配加工并且对其他尺寸链没有影响的零件。

计算尺寸链决定修配环的实际尺寸时，要使修配时有足够的而且是最小的修配量。修配环在修配时对封闭环尺寸变化的影响不外乎两种情况，即使封闭环尺寸变小或者变大。

修配法有三种方式，即独件修配法、合并加工修配法和就地加工修配法。

(1) 独件修配法就是选定某一固定零件为修配件，在装配时进行修配以保证装配精度。例如，车床尾架的底板的修配是为保证前后顶尖的等高度，又如平键的修配是为保证其与键槽的配合间隙。

(2) 合并加工修配法是将数个零件预先装配在一起进行加工修配，此组成尺寸为一个组成环。用这种方法可以减少组成环数，并相应地减少了修配工作量。

(3) 就地加工修配法是在机床总装时常用的自己加工自己以达到总装精度的方法。对于某些装配精度要求很高的产品或部件，由于严格控制各组成零件的公差较难，且不易选择一个适当的修配件，为此，在装配时采用专门的加工工序，可直接抵消装配后产生的累积误差以保证装配精度，这种方法又称综合抵消法。

修配法的主要优点是既可放宽组成环的制造公差，又能保证装配精度。其缺点是增加了一道修配工序，对工人的技术要求较高。

四、调节法

对于精度要求高且组成环数又较多的产品和部件，在不能用互换法进行装配时，除了用分组互换和修配法外，还可用调节法来保证装配精度。调节法的特点也是按经济加工精度确定零件的公差，由于每一个组成环的公差取得较大，就必然会使装配部件超差。为了保证装配精度，可改变一个零件的位置（动调节法），或选定一个（或几个）适当尺寸的调节件（也称补偿件）加入尺寸链（固定调节法），来补偿这种影响。

可动调节法是通过移动或旋转来改变零件的位置，可较方便地达到装配精度。

固定调整法（见图 10—58）是在尺寸链中选定一个或加入一个零件作为调节环。作为调节环的零件是按一定尺寸间隙级别制成的一组专门零件，根据装配时的需要，选用其中的某一级别的零件来作为补偿，从而保证所需要的装配精度。通常使用的调节件有垫圈、垫片、轴套等。

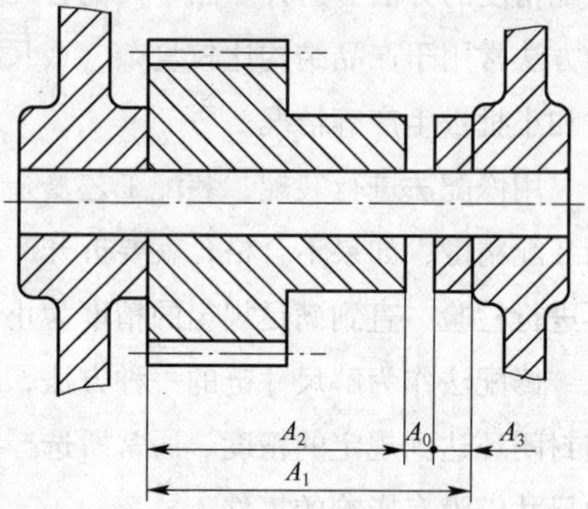

图 10—58 固定调整法

最后需要说明的是：利用尺寸链分析计算装配精度仅考虑了零件尺寸和公差的影响，实际上，零件的几何形状和表面间的位置误差也会影响封闭环。不过零件的形状误差一般都在规定的公差范围以内，可以不予考虑。至于表面位置误差，除零件图上特别标明者外，一般也可忽略不计。

此外，在分析计算中没有考虑由于结构的刚度不足所引起的弹性变形、温度变形以及使用过程中零件的磨损。在实际计算时，应根据实际情况予以适当的考虑。

第十三节 装配尺寸链

一、装配尺寸链的特点

在机器的装配关系中，由相关零件的尺寸或相互位置关系所组成的尺寸链，称为装配尺寸链。装配尺寸链的封闭环就是装配所要保证的装配精度或技术要求。装配精度（封闭环）是零部件装配后最后形成的尺寸或位置关系。在装配关系中，对装配精度有直接影响的零部件的尺寸和位置关系，都是装配尺寸链的组成环。如所有的尺寸链一样，装配尺寸链的组成环也分为增环和减环，而且基本原理也是一样的，但是也有不同的特点：

(1) 装配尺寸链的封闭环，一定是整机或部件的某一项装配精度，因此，装配尺寸链的封闭环是十分明显的。

(2) 由于装配精度只有在机器装配以后才能加以测量，因此，封闭环只有在装配完成以后才能出现。

(3) 装配尺寸链的各个组成环不应该是只在一个零件上的尺寸，而应该是与几个零件或部件的尺寸相关联的。

(4) 装配尺寸链在空间上、方向上的形式多种多样。

二、装配尺寸链的建立

正确地建立与分析装配尺寸链非常重要，如果建立与分析错了，那就一切都错。因此，要特别注意以下几点：

(1) 组成尺寸链的尺寸，一定是密切相关、相互制约的一组尺寸。不相关的尺寸不属于尺寸链的组成部分。

(2) 正确地确定封闭环。在尺寸链中，封闭环是最后形成的或者是间接保证的尺寸，而且只有一个。封闭环一定要判断准确，否则计算出的结果将是错误的。建立装配尺寸链就要正确地确定封闭环，并根据封闭环的要求查明各个组成环。

为了正确地确定封闭环，必须深入了解该产品的使用要求和技术指标，弄明白各个部件和各个零件的作用。为此，要仔细地分析产品或部件的结构，了解各个零件之间连接的具体情况。

如图 10—59 所示，由轴、齿轮和挡圈三个零件组成了一个装配单元。挡圈是最后装上去的零件，我们希望挡圈能顺利地装进去，装配以后齿轮又不要出现很大的轴向晃动。因此，就可以把挡圈与齿轮端面之间的间隙作为装配后的封闭环，并记为 A_Σ。组成环分别是 A_1、A_2 和 A_3，其中 A_1 是增环，A_2 和 A_3 是减环。

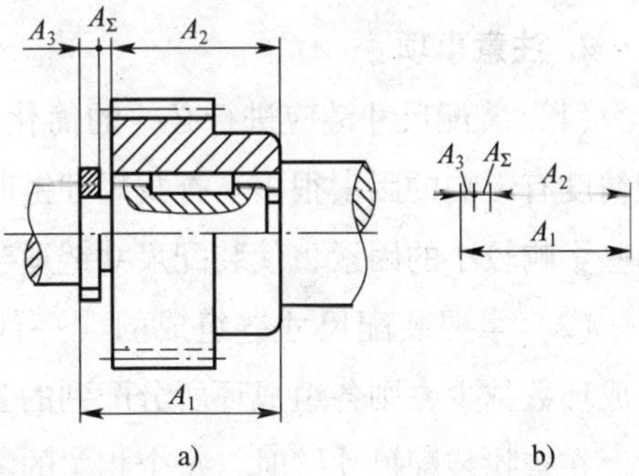

图 10—59　装配尺寸链

装配尺寸链往往比较复杂。在同一个装配结构中，装配精度的要求往往同时会有几个，这就需要我们在不同的方向分别去查找。在查找过程中要坚持最少环节数的原则，也就是最短路线的原则，并且在保证产品精度的前提下，装配尺寸链的组成环可以适当加以简化。

（3）准确判断增环、减环。根据增、减环对封闭环的影响，可以采用标箭头的方法来判断，特别是当尺寸链的环数较多时，这样判断既方便又不容易出错。其方法是：在封闭环上方任给一个方向标出箭头，然后沿箭头指定的方向，由封闭环的一端顺序地在各组成环上方标出箭头，直到与封闭环另一端封闭为止。凡是箭头方向与封闭环所标的箭头方向相同的组成环为减环，相反则为增环。准确地确定增、减环很重要，否则会得到错误的结果。

另外，在画尺寸链图时，应先确定出封闭环，然后由其一端画起，顺序画下去，直到封闭环另一端封闭为止。

三、装配尺寸链的查找

1. 查找方法

首先根据装配精度要求确定封闭环。再取封闭环两端的任意一个零件作为起点，沿装配精度要求的位置方向，以装配基准面为查找的线索，分别找出影响装配精度要求的相关零件（组成环），直至找到同一基准零件，甚至是同一基准表面为止。

装配尺寸链也可从封闭环的一端开始，依次查找相关零部件，直至封闭环的另一端；也可以从共同的基准面或零件开始，分别查找到封闭环的两端。

所有相关零件上，直接连接两个装配基准面间的位置尺寸或位置关系，便是装配尺寸链的全部组成环。

2. 注意事项

（1）装配尺寸链应进行必要的简化。机械产品的结构通常都比较复杂，对装配精度有影响的因素很多。查找尺寸链时，在保证装配精度的前提下，可以不考虑那些影响较小的因素，使装配尺寸链适当简化。

（2）掌握装配尺寸链组成的“一件一环”原则。在装配精度既定的条件下，组成环数越少，则各组成环所分配到的公差值就越大，零件加工越容易、越经济。

在查找装配尺寸链时，每个相关的零部件只应有一个尺寸作为组成环列入装配尺寸链，即将连接两个装配基准面间的位置尺寸直接标注在零件图上。这样组成环的数目就等于有关零部件的数目，即“一件一环”，这就是装配尺寸链的最短路线

(环数最少) 原则。

(3) 注意装配尺寸链的"方向性"。在同一装配结构中，在不同位置方向都有装配精度的要求时，应按不同方向分别建立装配尺寸链。

四、装配尺寸链的计算

装配尺寸链的计算可分为正向计算和反向计算。正向计算用于对已设计的图样进行校核验算，即已知各个组成环的数据，求解封闭环的数据；反向计算主要用于产品设计过程之中，通常是给定了封闭环的数据，然后要求分配并计算各个组成环的数据。

实际生产中，解尺寸链的方法主要是极值法（尤其在尺寸链环数较少的情况下)。极值法又称为极大值极小值解法。这种解法是从最不利的情况出发，即各增环皆为最大值而各减环皆为最小值，或者各增环都是最小值而各减环都是最大值的情况，来计算封闭环的。

第十四节　装配工艺规程的制定

装配工艺规程是否合理，对保证装配质量、提高装配生产效率、缩短装配周期、减轻工人劳动强度、缩小装配占地面积、降低生产成本等都有重要的影响。

装配工艺规程的主要内容是：

(1) 分析产品样图，划分装配单元，确定装配方法。

(2) 拟定装配顺序，划分装配工序。

(3) 计算装配时间定额。

(4) 确定各工序装配技术要求、质量检查方法和检查工具。

(5) 选择和设计装配过程中所需的工具、夹具和专用设备。

一、基本原则及原始资料

1. 基本原则

(1) 保证产品装配质量，力求提高质量，以延长产品的使用寿命。

(2) 合理安排装配顺序和工序，尽量减少钳工手工劳动量，缩短装配周期，提高装配效率。

（3）尽量减少装配占地面积，提高单位面积的生产率。

（4）尽量减少装配工作所占的成本。

2. 原始资料

（1）产品的装配图及验收技术标准。

（2）产品的生产纲领。

（3）生产条件。

二、过程与步骤

（1）研究产品的装配图及验收技术条件。

（2）确定装配方法与组织形式。

（3）划分装配单元，确定装配顺序。

（4）划分装配工序。装配工艺过程是由站、工序、工步和操作等一系列的步骤组成的。

（5）确定工序的时间定额。它是按装配工作标准时间来确定的。装配工作的时间定额包括基本时间及辅助时间，即工序时间、工作地点服务时间（即工人必须的间歇时间），一般按工序时间的百分数来计算。

三、装配元件系统图

在装配工艺规程设计中，划分装配工序常采用绘制装配元件系统图。装配元件系统图是用图解法说明产品零件和合件的装配程序，以及各装配单元的组成零件。在设计装配车间时，可以根据它来组织装配单元的平行装配，并可合理地按照装配顺序布置工作地点，将装配过程的运输工作量减至最少。

第十一章 电工学基础知识

第一节 电路基本概念

所谓电路，就是由电源、开关和负载等电气元件以及导线相互连接而组成，并有电流流过的回路。最常见的电气元件有电阻、电容、电感、二极管、三极管等。

电路回路处于连通的状态叫做通路。只有通路时电路中才有电流通过。电路某一处断开，叫做断路或者开路。电路某一部分的两端直接接通，使这部分的电压差变成零，叫做短路。

按电路中电流性质的不同，电路可以分为直流电路和交流电路两类。电流的大小和方向不随时间变化的叫做直流电，电流（或电压、电动势）的大小和方向随着时间作周期性交替变化的称为交流电。

把其他形式的能量转换成电能的装置叫做电源。把电能转换成其他形式的能量的装置叫做负载。能提供各种信号的电子设备叫做信号源。电动势是反映电源把其他形式的能转换成电能的本领的物理量。

一、直流电路

直流电路主要由电源、电阻和导线等组成。如果电阻有多个，它们之间的连接可以是串联的，也可以是并联的，或者是串、并联混合的。

1. 串联电路

如图 11—1a 所示，串联电路是指将所有用电器逐个、顺次连接在电路的两点间而组成的电路。电路的电流依次通过每一个组成元件。串联电路的基本特征是只有一条支路。

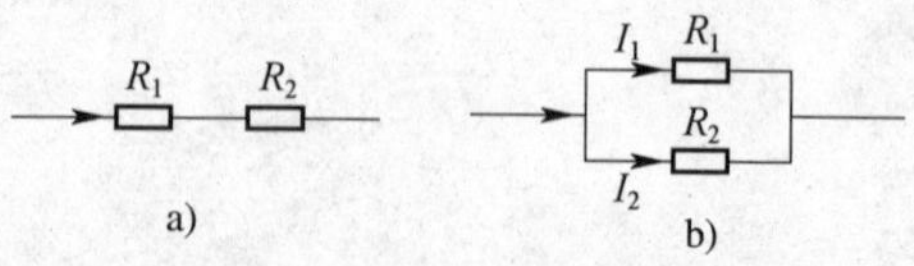

图 11—1　串联电路和并联电路

a）串联电路　b）并联电路

串联电路有如下特点：

（1）各负荷中的电流都相等，即为总电流。

（2）总电压等于各个负荷上的分电压相加，即有 $U = U_1 + U_2 + \cdots + U_n$。

（3）总电阻等于各个负荷上的分电阻相加，即有 $R = R_1 + R_2 + \cdots + R_n$。

2. 并联电路

如图 11—1b 所示，并联电路是指将所有用电器的一端连在一起，另一端也连在一起，再连入电路的两点间而组成的电路。当电路中有 n 个用电器并联时，电流就有 n 条路径。

并联电路的特点是：

（1）各支路两端之间的电压相同，即有 $U = U_1 = U_2 = \cdots = U_n$。

（2）总电流等于各支路分电流相加，即有 $I = I_1 + I_2 + \cdots + I_n$。

（3）总电阻小于任何一个支路的分电阻。

3. 直流电路中的主要物理量

直流电路中的主要物理量是电流、电压和电阻。

（1）电流 I。电流可以用电流表测量。测量的时候，应该把电流表串联在电路中。电流的单位是安（A），也常用毫安（mA）或者微安（μA）作为单位。

$$1\ \text{A} = 1\,000\ \text{mA} \qquad 1\ \text{mA} = 1\,000\ \mu\text{A}$$

（2）电压 U。在电路中，电压常用 U 表示。电压可以用电压表测量。测量的时候，应该把电压表并联在电路上。电压的单位是伏（V），也常用毫伏（mV）或者微伏（μV）作为单位。

$$1\ \text{V} = 1\,000\ \text{mV} \qquad 1\ \text{mV} = 1\,000\ \mu\text{V}$$

（3）电阻 R。电路中对电流通过有阻碍作用，并且造成能量消耗的部分叫做电阻。电阻常用 R 表示。电阻可以用万用表欧姆挡测量。如果电阻在电路中，要把电阻的一头引脚断开后再测量。电阻的单位是欧（Ω），也常用千欧（kΩ）或者兆欧（MΩ）作为单位。

$$1\ k\Omega = 1\ 000\ \Omega \qquad 1\ M\Omega = 1\ 000\ 000\ \Omega$$

4. 欧姆定律

导体中的电流 I 和导体两端的电压 U 成正比，和导体的电阻 R 成反比，即 $I = U/R$ 。这个规律叫做欧姆定律。如果知道电压、电流、电阻三个量中的两个，就可以根据欧姆定律求出第三个量，即：

$$I = U/R \qquad R = U/I \qquad U = IR$$

在交流电路中，欧姆定律同样成立，但电阻 R 应该改成阻抗 Z，即：

$$I = U/Z$$

二、交流电路

电流的大小和方向随时间变化的叫做交流电。最常用的是按正弦形式变化的交流电。正弦交流电三要素为最大（幅）值、频率和初相位。

交流电路中的常用物理量：

（1）周期 T。交流电完成一次完整的变化所需要的时间叫做周期，常用 T 表示。周期的单位是秒（s），也常用毫秒（ms）或微秒（μs）作为单位。1 s = 1 000 ms = 1 000 000 μs。

（2）频率 f。交流电在单位时间内（通常为 1 s），完成周期性变化的次数叫做频率，常用 f 表示。频率的单位是赫（Hz），也常用千赫（kHz）或兆赫（MHz）作为单位。1 kHz = 1 000 Hz，1 MHz = 1 000 000 Hz。

交流电的频率 f 是周期 T 的倒数，即：

$$f = 1/T$$

有时也会用到角频率 ω 的概念，角频率 ω 表示交流电在单位时间内（1 s），转过了多少个 2π 弧度，即：

$$\omega = 2\pi f = 2\pi/T$$

（3）最大（幅）值。是表示正弦交流电电流（或电压）强度和大小的量。

（4）电容 C。电容是衡量导体储存电荷能力的物理量。在两个相互绝缘的导体上，加上一定的电压，它们就会储存一定的电量。其中一个导体储存着正电荷，另一个导体储存着大小相等的负电荷。加上的电压越大，储存的电量就越多。储存的电量和加上的电压是成正比的，它们的比值叫做电容。如果电压用 U 表示，电量用 Q 表示，电容用 C 表示，则：

$$C = Q/U$$

电容的单位是法（F），也常用微法（μF）或者皮法（pF）作为单位。

$$1\ \text{F}=10^6\ \mu\text{F}\qquad 1\ \text{F}=10^{12}\ \text{pF}$$

电容可以用电容测试仪测量，也可以用万用表欧姆挡粗略估测。

电容器分为电解电容、陶瓷电容、塑料（麦拉）电容等。

（5）容抗 X_C。交流电是能够通过电容的，但是电容对交流电仍然有阻碍作用。电容对交流电的阻碍作用叫做容抗。电容量越大，交流电越容易通过电容，说明电容量大，电容的阻碍作用小。交流电的频率越高，交流电也越容易通过电容，说明频率高，电容的阻碍作用也小。实验证明，容抗和电容成反比，和频率也成反比。如果用 X_C 表示容抗，C 表示电容，f 表示频率，则：

$$X_C = 1/(2\pi fC)$$

容抗的单位是欧姆（Ω）。知道了交流电的频率 f 和电容 C，就可以用上式把容抗计算出来。

（6）电感 L。电感是衡量线圈产生电磁感应能力的物理量。给一个线圈通入电流，线圈周围就会产生磁场，线圈就有磁通量通过。通入线圈的电流越大，磁场就越强，通过线圈的磁通量就越大。实验证明，通过线圈的磁通量和通入的电流是成正比的，它们的比值叫做自感系数，也叫做电感。如果通过线圈的磁通量用 ϕ 表示，用 I 表示电流，用 L 表示电感，则：

$$L = \phi/I$$

电感的单位是亨（H），也常用毫亨（mH）或微亨（μH）作为单位。

$$1\ \text{H}=1\,000\ \text{mH},\ 1\ \text{H}=1\,000\,000\ \mu\text{H}$$

（7）感抗。交流电可以通过线圈，但是线圈的电感对交流电有阻碍作用，这个阻碍叫做感抗。电感量越大，交流电越难通过线圈，说明电感量大，电感的阻碍作用大。交流电的频率越高，交流电也越难通过线圈，说明频率高，电感的阻碍作用也大。实验证明，感抗和电感成正比，和频率也成正比。如果感抗用 X_L 表示，电感用 L 表示，频率用 f 表示，则

$$X_L = 2\pi fL$$

感抗的单位也是欧姆（Ω）。知道了交流电的频率 f 和线圈的电感 L，就可以用上式把感抗计算出来。

（8）阻抗。在具有电阻、电感和电容的电路里，对交流电所起的总阻碍作用叫做阻抗。阻抗常用 Z 表示。阻抗由电阻、感抗和容抗三者组成，但不是三者简单相加。如果三者是串联的，又知道交流电的频率 f、电阻 R、电感 L 和电容 C，那么串联电路的阻抗可以表示为：

$$Z = R + X_L + X_C$$

对于电阻、电容、电感三者并联的电路，它们之间有关系：

$$\frac{1}{Z}=\frac{1}{X_{L}}+\frac{1}{X_{C}}+\frac{1}{R}$$

阻抗的单位是欧姆（Ω）。

对于一个具体电路，阻抗不是固定不变的，而是随着频率的变化而变化的。在电阻、电感和电容串联电路中，电路的阻抗一般来说比电阻大。电流的频率处在谐振频率的时候，电路的阻抗减小到最小值。在电感和电容并联电路中，谐振的时候阻抗增加到最大值，这和串联电路相反。

（9）相位。相位是反映交流电任意时刻所处状态的物理量。交流电的大小和方向是随时间变化的。例如，正弦交流电流，它的公式是：

$$i=I\sin(2\pi ft+\theta)$$

其中，i 表示的是交流电流的瞬时值，I 是交流电流的最大值，f 是交流电的频率，t 是时间，θ 是初始相位。

（10）相位差。两个频率相同的交流电相位的差叫做相位差，或者相差。两个频率相同的交流电，可以是两个交流电流，可以是两个交流电压，可以是两个交流电动势，也可以是这三种量中的任何两个。

如果电路是纯电阻，那么交流电压和电流的相位差等于零。也就是说，交流电压等于零的时候，交流电流也等于零，交流电压变到最大值的时候，交流电流也变到最大值。这种情况叫做同相位，或者同相。如果电路含有电感和电容，交流电压和交流电流的相位差一般是不等于零的，也就是说一般是不同相的，或者电压超前于电流，或者电流超前于电压。

三、三相交流电

三相交流电是由三相交流发电机发出的。发电机旋转时发出三个频率相同、振幅相同，但相位不同（每个相差120°）的交流电势，称为三相交流电（或称为三相电源），三相分别记为U、V、W。三相交流发电机和三相交流电动机的定子中都绕有三相绕组。

1. 三相绕组的三角形（△）接法和星形（Y）接法

（1）三角形（△）接法。三角形接法是将各相电源或负载依次首尾相连，并将每个相连的点引出，作为三相电的三个相线，如图11—2a所示。三角形接法没有中性点，也不可引出中性线，因此只有三相三线制。添加地线后，成为三相四线制。三角形接法的三相电，线电压等于相电压，而线电流等于相电流的1.732倍。

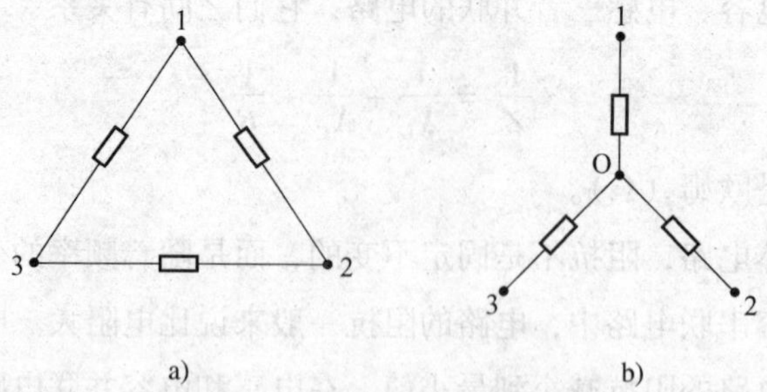

图 11—2　三相绕组的接法

a）三角形接法　b）星形接法

（2）星形（Y）接法。星形接法时，三相负载的三个首端单独引出，三个尾端连接成一点。引线为三条火线、一条零线，如图 11—2b 所示。在星形接线的电路里，线电压等于 1.732 倍相电压，而相电流和线电流则是相等的。

2. 三相电源和三相负载的连接

对于三相电源的一侧（通常指三相发电机或变压器）和用电的一侧（负载）来说，它们的接法可以是不同的。

电源一侧的三相绕组通常采用星形接法，三相的公共点称为中性点。中性点可以直接接地，也可以不接地。接地后再引出的那条主干线称为零线，不接地时就称为中线。每一相（火线）与其中性点（零线）都可以构成一个单相回路（220 V），为用户供电。而负载一侧的三相绕组，可以根据需要采用三角形接法，也可以采用星形接法。

零线（N）：对于采用星形接法的三相电源，如果中性点接地后，再从它那里引出的主干线称为零线。零线主要应用于工作回路，由于零线上会有电流流过，由此所产生的电压等于线阻乘以工作回路的电流。由于长距离的传输，零线上产生的电压就不可忽视，如果把零线作为保护人身安全的措施，就变得不可靠。

地线（PE）：是从变压器中性点接地后再引出的主干线。它不用于工作回路，只作为保护线。当电器有故障时当中才有电流流通，正常用电时一般没有电流，故其线径要比主干供电线细。

民用电的零线和地线虽然都从同一点引出，但它们各自的功能是分开的，不能混用。

在实际工作中，电工往往把零线叫做“工作地”，把地线叫做“保护地”。

通常低压供电网均采用三相四线制，其中三根是相线，中性点直接接地后再引出一根零线，并用不同颜色（黄、绿、红、黑）标记。

三相四线制供电的特点是可以给负载提供两种电压：一种是相电压，即火线与零线间的电压，电压是220 V，通常提供给家庭民用，其参考方向规定由相线指向零线；另一种是线电压，即相线与相线之间的电压，通常称为动力用电，电压为380 V。

三相四线制供电时如果要求有地线保护，那就要再增加一根地线。通常可以在室外埋设接地极，并用导线引入室内，形成三相五线供电。

3. 三相交流电路中的主要物理量

（1）电流（I）：单位为安培，简称安（A）。

（2）电压（U）：单位为伏特，简称伏（V）。家用电源一般是单相交流电，电压为220 V。工业用电源是三相交流电，电压为380 V。

（3）功率是单位时间内（1 s）的耗电量。

功率＝电流×电压，即 $P = UI$。

功率（P）的单位为瓦特，简称瓦（W）。

（4）耗电量＝功率×用电时间，即耗电量 $W = PT$。

三相电电器的总功率等于每相电压乘以每相电流再乘以3，即：

$$W = 3UI$$

耗电量的单位是千瓦·小时（kW·h），简称“度”。1度电是指1 000瓦功率的电器连续使用1小时所消耗的电量。

（5）视在功率、有功功率和无功功率。在交流电路中，关于用电器消耗的功率有三个概念：有功功率、无功功率、视在功率。

1）有功功率（以字母 P 表示）。交流电在通过纯电阻负载的时候，电能转化为热能、光能、机械能或化学能等，这部分消耗的功率称为有功功率。单位瓦（W）或千瓦（kW）。计算式为：

$$P = \sqrt{3}UI\cos\theta$$

2）无功功率（以字母 Q 表示）。交流电在通过纯容性（电容）或者纯感性（电感）负载的时候，需要一部分能量用来建立磁场，作为交换能量使用，而对外部电路来说并未做功。在电感性电路中，电流落后于电压，$\theta > 0$，Q 为正值；而在电容性电路中，电流超前于电压，$\theta < 0$，Q 为负值。

3）视在功率（以字母 S 表示）。在交流电路中，电压和电流的乘积就是所谓的视在功率，在数值上等于有功功率和无功功率的矢量和。单位为伏安（VA）或千伏安（kVA）。计算式为：

$$S = \sqrt{3}U * I$$

视在功率、有功功率和无功功率的几何关系称为功率三角形，如图 11—3 所示。图中：

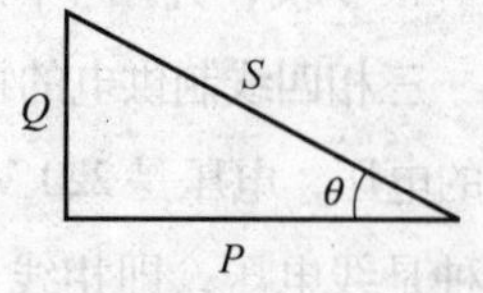

图 11—3 功率三角形

$$P = S\cos\theta$$

$$Q = S\sin\theta$$

$$S^2 = P^2 + Q^2$$

四、电路的基本定律

通常情况下，电路由电阻、电容、电感、二极管、三极管和开关等构成，并利用其通过的电流实现不同的功能。电路的功能各异，大小也可以相差很大，小到硅片上的集成电路，大到一台设备的电气控制线路或一个输电网。根据所处理信号的不同，电子电路可以分为模拟电路和数字电路。

模拟电路主要是对信号的电流和电压进行各种处理。最典型的模拟电路有放大电路、振荡电路、线性运算电路（加法、减法、乘法、除法、微分和积分电路）。

在数字电路中，信号的大小只表示有限的状态（例如有/无两种状态），通常采用布尔代数逻辑对信号进行处理。典型的数字电路有振荡器、寄存器、加法器、减法器等。

所有的电路都遵循下列基本电路定律：

（1）基尔霍夫电流定律。

（2）基尔霍夫电压定律。

（3）欧姆定律。

（4）诺顿定理。

（5）Thevenin 定理。

分析包含非线性器件的电路时，则需要一些更复杂的定律。目前，在实际电路设计中，可以通过计算机软件的模拟来完成电路分析。

第二节 变 压 器

变压器是一种静止状态的电器。用于把某一个电压的交流电，变换成为同频率的另一种电压的交流电。在电力系统中主要用法有两种：升压和降压。从发电厂出来的交流电，电压经升压变压器升压后，再输送到用户，可以减小线路损耗，提高送电的效率和经济性，达到远距离送电的目的。到了用户端则需要降压，以满足各级用户使用电压的需要。变压器除了在电力系统中作升压、降压和稳压用以外，还应用在需要特种电源的工矿企业中。例如，电解或化工企业用的整流变压器，焊接用的电焊变压器，试验用的试验变压器等。

变压器按冷却方式分类有干式（自冷）变压器、油浸（自冷）变压器、氟化物（蒸发冷却）变压器。

按防潮方式分类有开放式变压器、灌封式变压器、密封式变压器。

按铁心或线圈结构分类有芯式变压器（插片铁心、C 型铁心、铁氧体铁心）、壳式变压器、环型变压器和金属箔变压器。

按电源相数分类有单相变压器、三相变压器、多相变压器。

按用途分类有电源变压器、调压变压器、音频变压器、中频变压器、高频变压器、脉冲变压器。

一、变压器的工作原理

最简单的变压器是一个闭合的铁心，并在上面绕了匝数不同的两个线圈，如图 11—4 所示。其中一个线圈与电源相连接，称为原绕组（N_1）；另一个线圈与用户的负载相连接，称为副绕组（N_2）。

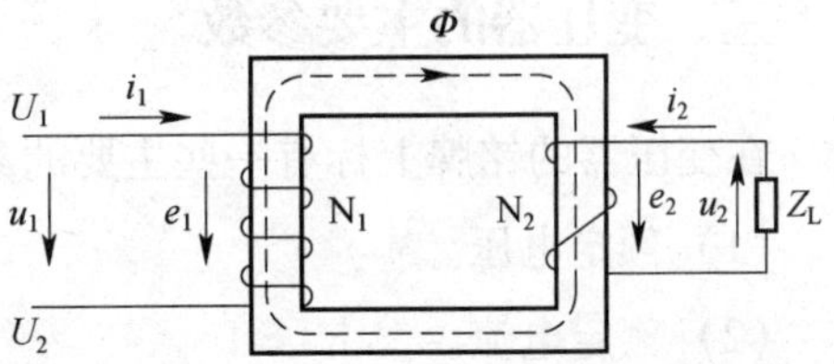

图 11—4　变压器的工作原理

变压器的原绕组接上交变电压以后，在原绕组中将产生交变电流，从而在铁心中产生交变的磁通，这个交变的磁通沿着铁心穿过一次线圈和二次线圈形成闭合的磁路，就会在副绕组中产生感应电压。原、副绕组之间电压和电流的关系是：

$$\frac{U_1}{U_2}=\frac{E_1}{E_2}=\frac{N_1}{N_2}$$

式中　U_1、U_2——原、副绕组的端电压，V；

E_1、E_2——原、副绕组中的感应电动势，V；

N_1、N_2——原、副绕组的匝数。

二、变压器的材料

1. 铁心材料

变压器使用的铁心材料主要有铁片、低硅片、高硅片。钢片中加入硅能降低钢片的导电性，增加电阻率，可减少涡流，使其损耗减少。通常称加了硅的钢片为硅钢片。变压器的质量与所用的硅钢片的质量有很大的关系。硅钢片的质量通常用磁通量密度 B 来表示，一般黑铁片的 B 值为 0.6 ~ 0.8 T，低硅片为 0.9 ~ 1.0 T，高硅片为 1.2 ~ 1.6 T。

2. 绕制材料

漆包线、纱包线、丝包线是最常用的绕制导线。对于导线的要求首先是导电性能要好，其次是绝缘漆层有足够的耐热性能，并且要有一定的耐腐蚀能力。一般情况下，最好用 Q2 型的高强度的聚酯漆包线。

3. 绝缘材料

在绕制变压器时，线圈框架层之间的隔离，绕组间的隔离，都要使用绝缘材料。一般的变压器框架可用酚醛层板制作，层间可用聚酯薄膜作隔离，绕组间可用黄蜡布作隔离。

4. 浸渍材料

变压器绕制好后，还要过最后一道工序浸渍绝缘漆，它能增强变压器的机械强度、提高绝缘性能、延长使用寿命。一般情况下，可采用甲酚清漆作为浸渍材料。

三、变压器的主要参数

在变压器的铭牌上标有一些主要的参数。它们是：

（1）额定电压。

（2）额定电流。

（3）额定容量。

（4）空载电流。

（5）空载损耗。

（6）短路损耗。

（7）阻抗电压。

（8）绕组连接图、相量图及连接组标号。

四、变压器的损耗

当变压器的初级绕组通电后，线圈所产生的磁通在铁心中流动。因为铁心本身也是导体，在垂直于磁力线的平面上就会产生感应电势，这个电势在铁心的断面上形成闭合回路，并产生电流，好像一个旋涡，所以称为“涡流”。这个“涡流”使变压器的损耗增加，并且使变压器的铁心发热，使整个变压器的温度升高。由

“涡流”所产生的损耗称为“铁损”。另外，绕制变压器使用大量的铜线，这些铜导线也存在着一定的电阻，电流流过时电阻也会消耗一定的功率，这部分损耗往往会变成热量，这种损耗称为“铜损”。所以变压器的温升主要是由铁损和铜损产生的。由于变压器存在着铁损与铜损，所以它的输出功率永远小于输入功率。此外，这两部分损耗全部转化为热量，使铁心和绕组发生绝缘老化，从而影响变压器的使用寿命。国标规定变压器绕组的绝缘采用A级绝缘，绕组的温升为65℃。为了保证变压器正常工作，功率比较大的变压器需要冷却，变压器的冷却方式有油浸自冷、油浸风冷和强油风冷等。

第三节 电动机

电动机也称为“马达”，是把电能转变为机械能的机器。电动机是机电设备和家用电器使用最广泛的动力源。电动机的种类和结构繁多。根据电动机工作电源的不同，可分为直流电动机和交流电动机两大类，而按其使用功能则可分为驱动电动机和控制电动机两大类。

一、直流电动机

用直流电来驱动的电动机称为直流电动机。直流电动机和其他电动机一样，由定子（以及机壳等）、转子（包括换向器和电刷、轴承、端盖等）和它们两者之间的空气隙三个主要的电磁部分组成，如图11—5所示。

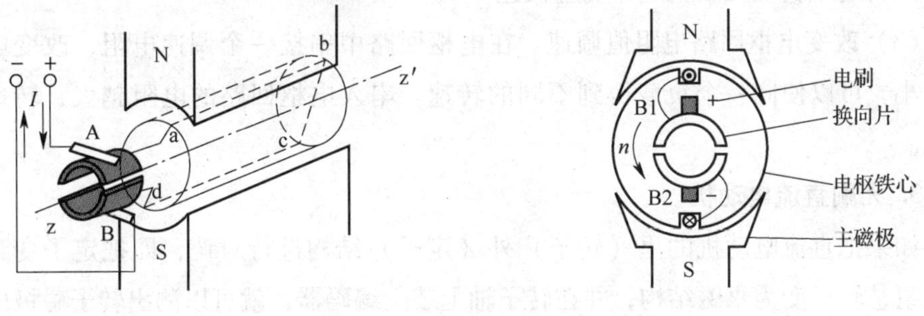

图11—5 直流电动机的工作原理

1. 直流电动机的工作原理

直流电动机的定子是一对磁极，转子（电枢）上绕着很多个线圈。转子处在定子的中间，转子上每一个线圈的首端和末端分别连着两个圆弧形的铜片，此铜片称为换向片。换向片之间互相绝缘，由换向片构成的整体称为换向器。换向器固定在转轴上，换向片与转轴之间也互相绝缘。在换向片上放置着一对固定不动的电刷B1和B2。电源通过电刷向线圈（这时线圈的平面正好和定子磁极的N—S方向一致）中输入直流电流，在电磁力的作用下，这个线圈就会旋转。在惯性的作用下，下一个线圈又转到了这个位置，从而使得电动机的转子能够连续不断地转动。

直流电动机的定子有永磁的和线圈（外加电流）励磁的两种。

直流电动机的最大缺点是需要使用换向器和电刷。电刷与换向器滑动接触，并为转子绕组提供电流。换向器和电刷容易磨损，使用寿命比较短，需要经常维护，限制了直流电动机的转速和功率。此外，电动机工作时，换向器和电刷之间产生的火花会对电气设备造成干扰。换向片一般采用银铜、镉铜等合金材料，再用高强度塑料模压成型。电刷一般采用金属石墨电刷或电化石墨电刷。转子的铁心采用硅钢片叠压而成，一般为12槽，内嵌12组电枢绕组，各绕组间串联后，再分别与12组换向片连接。

2. 直流电动机的调速与制动

直流电动机的转速调节主要有以下三种方法：

（1）改变励磁电流调速。改变励磁电流调速，实际上就是改变电动机主磁通实现调速。连续地改变磁通，可以实现无级平滑调速，但只能减弱磁通进行调速，简称弱磁调速。优点是所需电源容量比较小。这种调速方法的调速范围不是很大，往往和调压调速配合使用，在额定转速以上作小范围的调速。

（2）改变电枢电压调速。改变电枢电压主要是从额定电压往下降低电枢电压，从电动机额定转速向下变速，属恒转矩调速方法。这种方法可平滑调节端电压，平滑调节转速，实现无级调速，响应快速。

（3）改变电枢回路电阻值调速。在电枢回路中串接一个调速电阻，改变电阻的大小，可以使同一个负载得到不同的转速。串入电枢回路的电阻越大，转速就越低。

3. 无刷直流电动机

如果把直流电动机的里（转子）外（定子）结构进行对调，即把定子变为电枢绕组，转子变为永磁结构，并在转子轴上装上编码器，就可以测出转子磁极的位置，控制电子开关进行电子换向，这就构成了永磁无刷直流电动机。这种直流电动机具有良好的伺服性能。

由于无刷直流电动机是采用半导体开关器件来实现电子换向的，即用电子开关器件代替传统的接触式换向器和电刷，因此，它具有可靠性高、无换向火花、机械噪声低等优点，广泛应用于录像机、电子仪器及自动化办公设备中。

二、交流电动机

用交流电驱动的电动机叫交流电动机。交流电动机按结构及工作原理的不同可以分为同步电动机和异步电动机两类。同步电动机又可以分成永磁式、磁阻式和磁滞式同步电动机等。按电源的相数分，有单相交流电动机和三相交流电动机。

1. 交流同步电动机

交流同步电动机的定子绕组可以是三相的，也可以是单相的。它的转子也有励磁式和永磁式两种结构。定子绕组通电以后产生旋转磁场，并带动转子一起旋转。转子旋转速度与定子绕组所产生的旋转磁场的速度是一样的，所以称为同步电动机，如图 11—6 所示。同步电动机的电流在相位上是超前于电压的，即同步电动机是一个容性负载。因此，同步电动机可以用来改进供电系统的功率因数。同步电动机在结构上有四种：

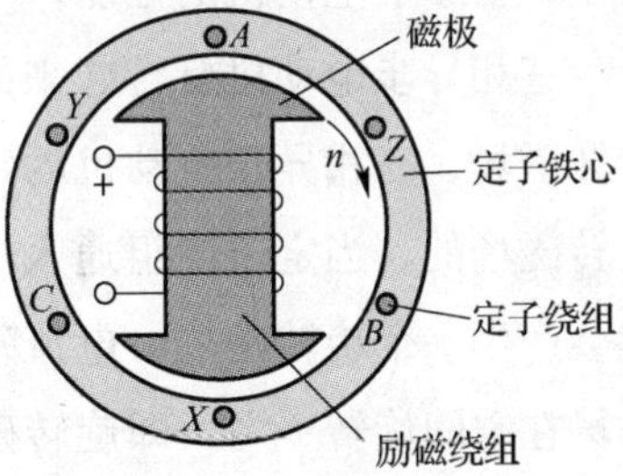

图 11—6　交流同步电动机

（1）励磁式。这种电动机的转子做成显极式的，励磁线圈绕在磁极铁心上面，并有引线连接到装在轴上的两只滑环上面。磁场线圈是由一只小型直流发电机或蓄电池来激励的。

（2）磁滞式。磁滞式同步电动机的转子是用高剩磁与高矫顽力的永磁材料制成的。它利用旋转磁场对转子材料的磁化作用，产生磁滞吸引力，从而带动转子旋转。

（3）磁阻式。磁阻式同步电动机也称反应式同步电动机，是利用转子交轴和直轴磁阻不等而产生磁阻转矩的同步电动机，其定子与异步电动机的定子结构类似，只是转子结构不同。

（4）永磁式。永磁式同步电动机的转子是用稀土永磁材料做成的，不需要励磁，因此结构简单，运行可靠。由于转子采用稀土磁性材料，电动机的体积只有直流电动机的一半，功率因数与异步电动机相比也要高很多。

同步电动机调速系统可分为他控变频和自控变频。和异步电动机调速系统一样，用独立的变频装置给同步电动机提供变压变频电源，称为他控变频调速系统；用电动机轴上所带的转子位置检测器来控制逆变器的换流，从而控制输出频率，称为自控变频调速系统。

2. 三相异步电动机

（1）工作原理。三相异步电动机的定子铁心槽中，嵌装着三相绕组（有单层链式、单层同心式和单层交叉式三种结构）。定子绕组接入三相交流电源后，绕组电流将产生旋转磁场，该磁场在转子导体中产生感应电流，转子在感应电流和气隙旋转磁场的相互作用下，就产生电磁转矩（即异步转矩），使电动机旋转。所以异步电动机以前又被称为感应电动机，如图 11—7 所示。

三相异步电动机的转子有两种：鼠笼式与绕线式。鼠笼式结构简单，工作可靠，使用维护方便。绕线式可以调节转速并改善启动性能。定子与转子之间的气隙大小，会影响电动机的性能，一般气隙厚度为 0.2～1.5 mm。

三相异步电动机旋转起来的先决条件是具有一个旋转磁场，三相异步电动机的定子绕组就是用来产生旋转磁场的。当定子绕组通入三相电源时，定子绕组就会产生一个旋转磁场，电流每变化一个周期，旋转磁场在空间旋转一周，即旋转磁场的旋转速度与电流的变化是同步的。控制交流电动机的转速有两种方法：改变磁极对数法和变频法。

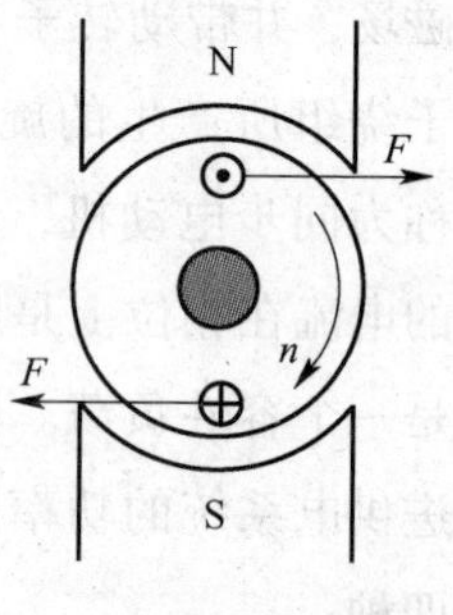

图 11—7　交流异步电动机的工作原理

（2）三相异步电动机的启动。三相异步电动机的启动方式有以下两种：

1）直接启动。电动机在额定电压下启动，称为直接启动。启动时转差率为 1，转子中感应电动势很大，转子电流也很大。直接启动的电流为额定电流的 5～7 倍。一般来说，额定功率在 7.5 kW 以下的小容量异步电动机可直接启动。直接启动控制线路所用电器包括组合开关、按钮、交流接触器、中间继电器、热继电器及熔断器。

2）异步电动机的降压启动。鼠笼式异步电动机 Y—△启动法是启动时电动机定子绕组先作 Y 联结，待电动机转速升高到额定转速且正常运行时，将定子绕组改换成△联结。启动时每相定子绕组所承受的电压降低到电源电压的 $1/\sqrt{3}$，启动线电流为△联结直接启动时线电流的 1/3，有效地限制了启动电流。但启动转矩也减小到△联结直接启动时启动转矩的 1/3。这种方法适用于笼型异步电动机定子绕组有 6 个出线端，额定运行时定子绕组为△联结的电动机，适用于空载或轻载启动的生产机械。

（3）三相异步电动机的制动。三相异步电动机有以下两种制动方式。

1）反接制动。反接制动是通过改变电动机电源的相序，使定子绕组产生相反方向的旋转磁场，因而产生制动转矩的一种制动方法。

2）能耗制动。能耗制动是电动机脱离三相交流电源后，给定子绕组加一直流电源，以产生静止磁场，阻止其旋转，达到制动的目的。

3. 单相异步电动机

采用单相交流电源的异步电动机称为单相异步电动机。在单相异步电动机的定子中，只有单相一组绕组，转子仍然是鼠笼式的（与三相电动机相同）。向单相异步电动机的定子绕组中通入单相交流电后，当电流在正半周及负半周不断交变时，其产生的磁场大小及方向也在不断变化（按正弦规律变化），但磁场的轴线则沿纵轴方向固定不动，这样的磁场称为脉动磁场。因此，可以把一台单相异步电动机，从原理上想象成为两台三相异步电动机合成在一起，但是这两台三相异步电动机的旋转磁场的旋转方向是相反的。

当转子静止不动时，转子导体中的合成感应电动势和电流为零，即正反两个转矩相等，合成转矩为零，因此转子没有启动转矩，不能自行启动。所以单相异步电动机必须采取一定的措施，才能自行启动。即先要用一个外力使转子转动一下，转子才能沿该方向继续转动下去。因单相电源无法产生旋转磁场，故一般单相异步电动机采用移相的方式（电容或阻尼）来产生旋转磁场。在旋转磁场的作用下，转子感应出电流并与旋转磁场相互作用产生旋转转矩，带动转子转动。因此，根据启动方式的不同，单相异步电动机可以分为电容分相式和罩极式两种。电容分相式电动机的转子为笼型转子，定子上放置有工作绕组 A 和启动绕组 B，这两个绕组在空间位置上相差 90°。启动绕组串接电容器 C 后与工作绕组并联接入电源。在同一单相电源作用下，选择适当的电容器容量，使工作绕组和启动绕组的电流在相位上相差 90°，这就是分相。电容分相式异步电动机通过改变电容 C 的串联位置，来实现单相异步电动机的反转。

三、伺服电动机

在数控机床之前，机床行业中大部分机床使用的电动机基本上都是交流异步电动机。电动机只提供运动和动力。机床主轴系统以及进给系统的变速，基本上都是由机械变速装置来实现的。随着自动控制技术的发展和广泛应用，尤其是数控机床出现以后，这种情况被改变了。因为机械的变速机构很难实现自动控制，所以在数控机床上，各种直流的或交流的伺服电动机得到广泛的应用。

伺服电动机又称执行电动机，是一种在自动控制装置中作为执行元件使用的微特电动机。其功能是将电信号转换成转轴的角位移或角速度。伺服电动机的主要特点是，当信号电压为零时无自转现象，转速随着转矩的增加而匀速下降。

数控机床常用的驱动电动机分类如图 11—8 所示。

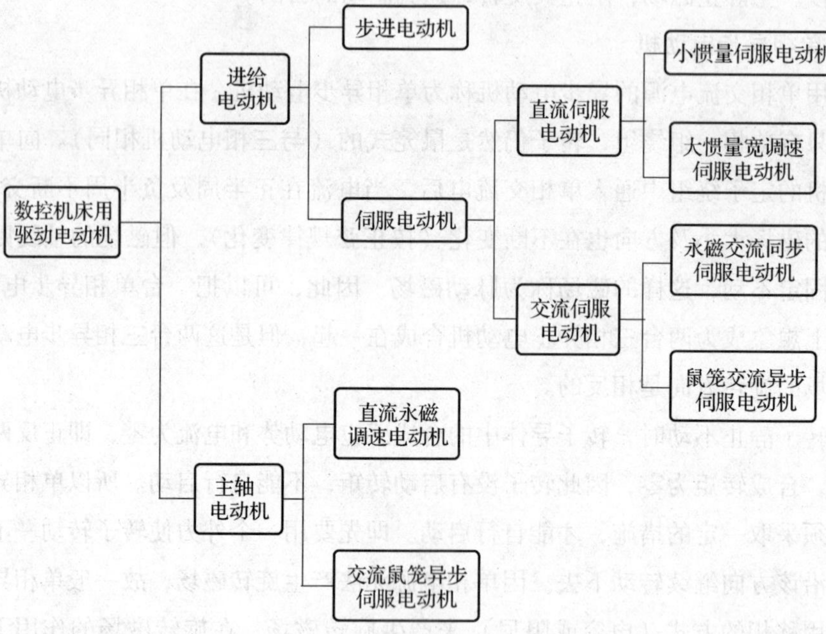

图 11—8　数控机床驱动用电动机

1. 直流伺服电动机

直流伺服电动机具有良好的线性调节及快速的时间响应特性。以直流伺服电动机作为驱动器件的直流伺服系统，控制电路比较简单，价格较低。其主要缺点是直流伺服电动机内部有机械换向装置，碳刷易磨损，维修工作量大，运行时易起火花，给电动机转速和功率的提高造成较大的阻碍。

直流伺服电动机的转子分为普通型和小惯量型两类。普通型转子永磁直流伺服电动机与小惯量型转子直流伺服电动机相比具有以下特点：

（1）低速时输出的转矩大，惯量比较大，能与机械传动系统直接相连，省去齿轮等传动机构，从而减小了机械振动和噪声，消除了齿隙误差。

（2）转子的热容量大，电动机的过载性能好，一般能加倍过载几十分钟。

（3）调速范围宽，当与高性能速度控制单元组成速度控制系统时，调速范围可达1:1 000以上。

（4）转子惯量比较大，为了满足快速响应的要求，需要加大电动机的加速转矩，为此需要加大电源容量。

(5) 转子温升高（电动机允许温升可达150~180℃），可通过转轴传到机械上去，这会影响精密机械的精度。

2. 交流伺服电动机

由于交流电动机有同步电动机和异步电动机两种，因此，交流伺服电动机也相应地有同步伺服电动机和异步伺服电动机两种。

(1) 交流同步伺服电动机。交流同步伺服电动机的定子装有三相对称的绕组，转子是永久磁极。当定子的绕组中通过某个频率的三相交流电后，定子中就会产生一个旋转磁场。这个旋转磁场的转速被称为同步转速。电动机的转速也就是磁场的转速。由于转子有磁极，所以这种电动机在极低的频率下也能旋转运行。因此，它比异步电动机的调速范围更宽。而与直流伺服电动机相比，它没有机械换向器，特别是它没有碳刷，完全排除了换向时产生火花对机械造成的磨损。交流同步伺服电动机还自带了一个旋转编码器，可以随时将电动机运行的情况“报告”给驱动器，驱动器又根据得到的“反馈信息”更精确地控制电动机的运行。

(2) 交流异步伺服电动机。交流异步伺服电动机有三相的和单相的两种。单相交流异步伺服电动机在定子上有两相空间互差90°电角度的绕组：励磁绕组和控制绕组。励磁绕组接一恒定交流电压，利用施加到控制绕组上的交流电压或相位的变化，就可以达到控制电动机运行的目的。交流异步伺服电动机具有运行稳定、可控性好、响应快速、灵敏度高以及机械特性和调节特性的非线性度指标严格（要求分别小于10%和小于15%）等特点。

交流伺服系统采用交流伺服电动机作为驱动器件，可以和直流伺服电动机一样构成高精度、高性能的半闭环或全闭环控制系统，由于交流伺服电动机是无刷结构，几乎不需维修，体积相对较小，有利于转速和功率的提高。目前交流伺服系统已在很大范围内取代了直流伺服系统。永磁交流伺服电动机同直流伺服电动机比较，主要优点有：

1）由于没有电刷和换向器，因此工作可靠，维护和保养简单方便。

2）定子绕组散热比较方便。

3）转子的惯量小，易于提高系统的快速性。

4）适用于高速大力矩工作状态。

5）相同功率下有较小的体积和质量。

四、步进电动机

步进电动机是一种将脉冲信号变换成相应的角位移（或线位移）的特殊电动

机。步进电动机的转子和定子表面做成齿状，如图 11—9 是四相的步进电动机，定子表面有 8 个齿，转子表面有 6 个齿，分别绕有绕组。步进电动机工作时，各相绕组依次通电（脉冲）。一般的电动机都是连续转动的，而步进电动机每给它一个脉冲信号，它才转过一定的角度（步进角）。因此，步进电动机的角位移量（即转角）和输入脉冲的个数严格成正比，而在时间上与输入脉冲同步。即当有脉冲输入时，步进电动机才一步一步地转动，因此，只要通过控制输入脉冲的数量、频率及电动机绕组通电的相序，便可获得所需的转角、转速及转动方向，达到准确定位或调速的目的。

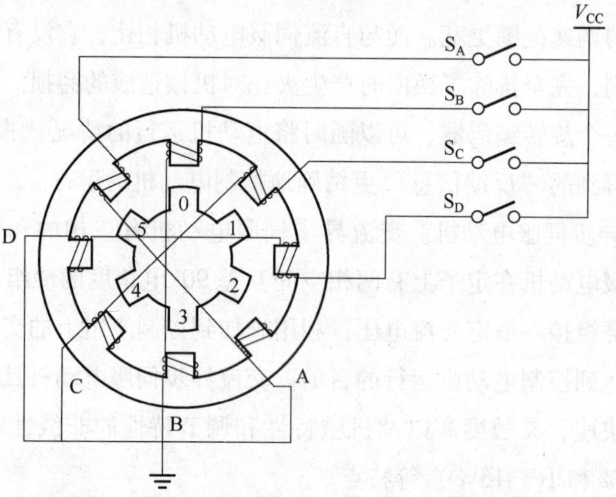

图 11—9　步进电动机的工作原理（四相）

步进电动机工作时有运转和定位两种基本的运行状态。步进电动机在通电状态下没有脉冲输入时，在绕组电源的激励下，气隙磁场能使转子和定子的磁极相互吸住，保持转子原有位置且处于定位状态。

步进电动机按其输出转矩的大小来分，可以分为快速步进电动机和功率步进电动机。快速步进电动机连续工作频率高而输出转矩较小，一般在 N · cm 级，可以作为控制小型精密机床的工作台（例如线切割机床），也可以和液压转矩放大器组成电液脉冲马达去驱动数控机床的工作台。功率步进电动机的输出转矩就比较大，是 N · m 级的，可以直接去驱动机床的移动部件。

步进电动机按其励磁相数可以分为三相、四相、五相、六相甚至八相。一般来说，随着相数的增加，在相同频率的情况下，每相导通电流的时间增加，各相平均电流会高些，电动机的转速—转矩特性会好些，步距角也小。但是随着相数的增加，电动机的尺寸就会增大，结构也复杂，因此，目前多用3～6相的步进电动机。由于步进电动机的转速随着输入脉冲频率变化而变化，调速范围很广，灵敏度高，输出转角能够控制，而且输出精度较高，又能实现同步控制，所以广泛地使用在开环系统中，也可用在一般通用机床上，以提高进给机构的自动化水平。

第四节　电工维修与安全用电知识

一、测电笔

测电笔是电工经常使用的工具之一，它能检查或判别低压线路和电气设备外壳是否带电。为便于携带，测电笔通常做成笔状。它的内部构造是一只有两个电极的灯泡，灯泡内充有氖气，俗称氖泡。它的前段接到笔尖（金属探头），内部依次装有安全电阻、氖管和弹簧，弹簧与笔尾的金属体相接触，如图11—10所示。当氖泡的两极间电压达到一定值时，两极间便产生辉光，辉光强弱与两极间电压成正比。测电笔中电阻的作用是限制流过人体的电流，以免发生危险。

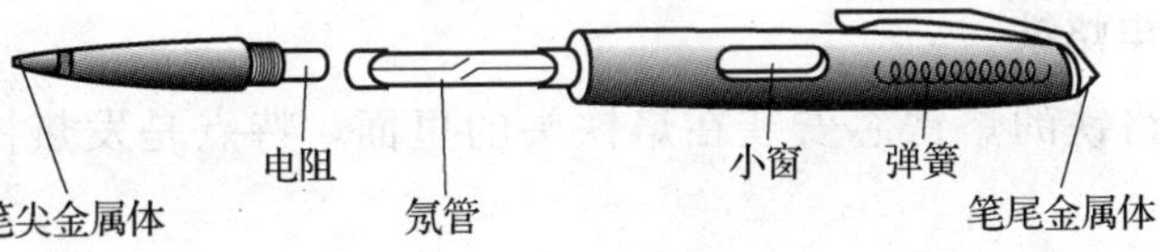

图11—10　测电笔

使用时，手应与笔尾的金属体相接触。测电笔的测量范围为60～500 V，严禁用测电笔去测量500 V以上的高压电。一般在带电体与大地间的电位差低于36 V时，氖泡不会发光。使用前，务必在正常电源上验证氖管能否正常发光，以确认测电笔验电可靠。由于氖管发光微弱，在明亮的光线下测试时，应当避光检测。

测电笔除了可以判断物体是否带电，还有以下几种用途：

（1）可以用来进行低压核相。测量线路中任何导线之间是否同相或异相。具体方法是：站在一个与大地绝缘的物体上，双手各执一支测电笔，然后在待测的两根导线上进行测试，如果两根测电笔发光很亮，则这两根导线为异相；反之，则为同相。它是利用测电笔中氖泡两极间电压差值与其发光强弱成正比的原理来进行判别的。

（2）可以用来判别交流电和直流电。在用测电笔进行测试时，如果测电笔氖泡中的两个极都发光，就是交流电；如果两个极中只有一个极发光，则是直流电。

（3）可以判断直流电的正、负极。将测电笔接在直流电路中测试，氖泡发亮的那一极就是负极，不发亮的一极是正极。

（4）可用来判断直流是否接地。在对地绝缘的直流系统中，可站在地上用测电笔接触直流系统中的正极或负极，如果测电笔氖泡不亮，则没有接地现象；如果氖泡发亮，则说明有接地现象。若其发亮在笔尖端，则说明为正极接地；若发亮在手指端，则为负极接地。但是必须指出的是，在带有接地监察继电器的直流系统中，不可采用此方法判断直流系统是否接地。

二、电器焊接工具

在电器的制作和维修过程中，焊接工作是必不可少的。它不但要求将元件固定在电路板上，而且要求焊点必须牢固、圆滑。所以焊接技术的好坏直接影响电器制作的成功与否。

1. 外热式电烙铁

外热式电烙铁的烙铁头安装在烙铁芯内，烙铁头的长短可以调整。烙铁头伸出越短，烙铁头的温度就越高。

2. 内热式电烙铁

内热式电路铁的烙铁芯安装在烙铁头的里面。特点是发热快，热效率高达85%以上。

一般来说，电烙铁的功率越大，发热量就越大，烙铁头的温度也就越高。头部的温度一般可达350～450℃。选择电烙铁的功率时，应由焊接点的大小决定。焊点的面积大，焊点的散热速度也快，选用的电烙铁功率也应该大些。焊接集成电路或印制线路板时，一般选用20 W内热式电烙铁。焊接CMOS集成电路时，一般用20 W内热式电烙铁，而且烙铁要有良好的接地线。也可以利用电烙铁断电后的余热快速焊接，禁止在电路通电的情况下焊接。焊接较粗导线或同轴电缆时，考虑选用50 W内热式或45～75 W外热式电烙铁。焊接较大元器件时，如金属底盘接地焊片，应选100 W以上的电烙铁。使用的电烙铁功率过大，容易烫坏元器件（一般二、三极管结点温度超过200℃时就会烧坏）或使印制导线从基板上脱落。使用的电烙铁功率太小，焊锡不能充分熔化，焊剂不能挥发出来，焊点不光滑、不牢固，易产生虚焊。焊接时间过长也会烧坏器件，一般单个焊点在1.5～4 s内完成。

3. 其他烙铁

其他形式的烙铁有以下几种：

（1）恒温电烙铁。恒温电烙铁的烙铁头内，装有磁铁式的温度控制器，来控制通电时间，实现恒温焊接。在焊接温度不宜过高、焊接时间不宜过长时，应选用恒温电烙铁，但它价格比较高。

（2）吸锡电烙铁。吸锡电烙铁是将活塞式吸锡器与电烙铁融为一体的拆焊工具，它具有使用方便、灵活、适用范围宽等特点。不足之处是每次只能对一个焊点进行拆焊。

（3）气焊烙铁。一种用液化气、甲烷等可燃气体燃烧来加热烙铁头的烙铁，适用于供电不便或无法供给交流电的场合。

4. 焊锡和焊剂

焊锡和焊剂应选用低熔点的焊锡丝和没有腐蚀性的助焊剂，比如松香，最好采用含有松香的焊锡丝，使用起来非常方便。不宜采用工业焊锡和有腐蚀性的酸性焊油。焊锡按含锡量和杂质成分的多少分为 S、A、B 三个等级。手工焊接常用丝状焊锡。

焊剂分助焊剂和阻焊剂两类。

（1）助焊剂。助焊剂一般可分为无机助焊剂、有机助焊剂和树脂助焊剂。助焊剂能溶解并去除金属表面的氧化物，并在焊接加热时包围金属的表面，使之和空气隔绝，防止金属在加热时氧化。此外，它还可以降低熔融焊锡的表面张力，有利于焊锡的湿润。

（2）阻焊剂。阻焊剂的作用是限制焊料只在需要的焊点上进行焊接，而把不需要焊接的印制电路板的板面部分覆盖起来，这样面板在焊接时受到的热冲击小，不易起泡，同时还能防止桥接、拉尖、短路、虚焊等情况出现。

使用焊剂时，必须根据被焊件的面积大小和表面状态适量施用，用量过小则影响焊接质量，用量过多，焊剂残渣将会腐蚀元件或使电路板绝缘性能变差。

三、钢丝钳

钢丝钳的规格有 150 mm、175 mm、200 mm 三种，均带有橡胶绝缘套管，适用于 500 V 以下的带电作业。

四、万用表

万用电表（简称万用表）是一种多功能、多量程、便于携带的电子仪表。它可以用来测量直流电流或电压、交流电流或电压、电阻、音频电平，有的还可以测量晶体三极管的直流放大倍数等。

万用表由表头、测量线路、转换开关以及测试表笔等组成。现在比较流行的有模拟式（机械指针）万用表和数字式（数字显示）万用表。万用表的外部面板由五部分组成，如图 11—1 所示。

（1）刻度尺：显示各种测量的数值及范围。

（2）量程选择开关：根据具体情况转换不同的量程、不同的物理量。

（3）机械零位调节旋钮：用于校准指针的机械零位。

（4）欧姆挡零位调节旋钮：用来进行电气零位的调节。

（5）插孔或者接线柱：用来接测试表笔。

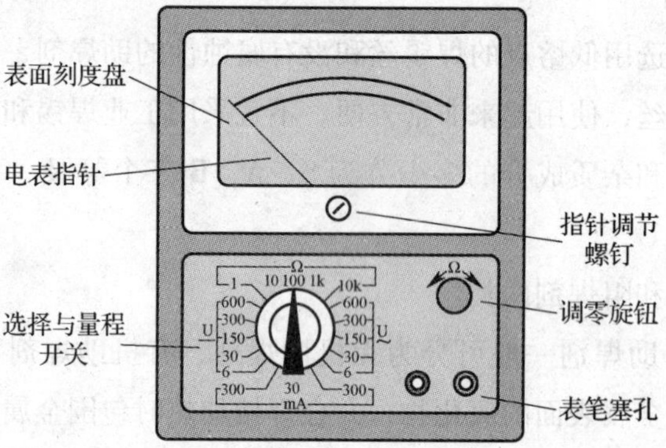

图 11—11　万用表

万用表是一种比较精密的仪器，如果使用和保养不当，会造成测量不准确而且容易损坏。使用万用表时应注意的事项有：

（1）测量电流与电压不能旋错挡位。如果误用电阻挡或电流挡去测电压，就极易烧坏电表。

（2）测量直流电压和直流电流时，注意“+”“-”极性不要接错。如发现指针反转，应立即调换表棒，以免损坏指针及表头。

（3）如果不知道被测电压或电流的大小，应先用最高挡，而后再选用合适的挡位来测试，以免表针偏转过度而损坏表头。所选用的挡位越靠近被测值，测量的数值就越准确。

（4）测量电阻时，不要用手触及元件的两端或两支表棒的金属部分，以免人体电阻与被测电阻并联，使测量结果不准确。

（5）测量电阻时，如将两支表棒短接，调“欧姆调零”旋钮至最大，指针仍然达不到零点，这种现象通常是由于表内电池电压不足造成的，应换上新电池方能准确测量。

（6）万用表不用时，不要旋在电阻挡，因为表内装有电池，如不小心易使两根表棒相碰短路，不仅耗费电池，严重时甚至会损坏表头。最好将挡位旋至交流电压最高挡，或者将电池取出。

五、示波器

示波器是一种利用真空示波管内的电子束在受到电场的作用下产生偏转，将被测信号随时间变化的情况以波形的形式显示出来或者将被测信号转换成图像显示在荧光屏上以便测量的电子测量仪器。它可以定量测量电信号的电压、电流、周期、频率、相位等各种参数，并能观察信号的动态过程。配上各种测量传感器，示波器还可以用于各种非电量（压力、声、光等）信号的测量，是一种用途极为广泛的测量与观测仪器，在器件检修方面起着重要的作用。示波器的外观如图 11—12 所示。

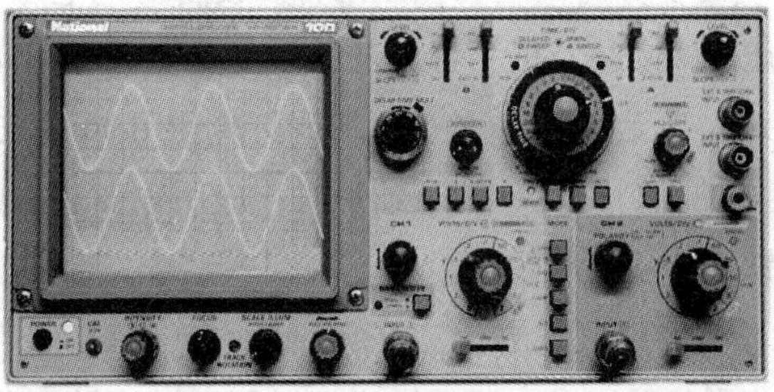

图 11—12　示波器

示波器根据性能和结构可分为通用示波器、多束示波器、取样示波器、存储示波器、专用示波器等。示波器的一个重要指标是频率。平常使用的通用示波器有单踪示波器和双踪示波器，其频率上限一般选 20 ~ 40 MHz 即可。如果要分析高频调制电路，应选用频带宽度大于三倍的被测信号最高频率的示波器。另一个重要指标是扫描速度。扫描速度是指单位时间内屏幕亮点的水平移动距离。

示波器由示波管和电源系统、同步系统、*X* 轴偏转系统、*Y* 轴偏转系统、延迟扫描系统、标准信号源等部分组成。

示波器的荧光屏上水平方向和垂直方向各有多条刻度线，指示出信号波形的电压和时间之间的关系。水平方向指示时间，垂直方向指示电压。水平方向分为 10 格，垂直方向分为 8 格，每格又分为 5 份。垂直方向标有 0%、10%、90%、100%

等标志，水平方向标有10%、90%标志，供测量直流电平、交流信号幅度、延迟时间等参数时使用。根据被测信号在屏幕上占的格数乘以适当的比例常数（V/DIV、TIME/DIV）就能得出电压值与时间值。

（1）电源（Power）。示波器主电源开关。当此开关按下时，电源指示灯亮，表示电源接通。

（2）辉度（Intensity）。旋转此旋钮能改变光点和扫描线的亮度。观察低频信号时可以小些，高频信号时大些。一般不应太亮，以保护荧光屏。

（3）聚焦（Focus）。聚焦旋钮调节电子束截面大小，将扫描线聚焦成最清晰状态。

（4）标尺亮度（Illuminance）。此旋钮调节荧光屏后面的照明灯亮度。正常室内光线下，照明灯暗一些好。室内光线不足时，可适当调亮照明灯。

六、安全用电知识

（1）机床电气设备维修时必须停电进行，严禁带电作业。

（2）通常将电气设备分为高压和低压两种。设备对地电压在250 V以上者为高压，设备对地电压在250 V及以下者为低压。而36 V及以下的电压则称为安全电压（一般情况下对人身无危害）。检修用照明灯应使用36 V安全电压。

（3）拆装电动机端盖、带轮、轴及轴承时，应用铜棒、木榔头、拉钩等专用工具，不准直接用铁锤、扁铲等敲打。

（4）带有放大环节的电气设备，应在调试后试车。试车前应采取安全措施，认真检查机械部分各限位器以及零压、零磁、过压、过流继电器等是否安全可靠。试车时，应注意观察电动机转向、声音、量度等是否正常。工作人员要避开联轴器的旋转方向。工作结束后，要检查清理现场，断开电源，消除火源后方可离去。

（5）用汽油清洗电气零件时，严禁动用明火。

第五节　机床电气控制系统常用元器件

在PLC（可编程控制器）出现之前，大量的普通机床都是采用传统的低压电器作为电气控制元件，来实现自动控制的，现在有一些普及型的数控机床可能还用到它们。这些电气控制元件种类繁多、结构各异、功能多样。按它们在电路中所起的作用可以分为执行电器、控制电器、主令电器和保护电器。执行电器主要用来完成某些动作，例如电磁铁、电磁离合器。控制电器主要用来控制某些电路的通或断，例如开关、接触器、继电器。主令电器主要用来控制其他控制电器的动作，以进一步发出信号和指令，例如按钮开关、行程开关、主令开关。保护电器主要用来保护电源、电路和用电设备，例如熔断器、热继电器。

1. 接触器

接触器是一种使用很广泛的控制电器，主要用在主回路中，起电磁开关的作用。它能通过高电压、大电流。例如，使用最多的交流接触器，广泛用于电力线路的通断和控制。根据接触器使用电压的不同，可以分为交流接触器和直流接触器。

交流接触器的主触点一般只有常开触点，而辅助触点常有两对常开和两对常闭触点，主触点用来开闭接通电路，辅助触点用来导通另外的控制回路。交流接触器的触点由银钨合金制成，具有良好的导电性和耐高温烧蚀性。直流接触器的构造一般要比交流接触器简单。

日常使用时，应该定期对接触器进行维护和保养，主要包括：

（1）运行中的接触器，应定期检查各部件，有损坏的零部件应及时修换，要求运动部分无卡阻，紧固元件无松脱。

（2）接触器检修时，应切断电源，且进线端有明显的断开点。

（3）触头表面应经常保持清洁，不允许涂油。当触头磨损后超出行程，应及时调整，当厚度只剩下 1/3 时，应及时更换触头。但应注意，银和银基触头表面的黑色氧化膜接触电阻很低，不要去锉修。

（4）清除灭弧罩内碳化物和金属颗粒，保持灭弧性能。不可去掉灭弧罩运行。

2. 继电器

继电器是根据某种输入信号（如电压、电流、时间、温度、压力、速度等）的变化，接通或断开控制电路，实现自动控制和保护用电设备的一种自动电器。其中电磁式继电器是应用得最早、最多的一种继电器。其结构及工作原理与接触器大体相同，两者都是电磁开关。它实际上是用较小的电流去控制较大电流的一种多触点的“自动开关”。继电器一般用在控制回路，只能通过低电压、小电流。

电磁式继电器一般由铁心、线圈、衔铁、触点弹簧片和释放弹簧等组成。只要在线圈两端加上一定的电压，线圈中就会流过一定的电流，从而产生电磁效应，衔铁就会在电磁力吸引的作用下克服返回弹簧的拉力吸向铁心，从而带动衔铁的常开触点吸合，常闭触点脱开。这样的吸合和脱开，达到了在电路中导通、切断的目的。

对于继电器的“常开”“常闭”触点，可以这样来区分：继电器线圈未通电时处于断开状态的触点，称为常开触点；处于接通状态的触点，称为常闭触点。

（1）继电器的分类。继电器的种类很多，按输入信号的性质可分为电压继电器、电流继电器、时间继电器、温度继电器、速度继电器、压力继电器等。按工作原理可分为电磁式继电器、感应式继电器、电动式继电器、热继电器和电子式继电器等。

最常见的电磁式继电器又可分为直流与交流两种。凡是交流电磁继电器，其铁心上都嵌有一个铜制的短路环，而直流继电器是没有的。常用的电磁式继电器按用途可分为电压继电器、中间继电器和电流继电器；按输出形式可分为有触点和无触点两类；按用途可分为控制用与保护用继电器等。

热继电器利用电流的热效应，在电路中用做电动机的过载保护。

时间继电器在电路中起到对控制信号延时（延时接通或延时断开）的作用。时间继电器按工作原理来分有空气阻尼式、电磁式、电动式等。机床上一般使用空气阻尼式。

压力继电器在机床中主要用来测量和控制机床液压系统的压力，并向其他控制元件发出响应的控制信号。

固态继电器是一种有两个接入端和两个输出端的四端器件。固态继电器按负载电源类型可分为交流型和直流型；按开关形式可分为常开型和常闭型；按隔离形式可分为混合型、变压器隔离型和光电隔离型。实际应用中光电隔离型最为常见。

与电磁式继电器相比，固态继电器是一种没有机械运动，不含运动零件，全部由固态电子元件组成的无触点开关元件。它利用光电耦合器件来完成输入与输出的可靠隔离，利用大功率三极管、功率场效应管、单向可控硅和双向可控硅等器件的开关特性，来达到无触点、无火花地接通和断开被控电路。

固态继电器按输入电路的不同，可分为直流输入、交流输入和交直流输入三种。固态继电器的输出电路也可分为直流输出、交流输出和交直流输出等形式。交流输出时，通常使用两个可控硅或一个双向可控硅，直流输出时可使用双极性器件或功率场效应管。

固态继电器的使用寿命长，可靠性高，灵敏度高，控制功率小，电磁兼容性好。缺点是导通后的管压降大，功耗和发热量也大，成本也较高。关断后仍有漏电流存在。固态继电器的负载受环境温度的影响非常明显，温度升高，负载能力将迅速下降。

（2）继电器的主要技术参数。继电器的主要技术参数有：

1）额定工作电压。额定工作电压是指继电器正常工作时线圈所需要的电压。根据继电器型号的不同，可以是交流电压，也可以是直流电压。为了适应不同电压的电路，一种型号的继电器通常有多种额定工作电压或额定工作电流，并用规格型号加以区别。

2）直流电阻。直流电阻是指继电器中线圈的直流电阻，可以通过万用表测量。有些产品说明书中给出额定工作电压和直流电阻，这时可根据欧姆定律求出额定工作电流。若已知额定工作电流和直流电阻，也可求出额定工作电压。

3）吸合电流。吸合电流是指继电器能够产生吸合动作的最小电流。在正常使用时，给定的电流必须略大于吸合电流，这样继电器才能稳定地工作。而对于线圈所加的工作电压，一般不要超过额定工作电压的1.5倍，否则会产生较大的电流而把线圈烧毁。

4）释放电流。释放电流是指继电器产生释放动作的最大电流。当继电器吸合状态的电流减小到一定程度时，继电器就会恢复到未通电的释放状态。这时的电流远远小于吸合电流。

5）触点切换电压和电流。触点切换电压和电流是指继电器允许加载的电压和电流。它决定了继电器能控制电压和电流的大小，使用时不能超过此值，否则很容易损坏继电器的触点。

6）触点负荷。触点负荷是指继电器触点在转换时允许的电压和电流。它决定了继电器的使用寿命。应用时不能用触点负荷小的继电器去控制大电流或高电压。例如，JRX－13F电磁继电器的触点负荷是0.02 A×12 V，就不能用它去控制220 V的电路通断。

（3）继电器的测试。继电器的测试主要包括以下几个方面：

1）触点电阻的测量。用万能表的电阻挡，测量常闭触点与动点电阻，其阻值应为0；而常开触点与动点的阻值就为无穷大。由此可以区别出哪个是常闭触点，哪个是常开触点。

2）线圈电阻的测量。可用万用表R×10 Ω挡测量继电器线圈的阻值，从而判断该线圈是否存在着开路现象。

3）吸合电压和吸合电流的测量。找来可调稳压电源和电流表，给继电器输入一组电压，且在供电回路中串入电流表进行监测。慢慢调高电源电压，听到继电器吸合声时，记下该吸合电压和吸合电流。为求准确，可以多试几次而求平均值。

4）释放电压和释放电流的测量。像吸合电压和吸合电流那样连接测试，当继电器发生吸合后，再逐渐降低供电电压，当听到继电器再次发出释放声音时，记下此时的电压和电流，也可多尝试几次而取得平均的释放电压和释放电流。一般情况下，继电器的释放电压为吸合电压的10%～50%，如果释放电压太小（小于1/10的吸合电压），继电器就不能正常使用了，会对电路的稳定性造成威胁，工作不可靠。

3. 位置开关

位置开关习惯上又称行程开关或限位开关。它的作用是将机械位移转变为电信号，使电动机运行状态发生改变，即按一定行程自动停车、反转、变速或循环，从而控制机械运动或实现安全保护。位置开关的种类包括行程开关、限位开关、微动开关及由机械操作的其他控制开关。

按动作方式，位置开关有两种类型：直动式（按钮式）和旋转式（滚动式）。其结构基本相同，由操作头、传动系统、触头系统和外壳组成，主要区别在传动系统。

4. 接近开关

无触点行程开关又称接近开关，是当某种物体与之接近到一定距离时就发出“动作”信号的开关，它不需要施以机械力。接近开关的用途已经远远超出一般行程开关所具备的行程控制和限位保护，它可以用于高速计数、测速、液面控制、检测金属体的存在、检测零件尺寸以及用做无触点按钮，还可以用做计算机或可编程控制器的传感器等。

接近开关按工作原理可以分为高频振荡型（检测各种金属）、永磁及磁敏元件型、电磁感应型、电容型、光电型和超声波型。常用的接近开关是高频振荡型，由振荡、检测、晶闸管等部分组成。

5. 万能转换开关

万能转换开关可同时控制多条（最多可达32条）通断要求不同的电路，而且具有多个挡位，广泛应用于交直流控制电路、信号电路和测量电路，也可用于小容量电动机的启动、反向和调速。由于其换接的电路多，用途广，故有“万能”之称。万能转换开关以手柄旋转的方式进行操作，操作位置有2～12个，分定位式和自动复位式两种。

6. 空气开关

空气开关，又称自动开关、低压断路器，可在工作电流超过额定电流、短路、失压等情况下，自动切断电路。

7. 热继电器

热继电器有各种各样的结构形式，最常用的是双金属片式结构。双金属片是用两种线膨胀系数不同的金属片，通过机械碾压叠在一起制成的。它一端被固定，另一端为自由端。当双金属片的温度升高时，由于两种金属的线膨胀系数不同，它就会弯曲。通常把热继电器串接在电动机定子绕组的供电线路中，电动机绕组中的工作电流就会流过热继电器。当电动机正常运行时，热元件产生的热量虽能使双金属片弯曲，但不足以使继电器动作。当电动机过载时，发热量增加，使双金属片的弯曲位移量增大，双金属片弯曲后推动导板，并通过补偿双金属片与推杆将触点分开，从而保护了电动机等负载。

8. 中间继电器

中间继电器是一种特殊的接触器（即开关）。中间继电器的结构和原理与交流接触器基本相同，与接触器的主要区别在于：接触器的主触头可以通过大电流，而中间继电器的触头只能通过小电流。所以，中间继电器只能用于控制电路中，主要用来传递中间信号或弥补接触器触点不够用的情况。

9. 常用二极管

（1）整流二极管。将交流电源整流成为直流电源的二极管叫做整流二极管。由于整流二极管的正向电流较大，所以整流二极管多为面接触型二极管，结面积大、结电容大，但工作频率低。

（2）检波二极管。检波二极管是用于把叠加在高频载波上的低频信号检出来的器件，它具有较高的检波效率和良好的频率特性。

（3）开关二极管。在脉冲数字电路中，用于接通和切断电路的二极管叫开关二极管，它的特点是反向恢复时间短，能满足高频和超高频应用的需要。开关二极管可以分为接触型、平面型和扩散台面型。

（4）稳压二极管。稳压二极管是由硅材料制成的面结合型晶体二极管，它是利用 PN 结反向击穿时的电压基本上不随电流的变化而变化的特点，来达到稳压的目的。因为它能在电路中起稳压作用，故称为稳压二极管（简称稳压管）。当反向电压小于击穿电压时，反向电流很小；当反向电压达到击穿电压时，即使电压有一微小的增加，反向电流也会猛增。这时，二极管处于击穿状态，如果把击穿电流限制在一定的范围内，管子就可以长时间在反向击穿状态下稳定工作。

10. 其他

（1）接地。接地在电气设备的使用中很重要，例如，强电和弱电混合使用的电路，精密动态信号测量的场合等。但是接地往往会被人们忽视。接地设施分为两种。一种是工作接地，就是将电器的带电部分与大地连接起来的接地，比如三相电变压器低压点中性线的接地。另一种是保护接地，就是防止电器的绝缘层损坏而使外壳或其他不带电工作的金属部件带电伤人而进行的接地。保护接地的接地线必须打入地下1.2～1.5 m才算合格。

（2）电源线。电线的规格是按它的铜芯线截面积（mm^2）确定的。

国家标准规定的电线负载电流值（部分）见表11—1。

表11—1　　电线负载电流

铜芯线截面积（mm^2）	直径（mm）	允许长期电流（A）
2.5	1.78	16～25
4	2.2	32～40
6	2.78	40～60

（3）常用电气元件图形符号。见表11—2、表11—3、表11—4。

表11—2　　电阻器、电容器、电感器和变压器

图形符号	名称与说明	图形符号	名称与说明
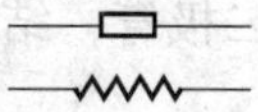	电阻器一般符号		电感器、线圈、绕组。注：符号中半圆数不得少于3个
	可变电阻器或可调电阻器	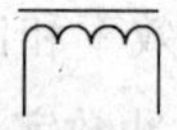	带磁心、铁心的电感器
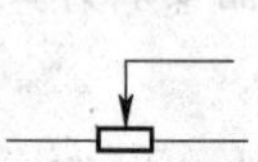	滑动触点电位器	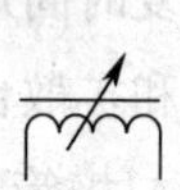	带磁心连续可调的电感器
	极性电容		双绕组变压器
	可变电容器或可调电容器		绕组间有屏蔽的双绕组变压器
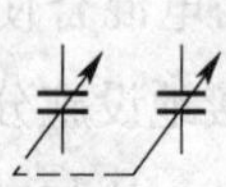	双联同调可变电容器		在一个绕组上有抽头的变压器

表 11—3　　半导体管

图形符号	名称与说明	图形符号	名称与说明
	二极管	(1) 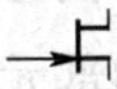 (2) 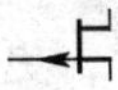	JFET 结型场效应管 (1) N 沟道 (2) P 沟道
	发光二极管		
	光电二极管	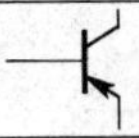	PNP 型晶体三极管
	稳压二极管	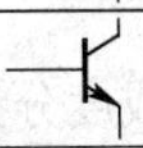	NPN 型晶体三极管
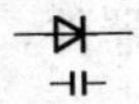	变容二极管	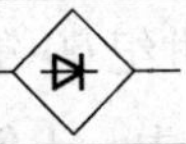	全波桥式整流器

表 11—4　　其他电气图形符号

图形符号	名称与说明	图形符号	名称与说明
	具有两个电极的压电晶体	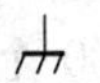 或 	接机壳或底板
	熔断器		导线的连接
	指示灯及信号灯	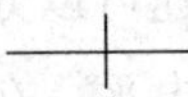	导线的不连接
	扬声器		动合（常开）触点开关
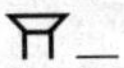	蜂鸣器		动断（常闭）触点开关
	接大地	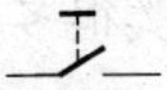	手动开关

第六节　集成电路基本知识

所谓集成电路就是把一个单元电路或一些功能电路，甚至某一整机的功能电路集中制作在一个晶片或瓷片上，再封装在一个便于安装、焊接的外壳中，然后从这块芯片上引出一些引脚，包括电路的供电端口，外界信号的输入端口和处理后的输出信号端口，成为具有所需电路功能的微型结构。集成电路有膜（薄膜、厚膜）集成电路、半导体集成电路及混合集成电路三类。

由于集成电路中的电路制造工艺都是相同的，所以设计定型后的产品使用时一般都不存在调试问题。这样就大大方便了人们的应用。此外，由于集成电路将大量的元器件封装在很小的一个外壳里，比用分立器件组装出相同功能的电路要便宜得多，使总体成本大大降低。而且，用集成电路制造的电子器件，焊接点少，出故障的可能性也就随之减小，内部元件的连线短，使得电路工作的可靠程度大大提高。另外，当集成电路出故障时，更换也十分方便。

一、集成电路的分类

集成电路根据内部的集成度分为大规模集成电路、中规模集成电路、小规模集成电路三类。集成电路是20世纪60年代出现的，当时只集成了十几个元器件。后来集成度越来越高，在发展过程中，人们逐渐形成一种比较一致的划分意见，按芯片上所含逻辑门电路或晶体管的个数作为划分标志。一般将单块芯片上包含100个元件或10个逻辑门以下的集成电路称为小规模集成电路；而将元件数在100个以上、1 000个以下或逻辑门在10个以上、100个以下的称为中规模集成电路；将元件数在1 000个以上、100 000个以下或逻辑门在100个以上、5 000个以下的称为大规模集成电路；元件数高于100 000个或门数超过5 000个的则称为超大规模集成电路（VLSI）。

集成电路根据功能和用途可以分为模拟集成电路和数字集成电路两大类别。模拟集成电路根据输入的各种电平，在输出端产生各种相应的电平。而数字集成电路属于开关类器件，以规定的电平响应导通或截止。有时候在集成电路产品上标有LM（线性模拟类型）或DM（数字类型）符号。

数字集成电路产品的种类很多。数字集成电路构成了各种逻辑电路，如各种门电路、编译码器、触发器、计数器、寄存器等。它们广泛地应用在生活中的方方面面，小至电子表，大至计算机，都是由数字集成电路构成的。数字类集成电路大多用5 V的工作电压，模拟类集成电路根据不同的用途和型号，工作电压各异。

结构上，数字类的集成电路又可分成TTL型和CMOS型两类。例如，CT54LS/74LS（现在最新的型号名为CT4—020—C—J）等系列是最常见的TTL电路，它们使用5 V的电压，逻辑“0”输出电压为小于等于0.2 V，逻辑“1”输出电压约为3 V。CMOS数字集成电路的工作电压范围比较宽，通常为3~18 V。它的静态功耗低，抗干扰能力强。CMOS集成电路的输入阻抗很高，这意味着驱动CMOS集成电路时，所消耗的驱动功率几乎可以不计。同时CMOS集成电路的耗电量也非常的低，用它制作的电子产品，通常都可以用干电池供电。

模拟集成电路在应用上比数字集成电路复杂些。每个数字集成电路只要元器件良好，一般都能按预定的功能工作，即使电路工作不正常，检修起来也比较方便。

模拟集成电路就不一样了，受集成电路制作工艺上的限制，一般需要一定数量的外围元件配合它工作，让集成电路更好地适用于不同的应用电路。目前，模拟集成电路大多应用在各种视听设备中，如收录机、电视机、音响设备等。

二、集成电路的型号和表示方法

集成电路的型号一般是由前缀、数字编号、后缀组成。前缀表示集成电路的生产厂家及类别，后缀一般用来表示集成电路的封装形式、版本代号等。常用的集成电路如小功率音频放大器 LM386，就因为后缀不同而有多种产品。LM386N 是美国国家半导体公司的产品，LM 代表线性电路，N 代表塑料双列直插。又如 NE555（时基电路）、LM324（四个集成的运算放大器）、TDA2822（双声道小功率放大器）、LM317（三端可调稳压器）等都代表不同类型的集成电路。

集成电路在电路中通常用字母“IC”表示。由于集成电路形式千变万化，所以它没有固定的电路符号，通常人们画出一个方框、三角形或圆圈代表它，从上面引出几个管脚并注明管脚号代表集成电路的引脚。对于某些常用的集成电路，比如一些音频放大电路，人们有一定的习惯，也就存在着一些约定俗成的画法。为了看图方便，有的集成电路的电路符号就是它的外形图，比如音乐集成电路。

三、集成电路引脚的识别方法

集成电路常见的封装形式有双列直插、单列直插、金属圆壳（或菱形壳）和三端塑封四类。双列直插式是集成电路最通用的封装形式。其引脚标记有半圆形豁口、标志线、标志圆点等，一般由半圆形豁口就可以确定各引脚的位置。

集成电路都有两个或三个电源接线端，用 VCC、VDD、VSS、+V、-V 或 GND 来表示。这是一般应用所需要的接线端。

1. 多引脚的金属圆壳封装 IC

多引脚的金属圆壳封装 IC 识别时，要求识别者面向引脚正视，由定位标记（常为豁口或小圆孔）所对应的引脚按顺时针方向数。如果 IC 是国标、部标或进口产品，对小金属圆壳封装器件而言，1 号管脚应是定位标记所对应脚后面的那个引脚。图 11—13a 为多引脚的 IC 封装。

2. 金属圆壳封装 IC

金属圆壳封装 IC 类似于大功率晶体三极管形式，识别方法如图 11—13b 所示，这种外形为 TO—3 封装。还有些三脚、四脚的小金属圆壳封装 IC，如图 11—13c、

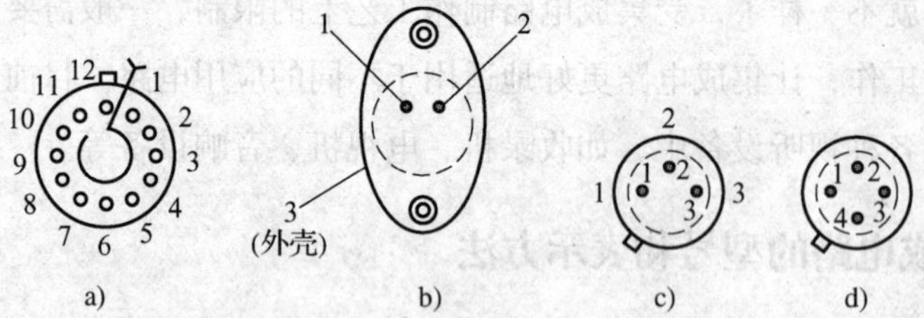

图 11—13　金属壳封装 IC 引脚的排列

a）多引脚的金属圆壳封装　b）TO—3 封装

c）三脚小金属圆壳封装　d）四脚小金属圆壳封装

d 所示。

3. 三端稳压集成电路

三端固定集成稳压器件就是该集成稳压器件的引出脚只有三条，即输入端、输出端、接地端，如图 11—14 所示。其输出电压是固定不能调节的。该器件内部设置了过流、芯片过热及调整器件安全工作区的保护电路，因此，在使用时需要的外围元件很少，使用非常方便。三端固定集成稳压器件按输出电压类型分为正电压系列（78 系列）和负电压系列（79 系列），每个系列又有 5 V、6 V、8 V、9 V、10 V、12 V、15 V、18 V、24 V 等多种类型的输出电压，每种类型又有 100 mA（78 L× ×或 79 L× ×）、500 mA（78 M× ×或 79 M× ×）、1.5 A（78× ×或 79× ×）的最大输出电流。

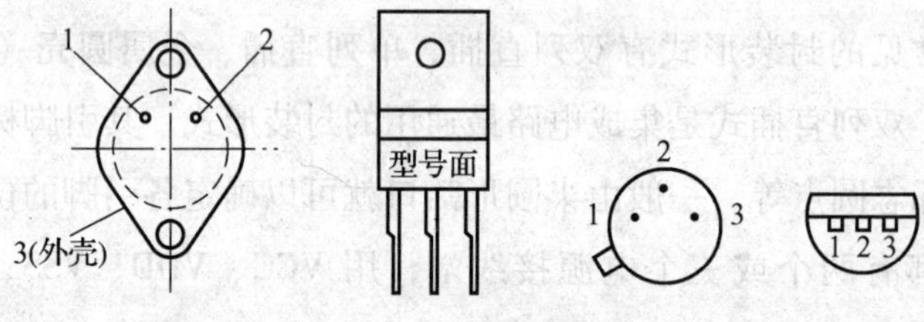

图 11—14　三端稳压 IC 引脚的排列

4. 扁平单列直插 IC

这种集成电路一般在端面左侧有一定位标记。识别者面对定位标记，从标记对应一侧的第一个引脚数，从左到右依次为 1、2、3、4、5 等。这些标记有的是缺角，有的是凹坑色点，有的是缺口和短垂线。扁平单列直插 IC 引脚的排列，如图 11—15所示。

5. 扁平双列直插 IC

这种 IC，一般在左侧有一个类似引脚的小金属片，或者在封装表面上有一个小

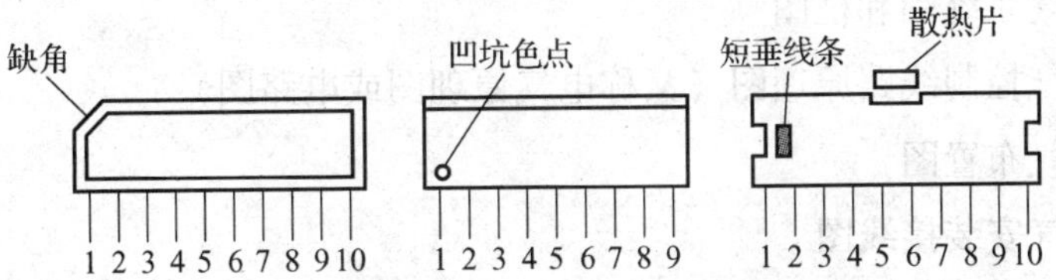

图 11—15　扁平单列直插 IC 引脚的排列

圆点（或小圆圈、色点）作为标记，然后逆时针数，引脚依次为 1、2、3、4、5 等。这种外形有 SO 及 DIP 两种封装。扁平双列直插 IC 引脚的排列，如图 11—16 所示。

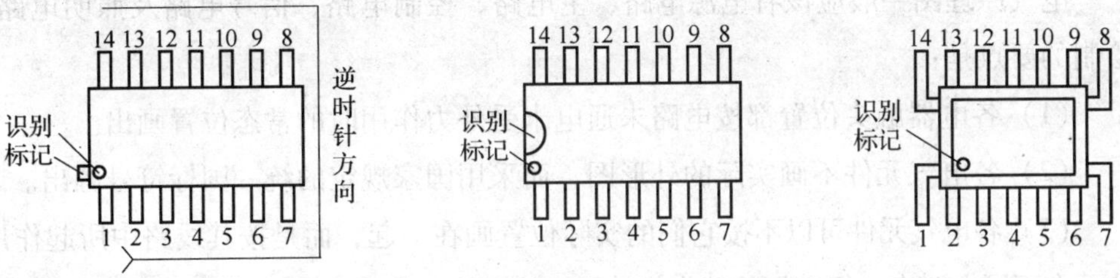

图 11—16　扁平双列直插 IC 引脚的排列

6. 非普通排列 IC

非普通排列的引脚如图 11—17 所示。进口 IC 尽管同型号（或同型号不同后缀字母），但也存在引脚排序相反的两个品种，这主要是为了便于灵活安装，以适应各种不同形式整机（如立体声机）的需要。这类 IC 通常采用单列直插式封装。

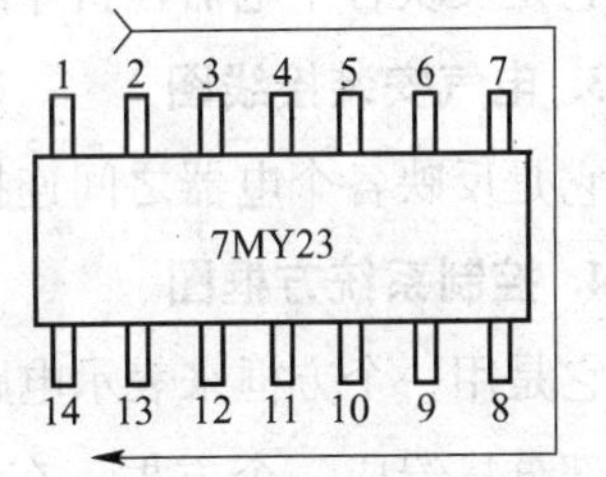

图 11—17　非普通排列的引脚

第七节　机床电气控制线路图的识读

一、电气控制系统的图样

机床电气控制系统是由各种电气元件相互连接而成的。为了把它们之间的连接关系表达清楚，需要各种电气图样。在设计、安装、调试、维护和修理的时候，通常需要用到下述资料：

（1）电气系统图和框图

（2）电气控制线路原理图（又称电气原理图或电路图）

（3）电气布置图

（4）电气安装接线图

（5）功能图

（6）电气元件明细表

其中，使用最多的有如下几种图样。

1. 电气原理图

电气原理图一般应该有电源电路、主电路、控制电路、信号电路及照明电路。绘制的要点是：

（1）各电器触头位置都按电路未通电未受外力作用时的常态位置画出。

（2）各电气元件不画实际的外形图，而采用国家规定的统一国标符号画出。

（3）各电气元件可以不按它们的实际位置画在一起，而是按其线路中所起作用分画在不同电路中，但它们的动作却是相互关联的，这时必须标以相同的文字符号。

2. 电气布置图

它是反映各个电器在机床或电气箱中的实际位置的图样。

3. 电气安装接线图

它是反映各个电器之间连接情况的图样。其中还有印制电路板图。

4. 控制系统方框图

它是用一个方框来表示电路的一部分，将电路按照功能划分为几个部分，将每一个部分描绘成一个方框，在方框中加上简单的文字说明，在方框间用连线（有时用带箭头的连线）说明各个方框之间的关系。方框图只能用来体现电路的大致工作原理。但是，它能更概括、更简洁明了地说明电路中各部分的关系和整机的工作原理和构成概况。

对于数字电子电路来说，是用各种图形符号表示门、触发器和各种逻辑部件，再用线条把它们按逻辑关系连接起来。它是用来说明各个逻辑单元之间的逻辑关系和整机的逻辑功能的。为了和模拟电路的电路图区别开来，就把这种图叫做逻辑电路图，简称逻辑图。

二、电气控制线路原理图的绘制

（1）原理图一般分为主电路和辅助电路两部分。主电路是电气控制线路中强电流通过的部分，一般用粗线绘制；辅助电路包括控制电路、照明电路、信号电路和保护电路，是小电流通过部分，用细线绘制，通常将主电路画在控制电路的上方或左方。

（2）无论是主电路还是辅助电路，各电气元件一般应按动作顺序从上到下，从左到右依次排列，电路可采用水平布置或垂直布置。

（3）同一电器的各个部件（如接触器的线圈和触点）分别画在各自所属的电路中，为了便于识别，同一电器的各个部件均编以相同的文字符号。

（4）同一原理图中，作用相同的电气元件有若干个时，可在文字符号后加注数字序号来区分。

（5）原理图中，有直接电联系的十字交叉导线连接点必须用黑圆点表示。

（6）原理图中有很多电气元件，特别是有众多的触点和连接点。为了便于阅读和寻找，在原理图的上边画有一栏，作为电路功能说明框；在原理图的最下边画有图面区域标号栏；在每一个接触器或继电器的下面，还分别有各自的触点表格。触点表格以通过线圈的电路连线分为左、右两栏，左面表示的是常开触点所在的区域号，右面表示的是常闭触点所在的区域号。

三、电气原理图的阅读

阅读电气原理图的基本原则是：从主电路着眼，从控制电路着手。

（1）从主电路着眼，就是要先看清楚主电路中所用的每一个交流接触器的作用。

（2）从控制电路着手，是要逐个地弄懂控制电路中控制按钮的作用，它们的动作分别控制哪个接触器线圈得电和失电，从而再去控制主电路中哪个交流接触器的主触头动作。

（3）看图的顺序一般应该从上到下，从左到右。

四、CA6140 型普通车床的电气控制线路

CA6140 型普通车床是我国沈阳机床厂自行设计制造，适应性广，使用方便可靠，性价比良好的中小型车床，有着很高的市场占有率。它的电气部分需要控制的对象主要是三台电动机（主轴电动机、冷却泵电动机和刀架快速移动电动机）、一个工作照明灯和一个信号指示灯。

1. 供电系统

电源及主回路电压：三相 ~50 Hz，380 V

控制回路电压：~110 V，由变压器 TC 供给

照明回路电压：~24 V，也由变压器 TC 供给

总熔断器的熔断电流：~40 A

主电动机（M1）7.5 kW，热继电器额定电流：15.4 A

冷却电动机（M2）的热继电器额定电流：0.32 A

总容量：7.6 kVA

图 11—18 是 CA6140 车床的电气控制原理图。图上部的说明栏与下面线路图部分一一对应。原理图中的 1、2、3、4 区的电路，是线路图的主电路部分。其中 1 区为电源开关和熔断器保护部分，2 区为主电动机 M1 的主电路，3 区为冷却泵电动机 M2 的主电路，4 区为快速电动机 M3 的主电路部分。图中的接触器和继电器都标有字母符号，字母符号下面的数字则是表明它的主线圈画在哪个分区中，以便看图时寻找方便。线路图最下面的数字栏是区域标号，也是为了看图时寻找起来方便。

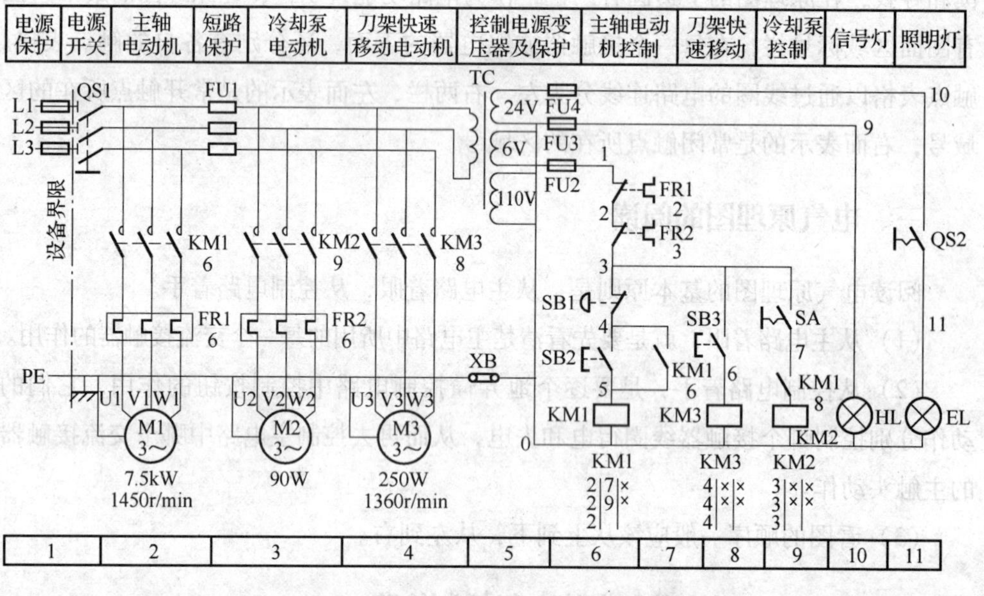

图 11—18　CA6140 车床电气控制原理图

6、7、8、9 区是线路图的控制电路部分。在控制电路部分，每一个触点的两端还增加了节点编号，它们与电气箱布线图中的号码一一对应，使读图和维修时寻找方便。在分区栏的上方，每个接触器和继电器的正下方都有一个触点表格，左边的数字是表示它有几个常开触点，分别在哪个区域中，右边表示的是常闭触点的情况。例如，图中用于主电动机的接触器 KM1，有三个常开触点在 2 区、一个在 7 区、另一个在 9 区。两个常闭触点放空未用，以 × 表示。

2. 主电路

主电路部分有三个电动机，它们分别是：

（1）主轴电动机 M1。主轴电动机是一台 7.5 kW 的三相异步电机。它承担了车床主要的切削加工工作。电路由接触器 KM1（使用了三对常开触点，它的线圈画在 6 号图区中）与热继电器 FR1（它的线圈画在 6 号图区中）的触点和电动机串联组成。

（2）冷却泵电动机 M2。电路由接触器 KM2（使用了三对常开触点，它的线圈画在 9 号图区中）与热继电器 FR2（它的线圈画在 6 号图区中）的触点和电动机串联组成。

（3）溜板箱——刀架快速移动电动机 M3。电路由接触器 KM3（使用了三对常开触点，它的线圈画在 8 号图区中）和电动机串联组成。这个电动机在需要的时候仅仅做短期的点动工作，功率又比较小，因此没有使用热继电器作为过载保护。

3. 控制电路

控制电路部分由变压器 TC 提供 110 V 交流电压。

（1）主轴电动机的控制线路（如 6、7 区所示）。这部分通过熔断器 FU2、热继电器 FR1 和 FR2 的常闭触点（这三个元件是与冷却电动机和快速电动机的控制线路共用的）与接触器线圈 KM1 串联而成。这台车床的主轴电动机只需要单方向转动（主轴的正、反转和变速是由机床上的主轴箱来实现的）。需要启动时，按下 SB2（绿色）按钮，接触器线圈 KM1 通电以后，它的常开触点闭合，使接触器线圈 KM1 保持通电状态。按下 SB1（红色）按钮，主轴电动机就停止转动。

（2）刀架快速移动电动机的控制线路（如 8 区所示）。这部分由按钮和接触器（由于快速移动电动机的功率比较小，只有 250 W，所以也可以用中间继电器代替）组成。按下 SB3 按钮，接触器线圈 KM3 通电以后，它的常开触点闭合，使电动机转动，实现动刀架快速移动。

（3）冷却泵电动机的控制线路（如 9 区所示）。这部分的线路由开关 SA、接触器 KM1 的常开触点、接触器线圈 KM2 组成。当主轴电动机 M1 启动以后，接触器 KM1 的常开触点闭合，为冷却电动机的启动做好了准备。如要冷却，合上开关 SA 即可。

五、Z3040 摇臂钻床的电气控制线路

摇臂钻床是一种孔加工机床，可用来对外形尺寸比较大的工件进行钻孔、扩孔、铰孔、镗孔和加工螺纹等。

1. 机床的运动

钻床的主要结构有底座、工作台、主轴、摇臂、主轴箱、内外立柱。

摇臂钻床的运动有：

主运动——主轴上的旋转运动。

进给运动——主轴的上下移动。

辅助运动——摇臂连同外立柱的回转运动，摇臂沿外力柱的上下移动，主轴箱沿摇臂导轨的水平运动。

2. 钻床的控制

主轴的旋转运动及主轴上下进给由主轴电动机拖动，只要求单方向旋转，但要求主轴正反转，主轴的正反转由机械方法获得，主轴变速和进给变速机构都在变速箱内。

该钻床采用了先进的液压技术，共有两套液压控制系统，一个是主轴箱操纵机构液压系统，另一个是松紧机构液压系统。主轴箱操纵机构安装在主轴箱内，该系统压力油由主轴电动机拖动齿轮泵供给。主轴电动机转动后，由操纵手柄控制，使压力油作不同的分配，获得不同的动作。操纵手柄有五个位置，即“空挡”“变速”“正转”“反转”“停车”。主轴停时，将操纵手柄扳向“停车”位置，这时主轴电动机仍拖动齿轮旋转，使制动摩擦离合器作用，主轴不能转动，主轴实现停车。

（1）空挡。将操纵手柄扳向空挡位置，这时压力油使主轴传动系统中的滑移齿轮脱开，用手可轻松地转开主轴。

（2）变速。主轴变速和进给变速时，将手柄扳向“变速”位置，然后改变变速按钮，进行变速，主轴变速量的大小和进给量的大小由变速装置控制。

（3）正转或反转。操纵手柄扳向“正转”或“反转”位置，主轴在机械作用下实现正反转。

3. 电气原理图分析

Z3040 摇臂钻床的电气控制线路原理如下：

图 11—19 中 M1 为主轴电动机，M2 为摇臂升降电动机，M3 为液压泵电动机，M4 为冷却泵电动机。SQ1 为升降极限保护开关，SQ2 和 SQ3 是分别反映摇臂是否完全松开和夹紧并发出相应信号的位置开关，SQ4 是用来反映主轴箱与立柱的夹紧与松开状态的信号控制开关，YV 为二位五通电磁阀。KT 是时间继电器，KM1 是控制主轴电动机 M1 的接触器，KM2 和 KM3 是控制摇臂升降电动机 M2 的接触器，KM4 和 KM5 是控制液压泵电动机 M3 正反转的接触器。按钮开关 SB1 和 SB2 控制主轴电动机 M1 的停止和启动，按钮开关 SB3 和 SB4 是摇臂升降用的点动开关。SB5 和 SB6 是控制主轴箱夹紧与放松的按钮。

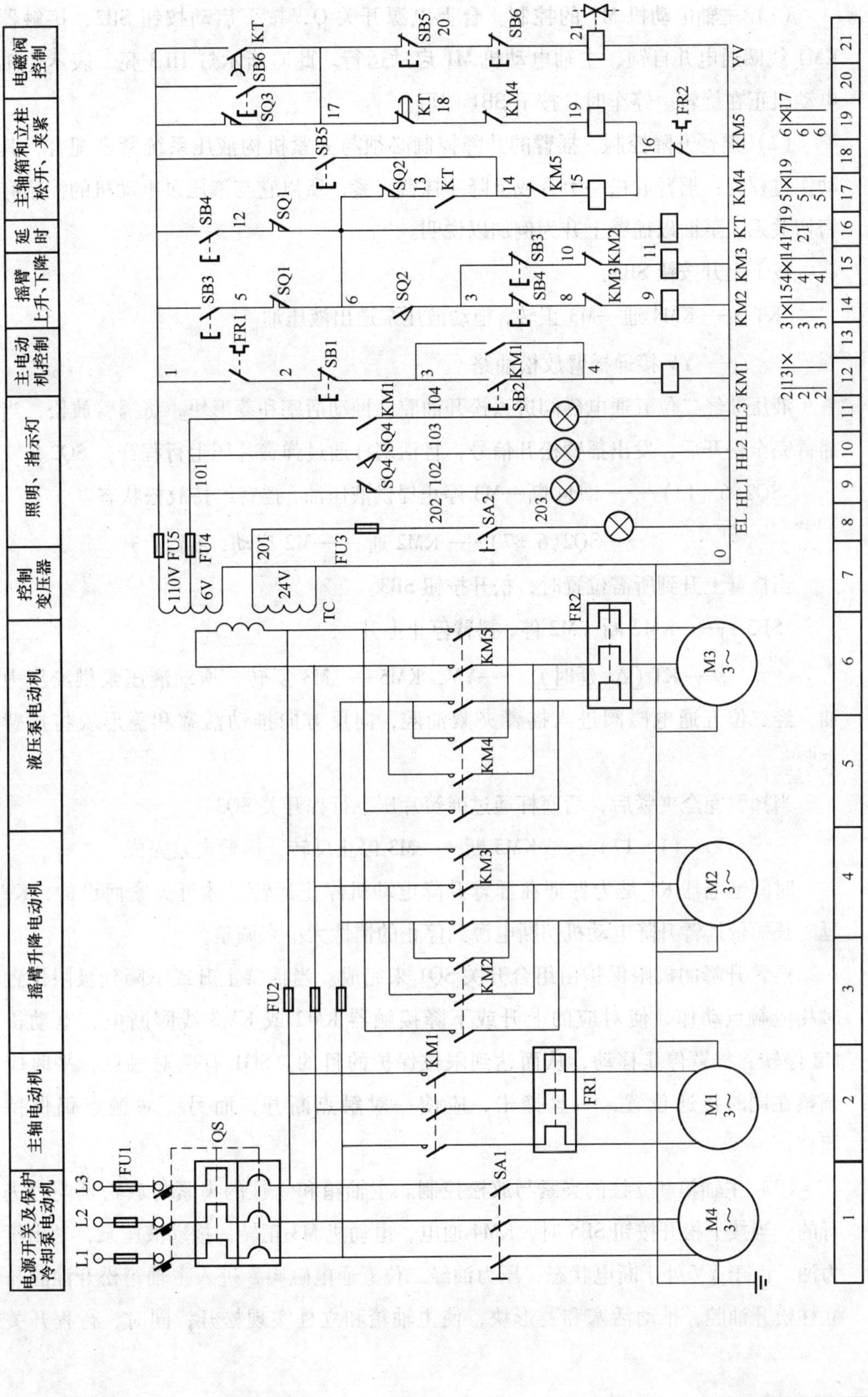

图11—19　Z3040型摇臂钻床电气控制原理图

（1）主轴电动机 M1 的控制。合上电源开关 Q，按下启动按钮 SB2，接触器 KM1 线圈通电并自锁，主轴电动机 M1 启动运行。此时指示灯 HL3 亮，表示主轴电动机正在旋转。停车时，按下 SB1 即可。

（2）摇臂升降控制。摇臂的升降控制必须与夹紧机构液压系统紧密配合，其动作过程为：摇臂放松→上升或下降→摇臂夹紧，所以它与液压泵电动机的控制有密切关系。下面以摇臂上升为例加以说明。

按下上升按钮 SB3：

KT——KM4 通—M3 正转，拖动液压泵送出液压油
└—YV 接通摇臂放松油路

液压油经二位五通电磁阀进入松开油腔，推动活塞和菱形块，将摇臂放松，当摇臂完全松开后，发出摇臂松开信号，且活塞杆通过弹簧片压上行程开关 SQ2。

SQ2(6－13)——KM4 断—M3 停止提供液压油，摇臂维持放松状态
└—SQ2(6－7)——KM2 通 ——M2 启动，摇臂上升

当摇臂上升到所需位置时，松开按钮 SB3。

SB3——KM2 断—M2 停，摇臂停止上升
└—KT（Δt 延时）——YV，KM5——M3 反转，拖动液压泵供给压力油，经二位五通电磁阀进入摇臂夹紧油腔，向反方向推动活塞和菱形块将摇臂夹紧。

当摇臂完全夹紧后，活塞杆通过弹簧片压下行程开关 SQ3。

SQ3（1－17）——KM5 断——M3 停止反转，摇臂夹紧完成。

时间继电器 KT 是为保证在摇臂升降电动机停止运转后才可夹紧而设的，KT 延时长短依摇臂升降电动机切断电源到停止的惯性大小来调整。

摇臂升降的极限保护由组合开关 SQ1 来完成。当摇臂上升或下降到极限位置时相应触点动作，使对应的上升或下降接触器 KM2 或 KM3 线圈断电，电动机 M2 停转，摇臂停止移动，从而达到限位保护的目的。SQ1 有两对触点，平时应调整在同时接通位置，一旦撞击，应使一对触点断开，而另一对触点仍保持闭合。

（3）主轴箱和立柱的夹紧与放松控制。主轴箱和立柱的夹紧与放松是同时进行的。当按下松开按钮 SB5 时，KM4 通电，电动机 M3 正转，拖动液压泵，送出压力油。由于 YV 处于断电状态，压力油经二位五通电磁阀，进入主轴箱松开油腔与立柱松开油腔，推动活塞和菱形块，使主轴箱和立柱实现松开，同时，行程开关

SQ4 不受压，触点 SQ4（101－102）闭合，指示灯 HL1 亮，表示处于松开状态，可操作主轴箱和立柱移动。当夹紧时，将压下 SQ4，触点（101－103）闭合，指示灯 HL2 亮，表示可以进行钻削加工。

（4）冷却泵电动机 M4 的控制。冷却泵电动机容量很小（仅 0.125 kW），由开关 SA 直接控制。

（5）保护环节及照明回路。Z3040 摇臂钻床设有短路保护、主轴电动机和液压泵电动机的过载保护、摇臂升降的限位保护等电路。

照明电路由变压器 T 的另一组二次绕组提供 AC36 V 照明电压。照明灯 EL 由装在灯头上的开关 SQ 控制。照明电路由熔断器 FU3 作为短路保护。为了安全，变压器二次侧绕组一端接地，为接地保护。

第十二章 计算机基础与应用

第一节 概 述

计算机是一种能迅速而高效地自动完成信息处理的电子设备，它能按照人们给定的程序对信息进行加工、处理、存储。计算机的特点是运算速度快，计算精度高，存储功能强，并具有逻辑判断能力和自动运行能力。

20 世纪四十年代，美国采用电子真空管，成功研制了世界上第一台计算机。后来，在晶体管、集成电路和大规模集成电路等微电子技术突飞猛进的推动下，计算机的硬件系统有了革命性的变化。到目前为止，计算机已经经历了四代：第一代（1946—1958 年），电子管计算机时代；第二代（1959—1964 年），晶体管计算机时代；第三代（1965—1970 年），中小规模集成电路计算机时代；第四代（1971 年至今），大规模集成电路计算机时代。现在，一片超大规模的微处理芯片已经可以做到只有几平方厘米大小，上面集成了几百万个存储单元，运算速度可以达到每秒几百万至几亿次。

1981 年开始，小型计算机，特别是微型计算机得到了迅速的发展。从 IBM 公司早期推出的个人计算机 IBM - PC、PC/XT、386 - AT，已经发展到现在的 PentiumⅢ、PentiumⅣ和 Pentium - e 等系列的计算机。

同时，计算机的软件技术也有了非常明显的发展，从早期的 DOS 操作系统已经发展到现在各种版本的 Windows、Linux 等操作系统。应用软件则更是多种多样，几乎能满足各行各业的各种要求。

一、计算机的特点

1. 运算速度快

现代的巨型计算机系统的运算速度已达每秒几百亿次乃至上千亿次。大量复杂的科学计算，过去人工完成需要几年、几十年，现在用计算机只需要几天或几个小时甚至几分钟就可完成。

2. 运算精度高

由于计算机采用二进制数字进行运算，因此可以通过使用某些外围设备再加上运用计算技巧，使数值计算的精度越来越高。例如对圆周率 π 的计算，数学家们经过长期艰苦的努力只算到了小数点后500 位，而使用计算机很快就算到了小数点后200 万位。

3. 存储容量大

计算机有存储器，可以存储大量的数据。随着存储容量的不断增大，可存储的信息量也越来越大。计算机程序加工的对象不只是数值，还包括形式和内容丰富多样的各种信息，如语言、文字、图形、图像、音乐等。

4. 可靠性高

采用大规模、超大规模集成电路的计算机具有非常高的可靠性，平均无故障时间以“年”为单位。

5. 通用性强

当今社会的各行各业都在使用计算机，它可以用来计算，也可以用于控制，既有民用的，也有军用的。

二、计算机的分类

1. 按用途分类

计算机按用途可分为通用计算机和专用计算机两类。

（1）通用计算机。通用计算机适应性很强，应用面很广，可以有多种用途。但其运行的效率、速度和经济性依据不同的应用对象会有所不同。我们日常办公和家庭所用的微机都属于通用计算机。

（2）专用计算机。专用计算机就是为特定用途而设计的计算机。专用计算机与通用计算机在效率、速度、配置、结构复杂程度、造价和适应性等方面是有区别的。专用计算机针对某类问题作出最有效的配置，在某种特定的功能方面能显示出最有效、最快速和最经济的特性，但它的适应性较差，例如，工业过程控制机和专用数据处理机就属于专用计算机。

2. 按规模分类

计算机按规模可分为巨型计算机、大型计算机、中型计算机、小型计算机、微型计算机几种。这些类型之间的基本区别通常在于体积大小、结构复杂程度、功率消耗、计算速度和精度性能指标、数据存储容量、指令系统和设备、软件配置等的不同。

（1）巨型计算机。巨型计算机具有最高的运算速度和最大的处理能力，运算速度达每秒几千万亿次以上，数据存储容量很大，一般用于国防和尖端技术的大型科学计算，只在国家的少数机构中拥有。它也是衡量一个国家科学实力的重要标志之一，主要体现在核武器、反导弹武器、空间技术、大范围的天气预报、石油勘探等方面。我国研制的银河Ⅰ、银河Ⅱ就属于巨型计算机。

（2）大型计算机。大型计算机的特点是通用性好，有很强的综合处理能力。运算速度可由每秒几百万次到每秒几百万亿次，可以同时连接上万台终端和外设，支持数千个用户同时工作，主要用于公司、银行、政府机关和大型制造厂家等。IBM 3033、VAX 880 以及我国自行研制的曙光1700和深腾1800机都是大型计算机的典型代表。

（3）中型计算机和小型计算机。中型计算机和小型计算机规模较小，结构简单，维护方便，操作容易，成本较低，易于推广，运算速度可达每秒百万次或更高，主要用于企业管理、大学及科研机关的科学计算、工业控制中的数据采集与分析等。现在应用最多的小型计算机有 DEC 公司的 VAX－11 系列机等。小型计算机一般也可以同时支持十几个用户。

（4）微型计算机。微型计算机只由一片集成电路制成，其体积小，质量轻，结构十分简单，所以又被称为“电脑”。微型计算机也叫个人计算机，外形小巧，配置灵活，价格便宜，通常只有一个用户使用。运算速度可以达到每秒几十亿次至几千亿次。我们现在所接触的计算机大多是微型计算机。

小型计算机和微型计算机按字长可以分为 32 位机、64 位机、128 位机；按结构可以分为单片机、单板机、多芯片机、多片机等；按主板上所用 CPU 的型号可以分为 486 机、586 机、PentiumⅢ机、PentiumⅣ机。所谓工作站就是一台高档次的微机。

3. 按运算方式分类

按运算方式计算机可分为模拟计算机和数字计算机两大类。

（1）模拟计算机。模拟计算机的主要特点是：参与运算的数值由不间断的连续量表示，其运算过程是连续的。由于模拟计算机受元器件质量影响，其计算精度较低，应用范围较窄，目前已很少生产。

（2）数字计算机。数字计算机的主要特点是：参与运算的数值用断续的数字量表示，其运算过程按数字位进行计算。数字计算机具有逻辑判断等功能，以近似人类大脑的“思维”方式进行工作。

三、计算机的性能评价指标

一台计算机功能的强弱或性能的好坏，不是由某一项指标来决定的，而是由它的系统结构、指令系统、硬件组成、软件配置等多方面的因素综合决定的。但对于大多数普通用户来说，可以从以下几个指标来大体评价计算机的性能。

1. CPU 的类型和时钟频率

这是计算机最主要的性能指标，它决定了一台计算机最基本的性能。我们常说的486、586 等，就是按 CPU 的型号来命名的。时钟频率是一台计算机按固定的节拍来工作的衡量方法，又称为主频。时钟频率越高，时钟周期就越短，它执行指令所需要的时间便越短，运算速度就越快。例如，Intel 公司的 CPU 主频最高已达 3. 20 GHz 以上。

2. 内存的容量

内存储器，简称内存，是 CPU 可以直接访问的存储器，需要执行的程序与需要处理的数据就是存放在内存中的。内存储器容量的大小反映了计算机即时存储信息的能力。内存的单位是 MB。一台计算机，它的内存容量越大，所能处理的任务越复杂，速度也会越快。Windows 98 操作系统至少需要 16 MB 的内存容量，Windows XP 则需要 128 MB 以上的内存容量。内存容量越大，系统功能就越强大，能处理的数据量就越多。

3. 字长

微型计算机系统中，在进行存储、传送和操作时，作为一个单元的一组二进制位，称为字。字长是指微型计算机中表示一个字所需要的二进制位数。在存储器的访问、存储器与运算器之间数据的传送以及运算器加工过程中，一般都是以二进制位的字为单位进行的。

字长是微型计算机性能的重要标志。人们通常所说的 8 位机、16 位机或 32 位机，都是以字长来标志的。一般情况下，字长越长，计算精度越高，处理能力越强。Pentium 4 是 32 位的字长。现在字长已从 32 位发展到 64 位甚至 128 位。字长通常取字节的整数倍。

4. 外存储器的容量

外存储器容量通常是指硬盘容量（包括内置硬盘和移动硬盘）。外存储器容量越大，可存储的信息就越多，可安装的应用软件就越丰富。

5. 外围设备的配置情况

计算机允许配置外围设备的种类和数量、输出输入的处理能力，也是性能指标的重要内容。高档计算机一般都有较好的显示器、键盘、鼠标、音箱等。

6. 运算速度

运算速度是指计算机每秒所能执行的指令条数，是衡量计算机性能的又一项重要指标。一般用 MIPS（Million of Instructions Per Second，即百万条指令/秒）为单位。由于不同类型的指令执行时间长短不同，因而运算速度的计算方法也不同。常用的有 CPU 时钟频率（主频）、每秒平均执行指令数（ips）等。微型计算机一般采用主频来描述运算速度，例如，Pentium/133 型的主频为 133 MHz，Pentium Ⅲ/800 型的主频为 800 MHz，Pentium 4 1.5 G 的主频为 1.5 GHz。一台计算机的运行速度主要是由 CPU 和内存的速度决定的。一般来说，主频越高，运算速度就越快。

7. 总线的类型

总线就是计算机各个功能部件之间用来传递数据和信息的一组连接线。

总线按用途不同分为数据总线、地址总线和控制总线。与高速公路上有 4 车道、6 车道、8 车道类似，总线是分位数的，位数越大，传输数据越多、越快。目前计算机中的总线位数有 16 位、32 位、64 位等。常见的性能较好的总线是“外设互联总线（PCI 总线）”，它的总线位数为 32 位，可扩充为 64 位。

8. 接口

在总线的末端通常就是插座和接口。接口分为内部接口和外部接口。鼠标、键盘、网络、打印机、U 盘、移动设备都需要通过外部接口才能与计算机连接。因此，接口特别是外部接口的配置关系到计算机的性能。

9. 兼容性

兼容性是指计算机是否能接受各类扩展卡，并运行各类计算机上所开发的各种应用软件。一台计算机的兼容性与它的软、硬件配置情况有关。

四、计算机的常用名词

1. 内存容量

内存容量是标志计算机处理信息能力强弱的一项技术指标。

2. 外存

外存一般包括各种盘（如软盘、硬盘、光盘和闪存盘）、卡、棒等。

3. 操作系统

操作系统是计算机硬件系统外面加载的第一道软件系统，专门用于管理计算机硬件和其他软件，响应用户对硬件和软件的操作。常见的操作系统软件有 Windows、DOS、Unix、Linux 等。在微机上常用的是 Windows 操作系统。

4. 安装程序

由于目前的软件都涉及许多文件和子目录，所以一般都提供安装程序帮助用户自动化地安装全部文件，一般标准的安装程序均起名 Setup. exe 或 Install. exe。

5. 病毒

病毒是一种计算机程序，它可以附属在可执行文件或隐藏在系统数据区中，在开机或执行某些程序后悄悄地进驻内存，然后对其他的文件进行传染，传播出去，然后在特定的条件下破坏系统或骚扰用户。目前已有较成熟的清除病毒的软件，但是新病毒还是层出不穷，成为一大危害。

6. 集成开发环境

早期程序设计的各个阶段都要用不同的软件来进行处理，如先用字处理软件编辑源程序，然后用链接程序进行函数、模块连接，再用编译程序进行编译，开发者必须在几种软件间来回切换操作。而现在的编程开发软件将编辑、编译、调试等功能集成在一个桌面环境中，这样就大大方便了用户。

7. 拷贝（复制）

拷贝指将文件从一处复制一份完全一样的到另一处，而原来的一份依然保留。

8. 删除

删除是指将文件从系统的目录清单中删掉，但许多情况下，用工具软件或 Windows 下自带的“回收站”均能恢复被删掉的文件。为保险起见，用户最好对自己输入的文本或其他文件进行软盘备份，以防万一。

9. 移动（剪切）

移动就是将拷贝操作和删除操作合二为一，原来的一份在拷贝完成后即被自动删掉。

10. 共享

共享是在网络环境下文件使用时的一种设置属性，一般指多个用户可以同时打开或使用同一个文件（或数据）。

11. 独占

独占指文件（或数据）同一时刻只能被一个用户打开，其他用户只能等待此用户放弃后，才能打开和使用它。

12. 压包

压包指用工具软件将文件进行压缩存储的过程。常用的压包工具有 WinZip、Arj 等。

13. 解包

解包是压包的反过程，即将压包文件还原成原来的文件。

14. 加密

在网络通信中，为了保证传输数据的保密性，用密码对文件进行加密变换。

15. 解密

解密是加密的反过程，使之变成可使用的正常数据。

16. 上传

本地计算机与其他计算机通过网络连接成功后，将本机文件拷贝到其他计算机中的过程。

17. 下载

在网络中，将对方计算机中的文件拷贝至本地计算机中的过程。

18. 通配符

在 DOS 操作系统下，为了提高对文件处理的效率，用“*”或“?”表示一个或任意多个字符，这样就可以一次性处理一批文件，如“*.*”即代表当前目录下的全部可见文件。

19. 内部命令

内部命令是指启动了 DOS 操作系统后，任何时候都能使用的命令，如 DIR、COPY 等，因为这些命令已编在 COMMAND. COM 文件中。

20. 外部命令

外部命令虽然也是 DOS 命令，但它们是经过同名的程序文件提供的功能，若程序文件被删除，则此命令将不可使用，如 DISKCOPY、FORMAT 等。

21. 格式化

格式化指对磁盘中的分区进行初始化的一种操作。一般而言，新盘是必须格式化的，而使用过的旧盘也可以格式化，格式化后磁盘上的全部数据将被删除。

22. 磁盘拷贝

磁盘拷贝指将一张软盘的全部内容原样不变地复制在另一张同样规格的软盘

上。因为软盘上可能有系统数据区或被隐含的文件或子目录，所以不能用一般的复制操作进行磁盘拷贝，只能用如 DISKCOPY 命令或使用 HD COPY 等工具软件进行磁盘拷贝。

23. DMA

DMA（Direct Memory Access，直接内存存取）功能是一种不经过 CPU，而直接从内存存取数据的数据交换模式。在 DMA 模式下，CPU 只需向 DMA 控制器下达指令，让 DMA 控制器来处理数据的传送，数据传送完毕再把信息反馈给 CPU，这样就在很大程度上减少了 CPU 资源占有率，从而可以大大节省系统资源。

24. DNC

DNC 是 Direct Numerical Control 或 Distributed Numerical Control 的简称，意为直接数字控制或分布数字控制。DNC 最早的含义是直接数字控制，其研究开始于 20 世纪六十年代。它指的是将若干台数控设备直接连接在一台中央计算机上，由中央计算机负责数字控制程序的管理和传送。

20 世纪七十年代以后，随着数控机床（CNC）技术的不断发展，数控系统的存储容量和计算速度都大为提高。DNC 的含义由简单的直接数字控制发展为分布式数字控制。它不但具有直接数字控制的所有功能，而且具有系统信息收集、系统状态监视以及系统控制等功能。

25. PMC

PMC 是 Programmable Machine Controller 的缩写，指数控机床专用的可编程控制器，称为可编程序机床控制器。

第二节 计算机工作原理

一、工作原理简介

任何类型的计算机，它们的工作都必须遵循冯·诺依曼原理，可以简要地概括为以下三点：

（1）计算机应包括运算器、存储器、控制器、输入设备和输出设备五大基本部件。

（2）计算机内部应采用二进制来表示指令和数据。每条指令一般具有一个操作码和一个地址码。其中操作码表示运算性质，地址码指出操作数在存储器中的地址。

（3）将编好的程序送入内存储器中，然后启动计算机工作，计算机无须操作人员干预，能自动逐条取出指令和执行指令。

如果想使用计算机做某种工作，就得先把相应的程序编出来，然后通过输入设备送到存储器中保存起来，即存储程序。接下来就是执行程序的问题了。根据冯·诺依曼的设计，计算机应能自动执行程序，而执行程序又可以归结为逐条执行指令。计算机的工作原理如图 12—1 所示。

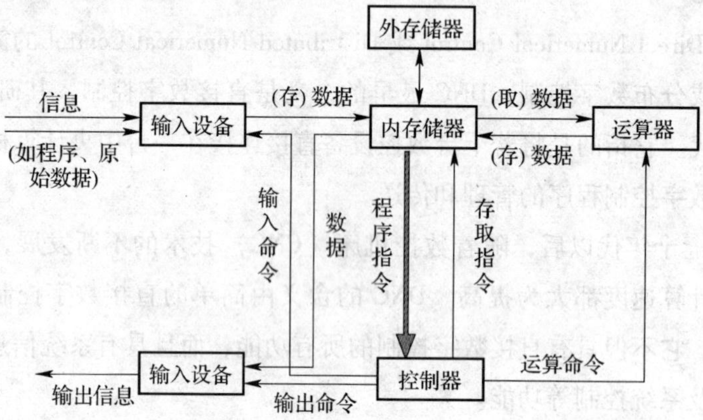

图 12—1　计算机的工作原理

二、主要指令

一般计算机包括如下几类指令：

（1）算术运算类指令，执行加、减、乘、除等算术运算操作。

（2）逻辑运算类指令，执行或、与、非、移位、比较等逻辑运算操作。

（3）传送类指令，执行取数、存数、传送等操作。

（4）程序控制类指令，执行无条件转移、条件转移、调用程序、返回等操作。

（5）输入/输出类指令，执行输入、输出、输入/输出等实现内存和外围设备之间信息传输的操作。

（6）其他类指令，执行停机、空操作、等待等操作。

每一类指令中又包含许多不同功能的指令，如加法指令就有定点加、浮点加、十进制加、直接数加等不同的指令。作为计算机指令，都是用二进制代码表示的，有时也可以用八进制或十六进制表示。

三、信息存储原理

计算机所处理的数据信息，是以二进制数编码表示的。其二进制数字“0”和“1”是构成信息的最小单位，称做“位”或比特（bit）。在计算机中，由若干个位组成一个“字节”（Byte）。字节由多少个位组成，取决于计算机的自身结构。通常，微型计算机的 CPU 多用 8 位组成一个字节，以表示一个字符的代码。构成一个字节的 8 个位被看做一个整体。字节是电子计算机存储信息的基本单位。在计算机的存储器中，占据一个单独的地址（内存单元的编号）并作为一个单元（由多个字节组合而成）处理的一组二进制数称为“字”（Word）。对计算机的运算器和内存储器来说，一个字或几个字就是一个数据；对控制器来说，一个字或几个字就是一条指令。也就是说，在电子计算机内部，字是被当做一个整值而被处理的整体。一个字所包含的二进制的位数称字长。字长是 CPU 的重要标志之一。字长越长，说明计算机数值的有效位越多，精确度就越高。低档微型计算机的字长为 8 位（一个字节），高档微型计算机的字长有 16 位（两个字节）、32 位（四个字节）等。

在计算机的内存容量单位里，1 个二进制的位是 bit，8 个二进制位称为一个字节 B（Byte）。字节是计量内存容量的基本单位，其他的单位还有 KB、MB、GB、TB，它们的转换公式如下：

字节 1 B = 8 bit

千字节 1 KB = 1 024 B

兆字节 1 MB = 1 024 KB = 1 024 × 1 024 B

吉字节 1 GB = 1 024 MB = 1 024 × 1 024 KB

太字节 1 TB = 1 024 GB = 1 024 × 1 024 MB

内存的容量直接影响计算机的性能，PC 系列机的内存容量已经由早期的 640 KB发展到 1 GB 和 2 GB。

第三节　计算机组成结构

计算机系统通常由硬件系统和软件系统两大部分组成。

计算机硬件是指构成计算机系统的各种物理设备，一般由主机和外围设备组成。主机内主要包括中央处理器 CPU（运算器、控制器）、主板、存储器（内存和外存）、显卡、声卡、电源等。常用的外围设备包括各种输入和输出设备，如显示器、键盘、鼠标、光盘、软盘、移动硬盘、打印机、扫描仪、音箱、摄像头等。计算机的组成如图 12—2 所示。

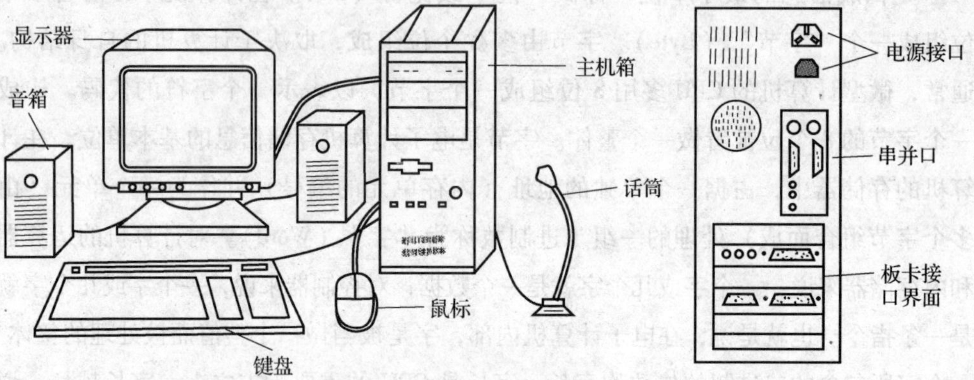

图 12—2　计算机的组成

计算机软件是指计算机运行时所需要的各种程序和数据，可以分为系统软件和应用软件两类。系统软件是直接用于管理和维护计算机本身的程序，如操作系统。应用软件就是让计算机去做各种具体计算工作的软件，主要包括文字处理软件、图像处理软件、多媒体播放软件和实时控制软件等。

计算机主机箱背面有 USB 接口，用于连接鼠标、键盘、打印机等。网络接口可以将计算机连接到网络上。显卡上的 VGA 接口用于连接显示器或投影仪（如同时用显示器和投影仪显示，则通过分配器转接），有些显卡上设有 S 端子或视频接口，可直接连到电视机或投影仪上显示。

一、计算机的组成

任何一台计算机从它的基本组成来说，都离不开五个部分，它们是存储器、运算器、控制器、输入设备和输出设备。

（1）存储器。存储器的功能是存储程序、数据和各种信号、命令等信息，并在需要时提供这些信息。

（2）运算器。运算器的功能是对数据进行各种算术运算和逻辑运算，即对数据进行加工处理。

（3）控制器。控制器是整个计算机的中枢神经，其功能是对程序规定的控制信息进行解释，根据其要求进行控制，调度程序、数据、地址，协调计算机各部分工作及内存与外设的访问等。

（4）输入设备和输出设备。输入和输出设备是计算机的重要组成部分，它们合称为外围设备，简称外设。输入设备的作用是将程序、原始数据、文字、字符、控制命令或现场采集的数据等信息输入到计算机。输出设备的作用是把计算机的中间结果或最后结果、机内的各种数据符号及文字或各种控制信号等信息输出出来。

二、输入和输出设备

1. 键盘

键盘由一组按阵列方式装配在一起的按键开关组成。每按下一个键，就相当于接通了一个开关电路，把该键的代码通过接口电路送入计算机。这时送入计算机的按键代码不是常用的字符 ASCII 码，而是“键盘扫描码”。每一个键的扫描码反映了该键在键盘上的位置。按键的扫描码送入计算机后，再由专门的程序将它转换为相应字符的 ASCII 码。目前，常见的键盘有 101 键、104 键和 107 键三种，现在多用 107 键的键盘。104 键的键盘比 101 键的键盘多了 3 个 Windows 专用键，一般不用也可。107 键的键盘又比 104 键的键盘多了 3 个功能键。

2. 鼠标

鼠标是一种常用的输入设备，它可以方便、准确地移动光标进行定位。

常用的鼠标有两种：机械式鼠标和光电式鼠标。机械式鼠标对光标移动的控制是靠鼠标器下方的一个可以滚动的小球，通过鼠标器在桌面上移动时小球产生的转动来控制光标的移动。光标的移动方向与鼠标器的移动方向相一致，移动的距离也成比例。光电式鼠标器对光标移动的控制是靠鼠标下方的两个平行光源，通过鼠标器在特定的反射板上移动，使光源发出的光经反射板反射后被鼠标器接收为移动信号，并送入计算机，从而控制光标的移动。有的鼠标还在表面带有滚轮，增加了特殊功能。

3. 显示器

早期的计算机都是配用 CRT 显示器，现在许多计算机配用的是液晶显示器（LCD）和发光二极管显示器（LED）。显示器的主要性能指标有：

（1）分辨率。分辨率是指屏幕上每行有多少像素点，每列有多少像素点，一般用矩阵行列式来表示，其中每个像素点都能被计算机单独访问。LCD 和 LED 显示器的分辨率与 CRT 显示器不同，一般不能任意调整，它是制造商所设置和规定的。现在 LCD 和 LED 显示器的分辨率一般是1 440 × 900 和1 920 × 1 080的 SVGA 显示模式和1 024 × 768 的 XGA 显示模式。

（2）点间距。指在最高分辨率下，屏幕上两个像素点之间的距离。它是决定屏幕分辨率的一个重要参数。点间距越小，图像越清晰。

（3）刷新率。CRT 显示器的刷新率就是指在 1 s 内能把整个屏幕刷新多少次。LCD 的刷新频率是指显示帧频。

4. 输入和输出的存储介质

输入和输出的存储介质有磁盘、光盘和闪存等。

（1）硬磁盘。它是由若干片硬盘片组成的盘片组，一般被固定在计算机机箱内。硬盘的存储格式与软盘类似，但硬盘的容量要大得多，存取信息的速度也快得多。现在微机上所配置的硬盘容量一般为 250 GB、500 GB 等。硬盘在第一次使用时，一般要进行分区和格式化。另外，硬盘的转速是其读写速度的一个重要指标，常见的有每分钟5 400转和7 200转两种。

（2）光盘。由于光盘有容量大，存取速度较快，不易干扰等特点，光盘的应用越来越广泛。光盘根据其制造材料和记录信息方式的不同一般分为三类：只读光盘、一次写入型光盘和可擦写光盘。

（3）闪存。也叫 U 盘，它是利用微机的 USB 接口（可热插拔）进行读写操作的。U 盘最大的特点是不需要物理驱动器，无外接电源，仅拇指般大小，质量约 20 g，抗震，防潮防磁，耐高低温，容量较大，使用简单，携带方便，可用来方便地存储及交换文件。

三、主机的硬件设备

一台计算机主机是由许许多多的零部件组成的，其中包括主板、CPU、内存、硬盘、显卡、声卡等。

1. 主板

主板（见图 12—3）是整个计算机的基板，是 CPU、内存、显卡及各种扩展卡的载体。主板是否稳定关系着整个计算机是否稳定，主板的速度在一定程度上也制约着整个计算机的速度。

2. CPU

CPU 就是中央处理器，也就是负责运算和控制的控制中心，是计算机的关键部位，相当于人的大脑。CPU 一般由控制器和运算器两个部件构成并集成在一块芯片上，它是计算机的核心部分。控制器负责指挥和控制其他各个部件协同工作。运算器是计算机的执行机构，它负责对数据进行各种运算。

现在流行的 CPU 主要有 Intel、AMD 等品牌的产品，如图 12—4a、b 所示。

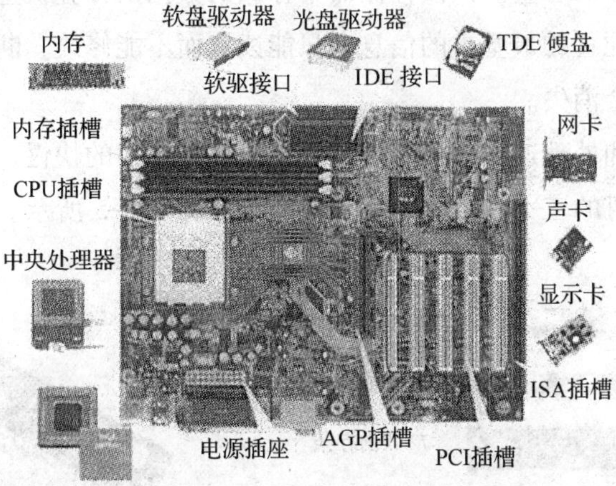

图 12—3　计算机的主板

通常我们所说的奔腾Ⅲ、奔腾Ⅳ等，都是指 CPU 的型号。CPU 型号决定了计算机的型号和性能。

CPU 的工作频率（又称主频）是计算机性能的重要标志之一，主频以数字表示，如奔腾Ⅳ1.7 G 表示主频为 1.7 GHz。CPU 的主频越高，运算速度就越快。CPU 工作的时候会发热，为了保证它正常工作，早期的计算机在 CPU 上安装散热器，现在多用 CPU 风扇散热，如图 12—4c 所示。

a)　　b)　　c)

图 12—4　计算机的 CPU 芯片和风扇

3. 内存

内存分为随机存储器（简称 RAM）和只读存储器（简称 ROM）。通常我们说的内存或内存条是指 RAM，它是计算机的一个存储器件。内存的用途就是用来保存计算机当前工作所需的程序和数据，也称为主存储器。它们都安装在计算机的主板上。

随机存储器中的数据可以由用户进行修改。关闭计算机电源，随机存储器中存储的数据将全部消失，类似于写在黑板上的字，可写可擦。我们平常所说的内存容量就是随机存储器的容量。只读存储器中存储的数据由计算机生产厂家写入，存放着计算机启动与配置的最基本的信息，只能读取而不能修改，断电后保存在只读存储器内的数据不会消失。

内存的容量和处理速度直接决定了计算机数据传输的快慢，内存和 CPU、硬盘一起并称为计算机的三大件。各种常见内存条如图 12—5 所示。

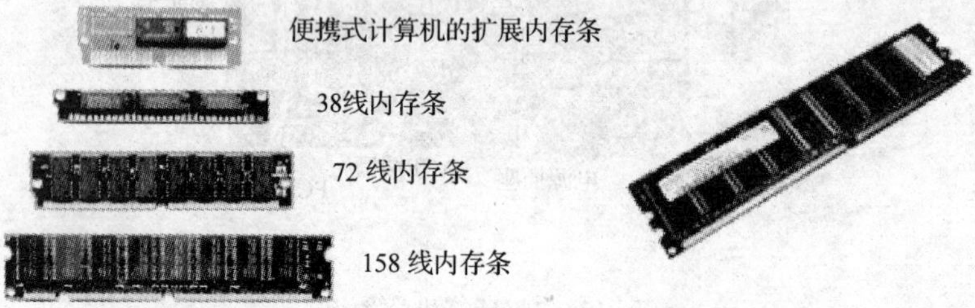

图 12—5　各种常见的内存条

4. 硬盘

硬盘是我们熟知的计算机配件之一，简单地说就是一个大容量存储器，与主机通信速度很快，是现代计算机不可缺少的配件。

5. 显卡

显卡的作用就是对图像数据进行快速处理，显卡也是计算机的重要组成部件之一，而且也是更新换代最快的一个部件。目前很多 3D 游戏对显卡的要求都很高。

四、软件

计算机使用的软件有两类。一类是系统软件，它是每台计算机必备的，这是保证正常工作的基础性软件，如操作系统软件 DOS、Windows、Linux 和 Unix 等。另外，还有一些如编译程序、解释程序和硬件驱动程序等，也可以包括在操作系统软件之中。

另一类是应用软件，如我们经常使用的文字处理软件 WPS 和 Word、图形处理软件 Photoshop、计算机辅助绘图软件 AutoCAD 等。许多应用程序在开发、编写的时候都是在一定的操作系统软件环境下完成的，所以它们也必须在相应的操作系统的管理下，才能正常运行。

1. 硬件驱动

光有硬件，计算机并不能工作，必须要有能驱使硬件工作的软件，这类软件就是我们平常所说的驱动程序。

任何计算机硬件都必须要有驱动程序驱动才能工作。驱动程序是计算机软件中最基本的软件，也是保障计算机顺利工作的基础。

Windows 98 以后的操作系统中，收集了很多常见设备的驱动程序，不过有些设备仍然必须单独装驱动程序，特别要注意的是，各种驱动程序之间有可能产生不兼容的情况。

2. 操作系统

操作系统是直接控制和管理计算机系统硬件和软件资源，以方便用户充分而有效地利用计算机资源的程序集合。其基本目的有两个：一是操作系统要方便用户使用计算机，为用户提供一个清晰、整洁、易于使用的友好界面；二是操作系统应尽可能地使计算机系统中的各种资源得到合理而充分的利用。

操作系统在计算机系统中处于系统软件的核心地位，是连接用户和计算机系统的界面。每个用户都是通过操作系统来使用计算机的。操作系统将根据用户的需要，合理而有效地进行资源分配。

从用户的角度来看，当计算机配置了操作系统后，用户不必再直接操作计算机硬件，而是通过操作系统所提供的命令和服务，去操作和管理计算机。也就是说，操作系统是用户与计算机之间的桥梁。

目前计算机中常见的操作系统有 Windows、Linux 和 Unix 等。

计算机运行的时候，操作系统的主要部分将驻留在主存储器中，通常把这部分称为系统的内核或者核心。从资源管理的角度来看，操作系统的功能可以分为计算机管理、存储管理、设备管理、文件管理和作业管理五大部分。

五、计算机的总线和接口

总线和接口是现代计算机中的一个重要的概念。要跟数控系统和计算机的硬件打交道，就必须对总线和接口有基本的了解。

任何一个微处理器都要与一定数量的部件和外围设备连接，但如果将各部件和每一种外围设备都分别用一组线路与 CPU 直接连接，那么连线将会错综复杂，甚至难以实现。为了简化硬件电路设计，简化系统结构，常用一组线路，再配置适当的接口电路，与各个部件（芯片、板、卡）以及各种外围设备连接。这组共用的连接线路被称为总线，而总线的末端通常就是各种接口和插座。采用总线结构便于部件和设备的扩充，尤其制定了统一的总线标准以后，就容易使不同设备间实现互连。

1. 总线

微型机的总线一般有内部总线、系统总线和外部总线。内部总线是微机内部各外围芯片与处理器之间的总线，用于芯片一级的互连。而系统总线是微机中各插件板与系统板之间的总线，用于插件板一级的互连。外部总线则是微机和外围设备之间的总线。微机作为一种设备，通过该总线和其他设备进行信息与数据交换，它用于设备一级的互连。

内部总线有：I2C、SPI、SCI。

系统总线有：ISA、EISA、VESA、PCI、CompactPCI。

外部总线有：RS232－C、RS485、IEEE－488、USB 等。

总线的特征包括它的结构、位数及带宽。总线位数，是指在计算机中一次可传送的二进制编码位数。总线带宽，指总线传递数据的速率。总线位数越多，机器性能越好。总线是微机系统中的一个重要组成部分，它为系统所有的硬件设备提供接口。

总线按照功能，大体上可以分为地址总线和数据总线。有的系统中，数据总线和地址总线是复用的，即总线在某些时刻出现的信号表示数据，而在另一些时刻表示地址；而有的系统中，二者是分开的。51 系列单片机的地址总线和数据总线是复用的，而一般 PC 中的总线则是分开的。

按照传输数据的方式划分，可以分为串行总线和并行总线。串行总线中，二进制数据逐位通过一根数据线发送到目的器件。并行总线的数据线通常超过 2 根。常见的串行总线有 SPI、I2C、USB 及 RS232 等。

2. 接口

各种总线的末端配有若干个接口。计算机内部的 CPU 与存储器之间是通过存储器接口相连接的。存储器通常是在 CPU 的同步控制下工作的，因此它们之间的接口电路就比较简单。而计算机与外部设备之间的连接和数据交换，由于 I/O 设备品种繁多，就需要通过各种 I/O（输入输出）接口来实现，其相应的接口电路也各不相同。按照接口的连接对象，可以分为串行接口、并行接口、键盘接口和磁盘接口等。

（1）I/O 接口芯片。这些芯片大都是集成电路，通过 CPU 输入不同的命令和参数，并控制相关的 I/O 电路和简单的外设进行相应的操作，常见的接口芯片有定时/计数器、中断控制器、DMA 控制器、并行接口等。

（2）I/O 接口控制卡。是若干个集成电路按一定的逻辑组成一个部件，或者直接与 CPU 同在主板上，或是一个插件插在系统总线插槽上。

（3）接口的主要功能有：

1）设置数据的寄存、缓冲逻辑，以适应 CPU 与外设之间的速度差异。接口通常由一些寄存器或 RAM 芯片组成，如果芯片足够大还可以实现批量数据的传输。

2）能够进行传输信息格式的转换，例如串行和并行的转换。

3）能够协调 CPU 和外设两者在信息的类型和电平方面的差异，如电平转换驱动器、数/模或模/数转换器等。

4）协调时序方面的差异。

5）地址译码和设备选择功能。

6）设置中断和 DMA 控制逻辑，以保证在中断和 DMA 允许的情况下产生中断和 DMA 请求信号，并在接收到中断和 DMA 应答之后完成中断处理和 DMA 传输。

（4）常见接口。计算机中的接口按传输特点的不同有并行接口和串行接口两类。并行接口主要作为打印机端口，它是一种 25 针的 D 形插座。所谓“并行”，是指 8 位数据同时通过并行线进行传送，这样数据传送速度大大提高，但并行传送的线路长度增加，干扰就会增加，容易出错。同时随着计算机硬件和接口的快速发展，这种并行接口的传输速度落后了，又不支持热插拔，已逐渐被 USB 接口所取代。

串行接口不同于并行接口，它的数据和控制信息是一位接一位先后地传送下去。虽然速度慢一些，但传送距离可以比并行口更长。因此长距离的通信应使用串行口。过去的 PC 机一般配备有两个串行口 COM1 和 COM2，通常 COM1 使用的是 9 针 D 形连接器，而 COM2 有些使用的是老式的 DB25 针连接器。在现在的计算机中，它们都将被 USB 接口所取代。

USB（通用串行总线）接口（见图 12—6a）是一个万能插口，可以取代 PC 机上所有的串并行端口，适合用于低速外设的连接。最新的 USB 串行接口可以提供机箱外的“热即插即用”连接，用户在连接外设时不用再打开机箱、关闭电源，可以采用“级连”方式，每个 USB 设备用一个 USB 插头连接到一个外设的 USB 插座上，而其本身又提供一个 USB 插座给下一个 USB 设备使用。通过这种方式的连接，一个 USB 控制器可以连接多达 127 个外设，而每个外设间的距离可达 5 m。USB 插头将取代机箱后的众多的串/并口（鼠标、Modem）键盘等插头。除了能够连接键盘、鼠标等，USB 还可以连接 ISDN、MP3、摄像头、移动硬盘、闪存盘等高速 USB 设备，还可以连接电话系统、数字音响、打印机以及扫描仪等低速外设。由于 USB 具有很强的连接能力，成本低，节省空间，因此，现在很多外围设备都转向使用 USB 接口。

IEEE1394 接口（见图 12—6b）又称为火线接口或数码接口，是一种高速串行接口，它允许把 PC 机、外围设备、“信息化家电”非常简单地连接在一起。它有大接口和小接口两种。大接口比小接口多了一对电源线，可以对外围设备供电。

PS/2 接口（见图 12—6c）用来连接 PS/2 鼠标和 PS/2 键盘，绿色接口接入鼠标，而蓝色接口则接入键盘；串行接口还可以用来接入外置的 Modem 或录音笔一类的设备。

RJ－45 接口（见图 12—6d）用来接入局域网或连接 ADSL 等上网设备。

a)　　b)　　c)　　d)

图 12—6　常见的计算机接口

a）USB 接口　b）IEEE1394 接口　c）PS/2 接口　d）RJ－45 接口

第四节　计算机主要功能和基本操作

一、计算机的主要功能

计算机的应用领域越来越广泛，功能也越来越强大。其主要功能归纳起来有以下几个方面：

1. 数值计算

在科学研究和工程技术中有很多问题需要做大量的数学计算。数值计算就是对数字做科学的计算，例如加、减、乘、除和各种函数运算等。

2. 信息处理

信息处理就是对各种原始数据进行收集、整理、分类、选择、比较、存储、制表、检索、输出的加工过程。信息处理是当今计算机应用的一个重要方面，涉及的范围和内容十分广泛，例如自动阅卷、图书检索、财务管理、生产管理、医疗诊断、编辑排版、情报分析等。

3. 实时控制

实时控制是指及时搜集、检测数据，按最佳值对事物的进程进行调节控制，例如工业生产的自动控制。利用计算机进行实时控制，既可以提高自动化水平，保证产品质量，又可以降低成本，减轻劳动强度。计算机控制与机床相结合产生了数控机床。在日常生活中计算机实时控制的应用更是广泛。现在，很多家用电器都实现了自动化、数字化、智能化控制。

4. 计算机辅助设计

计算机融入工程领域之后，产生了计算机辅助设计、计算机辅助制造和计算机辅助测试等技术，为自动化设计工作提供了广阔的前景，并受到了普遍的重视。

5. 智能模拟

智能模拟也称人工智能，是利用计算机模拟人类智力活动，以替代人类的部分脑力劳动，使计算机具有一定的学习、推理和联想能力。例如智能计算机下棋、智能机器人搜索等，都是计算机智能模拟的成果。

二、计算机的启动和关闭

1. 开机和关机的顺序

在电源及设备完全接好的前提下，开机的顺序是，先打开显示器等外围设备电源，电源指示灯亮后，再打开主机电源。关机的顺序则相反，应先关闭主机电源，再关闭显示器等外围设备电源，关闭主机电源通常由程序来实现。

2. 关机

关闭主机电源的具体操作为：

(1) 单击“开始”按钮。

(2) 单击“开始”菜单中的“关机”命令，如图 12—7a 所示。

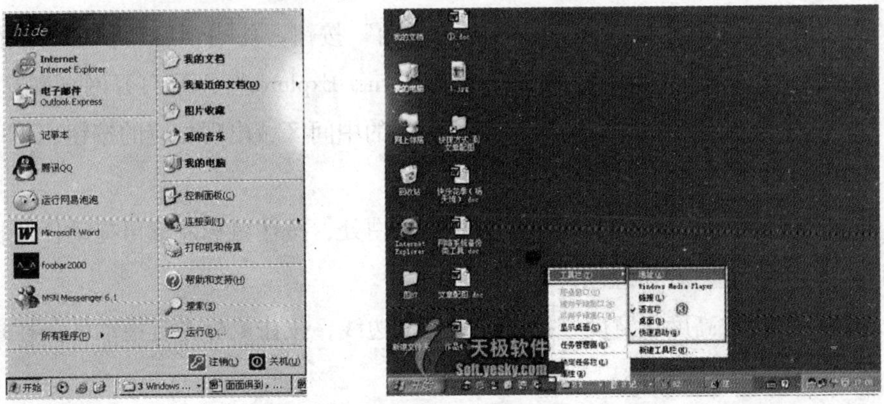

a)　　　　b)

图 12—7　Windows 的开始菜单和桌面

a) 开始菜单　b) 桌面

（3）在对话框中选择“关机”。

（4）最后关闭显示器电源按钮。

如果计算机程序出现异常，长时间停止响应，关机无法运行时，可按住主机电源开关5 s，计算机会自动关闭。

3. 待机和重新启动

如果要暂时离开计算机，为了避免计算机被他人操作，可以点击“开始”→“关闭计算机”，在出现的“关闭计算机”对话框中选择“待机”，以锁定计算机。如需重新启动计算机，则在“关闭计算机”对话框中选择“重新启动”即可。

三、Windows的基本操作

1. Windows的界面

Windows启动成功后，所显示的屏幕就被称为“桌面”。桌面上常见的图标有我的电脑、网上邻居、我的文档、回收站、IE浏览器等。屏幕的最下方有一个长方条，叫做“任务栏”，如图12—7b所示。

（1）桌面。桌面上有一些不同图案的小图形，每个图形下面都有文字说明，这些小图形叫做“图标”，它们是程序、文件的关联标志。鼠标左键双击这些图标就可以启动它们。在不同的计算机上，桌面图标的数量有所不同。图标的数量和系统安装应用程序的多少以及桌面的设置有关。

图标的排列：右击桌面空白处，执行菜单“排列图标”下的子菜单命令。

图标的改名：右击桌面上要改名的图标，单击“重命名”命令。

图标的删除：右击桌面上要删除的图标，单击“删除”命令。

（2）任务栏。任务栏左侧有常用的“开始”按钮，可用于启动程序和执行任务，如点击“开始”→“所有程序”→“Internet Explorer”即可打开网页浏览器。

当打开程序、文档或窗口时，会在任务栏的中间区域出现相应的按钮，可以通过单击相应按钮在已经打开的窗口间实现切换。

改变任务栏的显示位置：指向任务栏的空白处，按住鼠标左键可拖动任务栏至桌面的上、下、左、右任意位置。

调整任务栏的高度或宽度：指向任务栏的边线，按住鼠标左键拖动任务栏边框至合适位置。

任务栏的显示与隐藏：右击任务栏的空白处，执行“属性”菜单命令，在对话框中开启“自动隐藏”选项。需要显示任务栏时，关闭“自动隐藏”选项即可。

任务栏右边的显示：显示任务按钮、时钟、输入法指示器、音量控制器等。

（3）窗口。在 Windows 中，大部分程序都是以窗口的形式出现的，如图 12—8 所示。

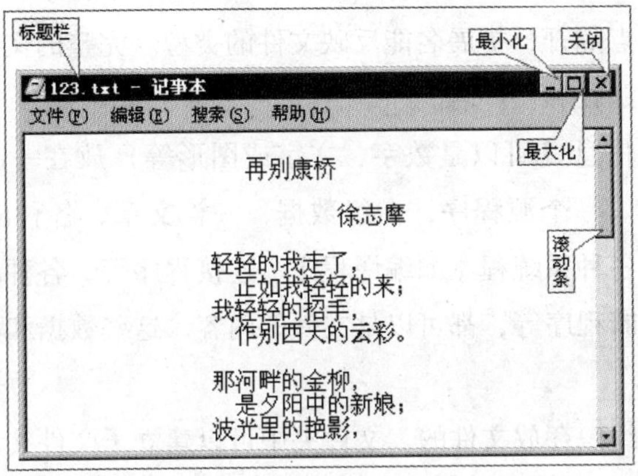

图 12—8　Windows 操作系统的窗口

窗口最上面蓝色的条叫标题栏，它的主要作用是说明该窗口属于什么程序。比如打开的是记事本，它的标题栏上就写着“123. txt—记事本”。这就告诉用户这个窗口是一个“记事本”程序，这个程序正在处理的文件名为“123”。

在标题栏的最右边有三个小按钮，这三个按钮是用来对窗口进行操作的。它们从左到右分别叫做“最小化”按钮、“最大化”按钮和“关闭窗口”按钮。

在标题栏的下面是下拉式菜单条，用户可以在菜单条上打开各种菜单，然后从中选择自己想要进行的操作。

在窗口的右边和下边是滚动条，横的称为水平滚动条，竖的称为垂直滚动条。当窗口里的内容超过窗口的大小时，可以用滚动条来移动窗口里的内容。

打开与关闭窗口：双击某图标，可以启动某程序，打开对应的程序窗口。若要关闭窗口，可单击“关闭窗口”按钮或在任务栏单击鼠标右键选择“关闭”。

移动窗口：指向窗口标题栏，拖动鼠标即可。

改变窗口大小（含最小化、最大化、还原的操作）：指向窗口的边框或边角，按住左键拖动鼠标即可，也可单击最小化、最大化、还原按钮。

（4）开始按钮。单击开始按钮，可打开或关闭开始菜单。

通过开始菜单中的文档子菜单，可快速打开最近使用过的文档；通过设置子菜单，可对 Windows 的系统参数进行配置；通过关机子菜单，可关闭或重启计算机系统等。

2. 文件及文件夹

在 Windows 操作系统中，文件是一个十分重要的概念。计算机对各种信息或对象的操作，都可以归结为对文件的操作。文件用文件名来标志，文件名由主名和扩展名组成，中间用点隔开，扩展名能反映文件的类型。完整的文件名是文件的完整标志，包含磁盘、路径和文件名。

把一组相关的信息（可以是数字、文字或图形等）放在一起，这组相关信息的集合就称为文件。一个源程序，一组数据，一篇文章，各种应用信息如工资账目、用户作业等，各种系统程序如编译程序、连接程序等，各种应用程序如编辑程序、测试程序、诊断程序等，都可以是文件的内容，这些数据和程序都以文件的形式存放在磁盘上。

文件夹是用来组织存放文件的。文件夹中可以建立子文件夹。

对文件及文件夹的操作可以用“我的电脑”或“Windows 资源管理器”来进行。

（1）文件夹的创建。打开某文件夹窗口（桌面或磁盘都属于特殊的文件夹），在窗口内右击鼠标，执行“新建→文件夹”菜单命令，输入文件夹名称后按回车键即可。

（2）文件夹或文件的改名。右击要改名的文件夹或文件图标，执行“重命名”菜单命令，输入新文件名后按回车键即可。

（3）文件夹或文件的移动。选定要移动的文件夹或文件，单击工具栏上的“剪切”按钮，再打开目标文件夹，单击工具栏上的“粘贴”按钮即可。

（4）文件夹或文件的复制。选定要复制的文件夹或文件，单击工具栏上的“复制”按钮，再打开目标文件夹，单击工具栏上的“粘贴”按钮即可。

（5）文件夹或文件的删除。右击要删除的文件夹或文件的图标，执行“删除”菜单命令即可。

3. 资源管理器

资源管理器是 Windows 系统提供的资源管理工具。可以用它查看本台计算机的所有资源，特别是它提供的树形文件系统结构，能更清楚、更直观地显示计算机的文件和文件夹，这是“我的电脑”所没有的。在实际的使用功能上，“资源管理器”和“我的电脑”没有什么不一样，两者都是用来管理系统资源的，也可以说都是用来管理文件的。在“资源管理器”中也可以对文件进行各种操作，例如打开、复制、移动等。

资源管理器的“浏览”窗口包括标题栏、菜单栏、工具栏、左窗口、右窗口和状态栏等几部分。资源管理器也是窗口，各组成部分与一般窗口大同小异，其特别的窗口是文件夹窗口和文件夹内容窗口。左边的文件夹窗口以树形目录的形式显示文件夹，右边的文件夹内容窗口是左边窗口中所打开的文件夹中的内容。

4. 控制面板的使用

控制面板是对 Windows 系统进行个性化设置的一个重要工具。通过单击“开始→设置→控制面板”，打开控制面板窗口，其中每一个图标代表一种设置。如果要修改系统时间，则点击“日期、时间、语言和区域设置”，在随之出现的界面里，再点击“日期和时间”，然后按对话框中的要求进行设置。同样，可以用类似方法进行其他的设置。

第五节　文字处理软件

著名的文字处理软件 Word 是由美国微软公司（Microsoft）在 Windows 操作系统上开发的一种文字处理软件，它是 Office 办公自动化套装程序中的组件之一。Word 的主要功能是做文字处理，它可以方便、快捷地编排各种文档，功能十分强大。同时还可以做一些简单的图片、图形及表格方面的操作。

一、Word 2003 的特点

（1）所见即所得。

（2）图文混排功能。

（3）英文的拼写和语法检查。

（4）简单的表格、绘图功能。

（5）数学公式编辑、艺术字功能。

（6）大部分的命令或操作有三种用法可供选择：鼠标右键菜单、下拉式菜单、快捷键。用户可以根据具体情况和自己的习惯加以挑选。

二、Word 2003 启动和退出

1. Word 的启动

在 Windows 2003 的桌面上单击“开始”按钮，将鼠标的指针指向“程序（P）”“Microsoft Word”，再单击，即可打开 Word 2003 窗口。也可以双击桌面上

Word 2003 的快捷方式图标启动 Word 2003。

2. Word 的退出

有两种方法可以选择。

（1）单击“文件”菜单中的关闭命令或单击菜单栏右边的关闭按钮，关闭 Word。

（2）选择“文件”菜单中的“退出”命令或单击标题栏右边的关闭按钮，关闭 Word。

退出 Word 时，如果有文档未存盘，Word 将会提示“是否保存对……的修改”，选择“是（Y）”，则保存文档后退出 Word；选择“否（N）”，则放弃存盘并退出 Word；选择“取消”，则取消关闭操作，并返回 Word 工作界面。

三、Word 2003 的主界面

Word 2003 的主界面如图 12—9 所示。

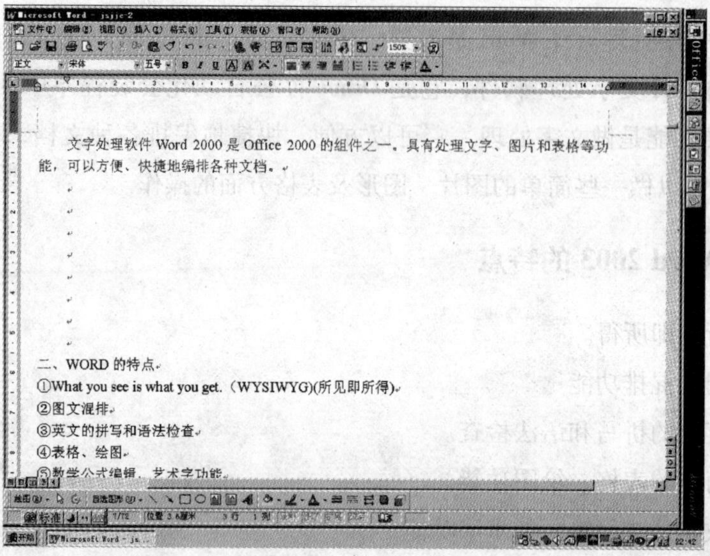

图 12—9　Word 2003 的主界面

1. 标题栏

标题栏位于窗口顶部，用来显示当前文档的标题。当打开或创建一个新文档的时候，该文档的名字就会出现在标题栏上。它显示的是 Word 窗口当前工作文档的名称。右边还有最小化按钮、最大化（还原）按钮和关闭按钮。

2. 菜单栏（下拉式）

在标题栏的下面就是菜单栏。它由9个菜单组成，每个菜单都有自己的一组命令，用于选择和执行各种操作命令。单击每个菜单项，都会弹出各自的下拉式菜单。

在一般情况下，Word 2003会根据使用频率显示菜单中的几个常用命令，同时在下拉式菜单的末尾显示一个箭头，将鼠标指针指向该箭头并稍作停留，即可打开所有的菜单命令。

下拉式菜单中有的命令呈现反白的状态，表示该命令在当前不能执行。例如，表格菜单下面的一些命令，如果是在做文字操作，就会呈现反白的状态，只有在做表格操作的时候才被激活。

（1）文件菜单（F）。文件菜单可以对文件的新建、打开、保存、打印等命令进行操作，还可以对当前工作的页面进行设置。

（2）编辑菜单（E）。编辑菜单主要是对文档内的文字或文字段（块）进行编辑操作，例如全文选择、复制、剪切、粘贴、清除，还可以对文档内相同的文字或文字段（块）进行查找、替换等操作。

（3）视图菜单（V）。视图菜单主要是对屏幕上显示出来的界面进行操作，例如可对工具栏、上下标尺、页眉页脚、页面式样等进行选择。

（4）插入菜单（I）。插入菜单用来在文档中插入各种符号、图片、页码、特定的文句、特定的对象以及文字框、图片框等。这些命令大大丰富了Word文本的内容。

（5）格式菜单（O）。格式菜单主要是对文档的字体、段落、目录的样式等进行排版方面的操作。

（6）工具菜单（T）。使用“工具”菜单中的“选项”命令，再选“视图”选项卡，可以使状态栏、滚动条、垂直标尺隐藏或显示。用鼠标单击菜单名或按<Alt>+相应字母键，均可打开一个下拉菜单，若要执行菜单中的某一条命令，可单击该命令名；若不想执行命令，可单击菜单外的任意位置或按<Esc>键关闭菜单。

（7）表格菜单（A）。表格菜单下面的一些命令只有在做表格操作的时候才被激活。它们可以像制表软件Excel那样，对表格进行绘制、合并、拆分和大小等操作，也可以对表格中的数据作简单的排序，但是功能比Excel差多了。

（8）窗口菜单（W）。窗口菜单下面的命令可以将当前的屏幕分割成为多个画面，呈上下、左右排列，使屏幕上同时显示两个不同的文档，可以很方便地在两个文档之间进行编辑操作。

（9）帮助命令（H）。帮助命令对一些刚入门的用户比较有用。有问题的时候可以马上得到帮助。

1）Word 的帮助命令。当用户想了解工具按钮或命令的帮助信息时，可选择“帮助”菜单的“这是什么”命令，或按 <F1>键。这时，鼠标指针形状会发生变化，将鼠标指针指向需帮助的主题，单击鼠标左键，即可得到帮助信息。

2）Office 助手。当用户需要帮助时也可以按工具栏上的“Office 助手”按钮，或按 <shift> + <F1>键获得。

3. 工具栏

菜单栏的下面紧接着的就是工具栏。工具栏分为两行，上面一行是常用工具栏。它由许多按钮组成，每个按钮对应一个常用命令。单击某一按钮，即可执行相应的命令。例如，文件的建立、打开、保存、打印等，文字的剪切、复制、粘贴。下面的一行是格式工具栏。格式工具栏与常用工具栏类似，也是由许多工具按钮组成的，主要用来对文字或段落的格式进行操作，以便快速编辑文本。

工具栏的打开和关闭：选择“视图（V）”菜单中的“工具栏（T）”命令，或右击 Word 2003 窗口中的工具栏，均会弹出快捷菜单。菜单中共列出了 18 个工具栏的名称，单击其中的某一工具栏名称，窗口中便会打开或关闭相应的工具栏。

另外，这两行工具栏中按钮的多少，放哪些按钮，用户可以根据目前的工作需要通过“工具（T）”下拉式菜单中的“自定义”命令，自行增加或去除，根据个人的需要定制自己的工具栏。

4. 标尺

利用标尺可以使调整段落缩进、对文档进行排版和生成表格更加方便。单击“视图（V）”菜单中的“标尺（R）”命令，即可打开或关闭标尺。

水平标尺：用来设置边界、首行缩进、悬挂缩进、左右缩进、栏宽等。

垂直标尺：用来调整页面的上边距、下边距和表格的行高。

在页面视图中显示两种标尺，在普通视图中只显示水平标尺。

5. 编辑区

在编辑区可以输入字符和图形以及对文档进行编辑和排版。编辑区不断闪烁的竖线称为插入点。光标一般呈“I”形。移动到屏幕的最左边时，会变成向右斜的箭头，这时按住鼠标左键拖拉，可以快速选中一行或一段文字。文字被选中以后会变成黑底反白，光标移动到选中的地方时，会变成向左倾斜的箭头。

6. 滚动条

利用滚动条可以使文档进行上下或左右移动，以便查看文档内容。文档窗口的右边是垂直滚动条，底边是水平滚动条，拖动滚动条上的滚动框或单击两端的箭头可滚动正文工作区中显示的内容。

7. 状态栏

状态栏位于屏幕的底部，显示有关文档的信息，如插入点所在位置，当前页码和行、列号等。如果启动了“绘图”命令，在状态栏的上面就会出现一行与“绘图”有关的命令按钮。状态栏左边显示当前页码、节号、总页数等信息，右边用于显示“改写”等状态。双击灰色的“改写”，则“改写”两字变为黑色，此时输入汉字，改写模式有效。否则，插入状态有效。

8. 视图转换按钮

在水平滚动条的左边是四种视图转换按钮，单击相应的按钮可以选择某一种视图。视图方式的转换也可以通过“视图”菜单进行。各种视图方式的功能有所不同。

四、Word 的文字处理

1. 新建文档

（1）通过菜单操作。选“文件”→“新建”→选“空白文档”，再按“确定”。进入 Word 文档编辑方式，即可输入文字材料。

（2）通过工具按钮操作。点击“新建 Office 文档”按钮。

2. 保存文档

（1）首次保存。用“保存”按钮或菜单中的“文件”→“保存”命令。确认保存前，系统会提示用户给文件取名并选择保存的目录位置。例如取名为“abc123”。

（2）再次保存。直接用“保存”按钮就可以完成。如要改名保存，可用“文件”→“另存为”命令。

3. 关闭/打开文档

（1）关闭文档。点击“文件”→“关闭”命令就可以完成。

（2）重新打开。要打开自己的文档“abc123”，可以有以下几种途径：

1）用文件菜单上的“打开”命令，再从文件目录中找到自己的文档“abc123”，然后单击“打开”按钮。

2）用桌面上的“开始”按钮找到“打开 Office 文档”命令，在文件目录中找到需要的文件。

3）通过“我的电脑”或“我的文档”去找需要操作的文档。

4. 输入文字

在 Word 中可以直接输入英文，也可以切换到汉字输入方式输入汉字。Word 提供了多种输入法，例如“微软拼音”“全拼”或“智能 ABC”等。文字输入时有“改写”和“插入”两种状态。处于“改写”状态时，光标后面的文字要被新输入的文字覆盖；处于“插入”状态时，插入新的文字时，光标后面的文字不被覆盖，只是向后移动了一格。

注意：（1）中文标点与英文标点的区别，全角和半角的区别。

（2）回车与分段的关系，回车意味着分段（有分段符）。

5. 修改文档

（1）改变光标插入点位置。用鼠标将光标移动到需要的地方直接点击。

（2）插入/删除。插入，在光标插入点直接输入文字；删除，按“Backspace”键删除光标前面的文字，按“Delete”键删除光标后面的文字。

（3）选定一段文字。为了对一段文字进行操作，例如删除、移动、复制等，必须首先选定这段文字。这时可以按住鼠标左键在这段文字上拖拉，使其变成黑底反白，然后就可以做各种操作了。

6. 文字块操作

文字块操作可以用鼠标的右键菜单完成，也可以用快捷键的方式来完成。快捷键通常为 Ctrl + 英文字母键（如剪切 X、复制 C、粘贴 V）。

（1）删除。选定文字块，再按删除键 Del。

（2）移动。选定文字块，按 Ctrl + X 裁剪下来，点击目标位置，再用 Ctrl + V 粘贴上去，也可用鼠标拖动文字块到需要的地方。

（3）复制。先选定文字块，按 Ctrl + C 复制，然后点击目标位置，按 Ctrl + V 完成粘贴。也可以选定需要复制的文字，按住 Ctrl 后，再用鼠标拖动到目标位置。

7. 批量替换

菜单“编辑”→“替换”。

8. 恢复操作

菜单“编辑”→“撤销”，或 Ctrl + Z。

9. 文档修饰

（1）进行修饰前，先将对象选中。

（2）设置字体、字号、字型、颜色等，通过工具按钮完成，也可以用菜单（或右击→快捷菜单）。

（3）设置文字的加粗、斜体、下划线、边框、底纹等。

五、Word 的图形处理

Word 2003 具有一些简单的绘图功能，可以对图形进行简单的操作和处理，以达到充实和美化文档的目的。但是与 AutoCAD 软件绘图相比，它的功能实在太少，而且它所画出来的图也没有严格的尺寸。

1. 启动绘图功能

启动菜单栏中的“视图”→“工具栏”→“绘图”，再次进入就可以看见“绘图”前面有√。这时在 Word 窗口的下面（紧靠在状态栏的上面）多出了一条工具条——绘图工具条。用鼠标指针去探测绘图工具条中的选项就会得到它们的名称，如图 12—10 所示。

图 12—10　Word 的绘图工具条

2. 绘制图形或插入已有的图形文件

图形可以通过各种绘图命令自行绘制，也可以是已经存在的，通过“插入”菜单中的图片命令找到或者输入。如果需要，也可以通过复制命令把图形复制到需要的地方。

3. 编辑图形

对于已经存在的图形可以进行各种编辑修改操作。

六、Word 的表格处理

在 Word 文档中可以插入表格，但是 Word 中的表格是比较简单的，与 Excel 中的表格相比，功能要少很多。在编辑表格的操作中，主要的操作有以下几种：

（1）选定表格。

（2）调整行高和列宽。

（3）插入/删除行（列）或单元格。

（4）合并/拆分单元格。

（5）数据统计。

第六节 计算机辅助设计与加工软件

一、概述

计算机辅助设计与制造（CAD/CAM）技术是近年来随着计算机和信息技术发展而形成的新技术。它是和数控机床的普及应用与技术进步密切相关的，是实现数字化、信息化制造技术的基础，在加速工程和产品的开发、缩短产品设计与制造周期、提高产品质量、降低成本、增强企业市场竞争能力和创新能力方面发挥着重要作用。目前CAD/CAM技术广泛应用于机械、电子、航空、航天、汽车、船舶、纺织、轻工及建筑等各个领域，它的应用水平已经成为衡量一个国家技术发展水平及工业现代化的重要标志。

早在三四十年前，计算机就已作为重要的工具，辅助人类承担一些单调、重复的劳动，如辅助数控编程、工程图样绘制等。在此基础上逐渐出现了计算机辅助设计（CAD）、计算机辅助工艺过程设计（CAPP）及计算机辅助制造（CAM）等技术，并相继研发、推出了一批商品化的CAD/CAM应用软件，作为CAD/CAM技术的主要载体，这些应用软件的价值显得越来越重要。

1. 计算机辅助设计

计算机辅助设计（Computer Aided Design，简称CAD）是指工程技术人员以计算机为辅助工具，来完成产品设计过程中的各项工作，如草图绘制、零件设计、装配设计、工程分析等，并达到提高产品设计质量、缩短产品开发周期、降低产品成本的目的。

2. 计算机辅助工艺过程设计

计算机辅助工艺过程设计（Computer Aided Process Planning，简称CAPP）是指工艺编制人员借助计算机，根据产品设计阶段给出的信息和产品制造工艺要求，交互地或自动地确定产品加工方法、方案和工艺文件，如加工方法选择、工艺路线确定、工序设计等。

3. 计算机辅助制造

计算机辅助制造（Computer Aided Manufacturing，简称CAM）有广义和狭义两种定义。广义的CAM，指借助计算机来完成从生产准备到产品制造完成过程中的各项活动，包括工艺过程设计（CAPP）、工装设计、计算机辅助数控加工编程、生产作业计划、制造过程控制、质量检测与分析等。狭义的 CAM，指 NC 程序编制，包括刀具路径规划、刀位文件生成、刀具轨迹仿真及 NC 代码生成等。

二、几款典型的商品软件

1. AutoCAD

AutoCAD 系列软件是 Autodesk 公司于二十世纪八十年代初，为在微机上应用 CAD 技术而开发的绘图程序软件包，后来经过不断的完善和提高，现在已经成为国际上最流行的计算机辅助设计软件，它也是早期进入我国国内市场的 CAD 软件之一。

AutoCAD 软件最早是针对二维设计绘图而开发的，经过多年来的不断更新，在二维绘图领域该软件已经比较完善。后来，随着三维产品设计技术的发展，在 AutoCAD R12、R13 以后的版本中也加入了三维设计的部分。但是，由于该软件早期开发中存在着一些先天的不足，使得该软件在二维设计中无法做到参数化的全相关的尺寸处理，在三维设计中的实体造型能力不足，而且它没有 CAM 的功能。但是由于该软件进入国内市场较早，价格较便宜，对使用的微机要求较低，使用比较简单，因此使用者较多，该软件为中国的 CAD 软件发展作出了一定的贡献。

2. Pro/E

Pro/Engineer 系统是美国参数技术公司（Parametric Technology Corporation，简称 PTC）推出的一款三维参数化建模的 CAD/CAE/CAM 一体化软件。

Pro/Engineer 系统界面简洁，概念清晰，符合工程人员的设计思想与习惯。整个系统建立在统一的数据库上，具有基于特征、全参数、全相关、单一数据库等特点。

（1）基于特征。在 Pro/E 中，将某些具有代表性的平面几何形状（例如矩形、圆、椭圆等），定义为特征，并将其所有尺寸保存为可变参数，进而形成实体，在此基础上可完成复杂几何形体的构建，这一技术就称为基于特征。

（2）全参数。在 Pro/E 中，采用全尺寸约束，通过尺寸约束实现对几何形状的控制。在造型过程中，必须以完整的尺寸参数为出发点，尺寸既不可多标，也不可漏标。

（3）全相关。在整个设计过程中，只要更改任意参数，与之相关的模型、工程图等的参数也会同时更新。

（4）单一数据库。Pro/E 是建立在单一数据库基础上的大型 CAD/CAE/CAM

软件，也就是说，一个工程中的数据全部来自一个数据库，多个用户可以同时为同一个产品设计而工作。

与另外两款设计软件 UG、CATIA 相比，Pro/E 的功能虽然略逊一筹，但是由于操作相对比较容易，特别是它的参数化造型技术，使得整个建模过程的操作显得十分灵活和方便。它还可以进行一定程度的有限元分析，Pro/E 与 ANSYS（有限元分析软件）有很好的接口，可以使建模和有限元分析结合在一起，而且在价格方面要比前面两款便宜很多。因此被我国很多中、小型的企业采用，例如用于塑料模具的设计和加工。

3. UG

UG 是美国 EDS 公司推出的三维 CAD/CAE/CAM 一体化软件，源于航空、汽车企业（例如美国麦道航空公司），它可以处理一些复杂的三维模型。它具有统一的数据库，可以实现 CAD、CAE、CAM 之间无数据交换的自由转换。该软件的功能非常强大，特别是它的 CAM 功能优于其他各软件。

目前我国很多大型的航空企业都在使用这种软件，UG 软件的安装对微机的要求较高。此外，UG 有众多的细分功能，使用起来比较复杂，比较难掌握。

4. CATIA

CATIA 是英文 Computer Aided Tri-Dimensional Interface Application 的缩写。是由法国 DS（达索）公司研制开发的 CAD/CAE/CAM 一体化软件。它是目前世界上居领导地位的、主流的 CAD/CAE/CAM 一体化软件，广泛应用于航空航天、汽车制造、造船、机械制造、电子电器、消费品行业。它的集成解决方案几乎覆盖了所有的产品设计与制造领域，现在的 CATIA 软件分为 V4 版本和 V5 版本两个系列。V4 版本应用于 UNIX 平台，V5 版本应用于 UNIX 和 Windows 两种平台。

CATIA 源于航空航天行业，但其强大的功能已经得到各行业的认可，在欧洲汽车行业已成为事实上的标准。CATIA 的价格十分昂贵，往往只有一些大型的企业和公司有能力购买，它的用户有波音、克莱斯勒、宝马、奔驰等一大批知名企业。其用户群体在世界制造业中具有举足轻重的地位。波音飞机公司使用 CATIA 完成了整个波音 777 的电子装配，从而确定了 CATIA 在 CAD/CAE/CAM 行业内的领先地位。

为了解决大量中小企业对 CAD/CAM 技术的需求，上述软件商还推出了一些中档的、价格比较便宜、功能比较简单或单一的软件。例如，Solidworks 是 DS（达索）公司推出的一款中档的三维 CAD 软件，它比较容易学习，多用于外形设计等。Solidedge是 EDS 公司开发的一款中档的，价格比较便宜的三维 CAD/CAE/CAM 辅助设计软件，设计功能类似于UG，但是比较简化，并且支持我国的国标，因此得到一些企业的青睐。

为了弥补这些中、低档CAD软件的不足，还出现了一些以辅助加工见长的CAM软件，例如MasterCAM、Cimatrom、SolidCAM。这些软件通常具有比较丰富的CAM功能，虽然也有一定的CAD功能，但是根本不能与UG和CATIA相比。

5. 国产的CAD/CAM系统软件

国内机械类CAD/CAM系统软件的研发历史比较短。主要可为两类：一类是在AutoCAD上进行二次开发的CAD设计软件，比如清华天河、高华CAD、机械工程师等；另一类是自己重新编写且拥有自己的设计环境的CAD设计软件，如CAXA电子图板、乔纳森工程师、香格里拉CAD等。

凡是国内研制的应用软件大都符合中国的制图、制造标准，并符合中国人的绘图习惯，而且是全中文的界面，因此国产软件也逐渐得到国内用户的认可。国产软件的价格一般在几千至几万元左右，比起国外软件几十万，甚至上百万的价格是最大的优势。但国外软件的功能与技术仍是国产软件目前所不能达到的。

经过四十多年的发展，CAD/CAM技术有了很大的进步。随着Pentium芯片和Windows NT操作系统的出现并流行，以前只能运行在工作站上的CAD/CAM软件，现在也可以运行在微机平台上，微机平台为普及CAD的应用创造了良好的条件。在此基础上，CAD/CAM软件厂商展开了新一轮的竞争，一方面工作站上著名的CAD/CAM软件（如UG、CATIA）全功能地移植到微机平台，使微机完全对等地实现了工作站环境的处理能力；另一方面CAD/CAM软件摆脱了原有的Unix环境的限制，在Windows平台上得到全面拓展。

第十三章 数控机床编程与操作基础

第一节　数控机床的功能

一般来说，数控机床在设计的时候，设计者就已经给机床规定了某些功能，这些功能可以分为两大类：第一类是基本功能，也就是数控机床必备的功能，缺少了就不能正常工作，甚至无法工作；第二类是可供选择的功能，是用户根据产品加工的需要，可选择的一些功能，它们是对基本功能的扩展和补充。

一、基本功能

1. 坐标轴控制功能

数控机床的轴数是指数控系统可以控制的坐标轴数和同时受控的联动轴数。一般车床的数控系统只需同时控制两个坐标轴运动，铣床和加工中心则需要控制三个或三个以上的坐标轴运动或联动。三个受控轴中，可任意两轴联动的数控机床称为两轴半数控机床。三轴和三轴以上联动的数控机床称为三轴、五轴数控机床，这种机床可以加工船用螺旋桨、汽轮机叶片、模具等复杂的曲面。

2. 插补功能

数控机床的插补可以加工不平行于坐标轴方向的斜线和曲线。主要的插补功能是直线插补（G01）和圆弧插补（G02 和 G03）。

3. 进给功能

数控机床的进给功能主要有以下几种：

（1）快速运动功能。快速运动功能用于坐标轴的快速定位。

（2）程序进给功能（用 F 表示）。在加工程序中用 F 表示切削加工的进给速度，F 后的数值代表进给速度值，单位 mm/min（毫米/每分钟）。

（3）手动进给。手动进给用于手动加工时设定进给速度。其中包括手摇脉冲发生器的进给、手压按钮开关的进给和增量开关的进给等。

（4）自动加减速。在快速运动的启动和停止时，可以设定自动加速和自动减速的功能。

4. 主轴功能

主轴功能包括：

（1）主轴速度选择功能。在程序中用 S 及后面的数字表示主轴每分钟转速。

（2）主轴定向准停功能。在加工螺纹或有特定位置进刀、退刀要求的零件时，需要主轴定向停止转动，使刀具停止在确定的圆周位置上。

（3）恒线速度控制和最高转速限制。在数控车床上加工大的变直径表面时采用。

5. 刀具功能

刀具功能包括：

（1）刀具选择功能。在程序中用字母 T 及后面的数字代表要选择的刀具。

（2）刀具补偿功能。刀具补偿功能有刀具半径补偿、刀具长度补偿、刀尖圆弧半径补偿、磨损补偿等。

6. 编程功能

编程功能包括：

（1）坐标系设定功能。相对于机床零点，可以设置多个工件坐标零点和实际值存储零点，使零件编程很方便。

（2）零件程序的存储和编辑功能。

（3）数据输入和显示功能。通过 MDI（手动数据输入）方式从操作面板上输入数据或单段程序，并在 CRT 或液晶显示器上显示。

（4）辅助编程功能。例如小数编程、固定循环、子程序、宏指令等。

（5）准备功能和辅助功能。准备功能也称 G 功能，是由编程系统研制单位设计的，包括零件加工程序中用的各种 G 功能编程指令。辅助功能也称 M 功能，由数控机床制造厂设置。编程时，用 M 指令表示主轴的正转、反转、停止，还有切削液的开和关，换刀指令等。

7. 机械误差补偿功能

机械误差补偿功能包括进给传动链之间的反向间隙补偿和存储式的螺距误差补偿等，用于提高数控机床的加工精度。

8. 诊断功能

诊断功能是监视数控机床正常工作的自检功能，能及时显示机床或者加工程序中的故障，并显示报警号和故障内容，便于及时处理和排除故障。

二、选择功能

不同种类的数控机床和编程系统，可供选择的功能也不同。一般情况下，供用户选择的功能有如下几种：

（1）在插补功能中有抛物线插补、螺旋线插补、正弦插补等。

（2）在刀具功能中有自动换刀功能。因为有的用户购买的数控机床不带刀具库，就不需自动换刀功能，所以是可选择功能。

（3）在辅助编程功能中有变量编程、宏指令编程、镜像编程、坐标轴旋转等。

（4）激光自动测量。在零件加工完成后，用激光测量头自动测量零件尺寸。

三、数控机床常用术语

（1）计算机数值控制（Computerized Numerical Control，简称 CNC）。用于计算机控制加工功能，实现数值控制。

（2）轴（Axis）。机床的部件可以沿着其作直线移动或回转运动的基准方向。

（3）机床坐标系（Machine Coordinate System）。固定于机床上，由笛卡儿坐标系规定的标准坐标系。

（4）机床坐标原点（Machine Coordinate Origin）。机床坐标系的原点。

（5）工件坐标系（Work - piece Coordinate System）。固定于工件上，由机床坐标系确定的标准坐标系。

（6）工件坐标原点（Work - piece Coordinate Origin）。工件坐标系的原点。

（7）机床零点（Machine Zero）。由机床制造商规定的机床原点。

（8）参考位置（Reference Position）。机床启动用的坐标轴上的一个固定点，它以机床坐标原点为参考基准。

（9）绝对尺寸（Absolute Dimension）/绝对坐标值（Absolute Coordinates）。距某坐标系原点的直线距离或角度。

(10) 增量尺寸 (Incremental Dimension) /增量坐标值 (Incremental Coordinates)。在一序列点的增量中，各点距前一点的距离或角度值。

(11) 最小输入增量 (Least Input Increment)。在加工程序中可以输入的最小增量单位。

(12) 最小命令增量 (Least Command Increment)。从数值控制装置发出的命令坐标轴移动的最小增量单位。

(13) 插补 (Interpolation)。在所需路径或轮廓线上的两个已知点间根据某一数学函数 (例如直线、圆弧或高阶函数) 确定其多个中间点的位置坐标值的运算过程。

(14) 直线插补 (Line Interpolation)。这是一种插补方式，在此方式中，两点间的插补沿着直线的点群来逼近，并控制刀具沿此直线运动。

(15) 圆弧插补 (Circula Interpolation)。这是一种插补方式，在此方式中，根据两端点间的插补数字信息，计算出逼近实际圆弧的点群，控制刀具沿这些点运动，加工出圆弧曲线。

(16) 顺时针圆弧 (Clockwise Arc)。刀具参考点围绕轨迹中心，按负角度方向旋转所形成的轨迹。

(17) 逆时针圆弧 (Counter Clockwise Arc)。刀具参考点围绕轨迹中心，按正角度方向旋转所形成的轨迹。

(18) 手工零件编程 (Manual Part Programming)。手工进行零件加工程序的编制。

(19) 计算机零件编程 (Computer Part Programming)。用计算机和适当的通用处理程序以及后置处理程序进行零件加工程序的编制。

(20) 绝对编程 (Absolute Programming)。绝对编程是用表示绝对尺寸的控制字进行编程。

(21) 增量编程 (Increment Programming)。增量编程用表示增量尺寸的控制字进行编程。

(22) 字符 (Character)。字符是用以组织或控制数据的各种符号。

(23) 控制字符 (Control Character)。出现于特定的信息文本中，表示某一控制功能的字符。

(24) 地址 (Address)。一个控制字开始的字符或字符组，用以辨认其后的数据。

(25) 程序段格式 (Block Format)。字、字符和数据在一个程序段中的安排形式。

（26）指令码（Instruction Code）/机器码（Machine Code）。计算机指令代码，机器语言，用来表示指令集中的指令代码。

（27）程序号（Program Number）。以号码识别加工程序时，在每一程序的前端指定的编号。

（28）程序名（Program Name）。以名称识别加工程序时，为每一程序指定的名称。

（29）指令方式（Command Mode）。指令的工作方式。

（30）程序段（Block）。程序中为了实现某种操作的一组指令的集合。

（31）零件程序（Part Program）。在自动加工中，为了使自动操作有效，按某种语言或某种格式书写的顺序指令集。零件程序是写在输入介质上的加工程序，也可以是为计算机准备的经输入、处理后得到的加工程序。

（32）加工程序（Machine Program）。在自动加工控制系统中，按自动控制语言和格式书写的指令集。这些指令记录在适当的输入介质上，完全能实现直接的操作。

（33）程序结束（End of Program）。指出工件加工结束的辅助功能。

（34）数据结束（End of Data）。程序段的所有命令执行完后，使主轴功能和其他功能（例如冷却功能）均被删除的辅助功能。

（35）程序暂停（Program Stop）。程序段的所有命令执行完后，删除主轴功能和其他功能，并终止其后数据处理的辅助功能。

（36）准备功能（Preparatory Function）。机床或控制系统建立加工功能方式的命令。

（37）辅助功能（Miscellaneous Function）。控制机床或系统的开关功能等辅助选择功能的一种命令。

（38）刀具功能（Tool Function）。依据相应的格式规范，识别或调入刀具。

（39）进给功能（Feed Function）。定义进给速度技术规范的命令。

（40）主轴速度功能（Spindle Speed Function）。定义主轴速度技术规范的命令。

（41）进给保持（Feed Hold）。在加工程序执行期间，暂时中断进给的功能。

（42）刀具轨迹（Tool Path）。切削刀具上规定点所走过的轨迹。

（43）零点偏置（Zero Offset）。数控系统的一种特征。它容许数控测量系统的原点在指定范围内相对于机床零点移动，但其永久零点则存在数控系统中。

(44) 刀具偏置 (Tool Offset)。在一个加工程序的全部或指定部分，施加于机床坐标轴上的相对位移。该轴的位移方向由偏置值的正负来确定。

(45) 刀具长度偏置 (Tool Length Offset)。在刀具长度方向上的偏置。

(46) 刀具半径偏置 (Tool Radius Offset)。刀具在两个坐标方向上的刀具偏置。

(47) 刀具半径补偿 (Cutter Compensation)。垂直于刀具轨迹的位移，用来修正实际的刀具半径与编程的刀具半径的差异。

(48) 刀具轨迹进给速度 (Tool Path Feedrate)。刀具上的基准点沿着刀具轨迹相对于工件移动的速度，其单位通常用每分钟或每转的移动量来表示。

(49) 固定循环 (Fixed Cycle, Canned Cycle)。预先设定的一些操作命令，根据这些操作命令使机床坐标轴运动，主轴工作，从而完成固定的加工动作。例如钻孔、镗削、攻螺纹以及这些加工的复合动作。

(50) 子程序 (Subprogram)。加工程序的一部分，子程序可由适当的加工控制命令调用而生效。

(51) 工序单 (Planning Sheet)。在编制零件的加工工序前，为其准备的零件加工过程表。

(52) 执行程序 (Executive Program)。在 CNC 系统中，建立运行能力的指令集合。

(53) 倍率 (Override)。操作者在加工期间能够修改速度的编程值（例如进给率、主轴转速等）的手工控制功能。

(54) 伺服机构 (Servo - Mechanism)。这是一种伺服系统，其中被控量为机械位置或机械位置对时间的导数。

(55) 误差 (Error)。计算值、观察值或实际值与真值、给定值或理论值之差。

(56) 分辨率 (Resolution)。两个相邻的离散量之间可以分辨的最小间隔。

第二节　数控加工中的插补

数控机床在加工连续的曲线轮廓时，总希望刀具（或工件）能时时刻刻严格、准确地沿着零件的轮廓曲线运动。这就需要知道任意时刻刀具相对于工件运动的精确位置坐标，这个要求显然太高了，因为从理论上来说，一条再短的曲线也是由无穷多个点组成的，我们显然不可能给出无穷多个数据去控制数控机床。通常在零件图和加工程序中仅仅提供了描述某一段轮廓线形所必需的少数几个参数。例如直线的起点和终点坐标，圆弧的起点和终点坐标、半径以及是顺圆还是逆圆等。这就需要在加工（运动）过程中，实时地根据给定轮廓线形和给定进给速度要求计算出不同时刻刀具相对于工件的位置，即起点和终点之间的若干个中间点。这就是插补的概念。具体来说，插补（Interpolation）就是根据工件轮廓线的形状特性和进给速度的要求，在轮廓起点和终点之间计算出若干个中间点的坐标值，并协调各坐标的移动顺序、位移量、方向和速度，使其合成的轨迹近似于要求的轮廓形状。

插补模块是整个数控系统中一个极其重要的功能模块，插补算法的选择将直接影响系统的精度、速度和加工能力范围。每个中间点计算所需要的时间，将直接影响系统的控制速度，而插补中间点坐标值的计算精度则影响数控系统的控制精度。因此，插补算法是整个数控系统控制的核心，也是关系到数控机床性能的重要指标。

一、插补方法的分类

数控系统中完成插补工作的装置称为插补器。根据插补的方式，可以分成硬件插补与软件插补两类。硬件插补利用数字电路组成，它的结构复杂，然而运算速度快。软件插补是利用特定的插补程序进行插补，它的结构简单，灵活易变，但是插补的速度要比硬件插补慢。

插补的方法有很多，从数学的角度来说有一次（直线）插补、二次（圆、抛物线、双曲线等）插补、高次曲线插补等；从插补计算所输出的数值形式来分，主要分为基准脉冲插补和数据采样插补两类。

1. 脉冲增量插补

脉冲增量插补又称为基准脉冲插补，它适用于以步进电动机为驱动电动机的开环数控系统。这类插补的特点是每次插补只产生一个行程增量，发出相互协调的进给脉冲，并以一个一个脉冲的方式输出给伺服机构，每个脉冲使进给电动机驱动装置转过一个固定的角度（步距角），并使机床工作台产生相应的位移。脉冲的频率影响进给的速度，脉冲的数量关系到进给的行程。这类插补的实现方法较简单，通常只用加法和移位即可完成插补。故其易用硬件实现，而且运算速度较快。也有用软件完成这类算法的，主要是一些中等精度或中等速度要求的数控系统。现在常用的逐点比较插补法和数字积分插补法都属于脉冲增量插补法。

2. 数据采样插补

随着计算机技术和伺服技术的发展，以直流伺服电动机为驱动电动机的闭环、半闭环系统成为数控系统的主流。在这种数控系统中，一般都采用数据采样插补算法。这种插补算法由两部分组成：一部分是精插补，由硬件实现；另一部分是粗插补，由软件实现。用软件粗插补计算一定时间内，当前加工点应该移动的距离，送到硬件插补器内，再经硬件精插补，控制电动机驱动运动部件，达到预定的要求。

二、脉冲增量插补算法的基本原理

脉冲增量插补算法有很多，最常用的是逐点比较法、数字积分法以及它们的派生算法。

1. 逐点比较法

逐点比较法又称代数演算法，是经济型数控系统（一般为步进电动机的开环数控系统）应用较多的一种插补算法。它能实现直线插补、圆弧插补和非圆二次曲线插补。

逐点比较法就是每走一步都要将工作点的瞬时坐标与规定的运动轨迹（即工件轮廓）进行比较，判断两者之间的偏差。根据偏差，确定下一步进给方向。这样就能得出一个非常接近于工件轮廓的图形，且最大的偏差不超过一个脉冲当量。

逐点比较法插补前，先要根据规定的运动轨迹曲线形状构造一个偏差函数 $F = F(x,y)$，式中的 x、y 是动点 m 的坐标。分别以 $F(x, y) > 0$、$F(x, y) = 0$、$F(x, y) < 0$ 表示动点的位置。

在逐点比较法中，每进一步都需要四小步工作。

（1）偏差判别。判别偏差函数的正、负，以确定工作点相对于规定曲线的位置。

（2）坐标进给。根据偏差情况，控制 x 坐标或 y 坐标进给一步，使工作点向规定的曲线靠拢。

（3）偏差计算。进给一步后，计算工作点与规定曲线的新偏差，作为下一步偏差判别的依据。

（4）终点判断。判断终点是否到达，如果未到终点，继续插补；如果终点已到，就停止插补。

2. 数字积分法（DDA）

数字积分法插补是脉冲增量插补的一种，它是用数字积分的方法计算刀具沿各坐标轴的移动量，从而使刀具沿着设定的曲线运动。实现数字积分插补计算的装置称为数字积分器或数字微分器（Digital Differential Analyzer，简称 DDA）。数字积分法可以用软件来实现。数字积分器具有运算速度快、脉冲分配均匀等优点，可以实现一次、二次曲线的插补和各种函数运算，而且易于实现多坐标联动。DDA 法的特点是用控制增量速率来控制增量间的关系。由于以上特点，DDA 法插补运算简单、运算速度快、脉冲分配均匀、易于实现多坐标联动。DDA 法插补是目前使用范围很广的一种插补方法。

数字积分法的基本原理可以用下面的函数积分表示：

$$S = \int_0^t f(t)\,dt$$

如果将 0 ~ t 的时间划分成时间间隔为 Δt 的有限区间，当 Δt 足够小时，可得近似公式：

$$S = \int_0^t f(t)\,dt = \sum_1^n y_{i-1}\Delta t$$

式中 y_{i-1} 为 $t = t_{i-1}$ 时 $f(t)$ 的值。此公式说明积分可以用数的累加来近似代替，其几何意义就是用一系列小矩形面积之和来近似表示函数 $f(t)$ 下面的面积，如图 13—1 所示。

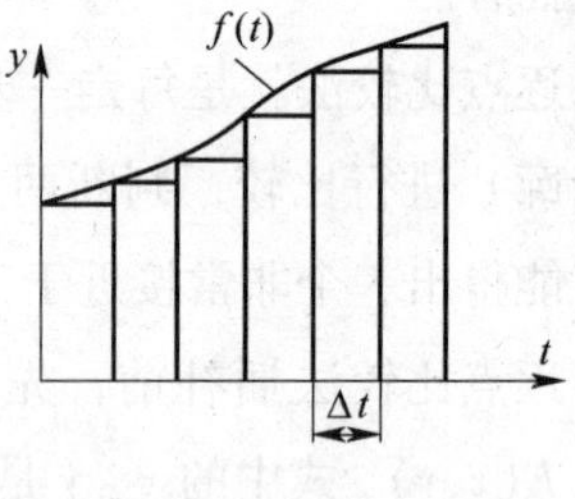

图 13—1　数字积分法原理

如果在数字运算时，取 Δt 为基本单位"1"，则上式可以简化为：

$$S = \sum_1^n y_{i-1}$$

如果系统的基本单位 Δt 设置得足够小，那么就可以满足我们所需要的精度。

三、数据采样插补法的基本原理

数据采样插补法是根据用户程序中给定的进给速度，将给定轮廓曲线分割为一段一段以插补周期为单位的进给段，即轮廓步长。在每一个插补周期中，插补程序被调用一次，执行一次插补运算。与基准脉冲插补法不同的是，数据采样插补法计算出来的不是单个进给脉冲，而是用二进制表示的进给量，也就是在下一插补周期中，轮廓曲线上的进给段在各坐标轴上分矢量的大小。插补的主要工作就是计算出下一个插补点的坐标，进一步再计算出下一个周期刀具沿各个坐标的进给量，进而得出下一插补点的指令位置。计算机定时对坐标的实际位置进行采样，将采样数据与指令位置进行比较，得出位置误差，再根据位置误差对伺服系统进行控制，达到消除误差使实际位置跟随指令位置的目的。数据采样插补主要有时间分割法、扩展 DDA 法、双 DDA 法等。

时间分割法插补是典型的数据采样插补，其工作原理和工作方式是：先根据加工指令中的进给速度 F，计算出一个插补周期的轮廓步长 L，即用插补周期为时间单位，将加工过程分割成许多个单位时间内的进给过程。以插补周期为时间单位，则单位时间内移动的路程就等于速度，因此轮廓步长 L 与轮廓速度 f 相等。插补计算的主要任务是计算出下一个插补点的坐标从而计算出轮廓速度 f 在各个坐标轴的分量，进而可以得到下一个插补周期内刀具沿各个坐标轴方向的进给量。在进给过程中，对实际位置进行采样，与插补计算的坐标值进行比较，得出位置误差，位置误差将在下一个采样周期内修正。采样周期可以等于插补周期也可以小于插补周期。

第三节　数控机床的坐标系

数控机床工作时，刀具或工件根据计算机的指令沿着一定的坐标系运动。数控机床的结构和运动方式是多种多样的，为了编程时大家对机床的运动有一个统一的描述，国际标准化组织对数控机床的坐标和方向制定了统一的标准。

一、数控机床坐标系的规定

1. 确定原则

（1）刀具相对静止工件运动的原则。这样可以使编程人员不用管加工的具体方式，也就是在不知道是刀具移近工件，还是工件移近刀具的情况下，就可以依据零件图样确定加工的过程。

（2）标准坐标系原则。首先确定机床坐标系，通过机床坐标系来确定机床运动的方向与距离，以完成一系列的成形运动和辅助运动。

标准坐标系（即机床坐标系）的规定：直线运动的坐标轴用 X、Y、Z 表示。围绕 X、Y、Z 轴旋转的圆周进给运动坐标轴用 A、B、C 表示。基本坐标轴 X、Y、Z 的关系及其正方向用右手直角笛卡儿定则判定，如图 13—2 所示。拇指为 X 轴，食指为 Y 轴，中指为 Z 轴，围绕 X、Y、Z 各轴的回转运动及其正方向 $+A$、$+B$、$+C$ 分别用右手螺旋定则判定。拇指指向为 X、Y、Z 的正向，四指弯曲的方向为对应的 A、B、C 的正向。

机床的坐标轴 X、Y、Z 的判定顺序是：先定 Z 轴，然后定 X 轴，最后按右手

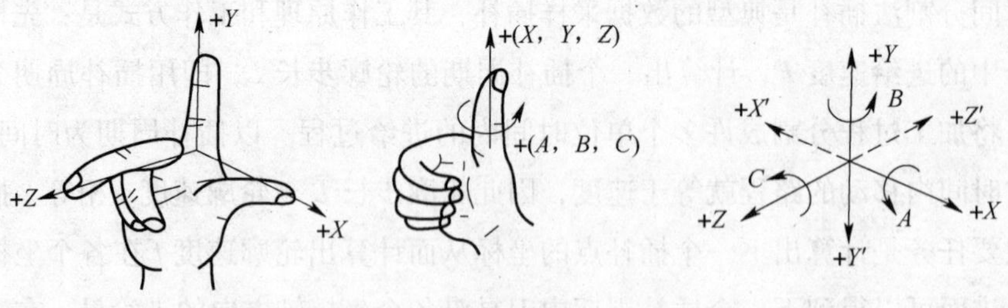

图 13—2 右手直角笛卡儿坐标系

定则判定 Y 轴。

（3）运动方向的原则。数控机床某一部件运动的正方向，是增大工件与刀具之间距离的方向。

2. 坐标的确定

（1）Z 坐标。标准规定，机床传递切削力的主轴轴线为 Z 坐标（如铣床、钻床、车床、磨床等）。如果机床有几个主轴，则选一垂直于装夹平面的主轴作为主要主轴；如机床没有主轴（如龙门刨床），则规定垂直于工件装夹平面的方向为 Z 轴方向。

（2）X 坐标。X 坐标一般是水平的，平行于装夹平面。对于工件旋转的机床（如车床、磨床等），X 坐标的方向在工件的径向上，如图 13—3a 所示。对于刀具旋转的机床则作如下规定：

1）当 Z 轴水平时，从刀具主轴向工件看，正 X 方向为右方向，如图 13—3b 所示。

2）当 Z 轴处于铅垂面时，对于单立柱式，从刀具主轴向工件看，正 X 方向为右方向，如图 13—3c 所示；对于龙门式，从刀具主轴右侧看，正 X 方向为右方向。

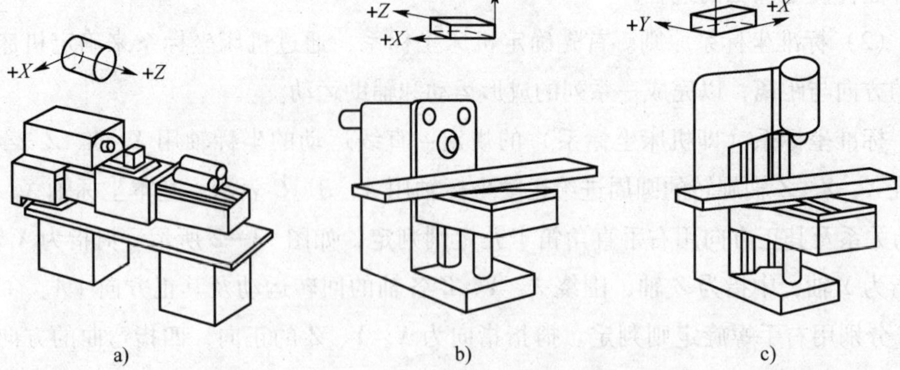

图 13—3 数控机床坐标系示例

（3）Y坐标。由右手笛卡儿坐标系来确定Y坐标，A、B、C表示绕X、Y、Z坐标的旋转运动，正方向按照右手螺旋法则判定。

若有第二、三个直角坐标系，可用U、V、W和P、Q、R表示。

（4）坐标方向判定。当某一坐标上刀具移动时，用不加撇号的字母表示该轴运动的正方向；当某一坐标上工件移动时，则用加撇号的字母（例如A′、X′等）表示。加撇号与不加撇号所表示的运动方向正好相反。

二、机床坐标系

在确定了机床各坐标轴及方向后，还应进一步确定机床坐标系原点的位置。

1. 机床（坐标系）原点

数控机床在设计和制造的时候，都设置有一个基准点，称为机床原点（也称机床零点）。它是机床制造商设置在机床上的一个物理位置，是数控机床进行加工运动的基准参考点，是机床运动坐标的起始点。例如，在数控车床上，一般取卡盘端面与主轴中心线的交点作为车床的原点。

2. 机床坐标系

以机床原点作为坐标系原点建立起来的坐标系称为机床坐标系。有了机床坐标系就可以确定其他的坐标系，如工件坐标系等。因此，它是数控机床的基本坐标系。

3. 机床参考点

数控机床的原点虽然是机床所固有的。但是，要找到它比较麻烦，使用起来也不太方便。在大多数情况下，当已装好刀具和工件时，机床已不可能返回零点，因而需要另外设立一个所谓的机床参考点。机床参考点也是由机床制造厂家定义的一个点，机床参考点和机床原点的坐标位置关系是固定的，其位置参数存放在数控系统中。

另外，对于只有增量型测量功能的数控机床来说，数控装置通电时不知道机床零点在哪里，为了正确地在机床工作时建立机床坐标系，通常在每个坐标轴的移动范围内（机械行程的范围是由最大和最小限位开关来限定的）设置一个机床参考点（测量起点）。当机床启动时，通常都要进行机动或手动返回参考点的操作。回到了参考点位置，也就等于知道了该坐标轴的零点位置。找到所有坐标轴的参考点，数控机床就建立起了机床坐标系。例如数控车床一般要使用参考点来建立机床坐标系。

参考点的位置是在每个轴上用挡块和限位开关精确地预先确定好，参考点大多位于加工区域的边缘。机床参考点可以与机床零点可以重合，也可以不重合，通过参数来指定机床参考点到机床零点的距离，如图13—4所示。在绝对行程测量的控制系统中则无须设置参考点，因为每一瞬间，包括重新开机都可以直接读出运动轴的准确坐标值。

机床坐标系不能直接用来供用户编程，它是帮助机床生产厂家确定机床参考点（零点）的。机床参考点由厂家设定后，用户不得随意改变，否则会影响机床的精度。

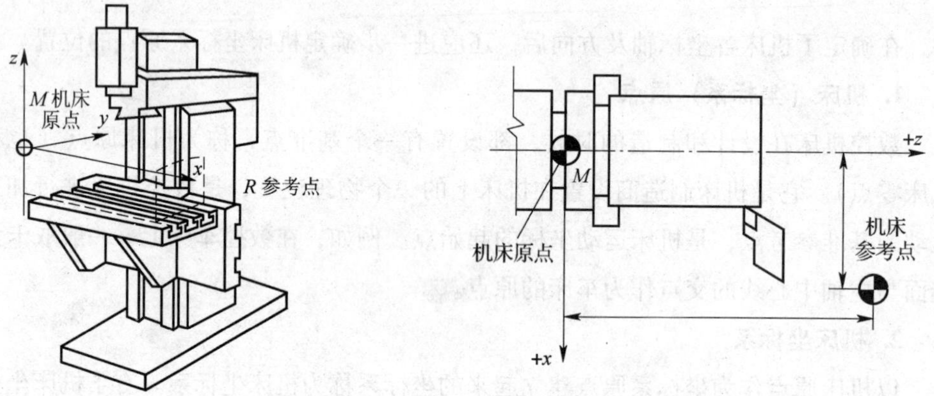

图13—4　数控机床坐标系参考点

三、工件坐标系

数控机床的机床坐标系虽然是基础坐标，但是直接用于零件的编程是不太方便的。因为零件图上标注的很多数据在编程时都要变成以机床原点作为计算的基准，这大大增加了编程的工作量，同时也很容易出错。而且，零件放在机床上的位置改变了，以前的数据也都不能用了，全部都要更新。因此，更合理的方法是建立工件坐标系，通常也称为编程坐标系。工件坐标系的零点可以由操作者或编程者自由选择。在工件坐标系中，编程人员可以摆脱机床坐标系，直接利用零件图上面的数据来编程，这样就大大方便了编程人员的编程工作。在选择工件坐标系原点时应该遵循以下原则：

（1）与设计基准一致。

（2）让工件图中的尺寸容易换算成坐标值，尽量直接用图样尺寸作为坐标值。

（3）尽量选在尺寸精度高、表面粗糙度值低的工件表面。

（4）最好在工件的对称中心或轮廓边缘上。

(5) 要便于测量和检测。

为了保证编程与加工的一致性，编程坐标系也应是右手笛卡儿直角坐标系。工件装夹到机床上时，应使工件坐标系与机床坐标系的坐标轴方向保持一致。

第四节 数控机床编程与常用代码

一、数控机床编程概述

在数控机床上加工零件时，先由工艺人员制定好零件的加工工艺规程（工艺卡），在工艺规程中给出零件的加工路线、切削参数、使用机床的规格及刀具、夹具等内容。然后，按规定的代码及程序格式，将零件的全部工艺过程、工艺参数、位移数据和方向以及操作步骤等转换成为数字形式的加工程序，再通过输入装置送入数控系统。数控装置将输入的信息进行运算处理，并转换成驱动伺服机构的指令信号，最后由伺服机构驱动控制机床的各种动作，自动地加工出零件。从零件图样到程序校验前的全部过程称为数控加工的程序编制，简称数控编程。数控机床编程的过程如图 13—5 所示。使用数控机床加工零件时，程序编制是一项重要的工作。迅速、正确而经济地完成程序编制工作，对有效地利用数控机床具有决定意义。

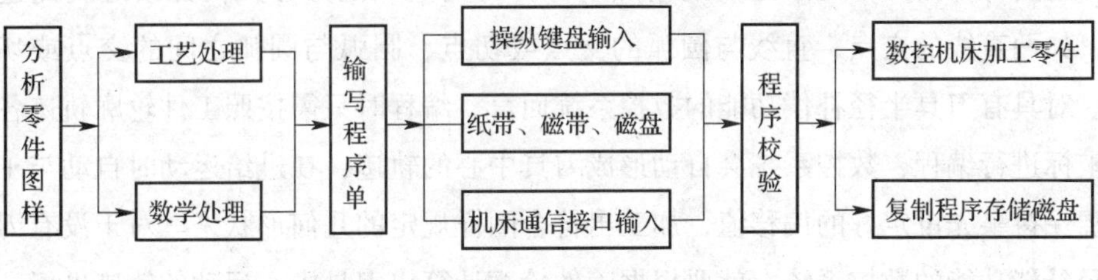

图 13—5 数控机床编程的过程

数控程序是由文字、数字和符号组成的数控代码按规定的方法和格式编制的零件加工的数控程序单。编制程序的工作可由人工进行或者在数控机床以外用自动编程计算机系统来完成。手工编程是数控机床操作人员必须掌握的一种编程方法。操作者通过一般的计算，得到刀具（或工件）运动轨迹的一系列数据，然后编写成为一条一条的指令。这种方法适用于中等复杂程度以下而且计算量不大的零件。自动编程是利用数控编程软件，通过人机对话的方式生成一系列的指令。

二、程序编制的内容与步骤

数控机床程序编制的内容包括分析工件图样、确定加工工艺过程、数值计算、编写零件加工程序单、程序输入数控系统和程序的校验。

1. 分析工件图样

分析工件的材料、形状、尺寸、精度及毛坯形状和热处理等要求，确定该零件适合在哪种类型的数控机床上加工，明确加工的内容和要求。

2. 确定加工工艺过程

在对零件图样做了全面分析的前提下，确定零件的加工方法（如采用的夹具、装夹和定位方法等）、加工路线（如对刀点、换刀点、进给路线）及切削用量（如进给速度、主轴转速、切削宽度和切削深度等）等工艺参数。制定数控加工工艺时，除考虑数控机床使用的合理性及经济性外，还需考虑：所用夹具应便于安装，便于协调工件和机床坐标系的尺寸关系；对刀点应选在容易找正，并在加工过程中便于检查的位置；进给路线尽量短，数值计算容易；加工安全可靠。

3. 数值计算

根据工件图样及确定的加工路线和切削用量，计算出数控机床所需输入的数据。数值计算主要包括计算工件轮廓的基点和节点的坐标。

（1）基点的计算。一般数控机床具有直线和圆弧插补功能。对于由直线和圆弧组成的平面轮廓，除了要计算出轮廓几何元素的起点、终点、圆弧的圆心坐标外，还要计算出几何元素之间的基点坐标。所谓基点是指各几何元素之间的连接点，如两直线的交点、直线与圆弧的交点或切点、圆弧与圆弧之间的交点或切点等。对具有刀具半径补偿功能的数控系统而言，编程时只需按照工件轮廓轨迹各点的坐标进行编程，数控系统会自动形成刀具中心的轨迹，在进给运动时自动与工件轮廓保持事先设定好的偏移值，加工出符合图样规定的几何形状来。对于没有刀具半径补偿功能的数控系统，就要根据工件轮廓计算出刀具中心运动的轨迹坐标。

（2）节点的计算。当采用不具备非圆曲线插补功能的数控机床去加工非圆曲线轮廓（如渐开线、阿基米德螺线等）的零件时，在加工程序的编制工作中，常用多个直线段或圆弧去近似代替非圆曲线，这称为拟合处理。即将这些非圆曲线按等间距或等弧长分割成许多小段，用直线或圆弧逼近这些小段，从而取代非圆曲线。拟合线段与原来曲线的交点或切点称为节点。节点坐标的计算难度和工作量都较大，故常通过计算机自动编程的方法来完成，必要时也可由人工计算。常用的拟合方法有直线逼近法（等间距法、等步长法和等误差法）和圆弧逼近法。

另外，对于一些空间曲面和列表曲面，数学计算更为复杂，也需要借助计算机使用专门的自动编程软件进行计算。

4. 编写零件加工程序单

根据加工路线、计算出的刀具运动轨迹坐标和已确定的切削用量以及辅助动作，按照数控装置规定使用的指令代码及程序段格式，逐段编写零件加工程序单。编程人员必须对所用数控机床的性能、编程指令和代码都非常熟悉，才能正确编写出加工程序。

5. 程序输入数控系统

编写好的程序是通过输入装置读入数控系统的。早期的数控机床有用穿孔纸带、光电阅读机、盒式磁带、软盘驱动器和驱动卡等作为输入介质的。现在数控机床可以通过手动方式（MDI 方式），将工件的加工程序，用数控系统操作面板上的按键直接键入 CNC 单元，或者通过与上一级计算机通信的方式直接将加工程序输入 CNC 单元。

6. 程序的校验

现在很多数控机床都带有图形显示功能，可以直接在操作屏幕上进行图形化的模拟加工，检查刀具的运动轨迹是否正确。对于没有图形显示功能的数控机床也可以不装工件，而进行空运转检验或切削石膏模型。对于精度要求比较高的工件，还要进行工件的首件试切。对试切零件的精度进行检测，分析误差的原因，对数控程序进行修正。

三、程序的组成

数控加工程序是由一系列机床数控装置能辨识的指令有序结合而构成的。程序的组成形式随数控系统功能的强弱而略有不同。功能较强的数控系统加工程序可分为主程序和子程序。不论是主程序还是子程序都是由程序号、程序段和程序结束符等部分组成的。例如：

```
O0001
N10  G92  X0  Y0  Z1.0;
N20  S300  M03;
N30  G90  G00  X-5.5  Y-6;
……
N160  M30;
%
```

以上程序中，“O0001”是这一段程序的程序号，“%”是程序结束符，其间每一行都称为一个程序段（Block）。程序段是由一个或若干个字（Word）组成的，如N10、S300、M03、X－5.5、G00等都是一个字，每个字都是数控机床为完成某一特定动作的指令。字是由表示地址的字母、数字和符号组成的。即字母和数字组成字，字组成程序段，程序段组成程序。每一程序段后面加一结束符号“%”，以表示一个程序段的结束。地址码中英文字母的含义见表13—1。

表13—1　地址码中英文字母的含义表

地址	功能	含义	地址	功能	含义
A	坐标字	绕 *X* 轴旋转	N	顺序号	程序段顺序号
B	坐标字	绕 *Y* 轴旋转	O	程序号	程序号、子程序号的指定
C	坐标字	绕 *Z* 轴旋转	P	坐标字	暂停时间或程序中某功能的开始使用的顺序号
D	补偿号	刀具半径补偿指令	Q	坐标字	固定循环终止段号或固定循环中的定距离
E		第二进给功能	R	坐标字	固定循环中定距离或圆弧半径的指定
F	进给功能	进给速度的指令	S	主轴功能	主轴转速的指令
G	准备功能	指令动作方式	T	刀具功能	刀具编号的指令
H	补偿号	补偿号的指令	U	坐标字	与 *X* 轴平行的附加轴的增量坐标值
I	坐标字	圆弧圆心 *X* 向坐标	V	坐标字	与 *Y* 轴平行的附加轴的增量坐标值
J	坐标字	圆弧圆心 *Y* 向坐标	W	坐标字	与 *Z* 轴平行的附加轴的增量坐标值
K	坐标字	圆弧圆心 *Z* 向坐标	X	坐标字	*X* 轴的坐标值或暂停时间
L	重复次数	固定循环及子程序的重复次数	Y	坐标字	*Y* 轴的坐标值
M	辅助功能	机床开/关指令	Z	坐标字	*Z* 轴的坐标值

1. 程序号

目前的计算机数控（CNC）机床都具有记忆程序的功能，能将程序存储在内存里。为了区别不同的程序，在程序的最前端加上程序号。程序号由地址O及1～9 999内的任意数字组成。

不同的数控系统程序号地址码也有所不同。通常FANUC系统用“O”，SINUMERIK系统用“%”，而AB8400系统用“P”作为程序号的地址码。编程时一定要根据说明书的规定编写指令，否则系统是不会执行的。

2. 程序段

程序段的格式可分为地址格式、分隔顺序格式、固定程序段格式和可变程序段格式等。JB 3832—1985《数控机床轮廓和点位切削加工可变程序段格式》中推荐用可变程序段格式。所谓可变程序段格式，就是程序段的长短随字数和字长（位数）都是可变的。程序段是由程序段号（字）、地址、数字、符号等组成。各字后有地址，字的排列顺序要求不严格，数据的位数可多可少，不需要的字以及与上一程序段相同的续效字可以不写。该格式的优点是程序简短、直观以及容易检查和修改。

程序段的格式如下：

N_	G_	X_　Y_　Z_	……	F_　S_　M_	……	LF(或；)
顺序号	准备功能	坐标值	其他坐标	工艺性指令	附加指令	结束代码

有关程序段格式的说明：

（1）顺序号。数控程序的每一段之前可以加一顺序号，用地址码 N 后面加上 1 ~ 9 999 中任意数字表示。大多数数控系统在编程人员通过操作面板输入加工程序时，系统在每个程序段的开头会自动生成顺序号，且从 10 开始至 9 990。这样生成顺序号的目的是修改程序时，可以在程序段间插入新的程序段而不会出现相同的程序号。程序段中顺序号的加入是为了在编制、修改程序时容易分清各程序段及容易找到要修改的程序。顺序号的有无对数控机床的加工运行没有影响。在 CNC 内存不足的情况下，用 DNC 传输时，可以用传输软件把顺序号全部省略，以节省内存。

（2）准备功能。准备功能是使数控机床做好某种操作准备的指令，用地址 G 和两位数字表示，从 G00 到 G99 共 100 种。

（3）坐标字（尺寸字）。尺寸字由地址码、符号（+、-）及绝对（或增量）数值构成。尺寸字的地址码有 X、Y、Z、U、V、W、P、Q、R、A、B、C、I、J、K、D、H 等。输入的坐标值最大可为 ±99 999. 999，但输入的实际值范围必须根据机床本身的大小来定。输入时“ + ”号可省略。在输入整数时，对有的数控系统来说，小数点后面的三个 0 可以不输入，但小数点必须输入，如 X88. 000 可在输入时只输入 X88. ；有的数控系统整数后面的小数点及 0 都可以不输入，具体情况根据不同的数控系统来确定。

（4）工艺性指令。进给功能表示刀具中心运动的进给速度，由地址码 F 和其后面的数字构成。主轴转速功能由地址码 S 和其后面的数字组成。辅助功能也叫 M

功能或M代码，它是控制机床系统的开关功能的一种命令，由地址码M和其后面的两位数字组成，从M00到M99共100种。

（5）附加指令。包括固定循环及子程序的重复次数指令、刀具补偿号指令、刀具编号指令及暂停时间指令等。

（6）程序段结束符。写在每一程序段之后，表示程序段结束。当用“SO”标准代码时，结束符为“LF”或“NL”；用“EIA”标准代码时，为“CR”；也有的用符号“;”或“*”表示；有的直接回车即可。

整个程序结束时，不同的数控系统有不同的结束代码。国产数控系统一般都没有程序结束符，FANUC数控系统的结束符为“%”，SIEMENS数控系统的结束符为“RET”。

四、准备功能指令G简介

准备功能指令，又称为G指令（G代码、G功能字）。它是使数控机床建立起某种加工方式的指令，如插补、刀具补偿、固定循环等。G功能字由地址码G和其后的两位数字组成。虽然有国际的标准，但是各数控机床制造厂、不同的机床之间使用的G代码不完全相同。具体编程时一定要以机床所带的编程说明书为准。我国JB 3208—83标准中规定从G00到G99共100种功能，部分代码见表13—2。

表13—2　G代码

代码	功能作用范围	功能	代码	功能作用范围	功能
G00		快速点定位——此前F不起作用	G18		*XZ*平面选择
G01		直线插补——多坐标联动	G19		*YZ*平面选择
G02		顺时针圆弧插补	G20 ~ G32	*	不指定
G03		逆时针圆弧插补	G33		等螺距螺纹切削
G04	*	暂停	G34		增螺距螺纹切削
G05	*	不指定	G35		减螺距螺纹切削
G06		抛物线插补	G40		刀具补偿与刀偏注销
G07	*	不指定	G41		刀具左补偿
G08	*	加速	G42		刀具右补偿
G09	*	减速	G43	*	刀具正补偿（坐标尺寸增加）
G10 ~ G16	*	不指定	G44	*	刀具负补偿（坐标尺寸减少）
G17		*XY*平面选择	G45	*	刀具偏置+/+

续表

代码	功能作用范围	功　能	代码	功能作用范围	功　能
G46	*	刀具偏置 +/-	G62		准确定位（粗）
G47	*	刀具偏置 -/-	G63	*	攻螺纹
G48	*	刀具偏置 -/+	G64 ~ G67	*	不指定
G49	*	刀具偏置 0/+	G68	*	内角的刀偏
G50	*	刀具偏置 0/-	G69	*	外角的刀偏
G51	*	刀具偏置 +/0	G80		固定循环注销
G52	*	刀具偏置 -/0	G81		固定循环开始
G53		直线位移注销	G89		固定循环
G54		直线偏移 *X*	G90		绝对尺寸
G55		直线偏移 *Y*	G91		相对尺寸
G56		直线偏移 *Z*	G92	*	预置寄存
G57		直线偏移 *XY*	G93		时间倒数、进给率
G58		直线偏移 *XZ*	G94		每分钟进给
G59		直线偏移 *YZ*	G95		主轴每转进给
G60		准确定位（精）	G96		恒定线速度
G61		准确定位（中）	G97		每分钟转速

注：* 表示该代码仅在本段有效。

1. 代码的分组和种类

（1）代码分组。全部代码按其功能分成若干组。例如，有关刀具运动功能的代码 G00、G01、G02、G03、G06、G33、G34、G35 为同一功能组。同一组的代码不允许写在同一程序段中；否则，以最后出现的代码为有效。

（2）代码的种类。代码按其作用的有效范围可以分为模态代码和非模态代码。

1）模态代码：从程序中出现模态代码开始，它的功能可以保持到被相应的代码取消或被同一代码组的代码所代替。

2）非模态代码：只能在出现的程序段内有效并起作用，对别的程序段是无效的。

2. 常用的 G 指令功能

（1）G00——快速定位。

编程格式：G00　X(U)　Z(W)

G00 用于使刀具从当前位置，以设定的速度移动到目标位置。目标位置由

X（U）和Z（W）来设定。不运动的坐标可以省略，省略的坐标轴不动作。

假设刀具原处于①点，①点坐标值为 X = 500、Z = 500，如欲将刀具快进到②点处，②点坐标值为 X = 100、Z = 300，如图 13—6a 所示。

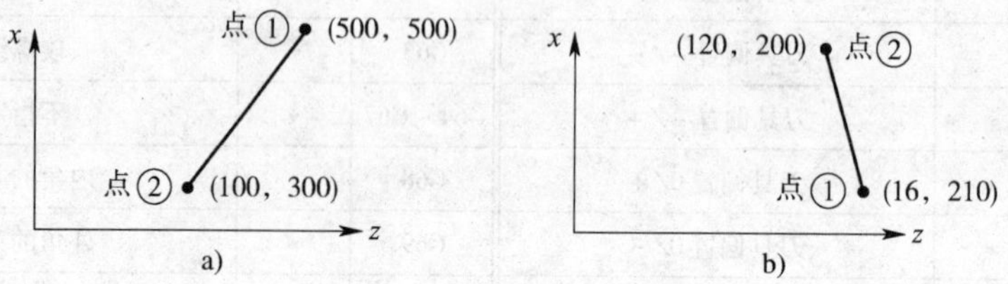

图 13—6　数控加工示例

a）示例1　b）示例2

绝对编程为：G00　X100　Z300

增量编程为：G00　U－400　W－200

假设刀具原处于②点，欲将刀具快进到①点处，则：

绝对编程为：G00　X500　Z500

增量编程为：G00　U400　W200

（2）G01——直线插补。

编程格式：G01　X(U)　Z(W)　F

G01 用于切削加工时的直线插补运动。使刀具从当前位置以 F 设置的进给速度，直线运动至目标位置。目标位置由 X(U)、Z(W) 设置。不运动的坐标可以省略，省略的坐标轴不动作。

假设原刀具处于①点，设点①坐标值为 X = 16、Z = 210，并将刀具以 200 mm/min的进给速度移动到点②处，点②的坐标值为 X = 120、Z = 200，如图 13—6b 所示。

绝对编程：G01　X120　Z200　F200

增量编程：G01　U104　W－10　F200

刀具轨迹如图 13—6b 实线所示。

假设刀具原处于②点，将刀具以同样的速率移动到①点处，则：

绝对编程：G01　X16　Z210　F200

增量编程：G01　U－104　W10　F200

进给速度 F 为模态，后续的 G01、G02、G03 等指令均可继承，直到被新指令终止。

（3）G04——程序延时。

编程格式：G04　P

G04 用于程序执行过程中的延时，即当程序执行到本程序段时，系统按 P 设置的时间延时，延时结束后，继续执行下一段程序。在延时期间，系统处于暂停状态。G04 延时的取值范围为 0.01 ~ 99.99 s。

例如：G04　P2.0

执行到本程序段时，系统暂停工作。

在 G04 作用期间，暂停键对 G04 指令同样有效。

（4）尺寸单位选择 G20、G21。G20 为英制输入制式，G21 为公制输入制式。G20 和 G21 为模态功能，可相互注销，G21 为缺省值。

（5）进给速度单位的设定 G94、G95。G94 为每分钟进给量。对于线性轴，F 的单位依 G20/G21 的设定分别为 in/min 或 mm/min。对于旋转轴，F 的单位为度/min。G95 为每转进给量，即主轴转一周时刀具的进给量。F 的单位依 G20/G21 的设定为 in/r 或 mm/r。这个功能只在主轴装有编码器时才能使用。G94、G95 为模态功能，可相互注销，G94 为缺省值。

（6）绝对值编程 G90 与相对值编程 G91。绝对值编程，每个编程坐标轴上的编程值是相对于程序原点的。相对值编程，每个编程坐标轴上的编程值是相对于前一位置而言的，该值等于沿轴移动的距离。绝对编程时，用 G90 指令后面的 X、Z 表示 *X* 轴、*Z* 轴的坐标值；增量编程时，用 U、W 或 G91 指令后面的 X、Z 表示 *X* 轴、*Z* 轴的增量值。其中表示增量的字符 U、W 不能用于循环指令 G80、G81、G82、G71、G72、G73、G76 程序段中，但可用于定义精加工轮廓的程序中。G90、G91 为模态功能，可相互注销，G90 为缺省值。

选择合适的编程方式可使编程简化。当图样尺寸由一个固定基准给定时，采用绝对方式编程较为方便，而当图样尺寸是以轮廓顶点之间的间距给出时，采用相对方式编程较为方便。G90、G91 可用于同一程序段中，但要注意其顺序所造成的差异。

（7）G92——建立工件坐标系。

编程格式：G92　X　Z

在 G92 指令中，X、Z 值设定了当前刀具点位置在坐标系中的坐标值，从而重新确定了绝对坐标系中的原点位置。该指令应位于程序中的第一个程序段，X、Z 的值不可缺省。

当程序启动时，如果第一段程序是 G92 指令，那么执行后刀具不运动，只是当前点被置为 X、Z 的设定值，并默认与参考点重合。

例 1：N0010　G92　X200　Z300 的绝对坐标原点为 X200　Z300。

例 2：N0010　G92　X200　Z10 的绝对坐标原点为 X200　Z10。

五、辅助功能指令 M 简介

辅助功能指令又称为 M 指令、M 代码。ISO 标准中共有 100 个指令。这一类指令是用来控制数控机床系统辅助功能动作的。例如，冷却泵的开停、主轴的正反转、分度工作台的正反转和子程序的调用等。

和 G 代码的情况一样，不同的制造厂、不同的机床和数控系统使用的 M 代码不完全相同。具体编程时一定要以机床所带的编程说明书为准。

1. 常用的 M 指令功能

辅助功能在编程中用字母 M 和其后面的两位数字表示。M 指令的功能是用于控制程序的运行、机床的动作以及确定刀具状态的。部分 M 指令的代码及功能见表 13—3。

表 13—3　　M 代码表

代码	功能	代码	功能
M01	选择停止	M28	刀座返回原点
M02	程序结束（复位）	M30	程序结束（复位）并回到开头
M03	主轴正转（CW）	M48	主轴过载取消不起作用
M04	主轴反转（CCW）	M49	主轴过载取消起作用
M05	主轴停	M60	APC 循环开始
M06	换刀	M80	分度台正转（CW）
M08	切削液开	M81	分度台反转（CCW）
M09	切削液关	M98	子程序调用
M16	刀具入刀座	M99	子程序结束

（1）M00——程序暂停。M00 用于程序运行时的暂停，按启动键，程序可继续执行。

（2）M02——程序结束。M02 表示加工程序结束。用户可以进行其他功能操作或重新启动加工。

（3）M03（M04）——主轴正（反）转。M03（M04）用于在程序中设定主轴顺（逆）时针方向转动。

（4）M05——主轴停止。M05 用于在程序中设定主轴停止旋转。

（5）M08（M09）——切削液开（关）。M08（M09）用于在程序中设定打开（关闭）切削液。

（6）M20——执行自动循环。M20 用于程序结束后，又自动从程序开头循环执行。

（7）M30——主轴停止，程序结束。M30 表示程序结束，同时主轴停止旋转。

2. F 速度设定功能

（1）快进速度。用 G00 指令快速定位的速度是在参数设定中设定的，也是机床运行速度最高限，程序中不需要指定。当使用倍率修调时，25%、50%、75%、100%有效。

（2）切削速度。用指令 G01、G02、G03 等切削时，其进给的速度是由 F 和其后面的数值给定的，设置范围为 1 ~ 9 999.999 mm/min。倍率修调 25% ~ 200%，其进给速度最高不超过快进速度。手动方式下，进给倍率开关指以手动连续进给的速度。切削进给通常是控制切线方向的速度，使之达到指定的速度值。

3. S 主轴转速功能

本功能由 S 及其后面的两位或四位数字组成，用于控制主轴的转速。例如：

G96　S100　表示主轴的切削线速度为 100 m/min。

G97　S2000　表示主轴以 2 000 r/min 的速度工作，并取消此前的恒线速度 G96。

4. T 刀具设定功能

通常加工一个零件时，需要计算所使用刀具的长度和半径，使加工按实际需要的轮廓切削。若事先将刀具的长度及半径存储到数控系统的寄存器中，则在任何时候选用任何刀具，都能通过 T 指令（例如 T0303）自动进行换刀，并自动进行长度补偿、半径补偿（G41/G42/G40）。

刀具设定指令由 T 和其后面的四位数组成，前面两位是刀具号，最多可设 100 个（00 ~ 99），00 表示不取刀号及半径，即默认半径为 0。一旦给定了刀号，则系统就会自动换刀，并默认对应半径为当前半径补偿值。后两位是刀具长度补偿号，也是 100 个（00 ~ 99），00 表示取消刀补。

当 T00_ _ 时，表示取消刀具号及某半径，但无换刀动作；当 T_ _ 00 时，表示执行取消原来的刀具长度补偿，返回对刀参考点。

在刀具补偿的参数设置表中，刀具半径补偿与刀具号是一一对应的。但刀具长度补偿号可以不对应刀具号，从而可以使一把刀对应多组补偿量。

六、编程中刀具、夹具的补偿问题

在早期的数控机床和数控加工中没有刀具和夹具补偿的概念。编程时，编程人员要根据工件、刀具和加工的具体情况进行编程。只要有关的情况和数据一有变化，就要修改程序，真正是所谓的一程一用。其中，刀具的变化情况最多，有长有短，有大有小，另外，刀具用钝了要刃磨，刃磨以后尺寸也就变了。因此，编程人员被陷在这些琐事中，编程的效率很低，又很容易出错。

后来，把刀具补偿的概念和功能引入到数控编程系统中以后，就可以把工件的编程和刀具的尺寸变化问题分开处理了。编程人员就可以不用再考虑每一把刀的具体情况，而可以直接按照工件的轮廓尺寸进行加工程序的编制。这种加工程序输入数控系统以后，不用再去修改它，而把刀具的具体信息和变化情况，用刀具补偿功能输入到机床的数控系统中去，数控系统会自动地去处理这些数据。这样就大大地提高了数控机床的工作效率。刀具补偿的数值由操作人员设置，补偿过程由数控机床自动进行。

数控加工中主要有以下五种补偿情况。

1. 刀具长度补偿

刀具长度补偿用于解决孔加工时刀具的轴向长度不同的问题。刀具长度补偿功能对提高编程工作效率和方便性有很大的帮助。在实际加工过程中，即使是同一个工件，也往往要使用很多把刀，而每一把刀的尺寸都是不相同的。但是，只要用刀具补偿功能把这些数据都输入数控系统，机床的操作者就不必再去操心后面的事情了。刀具长度补偿有两种实施方式：

（1）用刀具目前的实际长度作为刀具长度的补偿值。这种方式实施前，先用对刀仪测量刀具的长度，然后把这个数值输入刀具长度补偿寄存器中。如果这把刀被换下以后，再放到刀库上去使用，即使是去加工其他的工件，也不必再作测量。因此，非常方便。

（2）采用每一把刀刀尖在 Z 方向上与编程零点之间的距离作为补偿值。这种方法适用于一个人操作机床，没有时间或别人来用对刀仪测量刀具长度的情况。采用这种刀具长度补偿方式时，每一把刀具的补偿值是主轴从机床坐标零点移动到工件编程坐标系零点之间的距离，这个值一般是一个很大的负值。换了别的工件，所有的刀具补偿值都要重新设置。

2. 刀具半径补偿

刀具半径补偿一般只在用铣刀加工工件的内外曲线轮廓时，解决刀具半径不同的问题。执行时，先将需要补偿的铣刀的半径值存入存储器中。用铣刀加工曲线轮廓的时候，铣刀中心运动的轨迹是工件轮廓的等距线。两者之间相差一个铣刀的半径值。编程时，要把工件轮廓线的数据转换成铣刀中心运动轨迹的数据，这样不仅麻烦，而且很容易出错。数控系统提供的刀具半径补偿功能，使得编程人员可以直接使用工件的轮廓数据来编程，数控系统会自动判别补偿的方向和补偿的大小，并计算出铣刀中心的运动轨迹，这就使编程工作简单了很多。在编制工件粗、精加工程序的过程中，粗、精加工使用不同直径刀具的问题以及铣刀磨损以后直径变小的问题，运用刀具半径补偿功能就能很容易解决，可以大大减少编程的计算工作量，提高编程的效率。

ISO 标准中，刀具半径补偿有左补偿和右补偿两种情况。

（1）左补偿。沿着刀具前进的方向观察，刀具中心轨迹偏在工件轮廓的左边，如图 13—7a 所示。

（2）右补偿。沿着刀具前进的方向观察，刀具中心轨迹偏在工件轮廓的右边，如图 13—7b 所示。

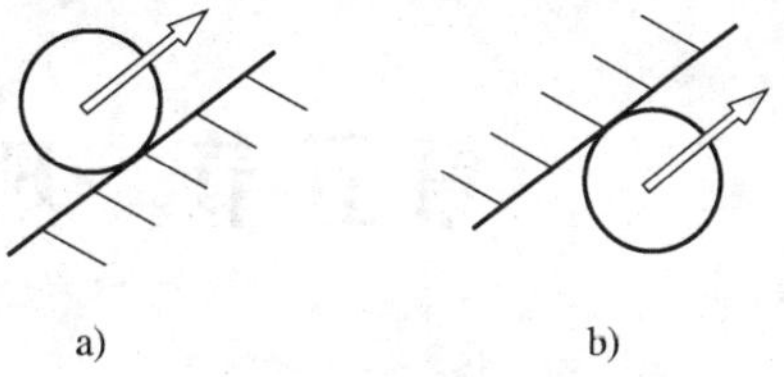

图 13—7　刀具半径补偿

a）刀具半径左补偿　b）刀具半径右补偿

使用刀具补偿功能时，要注意两点：一是要注意刀具对工件轮廓的过切现象，二是在刀具补偿命令结束时，要用注销命令结束补偿。

3. 夹具偏置补偿

使用夹具偏置补偿，编程者在编写程序时可以不必过多地去考虑夹具的具体位置。例如，一次装夹了多个不同的工件进行加工，编程时只需按每个工件各自的编程零点进行编程，然后使用夹具偏置功能，使机床认定每一个工件各自的编程原点。

4. 夹角补偿

在加工两个相交成一定角度（ <180°）的平面时，如果两个平面相交的过渡圆半径小于刀具半径，就会发生过切现象。过切现象是在刀具半径大于工件轮廓半径时发生的一种刀具与工件之间的干涉现象。此时可以采用夹角补偿功能（G39）来解决。

5. 刀尖圆弧补偿

为了提高刀具的使用寿命和降低加工工件的表面粗糙度值，通常将刀尖（主、副切削刃的交点）磨成半径不大的圆弧（一般圆弧半径 R 为 0.4 ~ 1.6 mm）。圆弧

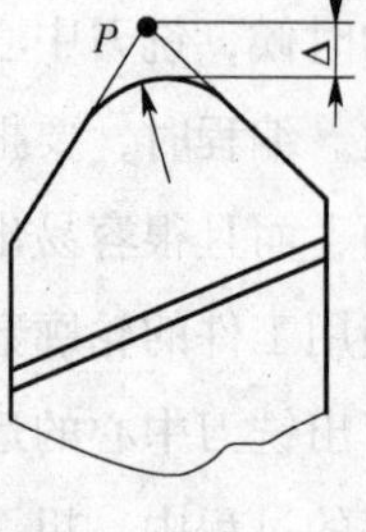

图 13—8　刀尖圆弧

沿刀尖方向切线的交点 P 通常称为假想刀尖，该点是编程时确定加工轨迹的点，数控系统控制的是该点的运动轨迹。但实际上刀尖处存在圆角，实际切削时起作用的切削刃是圆弧，如图 13—8 所示。显然假想刀尖点 P 与实际切削点是不同的。所以，如果在数控加工或数控编程时仅按照工件轮廓进行编制的程序来加工，而不对刀尖圆角半径进行补偿，就会产生加工误差。数控系统具有刀尖圆弧自动补偿功能后，就能根据刀尖圆弧半径计算出补偿量。在设置刀尖圆弧自动补偿值时，还需要设置刀尖圆弧位置编码。

第五节　FANUC 数控系统

FANUC 数控系统和 SIEMENS 数控系统是目前世界上水平最高、最具有代表性的数控系统。在国际数控系统市场上占据了绝对的垄断地位。其中，FANUC 系统约占 50%，SIEMENS 系统约占 25%。它们都具有自己的特色，可以满足各种层次和要求的数控机床的需求。

FANUC 系统相对比较简单、实用，价格也比 SIEMENS 系统要低一些，能更好地适用于工业环境。编程时所用的代码基本上是 GM 代码，使用和操作都比较容易，比较适合中、小企业使用。

SIEMENS 系统比 FANUC 系统功能要多，显得稍微复杂一些，对环境的要求比较高，但是实用性强，系统也更稳定，价格也比 FANUC 系统要高，比较适合高端市场使用。

一、概述

FANUC 系统是日本法那克公司研制的数控系统。FANUC 公司从 20 世纪 70 年代开始，相继开发了多个系列的数控系统。其中比较具有代表性的是 FANUC 0i 系统。

FANUC 数控系统性能稳定，系统中各系列的总体机构非常相似，具有统一的操作界面，而且操作界面十分友好。FANUC 数控系统可以在较为广泛的环境中正常使用，对电压、温度和各种外界干扰等的要求不是非常高，因此具有很强的适应性。

FANUC 数控系统在设计中大量采用模块化结构，这种结构易于拆装。各个控制板之间高度集成，使其可靠性很高，而且便于维修、更换。FANUC 数控系统采用了比较好的保护电路。由于具有较完善的保护措施，在发生断电、缺相等故障之后，仍能正常开机和工作。其工作环境温度可为 0 ~45℃，相对湿度为 75%。

FANUC 系统所配置的系统软件具有比较齐全的基本功能和选项功能。对一般的机床来说，基本功能完全能满足使用的各种要求。

FANUC 数控系统提供大量丰富的 PMC（可编程机床控制器）信号和 PMC 功能指令。这些信号和编程指令便于用户编制机床的 PMC 控制程序，而且增加了编程的灵活性。PMC 功能还为机床外围元件的故障（例如行程开关、限位开关）检测、判断与排除提供了有力的手段。

FANUC 数控系统还配备了较强的 DNC（分布式数控）功能。系统提供的串行 RS232C 传输接口，使通用计算机和机床之间的数据传输、编辑、控制能比较方便、可靠地进行。高速的 DNC 操作为车间级的 CAD/CAM 集成提供了可能性。

FANUC 数控系统还提供了其他的各种维修报警和诊断功能。

二、主要产品系列

1. 高可靠性的 PowerMate 0 系列

PowerMate 0 系列主要用于小型车床两个轴的控制。可配画面清晰、操作方便、以中文显示的 CRT/MDI，也可配性价比较高的 DPL/MDI。

2. 普及型 CNC 0—D 系列

0—TD 用于车床，0—MD 用于铣床及小型加工中心，0—GCD 用于外圆磨床，0—GSD 用于平面磨床，0—PD 用于冲床。

3. 全功能型的 0—C 系列

0—TC 用于通用车床、自动车床，0—MC 用于铣床、钻床、加工中心，0—GCC 用于内、外圆磨床，0—GSC 用于平面磨床。

4. 高性价比的 0i 系列

0i 系列具有高性价比并具有网络功能。0i—MB/MA 用于加工中心和铣床、4 轴 4 联动，0i—TB/TA 用于车床、4 轴 2 联动，0i—mate MA 用于铣床、3 轴 3 联动，0i—mate TA 用于车床、2 轴 2 联动。

5. 具有网络功能的超小型、超薄型 CNC 16i/18i/21i 系列

CNC 16i/18i/21i 系列产品的控制单元与 LCD 集成于一体，具有网络功能和超高速串行数据通信。其中 FS16i—MB 的插补、位置检测和伺服控制以纳米为单位。16i 最大可控 8 轴，6 轴联动；18i 最大可控 6 轴，4 轴联动；21i 最大可控 4 轴，4 轴联动。

三、FANUC 数控系统的组成

FANUC 0i 系统由数控单元本体、主轴和进给伺服单元（包括相应的主轴电动机和进给电动机）、CRT 显示器、系统操作面板、机床操作面板、附加的输入/输出接口板、电池盒、手摇脉冲发生器等部件组成。

FANUC 0i 系统的 CNC 单元为大板结构。基本配置有主印制电路板（PCB）、存储器板、图形显示板、可编程机床控制器板（PMC—M）、伺服轴控制板、输入/输出接口板、主 CPU（中央处理器）板、扩展的轴控制板、数控单元电源和 DNC 控制板。各板插在主印制电路板上，与 CPU 的总线相连。各部件的功能如下：

（1）主印制电路板：连接各功能板、故障报警等。主 CPU 在该板上用于系统主控。

（2）数控单元电源：主要提供 +5 V、+15 V、−15 V、+24 V、−24 V 直流电源，给各板供电。24 V 直流电源用于单元内继电器控制。

（3）图形显示板：提供图形显示功能，第 2、3 手摇脉冲发生器接口等。

（4）PMC 板：PMC—M 型可编程机床控制器，提供扩展的输入/输出板的接口。

FANUC 0i 系统由主板和 I/O 两个模块构成。主板模块包括主 CPU、内存、PMC 控制、I/OLink 控制、伺服控制、主轴控制、内存卡 I/F、LED 显示等。I/O 模块包括电源、I/O 接口、通信接口、MDI 控制、显示控制、手摇脉冲发生器控制和高速串行总线等。

第六节　SIEMENS 数控系统

西门子（SIEMENS）公司是世界上最大的电气和电子工程公司之一。业务遍及全球 190 多个国家，在全世界拥有大约 600 家工厂、研发中心和销售办事处。公司的业务主要有六个方面：信息和通信、自动化和控制、电力、交通、医疗系统和照明。

SIEMENS 数控装置采用模块化结构设计，在一种标准硬件上配置多种软件，使它具有多种工艺类型，经济性好，从而可以满足各种机床的需要，并成为系列产品。随着微电子技术的发展，产品越来越多地采用大规模集成电路（LSI）、表面安装器件（SMC）及先进的制造工艺，所以新开发的数控系统结构更为紧凑，性能更强，价格更低。

西门子公司针对 SIMATIC 系列的可编程控制器或集成式可编程控制器（PLC），提供了很多种类的编程软件，主要有 STEP MICRO/DOS、STEP MICRO/WIN 和 STEP mini，具有丰富的人机对话功能，有多种语言的显示选择。例如，LAD、STL、SCL、GRAPH、HIGRAPH、CFC 等。

SIEMENS 数控系统的 CNC 装置主要有 SINUMERIK3/8/810/820/850/880/805/802/840 系列。其中比较有代表性的系统是 840D。

一、SINUMERIK 840D 的特点

SINUMERIK 840D 是西门子公司 20 世纪 90 年代推出的高性能数控系统，是一个基于 PC 的数控系统。它保持西门子前两代数控系统 SINUMERIK 880 和 840C 的三 CPU 结构：人机通信 CPU（MMC—CPU）、数字控制 CPU（NC—CPU）和可编程逻辑控制器 CPU（PLC—CPU）。这三个部分，在功能上既相互分工，又互为支持。

相对于前几代系统，SINUMERIK 840D 具有以下几个特点：

（1）数字化驱动。在 SINUMERIK 840D 中，数控和驱动的接口信号是数字量，通过驱动总线接口，连接各轴驱动模块。采用 32 位微处理器实现 CNC 控制，可完成 CNC 的连续轨迹控制以及内部集成式 PLC 控制。

（2）轴的可控规模大。最多可以配 31 个轴，其中可配 10 个主轴。

（3）可以实现五轴联动。SINUMERIK 840D 可以实现 *X*、*Y*、*Z*、*A*、*B* 五轴的联动加工，因此任何复杂的三维空间曲面都能加工。

（4）操作系统视窗化。SINUMERIK 840D 采用 Windows 95 作为操作平台，使操作简单、灵活，易掌握。

（5）软件内容丰富，功能强大。SINUMERIK 840D 可以实现加工（Machine）、参数设置（Parameter）、服务（Services）、诊断（Diagnosis）及安装启动（Start-up）等几大软件功能。

（6）具有远程诊断功能。如现场用 PC 适配器、Modem 卡，通过电话线实现 SINUMERIK 840D 与异域 PC 机通信，完成修改 PLC 程序和监控机床状态等远程诊

断功能。

（7）保护功能健全。SINUMERIK 840D 系统软件分为西门子服务级、机床制造厂家级、最终用户级等 7 个软件保护等级，使系统更加安全可靠。

（8）硬件高度集成化。SINUMERIK 840D 数控系统采用了超大规模集成电路，提高了硬件系统的可靠性。

（9）模块化设计。SINUMERIK 840D 的软、硬件系统根据功能和作用，划分为不同的功能模块，使系统连接更加简单。

（10）内装大容量的 PLC 系统。SINUMERIK 840D 数控系统内装的 PLC 最大可以配 2 048 个输入和 2 048 个输出，而且采用了 Profibus 现场总线和 MPI 多点接口通信协议，大大减少了现场布线。

二、SINUMERIK 840D 的基本功能

1. 显示功能

屏幕上的文本可以在五种语言中切换（德、英、法、意、西），可显示坐标实际值和剩余距离值。

2. 插补功能

它的插补功能有样条插补、三阶多项式插补、控制值互联和曲线表插补。这些功能为加工各类曲线曲面类零件提供了便利条件。此外，还具备进给轴和主轴同步操作的功能。

3. 操作方式

操作方式主要有 AUTOMAIC（自动，包括程序的自动运行和加工程序中断后从断点恢复运行）、JOG（手动）、TEACH IN（交互式示教方式）、MDA（手动数据输入）和 PROGRAMMING（编程）。

4. 检测和补偿

SINUMERIK 840D 可根据用户程序进行轮廓的冲突检测、刀具半径补偿、刀具长度补偿、螺距误差补偿、测量系统误差补偿、反向间隙补偿、过象限误差补偿等。

5. 安全保护功能

数控系统可通过预先设置软极限开关的方法，进行工作区域的限制。当超程时可以触发程序进行减速，还可以对主轴的运行进行监控。

6. NC 编程

NC 编程符合 DIN66025 标准。具有高级语言编程特色的程序编辑器，可进行

公制、英制尺寸或混合尺寸的编程，程序编制与加工可同时进行。系统具备1.5 MB的用户内存，用于零件程序、刀具偏置和各种补偿的存储。

7. PLC 编程

采用 STEP5 编程语言，带有扩展指令集，可用 LAD、STL、CSF 进行编程。PLC 中有 1 024 个输入地址，1 024 个输出地址，128 个计数器，128 个计时器。PLC 程序和数据内存可扩展到 288 KB，I/O 模块可扩展到 2 048 个输入/输出点。

8. 操作部分的硬件

SINUMERIK 840D 系统提供有标准的 PC 软件、硬盘、奔腾处理器。用户可在 Windows 98/2000 下开发自定义的界面。此外，2 个通用接口 RS－232 可使主机与外设进行通信，用户还可以通过磁盘驱动器接口和打印机并行接口，完成程序存储、读入及打印工作。

9. 数据通信部分

SINUMERIK 840D 系统配有 RS232/TTY 通用操作员接口，加工过程中可同时通过通用接口进行数据输入和输出。此外，用 PCIN 软件还可以进行串行数据通信，通过 RS－232 接口可方便地使 SINUMERIK 840D 与西门子编程器或普通的个人计算机连接起来，进行加工程序、PLC 程序、加工参数等各种信息的双向通信。用 SINDNC 软件可以通过标准网络进行数据传送，还可以用 CNC 高级编程语言进行程序的协调。

10. 轴优化调试部分

SINUMERIK 840D 可以在 MMC103 上直接使用“STARTUP-TOOL”软件对轴的速度环、位置环进行优化；也可以在 MMC102 上或安装在 PG740 上，选择轴优化软件“IBN－TOOL”对各轴的速度环、位置环进行优化。

三、SINUMERIK 840D 的硬件结构

1. 数字控制单元 NCU

在 SINUMERIK 840D 中，NC－CPU 和 PLC－CPU 采用硬件一体化结构，合成在 NCU 中。NCU（Numerical Control Unit）是 SINUMERIK 840D 数控系统的控制中心和信息处理中心。数控系统的直线插补、圆弧插补等轨迹运算和控制，PLC 系统的算术运算和逻辑运算都是由 NCU 完成的。

2. 中央处理单元 MMC－CPU

MMC－CPU 的主要作用是完成机床与外界及与 PLC－CPU、NC－CPU 之间的通信，内带硬盘，用以存储系统程序、参数等。

3. 操作员面板 OP

操作员面板 OP 的作用是显示数据及图形，提供人机显示界面；编辑、修改程序及参数；实现软功能操作。在 SINUMERIK 840D 中有 OP031、OP032、OP032S、OP030 以及 PHG 5 种操作员面板。其中，OP031 是常用的操作员面板。

4. 机床操作面板 MCP

MCP 的主要作用是完成数控机床的各类功能键的操作。主要有以下 6 类功能键操作。

（1）操作模式键区。可选择的操作模式有 JOG、MD、TEACH IN 和 AUTO 4 种操作模式。

（2）轴选择键区。实现轴选择，完成轴的点动进给、回参考点和增量进给。

（3）自定义键区。供用户使用，通过 PLC 的数据块实现与系统的联系，完成机床生产厂所要求的特殊功能。

（4）主轴操作区。主轴倍率开关，实现主轴转速 0～150% 倍率修调。主轴启停按钮，实现主轴驱动系统的启停，一般控制主轴驱动系统的脉冲使能和驱动使能。

（5）进给轴操作区。进给轴倍率开关，实现主轴转速 0～200% 倍率修调。进给轴启停按钮，实现进给轴驱动系统的启停，一般控制进给轴驱动系统的脉冲使能和驱动使能。

（6）急停按钮。急停按钮实现机床的紧急停车，切断进给轴和主轴的脉冲使能和驱动使能。

5. I/RF 主电源模块

I/RF 主电源模块的主要功能是实现整流和电压提升。

6. 驱动系统

驱动系统包括主轴驱动系统和进给驱动系统两部分。

四、SINUMERIK 840D 的软件结构

SINUMERIK 840D 软件系统包括 4 大类软件：MMC 软件系统、NC 软件系统、PLC 软件系统和通信及驱动接口软件。

1. MMC 软件系统

在 MMC102/103 及以上系统均带有 5 GB 或 10 GB 的硬盘，硬盘内装有基本输入、输出系统（BIOS），DR－DOS 内核操作系统、Windows 95 操作系统以及串口、并口、鼠标和键盘接口等驱动程序。这些系统和驱动程序支撑 SINUMERIK 与外界

MMC－CPU、PLC－CPU、NC－CPU之间的相互通信及任务协调。

2. NC软件系统

NC软件系统包括下列内容：

（1）NCK数控核初始引导软件。该软件固化在系统主板的EPROM中。

（2）NCK数控核数字控制软件系统。NCK数控核数字控制软件系统包括机床数据和标准的循环子系统。标准的循环子系统是西门子公司为提高系统的使用效能而开发的一些常用的车削、铣削、钻削和镗削功能的软件。用户必须理解每个循环过程的参数含义才能进行调用。

（3）SINUMERIK 611D驱动数据。它包含了SINUMERIK 840D数控系统所配套使用的SIMODRIVE 611D数字式驱动系统的相关参数。

（4）PCMCIA卡软件系统。在NCU上设置有一个PCMCIA插槽，用于安装PCMCIA个人计算机存储卡，卡内预装有NCK系统软件、611D系统软件、PLC系统软件和驱动通信软件等。

3. PLC软件系统

PLC软件系统包括PLC系统支持软件和PLC程序。

（1）PLC系统支持软件。它支持SINUMERIK 840D数控系统内装的CPU315－2DP型可编程逻辑控制器的正常工作，该程序固化在NCU内。

（2）PLC程序。它包含基本PLC程序和用户PLC程序两部分。

4. 通信及驱动接口软件

通信及驱动接口软件主要用于协调PLC－CPU、NC－CPU和MMC－CPU三者之间的通信。

第十四章 数控机床的机械和电气装置

第一节 数控机床的主传动系统

一、概述

数控机床的主传动系统是数控机床的重要组成部分。通常主传动系统包括驱动电动机、传动元件和主轴部件等。数控机床的主传动系统与以前的普通机床相比有很大的差别。早期的机床主传动系统基本上采用三相异步电动机，加上多级变速箱的结构。随着机械制造技术的不断发展，数控机床的加工范围更广，工艺能力更强，因此要求其主传动系统具有更高的转速、更宽的调速范围，以保证在加工时能选用合理的切削用量，从而获得最佳的加工质量和生产率。现代数控机床的主传动系统广泛采用电动机无级变速传动。例如，用交流或直流调速电动机，或者交流伺服电动机驱动，能方便地实现无级变速，且传动链短、传动件少。

目前数控机床的主传动系统大致可以分为以下几类：

1. 带有变速齿轮的主传动

带有变速齿轮的主传动是目前大中型数控机床普遍采用的一种传动方式，如图14—1a 所示。数控机床在实际生产中，并不需要在整个变速范围内均为恒功率。一般要求在中、高速段为恒功率传动，在低速段为恒转矩传动。为了确保数控机床主轴低速时有较大的转矩和主轴的变速范围尽可能大，有的数控机床采用分段无级变速。

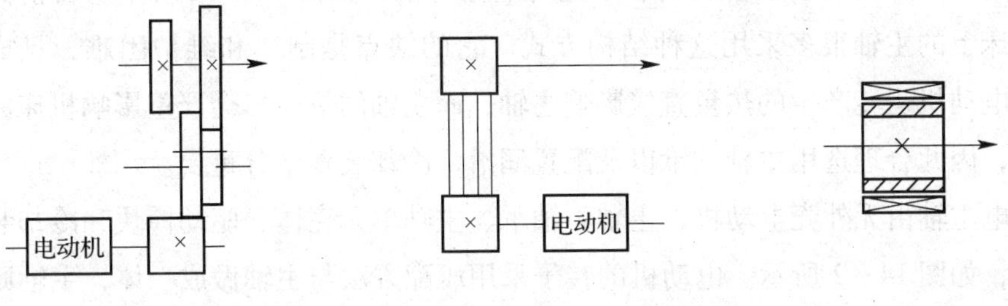

图 14—1　数控机床的主传动系统

a）带有变速齿轮　b）带传动　c）电主轴

电动机通过少数几对齿轮和滑移齿轮减速，使主传动成为分段无级变速（在每段内可以无级变速），并可以扩大输出转矩的范围，以便在主轴处于低速时（主轴电动机的转速仍然可以保持在基本速度以上）获得较大的转矩，满足主轴对输出转矩特性的要求。因此，一些小型数控机床仍采用此种传动方式。图 14—1a 中使用一对双联滑移齿轮，可以使主轴得到高低两段转速。如果改用三联滑移齿轮，就可以使主轴得到高、中、低三段转速。

滑移齿轮的移位大都采用液压控制的拨叉或直接由液压油缸带动的齿轮来实现。液压拨叉或油缸变速的缺点是要求主轴换挡到低速，有时还需要主轴点动或摆动，才能使齿轮顺利滑入需要的啮合位置。在主传动系统中使用电磁离合器接通或断开变速齿轮，可以简化变速机构。但电磁离合器的缺点是体积比较大，还有发热和剩磁的毛病，工作时的高磁通容易使周围的机械零件被磁化，造成变速时出现误动作。因此，在现代数控机床中应用并不多。

2. 通过带传动的主传动

通过带传动的主传动主要应用在转速比较高、变速范围不大的小型数控机床上，如图 14—1b 所示。与齿轮传动相比，它的振动与噪声比较小。以前的 V 带在数控机床上已经比较少见，现在常用的是同步齿形带或多楔带。带传动的缺点是要定期进行调整，要防油，不能放在主轴箱里面，而且转矩不能过大。

3. 由调速电动机直接连接并驱动的主传动

电动机安装在主轴的尾部，通过联轴器与主轴直接连接。这种主传动方式简化了主轴箱体与主轴的结构，有效地提高了主轴部件的刚度。但是由于没有了中间的减速环节，主轴输出的转矩变小。此外，电动机的发热对主轴精度的影响会比较大。

4. 电主轴

电主轴是将主轴与电动机转子合二为一，使主轴部件结构更加紧凑，质量轻，惯量小，从而提高了主轴启动、停止的响应特性，如图 14—1c 所示。目前高速数控机床上的主轴很多采用这种结构方式。它的缺点是制造和维护困难，且成本较高。电动机运转产生的热量直接影响主轴，而主轴的热变形会严重影响机床的加工精度，因此合理选用主轴轴承以及配置润滑、冷却装置十分重要。

电主轴由无外壳电动机、主轴、轴承、主轴单元壳体、驱动模块和冷却装置等组成，如图 14—2 所示。电动机的转子采用压配方法与主轴做成一体，主轴则由前后轴承支撑。电动机的定子通过冷却套安装于主轴单元的壳体中。主轴的变速由主轴驱动模块控制，而主轴单元内的温升由冷却装置限制。在主轴的后端装有测速、测角位移传感器，前端的内锥孔和端面用于安装刀具。

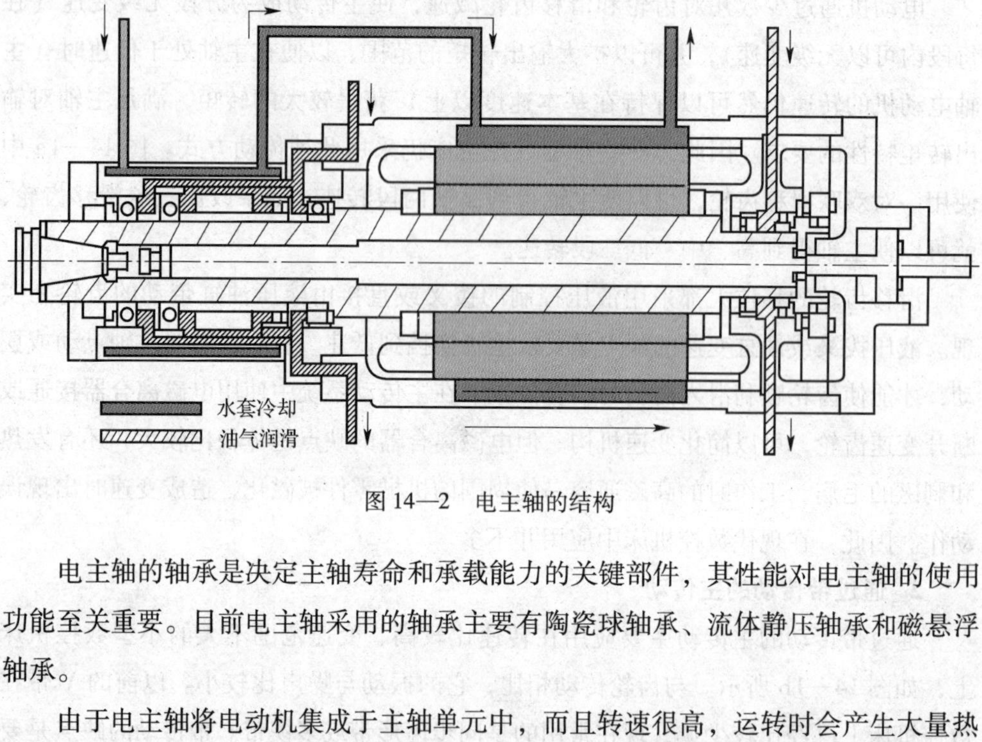

图 14—2　电主轴的结构

电主轴的轴承是决定主轴寿命和承载能力的关键部件，其性能对电主轴的使用功能至关重要。目前电主轴采用的轴承主要有陶瓷球轴承、流体静压轴承和磁悬浮轴承。

由于电主轴将电动机集成于主轴单元中，而且转速很高，运转时会产生大量热量，引起电主轴温升，使电主轴的热态特性和动态特性变差，从而影响电主轴的正常工作。因此，必须采取一定措施控制电主轴的温度，使其保持在一定值内。目前一般采取强制循环油冷却的方式对电主轴的定子及主轴轴承进行冷却。这种冷却方式是让经过油冷却装置的冷却油强制性地在主轴定子外和主轴轴承外循环，带走主轴高速旋转产生的热量。另外，为了减少主轴轴承的发热，还必须对主轴轴承进行合理的润滑。如对于陶瓷球轴承，可采用油雾润滑或油气润滑。

目前，电主轴的驱动电动机大多采用的是交流异步电动机。由于是用在高速加工机床上，启动时要从静止迅速升至每分钟数万转乃至数十万转，启动转矩大，因而启动电流要超出普通电动机额定电流的 5 ~ 7 倍。其驱动方式有变频器驱动和矢量控制驱动器驱动两种。变频器的驱动控制特性为恒转矩驱动，输出功率与转矩成正比，可实现主轴的无级变速。矢量控制驱动器的驱动控制特性是：在低速端为恒转矩驱动，在中、高速端为恒功率驱动。

电主轴所使用的电动机，不仅有交流异步电动机，还有永磁同步电动机，后者在相同功率下，外形尺寸较小，并且转子采用永久磁铁后，电动机的发热量也比较低。

我国已开发出了主轴功率为 2.5 ~ 29 kW、转矩为 4 ~ 86 N · m 的能应用于数控机床和加工中心的电主轴，并且已在部分国产数控机床上得到应用。

二、数控机床对主传动系统的要求

数控机床对主传动系统的要求有以下几点：

（1）变速调整范围宽。主传动系统应具有高转速时大功率以及低转速时大转矩的功能。与进给伺服系统相比，主轴系统调速的精度、伺服的性能等不必很高。

（2）温升低，热变形小。

（3）应该具有恒速切削的功能。

（4）传动链要短。

（5）要有配合刀库自动换刀的功能，并具有准停的功能。

三、主轴部件

数控机床的主轴部件是影响机床加工精度的主要部件，与机床的加工性能和加工精度有着直接的关系。数控机床的主轴部件包括主轴、主轴轴承、传动件、主轴准停装置、自动夹紧机构、切屑清除装置、润滑密封件、主轴编码器、测量传感器及动力源等。主轴部件按运动方式可以分为三类：

（1）只做旋转运动的主轴。比如车床、铣床、磨床的主轴。

（2）既做旋转运动又做轴向移动的主轴。如钻床、坐标镗床、珩磨机床以及插齿机等的主轴。

（3）上述两种运动方式组合的主轴。如卧式镗床的主轴。

主轴部件的回转精度会影响工件的加工精度，它的功率与转速范围会影响加工的效率，它的自动变速、准停和换刀等功能会影响机床的自动化程度。因此，主轴部件应该具有必要的回转精度、静刚度、抗振性、耐磨性和低的温升与热变形。在结构上，还必须很好地解决刀具和工具的装夹、轴承的配置、轴承间隙调整和润滑密封等问题。

1. 主轴部件的特点和功能

（1）高的旋转精度和运动精度。主轴的旋转精度是指机床在空载低速转动时，在主轴前端等部位上测量到的径向跳动和轴向跳动。它是机床的一项主要精度指标，会直接影响加工零件的几何精度和表面粗糙度。主轴的旋转精度主要是由主轴、主轴轴承、轴承孔和主轴上有关零件的制造和装配质量决定的。

上面所说的旋转精度是一种静态、空载状态下的指标，其结果并不能完全反映出主轴在有载荷运转时的实际情况，但是这一指标能够部分地反映机床动态时的性能。因此，对于高精度机床，还需要测量它在受载状态下的动态旋转精度。

（2）能够胜任宽的转速调整范围。数控机床主轴驱动要求有较大的调速范围，以满足各种工况的切削，获得最合理的切削速度，从而保证加工精度、加工表面质量及高的生产效率。特别是对于具有自动换刀装置的加工中心，为适应各种刀具、各种材料的加工，对主轴的调速范围要求更高。一般要求主轴具备 1:（100 ~1 000）的恒转矩调速范围和 1:10 的恒功率调速范围。

（3）足够高的刚度。主轴部件的刚度是指在外加载荷作用下抵抗变形的能力。主轴部件的刚度是主轴、轴承、主轴轴承孔，甚至包括主轴箱体的刚度的综合反映。主轴端部的变形无疑会直接影响工件的加工精度，而主轴中间部分的变形会影响传动齿轮或轴承的正常工作。主轴部件的刚度不足还会引起切削时的振动。一般来说，主轴部件的刚度要尽量高一点。

（4）温升低、热变形小。主轴部件的热变形是指机床运转时，各个相对运动表面摩擦和搅油而消耗能量，引起发热，造成机床上各部分温度不均匀变化，使主轴部件在形状和相对位置上产生畸变。热变形应在主轴部件运转一段时间以后再进行测量，也可以用机床上各处的温升数值近似地表示。

主轴部件在运转中温升过高会引起主轴轴线歪斜，因而直接影响主轴部件的旋转精度，破坏机床各部件之间原有的位置精度，最终影响工件的加工精度。对于高精度机床，这些影响会更明显。热变形还会造成主轴弯曲变形，影响传动齿轮和轴承的正常工作状态。原先已经调整好的轴承间隙也会由于热变形而发生变化，影响轴承的正常工作。如果间隙越来越小，轴承甚至有可能“抱死”。

机床上各部分的热量是会互相传递的，主轴部件产生的热量会传递到机床的其他部分（如主轴箱体、立柱、床身）。反过来，其他部分产生的热量也会传到主轴部件上来。影响主轴部件热变形的主要热源是轴承、润滑油和电动机。

（5）足够的抗振性。主轴部件的抗振性是指机床进行切削时抵抗振动，保持平稳运转的能力。以一个同样的激励力作用在主轴上，在主轴端部测到的最大振幅越小，就表示抗振性越好，其计量单位是 mm/N 或 mm/kg。影响主轴部件抗振性的主要因素是主轴部件的传动方式、轴承的类型、主轴部件上质量的分布情况、齿轮与轴承的制造及装配质量。抗振性的具体数据可以用主轴部件的动刚度、固有频率和阻尼来衡量。

（6）足够的耐磨性。主轴部件的耐磨性是指长期保持其原始制造精度和性能的能力。为此，主轴部件中的各个滑动表面，包括各轴承、导向表面、主轴端部定位表面、主轴的内锥孔都必须具有一定的硬度。影响耐磨性的主要因素是主轴、轴承的材料和热处理工艺，轴承的润滑和冷却方式以及主轴部件的装配质量。

（7）对具有自动换刀功能的数控机床主轴还有特别的要求。具体要求有以下四项：

1）主轴要能自动变速，以便在自动换刀以后能以要求的转速工作。

2）刀具在主轴中能够自动定位、松开和夹紧。

3）换刀时能自动清洁刀孔和连接处。

4）换刀时，主轴应能定向准停。

2. 主轴轴承的类型和配置

机床的主轴选用什么类型的轴承、如何配置，对于保证主轴的工作性能和回转精度，提高主轴的刚度等有直接的影响。

（1）机床主轴轴承的类型。机床主轴轴承有以下几类：

1）圆锥孔双列向心短圆柱滚子轴承。比如 NN30 系列（旧型号 3182100 系列），这种轴承的径向刚度和承载能力较大，旋转精度高，径向结构紧凑，使用寿命长，故在主轴组件中应用广泛，如图 14—3a 所示。它的内圈是一个带 1:12 锥孔的薄壁套，主轴上与其配合的是相同锥度的轴颈。这种轴承的缺点是不能承受轴向载荷，需要配用推力轴承，同时制造精度要求高，造价较高。加工中心主轴轴承通常使用 C 级的这种轴承。

2）双向推力角接触球轴承。比如 234000 系列（旧型号 2268000 系列），这种轴承是为机床主轴而特别设计的高精度轴承，可以承受两个方向的轴向载荷，如图 14—3b 所示。这种轴承由一个外圈和两个内圈组合而成。只要磨薄两个内圈之间的中间隔套，就可以精确地调整轴承的间隙。它与上述的圆锥孔双列向心短圆柱滚子轴承 NN30 系列配套使用，可以承受双向轴向载荷。它的接触角大，钢球直径较小而数量较多，轴承承载能力和精度较高，比普通推力轴承允许的极限转速高出 1.5 倍，温升低，运转平稳，工作可靠。上述两种轴承主要应用在高速、精密的数控机床上。

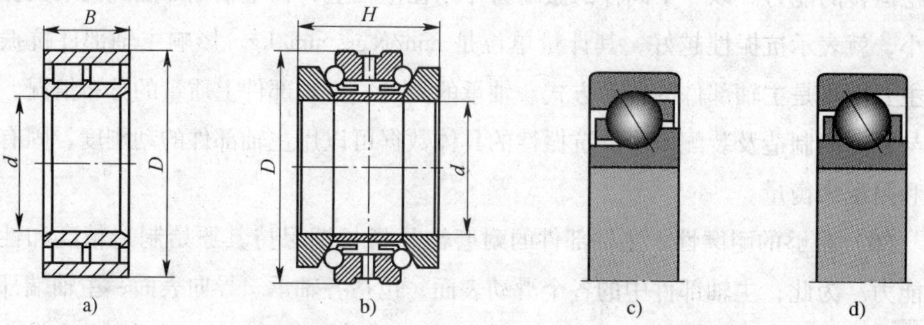

图 14—3 常用的机床主轴轴承

a）NN30 系列 b）234000 系列 c）角接触球轴承（双向） d）角接触球轴承（单向）

3）角接触球轴承。角接触球轴承如图 14—3c、d 所示。它的极限转速较高，可以同时承受径向载荷和轴向载荷，也可以承受纯轴向载荷。其轴向承载能力由接触角决定，并随接触角的增大而增大。单列角接触球轴承只能承受一个方向的轴向载荷，在承受径向载荷时会引起附加轴向力，必须施以相应的反向载荷。因此，该种轴承一般都成对（双列）使用。

近年来 SKF 推出了一种双列角接触球轴承，如图 14—4 所示，能承受较大的以径向载荷为主的径向、轴向双向联合载荷和力矩载荷。它能限制轴或外壳双向轴向位移，接触角为 30°。双列角接触球轴承在设计上同两个单列角接触球轴承对应，但占用轴向空间较小。这种类型的轴承一般由生产厂商选配组合成对提交用户，安装后有预压过盈，套圈和钢球处于轴向预加载荷状态，因而提高了整组轴承作为单个支撑的刚度和旋转精度。

图 14—4 双列角接触球轴承

4）深沟球轴承。它是最具代表性的滚动轴承，可承受径向载荷与双向轴向载荷，用途广泛。适用于高速旋转及要求低噪声、低振动的场合。带钢板防尘盖或橡胶密封圈的密封型轴承内预先充填了适量的润滑脂。外圈带止动环或凸缘的轴承，既容易轴向定位，又便于外壳内的安装。轴承配有不同的保持架：钢板冲压保持架（单列有波形、冠形；双列有 S 形）、铜合金或酚醛树脂切制保持架、合成树脂成形保持架。

5）双列和单列圆锥滚子轴承。这种轴承径向和轴向刚度高，能承受重载荷，尤其能承受较强的动载荷，安装与调整性能也好。但是，这种轴承的最高转速和精度不如前几种，因此主要用于中等精度、低速与重载的数控机床。

6）滑动轴承。滑动轴承最大的优点是旋转精度高，阻尼性能好，运转平稳，噪声低。滑动轴承可以分为液体滑动轴承和气体滑动轴承两类。液体滑动轴承按油膜形成的方法不同，有动压滑动轴承和静压滑动轴承两种。动压滑动轴承是靠主轴旋转时将润滑油带入轴承的斜油楔中而形成压力油膜的。静压滑动轴承则是靠油泵把压力油输入到轴承的间隙（油室）中形成压力油膜的。滑动轴承在一些高精度的数控机床主轴上有一定的应用。

（2）主轴轴承的配置。机床主轴上的轴承如何配置，与主轴的回转精度、刚度、使用寿命以及装配和维修等都有密切的关系。加工中心的主轴轴承一般由 2 个或 3 个角接触球轴承组成或由角接触球轴承与圆柱滚子轴承组成，这种轴承经过预紧后可得到较高的刚度。当要求有很大刚度时，则采用圆柱滚子轴承和双向推力球轴承的组合。常用的加工中心主轴轴承的典型结构有以下几种：

1）前轴承采用双列圆柱滚子轴承和 60°角接触双列向心推力球轴承的组合，后轴承采用成对向心推力球轴承。这种配置形式使主轴的综合刚度高，可以满足强力切削的要求，因此普遍应用于各类数控机床，如图 14—5 所示。

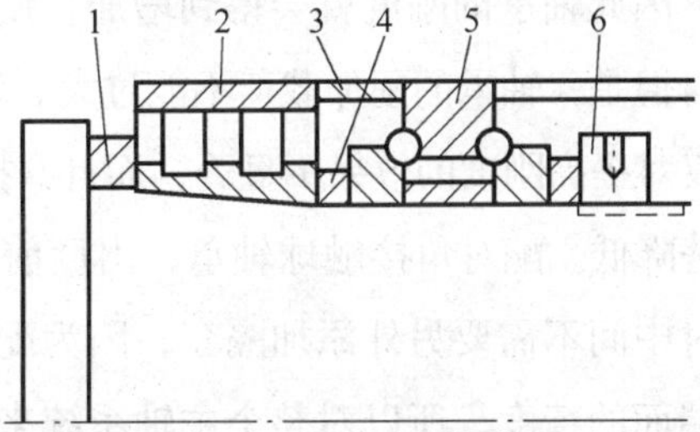

图 14—5　机床主轴轴承典型配置示例

1—垫圈　2—圆锥孔双列向心短圆柱滚子轴承　3—调整隔套　4—调整垫片　5—双列向心推力轴承　6—锁紧螺母

2）前后支撑用双列圆柱滚子轴承来承受径向载荷，安装在主轴前端的双向推力角接触球轴承承受轴向载荷。这种配置结构刚度较好，能进行强力切削，适用于中等转速的机床。

3）前支撑用角接触球轴承，背靠背安装，以 2 ~ 3 个轴承为一套，用以承受轴向和径向载荷，后支撑用圆柱滚子轴承。这种结构适应较高转速、较重切削负荷，主轴精度较高，但所承受的轴向载荷较前一种结构小。

4）前后支撑都采用成组角接触球轴承，承受轴向和径向载荷。这种结构适应高转速、中等切削负荷的数控机床。角接触球轴承一般采用脂润滑，其极限 dn 值达 80×104。d 为轴承平均直径，mm；n 为轴承每分钟转数，r/min。如采用油气润滑或喷油润滑，则转速可进一步提高。目前高速主轴多数采用陶瓷滚动轴承，在脂润滑情况下 $d \times n$ 值可达 120×104。

（3）主轴轴承的选配装配。精密机床的轴承在装配过程当中，分组装配是完全必要的，尤其是在大批量精密机床生产线上，所有精密轴承和对应的轴颈和壳体，都需要分组装配。最起码要按照工作直径尺寸分组，这样主轴轴承就会达到最佳旋转精度和综合机械性能。即使是采用万能组合轴承，也最好进行选配，这样可以有效地确保装配后主轴轴承的精度和综合性能。

（4）主轴轴承间隙的调整。保持合理的轴承间隙或进行适当的预紧，对主轴系统的工作性能和轴承的使用寿命有着重要的影响。滚动轴承在较大间隙的情况下工作时，载荷会集中作用于加载方向的局部几个滚动体上，这就使得套圈滚道和滚动体的接触点上产生很大的集中应力，发热量和磨损增大，使用寿命降低，同时也降低了系统的刚度。

如果在安装轴承时预先在轴向给它一个等于径向载荷 20% ~30% 的力，使轴承套圈滚道和滚动体之间产生过盈，即给滚动轴承预紧或预加载荷，这时轴承套圈的滚道和滚动体接触面积加大，轴承套圈里的滚动体就会在均匀的受力状态下工作，因此轴承的刚度就会得到增加，使用寿命也将得到延长。

但是，轴承的预加载荷不能过大。轴承系统的负间隙（相当于过盈配合）过大不仅对提高刚度的效果不显著，而且磨损和发热量会大为增加，轴承的使用寿命也会显著降低。配对角接触球轴承，出厂前厂家都按照预加载荷调整好了，每组轴承使用时中间不需要另外添加隔套，因为配对轴承中间添加的隔套一般难以达到轴承本身端面的精度，所以对整个主轴系统来说，隔套的端面精度会制约轴承的精度。

3. 主轴端部的结构形式

普通机床主轴端部的结构和形状取决于机床的类型、安置的夹具和刀具。主轴端面的结构主要是保证夹具或刀具安装可靠方便、定位准确、连接牢固。按机床的类型可以分为以下几类：

（1）车床类主轴端部。主轴一般是空心的，端部是法兰式的。内孔是 1∶12 的锥孔。头部的短圆柱或短圆锥用于卡盘定位，再通过端面用螺钉拉紧，如图 14—6 所示。

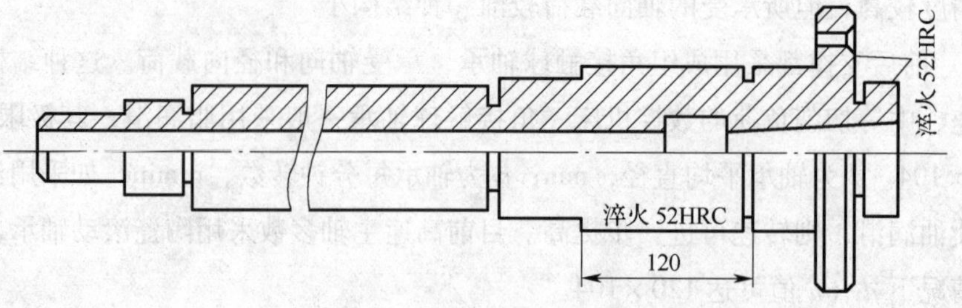

图 14—6　车床主轴的端部

（2）镗、铣床类主轴端部。主轴通常是空心的。头部有四个螺钉孔和两条键槽，用来固定铣刀盘。内孔是 7:24 的锥孔，中间有一个拉杆，可以拉紧铣刀的柄部，如图 14—7 所示。

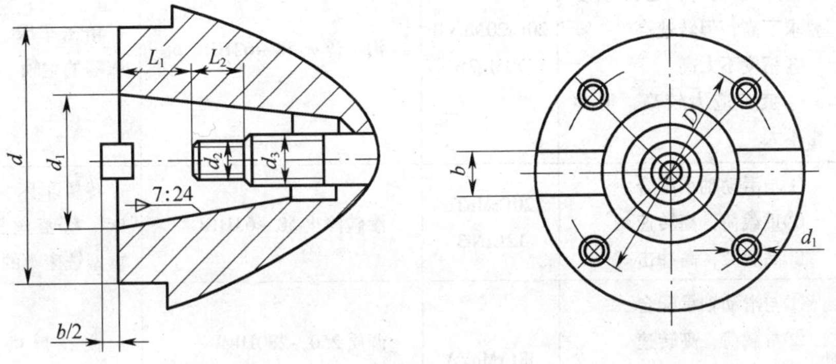

图 14—7　铣床主轴的端部

（3）钻床类主轴端部。头部是莫氏锥度的内孔，孔加工刀具可以直接装入孔中。

（4）磨床类主轴端部。头部一般是 1:3、1:5 或 1:7 的锥部。砂轮通常用螺钉或螺母压紧在锥面上，或在锥面上有月牙键槽用来传递转矩，如图 14—8 所示。

图 14—8　磨床的主轴

（5）带有自动换刀装置的数控机床类主轴端部。主轴前端一般有 7:24 的锥孔，用于装夹 BT40 刀柄。主轴端面有一端面键，既可通过它传递刀具的转矩，又可用于刀具的周向定位。

4. 主轴的材料和热处理

主轴材料的选择主要根据刚度、载荷特点、耐磨性和热处理变形大小等因素确定。主轴常用的材料和热处理工艺见表 14—1。

5. 刀具自动夹紧机构

在钻、铣类的数控机床上，刀具是通过刀柄与主轴相连接的。刀具在主轴中自动夹紧、自动松开是实现自动换刀的前提条件。目前，数控机床上使用的刀柄有两种：圆柱柄部和圆锥柄部。

表 14—1　　　　主轴常用的材料及热处理工艺

类别	工作条件	材料	热处理及硬度	应用实例
渗碳	①与滑动轴承配合 ②中等载荷，心部强度要求不高，但转速高 ③精度不太高 ④疲劳应力较高，但冲击不大	20Cr20MnVB 20Mn2B	渗碳淬火 58～62HRC	精密车床、内圆磨床等的主轴
	①与滑动轴承配合 ②重载荷，高转速 ③高疲劳，高冲击	20CrMnTi 12CrNi3	渗碳淬火 58～63HRC	转塔车床、齿轮磨床、精密丝杠车床、重型铣床等的主轴
渗氮	①与滑动轴承配合 ②重载荷，高转速 ③精度高，轴隙小 ④高疲劳，高冲击	38CrMoVA	调质 250～280HBW 渗氮≥900HV	高精度磨床的主轴、镗床的镗杆
淬火	①与滑动轴承配合 ②中轻载荷 ③精度不高 ④低冲击，低疲劳	45	正火 170～217HBW 或调质 220～250HBW 小规格局部整体淬火 42～47HRC 大规格轴颈表面淬火 48～52HRC	龙门铣床、立铣、小型立式车床等的主轴，重型车床的主轴
	①与滑动轴承配合 ②中等载荷，转速较高 ③精度较高 ④中等冲击和疲劳	40Cr 42MnVB 42CrMo	调质 220～250HBW 轴颈表面淬火52～61HRC 装拆部位表面淬火 48～53HRC	齿轮铣床、组合车床、车床、磨床等的主轴
	①与滑动轴承配合 ②中、重载荷 ③精度高 ④高疲劳，但冲击小	65Mn GCr15 9Mn2V	调质 250～280HBW 轴颈表面淬火≥59HRC 装卸部位表面淬火 50～55HRC	磨床主轴
调质或正火	①与滑动轴承配合 ②中小载荷 ③精度不高 ④稍有冲击	45 50Mn2	调质 220～250HBW 正火 192～241HBW	卧式车床主轴 重型机床主轴

（1）圆柱刀柄的夹紧。圆柱刀柄通常是用装在主轴内部的弹簧夹头来夹紧的。弹簧夹头的另一端连着一根拉杆，通过主轴后端的油缸或气缸就可以完成拉紧或放松的动作。

（2）圆锥刀柄的夹紧。圆锥刀柄在主轴中有两种典型的夹紧方法。一种是用类似于弹簧夹头原理的卡爪，抓住圆锥刀柄的尾部，并向后拉，直到两个 7:24 锥面完全配合。另一种是用钢球机构夹住圆锥刀柄的尾部，如图 14—9a 所示。

加工中心带有刀库，可以自动换刀。所以，主轴系统应具备自动松开和夹紧刀具的功能。刀具的自动夹紧机构安装在主轴的内部，图 14—9b 所示为刀具的夹紧状态。

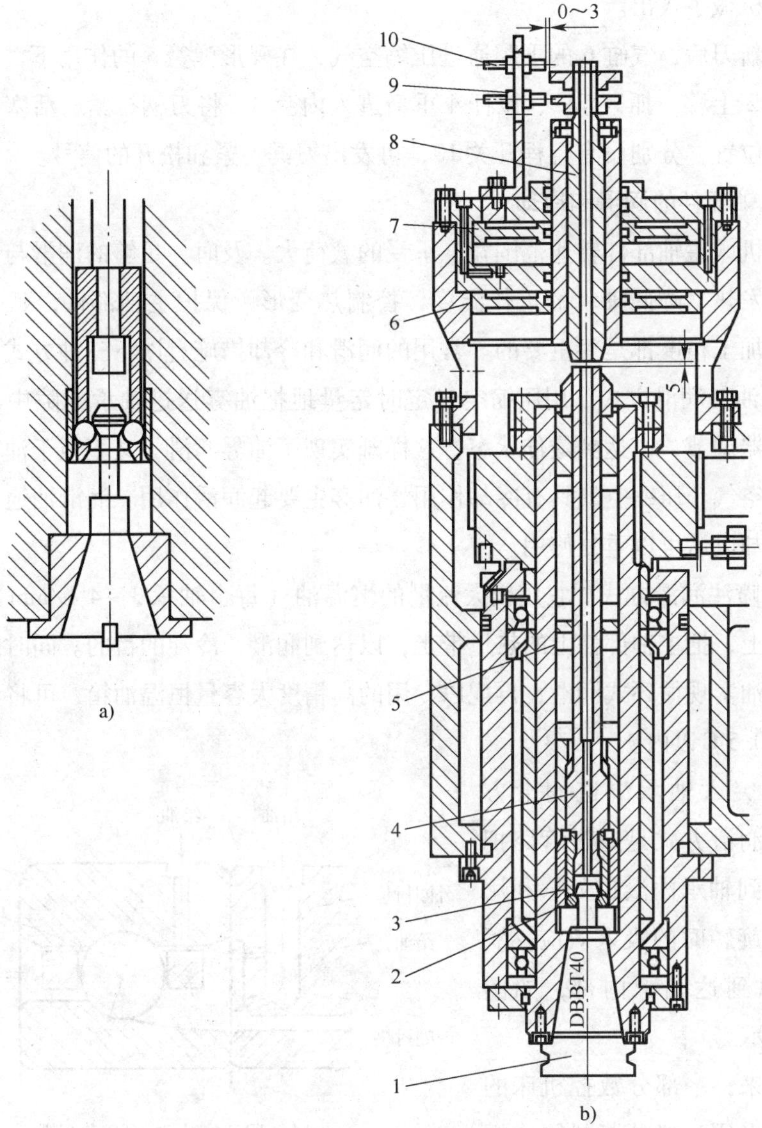

图 14—9　钢球拉紧机构和刀具自动夹紧机构

a）钢球拉紧机构　b）刀具自动夹紧机构

1—刀柄　2—抓刀爪　3—内套　4—拉杆　5—碟形弹簧　6—气缸

7—活塞　8—压杆　9—撞块　10—行程开关

刀柄 1 由主轴抓刀爪 2 夹持，碟形弹簧 5 通过拉杆 4、抓刀爪 2，在内套 3 的作用下将刀柄拉紧。换刀时，要求松开刀柄，此时将主轴上端气缸的上腔通入压缩空气，活塞 7 带动压杆 8 及拉杆 4 向下移动，同时压缩碟形弹簧 5，当拉杆 4 下移到使抓刀爪 2 的下端移出内套 3 时，抓刀爪张开，同时拉杆 4 将刀柄顶松，刀具即可由刀库机械手拔出。

装入新刀后，气缸 6 的下腔通进压缩空气，在碟形弹簧 5 的作用下，活塞 7 带动抓刀爪 2 上移，抓刀爪 2、拉杆 4 重新进入内套 3，将刀柄拉紧。活塞 7 移动的两个极限位置，分别设有行程开关 10，可发出刀具夹紧和松开的信号。

6. 主轴部件的润滑和冷却

数控机床主轴部件转速范围宽，承受的载荷大。及时、足够的润滑与冷却，对减少摩擦发热，降低轴承的工作温度，控制热变形，保护主轴部件，延长使用寿命，保证加工精度都是很重要的。常用的润滑和冷却措施有以下三种方式。

（1）油气润滑方式。用压缩空气定时定量地把油雾送进轴承空隙中，供油量通过定时器调节，以达到最佳状态。这样既实现了油雾润滑，又不至于油雾太多而污染周围空气。压缩空气具有冷却作用，油雾主要起润滑作用。润滑油通过回收装置处理冷却以后可以重复使用。

（2）喷注润滑方式。它用较大流量的恒温油（每个轴承 3 ~ 4 L/min）喷注到主轴轴承上，把主轴部件上的热量带走，以达到润滑、冷却的目的。同时采用排油泵强制排油实现循环式润滑，再配以专用的高精度大容量恒温油箱，可将油温变动控制在 ±0.5℃以内。

（3）突入轴承滚道润滑方式。这种润滑方式是通过管路把润滑油送到轴承内滚道处，利用轴承高速旋转时的吸入效应，润滑油可以到达轴承内部，如图 14—10所示。

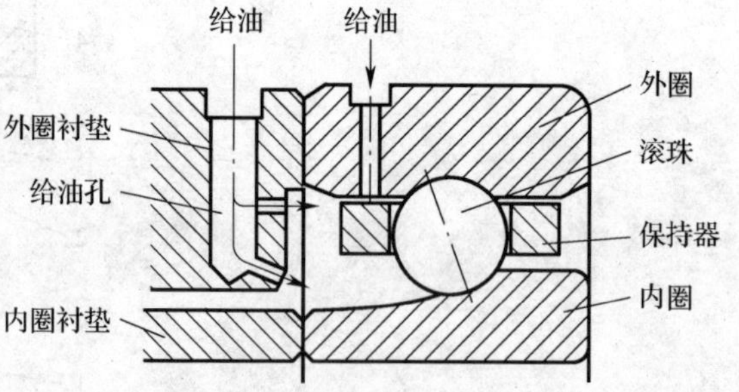

图 14—10 突入轴承滚道润滑

近年来，一部分数控机床的主轴轴承采用高级油脂封闭式润滑，每加一次油脂可以使用 7 ~ 10 年，简化了结构，降低了成本且维护保养简单，但需防止润滑油和油脂混合，通常采用迷宫式密封方式。

采用油脂润滑时，主轴轴承的封入量通常为轴承空间容积的 10%，切忌随意填满，因为油脂过多会加剧主轴发热。采用油液循环润滑时，在操作使用中要做到每天检查主轴润滑恒温油箱，观察油量是否充足，如果油量不够，则应及时添加润滑油，同时要注意检查润滑油温度范围是否合适。

7. 主轴的准停装置

数控机床为了完成刀具自动交换（ATC）的动作过程，必须设置主轴准停机构。切削时，主轴 7:24 锥孔只传递一部分的切削转矩，主要的转矩由主轴前端的端面键来传递。当刀具装入主轴时，刀柄上的键槽必须与端面键对准，才能顺利换刀。为此，主轴必须准确停在某固定的角度上。通常主轴准停机构有两种方式，即机械式与电气式。

（1）机械方式定位。机械定位是采用机械凸轮机构或光电盘方式进行粗定位，然后用一个液动或气动的定位销插入主轴上的销孔或销槽，实现精确定位。完成换刀后，定位销退出，主轴才开始旋转。采用这种传统方法定位，结构复杂，在早期的数控机床上使用较多。

（2）电气方式定位。现代的数控机床采用电气方式定位比较多，一般有以下两种方式：

1）用磁性传感器检测定位。在主轴上安装一个永磁体与主轴一起旋转，在距离永磁体外面 1 ~2 mm 处固定一个磁性传感器，永磁体一旦转动到传感器旁边时，就会发出一个脉冲信号，再经过放大器与主轴控制单元和制动装置相连接，这样主轴便可停止在要求的位置上。

2）用位置编码器检测定位。这种方法是通过主轴电动机内置的位置编码器或在机床主轴箱上安装一个与主轴同步旋转的位置编码器来实现准停控制，准停角度可以任意设定。

8. 主轴部件的密封

主轴部件密封装置的作用是防止主轴内部的润滑剂（脂或液）从部件中流出。其次，是防止外面的切削液、湿气、切屑碎粒、灰尘等杂物进入主轴里面。上述两种情况都会造成主轴、轴承以及传动元件的磨损、故障或失效。润滑剂（脂或液）从部件中流出的原因主要是主轴部件内外存在压力差。杂物进入主轴里面的主要原因是主轴高速旋转时的吸入效应。

（1）对主轴部件密封装置的要求

1）适应能力要强。在不同的转速、压力和温度下都能保持良好的密封性能。

2）工作寿命要长。密封性能能够稳定、长久地保持，最好在磨损以后能够自动补偿。

3）结构要紧凑。主轴前支撑处的结构比较复杂，密封件的轴向尺寸应尽量小一点，这样可以减少主轴前端部的悬伸量，以利于提高主轴的刚度。

4）摩擦力要小，而且要稳定。这对接触式的密封装置很重要。

5）在密封要求很高的时候，可以采取几种密封组合使用。

（2）主轴部件密封装置的类型

1）接触式密封。油毡密封结构简单，适合在低速和环境比较清洁的场合使用。耐油橡胶径向密封圈密封，适合密封要求比较高的主轴使用。使用中，重要的一点是要保证回油孔的通畅，使回油能够尽快排掉。

2）非接触式密封。非接触式密封是利用轴承端盖与轴颈之间的间隙密封。在端盖孔表面开几条密封槽，在轴上的调整套表面开几条锯齿形的甩油槽，把有可能流出去的油甩回去。

3）迷宫式密封。在轴颈隔套和端盖的端面上，各开若干条圆槽，互相嵌入。润滑油要想漏出去，就要走过曲曲弯弯的很长的一段路，这就增加了润滑油向外面漏出去的难度。

9. 主轴的技术要求

在主轴部件中，主轴是基础的、关键的零件。它的制造精度对机床的精度有着直接的影响，因此必须对其规定各种技术方面的要求。

（1）主轴前、后轴颈的圆度，表面粗糙度以及与轴承之间的配合。如果采用圆锥孔双列圆柱滚子轴承——NN30 系列（旧型号 3182100 系列），则主轴上与其配合的 1:12 锥面要保证与轴承孔的一致性。

（2）前后轴颈表面的同轴度（或跳动度）。一般可以以一个轴颈作为基准，限制另一个轴颈的跳动度；也可以以主轴的前、后顶尖孔作为基准，同时规定两个轴颈的跳动度。

（3）主轴锥孔（或锥面）的技术要求

1）主轴锥孔与两个轴颈之间的同轴度。以锥孔端部和距离端部 L（一般为 100 mm、200 mm 或 300 mm）处的跳动度表示。

2）主轴锥孔表面应用标准锥体做涂色检验，要求接触面积达到 80% 以上。

（4）卡盘或刀盘的安装定心表面和端面的技术要求

1）定心表面和端面的配合和表面粗糙度要求。

2）定心表面和端面的跳动度要求。

3）如果定心表面是锥体，应该用标准锥孔做涂色检验，接触面积达到 80% 以上。

（5）其他配合表面。主轴上其他的表面有齿轮的安装轴颈、平键或花键的定心表面、定位用的止推轴肩、锁紧螺母的螺纹。

（6）数控机床的主轴部件应该进行动平衡。

四、主轴部件的驱动电动机

为了满足数控机床对主轴驱动的要求，主轴电动机必须具备下列特点：

（1）输出功率大。

（2）在整个调速范围内速度稳定，并且恒功率的范围宽。

（3）在断续负载下电动机转速波动小，过载能力强，加速时间短。

（4）电动机的温升低。

（5）电动机的平衡精度要好，振动小，旋转精度比较高，噪声低。

（6）电动机可靠性高，使用寿命长，容易维护。

（7）体积小，质量轻。

在早期的数控机床中，一般采用步进电动机和直流电动机作为主传动电动机，但是随着电力电子技术的不断发展，数控机床的主传动电动机已逐步被新兴的交流变频调速伺服电动机代替。

这种主轴电动机是一种经过专门设计的笼型三相异步电动机，其中带有三相绕组的定子和带有笼条的转子是电动机的核心。它没有外壳，定子铁心直接暴露在空气中，而且在定子铁心上做有轴向通风孔，有利于电动机冷却、缩小电动机体积、增大输出功率。转子做成细长形，以减小转子的转动惯量。

交流主轴电动机的外形呈多边形，而不是圆形。交流主轴电动机的尾部都同轴安装有脉冲发生器（或脉冲编码器）。交流主轴电动机具有一定的过载能力，一般能在1.2～1.5倍额定负载下工作几分钟至半个小时。

在设计机床传动结构以及选择机床主轴电动机容量的时候，对于通用类的机床来说，它工作时的工况是经常变化的，既有低速，也有高速；既有粗加工，也有精加工。

在低速时经常进行的是切削螺纹、铰孔和切断等工作，这时需要消耗的功率比较小，同时这时使用的转速也比较低，因而不会使用到电动机的全部功率。

而在高速时，主要的工作为轻薄切削类的精加工，虽然切削力和切削扭矩比较小，但是这时的转速比较高，因此重要的是使主轴保持恒定的输出功率。

因此从主轴系统的结构设计考虑，并根据与刀具和夹具的强度、刚度的匹配等因素，主轴从最高转速到某一转速 n_j 之间，应能传递电动机的全部功率，如图

14—11 所示。在这个区域内，主轴的最大输出转矩应随转速的降低而加大。从 n_j 以下直到最低转速，这个区域内的各级转速并不需要传递全部功率，主轴的输出转矩不再随转速的降低而加大，而是保持 n_j 时的转矩不变，因此主轴系统所能传递的功率，则随转速的降低而降低。n_j 是主轴能传递全功率的最低转速，称为主轴的计算转速。

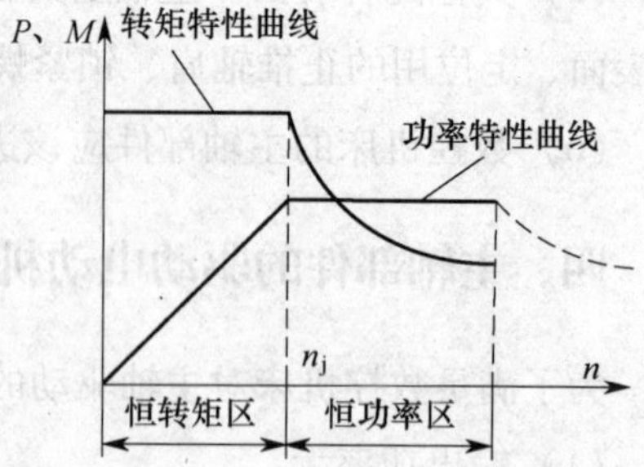

图 14—11　机床主传动工作特性曲线

P —功率　M —转矩　n —转速

所以，采用交流调速电动机对主轴进行变速时，机床主轴在整个转速范围内，以计算转速为界，分为两个区域：计算转速 n_j 及以上，直到最高转速，为恒功率区域，恒功率的速度范围一般只有 1:3 的速度比（即恒功率区两端点处的转速之比）；计算转速 n_j 及以下，直到最低转速，为恒转矩区域。通常恒功率变速范围为恒转矩变速范围的 2 ~4 倍。

主轴的计算转速因机床种类而异。应用范围广，变速范围宽的，计算转速可取得高一些；应用范围较窄，变速范围较小的，计算转速应取得低一些。数控机床由于工艺范围广，变速范围宽，计算转速较普通机床高。

交流伺服电动机主轴驱动单元采用电流型矢量控制方式，以高速数字信号处理器 DSP 为核心，电路中采用大规模专用集成电路、高速功率等模块，驱动单元体积小、质量轻、运算速度快、位置控制定向时间短、易于高速准停。此外，驱动单元还应该能接受数字速度给定或者模拟速度给定，具备过流、过压、过载、欠压、过热、过速等多项保护的监控、诊断功能和通信功能。由于主轴电动机一般功率比较大，因而电动机的散热问题要特别注意。

第二节　数控机床的伺服进给系统

一、概述

数控机床伺服进给系统是数控机床的一个重要的组成部分，也是数控机床区别于一般机床的一个特殊部分。它在数控机床中起着至关重要的作用。一台数控机床的性能和加工精度等技术指标，往往就是由它的伺服进给系统决定的。目前，对数控机床分类时，也往往就是按照它的进给伺服系统的类型（开环、闭环和半闭环）来区分的。

数控机床的进给系统接受数控系统传递过来的命令，并按照这些指令信号，由伺服电动机驱动，通过滚珠丝杠等传动元件带动刀具或工件（工作台），完成各坐标方向的进给运动。

数控机床的进给系统一般由驱动控制单元、驱动元件、机械传动部件、执行元件和检测反馈环节等组成。驱动控制单元和驱动元件组成伺服驱动系统；机械传动部件和执行元件组成机械传动系统；检测元件与反馈电路组成检测装置，亦称检测系统。

典型的数控机床伺服进给系统由伺服电动机、机械连接装置、滚珠丝杠、导轨和工作台、位置检测装置组成。

数控机床进给系统中的机械传动装置和器件应该具有高寿命、高刚度、无间隙、高灵敏度和低摩擦阻力等特点。其中每一个环节的性能、质量和安装情况都会对进给系统的性能产生影响。

二、伺服进给系统的技术要求

（1）传动精度和定位精度要高。数控机床的加工精度，在很大程度上取决于进给系统的性能。进给系统有许多环节，每一个环节都可能有一些因素会影响到传动和定位的精度。

（2）运动件之间的摩擦要小。比如丝杠与螺母、工作台与导轨、轴承滚动件之间的摩擦要小。

（3）响应速度要快。响应速度要快，就是要求进给系统的转动惯量小。这在轮廓加工，特别对曲率大的加工对象进行高速加工时要求更严格。

（4）有一定的稳定性。在各种负载情况下，摩擦阻力应该适当而且稳定。

（5）输出转矩要大。特别是低速重载切削时输出转矩要大。

（6）调速范围要宽。要求控制系统在高、低速度时都能均匀、稳定、无爬行地工作。

三、伺服进给系统的分类

1. 开环控制系统

采用步进电动机或者电液脉冲马达作为驱动器件，通过滚珠丝杠直接驱动工作台，没有位置和速度的检测器件，也没有反馈控制的进给系统称为开环控制系统，如图 14—12 所示。

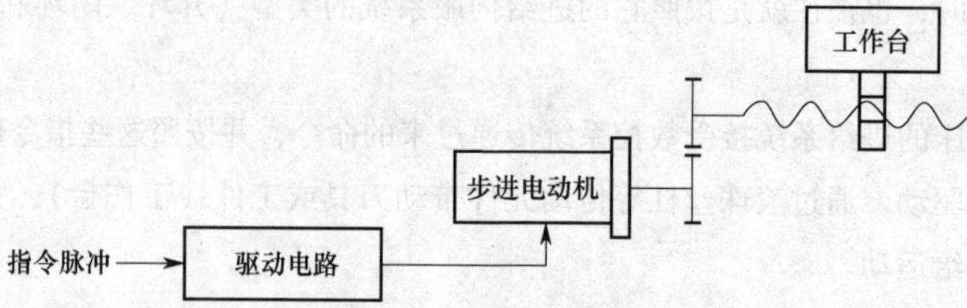

图 14—12　开环伺服控制系统

目前，采用步进电动机的开环控制系统在控制的精度、速度变化范围、低速性能方面，都不如采用直流伺服电动机的闭环控制系统。但是步进电动机结构简单，控制电路简单，成本和价格低廉，可靠性高。所以，适合在精度要求不是特别高的场合使用。例如，点位或直线控制的低档数控机床。

开环进给系统每一个组成环节的误差，最后都会影响进给和定位的精度。因此，要提高开环控制进给系统的精度，必须提高每一个组成环节的精度。这有可能使成本提高，以至于难以接受，也有可能目前根本就没有这么高精度的产品。

2. 闭环控制系统

闭环伺服是在数控机床的移动工作台上直接安装位置检测装置，并实时地把检测的结果反馈给数控系统，再与输入的指令信号进行比较，如果不一致，就发出校正信号。闭环伺服控制系统如图 14—13 所示。

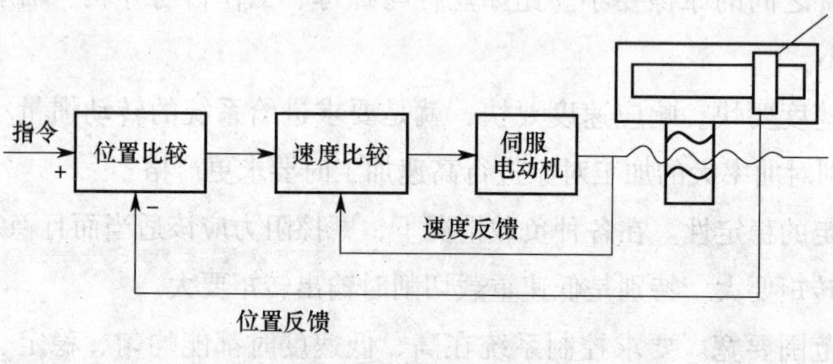

图 14—13　闭环伺服控制系统

闭环伺服控制系统的特点是控制精度高。它的位置控制精度只取决于位置检测装置本身的精度与安装精度，与中间其他传动元件的情况基本上无关。但是结构和整个控制系统比较复杂，调试也比较困难。

3. 半闭环控制系统

半闭环控制系统采用装于电动机内的脉冲编码器、无刷旋转变压器或测速发电机作为位置、速度检测器件，来构成半闭环位置控制系统。它检测的信号是滚珠丝杠的转角，用此来间接地反映工作台的位移，如图 14—14 所示。因此，它的位置控制精度要比闭环系统低。但是它的测量装置结构简单，安装调试也比较方便，是中档数控机床，如数控车床、数控铣床、数控磨床常用的进给伺服控制系统。

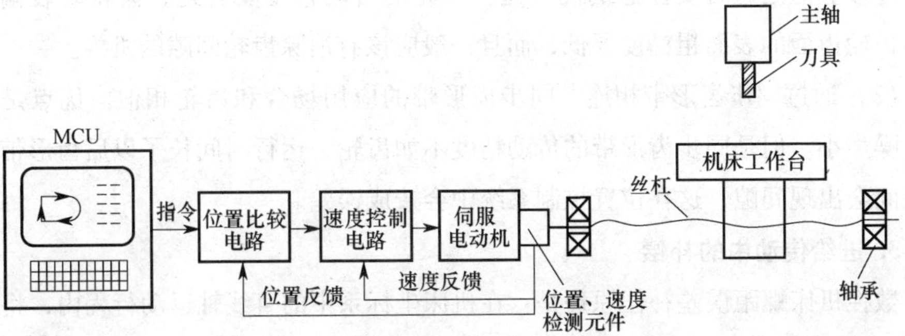

图 14—14　半闭环伺服控制系统

4. 混合环伺服控制系统

混合环伺服控制系统是把半闭环和闭环控制系统适当组合，形成混合方式的伺服控制系统。例如，把半闭环作为内环，用来控制进给速度，而将闭环作为外环，用来控制位移。由于增加了内环，适当减轻了对外环的要求。

四、伺服进给系统的组成

1. 电动机

现在的交流伺服电动机和直流伺服电动机一样，能够构成高精度、高性能的半闭环或全闭环控制系统。由于交流伺服电动机是无刷结构，几乎不需维修，体积相对较小，有利于转速和功率的提高。同时，交流伺服电动机具有运行稳定、可控性好、响应快速、灵敏度高以及机械特性和调节特性的非线性度指标严格（要求分别小于 10% 和小于 15%）等特点。因此，交流伺服系统已在很大范围内取代了直流伺服系统。交流直线伺服电动机有异步式和同步式两大类。

2. 机械进给系统

目前，数控机床进给驱动系统中常用的机械传动装置主要有滚珠丝杠螺母副、静压蜗杆—蜗母条、预加载荷双齿轮齿条、双导程蜗轮蜗杆及直线电动机。

数控机床进给电动机的输出轴与机械传动装置连接（如滚珠丝杠）带动工作台或箱体，做左右、前后或是上下的直线运动。电动机与被驱动的传动机构之间，通常有三种连接方式。

（1）通过柔性联轴器相连。优点是结构简单、调整方便、成本低，而且没有传动间隙，因此传动的精度高，传动噪声小。例如常用的弹性波纹管联轴器。

（2）通过齿轮相连。如果电动机轴和被传动件的轴不在同一条直线上，或者被传动轴的转速比较低，需要减速，或者被传动轴需要比较大的转矩时，可以采用齿轮连接。但是这时要注意的问题是：齿轮的传动精度要合适，齿轮安装偏心要小，齿轮齿面的表面粗糙度要低，而且一般应该有消除齿轮间隙的机构。

（3）通过同步齿形带相连。同步齿形带的应用场合和齿轮相似。优点是成本低、噪声小。但是同步齿形带的传动精度不如齿轮，运行时间长了以后齿形带与带轮之间会出现间隙，这在位置控制系统中会造成误差。

3. 进给传动中的补偿

数控机床螺距误差补偿原理是：在机床坐标系中的直线轴运动行程内，将测量行程等分为若干段，测量出各目标位置 P_i 的平均位置偏差（ $X_i\uparrow$ 或 $X_i\downarrow$），再把平均位置偏差反向叠加到数控系统的插补指令上，如图 14—15a 所示。例如，指令要求该坐标轴运动到目标位置 P_i，目标实际的运动位置是 P_{ij}，由于该点的实际平均位置偏差为 $X_i\uparrow$（或 $X_i\downarrow$），将该值填入数控系统的螺距误差补偿表中，数控系统在计算时会自动将目标位置的平均位置偏差叠加到插补指令上，即实际的位置是 $P_{ij}\uparrow = P_i + X_i\uparrow$（或 $P_{ij}\downarrow = P_i + X_i\downarrow$），使误差部分抵消，实现螺距误差的补偿。数控机床螺距误差检测系统如图 14—15b 所示。该系统由数控机床、激光干涉仪、误差测量接口、计算机和打印机等部分组成。数控机床是误差补偿对象，激光干涉仪用于测量误差，计算机是系统的核心，误差测量接口用于连接计算机与激光干涉仪，误差数据通过打印机输出。

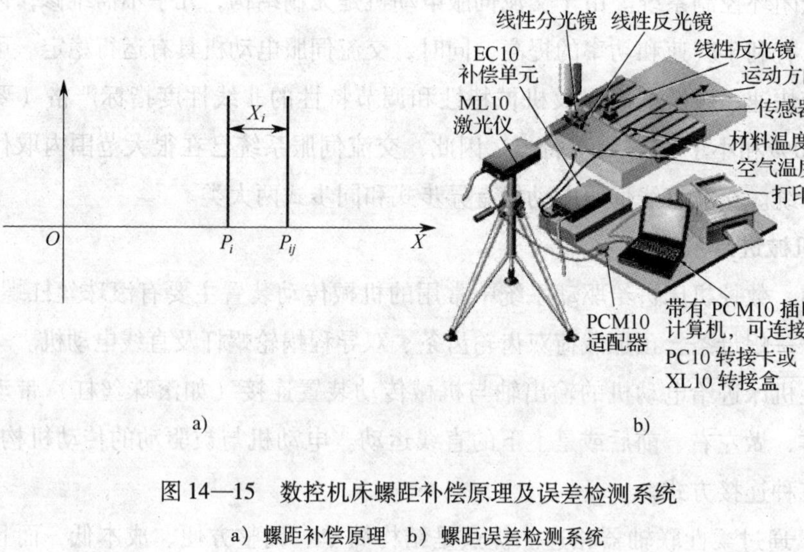

图 14—15　数控机床螺距补偿原理及误差检测系统

a）螺距补偿原理　b）螺距误差检测系统

按上述方法重新检测，误差应明显减小，若还未达到技术要求，可再次进行误差检测与补偿，一般来说有三次就能达到满意的结果。补偿前后误差曲线如图 14—16 所示。补偿前 X 轴定位误差曲线为 A，最大误差为 59.4 μm，经过补偿后，其 X 轴定位误差曲线为 B，最大误差为 4.2 μm。

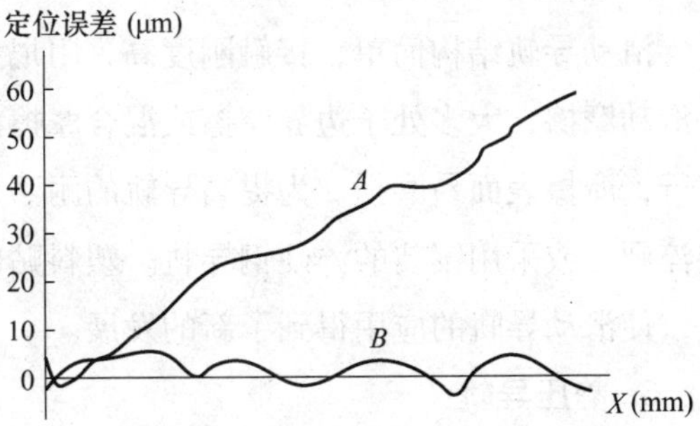

图 14—16 数控机床定位误差曲线

在工作中有时也存在这种情况，当分析重复多次检测结果时，发现在相同检测点误差变动较大，剔除结果中的坏值后仍变动较大，这时候应着手检查机床装配质量，包括导轨副、滚珠丝杠副、联轴器、台面等的精度。只有这些基础精度保证质量，重复定位精度达到要求后，才能考虑误差补偿的问题，否则会造成紊乱。

第三节 数控机床的导轨

一、概述

导轨是数控机床的重要部件之一，兼有支撑和导向两种作用，它使机床的运动部件按规定的轨迹运动，并对数控机床的刚度、精度和精度保持性等性能有着重要的影响。

机床导轨按运动轨迹可分为直线运动导轨和圆周运动导轨两种。按摩擦性质可分为滑动导轨、滚动导轨和静压导轨。按工作性质可分为主运动导轨、进给运动导轨、复合导轨和卸荷导轨。按导轨的截面形状主要有三角形、矩形、燕尾形和圆形导轨等。

1. 各种截面导轨的特性

三角形导轨导向性好；矩形导轨刚度高；燕尾形导轨结构紧凑；圆形导轨制造方便，但磨损后不易调整。当导轨的防护条件较好，切屑不易堆积其上时，下导轨面常设计成凹形，以便于储油，改善润滑条件；反之，则宜设计成凸形。

2. 滑动导轨

滑动导轨结构简单，接触刚度高，阻尼大，抗振性好。两导轨面间的摩擦性质是滑动摩擦，大多处于边界摩擦或混合摩擦的状态，启动摩擦力大，低速运动时易爬行，摩擦表面易磨损。为提高导轨的耐磨性，可采用耐磨铸铁，或把铸铁导轨表层淬硬，或采用镶装的淬硬钢导轨。塑料贴面基本上能克服铸铁滑动导轨的上述缺点，使滑动导轨的应用得到了新的发展。

3. 静压导轨

静压导轨在相配的两导轨面间通入压力油或压缩空气，经过节流器后形成定压的油膜或气膜，将运动部件略微浮起。因两导轨面不直接接触，摩擦因数很小，运动平稳。静压导轨需要一套供油或供气系统，主要用于精密机床、坐标测量机和大型机床上。

4. 滚动导轨

滚动导轨是在相配的两导轨面间有滚珠、滚柱、滚针或滚动导轨块的导轨。这种导轨摩擦因数小，不易出现爬行，而且耐磨性好。缺点是结构较复杂和抗振性差。

5. 卸荷导轨和复合导轨

卸荷导轨是利用机械或液压的方式减小导轨面间的压力，但不使运动部件浮起，因而既能保持滑动导轨的优点，又能减小摩擦力和磨损。复合导轨是导轨的主要支撑面采用滚动导轨，而主要导向面采用滑动导轨。

二、导轨的技术要求

1. 导向精度

导向精度是指运动构件沿导轨导向面运动时，其运动轨迹的准确程度。影响导向精度的主要因素有导轨导向面的几何精度、导轨的结构类型、导轨副的接触精度、表面粗糙度、导轨和支撑件的刚度、导轨副的油膜厚度及油膜刚度以及导轨和支撑件的热变形等。

直线运动导轨的几何精度一般包括垂直平面和水平平面内的直线度以及两条导轨面间的平行度。导轨几何精度可以用导轨全长上的误差或单位长度上的误差表示。

2. 精度保持性

精度保持性是指导轨工作过程中保持原有几何精度的能力。导轨的精度保持性主要取决于导轨的耐磨性及其尺寸的稳定性。耐磨性与导轨副的材料匹配、受力、加工精度、润滑方式和防护装置的性能等因素有关。另外，导轨及其支撑件内的残余应力也会影响导轨的精度保持性。

3. 运动灵敏度和定位精度

运动灵敏度是指运动构件能实现的最小行程；定位精度是指运动构件能按要求停止在指定位置的能力。运动灵敏度和定位精度与机床大小、载荷情况、导轨类型、摩擦特性、运动速度、传动刚度、运动构件质量等因素有关。因此，这是一个很复杂的问题，但又是影响数控机床性能的重要问题。随着数控机床设计、制造技术不断进步，这方面一定会有更进一步的提高。

4. 运动平稳性

导轨运动平稳性是指导轨在低速运动或微量移动时不出现爬行现象的性能。平稳性与导轨的结构、导轨副材料的匹配、润滑状况、润滑剂性质及传动系统的刚度等因素有关。

5. 抗振性与稳定性

抗振性是指导轨副承受受迫振动和冲击的能力。稳定性是指在给定的运转条件下不出现自激振动的性能，还包括受温度变化影响小，保证导轨在工作温度变化的条件下仍能正常工作。

6. 刚度

刚度指导轨抵抗受力变形的能力。导轨变形将影响构件之间的相对位置和导向精度，这对于精密机械与仪器尤为重要。导轨变形包括导轨本体的变形和导轨副的接触变形。

7. 结构工艺性

结构工艺性是指导轨副（包括导轨副所在构件）加工的难易程度。在满足设计要求的前提下，应尽量做到结构简单，制造、测量、装配、调整和维修方便，成本低廉。

三、普通机床常用导轨

在数控机床之前，大部分的机床都是采用滑动形式的导轨。滑动导轨的截面形状有三角形、矩形、燕尾形和圆形。一对导轨为一凹一凸。滑动导轨一般都要由机床制造厂自行设计、自行加工和装配。滑动导轨的种类可见表 14—2。

1. 各种滑动导轨的优缺点

（1）圆形导轨。优点是加工和检验比较简单，易于达到较高精度。缺点是对温度变化比较敏感，间隙不能调整。

表 14—2　　　　滑动导轨的种类

	棱柱形				圆形
	对称三角形	不对称三角形	矩　形	燕尾形	
凸形	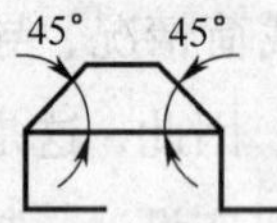	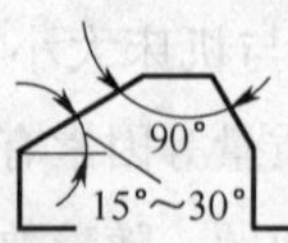	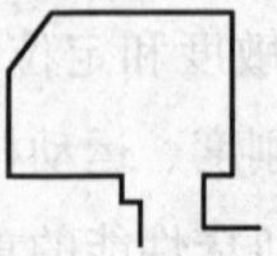	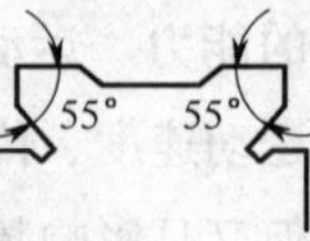	
凹形	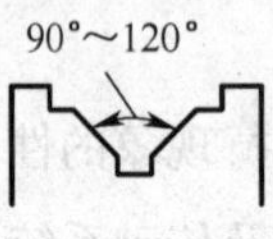	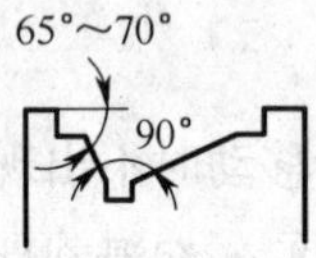	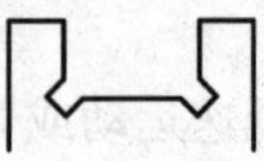	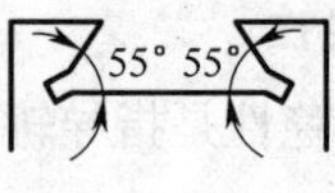	

（2）矩形导轨。制造简单，承载能力大，需调整间隙，不能补偿磨损，导向精度低。

（3）三角形导轨。导向精度高，无间隙，可自动补偿磨损。

（4）燕尾形导轨。制造较复杂，磨损不能补偿，尺寸紧凑，调整间隙方便。

2. 滑动导轨的组合

在一般的普通机床上，采用两条导轨组合，起到导向和支撑的作用。

四、数控机床常用导轨

数控机床常用的导轨主要有三种：贴塑滑动导轨、滚动导轨和静压导轨。

1. 贴塑滑动导轨

金属基体的贴塑滑动导轨在普通机床和数控机床上得到广泛应用。它结构简单，静刚度高，抗振性好，制造方便。主要的缺点是摩擦因数大，在低速时往往会出现爬行现象，从而降低了机床的定位精度。目前，在数控机床上经常使用塑料基体的滑动导轨或者粘贴聚四氟乙烯导轨软带的滑动导轨。其中，粘贴聚四氟乙烯导轨软带的滑动导轨又被称为贴塑导轨。某加工中心工作台剖面图如图 14—17 所示。

2. 滚动导轨

（1）滚动导轨的特点。滚动导轨的特点有：

1）摩擦因数低（0.003～0.005），比贴塑导轨摩擦因数小很多，运动灵活。

2）动、静摩擦因数基本相同，因而启动阻力小，在很低的运动速度下都不会出现爬行现象，低速运动平稳性好，位移精度和定位精度高。

3）可以预紧，因此静刚度比较高。

4）这种导轨组件本身制造精度很高，而对机床的安装基面要求不高。因此，安装、调整都非常方便。

5）使用寿命长。

6）润滑方便，可以采用脂润滑，一次填装可以长期使用。

7）由专业厂生产，有各种规格和尺寸，可以外购订货或直接选用。

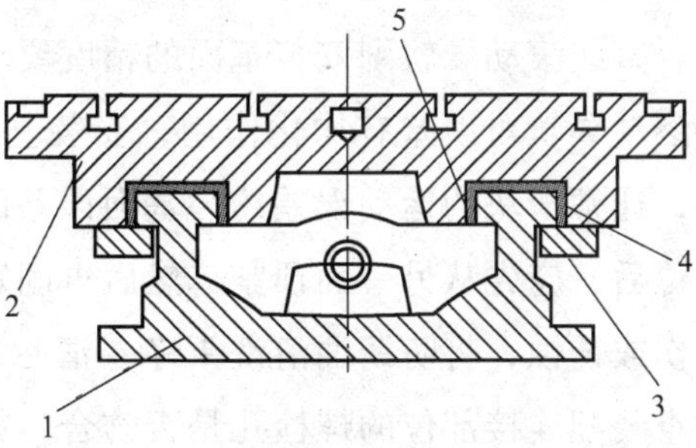

图 14—17　加工中心工作台的剖面图

1—床身　2—工作台　3—下压板

4—导轨软带　5—镶条

由于滚动导轨具有上述优点，滚动导轨已被广泛应用于精密机床、数控机床、测量机和测量仪器上。

滚动导轨的主要缺点是抗冲击载荷的能力较差，结构比较复杂，制造成本较高，而且滚动导轨对灰尘、屑末等较敏感，应有良好的防护罩。近年来数控机床越来越多地采用由专业厂家生产的直线滚动导轨或滚动导轨块。

（2）直线滚动导轨

1）直线滚动导轨的结构。直线滚动导轨主要由导轨体、滑块、滚柱或滚珠、保持器、端盖等组成，如图 14—18 所示。在滑块与导轨之间放入适当的钢球，使滑块与导轨之间的滑动摩擦变为滚动摩擦。当滑块与导轨体相对移动时，滚动体在导轨体和滑块之间的圆弧直槽内滚动，并通过端盖内的滚道，从工作负荷区滚动到非工作负荷区，然后再滚动回工作负荷区，不断循环，从而把导轨体和滑块之间的移动变成滚动体的滚动。为防止灰尘和脏物进入导轨滚道，滑块两端及下部均装有塑料密封垫，滑块上还有润滑油杯。最近新出现的一种在滑块两端装有自动润滑装置的滚动导轨，使用时无须再配润滑装置。

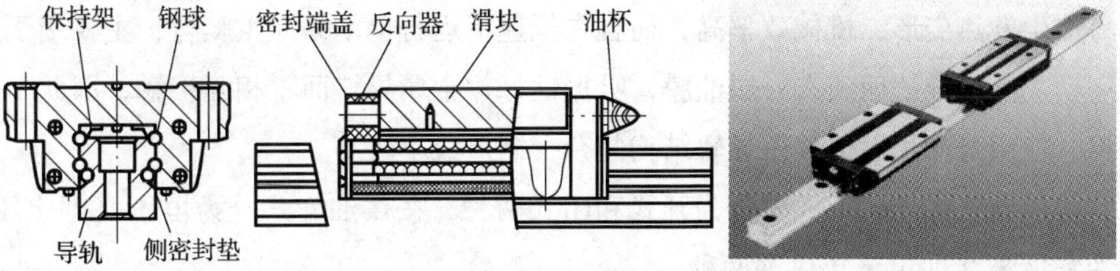

图 14—18　直线滚动导轨

2）直线滚动导轨的安装。直线滚动导轨的安装形式可以水平、竖直或倾斜，可以两根或多根平行安装，也可以把两根或多根短导轨接长，以适应各种行程和用途的需要。采用直线滚动导轨副，可以简化机床导轨部分的设计、制造和装配工作。直线滚动导轨副安装基面的精度要求不太高，通常只要精铣或精刨。由于直线滚动导轨对误差有均化作用，安装基面的误差不会完全反映到滑块的运动上来；通常滑块的运动误差约为基面误差的1/3。安装时导轨的滑块座靠一侧基面定位后，应先从另一面顶紧，然后再固定。安装前必须检查导轨是否合格，是否碰伤或锈蚀，将防锈油清洗干净，清除装配表面的毛刺、撞击凸起物及污物等，检查装配连接部位的螺栓孔是否吻合，如果发生错位而强行拧入螺栓，将会降低运行精度。

（3）滚动导轨块。滚动导轨块是一种精密的直线滚动导轨，具有较高的承载能力和较高的刚度，在反复动作、启动、停止往复运动频率较高情况下可减少整机质量和传动机构及动力费用。滚动导轨块如图14—19所示。

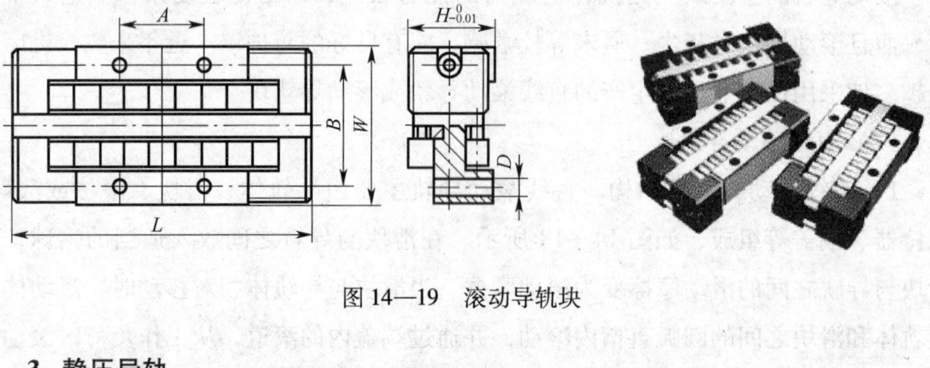

图14—19　滚动导轨块

3. 静压导轨

静压导轨分为液体静压导轨和气体静压导轨两种。

（1）液体静压导轨。液体静压导轨是将具有一定压力的油液，经节流阀输送到两导轨工作面间的油腔，形成能够承载的静压油膜，将相互接触的金属表面隔开，实现液体摩擦，如图14—20所示。这种导轨的摩擦因数很小（约0.000 5），不易产生发热变形，机械效率高，而且在低速下运行也不易产生爬行，主要用于进给运动。由于导轨面间有一层油膜，吸振性好，金属导轨面不相互接触，因此不会磨损，使用寿命长。但静压导轨结构复杂，制造成本较高。

静压导轨按导轨形式可分为开式和闭式两种，按供油方式分为恒压（即定压）供油和恒流（即定量）供油两种。

（2）气体静压导轨。气体静压导轨是在两导轨工作面间通入具有恒定压力的气体，使两导轨面形成均匀分离的状态，以得到高精度的运动。这种导轨摩擦因数小，不易引起发热变形，但空气压力波动会使空气膜发生变化，且承载能力小，故

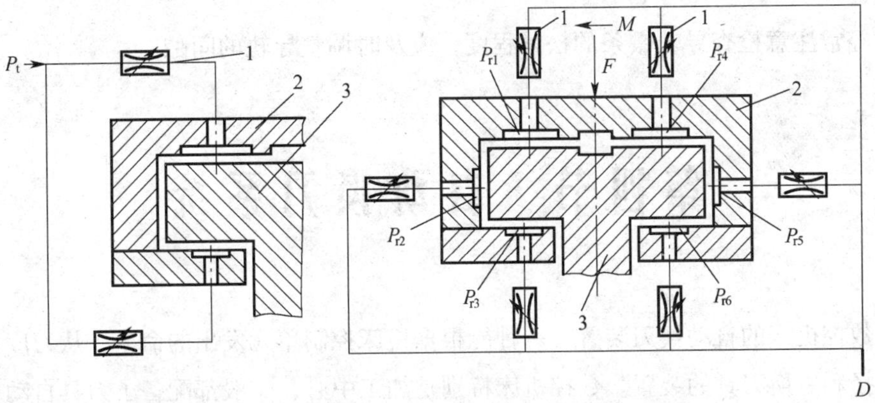

图 14—20　液体静压导轨

1—节流阀　2—运动件　3—承导件

常用于负荷不大并且稳定的场合。气体静压导轨如图 14—21 所示。

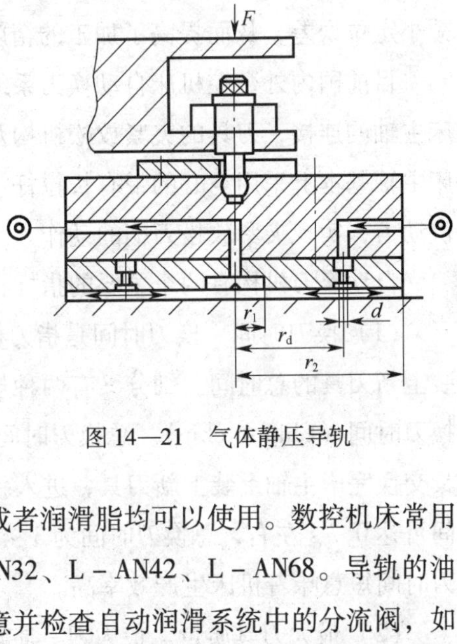

图 14—21　气体静压导轨

五、机床导轨的维护与保养

机床导轨的维护与保养主要是导轨的润滑和导轨的防护。

1. 导轨的润滑

润滑导轨的目的是减少摩擦阻力和摩擦磨损，以避免低速爬行和降低温升。因此，导轨的润滑很重要。对于滑动导轨，一般采用润滑油润滑。对滚动导轨，润滑油或者润滑脂均可以使用。数控机床常用的润滑油牌号有 L－AN10、L－AN15、L－AN32、L－AN42、L－AN68。导轨的油润滑一般采用自动润滑。在使用中要定期注意并检查自动润滑系统中的分流阀，如果它们发生故障，会造成导轨不能自动润滑。此外，必须做到每天检查导轨润滑油箱的油量，如果油量不够，应及时添加润滑油。同时要注意检查润滑油泵是否能够定时启动和停止，并且要注意检查定时启动时是否能够提供润滑油。

2. 导轨的防护

在操作使用中要注意防止切屑、磨粒或者切削液散落在导轨面上，否则会引起导轨的磨损加剧、擦伤和锈蚀。为此，要注意导轨防护装置的日常检查，每天下班做好机床的清洁卫生，清扫铁屑，擦干净留在导轨部位的切削液，防止导轨生锈。

经常注意检查导轨镶条的松紧程度，应及时调整导轨的间隙。

第四节　自动换刀系统

数控机床的自动换刀装置是一种能根据机床控制单元发出的命令，从刀库中自动选择和更换刀具的装置。数控机床特别是加工中心，一般都配备了刀具自动交换功能。零件装夹后便能一次完成钻、镗、铣、锪、攻螺纹等多种工序加工。配备自动换刀功能以后，可以有效地提高机床的加工效率，扩大数控机床的功能和使用范围。由于零件免去了多次装夹，除了可降低产品的成本，改善劳动条件，还有利于减小定位误差，从而提高了加工的精度。

目前国内外数控机床自动换刀系统中，刀具、辅具多采用锥柄结构。刀柄与机床主轴的连接，刀具的夹紧放松机构及驱动方式几乎都采用同一种结构模式，即机床主轴基本上采用空心的带有长拉杆、碟形弹簧的结构形式，由液压或气动装置提供动力，实现夹紧放松刀柄的动作。

自动换刀机构有两个主要的指标：

（1）换刀时间。换刀时间是指刀柄的交换时间，即从主轴上换下用过的刀具、装上新刀具的总时间。细分又有两种规定方式，即刀对刀时间（Tool to tool）和总换刀时间（Chip to chip）。总换刀时间包含了旧刀具加工完毕离开加工区域，到刀具交换完毕主轴上装上新刀具，进入新的加工前之间的时间。目前最快的纯换刀时间可达0.7 s左右，总换刀时间为3～12 s，立式机床换刀时间一般比卧式的短。换刀时间短意味着机床生产效率高。

（2）最大刀具质量。最大刀具质量是指在自动刀具交换情况下允许的最大刀具质量。锥度40号刀柄最大允许质量为7～8 kg，50号刀柄为15 kg，一些重型刀具可达25～30 kg，但这时换刀速度要减慢。最大刀具直径和长度主要受刀库尺寸空间的限制。

一、自动换刀装置

自动换刀装置是数控机床和加工中心的重要执行机构。它的结构形式多种多样，这主要与机床的种类、刀具的种类和数量有关。目前，数控机床基本上有两类自动换刀方式和相应装置：刀架换刀方式和刀库换刀方式。刀具数量比较少的数控机床采用刀架方式换刀；刀具数量多的镗、铣类数控机床以及加工中心基本上采用刀库方式换刀。

1. 刀架换刀装置

刀架方式换刀又可以分为直排刀架换刀、回转刀架换刀、更换主轴头换刀和更换主轴箱换刀。

（1）直排刀架换刀。这种刀架能容纳的刀具比较少，最多十几把。直排刀架换刀主要用在自动换刀的数控车床和钻床上。直排刀架换刀的特点是结构简单、调整方便。直排刀架的结构如图14—22所示。

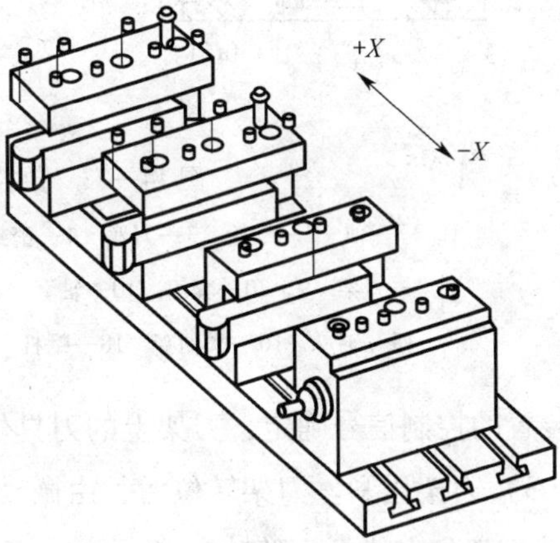

图14—22　直排刀架

（2）回转刀架换刀。这种换刀装置主要在车床类的数控机床以及车削中心上使用。它也是一种最简单的自动换刀装置，刀具的容量有限，结构简单，维护方便。

在早期的数控车床上，一般是四方刀架或六角刀架，即在刀架上可以装有四把或六把刀具。现在的数控车床可以有八、十二或者更多工位的刀架。回转刀架必须具有良好的强度和刚度，以承受粗加工的切削力，同时要保证回转刀架在每次转位之后，具有尽可能高的重复定位精度。一般要求刀尖的位置重复精度为0.005～0.01 mm。回转刀架的转位可以有电动机驱动和液压驱动两种方式。

图14—23所示为数控车床六角回转刀架，它适用于盘类零件的加工。在加工轴类零件时，可以用四方回转刀架。由于两者底部安装尺寸相同，更换刀架十分方便。回转刀架的全部动作由液压系统通过电磁换向阀和顺序阀进行控制，它的换刀过程如下：

1）刀架抬起。当数控装置发出换刀指令后，电动机22正转，并经联轴套16、轴17，由滑键（或花键）带动蜗杆18、蜗轮2、轴1、轴套10转动。轴套10的外圆上有两处凸起，可在套筒9内孔中的螺旋槽内滑动，从而举起与套筒9相连的刀架8及上端齿盘6，使6与下端齿盘5分开，完成刀架抬起动作。

2）刀架转位。刀架抬起后，轴套10继续转动，同时带动刀架8转过90°、180°、270°或360°，并由微动开关19发出信号给数控装置。具体转过的度数由数

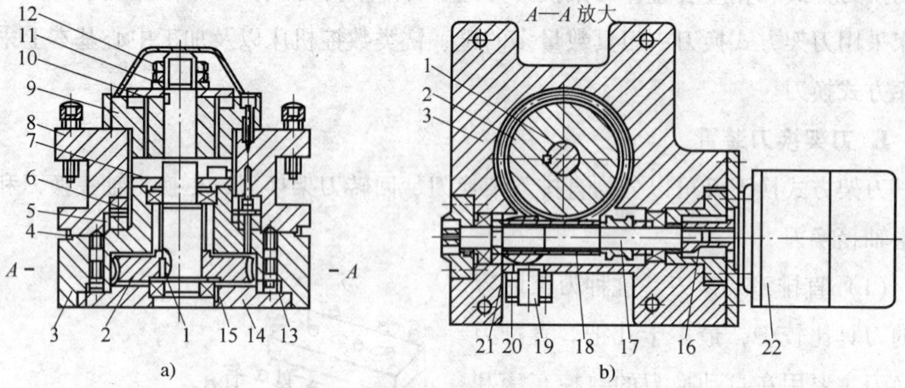

图 14—23　数控车床六角回转刀架

1、17—轴　2—蜗轮　3—刀座　4—密封圈　5—下端齿盘　6—上端齿盘　7—压盖　8—刀架　9、20—套筒　10—轴套　11—垫圈　12—螺母　13—销　14—底盘　15—轴承　16—联轴套　18—蜗杆　19—微动开关　21—弹簧　22—电动机

控装置的控制信号确定，刀架上的刀具位置一般采用编码盘来确定。

3）刀架压紧。刀架转位后，由微动开关 19 发出的信号使电动机 22 反转，销 13 使刀架 8 定位而不随轴套 10 回转，于是刀架 8 向下移动。上下端齿盘合拢压紧。蜗杆 18 继续转动产生轴向位移，压缩弹簧 21、套筒 20 的外圆曲面，通过微动开关 19 使电动机 22 停止旋转，从而完成一次转位。

回转刀架除了采用液压缸转位和定位销定位之外，还可以采用电动机驱动离合器定位或者其他转位和定位机构。

（3）更换主轴头换刀。在带有旋转刀具（如钻、扩、铰、镗等刀具）的数控机床中，更换主轴头来换刀是一种简单的换刀方式。这种主轴头实际上就是一个转塔刀库，主轴头有卧式和立式两种。通常用转塔的转位来更换主轴头，以实现自动换刀。在转塔的各主轴头上预先安装有各工序所需的旋转刀具。当发出换刀指令时，各主轴头依次转至加工位置，并接通主运动，带动刀具旋转，其他处于不加工位置上的主轴都与主运动脱开。该方式的优点是省去了自动松夹、装卸刀具、夹紧及刀具更换等一系列复杂操作，缩短了换刀时间，提高了换刀可靠性。

但是由于空间位置的限制，使主轴部件结构尺寸不能太大，因而影响了主轴系统的刚度。为了保证主轴的刚度，必须限制主轴的数目，否则会使结构尺寸增大。主轴数一般为 6 ~ 12 个。图 14—24a 为立式八轴转塔头。转塔头上径向分布着八根结构完全相同的主轴 7，主轴的回转运动由齿轮 12 输入。卧式转塔头的结构如图 14—24b 所示。转塔主轴头的转位、定位和压紧方式与鼠齿盘式分度工作台极为相

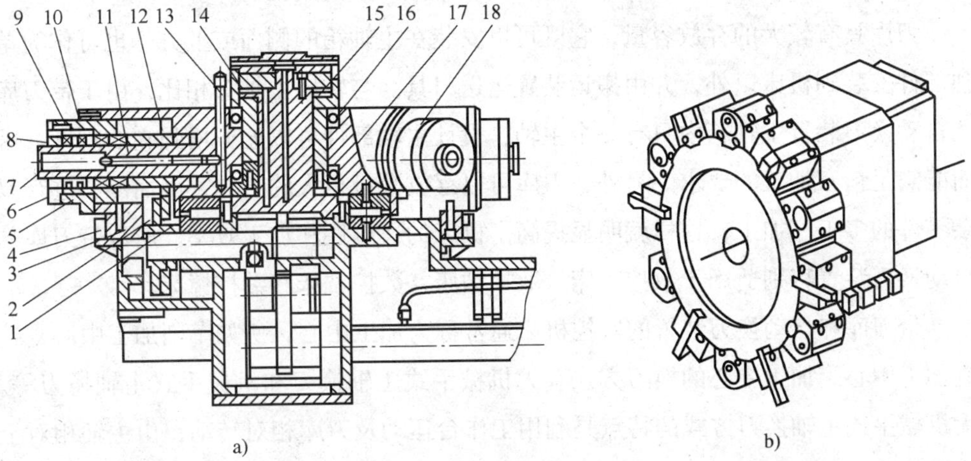

图 14—24　转塔头结构

a）立式转塔头　b）卧式转塔头

1、2—离合器　3、4、12—齿轮　5—套筒　6—端盖　7—主轴　8—螺母　9、16、17—轴承　10—螺钉　11—推动杆　13—操纵杆　14—液压缸　15—活塞　18—转塔刀架体

似，但因为在转塔上分布着许多回转主轴部件，结构更为复杂。因此，转塔主轴头通常只适用于工序较少、精度要求不太高的机床，例如数控钻、铣床等。

（4）更换主轴箱换刀。有的数控机床像组合机床一样，采用多主轴箱，利用更换主轴箱达到换刀的目的。在主轴箱库上，吊挂着备用的主轴箱。主轴箱两端的导轨上，装有同步运行的小车Ⅰ与小车Ⅱ，它们在主轴箱库与机床动力头之间运送主轴箱。根据加工要求，先选好所需的主轴箱，待两小车运行至该主轴箱处时，将它推到小车Ⅰ上，小车Ⅰ载着主轴箱与小车Ⅱ同时运动到机床动力头两侧的更换位置。当上一道工序完成后，动力头带着主轴箱上升到更换位置，夹紧机构将主轴箱松开，定位销从定位孔中拨出，推杆机构将主轴箱推到小车Ⅱ上，同时又将小车Ⅰ上的待用主轴箱推到机床动力头上，并进行定位夹紧。然后，两小车返回主轴箱库，停在下次待换的主轴箱旁。由推杆机构将下次待换的主轴箱推到小车Ⅰ上，并把小车Ⅱ上用过的主轴箱推入主轴箱库中的空位。也可通过机械手在刀库和主轴箱之间进行刀具交换。这种换刀形式，适于加工箱体类零件，可以提高生产率。

2. 刀库换刀装置

带刀库的自动换刀系统由刀库和刀具交换机构组成。首先把加工过程中需要使用的全部刀具分别安装在标准刀柄上，在机外进行尺寸预调整后，按一定的方式放入刀库中去。换刀时先在刀库中进行选刀，并由刀具交换装置从刀库和主轴上取出刀具，在交换刀具之后，将新刀具装入主轴，把旧刀具放回刀库。

刀库具有较大的存放容量，它既可以安装在主轴箱的侧面或上方，也可作为单独部件安装到机床以外，并由搬运装置运送刀具。与转塔主轴头相比，由于带刀库的自动换刀装置主轴箱内只有一个主轴，设计主轴部件可以充分增强它的刚度，因而能满足精密加工的要求。另外，刀库可以存放数量很大的刀具，因而能够进行复杂零件的多工序加工，这样就明显提高了机床的适应性和加工效率。所以带刀库的自动换刀装置特别适用于数控车床、数控钻床、数控铣床和数控镗床。

带刀库和自动换刀装置的数控机床通常称为加工中心，例如车削加工中心、镗铣加工中心。加工中心的换刀方式有无机械手式主轴换刀和机械手式主轴换刀等。无机械手式主轴换刀方式的特点是利用工作台运动及刀库相对转动，由主轴相对上下运动进行选刀和换刀。而用机械手式主轴换刀的加工中心，结构形式就比较多。由于机械手卡爪可同时抓住刀库上所选的刀和主轴上的刀，所以换刀时间短，并且选刀的时间可与机械加工的时间重合，因此得到广泛的应用。还有机械手式双主轴转塔头换刀，采用这种换刀方式的加工中心在主轴上的刀具进行切削时，通过机械手将下一步所用的刀具换在转塔的非切削主轴上，当主轴上的刀具切削完毕后，转塔头立即回转，完成换刀工作，从而节省了换刀时间。

二、刀库换刀

数量众多的刀具在刀库中如何排列，需要使用时又如何取用，这两个问题与数控机床的性能、加工效率和正常使用都有密切的关系。

1. 选刀方式

（1）顺序选刀。这种选刀方式要求按某个零件的加工工艺过程的顺序（即刀具使用顺序），将刀具安置在刀库的刀座中，使用时按刀具的安放顺序逐一取用，用后放回原来的刀座中。更换不同的工件时，必须重新排列刀库中的刀具。即使是在同一个工件上，用同样的刀具加工前后被分隔开的多道工序时，也必须用几次就放几把同样的刀。因此，这种选刀方式所需要的刀具比较多。装刀时必须十分谨慎，如果刀具不按顺序装在刀库，将会造成严重事故。按这种方式选刀，刀库的运动、驱动和控制都比较简单。顺序选刀的方式适用于工序简单、刀具比较少、加工批量比较大的中小型自动换刀数控机床。这种换刀方式甚至可以在加工过程中，靠手动临时往刀库上添换少量刀具。

（2）任意选刀。任选方式选刀是先对刀具或刀座进行编码，然后根据编码来选用需要的刀具。任意选刀方式又可以分为刀具编码选刀、刀座编码选刀、编码附件方式选刀和计算机记忆选刀四种方法。

1）刀具编码选刀。刀具编码选刀是先对每把刀具进行编码。编码元件安装在刀柄上（如编码环、编码螺钉等），刀具可以放在刀库的任意一个刀座中。换刀时，通过编码识别装置根据刀具编码选刀。采用这种方式编码的刀具可以在不同的工序中多次重复使用，而且换下来的刀具也不必放回原来的刀座中。因此，这种编码方式可以缩短刀库的运行时间，简化自动换刀系统的控制线路。

2）刀座编码选刀。刀座编码选刀是预先对刀库中的刀座都进行编码（用编码钥匙等方法），刀具也编号，再把与刀座编码对应的刀具一一放入指定的刀座中。编程时用地址命令 T，指出刀具所在刀座的编码。换刀时，刀库旋转，使各个刀座依次经过识刀器，直到找到需要的刀座和刀具，刀库便停止旋转。使用过的刀具也必须放回原来的刀座中。

3）编码附件方式选刀。编码附件方式选刀可分为编码钥匙、编码卡片、编码杆和编码盘等方式。其中应用最多的是编码钥匙。这种方式是先给刀具都配一把表示该刀具号的编码钥匙，当把刀具存放到刀库的刀座中去时，识别装置就把钥匙上的编码赋予识别系统了。

编码钥匙的形状如图 14—25 所示，钥匙的两边最多可带有 22 个方齿，图中除导向用的两个方齿外，共有 20 个齿可用于刀具的识别。钥匙沿着水平方向的钥匙缝插入钥匙孔座，然后顺时针方向旋转 90°，处于钥匙代码凸起部位的弹簧片被撑起，表示代码“1”；处于代码凹处的弹簧片保持原状，表示代码“0”。钥匙上每个凹凸部分的旁边均有相应的弹簧片，故可将钥匙各个凸凹部分都识别出来。这种编码方式又称为临时性编码，因为从刀座中取出刀具时，刀座中的编码钥匙也取出，刀库中原来的编码随之消失。因此，这种方式具有更大的灵活性。采用这种编码方式用过的刀具不必放回原来的刀座。

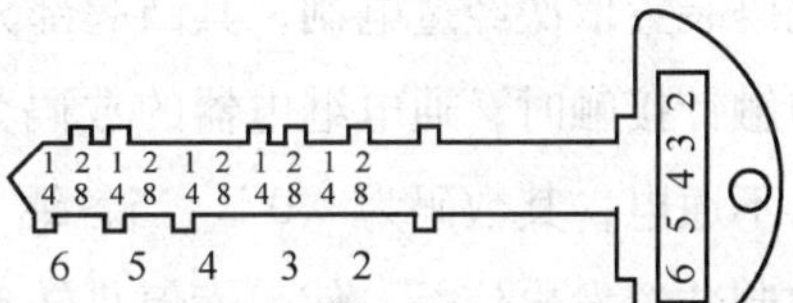

图 14—25　编码钥匙

利用 IC 芯片做成的编码卡片，可以存储更多的刀具信息，例如刀具的使用次数和日期、刃磨的情况。而且还可以根据需要改写，比钥匙更灵活、方便。

4）计算机记忆选刀。目前应用最多的是计算机记忆式选刀。这种方式的特点是：刀具号和存刀位置或刀座号对应地记忆在计算机的存储器或可编程控制器内。不论刀具存放在哪个地址，都始终记忆着它的踪迹。在刀库上装有位置检测装置。这样刀具可以任意取出，任意送回。刀具本身不必设置编码元件，结构大为简化，控制也十分简单，计算机控制的机床几乎全都用这种选刀方式。

计算机记忆选刀的具体做法是在数控机床可编程控制器 PLC 的内部建立一个模拟刀库的数据表，这个数据表中内容的排列次序与刀库中实际的刀具号一一对应。在刀库上设有机械原点，每一个刀座经过换刀位置时，都会产生一个脉冲信号送到 PLC 中去。在 PLC 中还设置了一个刀库位置计数器。当控制系统接到换刀命令时，系统就会自动到数据表中去检索，找到需要的刀具号所在位置以后，就会驱动刀库转动到相应的位置。每次选刀运动正反向都不会超过 180°的范围。当选刀动作完成后，即处于等待状态，一旦执行到自动换刀的指令，即开始换刀动作。

2. 刀具识别装置

刀具识别装置的作用是从刀具或刀座的编码装置上读出刀具的代码。常用的识刀装置有接触式和非接触式两种。

（1）接触式识刀装置。在刀柄上装有两种直径不同的编码环，大直径的环表示二进制的“1”，小直径的环为“0”。在刀库附近固定一个刀具识别装置，它在对应于编码装置的凸起和凹槽部分装有一排电刷，从中伸出一排触针，触针数量与刀柄上的编码环个数相等。每个触针与有关继电器相连。选刀时，刀库转动，刀具编码装置依次经过电刷，其凸起部分和电刷接触，读出刀具代码。当大直径编码环与触针接触时，通电继电器的数码为“1”。当小直径编码环与触针接触时，继电器不通电，其数码为“0”。当各继电器读出的数码与所需刀具的编码一致时，由控制装置发出信号，使刀库停止转动，等待换刀。

接触式刀具识别装置的结构简单，但由于触针有磨损，故使用寿命较短、可靠性较差，且难以快速换刀。

（2）非接触式识刀装置。非接触式刀具识别装置没有机械性的直接接触，常用的有磁性识别法和光电识别法。

1）磁性识别法。磁性识别法是利用磁性材料和非磁性材料感应强弱不同，通过感应线圈读取代码。编码环的直径相等，分别由导磁材料（如软钢）和非导磁材料（如黄铜、塑料）等制成，并规定前者编码为“1”，后者编码为“0”。如编码环为导磁材料，则磁感应较强，在二次线圈中产生较大的感应电压；如编码环为非导磁材料，则磁感应较弱，在二次线圈中产生的感应电压较弱。利用感应电压的强弱，就能识别刀具的号码。

2）光电识别法。光电识别法是利用光导纤维构成阅读头，读取刀具或刀座上面的涂黑（0）或光亮（1）部分的信号。每一个阅读头中有两束光导纤维，一束用来发射光线，另一束用来接收反射光线。光导纤维的优点是抗干扰能力比较强、使用寿命长。

3. 刀具交换装置

自动换刀装置中，实现刀库与主轴间传递和装卸刀具的装置为刀具交换装置。刀具交换方式常有两种：采用机械手交换刀具和由刀库与机床主轴的相对运动交换刀具（刀库移至主轴处换刀或主轴运动到刀库换刀位置换刀），其中以机械手换刀最为常见。

（1）由刀库与机床主轴的相对运动实现换刀。在这类装置中，刀库一般为格子式，装在工作台上。换刀时，先使工作台与主轴相对运动，将使用过的旧刀送回刀库，然后再使工作台与主轴相对运动一次，从刀库中取出新刀。这种换刀方式的换刀时间长，另外刀库设置在工作台上，减少了工作台的有效使用面积。

（2）采用机械手换刀。机械手刀具交换装置，特别是双臂机械手刀具交换装置具有换刀时间短、动作灵活可靠等优点，应用最为广泛。双臂机械手中最常用的几种结构有钩手、抱手、伸缩手、叉手。

双臂机械手进行一次换刀循环的基本动作为：抓刀（手臂旋转或伸出，同时抓住主轴和刀库里的刀具）、拔刀（主轴松开，机械手同时将主轴和刀库中的刀具拔出）、换刀（手臂转180°，新、旧刀交换）、插刀（同时将新刀插入主轴，旧刀插入刀库，然后主轴夹紧刀具）、缩回（手臂缩回到原始位置）。机械手刀库的换刀时间一般为4 s。

当刀库容量较大、布置得离机床较远时，就需要安排两只机械手来完成新旧刀的交换动作。一只靠近刀库，称为后机械手，完成拔新刀、插旧刀的动作；一只靠近主轴，称为前机械手，完成拔旧刀、插新刀的动作，如图14—26所示。在前、后机械手之间则设有运刀装置，该运刀装置称为运刀器。它一方面将前机械手从主轴上拔出的旧刀运回刀库旁，以便后机械手将该旧刀拔出并插回刀库；另一方面则将后机械手从刀库中拔出的新刀运到主轴旁，以便前机械手将该新刀拔出并插入主轴。运刀器的职能就是在前、后机械手之间来回运送新、旧刀具。

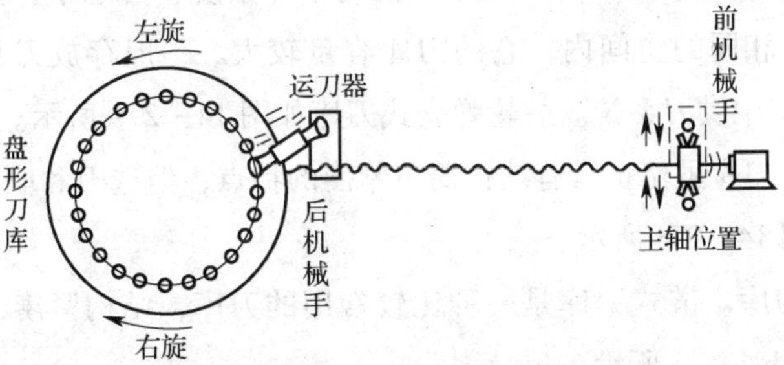

图14—26　刀库的机械手和运刀器

三、刀库

1. 刀库容量

刀库容量指刀库存放刀具的数量，一般根据加工工艺要求而定。刀库容量小，不能满足加工需要；容量过大，又会使刀库尺寸大，占地面积大，选刀过程时间长，且刀库利用率低，而且结构过于复杂，造成很大浪费。一些加工中心上配置的刀库容量往往有几种规格供选择，有十几把到40把、60把、100把等，一些柔性加工单元（FMC）配置中央刀库后，刀具储存量可达近千把。刀库的容量只要能满足基本需要，一般不宜选得太大，因为容量大，刀库成本高，结构复杂，故障率也相应增加，刀具管理也较为复杂。

2. 刀库类型

刀库从结构和形状来看有鼓轮式（也称盘式）、链式和格子箱式等几类。其中最常用的是鼓轮式刀库和链式刀库。

（1）鼓轮式（盘式）刀库。鼓轮式刀库可以再分为单层鼓轮式、多层鼓轮式、双鼓轮式、鼓轮弹仓式等多种结构布局。对每种布局的刀库来说，其刀具可以平行于刀库的轴线放置或者沿着鼓轮半径的方向放置。

单层鼓轮式（又称单盘式）刀库的结构简单，刀库的容量通常为15～30把，取刀比较方便，因此应用最为广泛。刀具呈环行排列，放在机床立柱的顶部，形状就像个大的斗笠，所以又称斗笠式刀库。这种刀库在换刀时整个刀库向主轴移动，当主轴上的刀具进入刀库的卡槽时，主轴向上移动脱离刀具，这时刀库转动。当要换的刀具对正主轴正下方时主轴下移，使刀具进入主轴锥孔内，夹紧刀具后，刀库退回原来的位置。斗笠式刀库的换刀时间为5～7 s，空间利用率比较低，容量不大，但是结构简单，如图14—27a、b、c、d所示。当需要更多数量的刀具时，可以采用鼓轮弹仓式或多层鼓轮式（又称多层盘式）刀库。

鼓轮弹仓式（又称刺猬式）刀库结构简单、紧凑、占地小，但选刀、取刀动作比较复杂，在相同的空间内，它的刀库容量较大。一般存放刀具不超过32把，多用于FMS的集中供刀系统。鼓轮弹仓式刀库如图14—27e所示。

多层鼓轮式刀库虽然也具有结构简单紧凑的特点，但选刀和取刀动作较多，故应用较少，如图14—27f所示。

（2）链式刀库。链式刀库是一种比较常用的刀库，结构紧凑，容量大，如图14—27中的g、h、i、j所示。

这种刀库的刀座固定在环形链节上，链环的形状可以随机床的布局制成各种形

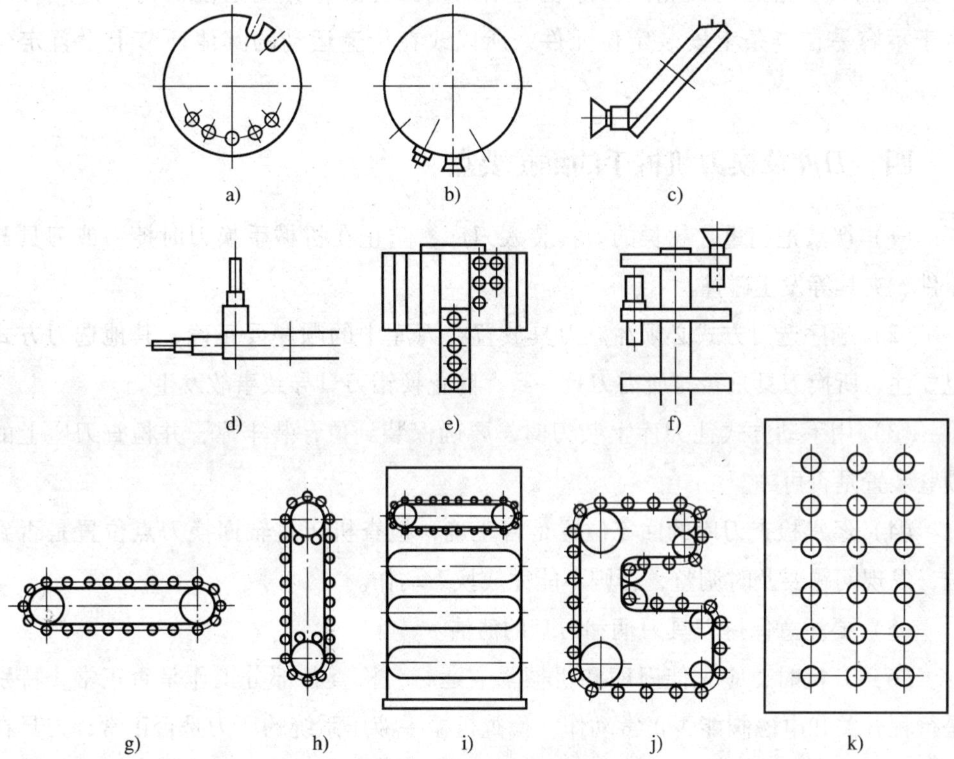

图 14—27　刀库的类型

式，因而结构灵活多变。常用的有单排链，如图 14—27g、h 所示。单环链刀库使用加长链条，让链条折叠回绕，可提高空间利用率，进一步增加存刀量，如图 14—27j所示。多环链，如图 14—27i 所示。一般当刀具数量为 30 ~ 120 把时，多采用链式刀库。

（3）格子箱式刀库。这种刀库的特点是结构紧凑，刀库空间的利用率高，如图 14—27k 所示。但是放在机床上时布局不太灵活，一般只能放在工作台上，因此就限制了它的应用。

3. 刀库的驱动和定位

刀库运动是时间短暂的间歇运动，要求起停迅速、平稳无冲击，定位要准确。对于任意选刀的刀库，还要能够正、反向运动，但运动的速度不高。因为对顺序选刀的机构来说，只要转动一个刀位就可以了，而对大部分的任意选刀刀库来说，刀库的分度回转运动可以在机床加工的时段中完成，也不会影响总的加工循环时间。

鼓轮式刀库的定位通常采用定位销、V 形块、反靠定位块或鼠牙盘作为定位元件。顺序选刀的鼓轮式刀库也可以采用圆柱凸轮分度定位机构。链式刀库由于不容易在链条上安装定位元件，所以改在传递运动的其他环节上设置定位元件。

四、刀库及换刀机械手的维护要点

（1）严禁把超重、超长的刀具装入刀库，防止在机械手换刀时掉刀或刀具与工件、夹具等发生碰撞。

（2）顺序选刀方式必须注意刀具放置在刀库中的顺序要正确，其他选刀方式也要注意所换刀具是否与所需刀具一致，防止换错刀具导致事故发生。

（3）用手动方式往刀库上装刀时，要确保装到位，装牢靠，并检查刀座上的锁紧装置是否可靠。

（4）经常检查刀库的回零位置是否正确，检查机床主轴回换刀点位置是否到位，发现问题要及时调整，否则不能完成换刀动作。

（5）要注意保持刀具刀柄和刀套的清洁。

（6）开机时，应先使刀库和机械手空运行，检查各部分工作是否正常，特别是行程开关和电磁阀能否正常动作。检查机械手液压系统的压力是否正常，刀具在机械手上锁紧是否可靠，发现不正常时应及时处理。

第五节　位置检测装置

在闭环和半闭环的数控机床伺服系统中，运动部件都应该有位移或位置的检测装置（传感器），把它的实际位移量或位置随时检测出来，并送到比较电路中去，与程序（或操作）给定的控制值进行比较，从而控制驱动系统正确运转，使工作台或刀具按规定的轨迹和坐标移动。常见的测量传感器有旋转变压器、光电编码器（角度量测量）、光栅、感应同步器和磁栅（角度量和直线量）等。

位置检测装置对保证数控机床的加工精度起着决定性作用。因此，位置检测装置要具有工作可靠，抗干扰性强，便于安装和维护，成本低，使用寿命长等特点，还要能够满足数控机床的速度和精度要求。

位置检测装置的分类见表14—3。

表 14—3　　位置检测装置的分类

	数字式		模拟式	
	增量式	绝对式	增量式	绝对式
旋转型	脉冲编码器 圆光栅	编码盘	旋转变压器 圆感应同步器 圆磁栅尺	旋转变压器 圆感应同步器
直线型	长光栅 激光干涉仪	编码尺	直线感应同步器 磁栅尺	绝对式磁栅尺 感应同步器

1. 旋转变压器

旋转变压器是一种电磁式的传感器，又称同步分解器。实际上，它是一台小型交流电动机，只不过把它当做变压器来使用，用来检测角度。它由定子和转子组成，其中定子绕组作为变压器的一次侧，接受交流电压，频率通常用 400 Hz、500 Hz、3 000 Hz及5 000 Hz 等。转子绕组作为变压器的二次侧，当转子转动时，通过电磁耦合得到感应电压。在转子绕组中产生的感应电压，会精确地按照转子转过的角度呈现规律性的变化，感应电压的频率与定子的励磁电压相同。因此，可以测量转子绕组感应电压的幅值和相位，得到转子转角的变化量，如图 14—28 所示。

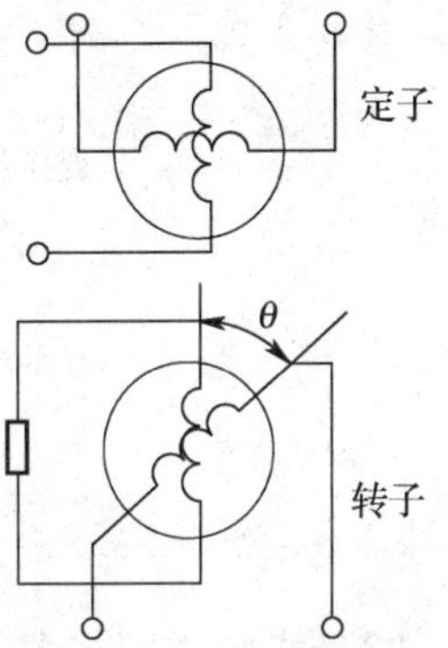

图 14—28　旋转变压器原理

旋转变压器的绕组有两极、四极或多极等结构形式。两极绕组旋转变压器的定子和转子各有一对磁极，四极绕组则各有两对磁极，四极的检测精度要高于两极的。多极式的旋转变压器测量精度要比前面两种高，主要用于高精度绝对式检测系统。

由于旋转变压器具有结构简单，动作灵活，工作可靠，对环境条件要求低，输入信号幅度大，抗干扰能力强和检测精度一般等特点，所以在连续控制系统中得到了普遍的应用，主要用于要求精度不高的数控机床上。例如，用来测量丝杠的转角，从而间接地得到工作台的直线位移值。

2. 感应同步器

感应同步器是一种根据电磁感应原理制造的高精度检测元件，有直线式和圆盘式两种，分别用于检测直线位移和转角。感应同步器是由旋转变压器演变而来的。

直线感应同步器由定尺和滑尺两部分组成，相当于一个展开的旋转变压器。它是把绕组印制在两个靠得很近，又保持均匀的气隙的平面上（定尺和动尺），以产生互感。定尺较长（200 mm 以上，可根据测量行程的长度选择不同规格的长度），上面刻有均匀节距的绕组；滑尺表面刻有两个绕组，即正弦绕组和余弦绕组。当余弦绕组与定尺绕组相位相同时，正弦绕组与定尺绕组错开 1/4 节距。滑尺在通有电流的定尺表面相对运动，产生感应电势。直线感应同步器的工作原理如图 14—29 所示。

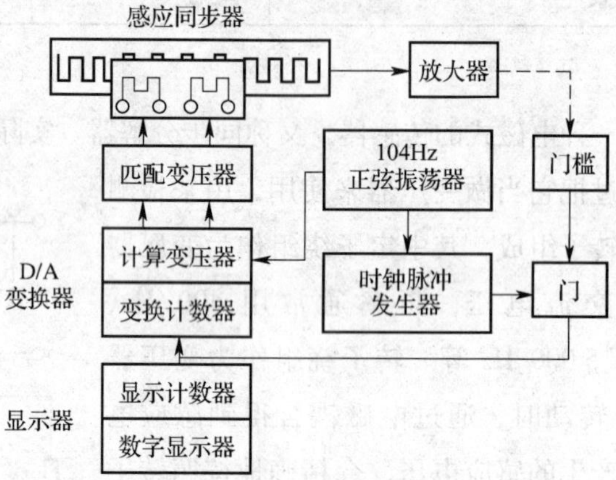

图 14—29　直线感应同步器工作原理

圆盘式感应同步器，其转子相当于直线感应同步器的滑尺，定子相当于定尺，而且转子绕组中的两个绕组也错开 1/4 节距。随着它们的相对位置变化，感应电压也随之变化。旋转式感应同步器的工作原理与旋转变压器相似，但是比旋转变压器有更高的测量精度。

感应同步器的特点是：感应同步器有许多极片，总的输出电压是许多极片感应电压的平均值。因此，检测装置本身的制造误差由于取平均值而得到补偿，其测量精度较高。直线式感应同步器测量精度可以达到 ±0.001 mm，分辨率可达 0.05 μm。旋转式感应同步器的转角测量精度可以达到 0.5″，分辨率可达 0.05″。直线式感应同步器还可以采用拼接的方法增大检测尺寸。由于是利用电磁感应原理产生信号，感应同步器对环境的适应性较强，抗油、水和灰尘的能力较强，结构简单，使用寿命长，维护简单。

3. 光电编码器

光电编码器是一种通过光电转换将输出轴上的转角位移量转换成脉冲或数字量的传感器，光电编码器是由光栅盘和光电检测装置组成的。光栅盘是在一定直径的圆板上等分地开通若干个长方形孔缝。由于光电码盘与电动机同轴，电动机旋转时，光栅盘与电动机同速旋转，经发光二极管等电子元件组成的检测装置检测后，输出若干脉冲信号，通过计算每秒光电编码器输出脉冲的个数就能反映当前电动机的转速。光电编码器的工作原理如图 14—30 所示。

光电脉冲编码器可分为增量式、绝对式和混合式。光电编码器依据安装位置不同又可分为内装式和外装式两种。内装式和伺服电动机同轴安装，外装式则安装在传动链末端。编码器输出信号通常有两组相位差 90°的方波信号用于辨向，一个零标志位（又称一转信号），+5 V 电源和接地端。绝对式还有备用电池连接端，失电以后能够将历史数据保持在编码器中。

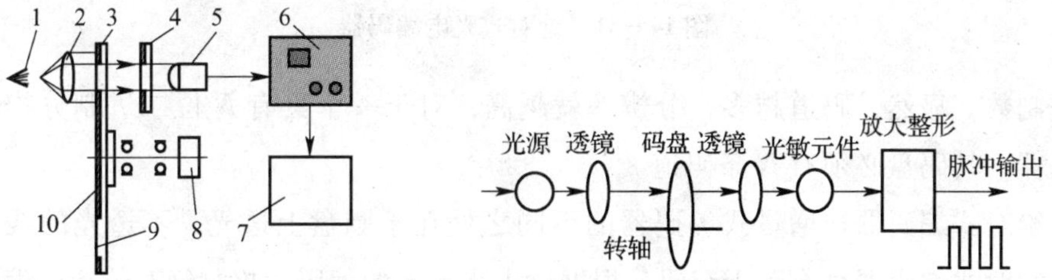

图 14—30　光电编码器的工作原理

1—光源　2—聚光镜　3—光电盘　4—光栏板　5—光电管

6—整形放大　7—数显装置　8—齿轮箱　9—狭缝　10—铬层

（1）增量式光电编码器。一般来说，增量式光电编码器输出 A、B 两相互差 90°电角度的脉冲信号（即所谓的两组正交输出信号），从而可方便地判断出旋转方向。同时还有用做参考零位的相标志（指示）脉冲信号，码盘每旋转一周，只发出一个标志信号。标志脉冲通常用来指示机械位置或对积累量清零。

增量式光电编码器的特点是：每产生一个输出脉冲信号就对应于一个增量位移，但是不能通过输出脉冲区别出是在哪个位置上的增量。也就是说，它能够对位移的变化量提供测量的方法，它提供的信息是相对于某个基准点的相对位置增量，而不是绝对位置的信息。增量式光电编码器由于只计单个的脉冲信号，而不累计脉冲的总个数，因而测量精度不高。脉冲计数的方法容易受到干扰，会出现少计或多计脉冲的情况，会有累积误差存在。

（2）绝对式光电编码器。绝对式光电编码器是直接输出数字量的传感器，如图 14—31 所示。在它的圆形码盘上沿径向有若干同心码道，每条码道由透光和不透光的扇形区相间组成。相邻码道的扇区数目是双倍关系，码盘上的码道数就是它的二进制数码的位数。在码盘的一侧是光源，另一侧对应每一码道有一光敏元件，当码盘处于不同位置时，各光敏元件根据受光照与否转换出相应的电平信号，形成

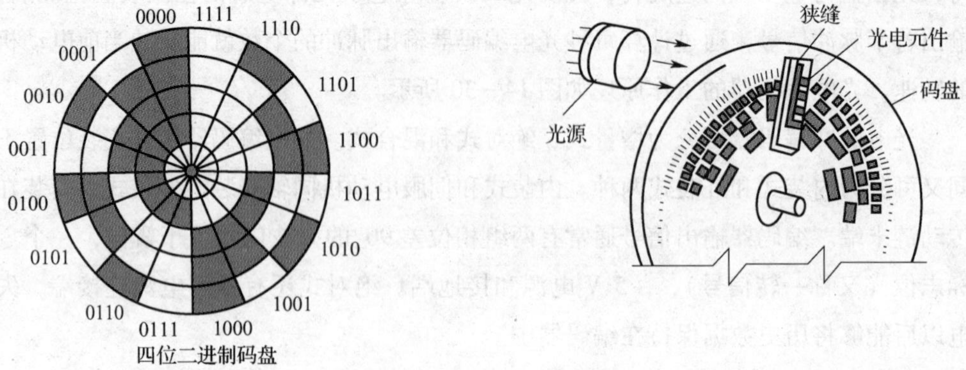

图 14—31　绝对式光电编码器

二进制数。显然，码道越多，分辨率就越高，对于一个具有 N 位二进制分辨率的编码器，其码盘必须有 N 条码道。

绝对式编码器与增量式编码器的不同之处在于圆盘上透光、不透光的线条图形，绝对式编码器可有若干编码，根据读出码盘上的编码，检测绝对位置。编码的设计可采用二进制码、循环码、二进制补码等。绝对式光电编码器的特点是可以直接读出角度坐标的绝对值。绝对编码器的输出值由它的机械位置决定，而且是唯一的，无须记忆，也无须找参考点。而且不用一直计数，什么时候需要知道位置，什么时候就去读取它的位置。这样，编码器的抗干扰特性、数据的可靠性大大提高，没有累积误差，电源切断后位置信息也不会丢失。

（3）混合式光电编码器。它输出两组信息，一组用于检测磁极位置，它带有绝对值的信息功能；另一组则完全像增量式编码器那样来输出信息。

4. 光栅

光栅传感器是用于数控机床的一种非接触式测量的精密检测装置。它是利用光的透射、衍射原理进行工作的。按形状可分为圆光栅和长光栅。圆光栅用于角位移的检测，长光栅用于直线位移的检测。它是闭环数控机床系统使用最早、最普遍的检测元件。它的特点是测量精度高（可达 ±1 μm）、响应速度快和量程范围大（一般为 1 ~2 m，连接后使用，长度可达到 10 m）。

光栅传感器主要由光栅尺和光栅读数两部分组成，如图 14—32 所示。光栅尺是利用光刻和真空镀膜的方法，在透明玻璃片或长条形金属镜面上均匀刻制出密集的线纹。对于长光栅这些线纹相互平行，各线纹之间的距离相等，此距离称为栅距。对于圆光栅，这些线纹是等栅距角的向心条纹。栅距和栅距角是决定光栅光学性质的基本参数。常见的长光栅的线纹密度为 25 条/mm、50 条/mm、100 条/mm、

250 条/mm。对于圆光栅，如直径为 70 mm，一周内刻线 100 ~ 768 条；如直径为 110 mm，一周内刻线 600 ~ 1 024 条甚至更多。

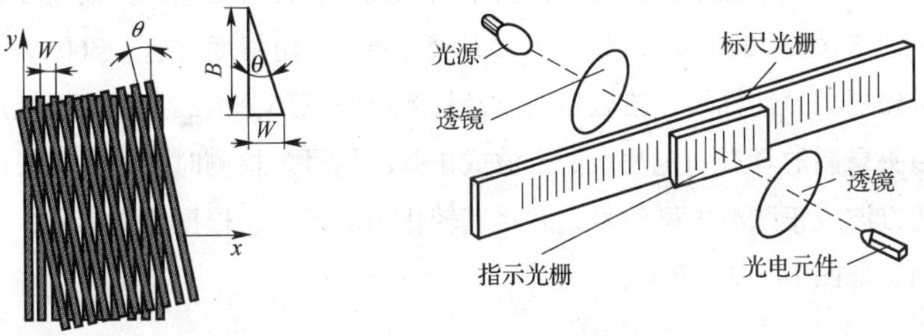

图 14—32　光栅传感器的组成

一副光栅元件由一长一短两块光栅组成。长光栅装在机床的移动部件上，称为标尺光栅；短光栅装在固定部件上，称为指示光栅。标尺光栅和指示光栅的线纹密度相同。两块光栅的平面平行安装，保持 0. 05 ~ 0. 1 mm 的间隙，但是将指示光栅的线纹转过一个很小的角度。光线射过两块光栅时，就会出现明暗交替的干涉条纹（莫尔条纹），这些干涉条纹的方向与线纹基本上垂直，当两块光栅的位置移动很小一点的时候，干涉条纹会移动很多条。通过光敏元件就可以接收到这些条纹的变化量。

光栅可以分为绝对式光栅和相对式光栅两种，其中绝对式光栅上刻有不同宽度、不同间距的栅线，将绝对位置数据以编码形式直接制作到光栅上，开机后立刻可以提供绝对位置信息，无须执行过参考点的操作。通常，绝对式光栅在绝对轨之外，还同时配备有增量轨，用以进一步提高光栅的精度与分辨率，如图 14—33 所示。

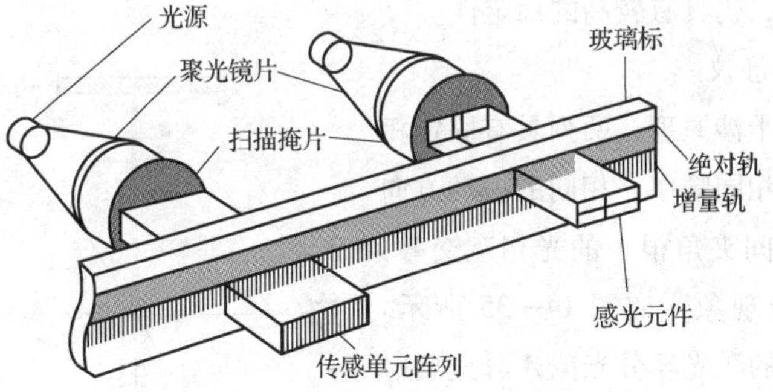

图 14—33　绝对式光栅

5. 磁栅

磁栅是一种新型的数字式传感器，成本较低且便于安装和使用。当需要时，可将原来的磁信号（磁栅）抹去，重新录制，还可以安装在机床上后再录制磁信号，这对于消除安装误差和机床本身的几何误差，以及提高测量精度都是十分有利的。并且可以采用激光定位录磁，而不需要采用感光、腐蚀等工艺，因而精度较高，测长精度可达 3 μm/1 000 mm，分辨率为 1 ~5 μm，测角精度可达 1/360°。

通常磁栅由磁性标尺、拾磁磁头以及检测电路三部分组成。在磁性标尺上，有用录磁磁头录制的具有一定波长的方波或正弦波信号。检测时，拾磁磁头读取磁性标尺上的方波或正弦波电磁信号，并将其转化为电信号，根据此电信号，实现对位移的检测，如图 14—34 所示。

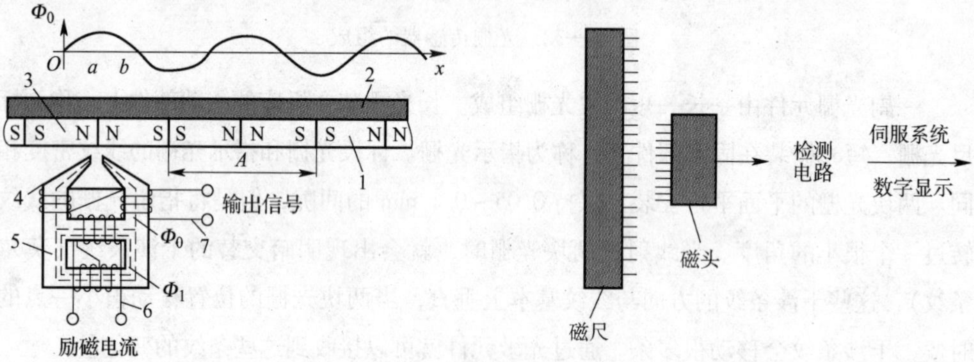

图 14—34　磁尺的测量原理

1—磁性膜　2—基体　3—磁尺　4—磁头　5—铁心　6—励磁绕组　7—拾磁绕组

按其结构特点磁栅可分为直线式和角位移式，分别用于长度和角度的检测。磁栅具有精度高、复制简单以及安装调整方便等优点。而且在油污、灰尘较多的工作环境中使用时，仍具有较高的稳定性。

6. 激光干涉仪

根据光的干涉原理，两列具有固定相位差，而且有相同频率、相同的振动方向或振动方向之间夹角很小的光相互交叠，将会产生干涉现象，如图 14—35 所示。由激光器发射的激光经分光镜 A 分成反射光束 S_1 和透射光束 S_2 。两光束分别由固定反射镜 M_1 和可动反射镜 M_2 反射回来，两者在分光镜处汇合成相干光束。若两列光 S_1 和 S_2 的路程差为 $N\lambda$（λ 为波长，N

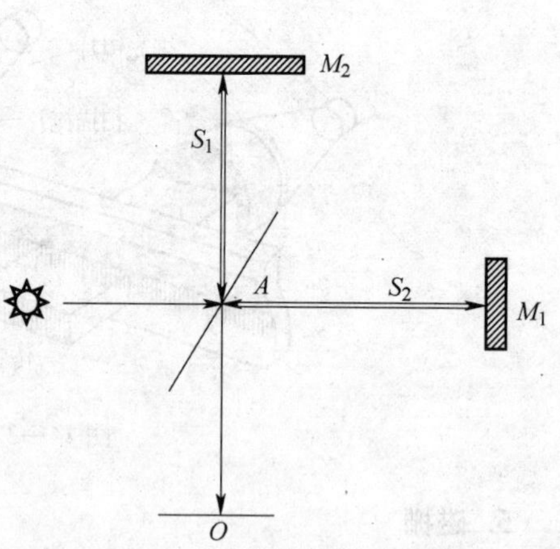

图 14—35　光的干涉原理

为零或正整数），实际合成光的振幅是两个分振幅之和，光强最大。当 S_1 和 S_2 的路程差为 $\lambda/2$（或半波长的奇数倍）时，合成光的振幅和为零，此时光强最小。

激光干涉仪就是利用这一原理，使激光束产生明暗相间的干涉条纹，由光电转换元件接收并转换为电信号，经处理后由计数器计数，从而实现对位移量的检测。由于激光的波长极短，特别是激光的单色性好，其波长值很准确。所以利用干涉法测距的分辨率至少为 $\lambda/2$，利用现代电子技术还可测定 0.01 个光干涉条纹。因此，用激光干涉法测距的精度极高。

激光干涉仪由激光管、稳频器、光学干涉部分、光电接受元件、计数器和数字显示器组成。目前应用较多的有双频激光干涉仪。双频激光干涉仪是一种新型激光干涉仪，基本原理与单频激光干涉仪不同。如图 14—36 所示，它是利用光的干涉原理和多普勒效应（此处指由于振源相对运动而发生的频率变化的现象）产生频差的原理来进行位移测量的。

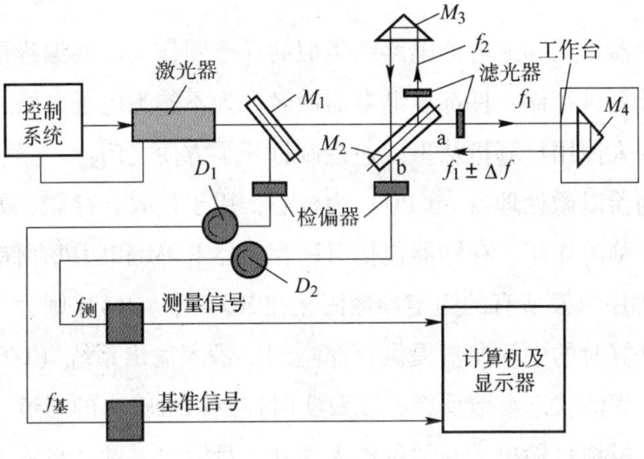

图 14—36　双频激光干涉仪原理

第六节　可编程控制器（PLC）

一、概述

可编程控制器（PLC）是在传统的顺序控制器的基础上引入微电子技术、计算机技术、自动控制技术和通信技术而形成的新型工业控制装置，目的是用来取代继电器，执行逻辑、计时、计数等顺序控制功能，建立柔性的程序控制系统。它源于早期的继电控制装置，但是不像继电装置那样，直接通过电路中电磁线圈的通、断电来实现控制，而主要靠运行存储在 PLC 内存中的程序实现自动控制。

可编程控制器（PLC）诞生于 1970 年前后，主要是针对工业现场控制的需要而开发的。我国从 1974 年也开始研制可编程控制器，20 世纪 80 年代至 90 年代中期，PLC 在处理模拟量、数字运算、人机接口和网络方面的能力得到大幅度提高。PLC 逐渐进入工业过程控制领域，并且在数控机床上得到广泛的应用。

可编程控制器（PLC）是一种基于计算机技术和自动控制理论发展而来的新型工业控制装置。它既不同于普通的计算机，又不同于一般的计算机控制系统。可编程控制器作为一种特殊形式的计算机控制装置，在系统结构、硬件组成、软件结构、I/O 通道及用户界面等方面都有其特殊性。普通计算机重点考虑的是信息的处理和变换，而 PLC 还要考虑怎么适应于工业环境，如何便于安装，抗干扰等问题。

可编程控制器采用和继电器电路图类似的梯形图作为主要编程语言，并将参加运算及处理的计算机存储元件都以继电器命名，为不熟悉电子电路、不懂计算机原理和汇编语言的人使用计算机从事工业控制打开了方便之门。

可编程控制器以微处理器（CPU）为核心，用于接收、存储、处理各种输入的指令，起到了大脑的作用。存储器包括只读存储器 ROM 和随机存储器 RAM。通常将 PLC 的系统程序以及所有的固定参数固化在 ROM 中。RAM 则为客户程序和数据的实时运行及计算时的中间变量提供存储空间。输入输出系统（I/O）是控制参数输入，被控制过程的状态参数反馈，以及实时控制信号输出的通道，这些通道可以有模拟量输入、模拟量输出、开关量输入、开关量输出、脉冲量输入等。

PLC 具有通用性强、使用方便、应用面广、可靠性高、抗干扰能力强、编程简单等特点。PLC 在工业自动化控制特别是顺序控制中的地位，是目前其他方法无法取代的。

二、PLC 的基本组成

PLC 的基本组成如图 14—37 所示。

1. 中央处理单元（CPU）

中央处理单元（CPU）是可编程控制器的核心，由控制器、运算器和寄存器组成，并集成在一个芯片内。CPU 通过数据总线、地址总线、控制总线和电源总线与存储器、输入/输出接口、编程器和电源相连接。

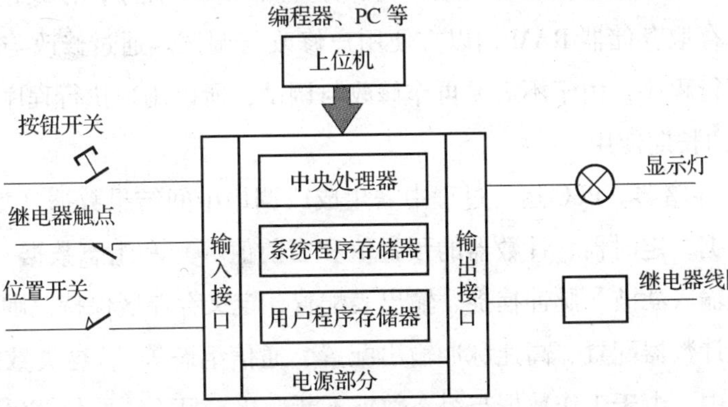

图14—37 PLC的基本组成

小型PLC的CPU采用8位或16位微处理器或单片机，如8031、M68000等，这类芯片价格很低。中型PLC的CPU采用16位或32位微处理器或单片机，如8086、96系列单片机等，这类芯片主要特点是集成度高、运算速度快且可靠性高。而大型PLC则需采用高速位片式微处理器。

CPU按照PLC内系统程序赋予的功能指挥PLC控制系统完成各项工作任务。CPU的控制器控制CPU工作，由它读取指令、解释指令及执行指令。工作的节奏由晶振信号控制。CPU的运算器用于进行数字或逻辑运算，并在控制器指挥下工作。

2. 存储器

PLC内有三种存储器：系统程序存储器、用户程序存储器、数据存储器。

（1）系统程序存储器。系统程序存储器用于存放PLC中的系统程序，它决定了PLC的基本功能。系统程序由PLC制造厂家编写，并固化在系统程序存储器中，主要包括系统管理程序、用户指令解释程序和功能程序与系统调用程序等。系统管理程序主要控制PLC的运行，使PLC按正确的次序工作。用户指令解释程序将PLC的用户指令转换为机器语言指令，传输到CPU内执行。功能程序与系统调用程序则负责调用不同的功能子程序及其管理程序。

系统程序属于需要长期保存的重要数据，所以其存储器采用ROM或EPROM。ROM是只读存储器，该存储器只能读出内容，不能写入内容，ROM具有非易失性，即电源断开后仍能保存已存储的内容。EEPROM为可电擦除只读存储器，需用紫外线照射芯片上的透镜窗口才能擦除已写入内容。可电擦除只读存储器还有FLASH等。

（2）用户程序存储器。用户程序存储器用于存放用户载入的PLC应用程序。

载入初期的用户程序因需修改与调试，所以称为用户调试程序，存放在可以随机读写操作的随机存取存储器 RAM 内以方便用户修改与调试。通过修改与调试后的程序称为用户执行程序，由于不需要再作修改与调试，所以用户执行程序就可以被固化到 EPROM 内长期使用。

（3）数据存储器。PLC 运行过程中需生成或调用中间结果数据（如输入/输出元件的状态数据，定时器、计数器的预置值和当前值等）和组态数据（如输入/输出组态、设置输入滤波、脉冲捕捉、输出表配置、定义存储区保持范围、模拟电位器设置、高速计数器配置、高速脉冲输出配置、通信组态等），这类数据存放在工作数据存储器中，由于工作数据与组态数据不断变化，且不需要长期保存，所以采用随机存取存储器 RAM。RAM 是一种高密度、低功耗的半导体存储器，可用锂电池作为备用电源，一旦断电就可通过锂电池供电，保持 RAM 中的内容。

3. 输入/输出接口（I/O 部件）

输入/输出接口是 PLC 与工业现场控制或检测元件和执行元件连接的接口。PLC 的输入接口有直流输入、交流输入、交直流输入等类型；输出接口有晶体管输出、晶闸管输出和继电器输出等类型。晶体管和晶闸管输出为无触点输出型电路，晶体管输出型用于高频小功率负载，晶闸管输出型用于高频大功率负载。继电器输出为有触点输出型电路，用于低频负载。

现场控制或检测元件输入给 PLC 各种控制信号，如限位开关、操作按钮、选择开关以及其他一些传感器输出的开关量或模拟量等，通过输入接口电路将这些信号转换成 CPU 能够接收和处理的信号。输出接口电路将 CPU 送出的弱电控制信号转换成现场需要的强电信号输出，以驱动电磁阀、接触器等被控设备的执行元件。

（1）输入接口。输入接口用于接收和采集两种类型的输入信号，一类是按钮、转换开关、行程开关、继电器触头等开关量的输入信号；另一类是由电位器、测速发电机和各种变换器提供的连续变化的模拟量输入信号。

（2）输出接口。输出接口电路向被控对象的各种执行元件输出控制信号。常用的执行元件有接触器、电磁阀、调节阀（模拟量）、调速装置（模拟量）、指示灯、数字显示装置和报警装置等。输出接口电路一般由微电脑输出接口电路和功率放大电路组成，与输入接口电路类似，内部电路与输出接口电路之间采用光电耦合器进行抗干扰电隔离。

（3）其他接口。若主机单元的 I/O 数量不够用，可通过 I/O 扩展接口电缆与 I/O 扩展单元（不带 CPU）相接进行扩充。PLC 还常配置连接各种外围设备的接口，可通过电缆实现串行通信、EPROM 写入等功能。

4. 电源部件

PLC 的电源将外部供给的交流电转换成供 CPU、存储器等所用的直流电，是整个 PLC 的能源供给中心。PLC 大都采用高质量、工作稳定性好、抗干扰能力强的开关稳压电源，许多 PLC 电源还可向外部提供直流 24 V 稳压电源，用于向输入接口上的接入电气元件供电，从而简化外围配置。有些 PLC 中的电源，是与 CPU 模块合二为一的，有些则是分开的。

5. 外围设备

外围设备是 PLC 系统不可分割的一部分，它有四大类：

（1）编程设备。编程设备有编程器，编程器用来编辑用户程序并将它们写进用户存储器内，并利用编程器检查、修改和调试用户程序，监视用户程序的执行过程，显示 PLC 状态、内部器件及系统的参数等。编程器有简易编程器和图形编程器两种。简易编程器体积小，携带方便，但只能用语句形式进行联机编程，适合小型 PLC 的编程及现场调试。图形编程器既可用语句形式编程，又可用梯形图编程，同时还能进行脱机编程。

目前 PLC 制造厂家大都开发了计算机辅助 PLC 编程支持软件，当个人计算机安装了 PLC 编程支持软件后，可用做图形编程器，进行用户程序的编辑、修改，并通过个人计算机和 PLC 之间的通信接口实现用户程序的双向传送、监控 PLC 运行状态等。

（2）监控设备。监控设备有数据监视器和图形监视器，直接监视数据或通过画面监视数据。

（3）存储设备。存储设备有存储卡、存储磁带、软磁盘或只读存储器，用于永久性地存储用户数据，使用户程序不丢失，如 EPROM、EEPROM 写入器等。

（4）输入/输出设备。输入/输出设备用于接收信号或输出信号，一般有条码读入器、输入模拟量的电位器、打印机等。

三、PLC 的工作原理

从工作的原理上说，可编程控制器和计算机是类似的。但是为了和工业控制运行过程相对应，PLC 采用“顺序扫描，不断循环”的方式进行工作，即在 PLC 运行时，CPU 根据用户编制并存放在存储器中的用户程序，按照地址号做周期性循环扫描。如果没有跳转指令，则从第一条指令开始逐条执行用户的程序，直到程序结束。然后重新返回第一条指令，开始下一轮新的扫描。在每次扫描过程中，还要完成对输入信号的采样和对输出状态的刷新等工作。PLC 的每一个扫描周期都必须经过采样、程序执行和输出刷新三个步骤。

在 PLC 的输入采样阶段，首先以扫描方式按顺序将所有暂存在输入锁存器中的输入端子的通断状态或输入数据读入，并将其写入各对应的输入状态寄存器中。这一过程也是对输入的刷新。输入完成后，随即关闭输入端口，进入程序的执行阶段。

输入暂存器的信息读到 PLC 的内存中，称输入刷新。PLC 内存有专门开辟的存放输入信息的映射区。这个区的每一对应位（bit）称为输入继电器，或称软接点。这些位置成“1”，表示接点通；置成“0”，表示接点断。由于它的状态是由输入刷新得到的，所以它反映的就是输入状态。

在 PLC 的程序执行阶段，按照用户程序指令的先后顺序，扫描并执行每一条指令，经过相应的运算和处理以后，将结果写入输出状态寄存器。输出状态寄存器中的内容被改写。

在 PLC 的输出刷新阶段，当所有的指令执行完毕，输出状态寄存器的内容被送至输出锁存器中，并通过一定的方式输出，驱动相应的设备工作。

输出锁存器与 PLC 内存中的输出映射区也是对应的。一个输出锁存器有一个内存位（bit）与其对应，这个位称为输出继电器，或称输出线圈。通过系统程序的运行，输出继电器的状态会映射到输出锁存器，这个映射也称输出刷新。输出刷新主要也是靠运行系统程序实现的。这样，用户所要编的程序只是内存中输入映射区到输出映射区的变换，特别是怎么按输入的时序变换成输出的时序。由于 PLC 有强大的指令系统，编写出满足这个要求的程序是完全可能的，而且也是较为容易的。

PLC 之所以采用这样的工作方式，是因为 PLC 是由继电器控制发展而来的。循环扫描的工作方式，是 PLC 区别于普通的计算机控制系统的一个重要方面。

四、PLC 的分类

现在，PLC 产品种类繁多，它们的规格和性能也各不相同，可以按结构、功能和输入/输出接点数的多少来分类。

1. 按结构分类

按 PLC 的结构可以分为整体式、模块式和叠装式。

(1) 整体式 PLC。整体式 PLC 是将电源、CPU、I/O 接口等部件集中装在一个机箱内，具有结构紧凑、体积小、价格低的优点。小型 PLC 一般采用整体式的结构。整体式的 PLC 由主机和扩展单元两部分组成，通过主机的扩展口相连接。扩展单元中只有电源模块和I/O模块，没有CPU。

（2）模块式PLC。模块式PLC是将各PLC的组成部分做成单独的模块，如CPU模块、I/O模块、电源模块等。各个模块安装在机架底板的插座上。它的优点是配置灵活，便于扩展和维修。一般大、中型的PLC采用模块式结构。

（3）叠装式。叠装式PLC的结构也是各种单元、CPU自成独立的模块，但安装不用基板，仅用电缆进行单元间的连接，且各单元可以一层一层地叠装。

2. 按功能分类

按功能可以将PLC分为低档、中档和高档三类。

3. 按输入/输出（I/O）接点数分类

按I/O的数量可以将PLC分为小型、中型和大型三类。I/O的点在256点以下为小型。中型的为256～2 048点。大型的为2 048点以上。

五、梯形图编程

1. 梯形图编程的概念

PLC是专为工业控制而开发的装置，使用者主要是工厂电气技术人员。为了适应他们的传统习惯，通常PLC不采用微机的编程语言，而采用面向控制过程、面向问题的“自然语言”编程。

梯形图是使用得最多的图形编程语言，被称为PLC的第一编程语言。梯形图与电气控制系统的电路图很相似，具有直观易懂的优点，很容易被工厂电气人员掌握，特别适用于开关量逻辑控制。如图14—38所示为某分度工作台控制用的PLC梯形图。梯形图常被称为电路或程序，梯形图的设计称为编程。梯形图编程时，常用到以下四个基本概念：

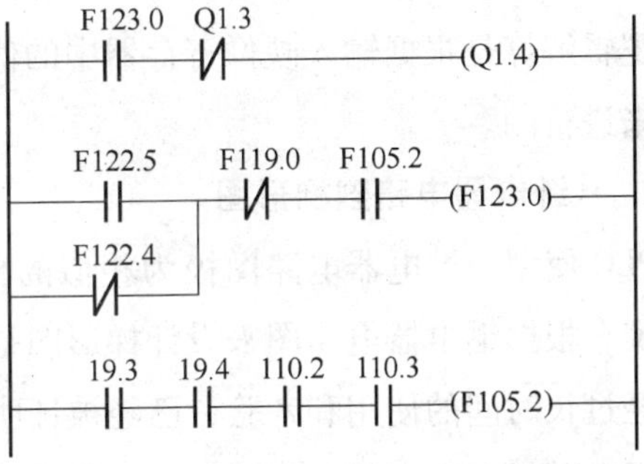

图14—38　某分度工作台控制用的PLC梯形图

（1）软继电器。PLC梯形图中的某些编程元件沿用了继电器这一名称，如输入继电器、输出继电器、内部辅助继电器等，但是它们不是真实的物理继电器，而是一些存储单元，又被称为软继电器。每一个软继电器与PLC存储器中映像寄存器的一个存储单元相对应。存储单元如果为“1”状态，则表示梯形图中对应软继电器的线圈“通电”，其常开触点接通，常闭触点断开，这种状态称为软继电器的

“1”或“ON”状态。如果存储单元为“0”状态，对应软继电器的线圈和触点的状态与上述相反，称软继电器为“0”或“OFF”状态。使用中也常将这些“软继电器”称为编程元件。

（2）母线。梯形图两侧的垂直公共线称为母线。在分析梯形图的逻辑关系时，为了借用继电器电路图的分析方法，可以想象左右两侧母线（左母线和右母线）之间有一个左正右负的直流电源，母线之间有“能流”从左向右流动。右母线可以不画出。

（3）能流。能流是 PLC 梯形图中的一个重要概念，是一种假想的电流，在梯形图中从左母线（电源的火线）流向右母线（电源的零线）。“能流”只能从左向右流动，这一方向与执行用户程序时的逻辑运算顺序是一致的。利用能流这一概念，可以帮助我们更好地理解和分析梯形图。

如果有“能流”从左至右流向线圈，则线圈被激励（ON）；如没有“能流”通过，线圈未被激励（OFF），不动作。“能流”可以通过被激励（ON）的常开触点和未被激励（OFF）的常闭触点自左向右流动，“能流”任何时刻都不会自右向左流动。

（4）梯形图的逻辑解算。根据梯形图中各触点的状态和逻辑关系，求出与图中各线圈对应的编程元件的状态，称为梯形图的逻辑解算。梯形图中逻辑解算是按从左至右、从上到下的顺序进行的。解算的结果，马上可以被后面的逻辑解算所利用。逻辑解算是根据输入映像寄存器中的值，而不是根据解算瞬时外部输入触点的状态来进行的。

2. 从继电器电路到梯形图

PLC 使用与继电器电路图极为相似的梯形图语言。如果用 PLC 改造继电器控制系统，根据继电器电路图来设计梯形图是一条捷径。这是因为原有的继电器控制系统经过长时间的使用和考验，已经被证明能完成系统要求的控制功能，而继电器电路图又与梯形图有很多相似之处，因此可以将继电器电路图“翻译”成梯形图，即用 PLC 的外部硬件接线图和梯形图来实现继电器系统的功能。这种设计方法一般不需要改动控制面板，因而保持了系统原有的外部特性，操作人员不用改变长期形成的操作习惯。

继电器电路图是一个纯粹的硬件电路图，将它改为 PLC 控制时，需要用 PLC 的外部接线图和梯形图来等效继电器电路图。可以将 PLC 想象成是一个控制箱，其外部接线图描述了这个控制箱的外部接线，梯形图是这个控制箱的内部“线路图”，梯形图中的输入位和输出位是这个控制箱与外部世界联系的“接口继电器”，这样就可以用分析继电器电路图的方法来分析 PLC 控制系统。在分析梯形图时可以将输入位的触点想象成对应的外部输入器件的触点，将输出位的线圈想象成对应的外部负载的线圈。外部负载的线圈除了受梯形图的控制外，还受外部触点的控制。

将继电器电路图转换成为功能相同的 PLC 外部接线图和梯形图的步骤如下：

（1）了解和熟悉被控设备的工作原理、工艺过程和机械的动作情况，根据继电器电路图分析和掌握控制系统的工作原理。

（2）确定 PLC 的输入信号和输出负载。继电器电路图中的交流接触器和电磁阀等执行机构如果用 PLC 的输出位来控制，它们的线圈在 PLC 的输出端。按钮、操作开关和行程开关、接近开关等提供 PLC 的数字量输入信号。继电器电路图中的中间继电器和时间继电器的功能用 PLC 内部的存储器和定时器来实现，它们与 PLC 的输入位、输出位无关。

（3）选择 PLC 的型号，根据系统所需要的功能和规模选择 CPU 模块、电源模块和数字量输入、输出模块，对硬件进行组合，确定输入、输出模块在机架中的安装位置和它们的起始地址。

（4）确定 PLC 各数字量输入信号与输出负载对应的输入位和输出位的地址，画出 PLC 的外部接线图。各输入和输出在梯形图中的地址取决于它们模块的起始地址和模块中的接线端子号。

（5）确定与继电器电路图中的中间、时间继电器对应的梯形图中的存储器和定时器、计数器的地址。

（6）画出梯形图。画梯形图时的注意事项：

1）遵守梯形图语言中的语法规定。由于工作原理不同，梯形图不能照搬继电器电路中的某些处理方法。例如在继电器电路中，触点可以放在线圈的两侧，但是在梯形图中，线圈必须放在电路的最右边。

2）适当地分离继电器电路图中的某些电路。设计继电器电路图时的一个基本原则是尽量减少图中使用的触点个数，因为这意味着成本的节约，但是往往会使某些线圈的控制电路交织在一起。在设计梯形图时首要的问题是设计的思路要清楚，设计出的梯形图容易阅读和理解，而不要特别在意是否会多用几个触点。因为这不会增加硬件的成本，只是在输入程序时需要多花一点时间。

3）尽量减少 PLC 的输入和输出点。PLC 的价格与 I/O 点数有关，因此输入、输出信号的点数是决定硬件费用的主要因素。在 PLC 的外部输入电路中，各输入端可以接常开触点或是常闭触点，也可以接触点组成的串并联电路。PLC 不能识别外部电路的结构和触点类型，只能识别外部电路的通断。

4）时间继电器的处理。时间继电器除了有延时动作的触点外，还有在线圈通电瞬间接通的瞬动触点。在梯形图中，可以在定时器的线圈两端并联辅助继电器的线圈，它的触点相当于定时器的瞬动触点。

5）设置中间单元。在梯形图中，若多个线圈都受某一触点串并联电路的控制，为了简化电路，在梯形图中可以设置中间单元，即用该电路来控制某存储位，在各线圈的控制电路中使用其常开触点。这种中间元件类似于继电器电路中的中间继电器。

6）设立外部互锁电路。控制异步电动机正反转的交流接触器如果同时动作，将会造成三相电源短路。为了防止出现这样的事故，应在 PLC 外部设置硬件互锁电路。

7）外部负载的额定电压。PLC 双向晶闸管输出模块一般只能驱动额定电压 AC220 V 的负载，如果系统原来的交流接触器的线圈电压为 380 V，应换成 220 V 的线圈，或是设置外部中间继电器。

3. PLC 与继电器控制系统比较

PLC 与继电器控制系统的相同之处：

（1）电路的结构大致相同。

（2）梯形图沿用了继电器控制电路的元件符号，个别有些不同。

（3）信号的输入与输出控制功能相同。

PLC 与继电器控制系统的不同之处：

（1）组成器件不同。继电器控制线路由许多真正的继电器组成，而 PLC 梯形图中的继电器是软继电器，实质上是存储器中的每一位触发器，没有机械触点被电蚀损坏的问题。

（2）工作方式不同。当电源接通时，继电器控制线路中各继电器都处于不通电的原始状态。不应吸合的继电器都因受某条件限制不能吸合，该吸合的继电器都应吸合。而在梯形图的控制线路中，图中各继电器都处于周期性循环扫描接通过程中，每个继电器受条件制约的接通时间是短暂的。

（3）触点数目不同。继电器控制线路中的继电器触点数目是有限的，一般一个中间继电器的触点数只有 4 ~ 8 对。而 PLC 中软继电器的触点数是无限的，因为存储器中的内容可读取任意次。

（4）联锁方式不同。在继电器控制线路中为了达到某种控制目的，既要安全可靠，又要节约继电器的触点，往往要设置许多制约关系的联锁电路。而 PLC 是扫描工作方式，不存在几个并列支路同时动作的可能性，因此可以大大简化电路设计。

（5）编程方式不同。继电器控制线路中的程序由固定的线路确定，功能专一，不灵活。而 PLC 的控制电路由软件编程来实现，可以灵活变化，具有功能多样、通用性强和可以在线修改等特点。

六、可编程控制器在数控机床中的应用

PLC（Programmable Logic Controller）用于通用设备自动控制的，称为可编程控制器。PLC 用于数控机床外围辅助电气控制的，称为可编程序机床控制器（Programmable Machine Controller/Programmable Machine Tool Controller）。有些数控系统厂商，如 FANUC 等，将其称为 PMC，而另一些厂商，如 SIEMENS，还是将其称为 PLC。

机床的数控系统有两大部分：一部分是 CNC，另一部分就是 PLC。这两者在数控机床中所起的作用是不同的。

1. PLC 与机床数控系统（CNC）之间的关系

（1）CNC 的任务是完成刀具相对于工件各坐标轴几何运动规律的数字控制。

（2）机床辅助设备的控制是由 PLC 来完成的。它是在数控机床运行过程中，根据 CNC 内部标志以及机床的各控制开关、检测元件、运行部件的状态，按照程序设定的控制逻辑对诸如刀库运动、换刀机构、切削液等的运行进行控制。

在数控机床中这两种控制任务是密不可分的，它们按照上面的原则进行了分工，同时也按照一定的方式进行连接。CNC 和 PLC 的接口方式遵循国际标准“ISO 4336—1981（E）机床数字控制——数控装置和数控机床电气设备之间的接口规范”的规定，接口分为四种类型：

1）与驱动命令有关的连接电路。

2）数控装置与测量系统和测量传感器间的连接电路。

3）电源及保护电路。

4）通断信号及代码信号连接电路。

PLC 在数控机床中的应用，通常有两种形式：内装式（集成式）和外装式（独立式）。

内装式 PLC 也称集成式 PLC。采用这种方式的数控系统，在设计之初就将 CNC 和 PLC 结合起来考虑，CNC 和 PLC 之间的信号传递是在内部总线的基础上进行的，因而有较高的交换速度和较宽的信息通道。它们可以共用一个 CPU，也可以

有单独的 CPU。这种结构从软硬件整体上考虑，PLC 和 NC 之间没有多余的导线连接，因而增加了系统的可靠性，而且 NC 和 PLC 之间易实现许多高级功能。PLC 中的信息也能通过 CNC 的显示器显示，这种方式对于系统的使用具有较大的优势。高档次的数控系统一般都采用这种形式的 PLC。

外装式 PLC 也称独立式 PLC，它把 NC 装置和 PLC 装置分开。采用这种应用方式，用户可以根据自己的特点，选用不同 PLC 厂商的产品，并且可以方便地对控制规模进行调整。

2. PLC 与数控机床间的信息交换

相对于 PLC，机床和 NC 都是外部。PLC 与机床以及 CNC 之间的信息交换，对 PLC 的功能发挥是非常重要的。PLC 与外部的信息交换通常有四个部分：

（1）机床侧至 PLC。机床侧的开关量信号通过 I/O 单元接口输入到 PLC 中，除极少数信号外，绝大多数信号的含义及所配置的输入地址，均可由 PLC 程序编制者或者是程序使用者自行定义。数控机床生产厂家可以方便地根据机床的功能和配置，对 PLC 程序和地址分配进行修改。

（2）PLC 至机床。PLC 的控制信号通过 PLC 的输出接口送到机床侧，所有输出信号的含义和输出地址也是由 PLC 程序编制者或者是使用者自行定义的。

（3）CNC 至 PLC。CNC 送至 PLC 的信息可由 CNC 直接送入 PLC 的寄存器中，所有 CNC 送至 PLC 的信号含义和地址（开关量地址或寄存器地址）均由 CNC 厂家确定，PLC 编程者只可使用，不可改变和增删。如数控指令的 M、S、T 功能，通过 CNC 译码后直接送入 PLC 相应的寄存器中。

（4）PLC 至 CNC。PLC 送至 CNC 的信息也由开关量信号或寄存器完成，所有 PLC 送至 CNC 的信号地址与含义由 CNC 厂家确定，PLC 编程者只可使用，不可改变和增删。

第七节　变　频　器

变频器是利用大功率半导体器件的通断作用，把工频电源（50 Hz 或 60 Hz）变换成另一频率的交流电源，以实现电动机变速运行的设备。

变频器可以有多种分类方法，按照主电路工作方式，可以分为电压型变频器和电流型变频器；按照开关方式，可以分为 PAM（脉幅调制）控制变频器、PWM

（脉宽调制）控制变频器和高载频 PWM 控制变频器；按照工作原理，可以分为 V/F（电压/频率）控制变频器、转差频率控制变频器和矢量控制变频器等；按照工作过程，可分为交—交变频器和交—直—交变频器。

变频器的电路一般由整流、中间直流环节、逆变和控制四个部分组成。其中控制电路完成对主电路的控制；整流电路利用三相桥式不可控整流器，将交流电变换成直流电；中间直流电路对整流电路的输出进行平滑滤波；逆变电路利用 IGBT（绝缘栅双极晶体管）的三相桥式逆变器，将直流电再逆变成交流电。

一、交流电动机变频调速的工作原理

交流电动机的同步转速表达式为：

$$n = 60f(1 - s)/p$$

式中　n——异步电动机的转速，r/min；

f——异步电动机的频率，Hz；

s——电动机转差率；

p——电动机极对数。

由上式可知，转速 n 与频率 f 成正比，只要改变频率 f 即可改变电动机的转速，当频率 f 在 0 ~ 50 Hz 的范围内变化时，电动机转速调节范围非常宽。变频器就是通过改变电动机电源频率实现速度调节的。

二、变频器的散热问题

变频器工作时，流过变频器的电流是很大的，因此变频器产生的热量也是很大的，使用变频器时必须考虑散热的问题。变频器的故障率会随温度升高而呈指数上升，使用寿命将随温度升高而呈指数下降。据统计，环境温度升高 10℃，变频器使用寿命将减半。变频器的发热功率可以用以下公式估算：

$$\text{发热功率的近似值} = \text{变频器容量(kW)} \times (55 \sim 60) \quad [\text{W}]$$

解决变频器散热的方法有以下几种：

（1）适当地增加机柜的尺寸。

（2）用隔离板把本体和散热器隔开。

（3）变频器从散热考虑，以竖直安装为宜，横着放散热会变差。

（4）在控制柜上的出风口安装冷却风扇。

（5）把变频器的散热器部分放到控制机柜的外面。

三、变频与变压的关系

电动机是一种电感性的负载，在交流供电的情况下，如果电流的频率减小，它的阻抗也随之减小。如果这时供电的电压不变，电动机的工作电流就会相应地增加。例如，电动机原来工作在 50 Hz、220 V 条件下，为了使电动机的旋转速度减半，变频器的输出将电动机的频率从 50 Hz 改变到 25 Hz。如果仅改变了频率，没有改变电压，电动机的工作电流就会增加一倍，电动机将被烧坏。所以，这时变频器的输出电压就必须从 220 V 降低到 110 V。变频时频率提高不存在过流的问题，主要是频率降低时，过流的问题就非常突出。为了防止电动机烧毁事故的发生，变频器在改变频率的同时，必须要同时改变电压。

四、变频器的转矩提升

对于常规的 V/F 控制，电动机的电压降随着电动机速度的降低而相对增加，这就导致由于励磁不足，而使电动机不能获得足够的旋转力矩。为了补偿这个不足，变频器需要通过提高电压，来补偿电动机速度降低而引起的电压降。变频器的这个功能叫做“转矩提升”。“转矩提升”功能是提高变频器的输出电压。然而即使提高很多输出电压，电动机转矩并不能和其电流相对应地提高，因为电动机电流包含电动机产生的转矩分量和其他分量（如励磁分量）。

“矢量控制”技术把电动机的电流值进行分配，从而确定产生转矩的电动机电流分量和其他电流分量（如励磁分量）的数值。“矢量控制”可以通过对电动机电压降的响应，进行优化补偿，在不增加电流的情况下，允许电动机输出大的转矩。此功能对改善电动机低速时的温升也有效。

第十五章 数控机床的调试验收和保养维修

第一节 概　　述

任何机电设备不但要正确地使用，细心地进行操作，同时还需要加强日常的维护和保养，才能保持正常运转，延长使用寿命。同样一台设备，由于保养的不同，状况可能会相去甚远。数控机床是一种自动化程度高、结构较复杂的先进加工设备，必须正确地操作和精心地维护保养，才能保证设备正常运行，才会发挥出较高的利用率。因此，强调数控机床的正确操作，并坚持做好机床的日常维护保养工作，是很有必要的。

正确的操作使用能够防止机床非正常磨损，避免突发故障。做好日常维护保养，可使设备保持良好的技术状态，及时发现和消灭事故隐患，从而保证安全运行，争取机床长时间稳定工作。

数控机床在平时使用的时候，应该随时注意它的运行状况，一旦发现故障的苗头，应该及时加以维修，千万不要带病运行，以免造成更大的故障，甚至损坏机床。

数控机床维修可分为机床故障维修，机床年度保养（简称“年保”），机床二级保养，机床三级保养，机床精度校正，机床项目修理，机床大修，机床改造，专业主轴维修等。

机床年保项目是维修、养护为一体的综合保养项目。在年保时间内，客户平时应严格按照机床制造方所提供的保养方案保养机床。如机床出现故障，维修方将优先及时提供服务，不再另行收取服务费。

机床二级保养是定时对机床按照国家标准进行保养，及时消除故障隐患，将机床故障率降至最低，减少停机时间，延长机床的使用寿命。

机床精度校正是为了保证客户加工精度而设立的机床专业养护项目。通过定期的精度调整，延长机床的使用寿命，提高加工精度及产品合格率，减少停机时间。

机床项目修理、机床大修、机床改造是针对使用时间较长，设备和系统老化的数控机床而设立的项目。通过维修和改造，最大限度地恢复机床精度，提高自动化性能，达到客户的生产要求。

专业主轴维修是针对主轴精度要求较高的客户而设置的专业维修项目。

第二节　数控机床的日常保养

各类数控机床因其功能、结构及系统的不同，各自具有不同的特性，其维护保养的内容和细则也各不相同。应该根据机床的种类、型号及实际使用情况，并参照该机床说明书的要求，具体进行维修和保养工作。通常应该制定和建立定期、定级的保养制度。而日常的维护和保养工作，主要应该由机床的操作者来完成。日常维护保养的内容包括：

（1）使机床保持良好的润滑状态。定期检查清洗自动润滑系统，添加或更换油脂、油液，使丝杠、导轨等各运动部件始终保持良好的润滑状态，降低机械磨损的速度。

（2）定期检查液压、气压系统的运行情况。对液压系统定期进行油质化验，检查和更换液压油，并定期对各润滑、液压、气压系统的过滤器或过滤网进行清洗或更换，对气压传动系统还要注意经常放水。

（3）定期检查电动机系统。定期对直流电动机的电刷和换向器进行检查、清洗和更换，若换向器表面脏污，应用酒精予以清洗，若表面粗糙，应用细金相砂纸予以修整。若电刷长度短于10 mm以下，应予以更换。

（4）适时对各坐标系的坐标轴进行超限位试验。由于切削液等原因会使硬件限位开关产生锈蚀，因为这些限位开关平时很少用到，而主要靠软件限位起保护作用，因此要防止这些限位开关锈蚀后不起作用，引起工作台发生碰撞，严重时甚至会损坏滚珠丝杠，影响其机械精度。试验时，只要按一下限位开关，确认一下是否出现超程报警，或检查相应的 I/O 接口信号是否变化。

（5）定期检查电气元件。检查各插头、插座、电缆、各继电器的触点是否接触良好，检查各印制线路板是否干净。检查主变电器、各电动机的绝缘电阻是否在 1 MΩ 以上。平时尽量少开电气柜门，以保持电气柜内的清洁，定期对电气柜和有关电器的冷却风扇进行清洁，更换其空气过滤网等。电路板上太脏或受潮，可能会发生短路现象，因此，必要时应对各个电路板、电气元件采用吸尘法进行清扫等。

（6）机床长期不用时的维护。数控机床不宜长期封存不用，购买数控机床以后要充分利用起来，尽量提高机床的利用率，尤其是投入的第一年，更要充分地利用，使其容易出现故障的薄弱环节尽早暴露出来，使故障的隐患尽可能在保修期内得以排除。数控机床长期不用，反而由于受潮等原因会加快电子元件的变质或损坏，如数控机床长期不用时，要定期通电，并进行机床功能试验，检查程序是否能完整运行。要求每 1 ~ 3 周通电试运行一次。尤其是在环境湿度较大的梅雨季节，应增加通电次数，每次空运行 1 h 左右，以利用机床本身的发热来降低机内湿度，使电子元件不致受潮。同时，也能及时发现有无电池报警发生，以防系统软件、参数的丢失等。

（7）存储器用电池的定期更换。存储器如果采用 CMOS RAM 器件，为了在数控系统不通电期间也能保持存储器中的内容，通常设有一个采用可充电电池供电的电路。在数控系统正常通电期间，电源通过一个二极管向 CMOS RAM 供电，同时对可充电电池充电；当电源关闭的时候，则由电池维持供电。在一般情况下，即使可充电电池还没有失效，为了保险起见，也应该每年都更换一次，以确保系统能正常工作。电池的更换应在数控装置通电状态下进行，以防更换电池时 RAM 内信息丢失。

（8）印制线路板的维护。印制线路板长期不用也是很容易出故障的。因此，对于已购置的备用印制线路板，应定期装到数控装置上运行一段时间，以防损坏。

（9）监视数控装置用的电网电压。数控装置通常允许电网电压在额定值的 -15% ~ +10% 的范围内波动，如果超出此范围，就会造成系统不能正常工作，甚至会引起数控系统内电子元件的损坏。为此，需要经常监视数控装置用的电网电压。

（10）定期进行机床水平和机械精度检查。机械精度的校正方法有软、硬两种。软方法主要是通过系统参数补偿，如丝杠反向间隙补偿、各坐标系定位精度定点补偿、机床回参考点位置校正等来实现。硬方法一般要在机床大修时进行，如进行导轨修刮、滚珠丝杠螺母预紧、调整反向间隙等。

（11）经常打扫机床及周边的卫生。机床周围环境太脏、粉尘太多，都可能影响到机床的正常运行，所以必须定期进行卫生清扫。例如，电路板太脏，可能会产生短路现象；油水过滤网、安全过滤网等太脏，会发生压力不够、散热不好等情况，严重时会造成故障。

表15—1为某数控机床的日常保养工作的内容。

表15—1　　数控机床的日常保养

序号	检查周期	检查部位	检查要求
1	每天	导轨润滑	检查润滑油的油面或油量，及时添加润滑油；检查润滑油泵能否定时启动、供油及停止，导轨各润滑点在供油时是否有润滑油流出
2	每天	X、Y、Z轴及回转导轨	清除导轨面上的切屑、脏物；检查导轨润滑油是否充分，导轨面上有无划伤及锈斑，导轨防尘刮板上有无夹带铁屑，如果是安装滚动滑块的导轨，当导轨上出现划伤时应检查滚动滑块
3	每天	压缩空气气源	检查气源供气压力是否正常，含水量是否过大
4	每天	机床进气口的油水自动分离器和自动空气干燥器	及时清理油水分离器中滤出的水分，检查空气干燥器是否能自动切换工作，干燥剂是否饱和
5	每天	气液转换器和增压器	检查存油面高度并及时补油
6	每天	主轴箱润滑恒温油箱	检查恒温油箱是否工作正常，由主轴箱上油标确定是否有润滑油，调节油箱制冷温度能正常启动，制冷温度不要低于室温太多（相差2～5℃，否则主轴容易产生空气及水分的凝聚）
7	每天	机床液压系统	油箱、油泵无异常噪声，压力表指示正常压力，油箱工作油面在允许的范围内，回油路上背压不得过高，各管接头无泄漏和明显振动
8	每天	主轴箱液压平衡系统	平衡油路无泄漏，平衡压力指示正常，主轴箱上下快速移动时压力波动不大，油路补油机构动作正常
9	每天	数控系统及输入/输出	检查光电阅读机的光学部分是否清洁，机械结构润滑良好，外接快速穿孔机或程序服务器连接正常
10	每天	各种电气装置及散热通风装置	数控柜、机床电气柜进气排气扇工作正常，风道过滤网无堵塞，主轴电动机、伺服电动机、冷却风道正常，恒温油箱、液压油箱的冷却散热片通风正常

续表

序号	检查周期	检查部位	检查要求
11	每天	各种防护装置	导轨、机床防护罩应动作灵敏且无漏水，刀库防护栏杆、机床工作区防护栏检查门开关应动作正常，恒温油箱、液压油箱的冷却散热片通风正常
12	每周	各电气柜进气过滤网	清洗各电气柜进气过滤网
13	半年	滚珠丝杠螺母副	清洗丝杠上旧的润滑油脂，涂上新的油脂，清洗螺母两端的防尘网
14	半年	液压油路	清洗溢流阀、减压阀、滤油器、油箱油底，更换或过滤液压油，注意加入油箱的新油必须经过过滤和去水分
15	半年	主轴润滑恒温油箱	清洗过滤器，更换润滑油，检查主轴箱各润滑点是否正常供油
16	每年	检查并更换直流伺服电动机碳刷	从碳刷窝内取出碳刷，用酒精清除碳刷窝内和整流子上的碳粉，当发现整流子表面被电弧烧伤时，应抛光表面、去毛刺，检查碳刷表面和弹簧是否失去弹性，更换长度过短的碳刷
17	每年	润滑油泵、过滤器等	清理润滑油箱池底，清洗更换滤油器
18	不定期	各轴导轨上镶条、压紧滚轮、丝杠	按机床说明书上的规定调整
19	不定期	冷却水箱	检查水箱液面高度，冷却液装置是否工作正常，冷却液是否变质；经常清洗过滤器，疏通防护罩和床身上各回水通道，必要时更换并清理水箱底部
20	不定期	排屑器	检查有无卡位现象
21	不定期	清理废油池	及时取走废油池以免外溢，当发现油池中油量突然增多时，应检查液压管路中的漏油点

第三节 数控机床维修前的准备工作

一、资料的准备

技术资料是保证各项维修工作顺利进行的基础，在维修工作中起着至关重要的作用。借助于各种技术资料，可以大大提高维修工作的效率与维修的准确性。一般来说，对于数控机床重大的故障维修，应具备以下技术资料。

1. 数控机床使用说明书

它是由机床生产厂家编制，并随机床提供的资料。机床使用说明书通常包括以下与维修有关的内容：

（1）机床的操作过程和步骤。

（2）机床的主要机械传动系统及主要部件的结构原理示意图。

（3）机床的液压、气动、润滑系统图。

（4）机床安装和调整的方法与步骤。

（5）机床电气控制原理图。

（6）机床使用的特殊功能及其说明等。

2. 数控系统的操作、编程说明书（或使用手册）

它是由数控系统生产厂家编制的数控系统使用手册，通常包括以下内容：

（1）数控系统的面板说明。

（2）数控系统的具体操作步骤（包括手动、自动、试运行等方式的操作步骤，以及程序、参数等的输入、编辑、设置和显示方法）。

（3）加工程序以及输入格式，程序的编制方法，各指令的基本格式以及所代表的意义等。

在部分系统中它还可能包括系统调试、维修用的大量信息，如机床参数的说明、报警的显示及处理方法，以及系统的连接图等。它是维修数控系统与操作机床中必须参考的技术资料之一。

3. PLC 程序清单

它是机床厂根据机床的具体控制要求设计、编制的机床控制软件。PLC 程序中包含了机床动作的执行过程，以及执行动作所需的条件，它表明了指令信号、检测元件与执行元件之间的全部逻辑关系。借助 PLC 程序，维修人员可以迅速找到故障原因，它是数控机床维修过程中使用最多、最重要的资料。

在某些系统（如 FANUC 系统、SIEMENS－802D 等）中，利用数控系统的显示器，可以直接对 PLC 程序进行动态检测和观察，它为维修提供了极大的便利，因此，在维修中要熟练掌握这方面的操作和使用技能。

4. 机床参数清单

它是由机床生产厂根据机床的实际情况，对数控系统进行的设置与调整。机床参数是系统与机床之间的“桥梁”，它不仅直接决定了系统的配置和功能，而且也关系到机床的动、静态性能和精度，因此也是维修机床的重要依据与参考。在维修时，应随时参考系统“机床参数”的设置情况来调整、维修机床，特别是在更换数控系统模块时，一定要记录机床的原始设置参数，以便机床功能的恢复。

5. 数控系统的连接说明、功能说明

该资料由数控系统生产厂家编制，通常只提供给机床生产厂家作为设计资料，维修人员可以从机床生产厂家或系统生产、销售部门获得。系统的连接说明、功能说明书不仅包含了比电气原理图更为详细的系统各部分之间连接要求与说明，而且还包括了原理图中未反映的信号功能描述，是维修数控系统，尤其是检查电气接线的重要参考资料。

6. 伺服驱动系统、主轴驱动系统的使用说明书

它是伺服驱动系统及主轴驱动系统的原理与连接说明书，主要包括伺服系统和主轴系统的状态显示与报警显示、伺服系统驱动器的调试、设定要点，信号、电压、电流的测试点，驱动器设置的参数及意义等方面的内容，可供伺服驱动系统、主轴驱动系统维修参考。

7. PLC 使用与编程说明

它是机床中所使用的外置或内置式 PLC 的使用、编程说明书。通过 PLC 的说明书，维修人员可以通过 PLC 的功能与指令说明，分析、理解 PLC 程序。并由此详细了解、分析机床的动作过程、动作条件、动作顺序以及各信号之间的逻辑关系，必要时还可以对 PLC 程序进行部分修改。

8. 机床主要配套功能部件的说明书与资料

功能部件包括数控转台、自动换刀装置、润滑与冷却系统排屑器等。生产厂家一般都提供了这些功能部件较完整的使用说明书。

9. 设备维修历史记录

以前的维修记录对现在的维修有重要的参考价值，维修前应该认真阅读。维修人员应对自己所进行的每一步维修，不管当时判断是否正确，都应该进行详细的记录。这样不仅有助于今后进一步维修，而且也有助于维修人员的经验总结与水平的提高。

二、数控机床维修的常用工具

进行数控机床维修需要使用各种类型的维修工具。不同的故障，所需要的维修工具不尽相同。常用的工具主要有以下几类：

1. 常用电子仪表

（1）数字万用表。数字万用表是使用最广泛的工具之一，可用于大部分电气回路和元器件的电流、电压、电阻的测量，并判别电子元器件的性能好坏。

（2）数字转速表。转速表用于测量主轴或电动机的转速。

（3）示波器。示波器与万用表的用途相近，但是它可以看到被检测信号的动态波形。数控机床维修用的示波器通常选用频带宽为 10～100 MHz 的双通道示波器。

（4）相序表。相序表主要用于测量三相电源的相序，它是直流伺服驱动系统、主轴驱动系统维修时必备的测量工具。

（5）逻辑（脉冲信号）测试笔。用于测量数字电路的电平（高、低或空）名称，脉冲的极性和性质等。

（6）PLC 编程器。可以在现场对 PLC 进行编程、调试和修改。

（7）IC 测试仪。用于判断集成电路元件的好坏。

（8）短路追踪仪。可以快速寻找电路板、元器件和电源等电气短路点。

2. 常用长度测量工具

长度测量工具用于测量机床运动部件的移动距离、反向间隙值等，比如千分表、百分表、步距规等。

3. 常用工具

（1）电烙铁。它是最常用的焊接工具。一般应采用 30 W 左右的尖头带接地保护线的内热式电烙铁，最好使用恒温式电烙铁。

（2）吸锡器。常用的是便携式手动吸锡器，也可采用电动吸锡器。

（3）旋具类。规格齐全的一字与十字旋具各一套，旋具以采用树脂或塑料手柄为宜。为了进行伺服驱动器的调整与装卸，还应配备无感应旋具与梅花形六角旋具各一套。

（4）钳类工具。各种规格的斜口钳、尖嘴钳、剥线钳、压线钳等。

（5）扳手类。各种规格的米制、英制内外六角扳手等。

（6）其他用品。如剪刀、吹尘器、吸尘器、卷尺、焊锡丝、松香、酒精、刷子等。

4. 常用电子元器件

数控机床的维修所涉及的元器件、零件众多，备用的元器件不可能全部准备充分、齐全。但是，若维修人员能提前准备一些最为常见的易损元器件，可以给维修带来很大的方便，有助于迅速处理解决问题。这些元器件包括：

（1）常用的二极管类。比如 IN4007、IN1004、IN4148、IS953。

（2）各种规格的电阻、电容（规格应多一点）。比如 1 kΩ、2 kΩ、10 kΩ、47 kΩ 的电阻。

（3）常用的晶体三极管类。比如 2S719、2SC1983、2SA6395、2SC1152、BCY59 等。

（4）常用的集成电路。主要有：

1）运放类。比如 LM319、LM339、LM311、LM248、LM301、LM308、LM158、LM324、LM393、RC4558、RC747、μA747、LF353、LM1458、NE5514、NE5512、TLC374 等。

2）集成稳压源类。比如 7805、7812、7815、7915、LM317、LM337、14315、17815 等。

3）光耦合器件类。比如 TLP521、SFH610、4N26、4N37、PC401 等。

三、数控机床维修前的检查工作

维修人员在开始维修前，应该根据故障现象和故障记录，对数控机床的现况逐项进行检查，以便确认故障的原因和位置。具体检查应该包括以下几方面：

（1）机床的工作状态检查。检查故障发生时机床的工作状态，如调整情况、切削参数的选择情况、工件的安装情况等。

（2）机床的运转情况检查。处于正常运转状态的机床，运动应该是平稳的，传动的噪声应该是轻微、柔和的。再检查操作面板上的按钮、指示灯是否正常。

（3）机床各个系统之间的连接情况。

（4）数控电气控制部分的外观检查。

1. 通电前的检查

（1）机床电气检查。打开机床电控箱，检查继电器、接触器、熔断器、伺服电动机、速度控制单元插座、主轴电动机速度控制单元插座等有无松动。

（2）数控电气箱检查。检查数控电气箱内各类接口插座、伺服电动机反馈线插座、主轴脉冲发生器插座、手摇脉冲发生器插座、CRT 插座等是否有松动。

按照说明书，检查各个印制线路板上的短路端子的设置情况，一定要符合机床生产厂设定的状态。用户要对短路端子的设置状态做好原始记录。

（3）接线状态检查。检查所有的接线端子，包括强、弱电部分。特别是在装配时由机床生产厂自行接线的端子，及各电动机电源线的接线端子。每个端子都要用旋具再紧固一次，直到拧不动为止。各电动机的插座一定要插紧。

（4）电磁阀检查。所有电磁阀都要用手推动数次，以防止长时间不通电造成的动作不良。如发现异常，应做好记录，以备通电后确认修理或更换。

（5）限位开关检查。检查所有限位开关动作的灵活性及固定是否牢固，发现动作不良或固定不牢的应立即处理。

（6）操作面板上按钮及开关检查。检查操作面板上所有按钮、开关、指示灯的接线，发现有误应立即处理。

（7）地线检查。要求机床和电气控制部分都有良好的地线。测量机床的地线，接地电阻不应大于 1 Ω。

（8）电源相序检查。用相序表检查输入电源的相序，确认输入电源的相序与机床上各处标定的电源相序应一致。

有二次接线的设备，如电源变压器等，必须确认二次接线的相序的一致性。要保证各处相序的绝对正确。此时应测量电源电压，做好记录。

2. 电源接通后的检查

（1）接通机床总电源，检查 CNC 电气控制箱、主轴电动机冷却风扇、机床电气箱冷却风扇的转向是否正确，润滑、液压等处的油标指示以及机床照明灯是否正常，各熔断器有无损坏，如有异常应立即停电检修，无异常可以继续进行。

（2）测量强电各部分的电压，特别是供 CNC 及伺服单元用的电源变压器的一、二次电压，并做好记录。

（3）观察有无漏油，特别是供转塔转位、卡紧、主轴换挡的以及卡盘卡紧等处的液压缸和电磁阀。如有漏油应立即停电修理或更换。

3. 数控电气箱通电后的检查

（1）按 CNC 电源通电按钮，接通 CNC 电源，观察 CRT 显示，直到出现正常画面为止。如果出现 ALARM 显示，应该寻找故障并排除，此时应重新送电检查。

（2）打开 CNC 电源，根据有关资料上给出的测试端子的位置测量各级电压，有偏差的应调整到给定值，并做好记录。

（3）将状态开关置于适当的位置，如日本 FANUC 系统应放置在 MDI 状态，选择到参数页面，逐条逐位地核对参数，这些参数应与随机所带参数表符合。如发现有不一致的参数，应搞清各个参数的意义后再决定是否修改，如齿隙补偿的数值可能与参数表不一致，这在进行实际加工后可随时进行修改。

（4）将状态选择开关放置在 JOG 位置，将点动速度放在最低一挡，分别进行各坐标正反方向的点动操作，同时用手按与点动方向相对应的超程保护开关，验证其保护作用的可靠性，然后再进行慢速的超程试验，验证超程撞块安装的正确性。

（5）将状态开关置于回零位置，完成回零操作，参考点返回的动作不完成就不能进行其他操作。因此遇此情况应首先进行本项操作，然后再进行第（4）项操作。

（6）将状态开关置于 JOG 位置或 MDI 位置，进行手动变挡试验，验证后将主轴调速开关放在最低位置，进行各挡的主轴正反转试验，观察主轴运转的情况和速度显示的正确性，然后再逐渐升速到最高转速，观察主轴运转的稳定性。

（7）进行手动导轨润滑试验，使导轨有良好的润滑。

（8）逐渐调节快移超调开关和进给倍率开关，随意点动刀架，观察速度变化的正确性。

4. MDI 试验

（1）测量主轴实际转速。将机床锁住开关放在接通位置，用手动数据输入指令，进行主轴任意变挡、变速试验，测量主轴实际转速，并观察主轴速度显示值，调整其误差应限定在5%之内。

（2）进行转塔或刀座的选刀试验。其目的是检查转塔或刀座的定位精度的稳定性，以及正、反转时的一致性。

（3）功能试验。根据订货的情况不同，功能也不同，可根据具体情况对各个功能进行试验。为防止意外情况发生，最好先将机床锁住进行试验，然后再放开机床进行试验。

（4）EDIT 功能试验。将状态选择开关置于 EDIT 位置，自行编制一个简单的程序，尽可能多地包括各种功能指令和辅助功能指令，移动尺寸以机床最大行程为限，同时进行程序的增加、删除和修改。

（5）自动状态试验。将机床锁住，用编制的程序进行空运转试验，验证程序的正确性，然后放开机床，分别将进给倍率开关、快速超调开关、主轴速度超调开关进行多种变化，使机床在上述各开关的多种变化的情况下充分地运行，然后将各超调开关置于100%处，使机床充分运行，观察整机的工作情况是否正常。至此，一台数控机床开机调试才算全部完成。

第四节　数控机床故障的分类和特点

数控机床和其他的机电设备一样，发生的故障往往会有一定的规律性和特点。掌握这些规律，对寻找故障、修复故障是很有帮助的。数控机床的故障多种多样，因此可以按多种方法进行分类，如按发生的部位分类，按故障的性质分类，按报警的情况分类，按故障产生的原因分类等。

一、按故障发生的部位分类

1. 主机故障

数控机床的主机通常是指组成数控机床的机械、润滑、冷却、排屑、液压、气动与防护等部分。主机常见的故障主要有：

（1）因机械部件安装、调试、操作使用不当等原因引起的机械传动故障。

（2）因导轨、主轴等运动部件的失灵、摩擦过大等原因引起的故障。

（3）因机械零件的老化、损坏、连接不良等原因引起的故障等。

主机故障主要表现为传动噪声增大、加工精度变差、运行阻力大或不稳定、机械部件动作不进行、不到位以及机械部件损坏等。通常主机部分润滑不良，液压、气动系统的管路堵塞和密封不良，是主机发生故障的常见原因。数控机床的定期维护、保养，控制和根除“三漏”现象发生是减少主机部分故障的重要措施。

2. 电气控制系统故障

电气控制系统故障通常分为“弱电”故障和“强电”故障两类：

“弱电”部分是指控制系统中以电子元器件、集成电路为主的控制部分。数控机床的弱电部分包括 CNC、PLC、MDI/CRT 以及伺服驱动单元、输入/输出单元等。“弱电”故障又有硬件故障与软件故障之分。硬件故障是指上述各部分的集成电路芯片、分立电子元件、接插件以及外部连接组件等发生的故障。软件故障是指在硬件正常情况下，由于数控系统程序和参数的改变或数据丢失等，使得计算机运算出错而引起运动部件动作的出错或故障。

“强电”部分是指控制系统中的主回路或高压、大功率回路中的继电器、接触器、开关、熔断器、电源变压器、电动机、电磁铁、行程开关等电气元器件及其所组成的控制电路。这部分的故障虽然诊断、维修较为方便，但由于它处于高压、大电流工作状态，发生故障的几率要高于“弱电”部分，必须引起维修人员足够的重视。

二、按故障的性质分类

1. 确定性故障

确定性故障是指控制系统主机中的硬件损坏或只要满足一定的条件，数控机床必然会发生的故障。这一类故障现象在数控机床上最为常见，但由于它具有一定的规律，因此也给维修带来了方便。

确定性故障具有不可恢复性，故障一旦发生，如不对其进行维修处理，机床不会自动恢复正常。但只要找出发生故障的原因和部位，维修完成后机床立即可以恢复正常。所以，正确使用与精心维护是杜绝这类故障发生的重要措施。

2. 随机性故障

这类故障是指在同样条件下，只偶尔出现一次或者几次的故障。要想人为地再现同样的故障则不容易，有时很长时间也很难再遇到一次。这类故障的分析和诊断比较困难。一般情况下，这类故障往往与机械结构的松动、错位，数控系统中部分元器件的品质下降或软件设计的漏洞等有关。

随机性故障一般具有可恢复性，即故障发生后，通过重新开机等措施，机床通常可恢复正常，但在运行过程中，又可能发生同样的故障。

加强数控系统的维护检查，确保电气箱的密封，可靠的安装、连接，正确的接地和屏蔽，是减少、避免此类故障发生的重要措施。

三、按故障的报警显示分类

1. 有报警显示的故障

数控机床的故障显示可分为指示灯显示与显示器显示两种情况。

（1）指示灯显示报警。指示灯显示报警是指通过控制系统各单元上的状态指示灯（一般由 LED 发光管或小型指示灯组成）显示的报警。根据数控系统的状态指示灯，可大致分析判断出故障发生的部位与性质。因此，在维修、排除故障过程中应认真检查这些状态指示灯的状态。

（2）显示器显示报警。显示器显示报警是指通过操作屏幕显示的报警。数控系统一般都具有较强的自诊断功能，如果系统的诊断软件以及显示电路工作正常，一旦系统出现故障，可以在显示器上以报警号及文本的形式显示故障信息。数控系统能进行显示的报警，少则几十种，多则上千种，它是故障诊断和维修时的重要信息。

在显示器显示报警中，又可分为 NC 报警和 PLC 报警两类。前者为数控系统生产厂家设置的故障显示，可对照系统的“维修手册”，来确定可能产生该故障的原因。后者是由数控机床生产厂家设置的 PLC 报警信息文本，属于机床侧的故障显示，可以对照机床生产厂家所提供的“机床维修手册”中的有关内容确定故障产生的原因。

2. 无报警显示的故障

这类故障发生时，机床与系统均无报警显示，其分析诊断难度通常较大，需要通过仔细、认真的分析判断才能予以确认。特别是对于一些早期的数控系统，由于系统本身的诊断功能不强，或无 PLC 报警信息的数控机床，出现无报警显示的故障情况较多。

对于无报警显示故障，通常要具体情况具体分析，根据故障发生前后机床的变化，进行分析判断。原理分析法与 PLC 程序分析法是解决无报警显示故障的主要方法。

四、按故障的原因分类

1. 数控机床自身故障

这类故障的发生是由于数控机床自身的原因所引起的，与外部使用环境无关。数控机床所发生的绝大多数故障均属此类故障。

2. 数控机床外部故障

这类故障是由于外部原因造成的：供电电压过低、过高，波动过大；电源相序不正确或三相输入电压不平衡；环境温度过高；有害气体、潮气、粉尘侵入；外来振动和干扰等。

人为因素也是造成数控机床故障的外部原因之一。据有关资料统计，操作不当所造成的外部故障要占机床总故障的三分之一以上。

第五节　数控机床的故障诊断

现场维修是对数控机床出现的故障（主要是数控部分）现场进行诊断，找出故障部位，以相应的正常备件进行更换，使机床恢复正常运行。这一过程的关键是诊断，即对系统或外围线路进行检测，确定有无故障，并对故障定位，指出故障的确切位置。从整机定位到插线板，在某些场合下甚至定位到元器件。这是整个维修工作的主要部分。

从建立用户档案的角度来说，在现场维修结束后，维修人员应认真填写维修记录，记录故障发生的时间、故障的现象，分析诊断所使用的方法、采用了哪些排除故障的方法。如果有遗留问题，也应详尽记录。这样不仅使每次故障都有据可查，而且也可以积累维修的经验。

一、故障诊断维修的原则

1. 先外部后内部

这就像医生给病人看病通过望、闻、问、切一样，首先从机床的外部看得见、摸得着的地方开始着手，对机床发生故障的来龙去脉有一个比较客观、全面的了解。例如，观察机床的主轴旋转是否平稳，工作台的移动和进给是否均匀连续，运转时的声音是否柔和，是否有明显的振动，运动部件、轴承部位的温度是否正常等。

2. 先机械后电气

在数控机床上，机械是基础，只有机械部分正常了，电气控制部分才能正常工作。如果机械部分不能正常工作，即使电气控制部分是完好的，往往也无法正常地工作。而且，一般来说机械部分的故障比较容易发现。因此，先机械后电气是事半功倍的做法。

3. 先公共后局部

公共部分的故障会影响全局，而局部性的故障只影响机床的局部功能。因此，先全局后局部也是一种事半功倍的做法。

4. 先记录后拆卸

在需要拆卸某些部件或电气元器件时，特别是一些比较复杂的部件时，最好能用文字、图形或声像的方法，记录好维修过程，以及维修部分的现场情况，以便恢复原貌，并做到有据可查。这无论对于维修者，还是机床所属的单位，都是很有好处的。

二、故障诊断维修的注意事项

（1）不要随意拆换电气元器件。维修中没有十分的把握，是忌讳动线路板的。没有确切的根据，只是凭感觉认为某个元件坏了，就立即拆换，这样做误判率比较高，拆下的元件人为损坏率也较高。

（2）从整机上取出某块线路板时，应注意记录其对应的位置，连接的电缆号，对于固定安装的线路板，还应按前后取下相应的压接部件及螺钉并记录。拆卸下的压件及螺钉应按顺序摆放在专门的盒内，以免丢失。装配后，盒内的东西应全部用上，否则说明装配不完整。

（3）测量线路间的阻值时，应断开电源，测阻值时应红黑表笔互换测量两次，以阻值大的为参考值。

（4）线路板上大多涂有阻焊膜，因此测量时应找到相应的焊点作为测试点，不要铲除焊膜，有的板子全部刷有绝缘层，则只有在焊点处用刀片刮开绝缘层后再进行测量。

（5）不要随意切断印制线路。有的维修人员习惯断线检查，但数控设备上的线路板大多是双面金属孔板或多层孔板，印制线路细而密，一旦切断不易焊接，且切线时易切断相邻的线，也有的点，需要同时切断几根线，才能使其和其他线路脱离，这时更要认真对待。

（6）拆卸元件时应使用吸锡器及吸锡绳，切忌硬取。同一焊点不应长时间加热及重复拆卸，以免损坏元件和线路板。

（7）更换新器件时，其引脚应事先作适当的处理，焊接中不应使用酸性焊油。

（8）不要随意改变线路上的开关和跳线位置。进行两极以上的对照检查或互换元器件时，注意标记各板上的元件，以免错乱。

（9）查清线路板的电源配置及种类。根据检查的需要，可分别供电或全部供电。还应特别注意高压，如显示器的高压包部分，需注意绝缘，操作时应特别注意。

三、数控系统的报警处理

1. 初步判别

通常在资料较全时，可通过资料分析判断故障所在，或采取接口信号法根据故障现象判别可能发生故障的部位，而后再按照故障情况与这一部位的具体特点，逐个部位进行检查、判别。在实际应用中，可能用一种方法就可查到故障并排除，有时需要多种方法并用。而判别的准确性和有效性，主要取决于维修者对故障设备原理与结构了解或熟悉的程度。

2. 报警处理

报警是数控机床控制系统自带的一种自诊断功能。通常数控系统有几十种报警，而诊断功能强的系统甚至有几百种之多。充分利用数控系统的软件报警功能，可以帮助我们及早地发现故障。常见的报警有存储器报警、设定错误报警、程序错误报警、各种行程开关报警、过热报警、伺服系统报警、误操作报警、连接故障报警。

报警可以根据性质分为两类：软件故障报警和硬件故障报警。

（1）软件故障报警。通常在 CRT 上显示有关的报警信息，大致可分为三类：第一类是有关伺服进给系统出错的报警；第二类是有关检测元件（测速发电机、旋转变压器或脉冲编码器）或检测信号方面引起的故障；第三类是有关过热的报警。

（2）硬件故障报警。主要包括速度控制单元上的报警和熔丝熔断及各种开关（保护用）跳开等报警。主要有以下几种：

1）高电压报警。

2）大电流报警。

3）电压过低报警。

4）过载报警。

5）速度反馈断线报警。

6）保护开关动作报警。

7）速度控制单元上的熔丝烧断或断路器跳闸。

（3）系统报警的处理。数控系统发生故障时，一般在显示屏或操作面板上会给出故障信号和相应的信息。通常系统的操作手册或调整手册中都有详细的报警号、报警内容和处理方法。维修人员可根据每一个报警号，找到相应的信息与处理办法，采取有针对性的解决措施。

（4）机床报警和操作信息的处理。机床的制造厂根据机床的电气特点，通常在 PLC 程序中设置了一些报警功能，能反映机床接口和电气控制方面的某些故障或操作信息，并以特定的标志，通过显示器显示出来，并可通过指定的键，进一步看到更详尽的报警说明。这类报警可以根据机床厂提供的排除故障手册进行处理，也可以利用操作面板或编程器，根据电路图和 PLC 程序，查出相应的信号状态，按逻辑关系找出故障点进行处理。

（5）无报警或无法报警的故障处理。当系统的 PLC 无法运行，系统已停机或系统没有报警而工作又不正常时，需要根据故障发生前后的系统状态信息，运用已掌握的理论基础，进行分析，做出正确的判断。

四、故障诊断的方法

1. 常规初检

（1）目测。目测故障板，仔细检查有无熔丝烧断、元器件烧焦、烟熏、开裂现象，有无异物断路现象，以此可判断板内有无过流、过压、短路等问题。

（2）手摸。用手摸并轻轻摇动元器件，例如电阻、电容和半导体器件，有无松动之感，以此可检查出一些断脚、虚焊等问题。然后轻轻摇动各个电路插件板，或者拔出插件板，检查触点的情况后再重新插入。

（3）通电。通电的瞬间首先目测有无冒烟、打火等现象，是否闻到异常的焦味。如果出现异常的情况应该马上关闭电源，再用手触摸元器件，检查有无异常发热。如果没有出现异常的情况，可以用万用表检查各个主要节点、端点的电压。从电压值是否正常可以发现一些较为明显的故障，而缩小检修范围。

2. 综合检查

对于比较复杂的数控机床故障，靠一般性的望、闻、问、切，还是难以很快得到解决，这时就需要采用一些比较综合的方法。

（1）仪器测量法。这种方法是采用常规的电工检测仪器和工具，如万用表、示波器、逻辑脉冲测试笔和短路追踪仪等，按系统电路图及机床电路图，根据数控系统的组成及工作原理，从原理上分析各点的电平和参数，对故障部分的电压、电源、脉冲信号等进行实测，判断故障的性质和位置。如电源的输入电压超限，引起电源失控，可用电压表测量网络电压，或用电压测试仪实时监控以排除其他原因。如发生位置控制环故障，可用示波器检查测量回路的信号状态，或用示波器观察其信号输出是否缺相，有无干扰。如出现系统无法回基准点的情况，可用示波器检查是否有零标记脉冲，若没有信号，可能是位移测量系统有故障。

（2）用可编程控制器进行 PLC 中断状态分析。可编程序控制器发生故障时，其中断原因以中断堆栈的方式记忆。使用编程器可以在系统停止状态下，调出中断堆栈和块堆栈，按其所指示的原因，查明故障所在。在可编程序控制器的维修中这是最常用的有效和快速的办法。

（3）接口信号检查。通过用可编程序控制器检查机床控制系统的接口信号，并与接口手册的正确信号相对比，可查出相应的故障点。

（4）诊断备件替换法。现代数控系统大都采用模块化设计，按功能不同划分不同模块，随着现代技术的发展，电路的集成规模越来越大，技术也越来越复杂，按常规方法，很难把故障定位到一个很小的区域，而一旦系统发生故障，为了缩短停机时间，可以根据模块的功能与故障现象，初步判断出可能的故障模块，用诊断备件将其替换，这样可迅速判断出有故障的模块。在没有诊断备件的情况下可以采用现场相同或相容的模块进行替换检查，对于现代数控系统的维修，越来越多的情况采用这种方法进行诊断，然后用备件替换损坏模块，使系统正常工作。尽最大可能缩短故障停机时间，使用这种方法在操作时注意一定要在停电状态下进行，还要仔细检查线路板的版本、型号、各种标记、跨接是否相同，对于有关的机床数据和电位计的位置应做好记录，拆线时应做好标志。

(5) 参数检查法。发生故障时，应及时核对系统参数。因为这些参数直接影响着机床的性能。如果由于受到外界的干扰或操作不慎，引起存储器内参数发生变化，从而产生故障，这时必须重新核对参数。

另外，机床在长期使用后，由于机械运动部件磨损，电气元器件性能变化等原因，必须修改某些参数以保证数控机床运行在合理有效的范围内。

(6) 功能测试法。所谓功能测试法是指通过功能测试程序，检查机床的实际动作，判别故障的一种方法。功能测试可以用手工编程方法，将系统的功能（如直线定位、圆弧插补、螺纹切削、固定循环、用户宏程序等）编制成一个功能测试程序，并通过运行测试程序，来检查机床执行这些功能的准确性和可靠性，进而判断出故障发生的原因。

对于长期不用的数控机床或是机床第一次开机，不论动作是否正常，都应使用本方法进行一次检查，以判断机床的工作状况。

(7) 利用系统的自诊断功能判断。现代数控系统尤其是全功能数控系统具有很强的自诊断能力，通过实时监控系统各部分的工作，及时判断故障，给出报警信息，并做出相应的动作，避免事故发生。然而当硬件发生故障时，就无法报警，有的数控系统可通过发光管不同的闪烁频率或不同的组合做出相应的指示，这些指示配合使用就可准确地诊断出故障模板的位置。如 SINUMERIK 8 系统根据 MS100 CPU 板上四个指示灯和操作面板上的 FAULT 灯的亮、灭组合就可判断出故障位置。

上述诊断方法，在实际应用时并无严格的界限，可能用一种方法就能排除故障，也可能需要多种方法同时进行。其效果主要取决于对系统原理与结构的理解与掌握的程度，以及维修经验的多少。

第六节 数控机床的故障分析

一、主传动系统的故障分析

数控机床的主传动系统承担着主要的切削加工任务，转速时高时低。故障出现的特点是：

1. 振动大

（1）机械方面的原因

1）主轴轴承松动或磨损过大。

2）主轴及上面零件的动平衡（应包括工件）不好。

3）齿轮齿面损坏或润滑不良。

4）机床上部件之间固定连接的螺钉有松动。

5）主轴电动机与主轴之间的联轴器松动。

（2）电气控制方面的原因

1）速度反馈电路（印制线路板）出现故障。

2）电源缺相或相序出错。

3）控制单元的增益电路失调。

2. 噪声大

（1）主轴轴承磨损。

（2）主轴齿轮齿面损坏或啮合不好。

（3）轴承、传动齿轮的润滑情况不好。

（4）采用带传动时，传动带或带轮磨损。

3. 变速时出现的故障

（1）齿轮齿面或端部磨损，致使啮合不好。

（2）液压缸漏油致使液压拨叉失灵，滑移齿轮不能顺利挂挡。

（3）自动换挡控制电路故障。

4. 主轴发热

（1）主轴轴承预紧过紧。

（2）主轴轴承磨损损坏。

5. 换刀时出现的故障

（1）刀具不能夹紧或不能松开。主要是夹紧机构中的碟形弹簧过紧或出现松动。

（2）夹紧的液压缸工作不正常。

（3）主轴准停时定位不良，主要是行程开关或编码器不正常。

二、伺服进给系统的故障分析

1. 超程

当进给运动超过由软件设定的软限位或由限位开关设定的硬限位时，就会发生超程报警，一般会在 CRT 上显示报警内容，根据数控系统说明书，即可排除故障，解除报警。

2. 过载

当进给运动的负载过大，频繁地正、反向运动以及传动链润滑状态不良时，均会引起过载报警。一般会在 CRT 上显示伺服电动机过载、过热或过流等报警信息。同时，在电气控制柜的强电柜中，进给驱动单元上的指示灯或数码管会提示驱动单元过载、过电流等信息。

3. 窜动

在进给时出现窜动现象，主要表现：

（1）测速信号不稳定，如测速装置故障、测速反馈信号干扰等。

（2）速度控制信号不稳定或受到干扰。

（3）接线端子接触不良，如螺钉松动等。

当窜动发生在正向运动与反向运动的换向瞬间时，一般是由于进给传动链的反向间隙过大或伺服系统增益过大所致。

4. 爬行

爬行发生在启动加速段或低速进给时，一般是由于进给传动链的润滑状态不良、伺服系统增益低及外加负载过大等因素所致。尤其要注意的是：伺服电动机和滚珠丝杠连接用的联轴器，由于连接松动或联轴器本身的缺陷，如裂纹等，造成滚珠丝杠转动与伺服电动机的转动不同步，从而使进给运动忽快忽慢，产生爬行现象。

5. 振动

机床以高速运行时，可能产生振动，这时就会出现过流报警。机床出现振动问题一般属于速度方面的问题，所以应该从速度环节方面去寻找原因。例如要从给定信号、反馈信号及速度调节器本身这三方面去查找故障。

6. 伺服电动机不转

数控系统至进给驱动单元除了速度控制信号外，还有使能控制信号，一般为 DC +24 V 继电器线圈电压。伺服电动机不转，常用诊断方法有：

（1）检查数控系统是否有速度控制信号输出。

（2）检查使能信号是否接通。通过 CRT 观察 I/O 状态，分析机床 PLC 梯形图（或流程图），以确定进给轴的启动条件，如润滑、冷却等是否满足。

（3）对电磁制动的伺服电动机，应检查电磁制动是否释放。

（4）进给驱动单元故障。

（5）伺服电动机故障。

7. 位置误差

当伺服轴运动超过位置允差范围时，数控系统就会产生位置误差过大的报警，包括跟随误差、轮廓误差和定位误差等。主要原因有：

（1）系统设定的允差范围小。

（2）伺服系统增益设置不当。

（3）位置检测装置有污染。

（4）进给传动链累积误差过大。

（5）主轴箱垂直运动时平衡装置（如平衡液压缸等）不稳。

当指令值为零时，坐标轴仍移动，从而造成位置误差。此时可通过误差补偿和驱动单元的零速调整来消除。

8. 机械传动部件的间隙与松动

在数控机床的进给传动链中，常常由于传动元件的键槽与键之间的间隙，使传动受到破坏。因此，除了在设计时慎重选择键连接机构之外，对加工和装配的过程必须严格控制。在装配滚珠丝杠时应当检查轴承的预紧情况，以防止滚珠丝杠的轴向窜动，因为游隙也是产生明显传动间隙的另一个原因。

9. 滚珠丝杠副的常见故障

（1）电动机与丝杠的联轴器止动螺钉松动。

（2）丝杠润滑不良，造成旋转不够灵活。

（3）滚珠丝杠副滚珠有破损，转动时有异样的憋住感觉，并且有异样的声响。

（4）轴向间隙和预加载荷太大，造成滚珠丝杠运动不灵活，需要重新调整。

（5）如果丝杠与导轨不平行，移动部件在沿导轨移动的全长上，有一段行程中转动和移动会不够灵活。可以通过调整丝杠支座的位置，来改善故障的情况。

三、刀库部件的故障分析

刀库及换刀机械手结构比较复杂，其上装有很多传感器，并且在工作中又频繁运动，所以故障率较高。据大致统计，目前数控机床上有50%以上的故障都与刀库有关，如刀库的运动故障，定位误差过大故障，机械手夹持刀柄不稳定，机械手动作误差过大等。这些故障最后都造成换刀动作卡位，致使整机停止工作。因此刀库及换刀机械手的维护十分重要。

1. 刀库的故障

刀库的主要故障有刀库不能转动或转动不到位、刀套不能夹紧刀具、刀套上下不到位、刀柄夹持不稳定、机械手运动误差过大、行程开关与传感器失灵等。

（1）刀库不能转动。主要原因：

1）连接电动机轴与蜗杆轴的联轴器止动螺钉松动。

2）刀库电动机的变频器故障。

3）PLC 无控制输出，可能是接口板中的继电器失效。

4）机械连接过紧。

5）电网电压过低。

（2）刀库转不到位。主要原因是电动机转动故障，传动机构出现误差。

（3）刀套不能夹紧刀具。原因可能是刀套上的调整螺钉松动，或弹簧太松，造成卡紧力不足或刀具超重。

（4）刀套上下不到位。原因可能是装置调整不当或加工误差过大而造成拨叉位置不正确，限位开关安装不正确或调整不当而造成反馈信号错误。

2. 换刀机械手的故障

（1）刀具夹不紧掉刀。原因可能是卡紧爪弹簧压力过小，弹簧后面的螺母松动，刀具超重，机械手卡紧锁不起作用等。

（2）刀具夹紧后松不开。原因可能是松锁的弹簧压合过紧，卡爪缩不回，应调松螺母，使最大载荷不超过额定数值。

（3）刀具交换时掉刀。换刀时主轴箱没有回到换刀点或换刀点漂移，机械手抓刀时没有到位就开始拔刀，都会导致换刀时掉刀。这时应重新移动主轴箱，使其回到换刀点位置，重新设定换刀点。

第七节　数控机床的调试和验收

数控机床在制造厂家完成装配工序以后，还需要对它的各项性能指标进行调试、检测，最后验收合格才可以出厂，交付用户使用，通常称为预验收。对数控机床的用户来说，订购的新机床运到以后，或者原有的机床进行维修以后，也需要对它的性能和各项指标重新进行调试和验收，称为最终验收。

一、调试和验收的基本内容

根据国家标准 GB 9061—1988《金属切削机床通用技术条件》和 GB/T 17421.2—2000《机床检验通则》标准中的规定，调试验收应该包括的内容如下：外观质量，参数的检验，机床的空运转试验，机床的负荷试验，机床的精度检验，机床的工作试验，机床的寿命试验。

数控机床的调试和验收应该在制造地（甲方）和使用地（乙方）分别进行。

1. 机床制造厂的预验收

预验收的目的是检查、验证机床能否满足规定的性能、达到精度的各项指标，检查机床制造方提供的资料、备件是否齐全。其主要工作包括：

（1）检验机床主要零部件是否按合同要求制造。

（2）各机床参数是否达到合同要求。

（3）检验机床几何精度及位置精度是否合格。

（4）机床各动作是否正确。

（5）对试件进行加工，检查是否达到精度要求。

（6）做好预验收记录，包括精度检验及要求改进之处，并由生产厂家签字。

如果预验收通过，则意味着这台机床就可以向用户厂家发运了。

2. 设备采购方的最终验收

设备使用方的验收分成两步：先是开箱验收，当机床在安装地基上就位后，先要调整好水平，然后逐步固紧好地脚螺栓；然后开始机床主机和各辅机的调试验收。新机床在运输过程中会经受冲击或振动，甚至产生某些变形或意外，其水平基准与出厂检验时的状态就可能不一样，此时机床的几何精度与其出厂检验时的精度就会产生偏差。此外，气压、温度、湿度等外部条件发生改变，也会对机床的位置精度产生影响。

最终的验收工作主要根据机床出厂合格证上规定的验收标准进行，同时也应该考虑用户实际能提供的检测手段，测定机床合格证上各项指标。检测结果应该作为该机床的原始资料存入技术档案中，作为今后维修时的技术指标依据。

3. 开箱验收的主要内容

（1）包装箱是否完好，机床外观有无明显损坏、锈蚀、脱漆。

（2）技术资料是否齐全。

（3）机床的附件、电气元器件、备件、工具、刀具（刀片）等的品种、规格、数量是否正确、齐全。

4. 开机试验的主要内容

（1）各种手动试验

1）手动操作试验，试验手动操作的准确性。

2）点动试验。

3）主轴变挡试验。

4）超程试验。

（2）功能试验

1）使用按键、开关、人工操纵对机床进行功能试验。试验动作的灵活性、平稳性及功能的可靠性。

2）任选一种主轴转速做主轴启动、正转、反转、停止的连续试验。操作不少于7次。

3）主轴高、中、低转速变换试验。转速的指令值与显示值允差为 ±5%。

4）任选一种进给量，在 X、Z 轴全部行程上，连续做工作进给和快速进给试验。快速行程应大于1/2全行程。正反方向和连续操作不少于7次。

5）在 X、Z 轴的全部行程上，做低、中、高进给量变换试验。转塔刀架进行各种转位夹紧试验。

6）液压、润滑、冷却系统做密封、润滑、冷却和渗漏性试验。

7）卡盘做夹紧、松开、灵活性及可靠性试验。

8）主轴做正转、反转、停止及变换主轴转速试验。

9）转塔刀架进行正反方向转位试验。

10）进给机构做低、中、高进给量及快速进给变换试验。

11）试验进给坐标超程、手动数据输入、位置显示、回基准点、程序序号显示和检索、程序暂停、程序删除、直线插补、直线切削循环、锥度切削循环、螺纹切削循环、圆弧切削循环、刀具位置补偿、螺距补偿、间隙补偿等功能的可靠性、动作灵活性等。

5. 切削负荷试验的主要内容

用户准备好典型零件的图样和毛坯，在制造厂调试人员指导下编程和输入程序，选择切削刀具和切削用量。负荷试验可按如下三步进行，粗车、重切削、精车。每一步又分单一切削和循环程序切削。每一次切削完成后检验零件已加工部位实际尺寸并与指令值进行比较，检验机床在负荷条件下的运行精度，即机床的综合加工精度、转塔刀架的转位精度。

6. 验收移交

机床开箱验收、功能试验、空运转试验、负荷试验完成后，加工出合格产品，即可办理验收移交手续。如有问题，制造厂应负责解决。

7. 验收过程的相关标准

数控机床调试和验收应当遵循一定的规范进行，数控机床验收的标准有很多，通常按性质可以分为通用类标准和产品类标准。

（1）通用类标准。这类标准规定了数控机床调试验收和检验的一般性方法，测量工具的使用，相关公差的定义，机床设计、制造、验收的基本要求等。

这些标准并不局限于哪一种机床，而是可以适用于各类机床的。例如，我国的标准有 GB/T 17421.1—1998《机床检验通则　第 1 部分：在无负荷或精加工条件下机床的几何精度》、GB/T 17421.2—2000《机床检验通则　第 2 部分：数控轴线的定位精度和重复定位精度的确定》、GB/T 17421.4—2003《机床检验通则　第 4 部分：数控机床的圆检验》。

（2）产品类标准。这类标准是针对某一类机床的检验方法，以及调试验收的具体要求。例如，我国的标准有 JB/T 8801—1998《加工中心　检验条件》、JB/T 8771.1—1998《加工中心检验条件　第 1 部分：卧式和带附加主轴头机床几何精度检验（水平 Z 轴）》、GB/T 18400.6—2001《加工中心　检验条件：第 6 部分　进给率、速度和插补精度检验》。

在实际的验收过程中，也可以按照双方约定的标准实施。例如按德国 VDI/DGQ3441 标准或日本的 JIS B6201、JIS B6336、JIS B6338 标准或国际标准 ISO 230。不管采用哪种标准，需要注意的是，不同的标准对“精度”的定义是有差异的，验收时一定要弄清各个标准中精度指标的定义及计算方法。

二、空运转试验

空运转试验是在无负荷状态下运转机床的各个部分，检验各机构的运转状态、温度变化、功率消耗，操纵机构动作的灵活性、平稳性、可靠性及安全性的试验。

机床的主运动机构应从最低速度起依次运转，每级速度的运转时间不得少于2 min。用交换齿轮、带传动变速和无级变速的机床，可作低、中、高速运转。在最高速度时应运转足够的时间（不得少于1 h），使主轴轴承（或滑枕）达到稳定温度。

进给机构应做依次变换进给量（或进给速度）的空运转试验。对于正常生产的产品，检验时，可仅做低、中、高进给量（或进给速度）的试验。有快速移动的机构，应做快速移动的试验。在空运转过程中，还应该做以下的具体检验。

1. 温升的检验

在主轴轴承达到稳定温度时，检验主轴轴承的温度和温升，其值均不得超过表15—2中主轴轴承温度和温升的规定。

表15—2　　主轴轴承温度和温升　　℃

轴承形式	温度	温升
滑动轴承	60	30
滚动轴承	70	40

机床经过一定时间的运转后，其温度上升幅度不超过每小时50℃时，一般可认为已达到稳定温度。

2. 主运动和进给运动的检验

检验主运动速度和进给速度（进给量）的正确性，并检查快速移动速度（或时间）。在所有速度下，机床工作机构均应平稳、可靠。

3. 动作检验

机床动作试验包括以下内容：

（1）用一个适当速度检验主运动和进给运动的启动、停止（包括制动、反转和点动等）动作是否灵活、可靠。

（2）检验自动机构（包括自动循环机构）的调整和动作是否灵活、可靠。

（3）反复变换主运动和进给运动的速度，检查变速机构是否灵活、可靠以及指示的准确性。

（4）检验转位、定位、分度机构动作是否灵活、可靠。

（5）检验调整机构、夹紧机构、读数指示装置和其他附属装置是否灵活、可靠。

（6）检验装卸工件、刀具、量具和附件是否灵活、可靠。

（7）与机床连接的随机附件应在该机床上试运转，检查其相互关系是否符合设计要求。

（8）检验其他操纵机构是否灵活、可靠。

（9）检验有刻度装置的手轮反向空程量及手轮、手柄的操纵力。空程量应符合有关标准的规定。操纵力应符合表 15—3 手轮、手柄操纵力的要求。

表 15—3　　手轮、手柄的操纵力

机床质量（t）			≤2	>2～5	>5～10	≥10
使用频繁程度	经常使用	操纵力（N）	40	60	80	120
	不经常使用		60	100	120	160

4. 安全防护装置和保险装置的检验

按 GB 15760—2004《金属切削机床安全防护通用技术条件》等标准的规定，检验安全防护装置和保险装置是否齐备、可靠。

5. 噪声的检验

机床运动时不应有不正常的尖叫声和冲击声。在空运转条件下，对于精度等级为Ⅲ级和Ⅲ级以上的机床，噪声声压级不得超过 75 dB（A）；对于其他机床精度等级的机床，噪声声压级不应超过 85 dB（A）。

6. 液压、气动、冷却、润滑系统的检验

一般应有观察供油情况的装置和指示油位的油标，润滑系统应能保证润滑良好。机床的冷却系统应能保证冷却充分、可靠。机床的液压、气动、冷却和润滑系统及其他部位均不得漏油、漏水、漏气。切削液不得混入液压系统和润滑系统。

7. 整机连续空运转试验时间控制

对于自动、半自动和数控机床，应进行连续空运转试验，整个运转过程中不应发生故障。连续运转时间应符合表 15—4 整机连续空运转时间表的规定。试验时自动循环应包括所有功能和全部工作范围，各次自动循环之间的休止时间不得超过 1 min。

表 15—4　　整机连续空运转时间表

机床自动控制形式	机械控制	电液控制	数字控制	
			一般数控机床	加工中心
时间（h）	4	8	16	32

8. 检验场地的环境

（1）环境温度 15 ~35℃。

（2）相对湿度 45% ~75%。

（3）大气压力 86 ~106 kPa。

（4）工作电压保持为额定值的 -15% ~ +10%。

第十六章 法律知识

第一节　常用名词与概念解释

1. 法律

法律是专门指由全国人民代表大会及其常务委员会依照立法程序制定的，由国家主席签署公布的规范性文件。其法律效力仅次于宪法，一般均以“法”字配称。例如，《刑法》《民法》《婚姻法》《公民出入境管理法》等。

2. 法规

法规是法律效力低于宪法和法律的规范性文件。法规主要有如下三种形式：

（1）由国务院及其所属政府部门，根据宪法和法律规定制定和颁布的行政法规，也称行政规章。

（2）二是由省、自治区、直辖市的人民代表大会及其常务委员会，根据本行政区域的具体情况和实际需要制定和颁布的地方性法规。

（3）三是由较大的市（省会、首府）的人民代表大会及其常务委员会制定的地方性法规（须报省、自治区人民代表大会常务委员会批准后施行）。

“法规”一般采用“条例”“规定”“规则”“办法”等称呼，如《征兵工作条例》《中外合资经营企业劳动管理规定》等。

3. 法人

法人是对具有民事权利能力和民事行为能力，依法独立享有民事权利和承担民事义务的组织的一种称呼。

法人是社会组织的人格化，但不是所有的社会组织都是法人。只有被法律赋予法人主体资格的社会组织才能成为法人。

4. 劳动者

劳动者是指达到法定年龄，具有劳动权利和劳动能力，参加劳动或从事某种社会劳动，并以自己的劳动收入作为生活主要来源的人。劳动者包括体力劳动者和脑力劳动者。

劳动法学意义上的劳动者，是与雇主相对应的被雇佣的劳动者，是在用人单位的管理下从事劳动，并获取劳动报酬的自然人，但不包括向雇主负责的经营者。

劳动者包括本国人、外国人和无国籍人。但并不是所有自然人都是合法的劳动者，要成为合法的劳动者必须具备一定的条件并取得劳动权利能力和劳动行为能力(例如偷渡者打工就不能成为合法的劳动者)。

5. 从业人员

从业人员指从事一定的社会劳动并取得劳动报酬或经营收入的各类人员，包括各类单位在岗职工、再就业的离退休人员、聘用的外籍人员和港、澳、台方人员、领取补贴的兼职人员、直接支付工资的劳务工以及个体从业人员、农村从业人员和非正规就业人员等。简单来说，从事某种工作的人就是从业人员。

从业人员是社会劳动力的重要组成部分，它反映了全社会实际参加生产或工作的全部劳动力，是编制社会劳动力平衡表、计算劳动生产率、研究分配关系、制定有关政策的重要依据。

6. 技术工人

技术工人是具有一定技术能力的工人，简称技工，比如电工、车工和铣工。受过高等教育的、技术级别高的技工就叫高级技工。在取得高级技工资格以后，通过进修和提高，可以进一步申报技师和高级技师的职称。

技师是在各行业的高级技术工人中设置的技术职务。技师是技能高超的技术工人、能工巧匠，具有丰富的实践经验，能在本工种难度较大的工艺加工、复杂设备、调整维修等方面起到重要作用，并能在所在单位担任传授技艺的角色，培训技术工种的熟练工人。

高级技师是在高级技术工人中设置的高级技术职务。高级技师应在技术密集、工艺复杂的行业中具有高超技能，并作出突出贡献的技师中考评、聘任。高级技师是技术工人中技艺最精湛、经验最丰富的人，是加工生产制造领域中的高级人才。

工人技术等级标准是衡量工人技术业务水平和工作能力的尺度，是对工人进行培训、鉴定的基本依据。

7. 专业技术人员

专业技术人员具体指工程技术人员、农业技术人员、科研人员等，具有扎实的理论基础并能动手操作。

8. 专业技术人员执业资格

执业资格是政府对某些责任较大，社会通用性强，关系公共利益的专业技术工作实行的准入控制，是专业技术人员依法独立开业或独立从事某种专业技术工作学识、技术和能力的必备标准条件。

9. 职业技能鉴定

职业技能鉴定是一项按照国家职业标准，针对职业技能水平的考核工作，属于标准参照型考试。它是由考试机构对劳动者从事某种职业所应掌握的技术理论知识和实际操作能力做出的测量和评价。职业技能鉴定是国家职业资格证书制度的重要组成部分。

国家职业资格等级划分为：

（1）国家职业资格五级（初级）。能够运用基本技能独立完成本职业的常规工作。

（2）国家职业资格四级（中级）。能够熟练运用基本技能独立完成本职业的常规工作；在特定情况下，能运用专门技能完成技术较为复杂的工作；能够与他人合作。

（3）国家职业资格三级（高级）。能够熟练运用基本技能和专门技能完成较为复杂的工作，包括完成部分非常规性的工作；能够独立处理工作中出现的问题；能指导和培训初、中级人员。

（4）国家职业资格二级（技师）。能够熟练运用专门技能和特殊技能完成复杂的、非常规性的工作；掌握本职业的关键技术技能，能够独立处理和解决技术或工艺难题；在技术技能方面有创新；能指导和培训初、中、高级人员；具有一定的技术管理能力。

（5）国家职业资格一级（高级技师）。能够熟练运用专门技能和特殊技能在本职业的各个领域完成复杂的、非常规性的工作；熟练掌握本职业的关键技术技能，能够独立处理和解决高难度的技术问题或工艺难题；在技术攻关和工艺革新方面有创新；能组织开展技术改造、技术革新活动；能组织开展系统的专业技术培训；具有技术管理能力。

10. 技术等级标准

技术等级标准是1991年国务院各产业部门依法制定的，用以衡量技术工人技术业务水平和工作能力并据以确定其技术等级的统一尺度。它根据各工种的技术复杂程度，劳动繁重程度和责任大小，规定了技术等级的数目以及各个等级具体的技术要求。

技术工人是我国人才队伍的重要组成部分。我国的工人技术等级标准定型于1956年，其间经过1963年、1979年两次全国性的修订，到1988年底，形成了包含有近万个工种标准的体系，成为工人技术业务培训、考核和企业组织生产劳动的重要依据，对于我国劳动管理工作起到了积极的作用。

11. 岗位责任制

岗位责任制是指单位（或部门）在定编、定员的前提下，根据精简、高效、统一的原则，对机构内每个部门和每个岗位在管理过程中所应承担的工作内容、数量和质量以及完成工作的程序、标准和时限，应有的权力和应负的责任等进行明确规定的一种工作制度。

12. 职业道德

所谓职业道德，就是和人们的职业活动紧密联系的，符合职业特点和要求的道德准则、道德情操与道德品质的总和。

每个从业人员，不论是从事哪种职业，在职业活动中都要遵守本行业的基本道德。如教师要遵守教书育人、为人师表的师德，医生要遵守救死扶伤的医德等。

职业道德的概念有广义和狭义之分。广义的职业道德，指从业人员在职业活动中应遵循的行为准则，涵盖了从业人员与服务对象、职业与职工、职业与职业之间的关系。狭义的职业道德，是指在一定职业活动中应遵循的职业行为准则和规范。职业道德既是从业人员在进行职业活动时应遵循的行为规范，同时又是从业人员对社会所应承担的道德责任和义务。

职业道德的基本内容，包括“爱岗敬业、诚实守信、办事公道、服务群众、奉献社会”。

职业道德与法律、法规、厂规、车间和班组纪律不同，是人们在长期的职业活动中自然形成的、不成文的，但是得到大家公认的某些行为规范。职业道德无形的，是出自从业人员自身和内心深处的对于做人、做事的一种约束；而法律、法规、厂规和纪律是来自外界社会的，对人们行为的一种强制性约束。因此，职业道德是人们自觉执行国家法律、法规、厂规和纪律的基础。

第二节 安全生产

一、安全生产法

《中华人民共和国安全生产法》（简称《安全生产法》），是规范我国安全生产工作的法律，于2002年11月1日正式实施。《安全生产法》全面系统地规定了全国安全生产工作中各方面的关系及其职责。

1.《安全生产法》的立法特点

《安全生产法》是保障安全生产的基本法律，是人们在安全生产中共同遵守的行为规则，这部法律不仅重要，而且它的立法目的、立法内容决定它有明显的特点，主要体现在：

（1）保护的对象是劳动生产人员。

（2）具有强制性。这是由于安全生产事关生命、财产的安全。要保障安全生产，消除能导致人员伤害、发生死亡，造成财产破坏、损害，酿成其他恶果的危险，就必须在生产经营活动的一系列方面或一系列环节中，遵守各项保证安全的规则，这些规则体现在法律中就是强制性的规范。《安全生产法》中这种性质的规范比较多，如此规定是有必要的，它是这部法律的一个重要特点。

（3）禁止性的规范多。这是指在《安全生产法》的强制性规范中，禁止性的法律规范比较多。它反映了安全生产中必须禁止或者消除不安全的人的行为和不安全的物的状态的要求，达到消除事故隐患和危害因素，严格防止生产安全事故的发生。法律上的禁止性规范，将在安全生产中不允许有的行为和不允许存在的状态明确地表现出来，若是违反即触犯法律，这将促使人们更严肃地对待禁止的事项，并对违反禁止性的规定承担法律责任，这对保障安全生产是有重要作用的。

（4）义务性的规定多。在《安全生产法》中有许多关于履行义务的规定，是这部法律在内容上的又一个特点。应当说，保障安全生产是生产经营单位及其负责人，各类从业人员，各有关方面，对国家、对社会、对他人、对自己应尽的义务。这种义务不是任意的，而是法定的，即必须是忠实履行的。

（5）责任的确定性。在《安全生产法》中，不但将安全生产责任制度确定为一种法定的制度，而且对多种相关的责任作出了明确的规定，使之有确定性，有应当承担责任的内容，包括行政责任、民事责任、刑事责任。有了明确的责任才有可能形成可靠的安全生产保障，强化责任，并将责任以法律形式加以确定，这是安全生产的必要保证。因为只有明确了责任，安全生产中的各种保障措施才有可能落实。

(6) 体现处罚严明的要求。由于安全生产事关重大，尤其是对于采取不负责任的态度，甚至有意违法，干扰破坏安全生产秩序，造成严重后果的违法者严加惩处，才能有效地预防安全生产事故的发生，才能建立起有安全保障的生产经营秩序。

(7) 安全生产法规涉及自然科学和社会科学领域，因此既有政策性特点，又有科学技术性特点。

2.《安全生产法》的基本要点

(1) 基本方针。《安全生产法》中规定要坚持“安全第一、预防为主”的安全生产基本方针。这项方针是保障安全生产长期实践的经验总结，是安全生产各项工作中最基本的要求，是正确处理生产与安全两者关系所必须遵循的准则，它适用于所有的安全生产管理。在法律上确立“安全第一、预防为主”的方针，就是要求在生产经营活动中将安全放在第一位，十分重视安全生产，采取一切可能的措施保障安全，防止一切可以防止的事故。生产必须安全，安全是生产的先决条件。实现这些要求，执行“安全第一、预防为主”的方针，是一项法定的义务、法定的责任，是在法律面前必须严肃对待的大事，是要依法坚持的长期方针、基本方针。

(2) 关于执法的基本原则

1) 人身安全第一的原则。

2) 预防为主的原则。

3) 职责一致的原则。

4) 社会监督、综合治理的原则。

5) 依法从重处罚的原则。

(3)《安全生产法》规定的七项基本制度

1) 安全生产监督管理制度。主要内容包括：安全生产管理体制，各级政府及其部门职责，安全监管人员的职责，新闻单位及社区组织的权利和义务等。

2) 生产经营单位安全保障制度。主要内容包括：建设工程“三同时”，生产经营单位的安全生产条件、安全管理机构及人员配置等。

3) 生产经营单位负责人安全责任制度。主要内容包括：主要负责人和其他负责人，安全生产管理人员的资质及其在安全生产中的主要职责。

4）从业人员的权利义务制度。主要内容包括：从业人员八种权利和两项义务。

5）中介服务制度。主要内容包括：从事安全评价、评估、检测、检验、咨询服务等工作的中介机构。

6）事故应急救援和处理制度。主要内容包括：事故应急预案的制定，事故应急体系的建立，事故报告、调查处理的原则和程序，事故责任的追究，事故信息发布等。

7）安全生产责任追究制度。主要内容包括：安全生产的责任主体，安全生产责任的确定和责任形式，追究安全责任的机关、依据、程序和安全生产法律责任。

3.《安全生产法》的主要内容

我国的《安全生产法》分为 7 章，共 97 条。其主要内容可作如下概括说明：

（1）第一章　总则

该章共有 15 条，包括立法的目的，安全生产工作的方针，生产经营单位及其主要负责人在安全生产方面的责任，生产经营单位的从业人员及工会组织在安全生产方面的权利、义务、责任，各级政府及其有关部门在安全生产方面的职责，国家安全生产监督的管理体制。

（2）第二章　生产经营单位的安全生产保障

该章共有 28 条，主要包括生产经营单位及其主要负责人在安全生产方面的责任、有关人员的资质、教育、培训、考核的规定以及生产经营单位作业场所和生产工艺、设备管理。

（3）第三章　从业人员的权利和义务

该章共有 9 条，主要规定了生产经营单位中从业人员的权利和义务。

（4）第四章　安全生产的监督管理

该章共有 14 条，主要规定了地方各级政府安全生产方面的责任、安全生产监督管理部门的有关职责。

（5）第五章　生产安全事故的应急救援与调查处理

该章共有 9 条，规定了生产安全事故应急救援、报告和调查处理三个方面的问题。

（6）第六章　法律责任

该章共有 19 条，规定了政府、监督管理部门及其工作人员、经营投资人和从业人员在安全生产方面的法律责任。

（7）第七章　附则

二、安全生产教育

1. 企业安全教育

对企业中的员工进行经常性的安全教育，是确保安全生产的一项基础性的工作。安全生产的警钟必须常鸣。

对企业中的操作工人进行安全教育，目的是使其获得长期、稳定的安全操作技能，做到按规程操作，不违章。

对企业领导干部（班组长以上）进行安全教育，其目的是形成科学的、稳定的、有利于安全生产的决策能力。即自觉执行安全规章制度的能力，在紧急、危险、关键时刻能够正确处置的能力，在各项工作中对影响安全因素的预见能力，在规章制度无明确规定的情况下作出有利于安全生产的决策的能力。

2. 掌握安全生产的主动权

决定安全与否的基本因素主要有以下六项：

（1）操作人员是否按规程操作，是否按正确的方法使用设备。安全检查人员应该及时巡视检查、及时发现和处理异常或危险的情况。正确使用防护用品，熟悉避险方法；准确、及时、全面地提供生产过程中的各种信息资料，不弄虚作假，不隐瞒真相；服从指挥，忠于职守，勇于同一切危及自身或他人安全、健康的行为作斗争。

（2）任何设备都有一定的额定寿命，必须按照制度定期维护和保养。

（3）物料。生产过程中使用的原料、材料、备品备件、工具等的存放应该有序和安全。

（4）环境（空间和时间）。空间是指作业的环境。作业的时间要考虑夜班、节假日、人的心情、生物钟等因素，要百倍警惕事故多发时段。

（5）科学与技术。任何先进技术都有特殊的安全问题，选择生产技术的首要条件是安全可靠。对安全技术进行研究就是针对生产过程中会发生的事故、容易出现的危险现象、潜在的危险现象等开展研究，提出预防和应对的办法与措施。

（6）管理。安全生产管理是企业管理的重要组成部分。管理不善是企业失败的主要原因，一个企业的成败“三分在技术，七分在管理”。管理的缺陷也是产生所有事故的普遍原因。

3. 落实安全生产责任制

（1）建立安全生产责任制的必要性

《安全生产法》第四条规定：“生产经营单位必须遵守本法和其他有关安全生

产的法律、法规，加强安全生产管理，建立、健全安全生产责任制度，完善安全生产条件，确保安全生产。”

安全生产责任制是企业岗位责任制的一个组成部分，是企业最基本的安全制度，是安全规章制度的核心。安全生产责任制的实质是“安全生产、人人有责”。

安全生产责任制的核心是切实加强安全生产的领导，建立起以政府、部门、企业主要领导为第一责任人的责任制。安全生产责任制要贯彻“预防为主”的原则。《安全生产法》在法律上肯定了安全生产责任制是保障安全生产的基本制度。生产经营单位必须依法建立健全相应的制度。它们是：

1）以企业安全生产责任制为核心的全厂性安全生产制度。

2）各种单项安全生产规章制度，如安全生产教育制度、检查制度、措施计划管理制度、特种作业人员培训制度、危险作业审批制度、工伤事故管理制度、工业卫生管理制度、特种设备安全管理制度、电气安全管理制度、消防管理制度等。

3）企业岗位安全操作规程。在这些制度中，各个层次的负责人，各个有关的部门、机构，各个岗位上的从业人员，都应对安全生产负有明确的责任。

（2）生产经营单位主要负责人的安全责任

《安全生产法》规定了生产经营单位主要负责人依法应当负有以下六项基本职责：

1）建立、健全本单位安全生产责任制。

2）组织制定本单位安全生产规章制度和操作规程。

3）保证本单位安全生产投入的有效实施。

4）督促、检查本单位的安全生产工作，及时消除生产安全事故隐患。

5）组织制定并实施本单位的生产安全事故应急救援预案。

6）及时、如实报告生产安全事故。

三、从业人员的基本权益

《安全生产法》明确的从业人员的八项权利为：

（1）知情权。即有权了解其作业场所和工作岗位存在的危险因素、防范措施和事故应急措施。

（2）建议权。即有权对本单位的安全生产工作提出建议。

（3）批评权、检举权、控告权。即有权对本单位安全生产管理工作中存在的问题提出批评、检举、控告。

（4）拒绝权。即有权拒绝违章作业和强令冒险作业。

（5）紧急避险权。即发现直接危及人身安全的紧急情况时，有权停止作业或者在采取可能的应急措施后撤离作业场所。

（6）依法向本单位提出要求赔偿的权利。

（7）获得符合国家标准或者行业标准的劳动防护用品的权利。

（8）获得安全生产教育和培训的权利。

四、从业人员的基本义务

（1）从业人员在作业过程中，应当严格遵守本单位的安全生产规章制度和操作规程，服从管理，正确佩戴和使用劳动防护用品。这是从业人员在安全生产中的基本义务，也是明确的个人责任，只有具有这种安全素质，严格地履行个人职责才是在安全上合格的，否则将要承担法律上的责任。从安全生产法上讲，对从业人员的违法行为追究法律责任与保障其权利一样，都是必要的。

在《安全生产法》中规定：从业人员不服从管理，违反安全生产规章制度或者操作规程的，由生产经营单位给予批评教育，依照有关规章制度给予处分；造成重大事故，构成犯罪的，依照《刑法》有关规定追究刑事责任。

（2）从业人员有义务接受安全生产教育和培训，所要达到的要求是，掌握本职工作所需的安全生产知识，提高安全生产技能，增强事故预防和应急处理能力。这种要求并不是一般可有可无的要求，而是通过法律形式强化了的要求，对从业人员来说，是一种要切实履行的法定义务。

（3）从业人员的报告义务。从业人员发现事故隐患或者其他不安全因素，应当立即向现场安全生产管理人员或者本单位负责人报告。这项规定对从业人员报告义务的具体内容、时间要求、报告对象都有界定，这是合理的、可以操作的。

五、安全生产的监督

《安全生产法》明确规定了我国安全生产的多种监督方式：

（1）工会民主监督。即工会有权对新建、扩建企业和技术改造工程中的劳动条件和安全卫生设施与主体工程同时设计、同时施工、同时投产使用进行监督，提出意见。

（2）社会舆论监督。即新闻、出版、广播、电影、电视等单位有对违反安全生产法律、法规的行为进行舆论监督的权利。

（3）公众举报监督。即任何单位或者个人对事故隐患或者安全生产违法行为，均有权向负有安全生产监督管理职责的部门报告或者举报。

（4）社区报告监督。即居民委员会、村民委员会发现其所在区域内的生产经营单位存在事故隐患或者安全生产违法行为时，有权向当地人民政府或者有关部门报告。

同时，《安全生产法》也规定了安全监管部门和安全监督检查员的三项职权：

（1）现场调查取证权。即安全生产监督检查员可以进入生产经营单位，进行现场调查，单位不得拒绝。检查员有权向被检查单位调阅资料，向有关人员（负责人、管理人员、技术人员）了解情况。

（2）现场处理权。即对安全生产违法行为当场责令纠正；对现场检查出来的隐患，责令排除、限期改正、停止使用或停产停业。还可以执行紧急避险权和依法给予行政处罚。

（3）查封或扣押的行政强制措施权。其对象是不安全的设施、设备、器材等，凡是不符合国家或行业安全标准的，有足够证据的，经安全生产监督部门负责人批准，通知被查单位负责人到场、登记记录等，并必须在15日内作出决定。

六、特种作业人员培训

特种作业人员是指在生产过程中直接从事对操作者本人或他人及其周围设施的安全有重大危害因素的工作的作业人员。

由于特种作业人员劳动生产过程中担负着特殊任务，所承担的风险较大，一旦发生事故，便会对企业生产、职工生命安全造成较大危害。《安全生产法》第二十三条规定："生产经营单位的特种作业人员，必须按照国家有关规定，经专门的安全作业培训，取得特种作业上岗资格证书，方可上岗。"

凡从事特种作业的人员必须年满18周岁，有初中以上文化程度，身体健康，无妨碍从事本工种作业的疾病和生理缺陷，具备相应工种的知识，参加国家规定的安全技术理论和实际操作考核且成绩合格，并取得特种作业安全操作许可证。这是企业安全教育的一项重要制度，是保证安全生产，防止重大伤亡事故的重要措施。

七、安全操作和劳动保护

1. 五种不安全操作行为表现

（1）设备有故障，排除前又没有做好防护或提出警示，被人误操作。

（2）在不安全的速度下操作。

（3）使用不安全的设备或不安全地使用设备。

（4）处于不安全的位置或不安全的操作姿势。

（5）在酒后或疲劳状态下操作。

2. 六种不安全状态形式

（1）不合规格的防护，如防护装置的高度或强度不合适。

（2）缺少所需的防护设施。

（3）机器或工具在设计上先天不足，带有安全隐患。

（4）设备布局不合理，整理工作未做好。

（5）照明不足或强光刺眼。

（6）工作场地、通道狭窄，地面有油污易滑倒。

3. 吊运工件事故案例分析

（1）案例一

铣床公司大件车间挂钩工，吊机床底座（10 t 左右），仅用一根 ϕ20 mm 直径的长 2 m 钢丝绳，翻工件时，绳挂断，导致工件摔碎报废。因人站在离工件较远处，铸件的碎皮部分抛向相反方向，才未造成人员伤害。

铣床公司挂钩工，在翻转约 110 t 重的五轴联动机床工作台时，两根约ϕ20 mm 直径钢丝绳被拉断，工作台落地，砸坏了相邻待出厂机床的防护和管线，未造成人员伤害。

事故分析：

1）钢丝绳过细，未考虑工件在翻转时的冲击力。

2）设计工件时没有考虑到工件翻转时需预留吊装孔。

（2）案例二

车床公司摇钻工，无证驾驶电瓶车，在公司西侧道路上，由南向北行驶，发生车祸当场死亡。

事故分析：

1）安全意识差，无证驾车，严重违章。

2）职能部门对电瓶车管理不到位，正式电瓶车司机离开车辆时，车钥匙应按规定取走。

（3）案例三

铣床公司的专机装配公司某实习生，在运转 800 mm × 150 mm × 50 mm（长 × 宽 × 高）机床压板时，违规站在车间内转运用的电动轨道车上，当车开动的瞬间，竖立放置的工件因惯性倾倒，砸在其左脚背上，造成左脚背骨折。

事故分析：

1）安全意识差，缺乏基本的安全防范知识。

2）无视转运车上不得站立的规定。

3）部门平时安全教育不到位。

（4）案例四

铣床公司油漆车间挂钩工，吊装机床液压装置支架时，脚底打滑，支架偏重侧翻，砸伤双腿，右脚造成骨折。

事故分析：伤者在吊运液压装置支架时，未考虑部件高度及平衡重心，当脚底打滑时，躲闪不及造成伤害。

（5）案例五

备料车间锯床工，在料堆上吊料时，垫料底部的方料滑出，将其左手大拇指后端压断，造成开放性骨折。

事故分析：

1）车间工作面狭窄，作业面积不够，堆积的余料较多，安全生产条件差。

2）作业现场安全隐患整改不及时。

4. 操作机床及装配工件过程事故案例分析

（1）案例一

铣床公司的专机加工车间某实习生，在机床未最终停车的情况下，伸手去取工件，被仍在旋转的工件击伤右手，导致右手手指骨折。

事故运转分析：

1）安全责任差，缺乏基本的安全知识。

2）不清楚机床的安全操作规程，违章作业。

3）监管不到位。

（2）案例二

某冲压工在60 t油压机旁工作时，弯腰到地面上取物品，左手未离开冲压机头，压力机头回程时压伤了左手。

铣床公司加工中心装配实习生，在安装调整VDF850车床的Y向滚珠丝杠时，床身底座与垫铁发生滑落，将右脚压伤，导致大脚趾指甲截掉，二、三脚趾骨折，第四脚趾受伤。

事故分析：

1）车间领导没有做好安全教育工作。

2）设备没有装防护罩。

（3）案例三

在中小件车间，一位数控机床操作工加工一个偏心零件的内孔，因盘类偏心件夹紧的部位比较窄，工件旋转时，离心力又较大，将工件甩向操作者面部，工件离头部 1 cm 处擦边飞出。

事故分析：

1）安全意识淡薄。

2）工件装夹有问题。

八、文明生产

实现文明生产就要创造保证质量的内部条件和外部条件。内部条件主要指生产要有节奏，要均衡生产，物流路线的安排要科学合理，要适应保证质量的需要。外部条件主要指有助于保证质量的环境、照明光线等，生产环境的整洁卫生，包括生产场地和环境要卫生整洁，光线照明适度，零件、半成品、工夹量具放置整齐，设备仪器保持良好状态等。没有起码的文明生产条件，企业的质量管理就无法进行。

文明生产是正确协调生产过程中人、物、环境三者之间关系的生产活动。它可使企业生产现场管理水平得以提高和改善，从而为企业降低消耗、增加效益提供保障。

企业文明生产和管理的具体方面有：职工个人的精神文明，厂区环境的文明，生产场所的文明，设备文明使用和保养，办公室、公共场所以及停车场等场所的清洁文明、整齐美观。

第三节　环境保护

一、环境、环境污染和环境问题

《中华人民共和国环境保护法》中所称的环境，是指影响人类生存和发展的各种天然的和经过人工改造的自然因素的总体，包括大气、水、海洋、土地、矿藏、森林、草原、野生生物、自然遗迹、人文遗迹、自然保护区、风景名胜区、城市和乡村等。

环境污染是指人们在生产、生活活动过程中，由于有害物质进入生态系统，并在自然环境中某一系统或区域积聚，数量超过生态系统本身的自净能力，造成环境质量下降或环境状况恶化，使生态失去平衡并危及（或潜在危及）人类和生物正常生存和发展，人们正常的生产、生活条件遭到破坏。

所谓环境问题则不仅包括环境污染，还包括生态环境的破坏、臭氧层耗竭、大气变暖、酸雨、噪声污染等形式的环境恶化或对生物圈的一切不利影响。

二、环境保护

1. 环境保护的重要意义

环境是人类生存的基本条件，是经济发展的物质基础。我国自然资源总量虽多，但由于人口众多，按人均占有量计算远远低于世界平均水平，一些地方的环境问题正逐步显现，这就决定了我国必须采取珍惜自然资源、科学合理开发利用自然资源、保护生态环境的政策。

长期以来，由于我们对环境问题认识不足，对环境保护重视不够，造成了十分严重的环境污染和自然生态破坏。土地沙化、水土流失、森林减少、植被破坏、水资源短缺、沙尘暴肆虐、自然灾害频繁、大气和水遭受严重污染，这一系列的环境问题，不仅直接影响人民的生活和健康，威胁着人类的生存和发展，而且也成为经济发展的制约因素。

人口众多和资源短缺的国情，环境污染和破坏严重的现实，经济发展和社会主义现代化建设长远发展的需要，可持续发展的战略目标的实现，人民的根本利益和社会主义性质，都决定了我们必须把环境保护作为社会主义现代化建设的一项战略任务，放在基本国策的地位，常抓不懈。

2. 环境保护的基本内容

环境保护是指人类为解决现实的或潜在的环境问题，协调人类与环境的关系，保障社会的持续发展而采取的各种行动的总称。其内容主要有：

（1）遵守环保法律法规，是企业履行社会责任的基本要求。每一个有社会责任感的企业，都应该主动学习并自觉遵守环保法律法规，要把遵纪守法作为企业生存发展的道德底线。

企业是污染减排的主体，要以对人民和国家高度负责的精神，积极调整产品结构，保证污染治理设施正常运行，加大环境治理力度，努力削减污染负荷，积极做好污染减排工作。

要在企业职工中经常开展环境保护形势与政策宣传教育，培养他们形成人与自然协调发展的环境道德观和意识，树立自觉保护环境的良好社会风尚。

自觉接受公众监督，保障公众的环保知情权、参与权，既是政府的责任，也是企业履行环保社会责任的义务。加强与公众的交流，接受公众监督，可以积极鼓励和帮助企业在环保方面不断改进和提高，树立良好的社会形象。

（2）防治由生产和生活活动引起的环境污染，包括防治工业生产排放的“三废”（废水、废气、废渣）、粉尘、放射性物质以及产生的噪声、振动、恶臭和电磁微波辐射，交通运输活动产生的有害气体、废液、噪声，海上船舶运输排出的污染物，工农业生产和人民生活使用的有毒有害化学品，城镇生活排放的烟尘、污水和垃圾等造成的污染。

3. 环境保护的方针政策

在我国环境保护发展史上，不同的历史时期，环境保护的总方针也有所不同。目前，我国环境保护的基本方针是：在国家计划的统一领导下，环境保护与经济建设、城乡建设同步规划、同步实施、同步发展，实现经济效益、社会效益和环境效益的统一。中国政府在防治环境污染方面，实行“预防为主、防治结合、综合治理”的方针；在自然保护方面，实行“自然资源开发、利用与保护增殖并重”的方针；在环境保护的责任方面，实行“谁污染谁治理，谁开发谁保护”的方针。

从保护环境的这一项基本国策出发，中国逐步形成以环境保护基本原则为基础的，符合国情、适应经济体制和经济增长方式转变的三大环境政策。主要包括预防为主防治结合的政策、污染者付费的政策以及强化环境管理的政策。

4. 环境污染的主要类型

（1）大气污染。主要是指向大气排放有害物质，例如粉尘、有毒气体等，造成大气质量的下降和严重恶化。

（2）水污染。主要是指人们在生产、生活中，将有毒物质排入水中，使水质下降，利用价值降低或丧失，并对生物和人体造成损害的现象。如工业废水、生活废水、医疗废水等所含的酚、氰化物、砷、汞、铅等有毒物质，另外还包括油类及氮、磷等富有营养的盐类等被排入到水体中。

（3）固体废物污染。主要是指人们在生产、生活中产生的废弃物、医疗垃圾、生活垃圾等对环境所造成的污染。防治固体废弃物污染的关键是垃圾的收集、运输和集体处理。防治固体废弃物污染的根本途径，一是要“防”，二是要“用”。防治固体废弃物污染的主要措施有：减少固体废弃物的产生；固体废弃物的集中处理；固体废弃物的科学利用；加强对业主和使用人生活垃圾的管理。同时，还要实行“谁产生，谁负责”的原则，对单位实行环境卫生责任制，对个人实行生活垃圾分类袋装化。

（4）噪声污染。噪声的表现形式是指尖声，高声和刺耳、杂乱的怪声。诸如，汽车喇叭声、汽笛排气声、材料切割声、机器轰鸣声、高音喇叭声、小贩叫卖声、收买破烂的吆喝声等。这些噪声超过了国家允许的标准，并传播到周围的环境中去，会妨碍人的工作、学习、生活等正常活动，损害人体健康。噪声对人类的危害是多方面的，其主要表现为对听力的损伤、睡眠干扰、人体的生理和心理影响。

5. 倡导的环保行为

（1）节约用水、保护水资源。我国是世界上 12 个贫水国家之一，淡水资源还不到世界人均水量的 1/4。应该提倡一水多用，定期检查维修水龙头，减少滴漏损失。应该慎用清洁剂，减少水污染。

（2）保护大气质量。我国是以火力发电为主、煤为主要能源的国家。煤炭燃烧时会释放出大量有害气体和粉尘，严重污染大气，并形成酸雨和造成温室效应。企业和个人都应该努力做到节约用电，减少能源消耗。

（3）减少固体废弃物的产生，提倡分类回收和再生利用。

（4）减少噪声的产生，控制噪声的传播。

第四节　产品质量与管理

一、产品质量的含义

从广义上说，产品的质量就是指符合国家的有关法规、质量标准以及合同规定的，满足需要的适用性、安全性、可用性、可靠性、维修性、经济性、寿命和环境等特征和特性的总和。

（1）适用性。指产品为了满足使用目的，所具备的技术特征。

（2）寿命。指产品能够正常使用的期限。

（3）可靠性。指产品在规定时间和条件下，不出质量问题，完成规定功能的能力。

（4）安全性。指产品在流通、操作、使用中保证安全的程度。

（5）经济性。指产品从设计、制造到产品使用寿命周期的成本大小。

（6）可用性。可用性是一个多因素的概念，包括容易学习、容易使用、容易记忆、具有低的出错率、使用起来令人愉快。

二、《产品质量法》

产品质量法是调整产品质量管理关系和产品质量责任关系的法律规范的总和。

《中华人民共和国产品质量法》（简称为《产品质量法》），发布于1993年9月1日。2000年9月1日实施的新的《产品质量法》对它作了比较多的修改，由原来的六章51条，改为现在的六章74条（保留了原来的29条，新增加了25条，又修改了原来的20条）。

与此同时还配套发布了《中华人民共和国产品质量法条文释义》，对《产品质量法》的条文作了具体的解释，

三、产品质量标准

产品的企业标准、行业标准、部门标准、国家标准和国际标准是组织产品生产、检验产品质量、进行质量管理的基本技术依据。

（1）国际标准。指由国际标准化组织（ISO）和国际电工委员会（IEC）所制定的标准，以及国际标准化组织确认并公布的其他国际组织制定的标准。

（2）国家标准。由国务院标准化行政主管部门（现为国家质量技术监督局）或者法律规定的国务院其他主管部门制定的标准（例如，按照食品卫生法的规定，食品卫生的国家标准由国务院卫生行政部门制定；按照药品管理法的规定，药品的国家标准由国务院药品监督管理部门制定）。

（3）部门标准。由国家的各产业主管部门根据自己的情况和需要而制定的产品标准。如果这一项目还没有对应的国家标准，人们就把它当成“国家标准”来看待。

（4）行业标准。由国务院有关行政主管部门制定的技术标准，报国务院标准化行政主管部门备案。

行业标准、部门标准和国家标准都属于我国国内的标准。通常的情况是：行业标准要比国家标准和部门标准严格一点，而企业标准会比行业标准再严格一些。

按照标准化法的规定，我国国家标准和行业标准分为强制性标准和推荐性标准。凡属保障人体健康和人身、财产安全的标准和法律、行政法规规定强制执行的标准，属于强制性标准。省、自治区、直辖市人民政府标准化行政主管部门制定的有关工业产品的安全、卫生要求的地方标准，在本行政区域内是强制性标准。除此之外的其他的国家标准和行业标准，为推荐性标准。按照标准化法和产品质量法的规定，对产品质量的强制性标准，必须执行；不符合强制性标准的产品，禁止生

产、销售和进口。推荐性的标准，鼓励企业自愿采用。为便于识别和执行两类不同效力的标准，国家规定强制性国家标准的代号为“GB”，推荐性国家标准的代号为“GB/T”。

四、产品质量管理监督制度

新《产品质量法》中，建立了适应目前历史发展阶段的产品质量监督制度框架。主要是以下三种制度：

1. 行政监督制度

各级人民政府在产品质量工作中行使产品质量监督的责任。质量技术监督局是政府管理质量、标准化、计量工作，并行使执法监督职能的直属机构，它们是产品质量行政监督的主体。成立于2001年4月10日的国家质量监督检验检疫总局（由原国家质量技术监督局以及国家出入境检验检疫局合并组成）主管全国产品质量监督工作。各省、市都设有本地的质量技术监督局。质量技术监督局的主要职责是：

（1）质量监督管理。宣传贯彻《中华人民共和国产品质量法》及相关法律、法规；推动《质量振兴纲要》、“名牌战略”的实施；推行现代质量管理；依法查处生产、流通领域内的质量违法行为；受理消费者对产品质量的投诉，维护人民群众的合法权益。

（2）标准化监督管理。宣传、贯彻国家有关标准化工作的方针政策和相关法律法规；引导企业积极推行采用国际标准和国外先进标准；指导企业标准的制（修）订工作，依法承担企业产品标准备案工作；对标准贯彻实施进行监督检查；办理党政机关、企事业单位、社会团体等组织机构代码证的新办、变更、换证、年审。

（3）计量监督管理。宣传贯彻《中华人民共和国计量法》及有关法律法规，推行国家法定计量单位和计量制度，对辖区内企业及流通领域用于贸易结算的计量器具进行强制检定；对使用不合格计量器具或破坏计量器具准确度、伪造数据者依法查处。

（4）特种设备安全监察。贯彻落实国家有关锅炉、压力容器、压力管道、特种设备安全监察管理的方针政策、法律法规，对特种设备的设计、制造、安装、使用、检验、修理和改造环节进行全面的监察管理；对有关事故进行调查处理、分析查处或上报；检查督促安全生产责任制的落实；依法查处特种设备违法行为；办理特种设备“使用证”，办理特种设备的迁移、过户、启用、停用或使用条件变更、报废等的审批。

2. 企业自我约束制度

新《产品质量法》规定：无论作为生产者还是销售者的企业，都应当建立健全内部产品质量管理制度，严格实施岗位质量规范、质量责任以及相应的考核办法。

产品质量岗位责任制就是明确规定各种工作岗位的职能及其责任，并予严格执行的管理制度。它要求明确各种岗位的工作内容、数量和质量，应承担的责任等，以保证各项业务活动能有秩序地进行。有领导干部岗位责任制、技术人员岗位责任制、管理人员岗位责任制、工人岗位责任制等。

实行岗位责任制的主要内容是对单位（部门）的总体职责，各科室和岗位承担的工作内容、数量、质量及完成的程序、标准和时限，应有的权力和应负的责任等作出明确规定。实行岗位责任制要坚持因事设岗、职责相称，责任一致、责任分明，任务清楚、要求明确，便于考核的原则。

岗位责任制的内容要进行公示，自觉接受群众监督。岗位责任制履行情况要纳入绩效考评内容中去，并不断强化岗位责任意识。

3. 社会监督制度

新《产品质量法》设立了消费者检举制度，为检举人保密和奖励制度，消费者就质量问题查询、申诉制度，消费者因产品质量问题受到损害请求赔偿制度，消费者优先获赔偿制度等。

五、企业的质量目标

企业的质量目标是指一个企业，在产品质量方面的追求和要达到的目标。企业的质量目标也为企业的全体员工，规定了在一定时期中，在质量方面工作的方向。

建立企业的质量目标时，首先要明确当前企业存在什么问题，知道本企业的优势和弱项，充分考虑市场未来的需求与发展，并对质量目标涉及的问题进行综合考虑，例如产业政策、资金情况、协作关系、技术可能性和效益高低等，使制定的质量目标既切实可行，又具有一定的前瞻性。企业的质量目标由厂长、总经理和企业的领导班子负责制定。

1. 企业质量目标的制定

质量目标按时间可分为中长期质量目标、年度质量目标和短期质量目标，按层次可分为企业的质量目标、各部门的质量目标以及班组和个人的质量目标，按项目可分为企业的总的质量目标、项目质量目标和专门课题的质量目标等。

可以通过顾客的投诉、产品质量审核以及行业评比结果等资料，找出不合格产品出现的具体情况。还可以回顾企业以前曾经采取哪些质量方面的纠正或预防措施，以及效果如何等来发现企业的问题，找出企业的弱项，从而找出质量目标所要解决的包括不合格、缺陷、不足和与先进的差距等问题。

2. 质量目标的分解与展开

企业的质量总体目标制定以后，就要将它分解、落实到各职能部门、车间、班组和各级工作人员，形成部门、车间和班组的质量目标。

在这之后，还要使质量目标具体化、更具有操作性。各个具体负责实施的部门及负责人，要对每项质量目标编制实施计划或实施方案。在活动计划书或措施计划表中，应详细列出实现该项质量目标存在的问题、当前的状况、必须采取的措施、将要达到的目标、什么时间完成、谁负责执行等。

3. 质量目标的绩效考核

建立合理而有效的质量工作的绩效考核制度，对于确保质量目标的实现十分重要。

（1）企业领导的工作就是要引导、教育广大员工，正确理解制定质量目标和实施质量目标绩效考核的目的和意义，并通过上上下下的多次沟通，再进行多方面多层次的教育培训，使大家提高认识、统一意识，只有在此基础上，绩效考核才有可能真正取得成功。

（2）绩效考核应该与职工的激励机制相结合，激励应考虑员工多层次的需求和期望。

（3）企业的高层管理者应以身作则，带头执行考核制度。

第五节　劳动合同法

一、《劳动合同法》的基本知识

《中华人民共和国劳动合同法》简称《劳动合同法》，是我国根据改革开放和社会发展的新形势，以及劳动和就业的新情况，于 2007 年 6 月 29 日通过（2008 年 1 月 1 日起施行）的一部法律。

《劳动合同法》对 1995 年施行的《劳动法》中的“劳动合同”这一部分内容

进行了重新规定，是《劳动法》的重要组成部分。

《劳动法》和《劳动合同法》属于普通法和特别法的关系。所谓普通法，是指在一般范围内适用的法律，其效力具有普遍性；而特别法是指在特定范围内适用的法律，其效力仅仅适用于特定身份的人或者事。

一般而言，在法律的适用方面，特别法优于普通法，即对于《劳动法》和《劳动合同法》都有规定的，优先适用《劳动合同法》的规定，《劳动合同法》没有规定而《劳动法》有规定的，则适用《劳动法》的相关规定。

1.《劳动合同法》的适用范围

《劳动合同法》规定：中华人民共和国境内的企业、个体经济组织、民办非企业单位等组织（以下称用人单位）与劳动者建立劳动关系，订立、履行、变更、解除或者终止劳动合同，适用本法。

国家机关、事业单位、社会团体和与其建立劳动关系的劳动者，订立、履行、变更、解除或者终止劳动合同，依照本法执行。

2.《劳动合同法》的基本原则

（1）公民有劳动的权利和义务。

（2）劳动者有享受职业培训的权利和义务。

（3）劳动者享有按劳分配和社会保险的权利。

（4）劳动者享有休息和劳动安全卫生保护的权利。

（5）劳动者有组织工会和民主参与权利。

（6）在劳动方面男女平等、民族平等。

（7）劳动者有提请处理劳动争议的权利。

3.《劳动合同法》的主要内容

2008 年 1 月 1 日起实施的《劳动合同法》分成八章，共 98 条。其内容主要包括：劳动者的主要权利和义务；劳动就业方针政策及录用职工的规定；劳动合同的订立、变更与解除程序的规定；集体合同的签订与执行办法；工作时间与休息时间制度；劳动报酬制度；劳动卫生和安全技术规程；女职工与未成年工的特殊保护办法；职业培训制度；社会保险与福利制度；劳动争议的解决程序；对执行劳动法的监督、检查制度以及违反劳动法的法律责任等。此外，还包括工会参加协调劳动关系的职权的规定。

4.《劳动合同法》的常用名词

（1）竞业限制。竞业限制是指用人单位在劳动合同或者保密协议中，与掌握本单位商业秘密和与知识产权相关的保密事项的劳动者约定，在劳动合同解除或者终止后的一定期限内，不得到与本单位生产或者经营同类产品、从事同类业务的有竞争关系的其他用人单位任职，也不得自己开业生产或者经营同类产品、从事同类业务。劳动者违反竞业限制约定的，应当按照约定向用人单位支付违约金。限制时间由当事人事先约定，但不得超过两年。

（2）鉴证。合同鉴证是指由政府相关的行政管理部门或机构，对合同进行审查和鉴定，确认其有效性和合法性的一种证明和监督活动。

合同鉴证的作用是：对不符合规定的，可以在生效之前予以纠正，对非法的经济活动，可以及时予以制止和取缔；可以使条款不完备、内容不具体、文字解决不清楚的合同，通过对其合同鉴证中的辅导和督促，促使当事人进一步协商，进行补充和完善，这样做有助于合同的履行，防止发生合同纠纷；可以增强合同的严肃性，促使当事人认真履行。

（3）就业协议。就业协议书，是由教育部高校学生司统一制定的，是高校应届毕业生在就业过程中签订的一种书面合同。它的主要内容一是体现毕业生情况和意见、用人单位情况和意见及学校意见；二是用人单位和毕业生就同意录用和接受聘用达成一致意见，并初步约定将来就业的基础条款，如服务期限、试用期限及试用期待遇等。其协议约定仅仅指学生在毕业后到该用人单位去工作的一份书面合同。就业协议书在毕业生到用人单位报到时自动终止其效力。毕业生就业协议书的鉴证部门是各级县、市人事部门的大中专毕业生就业指导办公室。

（4）劳动合同。劳动合同，又称劳动契约，是指劳动者同企业、事业等用人单位为确立劳动关系，依法协商达成的双方权利和义务的协议。《劳动合同法》规定劳动合同以书面形式订立，其中载明合同的期限、工作内容、劳动保护和劳动条件、劳动报酬、劳动纪律、合同终止等条款，对双方当事人具有法律约束力。劳动合同的鉴证机关是各级劳动行政部门。

劳动合同的期限：

1）固定期限的劳动合同，也称定期劳动合同，是指双方当事人规定合同有效的起止日期的劳动合同。

2）无固定期限的劳动合同，是指双方当事人不规定合同终止日期的劳动合同。

3）以完成一定工作为期限的劳动合同，是指双方当事人将完成某项工作或工程作为合同终止日期的劳动合同。

就业协议和劳动合同是两个不同的概念，适用于不同的法律，具有不同的法律效力。两者在各自领域都发挥重要的作用。就业协议仅仅是确立了毕业生和用人单位之间的劳动关系，劳动合同更进一步确立了双方的权利和义务。具体而言，两者的区别主要有以下四方面：

• 主体不同。就业协议适用于应届毕业生与用人单位、学校三方之间，学校是就业协议的签订方之一，就业协议对用人单位的性质没有规定，适用任何单位；而劳动合同只适用于劳动者（含应届毕业生）与用人单位（不含公务员单位和比照实行公务员制度的社会团体以及军队系统）之间，与学校无关。

• 内容不同。就业协议的内容主要是毕业生如实介绍自身情况，并表示愿意到用人单位就业，用人单位表示同意接收该毕业生，学校同意推荐该毕业生，列入就业方案并纳入就业情况统计，它不涉及毕业生在具体工作中所享有的权利义务。而劳动合同涉及劳动报酬、劳动保护、工作内容、劳动纪律等，劳动权利义务关系更为明确。

• 签订时间不同。一般而言，就业协议签订在先，劳动合同往往在毕业生到用人单位报到后才签订。因为二者签订时序有先后，容易导致内容条款上的不一致引发纠纷，为避免在日后订立劳动合同时产生纠纷，毕业生在签订就业协议书时还要注意与劳动合同的衔接，尽可能将劳动合同的主要内容，体现在就业协议书及其补充协议中，并注明在今后订立劳动合同时应予确认。

• 法律适用不同。就业协议适用于《合同法》，劳动合同适用于《劳动合同法》。

二、《劳动合同法实施条例》的相关规定

为了具体贯彻实施《中华人民共和国劳动合同法》，使劳动合同法更具操作性，国务院2008 年第 535 号令发布了《中华人民共和国劳动合同法实施条例》（简称《条例》）。《条例》有 6 章共 38 条，于 2008 年 9 月 18 日开始施行。该条例围绕劳动合同的订立、劳动合同的解除和终止、劳务派遣、法律责任等作出详细规定，重点针对劳动合同法中比较原则的规定和一些社会上存在误解的条款，作出具体的规定和必要的衔接，增强劳动合同法的可操作性。

1. 签合同

规定用人单位自用工之日起满一年仍然未与劳动者订立书面劳动合同的，除向劳动者每月支付两倍的工资外，还应视为已订立无固定期限劳动合同。用人单位不能扣押劳动者证件，不得要求劳动者提供担保，包括收取各种财物。

2. 合同期

法定情形下，如果劳动者提出或者同意续订、订立劳动合同，除劳动者提出订

立固定期限劳动合同外，应当订立无固定期限劳动合同。

3. 试用期

劳动合同期限三个月以上不满一年的，试用期不得超过一个月；劳动合同期限一年以上不满三年的，试用期不得超过二个月。以完成一定工作任务为期限的劳动合同或者劳动合同期限不满三个月的，不得约定试用期。同一用人单位与同一劳动者只能约定一次试用期，试用期工资不得低于用人单位所在地的最低工资标准。

4. 违约金

为了防止用人单位滥用违约金条款，保护劳动者的自主择业权，《劳动合同法》规定，只有在培训服务期约定中，或是在竞业限制约定中，这两种情形下，用人单位才可以约定由劳动者承担违约金。

5. 解约

用人单位未依法为劳动者缴纳社会保险费的，规章制度违反法律、法规规定，损害劳动者权益的，劳动者也可随时通知用人单位解除劳动合同。

6. 裁员

用人单位裁减人员的，都应当提前30日向工会或者全体职工说明情况，听取工会或者职工的意见，并向劳动行政部门报告。

7. 终止合同

取消了原《劳动合同法》中劳动合同的约定终止，规定劳动合同只能因法定情形出现而终止。劳动合同当事人不得约定劳动合同终止条件；即使约定了，该约定也无效。

所谓的法定情况指的是：

（1）劳动合同期满的。

（2）劳动者开始依法享受基本养老保险待遇的。

（3）劳动者死亡，或者被人民法院宣告死亡或者宣告失踪的。

（4）用人单位被依法宣告破产的。

（5）用人单位被吊销营业执照、责令关闭、撤销或者用人单位决定提前解散的。

（6）法律、行政法规规定的其他情形。

8. 经济补偿

用人单位存在违反工资支付、社会保险等方面的法律规定的行为，劳动者提出解除劳动合同的，用人单位也必须支付经济补偿。

附　　录

数控专业常用英语词汇

absolute　绝对的	acceleration　加速度
active　有效的，主动的	actuating motor　伺服电动机
AC　交流	adaptor　适配器，转换插头
address　地址	adjust　调整
adjustment　高级的，增强的	alarm　报警
allocation　定位	alter　修改、变更
amplifier　放大器	angle　角度
appendix 附录，附属品	arc　圆弧
argument　字段，自变量	arithmetic　算术
arrester brake　制动器	arrow　箭头
assembling　装配	assembly drawing　装配图
automatic　（AUTO）自动的	auxiliary function　辅助功能
axial movement，axial pulsation　轴向窜动	axis　轴
background　背景，后台	backlash　间隙
backspace　退格	backup　备份
ball screw　滚珠螺杆	bar　栏，条
battery　电池	baudrate　波特率
bearing　轴承	benchmark　基准
binary　二进制的	bit　位
blank　空格	block　程序段，撞块
blown　熔断	board　板卡
boring　镗	box　箱体，框
bracket　括号	buffer　缓冲
bus　总线	button　按钮
cabinet　箱体	cable　电缆
calculate　计算	call　调用
cam　凸轮	cancel　清除

续表

canned cycle　固定循环	capacity　容量
card　板卡	carriage　床鞍，工作台
cassette　磁带	cast iron　生铁，铸铁
cast steel　铸钢	cell　电池
center-height　中心高	chain　链
change　变更，更换	channel　通道
check　检查	chop　錾削
chopping　錾削	chuck　卡盘
circle　圆	circuit　电路，回路
circular　圆弧的	clamp　夹紧
clear　清除	clip board　剪贴板
clip　剪切	clock　时钟
clutch　卡盘，离合器	CNC　计算机数字控制
code　代码	coder　编码器
command　命令	communication　通讯
compensation　补偿	computer　计算机
condition　条件	configure　配置
connect　连接	console　操作台
constant　常数，恒定的	contour　轮廓
control　控制	conversion　转换
cool　冷却	coordinate　坐标
copy　拷贝	corner　转角
correct　改正，正确的	counter　计数器
coupling　联轴器	CPU　中央处理单元
CR　回车	cradle　摇架
crank　曲柄	create　生成
CRT　真空射线管	current　电流，当前的，缺省的
cursor　光标	custom　用户
cut　切削	cutter　（盘形）刀具
cycle　循环	cylinder　圆柱体
data　数据（复数）	date　日期
DC　直流	deceleration　减速
decimal point　小数点	decrease　减少

续表

deep 深的	define 定义
degree 度	delay 延时
delete (DEL) 删除	description 描述
detect 检查	device 装置
diagnose 诊断	dial indicator 千分表
diameter 直径	diamond 金刚石
digit 数字	dimension 尺寸，(坐标系的) 维
direction 方向	directory (DIR) 目录
disconnect 断开	diskette 磁盘
display 显示	distance 距离
divide 除，划分	DNC 直接数据控制
dog switch 回参考点减速开关	DOS 磁盘操作系统
DRAM 动态随机存储器	drawing 画图
dresser 修整器	drill machine 钻床
drill 钻孔	drills 钻头
drive 驱动	driver 驱动器
dry run 空运行	duplicate 复制
dwell 延时	edit 编辑
electric spark machining 电火花加工	electrical 电气的
electronic 电子的	emergency 紧急情况
enable 使……能	encoder 编码器
end 结束	enter 回车，输入，进入
entry 输入	equal 等于
equipment 设备	erase 擦除
error 误差，错误，故障	escape (esc) 退出
exact 精确的	example 例子
exchange 更换	execute 执行
exit 退出	external grinding 外圆磨削
external 外部的	failure 故障
FANUC (日本) 法那克	fault 故障
feed movement 进给运动	feed 进给
feedback 反馈	feedrate 进给率
figure 数字	file 文件

续表

filter 过滤器	fine 精密的
finish 完成	fixture 夹具
flange 凸缘	flash memory 闪存
flexible 柔性的	floppy disc 软盘
foreground 前景，前台	format 格式，格式化
function 功能	gain 增益
gear shaping 插齿	gear 齿轮
gearbox 变速箱	general 总的，通用的
generator 发生器	geometry 几何
gradient 倾斜度，梯度	graph 图形
graphic 图形的	grind 磨削
grinding tools 磨削工具	group 组
guide 指导	halt 暂停，间断
hand tools 手工具	handle 手摇，手动
handy 便携的	hardware 硬件
headstock 主轴箱	heat treatment 热处理
help 帮助	history 历史
hobbing 滚齿	hold 保持
hole 孔	horizontal 水平的
host 主机	hour 小时
hydraulic pump 液压泵	hydraulic components 液压元件
hydraulic 液压的	I/O 输入/输出
illegal 非法的	inactive 无效的
inch 英寸	increment 增量
index 分度，索引	initialization 初始化
input 输入	insert （INS）插入
instruction 说明	intensity 强度
interface 接口	internal 内部的
interpolate 插补	interrupt 中断
interval 间隔，间歇	involute 渐开线
ISO 国际标准化组织	jig 机床夹具
jog 点动	jump 跳转
key 键	keyboard 键盘

续表

label　标记，标号	ladder diagram　梯形图
language　语言	lathe　车床
lead　rail 导轨	lead screw　丝杆
least　最小的	length　长度
library　（LIB）库	life　寿命
light　灯	limit switch　限位开关
limit　极限	line　直线
link　连接	list　列表，清单
local　本地的	locate　定位，插销
lock nut　锁紧螺母	lock　锁住
locksmith　钳工	logic　逻辑
look ahead　预先做准备，超前	loop　回路，环路
LS　限位开关	LSI　大规模集成电路
lubricating oil pump　润滑泵	lubrication systems　润滑系统
machine　机器，机械加工	machine tool　机床
machining allowance　机械加工余量	machining center　加工中心
machining　机械加工	macro program　宏程序
magazine　刀库	magnetic　磁的
main electric motor　主电动机	main movement　主运动
main program　主程序	maintain　维护
management　管理	manual　手动
master　主要的	maximum　最大的，最大值
MDI　手动数据输入	measurement　测量
memory　存储器	menu　菜单
message　信息	metal cutting　金属切削
meter　米	metric　米制的
micrometer caliper　千分尺	mill　铣床，铣削
milling machine　铣床	minimum（min）　最小的，最小值
minus　减，负的	minute　分钟
mirror image　镜像	miscellaneous function　辅助功能
modal　模态的	modal G code　模态 G 代码
mode　方式	model　型号
modify　修改	module　模块

续表

monitor （MON）监控	month 月份
motion 运动	motor 电动机
mouse 鼠标	move （MOV）移动
multiply 乘	N number 程序段号
name 名字	NC 数字控制
negative 负的	nest 嵌入，嵌套
nop 空操作	null 空
number 号码	numeric 数字的
O number 程序号	octal 八进制的
OEM 原始设备制造商	OFF 断
offset 补偿，偏移量	ON 通
one shot G code 一次性 G 代码	open 打开
operate 操作	original 原始的
output 输出	outside nut 外螺母
overtravel 超程	over voltage 过电压
overcurrent 过电流	overflow 溢出
overheat 过热	overload 超载
override （速度等的）倍率	page down 下翻页
page up 上翻页	page 页
panel 面板	parallel 平行的，并行的，并联的
parameter 参数	parity 奇偶性
part drawing 零件图	part 工件，部分
password 口令，密码	paste 粘贴
path 路径	pattern 句型，式样
pause 暂停	PC 个人计算机
PCB 印制电路板	per 每个
percent 百分数	phase 相
pinion and rack 齿轮齿条	pin 销
pitch 节距，螺距	plane 平面
PLC 可编程序逻辑控制器	plus 加法，正的
PMC 可编程序（机床）逻辑控制器	portable 便携的
position 位置，定位	positive 正的
power 电源，能量，功率	precision 精度

续表

preload　预负荷	preset　预置
pressure　压力	preview　预览
print　打印	prior　优先的，基本的
procedure　步骤	profile　轮廓，剖面
profile chart　剖视图	program　编程，程序
protect　保护	protocol　协议
pulse　脉冲	pump　泵
punch　穿孔	puncher　穿孔机
push button　按钮	PWM　脉宽调制
query　疑问	quit　退出
radial run-out　径向跳动	radius　半径
RAM　随机存储器	ramp up　（计算机系统）自举
ramp　斜坡	range　范围
rapid　快速的	rate　比率，速度
ratio　比值	read　读
ready　有准备的	ream　铰加工
record　记录	reference point　参考点
register　寄存器	registration　注册，登记
relative　相对的	relay　中继
reliability　可靠性	remote　远程的
repeated locating precision　重复定位精度	replace　更换，代替
reset　复位	restart　重启动
return　返回	revolution　转
rewind　卷绕	rigidity　硬度
RISC　精简指令集计算机	roller　滚轮
rolling bearing　滚动轴承	ROM　只读存储器
rotate　旋转	rotational speed　转速
rotor　转子	rough　粗糙的
RPM　转/分	run　运行
safty factor　安全系数	sample　样本，示例
save　存储，另存为	scale　尺度，标度
scaling　缩放比例	schedule　时间表，清单
screw　螺钉	search　搜索

续表

second 秒	segment 字段
select 选择	self-diagnostic 自诊断
sensor 传感器	sequence number 顺序号
series 系列，串行的	servo 伺服
set 设置	shaft 轴
shape 形状	shift 移位
SIEMENSE （德国）西门子公司	sign 符号，标记
signal 信号	size marking 尺寸标注
skip 跳步	slave 从属的
sleeve 套筒	slide caliper 游标卡尺
slide rail 滑动导轨	slide 滑台，滑动
sliding bearing 滑动轴承	slot 槽
slow 慢	soft key 软键盘
software 软件	space 空格，空间
spacer 垫片	speed 速度
spindle 主轴	spline 键
spring 弹簧	SRAM 静态随机存储器
standard component 标准件	start 启动
statement 语句	stator 定子
status 状态	step 步
stepper motor 步进电动机	stop 停止，挡铁
store 储存	stress 应力
strobe 选通	stroke 行程
subassembly 组件	subprogram 子程序
sum 总和	surface 表面
switch 开关	symbol 符号，标记
synchronous toothed belt 同步齿轮带	system 系统
table 表格，工作台	tab 制表键
tail 尾座	tandem 一前一后，串联
tank 箱体	tap 攻螺纹
tape 磁带，纸带	tapping 攻螺纹
technical requirements 技术要求	technique 技术，工艺
temperature 温度	test 测试

续表

thread　螺纹	three-jaw chuck　三爪夹头
time　时间，次数	tolerance　公差
tool pot　刀杯	tool　刀具，工具
torque　扭矩	total power　总功率
tower　刀架，转塔	trace　轨迹，踪迹
transducer　传感器	transfer　传输，传送
transformer　变压器	transmission　传动
traverse　移动	trigger　触发
turn off　关断	turn on　接通
turn　转动，转	turning　转动，车削
type　类型，样式	unclamp　松开
unit　单位，装置	unload　卸载
unlock　解锁	UPS　不间断电源
user　用户	value　值
valve　阀门	variable　变量，可变的
velocity　速度	verify　验证
version　版本	vertical　垂直的
view　视图	voltage　电压
warning　警告	washer　垫圈
waveform　波形	wear　磨损
weight　质量，权重	wheel　轮子，砂轮
window　窗口，视窗	word　字
workpiece　工件	worm and worm gear　蜗杆蜗轮
write　写入	wrong　错误，错的
zero　零，零位	zone　区域

首批机械行业特有职业
国家职业技能培训鉴定教材目录

◎**剪切工**

剪切工（基础知识、初级、中级、高级）

◎**镀层工**

镀层工（基础知识、初级、中级、高级、技师、高级技师）

◎**制齿工**

制齿工（基础知识、初级、中级、高级、技师、高级技师）

◎**电切削工**

电切削工（基础知识、初级、中级、高级、技师、高级技师）

◎**轴承装配工**

轴承装配工（基础知识、初级、中级、高级、技师、高级技师）

◎**轴承检查工**

轴承检查工（基础知识、初级、中级、高级、技师、高级技师）

◎**轴承试验工**

轴承试验工（基础知识、初级、中级、高级、技师、高级技师）

◎**数控机床装调维修工（包括4个工种）**

数控机床装调维修工（基础知识）

数控机床机械装调工（中级、高级、技师、高级技师）

数控机床机械维修工（中级、高级、技师、高级技师）

数控机床电气装调工（中级、高级、技师、高级技师）

数控机床电气维修工（中级、高级、技师、高级技师）

◎**汽车模型工**

汽车模型工（中级、高级、技师、高级技师）

◎**汽车饰件制造工**

汽车饰件制造工（基础知识、初级、中级、高级）

◎**汽车生产线操作调整工（包括7个工种）**

汽车机加工生产线操作调整工（基础知识、初级、中级、高级、技师）

汽车焊装生产线操作调整工（基础知识、初级、中级、高级、技师）

汽车冲压（辊压）生产线操作调整工（基础知识、初级、中级、高级、技师）

汽车涂装生产线操作调整工（基础知识、初级、中级、高级、技师）

汽车热处理生产线操作调整工（基础知识、初级、中级、高级、技师）

汽车铸造生产线操作调整工（基础知识、初级、中级）

汽车锻造生产线操作调整工（基础知识、初级、中级、高级、技师）

◎**汽车（拖拉机）装配工（包括5个工种）**

拖拉机装配工（基础知识、初级、中级、高级、技师、高级技师）

汽车装配工（基础知识）

汽车整车装配工（初级、中级、高级、技师、高级技师）

汽车机械部件装配工（初级、中级、高级、技师、高级技师）

汽车电器装配工（初级、中级、高级、技师）

汽车特种部件制造装配工（初级、中级、高级）

◎**机动车检验工（包括6个工种）**

汽车检验（试验）工（基础知识）

汽车零部件检验工（中级、高级、技师、高级技师）

汽车电器检验工（中级、高级、技师、高级技师）

汽车整车检验工（中级、高级、技师、高级技师）

汽车部件试验工（中级、高级、技师、高级技师）

汽车电器试验工（中级、高级、技师、高级技师）

汽车整车试验工（中级、高级、技师、高级技师）